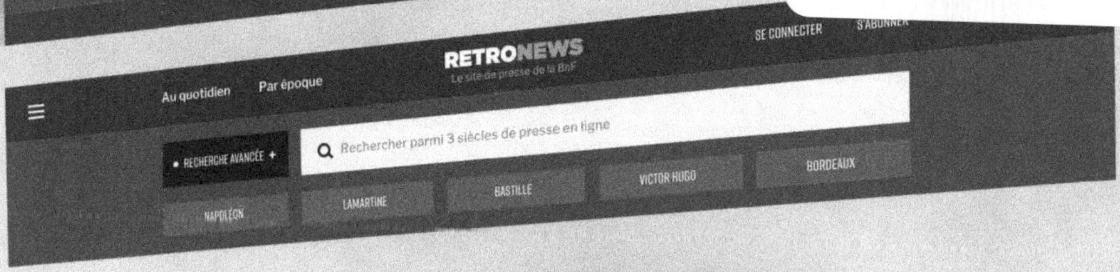

# CONGRÈS
## SCIENTIFIQUE
# DE FRANCE.

Ce livre se trouve aux librairies suivantes :

PARIS,

Lance, libraire, rue du Bouloy, n° 7.

ROUEN,

Nicétas Périaux.
E. Frère.

CAEN,

Mancel.

DOUAI,

Betremieux.

LILLE,

Vanakere fils.

BRUXELLES,

Berthot, Mayer et Sommerhausen.

LONDRES,

William Pickering, 57; Chancery Lane.

Poitiers. — Imprimerie de F.-A. Saurin.

# CONGRES
## SCIENTIFIQUE
# DE FRANCE.

---

**Seconde Session,**

TENUE A POITIERS, EN SEPTEMBRE 1834.

**POITIERS,**

F.-A. SAURIN, IMPRIMEUR-ÉDITEUR,

RUE DE LA MAIRIE, N° 10.

1835.

Ce volume paraît dix mois après la session du Congrès scientifique de France, qu'il est chargé de faire connaître à fond, et presqu'au moment de se rendre à la session suivante. Cette circonstance, qui n'est point du fait de celui qui écrit ces lignes, exige pourtant, de sa part, une explication qui sera de plus un avis utile pour les réunions futures.

Comme à Caen, le secrétaire général et les secrétaires de sections ont été chargés de la rédaction du compte-rendu des séances, et une commission de révision, pour la rédaction définitive, a été indiquée et composée de tous les membres du bureau du Congrès et des bureaux des sections en résidence à Poitiers. Mais beaucoup de secrétaires-rédacteurs se sont trouvés disséminés sur le sol de la France; on leur a envoyé les épreuves à corriger, et cette opération a pris, pour quelques-uns, jusqu'à quinze jours, trois semaines, un mois et plus. Ainsi l'impression du compte-rendu s'est trouvée excessivement en retard, lorsque l'imprimeur n'avait pris qu'un mois afin d'être en position de mettre sous presse. Dès lors, on le sent, il y aura nécessité à l'avenir de faire corriger les épreuves dans la ville même où s'imprimera le volume ; autrement on tomberait dans l'inconvénient qu'on vient d'indiquer et qu'il faut surtout éviter.

Inutile, du reste, de faire remarquer la force de ce volume, double pour le nombre des feuilles, et quadruple et plus à cause des caractères, de celui du compte-rendu du Congrès de Caen.

Je ne dirai rien non plus du nombre et surtout de l'importance des questions traitées dans la réunion de Poitiers ; mais, en parcourant la *table des matières*, que j'ai cru devoir faire *raisonnée*, on trouvera avec facilité et dans quelques instans toutes les indications à ce sujet. Je crois avoir aussi amélioré la *liste des membres du Congrès*, en donnant, à la suite du nom de chaque membre, l'indication des pages où il est question de lui. De cette manière, on peut connaître facilement les divers rôles que se sont assignés les membres du Congrès, et chacun, qu'on me passe cette expression triviale, a ainsi à sa suite son bagage académique.

Je l'ai dit dans mon discours de clôture, et je le répéterai ici : une institution de l'espèce de celle des Congrès *doit grandir en marchant ; rester stationnaire, c'est périr*. Mais il y a eu progrès sensible, sous tous les rapports, dans la session de Poitiers, comparée à celle de Caen qui n'était qu'un début. Espérons, et nous n'en doutons même pas, que la réunion de Douai l'emportera encore sur celle de Poitiers. Alors l'institution des Congrès scientifiques, importée en France par mon jeune et savant ami M. de Caumont, sera définitivement constituée, et il en résultera, pour la science et le pays, des avantages d'une grande importance. En effet, si la force morale d'un homme isolé est parfois très-grande, une agglomération d'hommes instruits, travaillant dans le même but, est vraiment immense.

Poitiers, 6 juillet 1835.

Le Secrétaire général de la 2me session du Congrès scientifique de France,

De la Fontenelle.

# CONGRÈS
## SCIENTIFIQUE
# DE FRANCE.

**Seconde Session,**

**TENUE A POITIERS, EN SEPTEMBRE 1834.**

### ARRÊTÉ POUR LA TENUE ANNUELLE DU CONGRÈS ET LA SESSION DE 1834.

A la première session du Congrès scientifique de France, tenue à Caen, en juillet 1833, il avait été pris, dans la séance générale du 24 dudit mois, l'arrêté dont la teneur suit :

ART. Ier. Un congrès scientifique annuel sera tenu dans les principales villes de la France.

ART. II. Le congrès de 1834 aura lieu à Poitiers, dans la première quinzaine du mois de septembre.

ART. III. *M. de la Fontenelle de Vaudoré* (de Poitiers) est prié de vouloir bien se charger des fonctions de secrétaire-général du congrès de 1834.

ART. IV. Il sera immédiatement imprimé, à un très-grand nombre d'exemplaires, un compte-rendu des séances du congrès de 1833, tenu à Caen, pour être adressé aux membres qui l'ont composé, aux sociétés savantes et littéraires, et le surplus être mis en vente par les soins de la commission de rédaction, qui restera chargée de la comptabilité du présent congrès et en rendra compte à la future réunion.

ART. V. La rédaction du compte-rendu mentionné ci-dessus, est confiée à une commission composée du secrétaire-général du congrès, et des secrétaires de sections en résidence à Caen.

La même commission est chargée de l'exécution des mesures arrêtées par le congrès.

## CIRCULAIRE DU SECRÉTAIRE-GÉNÉRAL DE LA SECONDE SESSION DU CONGRÈS.

Conformément à cet arrêté, *M. de la Fontenelle*, secrétaire-général de la seconde session du Congrès, a adressé la circulaire dont on va donner le texte, à tous les présidens des sociétés savantes et littéraires de France, aux recteurs des académies, aux proviseurs des colléges royaux et aux chefs de plusieurs autres compagnies. De plus, des invitations individuelles furent envoyées aux membres et correspondans de l'Institut de France, aux membres de la première session du Congrès, et à un très-grand nombre de notabilités scientifiques, littéraires ou sociales.

Poitiers, le juillet 1834.

LE SECRÉTAIRE-GÉNÉRAL DU CONGRÈS SCIENTIFIQUE DE FRANCE, SECRÉTAIRE-PERPÉTUEL DE LA SOCIÉTÉ ACADÉMIQUE DE POITIERS; DES SOCIÉTÉS DES ANTIQUAIRES DE FRANCE, DE NORMANDIE ET DE MORINIE, DE LA SOCIÉTÉ GÉOLOGIQUE DE FRANCE, DE LA SOCIÉTÉ DE STATISTIQUE UNIVERSELLE, DE LA SOCIÉTÉ POUR L'HISTOIRE DE FRANCE, DE LA SOCIÉTÉ LINNÉENNE DE NORMANDIE, DES SOCIÉTÉS ACADÉMIQUES D'ANGERS, BOURBON-VENDÉE, CAEN, CHERBOURG, ÉVREUX, NANTES, ORLÉANS ET ST-QUENTIN; DE LA SOCIÉTÉ D'ÉMULATION DE ROUEN, DES SOCIÉTÉS D'AGRICULTURE DE CAEN ET DE NIORT; CONSERVATEUR DES MONUMENS HISTORIQUES EN POITOU, CORRESPONDANT DE LA COMMISSION DES ARCHIVES DE LONDRES POUR LA MÊME PROVINCE, DIRECTEUR DE LA *Revue Anglo-Française*, ETC.

*A Monsieur le Président de la Société académique de*
*(ou à Monsieur )*

MONSIEUR,

L'année dernière, un jeune et savant Normand, M. de Caumont, correspondant de l'Institut, eut l'heureuse idée d'importer en France l'institution des Congrès scientifiques annuels, qui avait déjà produit en Allemagne les effets les plus heureux La réunion de Caen, quoique annoncée peu de temps à l'avance, fut nombreuse, 200 savans et littérateurs y assistèrent.

Le Congrès scientifique de France se trouva dès-lors constitué; la seconde session fut indiquée comme devant tenir à Poitiers, dans la première quinzaine de septembre 1834, et l'on me fit l'honneur de me nommer secrétaire-général de cette future assemblée, en me chargeant d'aviser aux mesures préparatoires pour faciliter sa tenue.

Pour une tâche aussi importante, j'ai pris des conseils de mon savant prédécesseur, M. de Caumont, de quelques autres notabilités scientifiques des diverses provinces du royaume et de plusieurs savans de la localité. Je vais donc vous faire connaître les dispositions préliminaires arrêtées pour la seconde session du Congrès scientifique de France.

1° Le Congrès de 1834 ouvrira à Poitiers, le dimanche 7 septembre prochain, à midi; sa durée sera de 8 à 10 jours.

2° Comme le Congrès précédent, l'assemblée sera divisée en six sections, dont trois d'entre elles restent les mêmes qu'au Congrès de Caen. Les membres du Congrès seront répartis dans ces différentes sections, suivant les études auxquelles ils se seront livrés; on pourra se faire inscrire dans une ou plusieurs sections.

3° Pendant la tenue du Congrès, une partie de la matinée sera affectée aux assemblées de sections, et le surplus du jour, jusqu'à l'heure du dîner, sera destiné aux assemblées générales. L'indication exacte de l'ordre du travail sera distribuée à chaque membre du Congrès, en même temps que la carte d'entrée.

4° Il y aura, au Congrès de Poitiers, un concours de charrues et autres instrumens aratoires. Une matinée sera encore destinée à une course, dans laquelle on discutera, sur place, la question relative au déluge et à ses résultats géologiques. Enfin, dans une ou plusieurs promenades archéologiques, les divers monumens de Poitiers, dont plusieurs sont du plus grand intérêt, seront successivement examinés; on constatera leur genre d'architecture, on recherchera la date de leur construction, et on indiquera, sur chaque édifice, les faits historiques qui s'y rattachent.

5° Pour donner de l'ensemble aux travaux du Congrès, et en obtenir des résultats plus importans, on a jugé convenable de poser les principales questions à traiter, et c'est surtout sur elles qu'on est invité à se préparer. Au reste, d'autres matières seront aussi discutées, et ce n'est qu'une sorte de priorité qu'on a entendu établir pour quelques sujets.

6° On va donner ici la division en sections, les noms des secrétaires des sections, dont le choix devait être fait à l'avance, et poser les questions principales à débattre, et sur lesquelles on fixe particulièrement l'attention des personnes convoquées pour le Congrès.

PREMIÈRE SECTION. *Sciences physiques, mathématiques et naturelles.* MM. N. Boubée, professeur de géologie à Paris, et Chauvin, professeur d'histoire naturelle à la faculté de Caen (1). — 1° Rechercher si le globe a subi ou non une invasion générale de la part des eaux, et déterminer, sous le rapport géologique, quels ont été les circonstances et les résultats de ce cataclysme? — 2° Quelle est l'origine des aérolithes? — 3° Quelle est la cause des brouillards secs? Ont-ils quelque influence sur l'économie animale et sur la végétation? et, dans le cas de l'affirmative, indiquer cette influence. — 4° D'où provient la diminution qu'on remarque depuis vingt ans environ, dans le nombre des sources et dans la masse d'eau fournie par chaque source? — DEUXIÈME SECTION. *Agriculture, commerce et industrie.* Secrétaires, MM. le docteur Joslé, secrétaire du comice agricole de Poitiers (2), et J. Jozeau, secrétaire-perpétuel de la société d'agriculture de Niort. — 1° Rechercher l'influence de la nature géologique du sol sur le degré de fertilité des terres, et sur la nature des amendemens à leur approprier? — 2° Quel serait le meilleur système de baux à adopter dans l'intérêt de l'agriculture? — 3° Quelle est l'influence de l'impôt sur le sel, relativement à l'emploi de cette substance, soit comme amendement pour les terres, soit comme destinée à faire partie de la nourriture des bestiaux? — 4° Rechercher un moyen économique et efficace de conserver les grains pendant plusieurs années sans altération? — 5° Jusqu'à quel point paraît fondé le reproche fait au nouveau mode de culture, ayant pour base les prairies artificielles, de diminuer la masse relative et surtout la qualité des céréales? — 6° Rechercher quels seraient les moyens de réduire, dans l'intérêt du commerce et de l'agriculture, le taux de l'intéret de l'argent? — TROISIÈME SECTION. *Sciences médicales.* Secrétaires, MM. le docteur Hunault de la Peltrie (d'Angers), et le docteur Lucien Gaillard, professeur à l'école secondaire de médecine de Poitiers. — 1° Rechercher l'état actuel de la science relativement au magnétisme animal? — 2° Rechercher l'état actuel de la science relativement à la phrénologie? — 3° Doit-on admettre des lésions de fonctions sans lésions

(1) M. Chauvin n'ayant pas pu se rendre au Congrès, on a désigné en sa place M. de Brébisson (de Falaise), naturaliste.

(2) M. Joslé fils s'étant trouvé indisposé, un peu avant l'ouverture du Congrès, il a été remplacé par M. Babault de Chaumont fils, juge au tribunal de premiere instance de Poitiers.

d'organes? — 4° Quel sens doit-on attacher à ces expressions *fièvres putrides, fièvres malignes?* — 5° Peut-on toujours expliquer l'action des médicamens sur l'économie animale? — QUATRIÈME SECTION. *Archéologie et histoire.* Secrétaires, MM. A. Deville (de Rouen), et le baron Chaudruc de Crazannes (de Figeac) (1). — 1° Etablir à quelle époque et dans quel pays l'ogive a pris naissance? Rechercher dans quel temps elle a commencé à prévaloir dans les différentes provinces de la France et dans les États voisins? — 2° Quelles furent les variations dans la manière d'inhumer les morts, dans toute l'étendue du royaume, depuis l'établissement des Franks jusqu'à la fin du XVIe siècle? — 3° Etablir l'origine et la cause des croyances de féerie; et quelle fut leur influence sur la littérature du moyen âge et des derniers siècles? — 4° A quelle cause peut-on attribuer l'imputation faite héréditairement à quelques familles d'être adonnées à la sorcellerie et à la divination? — 5° Rechercher l'état des lettres en Aquitaine, à la fin du IVe siècle, et essayer de le mettre en comparaison avec l'état des lettres, dans les provinces voisines, à la même époque? — 6° Quels seraient les moyens les plus propres à employer pour obtenir la découverte de tous les monumens celtiques et romains, sans exception, qui couvrent le sol de la France, et d'assurer leur conservation? — CINQUIÈME SECTION. *Littérature, beaux-arts et philologie.* Secrétaires, MM. F. Châtelain, homme de lettres à Paris, et Hippeau, professeur au collége royal de Poitiers (2). — 1° Quelle est aujourd'hui la meilleure manière d'enseigner l'histoire? — 2° Rechercher l'influence de la littérature allemande sur la littérature française? — 3° Quel est le genre d'architecture monumentale le plus approprié à notre climat, à notre culte et à nos mœurs? — 4° Quel est, dans l'intérêt de l'art dramatique, le meilleur mode d'organisation et d'administration des théâtres? — SIXIÈME SECTION. *Sciences morales et législation.* Secrétaires, MM. le comte de Beaurepaire-Louvagny (de Falaise), ancien ministre plénipotentiaire (3), et Foucart, professeur à la faculté de droit de Poitiers. — 1° Déterminer les avantages et les inconvéniens de la taxation du pain et de la viande de boucherie, généralement en usage dans les villes? — 2° Rechercher quelle serait la meilleure législation relativement aux chemins vicinaux? — 3° Déter-

(1) Les deux secrétaires indiqués pour la quatrième section n'ayant pu se rendre au Congrès, on a indiqué en leur place MM. de la Saussaye (de Blois) et de la Pilaie (de Fougères)

(2) M. Hippeau ayant été retenu à Paris, lors de l'ouverture du Congrès, on a désigné à sa place M. Mazure, professeur de philosophie à Poitiers.

(3) L'état de maladie de M. de Beaurepaire a obligé de nommer, comme l'un des secrétaires de la sixième section, M. Isidore Lebrun, homme de lettres à Paris.

miner les avantages et les inconvéniens de l'emploi des troupes pour les travaux publics, et notamment pour les travaux des routes ? — 4° Dans l'état actuel de nos mœurs, y a-t-il lieu de maintenir la légitimation par mariage subséquent, non admise dans la législation anglaise? — 5° Les condamnés à un emprisonnement de moins d'un an peuvent-ils être soumis au régime pénitentiaire; et s'ils ne peuvent pas y être soumis, l'emprisonnement à courte durée offre-t-il plus d'avantages que de dangers? — 6° Déterminer quels ont été les résultats de la suppression, dans certaines localités, des tours placés à l'entrée des hospices, pour recevoir les enfans abandonnés? — 7° A quel degré la direction suivie par la philosophie allemande, depuis Leibnitz jusqu'à nos jours, a-t-elle été favorable aux progrès de l'esprit humain?

7° La rétribution de chaque membre du Congrès est fixée à 10 fr. M. F. Bouriaud, négociant et trésorier de la Société Académique de Poitiers, remplira les fonctions de trésorier du Congrès.

8° Le premier jour, après les discours d'ouverture, on procédera à l'élection du président et des deux vice-présidens. Le lendemain, au matin, on fera choix, dans chaque section, d'un président et d'un vice-président.

La seconde session du Congrès scientifique de France s'annonce comme devant être plus nombreuse encore que la précédente. Des savans et des littérateurs de la capitale et des diverses provinces de la France ont exprimé déjà l'intention de s'y rendre; des étrangers de marque comptent aussi y assister. On sent l'heureuse impulsion qui doit résulter d'une réunion périodique de savans, destinée à convertir le monopole d'une centralisation permanente, dans une centralisation transportée successivement d'un point à un autre. Ainsi les Congrès annuels iront chercher, jusque chez eux, les savans empêchés par l'âge ou par leur position sociale d'entreprendre de longs voyages. Combien d'hommes, amis de l'étude, qui, sans une pareille institution, ne se seraient jamais rencontrés, et n'auraient pu dès-lors s'interroger réciproquement sur des points qu'eux seuls peut-être étaient en position de résoudre? Or, ceux qui s'occupent d'ouvrages scientifiques de longue haleine, savent combien des renseignemens ainsi échangés peuvent être utiles à la confection de tels travaux !

(1) Vous êtes instamment invité, Monsieur, ainsi que les Membres de la Société que vous présidez, à envoyer une députation pour assister à la seconde session du Congrès scientifique de France; et si, comme j'ai lieu de l'espérer, vous accédez à cette invitation, je vous prie de m'adresser le plus tôt possible, et *par lettre affranchie*, l'indication des membres de votre compagnie qui voudront la représenter au Congrès. Il est en effet nécessaire de pouvoir connaître à l'avance le nombre des personnes que cette solennité scientifique réunira à Poitiers. Aussi le nom de chaque adhérent au Congrès sera inscrit sur un registre, avec indication de numéro, et on transmettra à cette adresse les nouvelles instructions qu'on croira probablement convenable d'adresser plus tard. De plus, on indiquera un logement à chaque étranger qui exprimera le désir d'en trouver un tout prêt pour le recevoir à son arrivée.

Si vous comptez vous préparer sur une ou plusieurs des questions posées, en indiquer d'autres, faire des propositions ou communiquer un travail quelconque, il serait bon de m'en donner avis, d'ici à la mi-août. Ces indications adressées à l'avance faciliteront nos travaux, en nous permettant de les suivre avec plus d'ordre, et en économisant un temps qui, le Congrès commencé, nous sera précieux.

J'ai l'honneur d'être,

Monsieur,

Votre très-humble et obéissant serviteur,

DE LA FONTENELLE.

(1) Au lieu de cet alinéa, il y avait, pour les invitations individuelles, le passage suivant : « Vous êtes instamment invité à assister à la seconde session du Congrès scientifique de France; et si, comme j'ai lieu de l'espérer, vous accédez à cette invitation, je vous prie de m'adresser votre adhésion le plus tôt possible, et *par lettre affranchie*. Il est en effet nécessaire de pouvoir connaître à l'avance le nombre des membres que cette solennité scientifique réunira à Poitiers. Aussi le nom de chaque adhérent au Congrès sera inscrit sur un registre, avec indication de numéro, et on transmettra à cette adresse les nouvelles instructions qu'on croira probablement convenable d'adresser plus tard. De plus, on indiquera un logement à chaque étranger qui exprimera le désir d'en trouver un tout prêt pour le recevoir à son arrivée. »

# OUVERTURE

DE LA

# SECONDE SESSION DU CONGRÈS.

Aujourd'hui dimanche, 7 septembre 1834, les membres inscrits pour siéger à la seconde session du Congrès scientifique de France, se sont réunis dans la salle de la Bibliothèque de la ville de Poitiers, à midi, heure fixée par les lettres de convocation.

*M. de la Fontenelle de Vaudoré*, nommé secrétaire-général de cette session, à la première session, tenue à Caen, en juillet 1833, ouvre la séance par le discours suivant :

« MESSIEURS,

» Appelé par la confiance de la première session du Congrès scientifique de France à préparer cette seconde session, j'éprouve une satisfaction bien vive en élevant la voix, le premier. au milieu de cette assemblée littéraire, scientifique et agricole, où tant de provinces françaises sont représentées. Poitiers, cette ville éminemment classique, dont l'antique renommée de ses professeurs, de son barreau et de sa magistrature, a toujours fait l'éclat, s'enorgueillit, dans ces jours si heureux pour elle, de voir consolider dans son sein une institution commencée dans cette terre du nord des Gaules, où les hommes du nord de l'Europe, en se *fixant à toujours* (1), par suite de la cession d'un roi frank (2), firent apparaître tout-à-coup une civi-

(1) Je répète cette expression énergique, prise dans les vieux documens, et employée au Congrès de Caen, par un savant normand, M. Galeron (de Falaise)

(2) On veut parler ici du traité de Saint-Clair-sur-Epte, de l'année 911, consenti

lisation avancée par le temps, en échange de ces mœurs sauvages à l'aide desquelles ils avaient dominé la population indigène des Gaules.

» Mais si, dans ces temps éloignés, les progrès dans la sociabilité furent l'apanage des descendans des fiers et impitoyables compagnons de Rollon, il est aussi à remarquer qu'à l'époque où nous vivons, moment de travail intellectuel pour l'espèce humaine, le pays qui fut autrefois la province de Normandie, se place au premier rang, pour l'impulsion donnée à presque toutes les branches des connaissances humaines. Voyez quelle émulation règne parmi ces nombreuses sociétés littéraires et scientifiques de l'antique Neustrie. S'agit-il de l'étude de l'histoire, de l'étude de l'archéologie, histoire des temps primitifs et constatation des monumens de toute espèce, il nous faudrait citer toutes les compagnies savantes de cette province, et au premier rang apparaissent la société des antiquaires de Normandie, l'académie et la société d'émulation de Rouen, et la société académique de Cherbourg. Veut-on savoir ce qu'on a fait pour l'histoire naturelle, il faut consulter les volumes et les atlas de la société linnéenne de Normandie. Les deux académies de Rouen, l'ancienne société d'Evreux, l'académie Ebroïcienne, publient des recueils, sorte de revues où se trouvent des morceaux de haute littérature. Pour l'agriculture, la société centrale d'agriculture de Rouen, et la société d'agriculture et de commerce de Caen, impriment particulièrement l'impulsion aux bonnes cultures et aux bons procédés d'économie rurale, à ces fertiles contrées. Enfin l'association Normande, qui réunit par un lien commun tous ceux qui désirent concourir à ce qui est bon et utile pour les cinq départemens de la Seine-Inférieure, de l'Eure, du Calvados, de la Manche et de l'Orne, s'occupe de cette science que nous avons appelée, au Congrès de Caen,

par Charles-le-Simple. Du reste, M. Deville, dans une savante dissertation insérée dans le 6me vol. des *Mémoires de la Société des Antiquaires de Normandie*, établit suffisamment que toute la Normandie actuelle ne fut pas cédée à Rollon et aux Normans de la Seine, et que la Bretagne fut concédée aux Normans de la Loire.

l'*Economie sociale*. Que l'on ne s'étonne donc pas que du nord de la France puisse venir pour nous la lumière. C'est de là, en effet, qu'est partie l'étincelle brillante qui, dans le premier Congrès scientifique et annuel de France, a commencé à donner aux études un essor jusque-là inconnu. Remarquons ici que nous sommes loin de répudier les fruits portés par des Congrès partiels pour le territoire, ou pour les sujets traités. Nous assignons à l'institution dont nous ouvrons aujourd'hui la seconde session, un caractère particulier, celui de réunir, chaque année, sur un point différent de cette belle terre de France, les hommes de science répandus sur toute la surface du territoire, pour débattre et éclaircir les questions les plus importantes des différentes branches des connaissances humaines. Ainsi le Congrès tenu à Douai, pour la Flandre, l'Artois et la Picardie, n'a été qualifié que de Congrès provincial, et il nous a adressé des questions à résoudre, par des députés spéciaux qui figurent dans cette enceinte. Aussi le secrétaire général du Congrès méridional, en nous adressant le volume des travaux de cette réunion, s'exprimait dans les termes suivans qu'il est bon de mentionner ici : « Nous n'avons point voulu, dit-il, » faire schisme et nous séparer du grand mouvement national » qui a commencé à Caen, et qui passe maintenant par Poi- » tiers, pour faire le tour de la France. Nous avons seulement » voulu hâter le développement scientifique, artistique et » industriel de notre pays, qui, à tort ou à raison, a été » souvent accusé de se montrer stationnaire ou rétrograde. Le » Congrès méridional ne peut et ne doit être qu'un satellite du » Congrès national, de même que le midi lui-même n'est » qu'une fraction, bien belle il est vrai, de notre grande » unité française (1). »

» Si je voulais mentionner tous les fruits que doivent produire les Congrès scientifiques, j'aurais beaucoup à m'étendre et je prendrais trop sur un temps qui doit nous être précieux. Je me bornerai à noter de nouveau ici l'heureuse impulsion qui doit

(1) Lettre de M. Léonce de Lavergne, secrétaire général du Congrès méridional, à M. de la Fontenelle, secrétaire général du Congrès de Poitiers, en date du 25 août 1834.

résulter d'une réunion périodique d'hommes amis de la science, réunion destinée à convertir le monopole d'une centralisation permanente, celle de Paris, dans une centralisation portée successivement d'un point sur un autre point. Je l'ai dit en convoquant pour cette réunion : « Les Congrès annuels iront chercher » jusque chez eux les savans empêchés par l'âge ou par leur » position sociale d'entreprendre de longs voyages. Combien » d'hommes, amis de l'étude, qui, sans une pareille institution, » ne se seraient jamais rencontrés, et n'auraient pu, dès lors, s'in- » terroger réciproquement sur des points qu'eux seuls peut-être » étaient en position de résoudre? Or, ceux qui s'occupent » d'ouvrages scientifiques de longue haleine, savent combien » des renseignemens ainsi échangés peuvent être utiles à la » confection de tels travaux. »

» Qu'il me soit permis de dire que j'ai ressenti cet avantage inappréciable d'un rapprochement d'hommes de sciences, opéré par le fait de la tenue d'un Congrès. En effet, ce fut avec la session de Caen que je commençai l'année dernière la publication d'un ouvrage périodique et essentiellement historique, je veux parler de la *Revue Anglo-Française* (1). Or, ce fut à Caen, parmi ceux qui figuraient avec moi au Congrès, que je trouvai des collaborateurs instruits qui m'ont été du plus grand secours pour ma publication.

» Mais la première session du Congrès scientifique a produit des fruits d'une tout autre importance qu'il faut indiquer ici. Qu'on lise la circulaire du ministre de l'instruction publique relative aux bibliothèques des villes, et on y verra consignés nombre de points sur lesquels la réunion de Caen avait attiré l'attention du gouvernement. Espérons donc que ceux sur lesquels nous nous arrêterons dans cette session, obtiendront un aussi heureux résultat.

» Ce n'est pas seulement le ministre de l'instruction publique

(1) Ce Recueil trimestriel sera au courant à la fin de 1834. Il formera tous les ans un gros volume in-8o, orné de lithographies, et contenant la matière de 3 vol. in-8o ordinaires. Le prix de l'abonnement est de 15 fr. par an. On s'abonne à Poitiers, à la librairie *Saurin*, et à Paris, à la librairie *Lance*, rue du Bouloy, no 7.

qui a tiré parti des résolutions adoptées dans notre première réunion. Nous avions émis le désir de voir se former, dans toutes les localités importantes, des musées destinés à recevoir les antiquités locales. M. le préfet du Cher a arrêté la création d'un pareil établissement à Bourges, et les objets doivent être déposés dans un hôtel dont le nom historique rappelle le négociant le plus habile qu'ait produit la France, celui qui aida, par l'emploi patriotique de ses trésors, à la délivrance de notre sol du joug de l'étranger, et l'homme persécuté par le roi qui lui devait en partie son royaume : nous voulons parler de Jacques Cœur (1). Dans cette Normandie où l'on doit aller aujourd'hui chercher des exemples, un musée d'antiquités s'est aussi formé à Rouen, sous les auspices du savant M. Achille Deville (2) que nous regrettons tant de ne pas voir au milieu d'une assemblée qui aurait tant gagné à le posséder.

» Si c'est dans une contrée si riche en souvenirs que la Normandie, dans une ville aussi ville d'études que Caen, qu'a commencé l'institution des Congrès scientifiques annuels, et s'occupant de toutes les branches des connaissances humaines, que l'on ne s'étonne pas qu'en franchissant une partie du sol de la France, on soit arrivé, pour une seconde session, dans l'ancienne Aquitaine, dans le Poitou et nominativement à Poitiers. Notre ville, on peut le dire, est le chef-lieu intellectuel de l'Ouest de la France. Souvenirs pour souvenirs, nous dirons que lorsque les autres provinces des Gaules étaient dans les ténèbres, l'Aquitaine brillait d'un vif éclat par la splendeur de ses écoles, et une question qui se rattache à cette proposition sera traitée devant vous. A la dislocation de l'empire romain, ce colosse aux pieds d'argile, une nation gothique avait fondé un royaume dont le sol que nous foulons était la citadelle avancée. Mais arrivèrent des barbares du nord qui terrassèrent

(1) Il n'est peut-être pas sans intérêt de rappeler ici que Jacques Cœur fut prisonnier à Poitiers et à Lusignan, et que ce fut dans cette dernière localité qu'on lui prononça l'arrêt inique qui le privait de sa liberté et de ses biens.

(2) L'infatigable M. Deville, auteur de l'*Histoire de Saint-Georges de Bocherville*, de l'*Histoire de Château-Gaillard* et des *Tombeaux de Rouen*, vient de publier encore l'*Histoire du château et des sires de Tancarville*.

Alarik et sa puissance. Alors succédèrent les ténèbres à une civilisation avancée pour le temps. Mais c'était là la consolidation dans les Gaules d'un empire puissant et qui devait vivre des siècles ; et, de la fusion de deux peuples, les Franks et les Gaulois, se forma la nation française. C'est dans les champs de Vauclade (1), jusque-là non clairement indiqués, et non loin du point où nous nous trouvons, que s'opéra ce prodige ; et c'est de là, on peut le dire, que date l'existence réelle du grand peuple. Un peu plus tard, ce n'était plus le temps des invasions si habituelles des peuples du nord, l'attaque venait alors du midi ; une multitude de Sarrasins arrivait non-seulement pour conquérir les Gaules, mais même pour les occuper et s'y fixer. Karles-Martel, le maire du palais d'Austrasie, et le duc d'Aquitaine, Eudes, anéantirent cette horde musulmane dans les champs de Poitiers (2), et la croix l'emporta sur le croissant. Ensuite, l'Aquitaine, grâce au génie de ses ducs, nos comtes de Poitou (3), sortit encore de la barbarie pour arriver à un haut degré de civilisation comparative ; Poitiers fut renommé par ses écoles, comme il l'avait été plusieurs siècles auparavant ; et quand la domination anglaise, qui pesait d'un grand poids sur nos contrées, vint à s'anéantir par suite des victoires des généraux de Charles VII, précisément à l'époque où Poitiers était la véritable capitale du royaume de France, cette même ville, en cessant d'être la capitale politique de l'État, fut en quelque sorte le point central des études, en France. Des milliers d'écoliers de toutes nos provinces et de l'étranger même abondaient dans nos murs, et les notabilités scientifiques de l'époque étaient venues s'instruire sur les bancs de nos écoles (4).

(1) On ne peut trop s'étonner de voir presque tous les historiens placer cette bataille à Vouillé, localité bien éloignée du *campus Vaucladensis*, qui est *Voulon*, et du *campus Mogotensis* de Hincmar, qu'on retrouve dans MEUGON. Ces deux lieux, rapprochés du Clain, sont dans une direction presque opposée à Vouillé.

(2) Un Anglais fixé à Caen, M. Spencer Smith, a invité le Congrès à préciser le lieu où fut livrée cette mémorable bataille de 732.

(3) Nous allons publier, d'ici à quelques mois, le 1er volume d'une *Histoire des rois et ducs d'Aquitaine* et des *comtes de Poitou*

(4) Nous avons cité, à une autre époque, les de Thou, les Harlay les Chiverny les Thiraqueau et les Brisson.

» Nous avons voulu mettre en rapport des données historiques d'un grand intérêt, avec des données historiques d'une bien plus haute portée encore. En rappelant ce qu'étaient devenus les descendans des hommes du nord de l'Europe fixés en Neustrie et le degré de civilisation auquel ils parvinrent si promptement, nous n'avons pas voulu laissé ignorer que l'Aquitaine, même notre Aquitaine du nord dont Poitiers était le chef-lieu, d'abord annexe indépendante de la monarchie française, duché d'abord, royaume ensuite, duché encore, fut non-seulement civilisée à un haut degré, à plusieurs époques, mais fut encore une terre de liberté et de franchises; les villes eurent une existence politique et ce qu'on appelait des priviléges, ce qui n'était autre chose que l'abnégation du servage, tandis que la plupart des villes d'outre-Loire ne parvinrent à cet état de choses que bien plus tard, et par suite de concessions de nos rois.

» Après avoir ainsi établi notre position comparative au moyen âge et revenant à la position de choses actuelle, pouvons-nous, nous Poitevins ou Aquitains du nord, nous indiquer dans une position aussi avancée dans les sciences et dans la littérature que la Normandie? En revendiquant l'éclat de notre barreau et en le mettant hors de cause, nous conviendrons que nous devons offrir la palme à la contrée si bien représentée à cette assemblée, car il faut être juste avant tout. Mais nous irons chercher des modèles dans cette même province qui a fait un accueil si gracieux aux représentans du Poitou au Congrès de Caen; dans ce pays dont les habitans se plaisent à rappeler les anciens liens qui l'unissaient au nôtre. Il est encore un autre lien, c'est le commun enthousiasme pour l'étude. En effet l'impulsion est donnée, en Poitou, avec cette session du Congrès, et à l'aide de la création d'une société des antiquaires de l'Ouest (1) : à raison de l'émulation, résultat de deux

(1) Cette société a pour but la recherche, la conservation et la description des Monumens et des Documens historiques des pays compris entre la Loire et la Dordogne. Cette division naturelle a été aussi long-temps une division politique, l'*Aquitaine du Nord*. Aussi les grands vassaux du comte de Poitou étaient tenus, envers lui, à un service militaire pendant quarante jours, mais seulement de la Loire à la Dordogne.

sociétés savantes dans le même lieu, les travaux scientifiques n'en prendront que plus d'importance. Espérons donc, assurons même que, nous aussi, nous serons bientôt en progrès pour l'exploitation de la riche mine que notre sol offre à exploiter aux hommes studieux.

» Après avoir ainsi payé, Messieurs, un tribut à mes études favorites, en vous occupant des points fondamentaux de notre histoire, je me bornerai à quelques mots sur l'esprit que nous apportons tous dans cette enceinte. Je l'ai dit, l'époque où nous vivons est une époque de progrès; les hommes entièrement stationnaires, s'il en existe encore dans le mouvement qui nous entraîne, sont eux-mêmes forcés de l'avouer. D'un autre côté, par suite des événemens surprenans et capitaux d'un demi-siècle en arrière de nous, Paris est devenu plus que la capitale ordinaire d'un État; c'est, sous le rapport intellectuel, un centre d'action envahissant pour le surplus de la France. Or, on a senti généralement qu'il était temps de se mettre *hors de tutelle*, qu'on passe l'expression. On a jugé qu'à l'instar d'un pays voisin, de la Germanie, actuellement si studieuse, il fallait annuellement se réunir sur un point donné et différent, pour s'entendre sur des questions et pour éclaircir de concert des difficultés scientifiques et sociales. Le premier essai fait à Caen a eu des résultats, je l'ai prouvé. Travaillons pour que la réunion qui s'ouvre aujourd'hui soit également féconde, et elle doit l'être plus que l'autre encore, puisque nous avons l'expérience d'une première session.

» Au Congrès de Caen, Messieurs, on n'avait point pensé d'abord que l'*économie sociale* pût entrer dans l'ordre des travaux, parce qu'on craignait que cette science, du reste du premier intérêt, pût soulever parfois des opinions religieuses et politiques, susceptibles de diviser des hommes de bonne foi, mais d'opinions politiques diverses, réunis pour s'entendre sur un terrain neutre, et non pour aller chercher de nouveaux sujets de division, aujourd'hui si communs. Cependant une section spéciale fut créée pour cette science à notre première session ; cette même science et la législation, qui se tiennent essentiellement, constituent aujourd'hui, d'après le travail du comité préparatoire, une même section dont l'importance est extrême. Toujours est-il qu'en ayant les uns pour les autres la déférence d'hommes qui veulent s'entendre dans cette enceinte, tout en marchant au dehors sous des bannières diverses, nous devons mettre de côté, avec soin, toutes les questions irritantes. Tenons donc avant tout à ce point fondamental, si nous voulons perpétuer une institution dont les avantages sont incalculables.

» Oui, nous avons le malheur, Messieurs, de vivre dans un temps de discordes civiles ; et le seul fait de pouvoir, en se réunissant, faire une trève momentanée à nos sujets de division, est un pas fait vers un rapprochement entier que, vu l'état des choses, nous ne pouvons espérer que du temps. Reportons-nous donc à une autre époque, au moyen âge, où au lieu de polémiques écrites, de propos acérés, le sang laissait journellement des traces des débats humains. Dans ces temps éloignés, la religion chrétienne, dont le signe mystérieux a plus fait pour la civilisation que toutes les institutions humaines, venait, à certaines époques, suspendre les hostilités des hommes, *par la trève de Dieu.* Aujourd'hui, c'est le règne de l'intelligence, du raisonnement; et les Congrès scientifiques, dont les résultats futurs doivent être des progrès dans toutes les sciences, peuvent avoir aussi un résultat actuel : c'est d'établir une trève politique dans une réunion nombreuse, en plaçant ceux qui y assistent sur le terrain neutre de la recherche de la vérité.

» Nous nous bornerons, Messieurs, à ces données générales, sans vous rappeler les immenses travaux dont vous avez à vous occuper, dans le peu de jours assignés à votre réunion. Mais une classification des matières à traiter, préparée déjà, va être terminée, à l'aide des secrétaires de sections, que la mission, toute de confiance, qu'on nous avait accordée à Caen, nous faisait une obligation d'indiquer. L'ordre, en pareil cas, diminue sensiblement le travail. Soyons avares du temps, préparons dans les sections ce que nous avons à examiner, pour en terminer là la plus grande partie, et ne reporter à l'assemblée générale que ce qui est vraiment digne de cette solennité. Alors nous pourrons arriver à un résultat satisfaisant; une session aussi fructueuse en facilitera une autre qui pourra l'être plus encore, et l'institution des Congrès scientifiques se consolidera de plus en plus.

» Obligé, par la position que m'avait assignée la réunion de Caen, d'ouvrir cette belle et solennelle réunion, à laquelle je suis glorieux d'avoir attaché mon nom, je ne puis qu'avouer mon insuffisance, en protestant pourtant de mon zèle. Mais une voix plus éloquente que la mienne est là pour redire aux étrangers à notre ville, qui viennent nous apporter le tribut de leur savoir, le gré que nous leur savons, nous, habitans de cette terre du Poitou, d'être venus apporter tant d'éclat à cette assemblée. Qu'il me soit au moins permis de le leur dire le premier, en laissant à l'orateur habile qui va me suivre, la tâche, pour lui si facile, de l'exprimer bien mieux, mais non avec plus de conviction et plus de franchise. »

A la suite de ce discours, *M. Boncenne*, président de la société académique et du comice agricole de Poitiers, prend la parole et s'exprime ainsi :

« MESSIEURS,

» Je ne pouvais mieux sentir le prix des suffrages qui m'ont appelé à la présidence de la société académique et du comice agricole de Poitiers, que dans cette solennité où j'exerce l'honorable privilége de vous offrir l'hommage de notre reconnaissance, au nom d'une cité fière d'avoir été choisie pour la seconde session du Congrès scientifique de France.

» Ce fut à pareille époque, le 7 septembre de l'année 1579, que s'ouvrirent les grands-jours de Poitiers pour le fait de la justice : on y vit venir les illustrations de la magistrature, du barreau et des lettres, Achille de Harlay et Barnabé Brisson, Étienne Pasquier et Pierre Pithou, Antoine Loisel et René Chopin, Scévole de Sainte-Marthe, Rapin et Scaliger. Ces maîtres en tout savoir ne furent pas toujours occupés de plaidoiries et d'arrêts : ils ne dédaignèrent point d'épancher leur immense érudition du xvi^e siècle, dans les jeux poétiques qui mirent en si beau renom les muses poitevines.

» Aujourd'hui, vous venez tenir les grands-jours de la science, et, comme autrefois, nous ne manquerons ni d'hôtes célèbres, ni de belles discussions, ni d'utiles leçons.

» La capitale du Poitou, qui fut aussi, pendant les premières années du règne de Charles VII, la capitale du royaume, était digne de la distinction que vous lui avez accordée. La réputation de ses écoles remonte aux temps les plus reculés, et nos efforts tendent constamment à ne point déroger.

» Sur notre sol couvert des débris de l'antiquité, vous trouverez de beaux restes à décrire, des inscriptions à recueillir, des mystères à dévoiler, des coutumes à expliquer, un amphithéâtre, des aquéducs romains à reconstruire, des monumens qui suppléent au silence de l'histoire, et qui sont comme une évocation des générations ensevelies, comme la statistique morale de ces anciens jours où l'architecture du moyen âge ramifiait ses riches caprices dans d'innombrables détails, en faisant de chaque pierre l'expression d'une pensée. L'archéologie s'est faite l'indispensable flambeau de la philologie.

» Je suis heureux de trouver ici l'occasion de rendre grâces aux Antiquaires de Normandie, pour leur généreux concours à la conservation de notre temple de Saint-Jean. Ils ont jeté avec nous le cri de guerre contre les démolisseurs, et cet échantillon précieux de l'architecture gallo-romaine est resté debout pour attester l'imposante autorité de notre alliance.

» La poésie aquitanique eut son berceau à Poitiers. Le comte Guillaume fut le premier de ceux qui se piquèrent de composer en langue provençale, car elle était alors regardée comme la plus belle de l'Europe, et nos vastes foyers autour desquels on oyait tant parler d'armes et d'amour, répétèrent le refrain des ballades de Richard-Cœur-de-Lion, de ce héros qui légua son cœur à la Normandie et ses entrailles au Poitou.

» N'est-ce pas encore un titre à l'honneur que vous nous faites, Messieurs, que cette sympathique prévision de vos vues qui nous a guidés dans nos voies d'améliorations et de progrès?

» Des comices agricoles sont établis dans tous les arrondissemens, et dans une grande partie des cantons du département de la Vienne. Placée au centre, la Société d'Agriculture communique aux comices les observations et les découvertes qu'elle puise dans les riches mémoires des compagnies savantes qui correspondent avec elle : ainsi la théorie éclaire la pratique, et l'expérience vient à son tour redresser les systèmes.

» Nous possédons une collection d'instrumens aratoires perfectionnés : nous les avons exposés dans ces concours de charrues que vous avez si vivement recommandés dans la première session du Congrès. Toutes les sciences, tous les arts viennent aujourd'hui apporter leur tribut à la mère nourricière de l'État : toutes les émulations, tous les rangs se confondent dans ces épreuves dont chaque nature de sol devra tirer de si grands avantages ; et la palme agricole n'est plus d'un moindre prix que la couronne académique.

» Nous avons entrepris la statistique du département : cette tâche est une attribution toute naturelle des sociétés savantes. Du travail de chacune d'elles, dans le rayon qu'elle embrasse, sortirait l'accomplissement de cette immense opération, qui seule peut faire apprécier avec exactitude toutes les ressources de la terre et de l'industrie. Si, chaque année, on ajoutait à ce grand livre un chapitre supplémentaire, pour les améliorations et les changemens survenus dans les différentes parties dont il se compose, on pourrait suivre pas à pas les développemens successifs, rassembler et comparer facilement les méthodes et les faits.

» Ainsi, nous avons tâché de préparer nos contrées à recevoir la semence de vos idées.

» Me sera-t-il permis d'indiquer à vos méditations un sujet auquel se rattachent à la fois la prospérité de l'agriculture et l'extinction de la mendicité ?

» La Hollande et la Belgique se sont vues forcées de suppléer à l'insuffisance des institutions de charité et des aumônes qui ne font qu'accroître le nombre des pauvres, par une création qui s'appuie sur le travail et sur la morale. On a pensé que le moyen le plus sûr d'atteindre le but, était de fonder des colonies agricoles dans les landes abandonnées de quelques provinces. Le général Vandenbosh, chargé d'en tracer le plan, les a divisées en colonies libres et en colonies forcées. Les mendians sont répartis dans les colonies forcées : on emploie les longues soirées d'hiver à leur donner l'instruction religieuse. Leurs mœurs se sont améliorées; et, chaque année, il en est beaucoup qui se rendent dignes d'être émancipés, et de devenir fermiers du terrain qu'ils ont défriché.

» Le docteur Laurent de Versailles et M. Huerne de Pommeuse ont écrit sur les colonies agricoles. Ils ont donné le détail des constructions et des règles qui ont été adoptées pour ces établissemens.

» Quelle immensité de terres à assainir, à défricher, à cultiver, depuis les vastes et stériles plaines de l'Armorique, jusqu'aux Landes de Gascogne ! Il existe encore en France cinq millions d'hectares que le soc de la charrue n'a jamais touchés. Si le gouvernement en affectait d'abord cinquante mille aux colonies forcées, il obtiendrait une économie de cent cinquante francs par an, pour chacun des mendians ou vagabonds qu'il y placerait et qui croupissent aujourd'hui dans les maisons de détention. Au bout de quinze ans, l'État se trouverait propriétaire de cinquante mille hectares de terres mises en bon rapport. Et croyez-vous d'ailleurs que ce ne serait pas un beau dédommagement pour quelques avances, que de fermer cette hideuse plaie de la mendicité, et de faire rayonner la civilisation sur des pays presque sauvages ?

» Peut-être estimerez-vous, Messieurs, qu'il serait bon de rattacher au système des colonies agricoles l'examen des questions relatives aux enfans trouvés. Vous aurez à remuer là des abus et des crimes. Les hôpitaux se remplissent d'enfans sans mères, et les ménages ont des pères sans enfans.

» La ville où s'est tenue la première session du Congrès, a offert à votre admiration un des plus beaux établissemens que le zèle d'un homme ait pu fonder, avec les seules ressources de la charité chrétienne et la constance de ses travaux. Je ne sais rien de plus attachant et de plus instructif que les détails que vous a donnés le vénérable chef du *Bon Sauveur*, sur le régime de sa maison, sur le traitement des aliénés, sur l'enseignement des sourds-muets, et sur les merveilles de sa dactylologie. Vous trouverez ici, dans des proportions moins grandes, une institution où les sœurs *de la Sagesse* apprennent aussi aux sourds-muets l'art de recevoir et de communiquer l'expression de la pensée; et je m'assure qu'une visite à l'hospice de Pont-Achard de Poitiers ne sera ni sans intérêt, ni sans charme, même pour ceux qui connaissent la maison du *Bon Sauveur* à Caen.

» Plus exigeantes envers elles-mêmes, plus puissantes et plus bienfaisantes que jamais, les sciences veulent se rendre plus populaires et plus familières avec toutes les classes. Une bonne méthode qui répande l'intelligence des opérations auxquelles l'homme est obligé de se livrer dans le cours de sa carrière, des procédés qui abrègent la durée des études primaires au profit des agriculteurs, qui ajoutent deux ou trois années à la vie utile de l'homme : voilà ce qu'il importe de rechercher et de propager. « Que le moindre paysan puisse posséder une » bible et la lire, disait Georges III en Angleterre. » Le vœu de notre Henri IV n'était que la conséquence de celui-là.

» Si je m'en rapporte aux annonces que les journaux ont publiées, il en est parmi vous, Messieurs, qui se disposent à nous entretenir des routes à rainures. C'est par les grandes routes que les civilisations s'avancent : quel pas ne devra-t-elle pas faire quand, sur notre sol, se seront étendus les chemins de fer! Les grandes directions de ces canaux solides, accessibles dans tous les temps, en dépit des calmes et des tempêtes, sur lesquels les chars roulent sans secousse comme un traîneau sur la glace d'un lac, changeraient en bénédictions les plaintes héréditaires de villes qui, comme la nôtre, gémissent d'âge en âge sur l'inertie des eaux où elles se mirent. Il vous appartient, Messieurs, de hâter le complément du système des routes à rainures, d'en expliquer les avantages, de dissiper les hésitations, et d'animer les esprits par la puissante influence de vos lumières. Dites ce qu'ont fait en ce genre les associations anglaises; dites-nous l'élévation prodigieuse des actions émises pour l'établissement des chemins de fer; dites combien se vend aujourd'hui, à la bourse de Londres, une action qui fut primitivement de cent livres!

» L'économie sociale méritait la place que vous lui avez assignée. De violentes disputes ont agité autrefois les économistes; mais aujourd'hui les faits si bien observés, si bien constatés, si bien décrits, doivent sortir du domaine de l'opinion, pour entrer dans celui de la vérité. Toutefois, c'est encore un devoir auquel il faut se soumettre de bonne grâce, que celui de démontrer l'évidence, de combattre des objections futiles, de redresser des raisonnemens faussés, et de faire l'éducation de ceux qui ont aimé mieux nier la science que l'étudier.

» Je prie que vous me pardonniez, Messieurs, si, interrogeant le programme de vos travaux, j'ai risqué par un indiscret empressement de tenir quelques-unes de vos pensées. Peut-être ai-je cédé par instinct au besoin d'être éclairé d'avance sur la nature du mouvement qui nous porte en avant. Ces laborieuses préparations sont-elles pour consolider, pour perfectionner l'édifice social; ou pour le reconstruire en entier, et lui creuser de nouveaux fondemens? Sommes-nous dans une de ces crises où la société se refait en se déchirant? Et notre sort aura-t-il été de naître dans un temps de souffrance et de transition, entre une civilisation épuisée et une civilisation provisoire?

» Non; et c'est votre témoignage que j'invoque, il n'est pas vrai que tout soit au pire, et qu'il faille tout renverser pour tout refaire. Les systèmes perdent leur puissance quand ils font abstraction des mœurs et des idées; et, comme on l'a fort sagement remarqué, cette application de la métaphysique à la politique a été déjà assez fatale aux peuples modernes.

» Vous l'avez dit, Messieurs, vous êtes assemblés pour discuter les intérêts de la science, pour travailler au perfectionnement des connaissances humaines, et arriver, par cette voie, au plus grand bien-être de la société.

» En ce moment, des Congrès scientifiques se réunissent à Stuttgard, à Edimbourg; le roi de Wurtemberg va donner une grande fête aux naturalistes d'Allemagne : on citera le Congrès de Poitiers, en parlant de ces solennités et de leurs résultats. Votre adoption nous associe à l'honneur de votre nom. Vous nous laisserez d'utiles enseignemens, et des souvenirs qui ne s'effacent point. Notre contentement serait au comble, si, durant ces jours où va se consacrer la douce intimité de nos relations, vous pouviez vous laisser aller à croire que vous êtes encore chez vous. »

Ensuite M. le secrétaire-général appelle au bureau, comme président provisoire, *M. Cauvin* ( du Mans ), qui se trouve le doyen d'âge des membres présens. Puis M. le président d'âge et M. le secrétaire-général désignent, comme scrutateurs, trois membres du Congrès, étrangers à la ville de Poitiers ; ce sont MM. de *Givenchy* ( de Saint-Omer ), *Lair* ( de Caen ) et le *D*[r] *Guépin* ( de Nantes ).

Le bureau provisoire ainsi entièrement formé, on procède à un scrutin par le résultat duquel *M. de Caumont* ( de Caen ), correspondant de l'Institut, et secrétaire de la société des antiquaires de Normandie, est nommé président de cette session du Congrès scientifique de France.

Par suite d'un autre scrutin, MM. *Boncenne*, doyen de la faculté de droit, président de la société académique et du comice agricole de Poitiers, et *Jullien* ( de Paris ), homme de lettres et fondateur de la *Revue encyclopédique*, sont nommés vice-présidens.

Le bureau définitif prend place. *M. de Caumont*, président, adresse à l'assemblée une courte allocution, et invite les membres du Congrès à se faire inscrire dans les sections auxquelles ils veulent s'attacher, en avertissant qu'on peut, à volonté, être inscrit dans une ou plusieurs sections. MM. les secrétaires indiqués pour les sections procèdent sur-le-champ à cette inscription.

M. le secrétaire-général fait connaître la division en sections, et l'ordre de tenue des séances pour les assemblées générales et pour les réunions de sections, ainsi que le tout a été arrêté dans plusieurs réunions préparatoires, et notamment dans une assemblée tenue le 5 de ce mois, et à laquelle ont assisté un grand nombre de membres du Congrès, soit de Poitiers, soit étrangers à cette ville.

Le Congrès adopte ce classement, ainsi que l'ordre de travail dont la teneur suit :

DIVISION EN SECTIONS.

1re section. — *Sciences physiques, mathématiques et naturelles.*
2e —— — *Agriculture, industrie et commerce.*
3e —— — *Sciences médicales.*
4e —— — *Archéologie et histoire.*
5e —— — *Littérature, beaux-arts et philologie.*
6e —— — *Sciences morales et législation.*

ORDRE DE TRAVAIL. — HEURES DE RÉUNION.

*Section n° 2.* — AGRICULTURE, INDUSTRIE ET COMMERCE, de 6 heures et demie à 8 heures du matin. — *Dans la salle de la Société académique.*

*Section n° 6.* — SCIENCES MORALES ET LÉGISLATION, de 8 heures à 9 heures et demie. — *Dans la salle de l'Ecole de droit.*

*Section n° 1er.* — SCIENCES PHYSIQUES, MATHÉMATIQUES ET NATURELLES, de 9 heures et demie à 10 heures et demie. — *Dans la salle de la Société académique.*

*Section n° 4.* — ARCHÉOLOGIE ET HISTOIRE, de 11 heures et demie à une heure. — *Dans la salle de l'École de droit.*

*Section n° 5.* — LITTÉRATURE, BEAUX-ARTS ET PHILOLOGIE, d'une heure à 2 heures et demie. — *Dans la salle de la Société académique.*

*Section n° 3.* — SCIENCES MÉDICALES, de 1 heure à 2 heures et demie. — *Dans la salle du conseil de l'École de droit.*

*Séance générale du Congrès*, de 2 heures et demie à 5 heures et demie. — *Dans la grande salle de la Bibliothèque de la ville* (1).

(1) L'indication des *heures de réunion* contenait de plus la note suivante

Il y aura une table commune, pour les membres du Congres, à l'hôtel des Trois-Piliers, dans une salle particulière, à cinq heures et demie précises.

Pour être admis aux séances du Congrès, il est essentiel de présenter sa carte d'entrée.

Le Congrès arrête, sur la proposition de M. le président, que le bureau et les secrétaires de sections indiqués se réuniront, dans la soirée, pour faire la répartition des mémoires et des propositions entre les différentes sections.

Il est aussi arrêté que demain matin, chaque section, avant de commencer ses opérations, constituera son bureau, par la nomination d'un président, d'un vice-président et de deux secrétaires définitifs.

Pour avoir une carte d'admission, en échange de la lettre de convocation, il faut s'adresser à M. Bouriaud, négociant, trésorier du Congrès scientifique de France, rue Neuve.

Ceux qui ont des propositions à faire ou des points à traiter, sont invités à en donner l'indication, sans délai, au secrétaire-général, pour qu'il en puisse faire le classement et la distribution aux sections.

# COMPOSITION DES BUREAUX.

## ASSEMBLÉES GÉNÉRALES.

*Président.* — M. de Caumont (de Caen) ✱, correspondant de l'Institut (académie des inscriptions et belles-lettres), directeur-fondateur de l'association normande, directeur-inspecteur-général de la société française pour la conservation et la description des monumens historiques, secrétaire de la société des antiquaires de Normandie, membre de plusieurs autres sociétés savantes, françaises et étrangères, directeur de la *Revue Normande*, etc.

1er *Vice-président.* — M. Boncenne (de Poitiers) ✱, doyen de la faculté de droit de Poitiers, président de la société académique et du comice agricole de la même ville, membre de la société des antiquaires de Normandie.

2me *Vice-président.* — M. Jullien (de Paris) ✱, membre de plusieurs sociétés savantes, françaises et étrangères, fondateur de la *Revue Encyclopédique.*

*Secrétaire-général.* — M. de la Fontenelle de Vaudoré (de Poitiers) ✱, conservateur des monumens historiques du Poitou, correspondant de la commission des archives d'Angleterre pour la même province, inspecteur divisionnaire et membre du conseil général de la société pour la conservation et la description des monumens historiques, secrétaire perpétuel de la société académique de Poitiers, vice-président de la société des antiquaires de l'Ouest, membre de plusieurs autres sociétés savantes, directeur de la *Revue Anglo-Française*, etc.

*Trésorier.* — M. F. Bouriaud, trésorier de la société académique de Poitiers, etc.

## SECTIONS.

### 1re SECTION. — Sciences physiques, mathématiques et naturelles.

*Président.* — M. DESVAUX ( d'Angers ), membre de plusieurs sociétés savantes, directeur du Jardin des plantes d'Angers, etc.

*Vice-président.* — M. DE LA PYLAIE ( de Fougères ), membre de plusieurs sociétés savantes, etc.

*Secretaires.* — M. N. BOUBÉE ( de Paris ), professeur de géologie, membre de plusieurs sociétés savantes, directeur de l'*Echo du monde savant*, etc.

M. DE BREBISSON ( de Falaise ), membre de plusieurs sociétés savantes, etc.

### 2e SECTION. — Agriculture, Industrie et Commerce.

*Président.* — M. LAIR ( de Caen ) ✠, secrétaire-perpétuel de la société d'agriculture et de commerce de Caen, membre de plusieurs autres sociétés savantes, etc.

*Vice-président.* M. le président BARBAULT DE LA MOTTE ( de Poitiers) ✠, membre de la société académique de Poitiers, etc.

*Secrétaires.* — M. J. JOZEAU ( de Niort ), secrétaire-perpétuel de la société d'agriculture des Deux-Sèvres, correspondant du conseil d'agriculture, membre de plusieurs autres sociétés savantes, etc.

M. BABAULT DE CHAUMONT fils ( de Poitiers ), membre de la société académique de Poitiers, etc.

### 3e SECTION. — Sciences médicales.

*President.* — M. le Dr DE LA MARSONNIÈRE ( de Poitiers ),

membre de la société académique de Poitiers, ancien professeur à l'école secondaire de médecine de la même ville, etc.

*Vice-président.* — M. le Dr Guépin ( de Nantes ), membre de plusieurs sociétés savantes, etc.

*Secrétaires.* — M. le Dr Hunault de la Peltrie ( d'Angers ).

M. le Dr Lucien Gaillard ( de Poitiers ), membre de la société académique de Poitiers, professeur à l'école secondaire de médecine de la même ville, etc.

## 4e section. — Archéologie et Histoire.

*Président.* — M. Auguis ( de Melle), député des Deux-Sèvres, membre de plusieurs sociétés savantes, etc.

*Vice-president.* — M. de Givenchy ( de Saint-Omer ), secrétaire-perpétuel de la société des antiquaires de Morinie, membre de plusieurs sociétés savantes, etc.

*Secrétaires.* — M. de la Saussaye ( de Blois ), membre de plusieurs sociétés savantes, bibliothécaire honoraire de la ville de Blois, etc.

M. de la Pylaie ( de Fougères ), membre de plusieurs sociétés savantes, etc.

## 5e section. — Littérature, Beaux-Arts et Philologie.

*Président.* — M. Isidore Lebrun ( de Paris ), membre de plusieurs sociétés savantes, etc.

*Vice-président.* — M. Guerry-Champneuf (de Poitiers) ✠, avocat, membre de plusieurs sociétés savantes, etc.

*Secrétaires.* — M. F. Chatelain ( de Paris ), homme de lettres, membre de plusieurs sociétés savantes, etc.

M. A. Mazure ( de Poitiers ), professeur de philosophie au collége royal de Poitiers, membre de plusieurs sociétés savantes, etc.

## 6e SECTION. — Sciences morales et Législation.

*Président.* — M. BONCENNE ( de Poitiers ) ✻, doyen de la faculté de droit, etc., etc.

*Vice-président.* — M. NICIAS GAILLARD ( de Poitiers ), avocat-général, membre de la société académique de Poitiers.

*Secrétaires.* — M. FOUCART ( de Poitiers ), professeur de droit administratif, membre de plusieurs sociétés savantes, etc.

M. ISIDORE LEBRUN ( de Paris ), etc., etc.

# TRAVAUX DES SECTIONS.

## PREMIÈRE SECTION.

## Sciences mathématiques, physiques et naturelles.

### PREMIÈRE DIVISION.

### SCIENCES MATHÉMATIQUES, PHYSIQUES ET GÉOLOGIQUES.

#### SÉANCE DU LUNDI 8 SEPTEMBRE 1834.

Présidence de M. Cauvin (du Mans), doyen d'âge, et ensuite de M. de la Pylaie (de Fougères) (1).

MM. Desvaux, directeur du jardin botanique d'Angers, et de la Pylaie, de Fougères, naturaliste, sont, par le résultat du scrutin, nommés président et vice-président de la section.

MM. N. Boubée, professeur de géologie à Paris, et de Brebisson, botaniste à Falaise, sont maintenus, par acclamation, dans les fonctions de secrétaires : le premier pour les sciences mathématiques, physiques et géologiques, et le second pour les sciences botaniques et zoologiques.

L'un des secrétaires fait connaître les sujets de lecture et de

(1) Pour les sections, comme pour les assemblées générales, on a retranché ici les détails d'administration intérieure et les autres points d'intérêt du moment. Il en est de même, en général, des hommages d'ouvrages aux sections, la liste de cette bibliothèque devant former une division particulière

discussion qui ont été proposés jusqu'à ce jour, afin que la section soit ainsi fixée sur l'ensemble et sur la nature de ses travaux.

M. le président annonce que demain il sera donné lecture du mémoire de M. Boubée, *sur le creusement des vallées à plusieurs étages, embrassant la question des aérolithes et celle du grand déluge des géologues;* et qu'après ce mémoire serait appelée la discussion relative aux *brouillards secs.* — Enfin on propose que la promenade d'histoire naturelle et de géologie soit fixée à *jeudi* prochain, et que l'on puisse y consacrer toute la matinée, depuis sept heures du matin jusqu'à une heure. La question de l'influence géologique du sol sur le degré de fertilité des terres cultivées, présentée par la section d'agriculture, pourrait être également discutée dans cette promenade. On se réunirait à sept heures précises du matin, sur la place d'Armes.

## SÉANCE DU MARDI 9 SEPTEMBRE 1834.

### Présidence de M. Desvaux (d'Angers).

M. Noel Dargi (de Meung-sur-Loire) annonce avoir découvert une mine de fer hydroxidé très-riche en or et argent; il demande qu'une commission soit nommée pour assister à des essais qu'il ferait en présence des commissaires, dans le but de faire constater sa découverte.

Plusieurs observations sont faites à ce sujet par divers membres de la section. Les uns font remarquer qu'on ne connaît pas encore l'or et l'argent, ensemble réunis dans le fer hydroxidé; d'autres, que déjà M. Noel Dargi ayant adressé à l'Académie des sciences de Paris des échantillons d'une mine dans laquelle il prétendait trouver une proportion considérable de platine, d'or, etc., il a été reconnu, par l'analyse de l'école des mines, qu'en effet il y a des traces de ces métaux dans le minerai analysé, mais rien qui approche des proportions annoncées par M. Dargi; rien qui puisse avoir aucune importance industrielle. On ajoute qu'il faut éviter de compromettre la dignité du Congrès dans des questions qui peuvent être justement regardées comme suspectes.

D'autres membres font observer que le but des Congrès est d'admettre tout ce qui peut éclairer la science, l'industrie, et contribuer en quelque manière à la prospérité des divers points de la France; qu'il n'y aurait donc aucun inconvénient à nommer une commission chargée d'examiner avec soin le minerai, avant qu'il soit livré à l'analyse; que, sans être sur les lieux et sans assister à l'extraction du minerai, les commissaires sauront sans doute reconnaître toute falsification, s'il en existait; et que si, par le fait, la découverte est réelle, elle mérite d'être puissamment encouragée.

M. le président désigne MM. Mauduyt (de Poitiers), Rivière (de Bourbon-Vendée), et Boubée (de Paris), pour prendre connaissance de cette question; le Congrès n'entrera en rien dans cette affaire qu'après le rapport de la commission nommée.

M. Nerée Boubée lit un mémoire sur le creusement des vallées à plusieurs étages. Voici les conclusions de ce mémoire :

1° On peut distribuer les vallées qui sillonnent le globe en deux grandes sections : les vallées d'*érosion* et les vallées de *dislocation*. On peut distinguer, dans les vallées de dislocation, des vallées de *fendillement* et des vallées de *soulèvement*; et, dans les vallées d'érosion, des vallées *sans étages* et des vallées *à plusieurs étages*. Ce mémoire n'a eu pour objet que de présenter quelques observations sur les vallées à plusieurs étages, qui sont d'ailleurs les plus grandes et les plus nombreuses.

2° On trouve des vallées à plusieurs étages sur toutes les parties du globe, et elles offrent toujours des caractères semblables et constans, qui permettent d'établir entre elles les mêmes comparaisons, les mêmes rapprochemens, et qui dénotent qu'elles ont toutes une même origine, qu'elles dépendent toutes d'un même mode d'érosion.

3° Le nombre des étages n'est pas le même dans toutes les vallées, mais le premier ou le supérieur est toujours et incomparablement plus grand que tous les autres.

4° Chaque étage est comparable à un lit de rivière, et il est recouvert, par-dessous la terre végétale, ou pêle-mêle avec elle, de gravier, comme le lit d'un fleuve.

5° La largeur des étages augmente de l'inférieur au plus élevé, et le volume moyen du gravier de chaque étage s'accroît dans le même rapport; de telle sorte que l'étage inférieur, ou le plus rétréci, a le moindre gravier, tandis que l'étage supérieur, ou le plus élargi, offre le gravier le plus gros et le plus pesant.

6° Ces divers étages paraissent ne pouvoir être attribués qu'à l'érosion des eaux, et leurs formes et leurs dimensions nous représentent les cours d'eau qui les ont remplis; d'où il résulte que nos grandes vallées ont été occupées par des fleuves beaucoup plus volumineux que ceux qui les arrosent aujourd'hui, et que ces anciens fleuves ont éprouvé plusieurs diminutions successives dans le volume de leurs eaux.

7° Le premier étage de ces vallées, celui qui est le plus élevé et en même temps le plus élargi, et dont la largeur est même disproportionnée, dans toutes les vallées, à la largeur des autres étages, ne saurait être attribué qu'à un déluge général résultant de l'irruption violente des mers sur les continens.

8° La réalité d'un tel déluge, que prouveraient suffisamment les étages de nos vallées et leur direction généralement parallèle, ne saurait plus être mise en doute, lorsque se réunissent encore, pour le démontrer, soit la *dispersion des blocs erratiques*, soit l'*accumulation des pierres roulées* sur toutes les parties du monde, et à des élévations que les eaux communes n'ont pu jamais atteindre, soit le *dépouillement des matières premières* que l'on trouve rassemblées en dépôts inépuisables au milieu des sables et des cailloux de transport, soit le *nivellement des grandes contrées* formées de roches dures et de couches plus ou moins verticales, soit enfin les *traces de dislocation* que les roches conservent encore à l'extérieur, sans que la masse intérieure en soit affectée.

9° A ces preuves, qui suffiraient chacune pour attester la réalité d'un cataclysme général, se joignent trois autres circonstances qui leur donnent un nouveau degré de certitude, et permettent d'apprécier la cause, le mode et l'origine du cataclysme. C'est d'une part la *disparition de plusieurs races* de grands animaux, à l'époque de ces dépôts diluviens; en second lieu, le *gisement des debris de ces animaux* dans les régions les plus froides du globe, tandis qu'ils durent habiter les zones les plus chaudes; et en troisième lieu, *l'apparition des aérolithes* à la même époque, aérolithes dont la terre n'a cessé de recevoir depuis lors de nouveaux fragmens, tandis qu'elle n'en avait point reçu jusqu'alors.

10° Quant aux étages inférieurs, ils sont dus évidemment à l'action des caux post-diluviennes. Les sources naturelles de ces grandes eaux, qui ont dû être jusqu'à cent fois plus volumineuses que celles des fleuves actuels, peuvent se prendre dans l'évaporation très-grande qui dut avoir lieu sur le globe après l'inondation générale, dans le déversement d'un grand nombre de lacs formés momentanément lors du grand cataclysme, et enfin dans ces soulèvemens de montagnes, qui ont dû amener de grandes inondations locales sur divers points du globe.

Plusieurs membres témoignent l'intention d'opposer diverses considérations au mémoire de M. Boubée; mais l'heure avancée oblige à remettre la discussion à demain, et de rattacher à cette séance la lecture des mémoires relatifs aux aérolithes.

## SÉANCE DU MERCREDI 10 SEPTEMBRE 1834.

Présidence de M. Desvaux (d'Angers).

Plusieurs personnes demandent des renseignemens sur l'itinéraire de la course projetée pour demain. Après discussion, on choisit la direction de Civray, comme offrant des coupes où les terrains du Haut-Poitou s'observent facilement, et où l'on voit même le lias et le sol granitique, terrains en quelque sorte exceptionnels, où règnent presque exclusivement les formations jurassiques.

Le Congrès provincial de Douai propose, par l'organe de

M. de Givenchy (de St-Omer), que le Congrès de Poitiers généralise, pour la France entière, l'émission d'un vœu adopté pour le département du Nord. Il est ainsi conçu :

Le gouvernement est invité d'imposer aux exploitans de houillères, comme condition de leurs concessions, l'obligation de communiquer, avec un soin spécial, les résultats de leurs sondages et creusemens, en tout ce qui peut intéresser la connaissance géognostique plus parfaite des gisemens de houille et du terrain carbonifère en général.

Cette proposition est adoptée sans discussion.

L'ordre du jour appelle la réponse au mémoire sur le creusement des vallées par les eaux diluviennes.

Pour répondre aux aperçus particuliers énoncés dans le mémoire de M. Boubée, tendant à établir un cataclysme diluvien avant toute époque historique, M. Desvaux (d'Angers) expose un ensemble de vues cosmogoniques et géogéniques, intitulé *De l'impossibilité physique d'un déluge universel, tel que généralement le conçoivent les géologues*, hypothèse qui se trouve développée dans la statistique naturelle de Maine-et-Loire. M. Desvaux soupçonne bien qu'il y a eu primitivement une grande masse d'eau à la surface du globe; mais, selon lui, cette eau s'y était déposée paisiblement, alors que la terre se fut assez refroidie pour que les vapeurs se trouvassent condensées, et à une époque à laquelle les montagnes ne pouvaient exister. M. Desvaux admet cependant à cette époque deux chaînes de montagnes opposées, allant d'un pôle à l'autre, et produites par soulèvement. La combinaison graduelle de l'eau, pour former les masses minérales successives, pour entrer comme partie constituante dans les diverses corps organisés marins qui se multiplièrent en forme et en nombre à l'infini, détermina, selon M. Desvaux, une diminution successive dans les eaux, dont la surface ne pouvait être agitée que par les orages, et le fond par les courans sous-marins. Dans son opinion, les orages, les cours d'eaux qui se formèrent sur les terrains primitifs, creusèrent les premiers fleuves et promenèrent les matériaux des terrains primitifs dégradés, ou granites de seconde formation, et plus tard ceux des terrains de transition, produits des premiers, mais abondamment mélangés de débris d'animaux marins. M. Desvaux ne reconnaît pas de bouleversemens généraux, mais quelques cataclysmes locaux, et une formation graduelle, continue, sans secousse, des corps naturels de toutes sortes, sauf quelques vallées, quelques soulèvemens partiels, et les volcans. Les blocs erratiques se sont trouvés placés hors de leur gisement le plus naturel, parce que la diminution des eaux ayant occasioné un plus grand nombre de cours d'eau, à raison des surfaces mises à nu, les grandes et premières vallées, devenues des plateaux, ont été déchirées par les eaux et les cailloux roulés ; les blocs erratiques ont paru être déplacés par des cataclysmes, lorsqu'ils n'y étaient que par un effet tel qu'en présentent nos gros torrens actuels.

M. Boubée essaie de réfuter les points principaux de ce mémoire, qui ne lui paraît pas établi sur des faits déterminés avec précision.

M. Guépin (de Nantes) cite des blocs transportés à quatre lieues de leurs gisemens, qu'il a observés au-delà de Pontivy, en Bretagne ; mais il ne peut non plus admettre un cataclysme universel.

L'auteur du mémoire attaqué rappelle que toute la question est de savoir, sans formes vagues : si le fait d'un déluge général est chose possible, si on peut prouver qu'un tel phénomène ait jamais eu lieu, et si l'on ne peut en assigner la cause physique.

Quelques membres, entre autres M. l'abbé Gaillard (de Poitiers), témoignent leur crainte que l'examen d'une telle question ne froisse les opinions religieuses, en attaquant les faits ou les croyances consacrées par l'histoire et par la tradition, relativement à la succession des races humaines.

M. l'abbé Cousseau (de Poitiers) fait observer que l'Eglise n'oblige pas à croire que le déluge ait été absolument universel.

M. Nerée Boubée rappelle ce qu'il a fait remarquer dans son mémoire, que le *déluge des géologues*, dont il s'agit, est tout autre que le *déluge mosaïque*, qu'il est bien antérieur à l'apparition de la race humaine sur le globe ; que toute considération historique, morale et religieuse doit être complètement écartée de cette discussion.

Le déluge des géologues n'est qu'un fait dont la découverte résulte de l'observation des choses, comme la plupart des faits géologiques; comme eux, il est susceptible d'étude et de démonstration; on peut en retrouver la date géologique, la cause, le mode d'action, et tous les résultats.

Quelques autres membres proposent d'écarter cette discussion, comme n'étant pas susceptible d'une solution précise et immédiate; mais M. Rivière fait observer qu'une telle considération est entièrement contraire au but des Congrès; que les questions susceptibles d'être résolues sans peine et avec certitude, comme un problème de géométrie, doivent être simplement étudiées, dans le cabinet, par les hommes spéciaux; mais que les questions difficiles, et surtout celles qui peuvent paraître insolubles, sont précisément celles qui doivent être mises en discussion dans un Congrès où le concours de toutes les lumières et de toutes les opinions pourra toujours les éclaircir, quelquefois même les résoudre. La majorité décide que la discussion relative au déluge sera continuée.

## SÉANCE DU VENDREDI 12 SEPTEMBRE 1834 (1).

Présidence de M. Desvaux (d'Angers).

La lecture du procès-verbal de la séance du 10 donne lieu à une réclamation. M. l'abbé Cousseau observe qu'en demandant qu'on n'établisse point, sans limitation, comme fait M. Desvaux, qu'un déluge universel est impossible, il ne parle point précisément dans les intérêts de la religion, qui n'oblige point à croire à un déluge absolument universel quant à l'espace, mais qu'il parle dans les intérêts de la discussion même. En niant le déluge universel, on nie un fait qui peut être prouvé non-seulement par des preuves géologiques, mais aussi,

(1) Le rapport sur la promenade géologique de la veille sera inséré dans le compte rendu de la séance générale du Congrès où il a été lu.

comme tous les faits, par des preuves historiques. La section n'entendant point discuter celles-ci, il faut donc poser autrement la question, et s'en tenir à la discussion du mémoire de M. Boubée.

M. de Caumont fait hommage de la *Carte géologique du département de la Manche*, dressée par lui en 1825, 1826 et 1827, et dont la gravure vient d'être achevée en 1834.

M. le secrétaire communique, 1° le prospectus des *Monographies de tous les genres de coquilles univalves marines*, par M. Duclos, et annonce avoir vu avant son départ les premières planches de cet ouvrage magnifique et dispendieux ; 2° le prospectus du *Comptoir minéralogique et géologique*, tout récemment fondé à Paris, à l'instar de celui que M. le baron de Léonhard dirige à Heidelberg. Ce nouveau comptoir contribuera sans doute beaucoup au progrès des sciences géologiques en France, parce qu'il procurera à bas prix des collections exactes de roches et de minéraux dont les professeurs du Jardin des Plantes ont vérifié les types. C'est M. *Danhauser*, naturaliste allemand, qui a fondé à Paris cet utile établissement ; 3° enfin, le prospectus du *Cours complet d'études géologiques* par des leçons et par des voyages de M. Boubée. Il n'y avait encore aucun ouvrage élémentaire, progressif et complet, pour l'étude de la géologie ; cet ouvrage paraît devoir remplir cette lacune. Trois volumes, un tableau et quelques livraisons des volumes suivans sont déjà publiés.

Un mémoire de M. Brillouin, sur les ossemens fossiles trouvés à Pons, en janvier 1834, et un échantillon de brèche osseuse recueillie dans cette localité, offert par M. Moreau (de Saintes), sont renvoyés à l'examen de MM. Rivière et Boubée, qui sont chargés par M. le président de faire un rapport à ce sujet.

M. Vernial adresse une proposition relative à des observations météorologiques, que les employés des télégraphes seraient chargés de faire dans tous les postes télégraphiques. Cette proposition sera soumise à l'examen de la section.

L'ordre du jour appelle la suite de la discussion sur la question du déluge universel.

M. Mauduyt fait observer que vu l'importance de la question et l'insuffisance de moyens pour la discuter convenablement, il faudrait la renvoyer à la prochaine session du Congrès. Ce renvoi, quoique contraire à la délibération prise dans la séance précédente, portant que la discussion serait continuée, est adopté par la majorité.

M. Babault de Chaumont lit son mémoire sur les aérolithes. Dans ce mémoire, l'auteur commence par réfuter l'opinion de ceux qui supposent que les aérolithes sont des corps lancés par les volcans de la lune, ou de tout autre astre. Il ne peut admettre que les corps planétaires abandonnent une partie de leur matière : car, s'il en était ainsi, leur masse diminuant, leur puissance d'attraction devrait diminuer aussi et entraîner dans le système planétaire de funestes perturbations. M. Babault de Chaumont cherche ensuite à prouver que les aérolithes ne peuvent être les débris d'un astre brisé. D'abord, dit-il, les comètes ont une marche régulière et ne peuvent se heurter contre les corps planétaires. Les aérolithes offriraient des matières inconnues sur notre globe, si elles venaient d'un astre étranger... L'auteur croit donc que les aérolithes sont des productions de notre globe, lancées par les volcans à de grandes hauteurs, mais jamais à des hauteurs telles, qu'elles puissent se soustraire à l'attraction de la terre, et passer dans un autre système. Enfin, M. Babault de Chaumont ne se dissimulant pas les difficultés qui peuvent lui être opposées, déclare que ce n'est qu'avec la plus grande méfiance qu'il hasarde une théorie pour expliquer les aérolithes ; qu'au surplus la puissance du Créateur ne doit pas être limitée par nous dans les bornes étroites de notre intelligence.

M. Desvaux fait remarquer à l'auteur de ce travail, que les aérolithes offrent un ensemble de caractères tout'particuliers, et tels qu'on n'a retrouvé nulle part sur le globe de masse naturelle qui puisse leur être comparée.

M. Boubée, admettant avec M. Babault de Chaumont que

les aérolithes ne peuvent provenir d'éruptions volcaniques de la lune ou de toute autre planète, démontre, par de nombreuses considérations de physique et de géologie, que les trois autres points du mémoire sont empreints de graves erreurs. Mais l'auteur paraît croire que la démonstration de M. Boubée repose sur des hypothèses gratuites; il oppose à ces hypothèses une foi vive dans la puissance du Créateur....

Plusieurs membres signalent des faits ou des observations tendant à établir que les aérolithes sont lancées par les volcans de la terre.

M. l'abbé de Rochemonteix cite notamment une éruption d'un volcan de la Nouvelle-Grenade, en 1811, qui lança dans les airs des globes enflammés. Des bâtimens qui croisaient entre la Martinique et la Grenade, eurent beaucoup à souffrir des pierres lancées par le volcan, et, en outre, un navire anglais qui se trouvait sur les côtes de Surinam (à 80 lieues environ de la Grenade), reçut des pierres volcaniques qu'on attribua au même volcan.

M. Hunault de la Peltrie pense que les aérolithes résultent de condensations électriques. Enfin, M. de la Pylaie croit, d'après l'exemple des météores de La Rochelle et de Quimper, que, dans quelques circonstances, les aérolithes peuvent se former, tantôt dans les hautes régions de l'atmosphère, et tantôt dans une région inférieure, dans un centre orageux, par l'effet de circonstances particulières. L'opinion populaire que la foudre tombe en pierres, lui semble encore confirmer ce mode de formation.

M. Boubée rappelle les aérolithes de plus de 60 mille kilogrammes pesant, qu'on ne saurait considérer comme produites par les matières volatiles rassemblées dans l'atmosphère, et insiste sur ce que les aérolithes n'offrent aucun des caractères dont les matières volcaniques sont toujours empreintes, pour éloigner l'idée que ces pierres puissent venir des volcans.

La suite des lectures et des discussions relatives aux aérolithes est remise à la séance du lendemain.

6

## SÉANCE DU SAMEDI 13 SEPTEMBRE 1834.

Présidence de M. DESVAUX (d'Angers).

L'ordre du jour appelle encore la question des aérolithes. Il est d'abord donné lecture d'une lettre de M. Vallot (de Dijon), qui, après avoir indiqué un grand nombre d'erreurs de fait anciennement commises par des hommes qui ont regardé comme tombés du ciel, des plantes, des minéraux, des pétrifications, etc., met en doute s'il existe de véritables aérolithes, s'il tombe réellement des pierres sur le globe. Quoique écrite par un homme qui jouit dans la science d'une réputation honorable, cette note excite une improbation générale.

Par une seconde lettre, M. de Suiray-Delarue réclame, comme sa propriété, la réfutation qu'il a faite de toutes les opinions émises sur les aérolithes, réfutation dont M. de Saint-Amans avait rendu compte dans un rapport académique, et que M. Jouannet paraît avoir attribué au célèbre naturaliste agénais, dans l'éloge qu'il en a publié. Après avoir combattu toutes les opinions imaginées pour expliquer le phénomène des pierres tombées du ciel, M. de Suriray se résume et conclut que l'origine des aérolithes est peut-être un problème insoluble.

Une discussion s'engage entre MM. Babault de Chaumont et Rivière sur la question de savoir si la lune étant supposée pouvoir lancer des produits de ses volcans avec une force seulement quadruble de celle d'une pièce de canon de 24, la terre ne pourrait pas, de même, avec une force plus grande, lancer dans la lune des pierres envoyées par ses volcans.

M. Boubée fait observer que le véritable sujet à discuter est celui-ci : savoir, si les aérolithes sont des productions appartenant à notre terre elle-même, ou si elles lui sont étrangères. Personne ne proposant de soutenir ni d'attaquer l'une de ces deux propositions, on conclut à ce que; selon le vœu émis par M. Babault de Chaumont, les savans de France et de l'étranger soient invités à réunir le plus d'observations de faits et à les communiquer à la 3e session du Congrès.

Une notice sur les mines et houilles du bassin de la Vendée, par M. Mercier, directeur des exploitations houillères de cette contrée, est renvoyé à l'examen de MM. Garran, Legentil et Rivière.

La proposition faite par M. Vernial relativement à l'établissement d'instrumens météorologiques dans les postes télégraphiques, est discutée et approuvée ; et le secrétaire demeure chargé de formuler cette proposition pour la soumettre à l'approbation du Congrès.

## SÉANCE DU DIMANCHE 14 SEPTEMBRE 1834.

### Présidence de M. Desvaux (d'Angers).

M. Rivière fait un rapport sur le mémoire adressé par M. Brillouin sur les ossemens fossiles trouvés à Pons, en janvier 1834.

L'auteur décrit les circonstances de la caverne; mais s'avouant étranger aux études géologiques et paléontologiques, il ne donne point de détail qui, sous le rapport scientifique, ajoute rien à ce qui a été déjà publié par MM. Dorbigny père, Chaudruc de Crazannes, et l'abbé Gaboreau, supérieur du séminaire de La Rochelle.

M. le secrétaire communique une notice adressée par M. Beaussire aîné, membre du conseil général de la Vendée, sur la découverte de deux squelettes humains dans les bancs d'huîtres de Saint-Michel-en-l'Herm, et il fait observer que quoique l'auteur se déclare entièrement étranger aux sciences géologiques, cela ne l'empêche pas de proposer, dans sa notice, une théorie nouvelle sur le déluge.

MM. Alcide Dorbigny et Legentil-Laurence font observer que le dépôt de Saint-Michel-en-l'Herm est très-moderne, qu'il ne date peut-être que des temps historiques, et que des détails très-satisfaisans ont été publiés sur ce dépôt par MM. Chaudruc de Crazannes, Fleuriau de Bellevue, Reboul, et tout nouvellement encore par l'*Echo du Monde Savant* ( n° 19 ), à l'occasion de la découverte des squelettes humains.

Toutefois M. le président renvoie, selon l'usage, le mémoire de M. Beaussire à l'examen d'une commission, et il désigne à cet effet MM. Rivière et Boubée.

L'ordre du jour appelle la question de la diminution des sources. M. le secrétaire lit deux notes adressées à ce sujet.

L'une, de M. Fleuriau de Bellevue, est relative à des observations eudiométriques faites à Courçon et à La Rochelle pendant une série de 41 années. Elle est ainsi conçue :

*Notice sur la diminution des sources depuis quelques années, dans l'ancien Poitou et dans l'arrondissement de la Rochelle, par M.* Fleuriau de Bellevue, *correspondant de l'Académie des sciences.*

Parmi les questions qu'on soumet d'avance au Congrès scientifique, qui doit se réunir le 7 septembre 1834 à Poitiers, on trouve la suivante :

« *D'où provient la diminution qu'on remarque, depuis 20 ans environ, dans le nombre des sources et dans la masse d'eau fournie par chaque source?* »

Cette question m'a rappelé qu'on se plaint aussi de pareille diminution dans l'arrondissement de la Rochelle, mais seulement depuis peu d'années; et, pour m'en rendre compte, j'ai consulté d'abord les registres que je possède de 41 années d'observations des quantités de pluie tombées à la Rochelle, de 1777 à 1793; et dans le canton de Courçon, de 1810 à 1833 inclusivement (1).

J'ai vu qu'en effet il est tombé beaucoup moins de pluie depuis 20 ans, que dans les 21 années qui les précèdent (sur ces registres); mais que la différence en moins appartient presque tout entière aux neuf dernières années, ainsi que le prouvent les relevés suivans :

| | | | |
|---|---|---|---|
| La moyenne de la première période de 21 ans, finissant en 1813, a été de | 24 pouc. | 8 lig. | 9 x. |
| Celle des 11 années, de 1814 à 1824 inclusivement, qui l'ont suivie, a été de | 24 | 2 | 5 |
| D'où résulte une différence de | | 6 | 4 |

(1) Les premières observations ont été faites par feu M. Seignette, conseiller au présidial de La Rochelle : celles du canton de Courçon, à la Vallerie, à 5 lieues nord-

différence beaucoup trop faible pour expliquer la cause de la diminutioi des sources qui aurait eu lieu pendant ces onze années. Si donc il et bien constaté que cette diminution remonte réellement, dans le haut Poitou, à environ 20 ans, nos observations ne sauraient en donner l'explication.

Mais en comparant les neuf dernières années, celles de 1825 à 183; inclusivement, aux 32 années qui les ont précédées, finissant en 1824 nous trouvons, pour ces 32 années, 146 jours de pluie, qui ont produit........................................ 24 pouc 5 lig. 4 x.
terme moyen, tandis que les 9 dernières n'ont eu que 116 jours et........................... 21 1 7

D'où résulte une différence de 30 jours et de.. 3 3 7

Or cette dernière quantité, équivalant à près de 14 pour cent de moins que celle des années précédentes, suffirait déjà pour rendre raison d'une partie de la diminution des sources. Mais il y a plus : il faut considérer que les observateurs ont recueilli toutes les quantités de pluie, jusqu'aux fractions de ligne, et que probablement un tiers à peine de ces quantités pénètre assez profondément dans la terre pour fournir à l'aliment des sources ; car, pendant la plus grande partie de l'année, l'action du soleil, des vents et de la végétation, fait bientôt disparaître les produits de cette multitude de pluies médiocres qui ne baignent, pour ainsi dire, que la surface du terrain, et dont la somme est très-considérable.

Il n'y a ici, pour ainsi dire, que les grandes chutes d'eau, des mois d'octobre, novembre et décembre, qui peuvent atteindre les profondeurs, par leur poids, leur durée, et le peu d'évaporation qu'elles éprouvent ; et, comme ce sont précisément ces chutes qui ont manqué dans les années dont il s'agit, comme les pluies ont été, dans ces trois mois, de 0,27 au-dessous de la moyenne antérieure, ainsi que le montre le tableau suivant, nous croyons qu'on peut, sans exagération, estimer à environ 30 pour cent la perte que les sources de notre contrée ont faite, pendant ces neuf dernières années, sur le terme moyen des pluies qui les alimentaient précédemment.

est de cette ville, par feu M. de Monroy, de 1810 à 1829 ; et elles sont continuées, à Courçon même, par M. Vincent, greffier de la justice de paix J'ai fait aussi ces observations pendant les quatre années de 1781 à 1784.

TABLEAU DES DEUX SORTES DE PÉRIODES.

| MOYENNES | Janv. | Févr. | Mars. | Avril. | Mai. | Juin. | Juill. | Août. | Sept. | Oct. | Nov. | Déc. | Total de l'ann. moyenn. | | | |
|---|---|---|---|---|---|---|---|---|---|---|---|---|---|---|---|---|
| | lignes. | lig | lig. | lig. | lig. | lig. | lig. | lig. | lig. | lig | lig. | lig. | lig | pouc. | lig. | xes. |
| Des 32 années.. | 25 7 | 22 » | 18 8 | 19 9 | 21 3 | 17 4 | 21 6 | 15 5 | 25 8 | 39 9 | 32 4 | 33 1 | 293 4 | » 24 | 5 | 4 |
| Des 9 dernières. | 16 9 | 18 8 | 13 9 | 19 9 | 25 2 | 17 7 | 14 4 | 19 2 | 28 6 | 19 4 | 26 8 | 30 9 | 253 7 | » 21 | 1 | 7 |
| Différence de près de 14 p. % sur l'année entière. . . . . | | | | | | | | | | | | | 39 7 | » 3 | 3 | 7 |

| | MOYENNES DES 9 PREMIERS MOIS DE LA | | | MOYENNES DES 3 DERNIERS MOIS. | |
|---|---|---|---|---|---|
| | | par mois. | | | par mois. |
| | lig. | lig. | | lig. | lig. |
| Première période des 32 premières années. . . . | 188 | 21 » | . . . . | 105 4 | 35 1 |
| Deuxième période des 9 dernières années. . . . . | 176 | 19 6 | . . . . | 77 1 | 25 7 |

| | lig. xes. | lig xes. |
|---|---|---|
| Différence. . . . . | 1 4 | 9 4 |

On voit donc que les neuf premiers mois de la deuxième périod n'ont éprouvé qu'une diminution de 1 ligne 4 x par mois, ou de 6 5/3 pour 0/0 sur ceux de la première ; tandis que les trois derniers mois (qui peuvent alimenter les sources) en présentent une de 9 lignes 4 x ou de 27 pour 0/0.

Quoi qu'il en soit, c'est un fait remarquable que la durée de cette période de diminution dans la quantité de pluie; il est donc intéressant de chercher à connaître sur quelle étendue de pays elle a eu lieu, et quelle conséquence il en est résulté, non-seulement sur le volume des sources, mais aussi sur la végétation, et sur la santé des hommes et des animaux.

Je crois inutile de donner ici le détail des observations antérieures à l'année 1824, que je viens de citer, parce qu'on les trouvera consignées, par mois et par années, jusqu'en 1828, dans les *Annales de Chimie et de Physique* de 1829 (tom. 42, p. 360), avec quelques remarques de M. Arago, à qui je les avais adressées.

Je me bornerai à donner la quantité moyenne générale des 41 années observées jusqu'en 1833 inclusivement. Cette quantité ne se trouve que de 23 pouc. 8 lig. 7 x à raison de l'influence des neuf dernièr: mais comme l'équilibre se rétablit tôt ou tard dans la nature, on e croire que cette moyenne sera, dans quelques années, de 24 pou ou de 65 centimètres. Ajoutons aussi que les extrêmes sont 37 pouc 4 lignes et 18 pouces 2 lignes.

Une seconde notice est adressée par M. Roi, ancien magistrat, habitant de La Rochelle, qui recherche la cause de l diminution des sources dans le mouvement de l'industrie moderne, dans le creusement de nombreux canaux, dans le desséchement des marécages, dans le soin qu'on a pris de récurer les rivières, d'en élargir ou d'en redresser le cours. Ces travaux, dit M. Roi, ont eu généralement pour résultat un écoulement plus libre et plus facile des eaux vers les rivières et les fleuves qui les portent à la mer, et on ne s'est pas assez mis en peine de retenir les eaux que l'agriculture réclame impérieusement et qui alimentent abondamment les sources.

M. Hunault de la Peltrie, qui déjà à la première session du Congrès avait le premier attiré l'attention des observateurs sur le fait de la diminution des sources, en signale de nouvelles preuves, et indique, entre les causes probables, la division des propriétés, coupées maintenant en tous sens par des tranchées plus ou moins profondes, qui ne peuvent que détruire un grand nombre de sources. Le fait de la diminution des pluies lui paraît en outre également incontestable.

MM. Desvaux, Mauduyt, Legentil, Rivière, de la Pylaie, ignalent de nombreuses observations locales qui prouvent ue le fait de la diminution des sources n'est pas seulement propr au Poitou, mais qu'il se remarque aussi dans un grand nomle d'autres provinces. M. Desvaux insiste surtout sur la diinution observée dans le volume des eaux de la Loire, par us les riverains.

M. Boubée fait remarquer que le fait étant bien reconnu, il s'ag de l'expliquer. Cette diminution des sources peut dépene ou de la diminution des eaux pluviales, ou de modiftions survenues à la surface du sol, ou enfin de la combiison de ces deux causes. Si la diminution des pluies est rdement telle que l'indiquent les observations hydrométriqs communiquées par M. Fleuriau de Bellevue, c'est-à-dire près d'un tiers, il n'en faudra pas davantage pour résoudre ite la question; mais de semblables observations sont bituellement faites sur beaucoup de points, et nulle part n'a encore énoncé une différence aussi notable dans les oyennes des pluies. Toutefois, et sans élever le moindre doute ur l'exactitude des observations faites à La Rochelle, on peut viter les observateurs connus, et les directeurs des divers bservatoires de France et de l'étranger, de vouloir communiquer, à la prochaine session du Congrès, le relevé des moyennes obtenues dans leurs localités respectives.

### SÉANCE DU LUNDI 15 SEPTEMBRE 1834.

Présidence de M. Desvaux (d'Angers).

M. Boubée demande à ajouter au procès-verbal de la séance précédente quelques réflexions relatives à la question de la diminution des sources. Dans le cas où les observations hydrométriques des divers points de France et d'Europe confirmeraient les observations faites à la Rochelle, qui portent à 27 pour 100, pour les neuf dernières années, la diminution des pluies qui alimentent les sources, il n'en faudrait pas davantage pour résoudre complètement la question. Mais une diminution d'un tiers dans la masse des pluies paraît chose absolument improbable à M. Boubée, qui, posant le cas où les moyennes hydrométriques des divers observatoires n'accuseraient que des variations peu importantes, recherche quels seraient les moyens d'expliquer le fait de la diminution des sources, signalé de toutes parts.

Il fait d'abord remarquer que les sources peuvent paraître diminuer beaucoup, tarir même complètement, sans qu'il y ait cependant rien de changé dans la quantité d'eau qui circule sur la surface du sol; en effet, il est tout naturel que les sources diminuent et s'épuisent si les eaux qui les alimentaient s'ouvrent de nouvelles issues. On remarque et on signale les sources qui tarissent ou qui décroissent, et on n'observe pas, on ne signale pas celles qui augmentent, ou celles qui apparaissent sur des lieux où il n'en existait pas. En second lieu, la masse d'eau qui depuis quelques années nous est fournie par les puits artésiens déjà si multipliés, est évidemment enlevée, pour quelques localités particulières, à la somme des eaux qui sont accordées à la circulation générale. Les travaux de desséchement, d'irrigation et de canalisation, détournent évidemment, comme le fait remarquer M. Roi, une grande quantité d'eau qui précédemment devait être répartie dans les sources. Les tranchées opérées sur tous les points pour les routes nouvelles, pour les travaux de mines et de carrières de plus en plus multipliés, sont autant de solutions ouvertes au milieu des couches terrestres qui retiennent les eaux des sources; ce sont autant de points d'écoulement nouveaux. Il serait donc facile d'expliquer la diminution des sources, lors même que les observations hydrométriques des divers points de France et d'Europe viendraient à ne pas confirmer celles qui nous sont communiquées de La Rochelle, et qu'on pourrait attribuer, le cas échéant, à quelque imperfection des instrumens employés.

Après ces modifications et additions faites au procès-verbal, M. le secrétaire annonce une invitation faite à tous les auteurs d'ouvrages scientifiques d'en adresser quelques exemplaires pour concourir à l'érection d'un monument scientifique à Georges Cuvier. Un grand nombre de ces circulaires ont été remises à M. le secrétaire-général du Congrès, pour qu'il veuille bien les faire distribuer à la séance générale.

M. de la Pylaie présente quelques échantillons de roche recueillis aux environs de Fougères, et on invite M. Boubée à en donner les noms. Ce sont des échantillons de phyllade maclifère, de diorite amphibolique, de granit commun avec nodules de granit à très-petits grains, et en outre des fragmens de lave pyroxénique recueillis dans l'île de Sain où ils sont rejetés par l'Océan.

Une lettre de M. Jouannet, sur la prétendue caverne à ossemens de Pons, est lue par extrait. M. Boubée est chargé de l'examiner.

Voici un extrait de cette lettre :

J'ai vu ce dépôt, il est sur la craie. Ce n'est point une caverne, mais un bassin irrégulier, recouvert seulement de quelques pouces de terre. Comme, au moment de la découverte, on rencontra, au dessous des ossemens, quelques pierres adventices, on crut à l'existence d'une caverne, mais pareilles pierres de transport se trouvent aussi mêlées au dépôt lui-même. D'ailleurs elles appartiennent à la craie, à celle même qui supporte le dépôt et forme le mamelon dans lequel les eaux charrient ces débris. Vous savez déjà, mon cher confrère, qu'on y a déterré des dents d'hyènes, de mamouths, des mâchoires de tigres, de lions, de grands cerfs, et une foule de débris de chevaux, de bœufs et de petits rongeurs fort étonnés de se trouver en pareille compagnie. Les restes de ces nombreux témoins d'une révolution de date inconnue sont réunis et soigneusement conservés à la mairie de Pons. D'autres ont été voiturés à Saintes, d'autres disséminés et perdus pour l'étude.... (1).

L'ordre du jour appelle la question des brouillards secs. MM. l'abbé de Rochemonteix et l'abbé Gaillard signalent, comme un fait, l'odeur entièrement analogue à celle qui s'exhale

(1) Voir à la fin du volume la lithographie de la localité, avec les explications qui y sont jointes.

de l'écobuage des champs, que présentait le brouillard observé à Poitiers, les 25 et 26 mai 1834.

M. de la Pylaie dit avoir constamment observé des brouillards secs, vers l'époque des solstices d'été, soit en Bretagne, soit en d'autres parties de la France ; il lui paraît que leur apparition coïnciderait avec la floraison des céréales. M. l'abbé Coussault fait remarquer que quelques personnes se demandaient aussi à Poitiers si le brouillard n'était pas un résultat de la floraison des céréales.

M. Hunault de la Peltrie énonce avec doute quelques idées à ce sujet. Il croit d'abord que la théorie des brouillards secs doit se lier à celle des aérolithes. Il penserait même qu'il doit y avoir une très-grande analogie de composition entre ces deux choses, encore problématiques, et que les brouillards ne sont qu'un acheminement aux aérolithes, lesquelles ne résulteraient que d'une forte condensation de la matière des brouillards secs, condensation opérée par l'électricité ou par d'autres agens.

M. Boubée fait observer qu'avant d'émettre une opinion sur une question scientifique quelconque, il faut avoir à produire quelques faits à l'appui; que rien n'est plus facile maintenant que d'analyser l'air et de reconnaître jusqu'aux moindres atomes des matières qui peuvent y être contenues ; que, dans l'intérêt de la science et dans celui de la publication du Congrès, il importerait d'écarter toute opinion qui, n'étant pas établie sur des bases certaines, pourrait paraître appartenir plutôt à l'époque où la science était toute entière dans des opinions hasardées, qu'à l'époque actuelle où la science est toute dans le calcul des phénomènes certains et dans l'observation précise des faits.

Cette observation est appuyée par divers membres. Néanmoins M. Hunault de la Peltrie exprime le désir que son opinion soit consignée au procès-verbal.

M. Isidore Lebrun, président de la 5e section et secrétaire de la 6e, ayant été empêché de prendre part aux travaux de la section des sciences physiques et naturelles, a résumé dans la note ci-après, des faits et des remarques d'un grand intérêt :

Le 16 mai 1833, après un temps beau et chaud jusqu'à trois heures de l'après-midi, un brouillard sec, venant du nord-ouest, enveloppa bientôt le Calvados, et très-probablement d'autres départemens de l'Ouest. A quatre heures et demie il était si épais, qu'à dix pas on n'apercevait rien : il dura jusqu'à la matinée du lendemain ; puis il reparut une, deux nuits, toujours pénétrant et froid. On lui a attribué la perte de la floraison des pommiers, qui promettaient une récolte aussi riche qu'elle a été nulle. Or, du 11 au 14 du même mois, le nord américain, au moins tout le bassin du Saint-Laurent et Terre-Neuve furent couverts presque constamment d'un semblable brouillard : les arbres à fruits prêts à fleurir furent également dépouillés de leurs boutons flétris. Dans toute la province du Bas-Canada, la récolte en grains fut très-médiocre, même les patates manquèrent, quoique le seul mois de juillet eût eu quelques jours de brusques changemens atmosphériques. — Ce brouillard ne doit pas être confondu avec les *noirceurs*, phénomène que l'on dit encore particulier aux parages du Saint-Laurent, et qui y devient de plus en plus rare. En plein jour l'obscurité se fait aussi profonde qu'à minuit : le givre pénètre dans les appartemens les mieux fermés, s'y attache à tout, aux murs et meubles qu'il blanchit. Après quelques heures d'une seconde nuit, le jour reparaît. Le tome 2 *Transactions of the literary and historical Society of Québec*, 1831, cite comme les noirceurs les plus mémorables, celle du 16 octobre 1783 qui enveloppa Québec et Montréal, et le brouillard du 3 juillet 1814 qui couvrit tout le golfe et Terre-Neuve.

L'arrivée des premiers navires d'Europe est un événement trop considérable dans ces pays pour qu'on n'en recueille pas avec soin les dates. Il résulte d'un tableau des arrivages à Québec, pendant les 22 dernières années, que huit s'opérèrent du 24 au 30 avril ; les plus retardés, le 13 et 20 mai. Cette année 1834, l'hiver ayant fini dès mars sans débarrasser entièrement de glace le Saint-Laurent, le premier arrivage de la mer s'est effectué le 1er mai. L'observation a reconnu que ce fleuve, moins capricieux et s'encaissant de plus en plus, a acquis encore de la profondeur depuis l'origine de la colonisation du Canada.

On remarque généralement que la température, dans l'Amérique du nord, adoucit son âpreté hivernale, surtout qu'elle devient moins sujette à ces variations brutales, qui, suivant Volney, amenaient en un même jour le froid glacial de la Suède et la chaleur des tropiques. La cause en a été dite par Macchiavel, qui, du reste, n'a fait que répéter les écrits des anciens. L'observation de tous les pays, c'est qu'à mesure que les défrichemens s'exécutent, que les établissemens s'étendent, le climat aussi s'améliore, se fait comme une température moins irrégulière. Sénèque et Pline lui-même ne semblent pas accepter le fait rapporté par Théophraste, qu'en Crète, après la ruine d'Arcadia, les sources tarirent, et qu'elles reparurent quand la culture du sol fut reprise.— On se souvient que pendant les premières semaines d'octobre dernier, des jours d'un froid saisissant firent déjà apparaître en France les volières d'oiseaux qui émigrent du Nord : une température aussi prématurée et d'autres pronostics vulgaires firent appréhender, dans le nord américain, de subir un très-dur hiver. Cependant sur les bords des lacs ou mer du Canada, comme sur ceux du Rhin et de la Loire, le mois de novembre fut superbe et chaud ; la gelée ensuite n'y a pas été opiniâtre.

Jusqu'ici les essais de *Météorologie comparée* n'ont pas tous été très-satisfaisans. Ce serait loin du continent de l'Europe, du sol uni et déjà apauvri de la France, par-delà l'Atlantique, qu'il conviendrait de se livrer à des observations continues; et il faudrait les faire simultanément dans les deux hémisphères. La science malheureusement est encore privée de bien des moyens pour nouer et entretenir des correspondances actives et sûres. Aussi aux États-Unis, on forme aisément des sociétés académiques; mais obtenir d'elles des travaux réglés, des observations précises et concordantes, c'est chose très-difficile. Ainsi est passé sans avoir été bien examiné, un météore non moins brillant qu'une aurore boréale, et qui, le 14 novembre 1833, de 4 heures jusqu'à l'approche du jour, réveilla et effraya, par ses détonations et jets de fusées, partie des populations qui habitent depuis Philadelphie et Pittburg jusqu'au lac Ontario.

Cependant l'étude de la météorologie comparée peut profiter beaucoup au commerce d'abord et à l'agriculture. Les théories vagues n'ont plus de valeur, les sciences elles-mêmes demandent à seconder l'industrie. Mieux informé de l'état des saisons dans ce nord américain qui alimente une partie de l'Europe de ses pêcheries et déjà de ses grains, le commerce retarderait ou hâterait ses armemens pour Terre-Neuve. Il s'exposerait moins à des chances contraires, il subirait moins d'avaries et de naufrages. Comme il lui importe de bien savoir que la saison, fût-elle la plus favorable pour la pêche sur les bancs, ne permet pas aux navires français d'y faire plus de deux voyages, tandis que les bâtimens de la Nouvelle-Ecosse et des provinces voisines en exécutent jusqu'à huit. A la fin de novembre dernier ceux-ci tenaient encore la mer.

Un mémoire de M. Rivière sur une nouvelle nomenclature

atomo-chimique est renvoyé à l'examen de MM. l'abbé Gaillard, le docteur Carré et Félix Garran.

M. Rivière lit une promenade scientifique en Vendée, dans laquelle, au milieu d'un récit pittoresque, sont indiqués les roches de la contrée, les plantes et les insectes les plus répandus, et les gisemens des matières exploitables. Suit l'extrait de ce travail :

*Extrait de la partie scientifique d'une promenade en Vendée; par* M. Rivière.

A l'O. de Bourbon, la surface du sol présente une multitude d'ondulations se dirigeant généralement du N. N. O. au S. S. E. Le terrain supérieur est composé d'un schiste argileux jaune sale, formant avec l'eau une pâte boueuse. Ce terrain contient une assez grande quantité de cailloux anguleux et arrondis, principalement de quartz hyalin, laiteux, enfumé et différemment coloré par l'oxide de fer très-répandu dans la contrée. Le schiste argileux repose sur le mica-schiste, le talchiste, le gneiss, ou enfin sur des roches qui proviennent de la décomposition de roches granitiques et avec lesquelles elles se confondent plus intérieurement : j'examinai facilement cette dernière nuance à la Brossardière, à une demi-lieue O. N. O. de Bourbon. Des coupes ont été faites en cet endroit, et on y voit le granite commun traversé par des filons de pegmalite dans lequel se trouvent de jolies feuilles de mica-argentin, et quelquefois aussi de la tourmaline. Le feld-spath, décomposé en certaines parties, offre un kaolin trop impur et trop grossier pour être utilisé avec avantage.

Dans le même lieu et les environs, les sources sont très-nombreuses et forment plusieurs mares dont une seule mérite de fixer l'attention du naturaliste relativement à la zoologie et à l'hydrophitologie. Une de ces sources est regardée comme contenant du carbonate de fer en dissolution, et par conséquent comme précieuse pour la thérapeutique. Antérieurement à cette promenade j'avais vérifié le fait. Voilà le résultat de mes observations, ainsi que de mes expériences. L'eau laisse sur son passage une matière irisée, provenant de la décomposition de substances organiques; c'est cet indice trompeur qui a fait pressentir la présence du fer. Le fond du bassin, construit depuis que la société de Bourbon court y chercher guérison, est recouvert d'une couche de boue renfermant une grande quantité d'oxide de fer. L'hydro-ferro-cyanate de potasse, ainsi que la teinture de noix de

# COUPES GÉOLOGIQUES de la VENDÉE.

## N°1.

Coupe prise à 1 lieue N.O. des Sables d'Olonne.

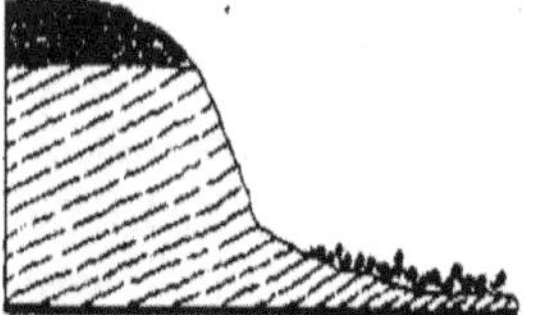

## N°2.

Coupe prise à 1/4 de lieue S.E. des Sables d'Olonne.

## N°3.

Coupe prise à la mine des Loges.

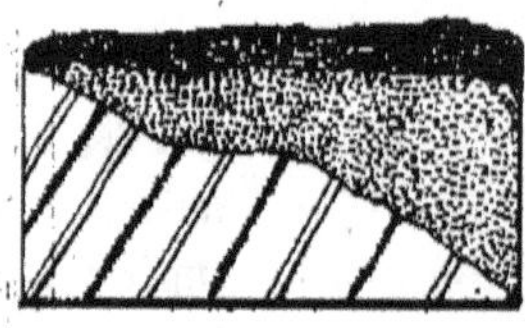

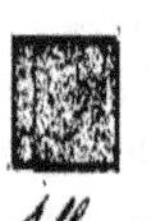

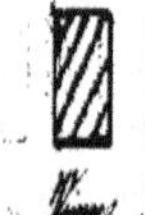
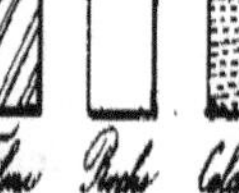

Dunes. — Granit commun. — Blocs et Galets. — Sable et Galets. — Granit porphyroïde. — Dunes. — Veines de quartz. — Filons métalliques. — Roche siliceuse. — Calcaire siliceux. — Dunes.

## N°4.

Coupe prise près de St. Vincent d'Esterlange.

## N°5.

Coupe prise au cour, à 1/4 de lieue S. de Bourbon.

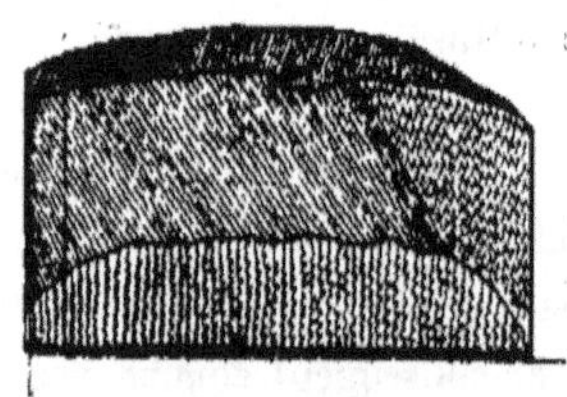

## N°6.

Coupe prise entre Bourbon et le Poiré.

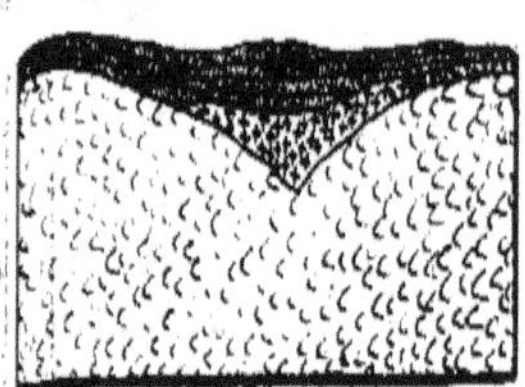

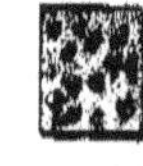

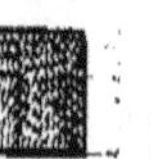
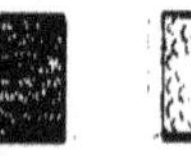
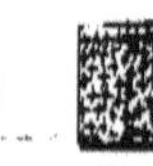

Galets. — Oolithe inférieure. — Dunes. — Terre végétale. — Gneiss quartzeux. — Granite fin. — Kaolin. — Terre végétale. — Oxide de fer argileux. — Quartz graphiteux.

A. Rivière. Lith. de Pichot, à Poitiers.

galle, employés convenablement avec les acides sulfurique, azotique, le chlore, l'ammoniaque, m'ont fourni des précipités abondans. Les mêmes réactifs m'ont montré des traces d'oxide de fer avec l'eau troublée du bassin; mais avec l'eau déposée ils n'ont rien produit, après plusieurs jours d'opération. De sorte que je crois que l'eau de cette source et de plusieurs autres contient réellement du carbonate de fer, lorsqu'elle est encore dans les entrailles de la terre; que l'acide carbonique se dégage par les fissures aussitôt qu'il en trouve la facilité; que l'oxide de fer se dépose sur les parois des canaux souterrains, à l'orifice des conduits, et que le reste est charrié au fond du bassin extérieur; qu'enfin, après une longue suite de pareilles actions, les canaux finissent par être comblés et offrent ensuite des veines ferrugineuses. Au reste, il est possible que le carbonate de fer s'y rencontre par intermittence, et que dans un mois, un an, un siècle, il y reparaisse en abondance.

Tout autour, la vue de la campagne est vraiment pittoresque : ici est un coteau aride, où ne croissent que les genêts, les lichens, les fougères, les bruyères, les ronces, et sur lequel le soc n'a jamais passé; là est une plaine dorée par l'épi à mille grains, et où le coquelicot, la nielle des blés trouvent à peine une place pour végéter : puis, entre ce coteau de landes et la riche plaine, se cache un pré qu'embellit une infinité de marguerites, de soucis, de boutons d'or, de primevères, de violettes, de cardamines, l'arum maculatum, etc., négligemment arrosés par des ruisseaux qui n'ont aucune marche régulière. Pour achever ce tableau romantique, le chêne, le pin arrêtent les rayons du soleil dans leur trajet; on voit aussi le lierre, le chèvre-feuille s'entrelacer, se pencher comme pour atteindre la lumière qu'ils se disputent. C'est assis auprès d'un de ces arbres que le poète se sent inspiré et chante une divinité! Quant à moi, oubliant la poésie et les rêves creux, je cherchais des variétés d'hélix, de limaces, sous les haies qui ferment toutes les propriétés, et qui, de loin, donnent au pays l'aspect d'un immense bosquet. Ces haies sont formées le plus souvent de chênes-verts, de houx, de chèvre-feuilles des buissons, d'aubépine, de genêts gigantesques.

Après avoir poursuivi ma route à l'O. pendant une demi-heure, j'arrivai au bord d'un vallon dont la direction est du N. N. O. au S. S. E. Des deux côtés je vis le granite recouvert seulement par une roche provenant de sa décomposition sous l'influence des eaux. Dans tous les environs, le granite, le gneiss, le kaolin, le quartz hyalin à demi transparent sont presqu'à fleur de terre; des masses de ces roches s'élèvent même au-dessus du sol en certains endroits. Je ne trouvai pas de différence jusqu'aux Fontenelles. En ce lieu il existe une source d'eau minérale tenant en dissolution du carbonate de fer. Dans le petit réservoir on aperçoit des bulles d'acide carbonique monter jusqu'à la surface du liquide; sur la paroi extérieure l'eau laisse, en passant, de l'oxide jaune de fer; enfin l'analyse m'a démontré évidemment que l'eau de cette source tenait en dissolution une grande quantité de carbonate de fer. La température de cette eau était d'environ 14° centigrades. Non loin de là est un bois où le botaniste doit aller étudier les plantes du pays.

Le terrain, jusqu'à trois lieues O. de Bourbon, est à peu près de même nature que ceux que nous venons d'examiner. Quelquefois on rencontre des amas de quartzite graphitifère. Je remarquai un amas assez considérable de cette matière à deux cents pas O. N. O. de la Renelière, village situé sur la route des Sables. J'observai aussi, à des distances indéterminées les unes des autres, des masses de granite, de gneiss, de quartzite de différentes couleurs qui apparaissaient au-dessus de la terre végétale. A une lieue E. S. E. de la Mothe-Achard, j'atteignis un plateau formé de schiste phylladique fibreux et satiné, et de schiste argileux massif de diverses couleurs. La botanique ne piqua pas long-temps ma curiosité. En revanche, je chassai quelques insectes, parmi lesquels des mélolonthes, des cétoines, l'éteuchus, le paon de jour, le deuil, la belle-dame, l'argus, l'argyme, etc. Près de la Mothe-Achard se trouve un bassin de terreau de bruyère.

A une petite distance O. S. O. de ce bourg, les schistes que nous avons vus avant d'y arriver, disparaissent pour faire place à un schiste argileux jaune rouge, dans lequel je remarquai de l'oxide de fer schisteux et quelquefois même de la sanguine. Le sol présente un grand plateau dont les roches dominantes sont le schiste argileux dont je viens de parler, un schiste siliceux ou jaspoïde, coloré à l'extérieur par l'oxide rouge de fer, et un schiste phylladique noirâtre. Un petit vallon sépare ce plateau d'un autre assez grand et formé généralement de schiste argileux jaune-blanc et jaune-rouge. Ce dernier plateau est terminé par quelques ondulations dues à des érosions.

A trois quarts de lieue des Sables-d'Olonne est le coteau de pierre levée qui se dirige du N. N. O. au S. S. E. Le terrain inférieur est composé de gneiss, de mica-schiste recouvert de schiste argileux mêlé de quartz de diverses couleurs, de poudingues dont le ciment est de l'argile, du sable, de l'oxide de fer, etc.

La côte N. O. des Sables-d'Olonne est généralement formée d'un gneiss à feld-spath blanc et mica noir avec des filons énormes de pegmalite graphique (granite hébraïque), recouvert de dunes de sable quartzeux, contenant une quantité considérable de petites coquilles, dont les espèces dominantes sont les patelles, les cérites, les porcelaines, les buccins, les pétoncles et quelques fragmens de petits articulés, etc. La coupe n° 1 représente : 1° au-dessus, les dunes; 2° immédiatement au-dessous, le gneiss traversé par des pegmalites renfermant quelquefois du mica hexagonal; 3° en avant, la plage formée de blocs de mêmes roches détachées par la mer et de galets roulés, principalement de quartz hyalin, de quartz agate, de calcédoine, de cacholong, de pétrosilex, de quelques rognons de silex pyromaque empâtés dans le calcaire, etc. La direction des couches est de l'E. à l'O. avec une très-petite inclinaison plongeant vers le N.

Comme la pluie me contrariait beaucoup, et qu'en outre je désirais assister à l'arrivée des barques des pêcheurs, je rentrai aux Sables en traversant la plaine d'Olonne, formée d'alluvions et entièrement dénuée d'arbres. C'est dans cette plaine où se trouvent des dépôts de tourbe et un bassin de calcaire moderne, dont la superficie apparente est d'une demi-lieue carrée. Dans la même plaine, l'eau de la mer remonte très en avant par le port des Sables : aussi a-t-on mis à profit cette circonstance, en établissant des marais salans; et, de loin, les dunes, les marais, des milliers de tas de sel, quelques villages donnent au pays un aspect particulier.

En résumé, je regarde la contrée dont il vient d'être question comme ayant pour base un terrain primitif, d'un côté se confondant avec celui du pays déjà examiné, et de l'autre se perdant dans la mer. Je pense ensuite que la mer couvrait autrefois toute la plaine, et qu'elle s'est retirée peu à peu en apportant des alluvions; qu'en se retirant elle a laissé des bassins, les uns remplis de coquilles, ce qui a donné naissance aux bassins calcaires; les autres ne renfermant que de l'eau, et où ont crû des végétaux, qui les ont comblés, et qui ont ainsi produit les amas de tourbes; qu'en dernier lieu les vents ont apporté du sable, des coquilles, etc., ce qui a formé les dunes. Je présume, en outre, que la plaine sera à sec dans un certain temps, si les causes telles qu'elles sont aujourd'hui continuent leurs effets.

Poissons qui se rencontrent ordinairement sur les côtes de la Vendée : turbot, sole, raie, squale, esturgeon, congre, aiguille, barbue, merlus, merlan, lieu, grondin, tacaud, mulet, surmulet, loup, maigre, poule, lune, targeur, plie, flet, dorade, sardine, etc.

Mollusques : guignettes, patelles, moule, sourdon, lavignon, vénus, solen, aliotide, pholade, taret, sèche, porcelaine, buccin, pétoncle, cérite, etc.

Articulés : crabes, araignées, homard, crevette, poupart, hermite, salicope, etc.

Rayonnés : méduse, coraline, étoile, oursin, actinie, etc.

Les algues les plus répandues sont : ceramium en pinceau, *id.* spongiosum, *id.* plumosum, *id.* coccineum ; fucus laceratus, *id.* vesiculosus, *id.* saccarinus, *id.* kaliformis, *id.* sanguineus, *id.* racemosus, *id.* lingulatus ; ulva articulata, *id.* lactuca, *id.* compressa, *id.* palmata, *id.* pavonia, *id.* diaphana, *id.* intestinalis, etc.

En quittant la ville des Sables, au S. et S. E., s'étendait devant moi une plage entièrement formée de sable quartzeux, et, derrière, des dunes à peu près de même nature que celle de la côte N. O. Après un quart d'heure de marche, je rencontrai un gneiss porphyroïde, à feld-spath rose et à mica variant du noir au blanc. Cette roche se perd dans la mer ; l'eau, par une longue action, décompose le feld-spath ; et, comme il se trouve accidentellement un peu de quartz, il en résulte une espèce de mica-schiste ; néanmoins il est facile de reconnaître que c'est le gneiss qui, par une telle opération, est passé à cet état. La mer ayant ainsi modifié la roche, en sépare ensuite les feuillets, détache des morceaux, et les transforme en galets. Dans des fissures du gneiss on voit beaucoup d'oxide de fer, surtout l'oxide rouge argileux. La coupe n° 2 représente : 1° au-dessus, les dunes ; 2° immédiatement au-dessous, le gneiss ; 3° la plage formée de sable quartzeux et de galets roulés, semblables à ceux de la côte N. O.

Plus j'avançais vers le S. E., plus la plage était formée de galets et de blocs détachés. A trois quarts de lieue des Sables, je trouvai, dans le gneiss, des pegmalites, avec de très-jolis cristaux de tourmaline, quelquefois flambelliformes ou palmiformes. Ma récolte faite, je me dirigeai vers des filons de pegmalite graphique, extraordinairement puissans ; j'en détachai facilement de fort beaux cristaux rhomboïdaux de feld-spath. Bientôt après j'aperçus des veines de quartz cristallisé et coloré en rouge par l'oxide de fer, des morceaux de fer oligiste attenant à l'oxide rouge, et un peu plus loin des amas de fer hydraté en géodes tapissées de sulfure de fer d'un jaune d'or ; enfin, du quartz à crête de coq.

A une petite distance S. de St-Jean, je vis le terrain composé ainsi qu'il suit : 1° de dunes ; 2° d'une roche friable, formée d'argile, d'oxide de fer, avec des cristallisations de quartz irisé, et une quantité considérable de petites coquilles fossiles, dont les espèces dominantes sont les pholadomies, les gryphées virgulées et les bélemnites ; 3° d'une marne très-argileuse ; 4° de gneiss.

Je suivis la côte, et je ne remarquai pour terrain inférieur que des gneiss et des mica-schistes jusqu'à l'Essart. En ce dernier lieu on découvrit, il y a cinquante-six ans, sur les bords de la mer, une mine de sulfure de plomb argentifère. Il se forma de suite une société pour son exploitation, et ses premiers essais furent encourageans, puisqu'une partie de minerai contenait 0,48 de plomb et 0,0093 d'argent. Plusieurs puits furent creusés, des bâtimens furent même construits; mais l'inhabileté des directeurs de l'entreprise fit croire que le minerai n'était pas abondant, de sorte que les associés abandonnèrent l'exploitation en 1785. On voit encore les ruines des bâtimens, ainsi que l'ouverture d'un puits; et c'est à l'inspection de ces restes que j'ai reconnu que les travaux avaient été mal dirigés.

A la mine, le terrain présente (voyez la coupe nº 3): 1º les dunes; 2º un calcaire siliceux appartenant à l'assise supérieure du lias, tantôt assez tendre, disposé en couches horizontales; tantôt très-dur, renfermant beaucoup d'empreintes de coquilles fossiles, souvent cristallisées, et dont les espèces principales sont les bélemnites, les plagiostomes, les pectinites, etc.; 3º une roche entièrement siliceuse, d'un gris noir, à cassure concoïde, renfermant des géodes tapissées de cristaux de quartz de couleurs magnifiques, en bancs légèrement inclinés au S., et reposant immédiatement sur le gneiss, qui est lui-même en couches très-inclinées vers le N. O. C'est dans la roche siliceuse qui forme aussi la plage, avec le gneiss et d'énormes blocs d'un grès fin, gris-verdâtre, qui doit être lié au hornstein, que se trouvent les filons métalliques. Ils sont presque tous parallèles et séparés les uns des autres par des veines de quartz cristallisé et coloré en rouge par l'oxide de fer provenant de la décomposition des pyrites. Les filons métalliques sont ordinairement de l'épaisseur de deux pouces. Ils paraissent ne point diminuer en se perdant dans leur gangue; je crois en outre qu'ils se prolongent dans le gneiss. On peut, armé seulement d'un marteau, ramasser des échantillons sans gangue, de l'épaisseur d'un pouce, et colorés ordinairement en jaune pâle par le sulfure de fer. On obtient ensuite, en cassant les gros filons, des espèces de géodes métalliques, tapissées de cristaux de sulfure de plomb et d'argent, de sulfure de fer et de fer hydraté, de quartz jaune, blanc et bleu; de sorte que l'ensemble offre les couleurs les plus belles. D'autres fois c'est une substance métallique de la couleur de l'étain, ou de l'argent, ou du plomb; enfin, plus on casse, plus on est embarrassé dans le choix. Lorsque la marée est basse, en descendant près de la vague et en se plaçant de manière à regarder l'E., on suit de l'œil les différens filons qui se perdent dans la roche siliceuse du continent.

A une petite distance de la mine et sur la côte, le terrain se modifie un peu, mais après il ne change plus que pour passer au terrain oolitique inférieur. Ainsi on voit: 1º les dunes; 2º en couches presque horizontales, un calcaire argileux contenant plusieurs oxides de fer, surtout de l'ocre jaune; ce calcaire devient de plus en plus siliceux et de plus en plus dur, à mesure que les couches sont plus inférieures: c'est aussi dans ces parties où j'ai remarqué les dendrites les mieux caractérisées; 3° au-dessous, la roche siliceuse de la mine avec des galets; 4° enfin, le gneiss très-incliné au N. O.

Du côté de Talmont, je ne remarquai que des roches granitiques, ainsi que des schistes et du lias; puis j'entrai dans des marais dus à des érosions de rivières qui versaient leurs eaux dans la mer, et dont le principal moteur avait été l'Océan.

A Jard, le terrain est formé de dunes, de calcaire jurassique, oolite inférieure, en couches horizontales, contenant quelquefois du carbonate de chaux limpide et prismatique, et remplies de coquilles fossiles dont les espèces les plus abondantes sont les ammonites, les nautiles, les térébratules, les bélemnites, avec beaucoup de pyrites de fer.

A St-Vincent, je ne trouvai aucun changement. La coupe n° 4 représente: 1° les dunes, 2° le calcaire précédent; 3° la plage recouverte principalement de débris du terrain calcaire, et dont quelques-uns paraissent appartenir aux étages supérieurs à l'oolite inférieure.

Les oiseaux qu'on voit en plus grand nombre dans les marais d'Angles, sont: l'alouette des prés, le pluvier à collier, le pluvier doré, le guignard, le courlis, le barge, la mouette, différens vanneaux, etc.

A une demi-lieue N. d'Angles, l'oolite inférieure fait place au lias formé d'un calcaire très-argileux rouge-bleu et contenant une quantité considérable de gryphées, surtout la gryphœa arcuata (Lamarck) ou incurva (Sowerby), de bélemnites, de plagiostomes, de pectinites, d'encrines, etc. Un peu plus loin, au lias succèdent des talchistes (talkschiefer), des mica-schistes, des schistes argileux et des roches granitiques. Le géologue étudiera ces diverses roches entre Angles et les Moutiers-les-Mauxfaits.

Dans les environs de Nesmy, sur le terrain primitif, je distinguai des traces d'un cataclysme diluvien. Le sol montre un grand nombre de petites vallées, dont la direction est du N. N. O. au S. S. E. Le creusement de ces vallées figure plusieurs étages, dont la coupure est due à une action érosive très-puissante, et d'une époque antérieure à l'apparition de l'homme sur le globe. C'est surtout en suivant la vallée dans le fond de laquelle coule la rivière de l'Yon, que les caractères diluviens sont sensibles. Là, le sommet des coteaux est couvert de graviers, de cailloux roulés, qui laissent cependant à nu des masses de mica-schiste (glimmerschiefer), de gneiss et granite, de sorte que le sol semble avoir été frappé d'une stérilité éternelle. Sur les versans se trouvent des blocs erratiques disposés dans le sens de la vallée. Ces blocs sont des roches de quartzite grenu avec géodes, tapissées de cristaux de quartz hyalin, de quarzite lamellaire avec jaspe rubané, de jaspe commun, de quartzite avec des veines remplies de fer hydraté et sulfuré, etc. Plus bas sont accolées des bandes de cailloux roulés qui diminuent de volume à mesure que l'on descend ; la terre végétale aussi est formée d'un mélange de plus en plus compliqué, et par suite le sol devient de moins en moins aride jusqu'au fond de la vallée, qui jouit d'une gracieuse fertilité.

En gagnant la route de Bourbon à Bordeaux, le gneiss ainsi que le mica-schiste dominent. A une lieue S. de Bourbon, un gneiss globulifère, d'un gris tirant sur le bleu, paraît en couches inclinées au N. Dans sa partie inférieure il se confond avec le granite, et dans la partie supérieure il passe insensiblement au mica-schiste, qui constitue le plateau sur lequel est situé Bourbon.

Aux Coux (voyez la coupe n° 5), le terrain est composé : 1° d'une couche peu épaisse de terre végétale, formée de schiste argileux et de roches arénacées ; 2° d'un gneiss altéré qui se perd plus loin sous le mica-schiste ; 3° d'un granite fin, gris-bleu, fort joli, et traversé par des pegmalites avec mica, et souvent avec tourmaline. Ces pegmalites donnent lieu tantôt à un granite porphyroide, à quatre et cinq substances ; tantôt à un kaolin sablonneux et ferrugineux, mais qui néanmoins pourrait fournir de la porcelaine assez belle.

Près du petit bourg, le mica-schiste qui a remplacé le gneiss passe à un schiste phylladique, tabulaire, pailleté, globulifère, ensuite à une phyllade ondulée et satinée. Toutes ces roches se dirigent de l'O. à l'E., et plongent au N. ou N. N. O. sous des angles compris entre 50° et 70° ; la phyllade ondulée se confond à l'E. avec des stéaschistes, des schistes chloriteux, et au N. avec un schiste argileux (schistus fragilis), un schiste alumineux sous lequel gît un grès quartzeux, celluleux, et un mica-schiste fin, bien développé au Pont-Rouge sur la route de Saumur.

A une lieue N. de Bourbon je trouvai (voyez la coupe n° 6) au-dessous d'un schiste argileux contenant des oxides de fer, principalement de la sanguine tendre, du carbure de fer ou plombagine et un quartzite graphitifère (ampélite graphique, zeichenschiefer). De ce côté, le schiste argileux, le mica-schiste, les quartzites sont très-répandus. Il n'est pas rare aussi de voir des effets évidens d'un cataclysme diluvien.

La promenade de M. Rivière renferme une foule d'autres observations en géologie, zoologie et botanique. Par exemple, il a remarqué que des plantes spéciales aux pays méridionaux sont acclimatées en Vendée ( comme dans le département de la Vienne ), et que plusieurs, annuelles, bisannuelles dans d'autres contrées, sont vivaces, principalement sur la côte. Cette promenade est en outre accompagnée d'une carte géologique, de vues, de coupes géologiques et de dessins de monumens historiques.

## SÉANCE DU MARDI 16 SEPTEMBRE 1834.

Présidence de M. Desvaux (d'Angers).

Quelques observations suivent la lecture du procès-verbal, et il est adopté.

M. Rivière fait deux rapports ; l'un sur la notice de M. Beaussire, relative au dépôt de Saint-Michel-en-l'Herm.

Cette notice n'ajoutant rien à ce qui a été publié par MM. Fleuriau de Bellevue, d'Orbigny, Reboul, Chaudruc de Crazannes, et tout récemment par l'*Echo du Monde savant* (n° 19), il n'y aurait pas d'utilité à l'insérer dans le procès-verbal.

Le second rapport fait connaître un mémoire de M. Mercier sur les mines de la Vendée. En voici l'analyse :

Le bassin houiller de la Vendée repose à stratification transgressive sur les schistes de transition. Ce bassin, situé à 2 myriamètres au N. O. de Fontenay, forme une zone de 2 myriamètres 1/2 de longueur sur une largeur de 12 à 1500 mètres ; mais l'inclinaison rapide des couches fait présumer qu'il atteint une grande profondeur. Le bassin affecte la forme dite en bateau. La direction générale des couches est de l'O. N. O. à l'E. S. E.; elles plongent sous l'un des versans au S. S. O. et se relèvent sous le versant opposé. Leur inclinaison varie entre 50° et 70°. Sept couches de houille, bien distinctes, ont été reconnues par des travaux exécutés dans la concession de Feymoreau et de la Bouffrie. La houille de toutes les couches est de l'espèce dite schisteuse, elle est homogène, elle contient peu de pyrites et est très-bitumineuse, elle brûle avec une flamme vive et brillante, et produit un très-bon cok, dont la teneur en cendres varie de 4 et 6 pour cent ; enfin elle peut soutenir la concurrence des houilles étrangères sous le rapport de la qualité.

Les couches de combustibles sont séparées par des bancs plus ou moins épais de grès, de poudingues, de schiste bituminifère et d'argile schisteuse à empreinte de roseaux, de bambous, d'esquisetacées et de fougère. Cette argile passe fréquemment à un véritable minerai de fer carbonaté lithoïde dont la teneur en métal varie entre 15 et 30 pour cent. Le schiste bituminifère se trouve en feuillets contournés; il est d'un noir foncé, brûle avec beaucoup de flamme et contient des rognons ovoïdes de fer lithoïde et d'une substance charbonneuse pulvérulente qui jouit de la propriété de décolorer les liquides.

Au sentiment de la commission, le mémoire de M. Mercier a été écrit sous l'empire d'une conscience et d'une sagacité dignes de tout éloge; mais il est regrettable que l'auteur n'ait joint aucune coupe à sa notice. Du reste, les échantillons présentés sont de bonne qualité, et tout porte à croire que cette exploitation sera, pour les contrées voisines, une source de prospérité durable (1).

M. Félix Garran (de Saint-Maixent), au nom d'une commission, fait un rapport très-favorable sur un mémoire de M. Rivière, ayant pour titre: *Nouvelle Nomenclature atomo-chimique*. La section a demandé l'impression entière du rapport qu'on va donner ici.

Messieurs, M. Rivière dans son mémoire commence par faire l'histoire

(1) Le Mémoire de M. Mercier doit être imprimé en entier à la fin de ce volume. Voici la note des échantillons joints au mémoire de M. Mercier.

*Catalogue des échantillons envoyés des mines de houille de la Vendée.*

No 1er, *Faymoreau* (*Vendée*). Grès schisteux de transition; support du terrain houiller. — No 2. *Périgné* (*Deux-Sèvres*). Poudingue siliceux alternant avec les marbres. — No 3. *Périgné* (*Deux-Sèvres*). Calcaire marbre, variété rose. — No 4. *Périgné* (*Deux-Sèvres*) Calcaire marbre, variété brune. — No 5. *Faymoreau* (*Vendée*). Grès houiller psammite. — No 6. *Puy-de-Serre* (*Vendée*). Grès houiller avec baryte sulfatée. — No 7. *Faymoreau* (*Vendée*). Poudingue au centre du terrain houiller. — No 8. *La Croizinière* (*Vendée*) Fer lithoïde converti en hydrate à l'affleurement de la couche no 4. — No 9. *Faymoreau* (*Vendée*). Fer carbonaté lithoïde. — No 10. *Faymoreau* (*Vendée*). Schiste bitumineux. — No 11. *Faymoreau* (*Vendée*). Argiles à empreinte du terrain houiller. (3 échantillons). — No 12. *Faymoreau* (*Vendée*). Caoutchouc fossile du terrain houiller. — No 13. *Faymoreau* (*Vendée*) Houille de la couche no 3. — No 14. *Faymoreau* (*Vendée*). Argile réfractaire. — No 15 *Périgné* (*Deux-Sèvres*). Griphée, plagiostome et bélemnite du calcaire marneux. (Lias étage supérieur). — No 16. *Foussay* (*Vendée*). Calcaire marneux. (Lias étage supérieur). — No 17. *Coulonges-les-Royaux* (*Deux-Sèvres*). Oolite supérieure. — No 18 *La Jollière* (*Deux-Sèvres*). Argile à foulon, de la formation argilo-jaspoïde. (Oolite moyenne). — No 19. *Kaolin de Scillé* (*Deux-Sèvres*). — No 20. *Magné* (*Deux-Sèvres*). Fer hydraté de la formation argilo-jaspoïde. (Oolite moyenne).

de toutes les nomenclatures chimiques, à partir de celle de Guyton-Morveau jusqu'à celle de Berzélius. Vous savez qu'en France la nomenclature guytonienne s'est conservée presque intacte, tandis que dans le nord de l'Europe les nombreux élèves du savant suédois ont adopté celle de leur maître.

Mais même celle de Berzélius laisse baucoup à désirer. M. Rivière essaye de la remplacer par une autre plus en harmonie avec la science.

Il adopte la classification de Berzélius pour les corps simples, et en présente le tableau en commençant par le plus électro-négatif, l'oxigène, et finissant par le plus électro-positif, le potassium.

Il divise les corps composés en *acides*, *oxides*, *astatides*, *astatures*, *alliages*, *amalgames* et *sels*.

Il appelle *acides* des corps composés électro-négatifs, aigres, rougissant les couleurs bleues végétales.

Lorsque l'oxigène est le corps acidifiant, les acides qui en résultent sont nommés *oxacides*; lorsque c'est un autre corps, tel que le soufre, *sulfacide*.

Si les deux composans ne forment qu'un seul acide, on énonce les deux premières syllabes du nom du corps le plus électro-négatif en les faisant suivre du nom de l'autre corps, que l'on termine en *eux*. Ainsi pour désigner l'acide résultant de la combinaison du carbone et de l'oxigène, qui est le seul formé par ces deux corps, on dit acide carboneux.

Quand deux corps forment plusieurs acides de la même composition, mais en proportions différentes, le premier ou le moins composé s'exprime comme dans le cas précédent, et les suivans en faisant précéder le nom du corps électro-négatif des mots *sesqui*, *bi*, *bisemi* qui indiquent qu'ils contiennent une fois et demie, deux fois, deux fois et demie plus de principe électro-négatif que le premier. Exemple : acide sulfureux, acide sesqui-sulfureux, acide bi-sulfureux, acide bisemi-sulfureux.

M. Rivière aurait pu continuer à dire acide tri-sulfureux, quadri-sulfureux pour les acides contenant trois, quatre fois plus de principe électro-négatif que le premier; mais il préfère remplacer la terminaison en *eux* par celle en *ique*. Il dira donc acide sulfurique comme dans l'ancienne nomenclature, acide bi-sulfurique pour les acides de trois, quatre proportions d'oxigène, afin que la dénomination de certains acides reste la même.

L'auteur appelle *oxides* des corps composés électro-positifs, insipides ou acres, doués des propriétés contraires à celles des acides, et par conséquent ramenant au bleu les couleurs végétales rougies par les acides.

Pour exprimer les oxides, il suit la même méthode que pour les acides, excepté qu'il remplace le mot acide par celui d'oxide. Ex. oxide féreux, oxide sesqui-féreux, oxide bi-féreux, oxide bisémi-féreux, oxide férique, oxide bi-férique.

Il nomme *astatides* des corps composés, qui ne sont ni acides, ni oxides, pouvant quelquefois jouer le rôle d'électro-négatifs, résultant de la combinaison des corps électro-négatifs entre eux, et dans lesquels les rapports atomiques sont les mêmes que dans les acides correspondans.

Pour exprimer un astatide, on énonce d'abord les deux premières syllabes du nom du corps le plus électro-négatif auquel on donne la terminaison *ide*, puis on fait suivre le nom de l'autre corps en le variant comme pour les acides et les oxides. Ex. sulfide phosporeux, sulfide sesqui-phosphoreux, sulfide bi-phosphoreux, sulfide bisémi-phosphoreux, sulfide phosphorique.

Il nomme *astatures* des corps composés qui ne se rapportent à aucun de ceux déjà examinés, pouvant cependant quelquefois jouer le rôle d'électro-positifs, résultant de la combinaison de corps électro-négatifs avec des corps électro-positifs, et dans lesquels les rapports atomiques sont les mêmes que dans les oxides correspondans.

Les astatures s'expriment de la même manière que les astatides; il suffit de remplacer le nom de l'astatide par celui de l'astature, et de donner à ce dernier la terminaison *ure*. Ex. sulfure oreux, sesqui-sulfure oreux, sulfure bi-oreux, sulfure bisémi-oreux, sulfure orique, sulfure bi-orique.

Je ne m'arrête pas aux *alliages* et aux *amalgames*. Je passe de suite aux sels.

L'auteur appelle *sels* des corps composés résultans de la combinaison des acides ou astatides avec des bases *salifiables*.

Il entend par bases salifiables les corps pouvant neutraliser plus ou moins les acides et les astatides.

Pour désigner les sels, on énonce d'abord l'acide ou l'astatide en changeant sa terminaison en *ite* si elle est en *eux*, et en *ate* si elle est en *ique*; puis on fait suivre le nom de l'oxide ou de l'astature; de plus on supprime *de* de l'astatide, *re* de l'astature.

Ainsi, on dirait bi-sulfite féreux pour désigner le sel qui résulterait de la combinaison de l'acide bi-sulfureux avec l'oxide féreux; sulfate bi-féreux, pour désigner le sel qui résulterait de la combinaison de l'acide sulfurique avec l'oxide bi-féreux; sulfi-phosphorite férique, pour indiquer le sel qui résulterait de l'astatide sulfide phosphoreux avec l'oxide férique; azotate sulfu-tri-oreux, pour désigner le sel qui résulterait de la combinaison de l'acide azotique avec l'astature, sulfure tri-oreux.

Il reste le cas où dans le sel la quantité d'acide ou de base vient à varier : alors M. Rivière emploie des mots tirés de la langue grecque, ne pouvant répéter sans confusion ceux qu'il a déjà employés et qui ont une étymologie latine. Ces mots sont : *hémiolio*, *deuto*, *deute misso*, *trito*; mots qui veulent dire un et demi, deux, deux et demi, trois; plaçant ces mots devant l'acide ou l'astatide, ou devant la base, suivant que c'est l'acide ou la base dont il faut exprimer les proportions.

D'après cela on dirait deuto-sulfate féreux, pour désigner le sulfate féreux dans lequel la quantité d'acide serait double de l'oxide féreux; et sulfate deuto-biféreux, pour distinguer le sulfate biféreux dans lequel la quantité d'oxide biféreux serait double de l'acide sulfurique.

Quant aux sels plus compliqués on agirait d'une manière semblable.

M. Rivière a composé un tableau synoptique des différens corps que comprend la chimie minérale : dans ce tableau ils sont désignés par les noms nouveaux qu'il propose, et en regard sont placés les noms de Thénard et Berzélius. Il est fâcheux qu'il ne l'ait pas apporté, il aurait beaucoup facilité l'intelligence de cette nomenclature.

Les principaux avantages de cette nomenclature sont que les noms des corps composés expriment la nature des élémens et leurs proportions atomiques, et qu'ils permettent de nommer plusieurs corps composés qui ne l'avaient pas été jusqu'à présent.

*Conclusion.* — Votre commission, Messieurs, regrette de n'avoir pas eu plus de temps pour approfondir la nouvelle nomenclature atomo chimique de M. Rivière.

Après le peu d'instans qu'il lui a été possible de consacrer à l'examen et à la discussion de cette nomenclature, elle s'est séparée sous l'impression suivante,

Que cette nouvelle langue chimique réunit la simplicité à l'exactitude et qu'elle paraît être l'expression fidèle de la science actuelle.

Le rapport sur le minerai aurifère dont M. Dargy avait demandé à constater la richesse, par voie d'analyse, en présence d'une commission nommée à cet effet, n'a pu être fait, parce que M. Dargy, après avoir déposé des échantillons, avait quitté Poitiers, pour aller rassembler ses appareils et ses moyens d'essai. M. Dargy n'est arrivé à Poitiers qu'hier au soir très tard. Il n'aurait pu être procédé à l'analyse qu'aujourd'hui même; mais M. Dargy annonce que son opération exige au moins six heures. Les fonctions obligées de la plupart des membres de la commission et la clôture des séances ne permettent pas à la section de sanctionner le rapport qui pourrait être fait ; il a été décidé que la commission ne devait plus s'occuper de cette analyse au nom du Congrès, mais qu'on inviterait M. Dargy à soumettre ces opérations à la Société d'agriculture, belles-lettres, sciences et arts de Poitiers.

Du reste, la commission ayant examiné avec soin les échantillons produits par M. Dargy, a reconnu que le fer hydraté vif aurifère se compose en effet de rognons ou nodules de fer hydraté, contenant beaucoup de grains de sable et des paillettes de mica, pouvant représenter géologiquement des sables aurifères qui auraient été agglutinés en rognons par des infiltrations abondantes de fer hydroxidé ; qu'ainsi, il ne serait pas contraire aux règles ordinaires de la minéralogie géognostique que ce fer contînt des paillettes d'or, comme il contient des paillettes de mica et des grains de quartz, et qu'il pourrait même s'y trouver toute sorte de minéraux divers, tels que ceux qui accompagnent ordinairement l'or dans les sables diluviens ; savoir, du platine, de l'argent, des topazes, des émeraudes, des diamans même ; que néanmoins un examen attentif, à la loupe, de plusieurs morceaux cassés dans ce but, n'a fait découvrir rien de semblable, et que l'approche du barreau aimanté n'y a décelé non plus aucune trace de fer oxidulé ni de fer titané, qui cependant caractérisent presque toujours les sables aurifères ; qu'ainsi l'on doit admettre *à priori* qu'il peut y avoir de l'or et de l'argent dans ce minerai, comme l'annonce M. Dargy, mais que l'on a toutes raisons de craindre qu'il ne s'y en trouve que de bien faibles quantités.

Des échantillons d'une autre mine, présentés par M. Dargy, ont offert une galène ou plomb sulfuré à grandes facettes avec baryte sulfuré, dans une gangue quartzeuse, ressemblant ainsi à la plupart des mines de plomb, et pouvant contenir une proportion variable d'argent, comme il est tout-à-fait ordinaire.

Ces mines sont situées auprès de Champagne-Mouton, dans la Charente.

M. Nérée Boubée lit la relation de la promenade géologique faite jeudi dernier, et qui n'avait pu être complètement rédigée pour la séance du lendemain. Cette rédaction est adoptée, et la section demande qu'elle soit insérée en entier dans le volume des travaux du Congrès (1).

(1) Voir la relation de cette promenade au Compte-rendu des séances générales du Congrès.

A l'occasion de cette lecture, M. Desvaux (d'Angers) fait observer qu'il a distingué minéralogiquement les silex des terrains jurassiques de ceux des terrains de transition ; qu'il réserve pour les derniers le nom de *silex corné*, qu'il nomme les premiers *silex caillou*, et que cette distinction est entièrement partagée par M. Brongniart. Il désirerait que ce terme fût substitué à celui de *silex corné*, dans la relation de la promenade géologique.

M. Boubée répond qu'il est admis par tous les géologues que les formations jurassiques sont caractérisées par le silex corné; que M. Brongniart, sans doute pour se conformer à l'usage, emploie aussi, dans tous ses ouvrages, cette dénomination; qu'ainsi il craindrait d'adopter, dans sa relation, une expression qui n'est pas encore introduite dans le langage des géologues.

M. le président exprime à la section tout le prix qu'il attache à l'honneur d'avoir présidé ses travaux. MM. Cauvin et l'abbé Cousseau expriment, à leur tour, à M. le président et aux membres du bureau, les remercîmens que leur votent, d'une commune voix, les membres de l'assemblée.

*Le Président de la Section*,
DESVAUX (*d'Angers*).

*Le Secrétaire de la Section, pour les Sciences mathématiques, physiques et geologiques*,
NÉRÉE BOUBÉE.

*Le Vice-President*,
DE LA PYLAIE (*de Fougères*).

---

## SECONDE DIVISION.

## SCIENCES BOTANIQUES ET ZOOLOGIQUES.

### PREMIÈRE SUBDIVISION.

### BOTANIQUE.

#### SÉANCE DU 9 SEPTEMBRE 1834 (1).

M. de Caumont lit un aperçu concernant une publication importante sur les hydrophytes de la Normandie, que va mettre au jour M. Chauvin, professeur d'histoire naturelle au collége royal de Caen.

Ce travail, auquel les connaissances prouvées de l'auteur donnent une garantie de succès, renfermera au moins autant d'espèces que M. Gréville en a produit dans le *British Flora*, collection qui peut être regardée comme représentant avec exactitude les richesses hydrophytologiques de la Grande-Bretagne, pays où l'étude de l'*Algologie* est cultivée avec le plus de soin.

M. Chauvin, après une phrase caractéristique latine appliquée à chaque espèce, donnera une description naturelle et surtout comparative, propre à faire distinguer les espèces qui ont des affinités.

(1) Voir le surplus des travaux de la section dans la première division et dans la seconde subdivision de cette seconde division.

Pour ne pas se borner aux hydrophytes marines et d'eau douce que possède la riche province de Normandie, M. Chauvin place à la fin de chaque genre, sous forme d'appendice, l'énumération des espèces françaises qui ne se trouvent point en Normandie, de sorte qu'à l'aide de cette addition, on aura une idée de l'ensemble de l'hydrophytologie de la France entière.

Un certain nombre de planches sont destinées à représenter les espèces nouvelles non encore figurées.

M. de Caumont rappelle en outre la belle collection d'hydrophytes desséchées que publie M. Chauvin depuis huit ans, et qui, en sept fascicules, renferme déjà 175 espèces.

M. le président exprime, au nom de la section, le désir de voir bientôt paraître ce travail, qu'on doit regarder comme devant avancer en France la connaissance de l'hydrophytologie, de cette partie si importante de la cryptogamie.

## SÉANCE DU 10 SEPTEMBRE 1834.

Madame Cauvin offre une collection de plantes desséchées, peu communes, qu'elle a récoltées dans les départemens de la Sarthe, de la Manche, d'Indre-et-Loire et de la Vienne. Les plus remarquables sont les *Peltaria alliacea* L., *Senebiera pinnatifida* Dc., *Amarantus retroflexus* L., *Polygonum laxiflorum* Weihe, *Lagurus ovatus* L., etc.

## SEANCE DU 12 SEPTEMBRE 1834.

M. de Brébisson rend compte de ce que l'excursion qui a occupé la matinée de la veille, a présenté d'intéressant sous les rapports botaniques et zoologiques.

« Qu'il nous soit permis aujourd'hui, dit-il, de soumettre à la section les faits principaux de nos observations, trop rapides du reste pour offrir rien de complet sur les productions des localités que nous avons parcourues.

» Toutefois, l'examen de ces contrées a eu d'autant plus de prix pour nous qu'il est venu confirmer des opinions que nous avions émises, il y a quelques années, et qui ont été publiées dans les mémoires de la Société Linnéenne de Normandie, sous ce titre : *Coup d'œil sur la végétation de la Basse-Normandie, considérée dans ses rapports avec le sol et les terrains.* Ici, aux environs de Poitiers, les plantes normandes propres à nos terrains secondaires, se représentent exactement dans les mêmes conditions. Pour donner plus de poids encore à ces observations qu'il serait si précieux de répéter sur tous les points de notre royaume, nous citerons l'intéressant mémoire de Mme Cauvin, que nous avons été chargés d'examiner, et qui donne un tableau comparatif des plantes croissant à Pontivy, dans un sol recouvrant des roches primordiales, et des plantes qui se trouvent aux environs du Mans, sur les terrains secondaires.

» Les *Globularia vulgaris* L., *Teucrium montanum* L., que nous avons vus en abondance sur un coteau près de Saint-Benoît, sont propres à cette formation géologique. Nous y avons recueilli, parmi les mousses, un joli champignon, que Mme Cauvin a reconnu pour être une variété du *Cantharellus undulatus* Fr.

» C'eût été surtout sur les roches de Passe-Lourdin, si la saison eût été moins avancée, que nous aurions fait la récolte la plus abondante. Là, dirigés par M. Delastre, nous avons trouvé les *Phyllirea latifolia* L., le Micocoulier (*Celtis australis* L.), l'*Acer monspessulanum* L., et le charmant Capillaire de Montpellier (*Adiantum Capillus-Veneris* L.), tapissant les parois de plusieurs grottes qui renferment en outre, parmi des touffes d'une mousse peu commune, le *Weissia verticillata* Schw., une plante nouvellement connue, appartenant à la famille des Algues; elle a été récemment publiée, par Mademoiselle Libert, dans le premier fascicule de ses Cryptogames des Ardennes, sous le nom de *Inoconia Micheli* Lib. Elle est figurée dans Micheli, t. 90, f. 8. Une autre algue gélatineuse, du genre *cahos* de Bory-Saint-Vincent, enduit plusieurs points de l'intérieur de ces grottes, qui servent aussi de refuge à quelques phalènes rares.

» Sur la crête de cette chaîne de rochers, nous avons remarqué le *Linum strictum* L., et le *Buplevrum aristatum* Bartl., espèce qui a été prise par plusieurs auteurs pour le *B. odontile* L.

» En nous rapprochant de Ligugé, nous avons vu sur les murailles l'*Hypnum strigosum* Hoffm. Bientôt la découverte de l'*Umbilicus pendulinus* Dc., plante particulière aux terrains primordiaux, nous eût démontré leur présence, si déjà nos confrères géologues ne l'eussent annoncée, en signalant une belle roche de protogyne. C'est près de là encore qu'on a recueilli l'*Andryala integrifolia* L., le *Buplevrum tenuissimum* L., et l'*Ononis Columnæ* All.

» En revenant vers Poitiers, nous avons rencontré, sur une colline exposée au midi, parmi les rochers, les *Helianthemum apenninum* Dc., *Centaurea crupina* L.; et dans les champs voisins, les *Campanula erinus* L., *Artrolobium scorpioides* Dc., et *Crucianella angustifolia* L.

» Dans ces diverses localités, nous avons remarqué un grand nombre d'insectes de l'ordre des orthoptères; et parmi plusieurs espèces d'*Acridium* que nous avons prises, nous croyons qu'une ou deux pourraient être nouvelles pour la France. »

On dépose sur le bureau un phénomène végétal fort curieux, c'est une portion de tige de vigne munie de deux rameaux dont l'un porte une grappe de raisin muscat noir, tandis que l'autre est chargé d'une grappe de même espèce, mais à fruits blancs (1). Un examen scrupuleux de cette branche bifurquée prouve que ce jeu de la nature est dû au hasard, et non produit par la greffe ou quelque autre supercherie d'horticulture. On cite quelques faits semblables comme ayant déjà eu lieu dans les environs de Poitiers.

## SÉANCE DU 13 SEPTEMBRE 1834.

M. de Brébisson, au nom d'une commission désignée par la section, présente un rapport concernant un mémoire de Mme Cauvin, sur la végétation comparée des environs de Pontivy et du Mans, localités différant surtout sous le rapport géologique. Les environs de ces deux villes, explorés avec soin par Mme Cauvin, lui ont fait reconnaître qu'une différence non moins tranchée existait dans la végétation de ces deux contrées. Les observations de cette dame portent sur plus de 200 espèces de plantes. Pour faire saisir l'importance de ses considérations, il suffira de présenter deux listes : l'une, des plantes propres aux terrains primordiaux de Pontivy, et qui ne se retrouvent point aux environs du Mans; l'autre, comprenant les plantes des terrains secondaires,

(1) La branche de vigne a été offerte au Congrès par Mme Mangin d'Oins, née Robert de Boisfossé. Elle était accrue sur un pied de vigne planté très-anciennement dans le jardin de sa maison, rue Barbat, à Poitiers. On se propose de vérifier si, par la suite, ce phénomène se reproduira.

étrangères au sol de Pontivy, et qui croissent dans le Maine. Nous ne citerons que les plus caractéristiques.

| PONTIVY. | LE MANS. |
|---|---|
| *( Terrains primordiaux.)* | *( Terrains secondaires.)* |
| Corydalis claviculata *Dc.* | Thalictrum minus *L.* |
| Viola palustris *L.* | Anemone pulsatilla *L.* |
| Silene Anglica *L.* | Papaver Rhœas *L.* |
| — nutans *L.* | —— Argemone *L.* |
| Lychnis sylvestris *Hope.* | Cardamine amara *L.* |
| Spergula subulata *Sw.* | Alyssum calycinum *L.* |
| Lotus angustissimus *L.* | Iberis umbellata *L.* |
| Lupinus angustifolius *L.* | Reseda lutea *L.* |
| Tormentilla reptans *L.* | Parnassia palustris *L.* |
| Sedum Anglicum *Huds.* | Saponaria officinalis *L.* |
| Galium harcynicum *Weig.* | Cucubalus bacciferus *L.* |
| Chrysanthemum segetum *L.* | Rhamnus catharticus *L.* |
| Vaccinium myrtillus *L.* | Sanguisorba officinalis *L.* |
| Sibthorpia europæa *L.* | Buplevrum rotundifolium *L.* |
| Primula grandiflora *Lam.* | Primula officinalis *Jacq.* |
| Asphodelus albus *Willd.* | Teucrium botrys *L.* |
| | Globularia vulgaris *L.* |
| | Orchis simia *Lam.* |
| | — ustulata *L.* |
| | Ophrys apifera *Sm.* |
| | — myodes *Jacq.* |

## SÉANCE DU 14 SEPTEMBRE 1834.

On entend un rapport de M. de Brébisson sur un *Aperçu statistique de la végétation du département de la Vienne*, par M. Delastre, sous-préfet de Loudun.

« En lisant, dit le rapporteur, l'intéressant mémoire de M. Delastre dont vous nous avez chargés de rendre compte, nous avons éprouvé un vif sentiment de regret de ce que les limites de nos procès-verbaux n'en permissent pas l'insertion entière (1). Ce travail, plein de faits précieux

(1) A raison de l'importance de ce travail, on le donnera en entier à la fin du volume.

et d'observations judicieuses, ne peut que perdre beaucoup par une froide analyse ; aussi nous est-il pénible de vous rappeler, par une aride nomenclature, la description pittoresque et si poétique dont la lecture a eu hier tant d'intérêt pour toute la section.

» Vingt ans d'explorations botaniques, réitérées dans les diverses parties du département de la Vienne, ont mis M. Delastre à même de former une collection à peu près complète des végétaux de ce département.

» Il porte à 1,200 le nombre des plantes phanérogames de cette partie du Haut-Poitou ; 1,500 espèces de cryptogames ont été observées ou recueillies par lui. Il a dessiné celles dont la contexture délicate ou la ténuité ne permettaient pas la conservation en nature ; mais la récolte difficile des plantes de cette division, l'époque de l'année à laquelle elles se développent, lui font penser qu'il en est un certain nombre qui a dû échapper à ses recherches, et qu'il peut porter à 300, sans s'écarter beaucoup de la réalité.

» L'organisation géologique de cette partie de la France, dit M. Delastre, y favorise au surplus le développement de la plupart des plantes naturelles aux départemens voisins. Ainsi, tandis que la végétation plus particulière aux terrains primitifs du Limousin s'avance au sud-est du Haut-Poitou jusqu'à Plaisance, l'Ile-Jourdain et Availles ; au nord-est, le versant de la Vienne, dont les tufs calcaires forment le fond poreux, présente au botaniste la plupart des plantes du bassin de la Loire. Entre ces deux zones extrêmes, le calcaire jurassique qui sert de base à toute la portion centrale de notre département, se couvre d'une végétation analogue à celle de l'Indre, et d'une grande partie de la Charente et des Deux-Sèvres.

» M. Delastre signale plusieurs arbres ou arbustes des provinces méridionales qui croissent dans ce département. Ce sont les *Quercus ilex* L., et *Cerris* L., *Phyllirea latifolia* L., *Rhamnus alaternus* L., *Acer monspessulanum* L., et *Celtis australis* L.

» Même observation pour les plantes suivantes : *Centaurea seridis* L., *Linum strictum* L., *Chelidonium hybridum* L., *Anethum graveolens* L., *Coriandrum testiculatum* L., *Drepania barbata* Desf., *Ruta graveolens* L., *Lepidium petræum* L., *Sisymbrium asperum* L., *Lupinus angustifolius* L., *Xeranthemum inapertum* W., *Symphytum tuberosum* L., *Malva nicœensis* All., *Pimpinella dioica* L., *Arenaria cinerea* Lam., *Astragalus monspessulanus* L., *Momordica elaterium* L., *Polycnemum arvense* L., *Teucrium montanum* L., *Linaria pelisseriana* Dc., etc.

» Le *Geranium tuberosum*, que l'on croyait particulier à la flore de Marseille, se retrouve à Poitiers. L'*Ulmus effusa* W., assez rare partout, est mêlé aux ormes ordinaires des promenades de Loudun.

» La liste suivante comprend le reste des phanérogames dicotylédones rares observées par M. Delastre : *Isopyrum thalictroides* L., *Dentaria bulbifera* L., *Seseli annuum* L., *Linaria pyrenaica* Dc., *Campanula patula* L., *Corydalis claviculata* Dc., et *bulbosa* Dc., *Hypericum lienarifolium* Dc., *Alyssum montanum* L., *Ononis minutissima* L. et *striata* Gouan., *Scabiosa sylvatica* L., *Aconitum lycoctonum* L., *Rosa sempervirens* L. et *stylosa* Desv., *Chlora sessilifolia* Dc., et un *Cirsium* nouveau, peut-être une hybride du *C. tuberosum* Lam. et du *C. anglicum* Huds.

» Parmi les monocotylédones, on remarque les *Polypogon monspeliense* Dc., *Melica ciliata* L., *Echinaria capitata* Dc., *Ægilops elongata* Kall., *Avena longifolia* Thore., *Carex humilis* Leyss., *C. arenaria* L. et *gynobasis* Will., *Fritillaria meleagris* L., *Scilla umbellata* Ram., *Allium alpinum* L., *Epipactis nidus-avis* Sw. et *ensifolia* Sw., *Limodorum abortivum* Sw.

» Le jonc maritime, si commun dans les marais saumâtres des environs de Brouage et de Marennes, couvre de ses souches traçantes certaines parties des marais de la Briande entre la Cabane-Brûlée et Anvaux, canton de Moncontour. Comment cette espèce a-t-elle pu s'acclimater à une aussi grande distance des bords de la mer, dont elle ne s'écarte pas ordinairement? C'est une de ces particularités qu'il serait difficile d'expliquer.

» Viennent ensuite les cryptogames. Parmi les fougères, M. Delastre cite les *Adiantum capillus-veneris* L., *Asplenium septentrionale* L., et *Osmunda regalis* L.

» Le département de la Vienne renferme un petit nombre de mousses et environ 220 lichens. La forêt de Châtellerault est riche en variétés de *Cenomyce*.

» La section des champignons renferme à elle seule plus de 1,000 espèces. On trouve près de Loudun le *Clathrus cancellatus* L., et en grande abondance le *Phallus impudicus* L.

» Le genre Agaric, si nombreux, si difficile à étudier, offre à l'art culinaire une vingtaine d'espèces comestibles de saveurs variées; mais on ne consomme guère, dans le pays, que les plus communs, tels que l'*Agaricus edulis* Bull., qui se vend sous le nom de *Champignon rose*, l'*A. mousseron* Bull., à odeur de farine, le faux mousseron (*A. tortilis* Dc.), l'*A procerus* Scop., connu sous le nom de *Cluseau*, et l'*Oronge* (*A. aurantiacus* Fries.), fatale à l'empereur Claude, la plus exquise de toutes les espèces de ce genre.

» On emploie également en cuisine plusieurs bolets, qu'on désigne indifféremment sous le nom générique de ceps.

» Les *Hydnes hérisson*, *corail* et *sinué* sont aussi des alimens agréables qui ne contiennent aucun principe malfaisant.

» Trois espèces nouvelles de ce genre, découvertes par M. Delastre dans les environs de Châtellerault, ont été consignées par M. Persoon dans la 2e section de sa Mycologie européenne; ce sont les *Hydnum pachyodon* Pers., *H. fragrans* Del., et *H. dichroum* Pers. Ce dernier a une odeur analogue à celle de la Trigonelle.

» On compte encore au nombre des espèces comestibles du département les *Helvella mitra* Bull., *H. elastica* Bull., et le *H. monachella* Fries, espèce omise dans toutes les flores de France; les *Morchella esculenta* Pers., et *semi-libera* Dc., et enfin le délicieux *Tuber cibarium* Sibth., et le *Verpa digitaliformis* Pers.

» M. Delastre termine sa revue par des considérations sur les hydrophytes, sur leurs modes de développement et de reproduction si extraordinaires, qui, dans quelques espèces, présentent des rapports si intimes avec les animaux, qu'il est difficile d'établir les limites qui doivent séparer, dans ce point, le règne végétal et le règne animal.

» Une algue nouvelle qui doit appartenir à la tribu des Céramiaires, a été découverte par M. Delastre, attachée aux pierres d'une cascade du Poitou. »

M. de Brébisson fait une proposition tendant à engager les botanistes qui se rendent aux Congrès scientifiques à apporter avec eux les plantes qu'ils auraient découvertes, afin qu'après avoir été l'objet de l'examen d'une commission, les noms de ces plantes soient consignés dans les procès-verbaux.

Il est reconnu depuis long-temps que le meilleur moyen d'avoir une bonne flore française serait de créer un herbier des plantes de la France; et c'était pour arriver à ce but que l'administration du Muséum d'histoire naturelle de Paris fit, il y a environ cinq ans, un appel aux botanistes français pour les engager à envoyer les plantes de leurs contrées respectives. Quelques botanistes, mais en petit nombre, répondirent à cette invitation; et les collections qu'ils ont envoyées offrent trop peu d'ensemble pour présenter un grand intérêt. Le peu de succès de cette première tentative doit même faire craindre que l'on ne soit bien long-temps avant d'en obtenir quelques résultats importans.

Outre l'incertitude où se trouvent les naturalistes sur le parti que l'on pourra tirer de leurs envois, il est encore plusieurs causes qui contribuent à arrêter leurs communications. Quelques-uns possèdent des échantillons trop peu nombreux des plantes rares qu'ils ont découvertes, pour avoir assez de dévoûment pour s'en dessaisir dans l'intérêt général ; d'autres, éloignés ou peu connus, ignorent l'appel qui leur a été fait, ou ne savent comment y répondre.

M. de Brébisson regarde le moyen de communications momentanées dont il démontré les avantages, comme le plus propre à obtenir une bonne flore française, par la masse de documens que présenteront les mémoires des Congrès au bout de quelques années.

M. Mauduyt demande que la proposition s'étende à tous les objets d'histoire naturelle. La section, se rangeant à cet avis, décide que la proposition sera ainsi formulée :

« Engager les naturalistes qui se rendront aux Congrès scientifiques, ou qui y adhéreront, à mettre sous les yeux des membres de la section d'Histoire naturelle, les objets nouveaux qu'ils auront découverts en France, ou les espèces rares non encore indiquées dans les lieux où ils les auront recueillies, afin que l'on puisse consigner ensuite dans les procès-verbaux des séances la liste de ces découvertes, après un sérieux examen. »

Cette proposition, d'abord adoptée par la section, l'a été ensuite par le Congrès en séance générale.

M. de Brébisson communique une sorte de *fac simile* d'une publication qu'il va mettre au jour sur les hépatiques de la France.

A des échantillons desséchés de ces plantes seront joints une description et des dessins représentant grossis les détails des organes difficiles à apercevoir ou qui se détruisent par la dessiccation.

Cette collection sera publiée par fascicules ou décades in-8°, renfermant chacun dix espèces.

On y trouvera plusieurs jungermannes nouvelles pour la

flore française, telles que les *Jungermannia setacea* Hook, *J. attenuata* Lindenb., *J. Dicksonii* Hook, *J. spinulosa* Dicks., *J. minutissima* Engl. Bot, etc.

M. Rivière annonce qu'il a dressé des tableaux synoptiques des productions naturelles de la Vendée, sous les rapports botaniques et zoologiques. Il espère, au moyen de ses travaux sur la géologie et avec quelques promenades scientifiques qu'il compte publier, donner une idée à peu près complète de l'histoire naturelle de la Vendée.

M. de Brébisson, qui s'occupe d'un travail sur les plantes cryptogames utiles, soumet une des nombreuses applications aux arts que peut offrir cette classe de végétaux.

Il a découvert, il y a déjà plusieurs années, que la chair des champignons tubéreux, appelés Bolets ou Polypores, pouvait être employée pour former des estompes qui remplacent avec avantage celles en papier, en peau ou en liége, dont se servent ordinairement les dessinateurs.

Ces nouvelles estompes sont moins dures que celles en papier, plus faciles à tailler en pointe fine que celles en peau, et leur contexture homogène ne présente jamais ces points ligneux et anguleux qui, dans les estompes en liége, sont sujets à déchirer le papier sur lequel on dessine.

Celles que présente M. de Brébisson sont faites avec le *polypore du bouleau*.

## SÉANCE DU 15 SEPTEMBRE 1834.

M. Desvaux rend compte d'un travail ingénieux sur la botanique, de M. le docteur Palustre, de Niort, déposé momentanément dans la salle du Musée, où il a été examiné avec intérêt.

« C'est une sorte de cadre de jardin botanique en miniature, dit M. Desvaux, au moyen duquel on peut se faire une idée facile et prompte des distributions habituelles de ces sortes d'établissemens. Une surface de deux mètres carrés composés de plusieurs planchettes pouvant se rapprocher ou s'éloigner, est trouée régulièrement, ainsi que vous avez pu le voir, et porte des sortes de chevilles de bois pourvues, au sommet, d'une fissure pouvant recevoir une carte sur laquelle est écrit un nom de classe, de famille ou de genre. Dans ce travail de M. le docteur Palustre, nous avons vu un moyen de pouvoir, dans les maisons d'instruction, mettre une sorte de jardin botanique sous les yeux, au défaut de l'avoir à sa proximité; mais en supposant toujours que l'étude des plantes de la campagne ou des jardins entrerait dans les moyens d'application de ce jardin botanique artificiel. »

M. de la Pylaie fait hommage d'un paquet de plantes curieuses desséchées, recueillies par lui dans les environs de Fougères. Cette collection renferme de belles variétés de fougères, telles que l'*Aspidiun lobatum* Willd, A. *aculeatum* E. B., *A. fragile* Sw., *Blechnum spicans* Sm., etc., un échantillon du *Pteris aquilina* L., long de près de 8 pieds, enfin un *Aira* que M. Desvaux rapporte à l'*A. parviflora* Rich.

M. de la Pylaie signale encore une espèce d'*Arenaria*, qu'il a trouvée à l'île de Noirmoutiers. Elle est voisine de l'*A. media* L., mais elle lui semble devoir en être distinguée.

### SÉANCE DU 16 SEPTEMBRE 1834.

M. de la Pylaie donne la note suivante sur une mousse rare dont le genre a été long-temps douteux.

« Il est une mousse, dit-il, sur laquelle je dois fixer un moment votre attention, c'est l'espèce dont M. de Candolle a fait son *Fontinalis Juliana* Sav., contradictoirement à mes observations. Cette plante n'a d'autre analogie avec les Fontinales que son habitation sous les eaux limpides et paisibles, mais la texture de son feuillage est utriculaire comme celui des jungermannes, et non réticulé ainsi que dans les mousses : du reste il en est ainsi du groupe entier des *Dicranum* ou *Fissidens* Hedw., à feuillage distique, et qui se compose des *Fissidens taxifolium*, *Bryoïdes*, *Adianthoïdes*, etc., dont j'ai composé mon genre *Skitophyllum* sur le caractère du dédoublement des feuilles qui n'existe que chez ces seules espèces de mousses. Le nom de *Fissidens* a dû être rejeté comme exprimant un caractère commun à tous les *Dicranum*, dont les dents sont aussi fendues.

» Quant à la mousse qui nous occupe, elle appartient à mes *Skitophylles* par le port et par le dédoublement des feuilles. C'était sur cette considération, bien prépondérante, que j'avais associé la mousse *des fontaines* aux autres espèces, qui toutes aiment les lieux frais et ombragés.

» Depuis la publication de mon travail (1814), j'ai trouvé à l'île d'Ouessant cette mousse remarquable *fructifiée*, dans une fontaine située près du bourg, vers le commencement de juin. Elle a été retrouvée avec ses urnes par M. et Mme Cauvin, à Pontivy, et par M. Desportes, à Aron (Mayenne).

» J'ai observé à l'île d'Ouessant que ces urnes, tout aussitôt qu'elles sont à maturité, se séparent avec leur pédicule de la plante qui les a produites et viennent flotter à la surface des eaux : elles s'y trouvaient par myriades, pour ainsi dire en forme de poussière, à la superficie de la fontaine de l'île d'Ouessant, où je fis cette singulière observation, laquelle nous rappelle la *Vallisneria*.

» J'ai constaté avec le microscope que le péristome de cette mousse est simple, à dents libres, bifides, caractères de la fructification de mes *Skitophylles*, tandis que les Fontinales ont un péristome double. Enfin je ferai observer que cette plante étant surtout armoricaine, se trouvant plus commune en Bretagne et dans les départemens voisins, que dans le reste de la France, devait plutôt conserver le nom de *Skitophyllum fontanum*, que celui de *Fontinalis Juliana* Sav., sous lequel l'a reproduite M. de Candolle. »

---

## SECONDE SUBDIVISION.

### ZOOLOGIE.

---

#### SÉANCE DU 10 SEPTEMBRE 1834 (1).

M. de la Pylaie communique un bocal renfermant, avec quelques poissons, une espèce ou variété de couleuvre voisine de la *vipérine*, mais qui en diffère par plusieurs caractères.

M. Desvaux fait observer que lui-même a reconnu plusieurs variétés de la *couleuvre vipérine.*

M. de la Pylaie, après avoir passé en revue les couleuvres assez nombreuses des environs de Fougères, dont quelques-unes, malgré leur innocence, sont l'effroi du pays, cite une salamandre peu commune qu'il a rencontrée près de Rennes, et qui, d'après sa description, doit se rapprocher de la salamandre marbrée (*S. marmorata* Latr.)

MM. Mauduit et Rivière sont chargés d'examiner ces communications.

#### SÉANCE DU 12 SEPTEMBRE 1834.

M. Mauduit, au nom de la commission chargée d'étudier les animaux offerts par M. de la Pylaie, rend compte ainsi du résultat de ses observations :

« Nous avons reconnu, dit-il, que les lamproies qui font partie des objets offerts, sont l'une le *Petromyzon de rivière*, et l'autre l'Ammocète-Lamproyon (*Ammocœtus branchialis* Dunier.), qui se trouvent

(1) Pour les autres travaux de section, voir ce qui concerne l'autre division et subdivision.

généralement répandus dans nos rivières et ruisseaux, et qui ont été décrits par M. Millet, dans sa Faune de Maine-et-Loire. Les autres poissons contenus dans le bocal sont les *Cobitis tœnia* L., *Cottus Gobio* L., et deux petits Cyprins très-communs dans nos rivières.

» Si les poissons nous offrent peu d'intérêt sous le rapport de leur rareté, il n'en est pas de même de la couleuvre qui est renfermée dans le même bocal. Elle nous a paru digne de fixer l'attention. En effet, si cet individu n'est pas une espèce nouvelle dans l'ordre des Ophidiens, il est au moins une variété bien tranchée de la couleuvre vipérine; car, après l'avoir examinée pour tâcher de la rapporter à quelques-unes des couleuvres décrites par les auteurs que nous avons consultés, tous nos efforts ont été inutiles, et nous ont laissés convaincus qu'elle méritait d'être mentionnée.

» Voici la description qu'en donne M. de la Pylaie :

» Couleuvre à 4 séries de taches, *Coluber quadriserialis* Dlp.; sa longueur est de 20 pouces et son corps gros de 18 lignes en diamètre. C'est une des espèces parées des couleurs les plus belles; son ventre est d'un joli rose-clair comme orangé, et si lisse qu'il brille au soleil comme l'orvet (*Anguis fragilis* L.) Le dos et le haut des flancs sont ornés de 4 séries de taches noires arrondies, toutes distinctes et bien marquées dans la jeunesse. Sa tête offre comme caractère distinctif deux larges chevrons noirs, contigus, en forme d'X, qui ont concouru à faire prendre cette espèce pour une vipère.

» Ce reptile est assez commun aux environs de la ville de Fougères (Ille-et-Vilaine), où le peuple le considère comme l'*aspic* et le désigne par ce nom, sous lequel il classe tous les reptiles dangereux. Celui-ci est regardé dans le pays comme un des plus redoutables; mais l'absence des crochets à venin prouve qu'il est innocent comme toutes les autres couleuvres. »

M. Mauduit met sous les yeux des membres de la section un bel individu de la Couleuvre glaucoïde (*Coluber glaucoides* Maud.) qu'il a découverte il y a plusieurs années dans ce pays. Il l'a décrite dans les mémoires de la Société académique de Poitiers. Cette espèce est aussi mentionnée dans la Faune de Maine-et-Loire.

## SÉANCE DU 13 SEPTEMBRE 1834.

M. de Caumont lit une note de M. Chesnon, principal du collége de Bayeux (Calvados), qui s'est spécialement occupé de l'histoire naturelle de la Normandie. Outre les plantes, les insectes, les minéraux, il est parvenu à recueillir et classer presque toutes les espèces de quadrupèdes et d'oiseaux indigènes. Il en a formé un cabinet qui se compose uniquement d'espèces de Normandie, et le nombre en est considérable.

On remarque comme très-rares :

Le gobe-mouche à collier. — Le merle rose ou martin roselin. — Le crabier de Mahon. — Le héron pourpré. — Le butor blongios. — Le grand plongeon du Nord. — Le petrel ou oiseau de tempête. — Le pétrel de Leach. — Le pétrel puffin.

Un *squale nez*, pris à Avranches (Calvados), fait aussi partie de sa collection.

« M. Chesnon professe lui-même un cours d'histoire naturelle pour les élèves de son collége; et à l'appui de la théorie générale, il démontre, dans le cabinet même, sur les espèces classées d'après la méthode de Cuvier, et réunies en assez grand nombre pour donner des notions positives. Il publie, en ce moment, le résumé de ses leçons sous le titre d'*Essai sur l'histoire naturelle de la Normandie*, ouvrage dans lequel après les notions préliminaires et réellement élémentaires d'histoire naturelle mises à la portée des commençans, il décrit méthodiquement les espèces particulières à la Normandie, et au moyen de tableaux analytiques généraux il dispose les élèves à l'étude de l'histoire naturelle générale. Cet ouvrage pourra servir à propager et répandre le goût de cette étude, par le soin que l'auteur a eu de joindre aux noms scientifiques les noms vulgaires, et de plus des morceaux choisis de Buffon et de nos poètes, moyen qui ôte la sécheresse des ouvrages purement didactiques. »

M. Babault de Chaumont fait remarquer que le pétrel puffin a été aussi tué aux environs de Poitiers, il y a quelques années. Il cite en même temps le grand-fou de Bassan (*Sula major* Briss.), comme ayant été observé dans le département de la Vienne.

## SÉANCE DU 15 SEPTEMBRE 1834.

On examine avec beaucoup d'intérêt une grande quantité de dessins de poissons parfaitement exécutés par M. de la Pylaie. On y reconnaît les deux lamproies que ce naturaliste avait offertes dans la séance du 12.

Ces dessins, au nombre de 350, sont accompagnés d'un prodrome ichtyologique manuscrit.

M. le docteur Follain, à Granville (Manche), a adressé un mémoire intitulé : *Nouvelle Classification des mollusques et de leurs coquilles.*

L'auteur de cet ouvrage divise les mollusques en quatre grandes coupes auxquelles il donne des noms nouveaux, les *Angiostomes*, *les Cricostomes*, etc.

## SÉANCE DU 16 SEPTEMBRE 1834.

M. le docteur Allonneau, de Poitiers, qui prépare un travail sur les névroses des organes digestifs, en lit un extrait qui offre un fait intéressant sous le rapport de l'histoire naturelle, et qu'il a été à même d'étudier pendant sa pratique médicale.

« Une jeune fille avait contracté dès sa première jeunesse l'habitude de boire des eaux croupissantes des mares et des fossés, et ce qui, chez elle, d'abord fut une fantaisie, se convertit ensuite en un goût décidé. Après une succession de phénomènes fort variés, cette fille éprouva des hoquets, des spasmes et des crampes d'estomac qui ne tardèrent pas à se convertir en abondans vomissemens. »

En examinant les matières liquides rejetées, M. Allonneau y vit flotter des myriades de corpuscules ovoïdes, et d'autres en forme de vers s'y agiter en tous sens. L'examen de ces êtres le convainquit qu'ils ne pouvaient appartenir aux vers intestinaux ordinaires, et bientôt il reconnut que c'étaient des œufs et des larves d'un diptère, le cousin commun (*Culex pipiens* L.) Le résultat de ses observations ne lui permet pas de douter que les premirs états de développement de cet insecte n'aient eu lieu dans l'estomac de la jeune fille. Des larves conservées dans le milieu où on les avait trouvées ont passé à l'état de chrysalide au bout de 18 jours, pour se transformer enfin en insectes parfaits 9 jours plus tard.

Après le récit de ce fait curieux, l'auteur de cette notice rapporte l'analyse chimique qu'il a faite des substances liquides rejetées, et termine par une revue des vers intestinaux de l'homme et de quelques animaux.

*Le Président de la Section,*
DESVAUX (*d'Angers*).

*Le Secrétaire de la Section, pour les Sciences botaniques et zoologiques.*
DE BREBISSON (*de Falaise*).

*Le Vice-Président,*
DE LA PYLAIE (*de Fougères*).

## DEUXIÈME SECTION.

## Agriculture, Industrie et Commerce (1).

### SÉANCE DU LUNDI 7 SEPTEMBRE 1834.

Présidence de M. Cauvin, doyen d'âge, et ensuite de M. Lair (de Caen).

La section s'occupe de l'organisation de son bureau. Par le résultat du scrutin, M. Lair, secrétaire perpétuel de la société d'agriculture et de commerce de Caen, est nommé président; et M. Barbault de la Mothe, président à la Cour royale de Poitiers et membre de la société d'agriculture, belles-lettres, sciences et arts de la même ville, est élu vice-président. MM. Jozeau, secrétaire perpétuel de la société académique d'agriculture des Deux-Sèvres; et Babault de Chaumont, juge au tribunal de première instance de Poitiers, membre de la société académique de la même ville, sont maintenus dans les fonctions de secrétaires qu'ils remplissaient d'une manière provisoire.

Les travaux ont été ouverts par une proposition faite par M. Bobin, industriel recommandable et cultivateur distingué, propriétaire de la ferme de la Miletterie, située à une demi-lieue de Poitiers, route de Limoges. M. Bobin a demandé à la section de fixer pour l'un des jours de la tenue du

(1) Afin d'éviter aux lecteurs un rapprochement pénible, pour réunir des discussions éparses dans plusieurs séances et ayant pour objet la même question, on a présenté dans un même résumé tout ce qui a été dit sur la même nature, dans le cours des diverses séances

Congrès, un essai de plusieurs instrumens d'agriculture nouveaux et perfectionnés. L'honorable membre ajoute qu'il vient de recevoir la charrue Rozé avec avant-train, et il a offert sa ferme de la Miletterie pour théâtre de cet essai.

Quelques explications ont eu lieu entre plusieurs membres de la section sur les moyens d'exécution de cette proposition. Ensuite la section a arrêté que le dimanche 14 septembre, à 7 heures précises du matin, il y aurait, dans les champs de la Miletterie, un essai de charrues et autres instrumens aratoires nouveaux concurremment avec les anciens instrumens, et qu'il y aurait aussi un essai du semoir de M. Hugues (de Bordeaux), que la société d'agriculture de Poitiers venait de recevoir peu de jours avant, et qu'elle s'est empressée de mettre à la disposition de la deuxième section du Congrès. Il a été également reconnu que cette séance en plein champ ne dérangerait en rien les travaux des autres sections du Congrès.

Une commission composée de MM. Auguis, député; Nicias Gaillard, avocat-général à la Cour royale de Poitiers; et Jullien (de Paris), auxquels se sont réunis les membres du bureau, a été nommée pour examiner les diverses questions, les différens mémoires et les propositions renvoyés par le bureau central à la deuxième section du Congrès, ou présentés à la section elle-même, afin de déterminer l'ordre du travail.

Cette commission, dans une réunion du soir, a rempli la tâche dont elle avait été chargée, et l'ordre du jour a été fixé pour les séances à venir. Cette mesure était indispensable pour donner de l'ordre et de l'ensemble aux opérations.

La séance étant ouverte, M. Babault de Chaumont demande la parole :

« Les bonnes méthodes de culture ne peuvent s'étendre, l'agriculture ne peut s'améliorer et se perfectionner que par le concours des agriculteurs et des cultivateurs, des propriétaires et des fermiers ou colons. Peu de propriétaires font cultiver par eux-mêmes leurs terres; la majeure partie livrent leurs domaines à des fermiers pour prix en argent, ou à des colons pour prix en portion de fruits. La nature des baux en usage a donc la plus grande influence sur les progrès de la bonne agriculture.

» De là cette question soumise au Congrès par le programme général : *Quel serait le meilleur système de baux à ferme à adopter dans l'intérêt de l'agriculture?* Cette question n'est qu'une suite d'un exposé fait par M. Henri Cellier, de Blois, au Congrès de Caen, sur l'avantage pour l'agriculture des baux à long terme ; exposé qui avait donné lieu à une proposition adoptée par le Congrès de Caen, qui engageait les sociétés d'agriculture de France à s'occuper activement des moyens de répandre dans la pratique l'usage des baux à long terme.

» Cette matière avait donc eu le temps d'être préparée, et la question doit être maintenant débattue en connaissance de cause. »

M. Barbault de la Mothe a fait un rapport abrégé sur un mémoire présenté sur cette question par M. Verger (de Nantes) ; le rapporteur pense qu'il y a lieu d'inviter M. Verger à donner lecture du mémoire.

« On ne peut, dit M. Verger, attendre d'un fermier qui peut être contraint d'abandonner sa ferme tous les trois, six ou neuf ans, qu'il fasse les avances, et qu'il commence les entreprises que nécessite une bonne agriculture. La chèreté des nouveaux instrumens ; les sommes qu'il faut dépenser, soit en amendememens et engrais, soit en achats de bestiaux ; le nombre d'années qu'il faut pour établir un bon assolement ; tout s'oppose à ce que le fermier à court terme adopte un mode de culture dont les avantages ne se font ressentir qu'après plusieurs années. Les baux à long terme sont donc le seul moyen d'encourager le fermier à faire de bonne agriculture. L'Angleterre en a depuis long-temps senti l'utilité : les baux y sont quelquefois de 30 et 40 ans.

» Pour encourager les baux à long terme, et concilier l'intérêt des propriétaires et fermiers, M. Verger propose plusieurs moyens, notamment la stipulation d'un prix de ferme augmentant d'époque en époque, et dans la proportion de l'augmentation présumée des produits de la ferme mieux exploitée ; une invitation au gouvernement de diminuer les droits d'enregistrement pour les baux à long terme, ou tout au moins de ne percevoir ce droit que par portion et chaque année ; mention dans les journaux de la localité, du nom des propriétaires et des fermiers qui auront consenti des baux à long terme ; une récompense honorable à celui qui aura rendu quelque service important à l'agriculture ; enfin la création de banques particulières ou départementales qui fourniraient à un taux très-modéré des avances aux cultivateurs. »

Les diverses propositions contenues au mémoire de M. Verger ont été discutées : celle relative aux banques a été renvoyée pour être examinée lors de la discussion d'une question analogue qui sera traitée postérieurement.

MM. le docteur Guépin, le général Dubourg, Eugène Lelong, Béranger (de Paris), Chatelain (de Paris), Nicias Gaillard, Verger, Babault de Chaumont, et Simon (de Nantes) ont pris successivement la parole.

La section a reconnu que les baux à long terme étaient un moyen efficace de favoriser les progrès de l'agriculture;

Que la stipulation d'un prix de ferme croissant à époques déterminées et en proportion de l'augmentation du produit de la ferme, était un moyen d'exécution qui satisfaisait aux intérêts du propriétaire comme à ceux du fermier;

Que la diminution du droit d'enregistrement, ou une perception par annuité, serait un encouragement.

La section a arrêté que cette proposition : *Les baux à long terme sont un moyen efficace de favoriser les progrès de l'agriculture*, serait présentée au Congrès réuni en assemblée générale.

## SÉANCE DU MARDI 9 SEPTEMBRE 1834.

Présidence de M. Lair (de Caen).

La marche ordinaire des travaux de la section devant conduire à communiquer à la réunion générale du Congrès les propositions arrêtées par la section, il était nécessaire que l'assemblée générale pût être mise à même de délibérer en connaissance de cause sur ces propositions, il était nécessaire de transmettre à cette assemblée générale un rapport assez détaillé des débats et des discussions qui pouvaient avoir précédé chaque proposition importante. M. Nicias Gaillard a donc proposé, dans cette séance, que chaque fois qu'il serait traité d'une question importante, M. le président nommât un membre de la section, présent à l'assemblée, qui serait chargé de faire à la réunion générale le rapport dont la nécessité venait d'être reconnue. Cette proposition mise aux voix a été adoptée à l'unanimité.

L'ordre du jour appelle la discussion sur une question proposée au programme de M. le secrétaire général du Congrès, ainsi formulée :

Quelle est l'influence de l'impôt du sel relativement à l'emploi de cette substance comme amendement pour les terres, ou comme destinée à faire partie de la nourriture des bestiaux ?

M. Nau de la Sauvagère (de Paris) a été nommé par M. le président pour faire, en assemblée générale, le rapport de la discussion qui va suivre.

M. Béranger (de Paris) demande que l'on ajoute à cette question celle de l'influence de cet impôt sur la richesse du pays. M. Fradin (de Poitiers) fait observer que cette considération rentre dans la question générale.

M. le général Dubourg.— « On refuse à l'agriculture un privilége, un avantage que l'on accorde à l'industrie, puisque celle-ci obtient le sel sans payer de droits, ce qui donne lieu à de grands abus que ne peut prévenir la surveillance la plus active. Je pense donc qu'il serait bon d'appeler l'attention du gouvernement sur la nécessité de diminuer ou de supprimer en entier l'impôt de la portion de sel qui serait employé aux besoins de l'agriculture. »

M. Chanlouyneau (d'Angers) a parlé de plusieurs tentatives faites pour combiner le sel destiné à l'agriculture avec quelques substances qui le rendissent impropre à la consommation alimentaire de l'homme, sans lui enlever la propriété de servir comme amendement ou engrais, et dans les autres besoins de l'agriculture ; mais ces tentatives n'ont eu aucun succès.

M. Desvaux (d'Angers) a donné connaissance de plusieurs moyens employés, de plusieurs combinaisons chimiques essayées dans le même but, mais toutes inutilement. Cependant M. Desvaux pense qu'on y parviendrait à l'aide d'une combinaison de sulfate oxidé d'alumine trituré avec de l'hydrochlorate de soude à la dose d'un vingtième. Cette combinaison semblerait devoir empêcher qu'on ne détournât le sel pour d'autres usages que pour les amendemens et même pour la nourriture des bestiaux.

M. le docteur Guépin (de Nantes) a éprouvé, sur un sel sophistiqué que l'on voulait exempter de l'impôt, que ce sel pouvait être remis en état de servir encore aux besoins alimentaires de l'homme, malgré que cette sophistication résultât d'un amalgame du sel avec les substances les plus répugnantes. L'agriculture, continue l'orateur, n'est donc pas sur la même ligne que les autres industries, à raison d'une impossibilité non vaincue. Il remarque qu'il serait sans nul doute possible de diminuer l'impôt du sel, sans diminuer la recette que produit cet impôt; une consommation plus grande, un usage plus varié établiraient bientôt la compensation : en effet, avant l'impôt du sel, la consommation était beaucoup plus considérable; il passait sous les ponts de Nantes, avant cet impôt, une quantité de cette substance triple de celle qui y passe aujourd'hui; les registres de la douane confirment cette assertion.

Un membre, rappelant la discussion dans les termes de la question, remarque qu'il faut examiner d'abord, si le sel peut être avantageusement employé comme amendement dans les terres, ou dans la nourriture du bétail.

M. le général Demarçay a la parole. Après quelques considérations sur le poids des impôts indirects, et laissant de côté la question de savoir si le sel a une action sur la végétation, question déjà à peu près résolue, M. Demarçay considère l'impôt du sel comme extrêmement onéreux pour l'agriculture, parce que cet impôt est de capitation, la consommation alimentaire étant la même pour chaque homme. Le sel a été avantageusement employé dans la nourriture du bétail, surtout des animaux ruminans. Quant à l'emploi du sel comme engrais ou comme amendement, la question n'est sans doute pas suffisamment éclaircie par l'expérience, il peut être dangereux de la trancher. De tout ce qu'il vient d'énoncer, M. le général Demarçay conclut que l'impôt du sel n'est pas d'une grande influence relativement à l'agriculture.

M. le docteur Guépin : « Le sel était autrefois très-employé comme engrais dans les départemens de la Loire-Inférieure, des Côtes-du-Nord, du Finistère, du Morbihan. L'impôt du sel a considérablement restreint cet usage. »

M. Simon (de Nantes) cite l'exemple de M. Robin, agriculteur dans le département de la Loire-Inférieure, qui emploie avec succès le sel comme engrais dans les terres légères et crayeuses. M. Chanlouyneau (d'Angers) cite l'exemple de M. Ganneron qui a employé le sel avec succès, comme engrais au pied de la vigne, à la quantité d'un double décalitre par arc (une boisselée, mesure d'Angers). Cette épreuve, plusieurs fois répétée, a fort bien réussi, tant pour l'abondance que pour la qualité du vin. Le sel, continue M. Chanlouyneau, est souvent employé pour améliorer les foins terrés, c'est-à-dire souillés de terre et de poussière, par suite des inondations qui auraient précédé de trop près la coupe des prairies de rivage. Cet emploi a lieu en mettant le foin par couches superposés, avec une légère quantité de sel semée entre les couches; on laisse le foin fermenter avec le sel. Enfin M. Chanlouyneau ajoute que l'usage du sel est très-avantageux quand on nourrit le bétail de fourrages verts ou de racines; le sel empêchant la météorisation qui suit quelquefois ce genre de nourriture.

M. Jérémie Babinet (de Lusignan) a aussi cité plusieurs faits qui prouvent les bons résultats du sel employé à améliorer les terres. Les habitans des côtes ramassent avec soin les plantes marines qui croissent sur les bords de la mer, ou qu'elle rejette sur ses rivages. Ils les étendent dans leurs champs, sur lesquels elles n'agissent que par le sel qu'elles contiennent.

M. Fradin (de Poitiers). — « Les plantes marines contiennent cinquante pour cent de sel dans leur composition; il ne peut donc être douteux que ce ne soit par le sel qu'elles agissent sur les terrains sur lesquels elles sont étendues. Il serait nécessaire de faire sur divers points des expériences comparatives. »

M. de la Pylaie (de Fougères) cite l'exemple des terres de l'île de Noirmoutiers, qui ne reçoivent jamais d'autres amendemens que les plantes marines que l'on y répand, et qui cependant conservent toujours une grande fécondité.

Des éclaircissemens et des débats qui précèdent, résultent les propositions suivantes :

L'emploi du sel, comme amendement des terres, est avantageux ;
L'emploi du sel est utile pour la nourriture des bestiaux ;
Conséquemment l'influence de l'impôt sur le sel est nuisible à l'agriculture.

Ces propositions, mises aux voix par M. le président, ont été adoptées par la section, qui arrête qu'elles seront présentées à la séance générale du Congrès de ce jour.

Sur la proposition de M. Aimé Fradin, la section émet le vœu que le gouvernement soit invité à délivrer aux Sociétés et Comices agricoles une certaine quantité de sel exempte de taxe, pour faire sur divers points de la France des expériences comparatives sur cette substance considérée comme amendement.

M. le président a mis aux voix cette proposition, qui a été adoptée par la section pour être présentée à la séance générale.

Le Congrès de Caen avait entendu, l'année dernière, avec beaucoup d'intérêt, un Mémoire de M. le comte Borgarelli d'Yson, *sur le mauvais état des chemins vicinaux*; il avait signalé le mal : le remède lui avait paru devoir être très-coûteux, mais l'avantage à recueillir était immense. Le Mémoire de M. le comte d'Yson était un appel à l'opinion publique, dont les Congrès scientifiques s'attacheront toujours à être les consciencieux interprètes. Cet appel a été entendu. La matière a été soumise aux méditations de la seconde section, dans une question proposée par le général Dubourg, et ainsi formulée par M. Barbault de la Mothe, vice-président de la section :

Quels sont les moyens les plus avantageux, sous les rapports d'économie, de promptitude et de solidité, à employer pour la construction, la réparation et l'entretien des chemins vicinaux ?

M. Nicias Gaillard a été nommé pour faire à la séance générale le rapport de cette discussion.

Après une courte analyse de la loi du 28 juillet 1834 et des lois antérieures sur la matière, M. Nicias Gaillard examine le Mémoire de M. le comte d'Yson, que cet auteur avait adressé au Congrès de Poitiers. M. Gaillard en signale quelques parties remarquables, dans lesquelles l'auteur fait une critique judicieuse de la législation actuelle : et repousse la prestation en nature.

M. le général Dubourg a la parole. Il fait part à la section de plusieurs faits dont la connaissance est pour lui le fruit de l'étude qu'il a faite des mœurs et du caractère des habitans de la campagne. Il prétend qu'il suffira de convaincre le villageois du bénéfice certain et prochain qui résultera pour lui de l'amélioration des chemins vicinaux, pour qu'il contribue volontairement à la dépense de la construction et des réparations de ces chemins. « Une instruction claire et précise, dit-il, écrite dans un style que tous puissent comprendre, les convaincrait bientôt de l'utilité de bonnes voies vicinales, et de suite vous aurez les fonds nécessaires ; mais surtout faites attention à employer ces fonds avec à-propos et économie, et à être exact dans le compte à rendre à l'habitant de la campagne : le villageois est défiant et observateur. »

M. le docteur Guépin. — « Les machines industrielles, telles que chemins et canaux, sont extrêmement utiles. Le canal du Languedoc, dès avant 1789, avait, pour trente millions de capital, augmenté de 25 millions le revenu social du Midi de la France, dont cinq millions pour la diminution des frais de transports, et vingt millions pour la plus value des terres voisines. En Bretagne l'établissement de chemins vicinaux double quelquefois la valeur des propriétés qui les avoisinent. C'est une illusion que de compter sur la bonne volonté ou sur la conviction du paysan, pour en obtenir l'argent nécessaire à la confection des chemins vicinaux. L'administration de ces chemins doit être confiée à des commissions spéciales, tant pour le classement que pour la confection, l'entretien et les réparations ; la dépense en doit être prise sur tous, puisque tous y trouvent leur avantage. Les fonds nécessaires ne peuvent être demandés qu'à l'impôt, à l'emprunt ou à l'amortissement dont une partie serait détournée pour cet objet : cependant l'impôt serait nuisible à la classe pauvre, l'amortissement serait préférable ; quant à l'emprunt, il ne peut présenter les mêmes inconvéniens pour les chemins vicinaux que pour la guerre par exemple. La guerre est toujours ruineuse et n'apporte aucun bénéfice, tandis que les emprunts en faveur de l'industrie sont avantageux et reproduisent promptement les capitaux. »

M. Fradin (de Poitiers). — « Une bonne statistique de la viabilité urbaine et rurale serait nécessaire pour décider la question, qui se divise en question d'arts et en voie d'exécution. Examinons seulement ce dernier rapport. La commune, le canton, l'arrondissement et le département doivent fournir l'argent nécessaire aux chemins vicinaux, parce qu'ils profitent tous de l'avantage produit par ces chemins. La contribution de chacun doit être en proportion de l'avantage obtenu par chacun. Les fonds doivent être fournis par voie d'impôt ou par voie d'emprunt ; on observera même que l'emprunt devant être rendu par l'impôt, l'emprunt doit être de suite préféré, en divisant toutefois le travail de manière à rendre la charge moins onéreuse aux contribuables. La prestation en nature est à tort repoussée, sous prétexte qu'elle a de la ressemblance avec la corvée, avec laquelle elle n'a aucune analogie puisqu'elle n'est point établie arbitrairement, et qu'elle n'est que la représentation d'une somme d'argent, en laquelle l'imposé est libre de la convertir, s'il le juge à propos. Cependant il faut convenir que le mode de la répartir a donné lieu à beaucoup d'abus de la part d'administrateurs mal habiles ; il serait possible d'en citer des exemples incontestables. Quant à l'emploi des fonds, au classement des chemins vicinaux entre eux, enfin à l'administration de cette partie du domaine commun, elle devra être confiée à une commission particulière, composée de propriétaires et de fermiers, pris en dehors de l'administration municipale mais de la localité, et particulièrement d'hommes de l'art qui seraient en rapport avec les conseils municipaux d'arrondissement et de département. Cette commission pourrait être chargée de tout ce qui concerne la confection, la réparation, l'entretien et la conservation de ces chemins, de la répartition suivant leur rang et les besoins de la viabilité ; les lois et règlemens de police sur cette matière seraient remis en vigueur, les contraventions de toute espèce étant depuis quelque temps presqu'entièrement sans répression. »

Le général Dubourg insiste sur la nécessité d'éclairer les paysans sur l'avantage des chemins vicinaux.

M. Verger ( de Nantes ) dit que le paysan sera toujours plus disposé à fournir son travail que son argent.

M. Nicias Gaillard fait observer qu'il existe sur cette matière un projet de loi dont M. Auguis a connaissance. Cet honorable membre est invité à donner quelques renseignemens à la section sur ce projet.

M. Auguis (de Melle) expose l'état actuel de la législation sur la matière ; il signale les défauts de la loi du 28 juillet 1824, qui se manifestent surtout dans son mode d'exécution, duquel est résultée dans la plupart des départemens une application vicieuse. Il pense qu'un 40e des contributions en cas ordinaire, et un 20e en temps extraordinaire, suffiraient aux communes pour la dépense des chemins vicinaux. « Ce ne sont pas, dit-il, les » ressources qui manquent pour les chemins vicinaux, mais il » en faut faire un meilleur emploi. L'intérêt de chaque pro» priétaire à la bonne viabilité doit être la base du taux de la » contribution aux dépenses qu'entraîne l'entretien de cette » viabilité ; c'est donc la propriété ou l'impôt foncier qui doit » contribuer, c'est le seul moyen de faire disparaître l'iné» galité qui résulte de la loi du 28 juillet 1824, dont partie » des charges retombent avec trop de poids sur les ouvriers » des champs. M. Auguis indique aussi quelles sont les amé» liorations que le nouveau projet de loi soumis à la discussion » des chambres apporte à l'ancienne législation. Il prétend que » des sommes moindres que celles fournies par les rôles des » prestations en nature, dressés dans les diverses communes,

» pourvoiraient aux dépenses des chemins vicinaux ; enfin » M. Auguis prétend que l'intention des législateurs de 1824 » n'avait point été de soumettre aux obligations de la loi les » communes qui ont leurs octrois. »

M. Thiaudière ( de Gençay ) lit un projet de règlement sur les chemins vicinaux.

M. de Givenchy : « La loi de 1824 n'a point apporté remède au déplorable état des chemins vicinaux, qui sont depuis longtemps l'objet de l'attention du gouvernement. Le projet de loi présenté par M. Vatout aux chambres, tend à remettre aux mains de commissions particulières le soin de tout ce qui concerne les chemins vicinaux ; ces commissions seraient établies par circonscriptions plus ou moins étendues, sous la surveillance des préfets et sous-préfets. Ce projet de loi est au surplus très-compliqué dans ses rouages, beaucoup d'administrateurs ruraux ne pourront la mettre à exécution. M. de Givenchy voulant donner un exemple à imiter, parle de l'administration des wathringues ou surveillans des eaux, qui existent dans les départemens du Nord et du Pas-de-Calais. Cette administration est établie sur les belles plaines formées par l'ancien *Sinus Itius*, devenu une des plus fertiles parties de la France, et qui possède les communications vicinales les mieux entretenues. C'est au moyen de ces wathringues que des canaux de desséchement et des routes en cailloutis se sont établies et s'entretiennent. Les arrondissemens de cette localité, notamment ceux de Saint-Omer et de Dunkerque, sont partagés en sections de dix à quinze communes ; les trente propriétaires plus imposés dans chaque section élisent une commission gratuite de cinq membres, pris dans leur sein, et qui se renouvellent par cinquième chaque année par la même voie d'élection. Cette commission a sous ses ordres un caissier et un conducteur de travaux, payés par elle. Elle examine les travaux à faire soit aux chemins, soit aux canaux de desséchement. Le travail de la commission est soumis à une enquête *de commodo et incommodo*, affiché pendant un mois dans chaque commune de la section ; toutes les observations sont consignées au procès-verbal ; enfin il est soumis au préfet du département dont dépend la section ; seulement alors le travail approuvé est exécuté. Une loi spéciale autorise les deux préfets du Nord et du Pas-de-Calais à ajouter aux contributions directes de leur département le nombre de centimes additionnels reconnu nécessaire, par suite du rapport de la commission des Wathringues sur l'évaluation et le devis des dépenses. »

M. Nicias Gaillard. « La communication qui vient de nous être faite par M. de Givenchy présente sans doute beaucoup d'intérêt ; je pense cependant qu'il importe de considérer la question sous un point de vue plus général. Quoi que puissent faire les lois sur cette matière, elles n'auront jamais qu'à opter entre les prestations en nature et les prestations en argent. Faut-il préférer l'un de ces moyens à l'autre, et quel est alors le préférable? Faut-il au contraire les employer concurremment? — La prestation en nature, telle que l'a organisée la loi de 1824, présente de grands inconvéniens; non qu'il faille l'assimiler aux anciennes corvées, dont la charge, arbitrairement réglée, portait exclusivement sur le pauvre, c'est-à-dire sur celui qui était moins en état de la supporter; mais il est difficile de la faire acquitter également et exactement. La législation actuelle n'offre aucun moyen coercitif contre ceux qui refusent de l'acquitter ; et les conseils municipaux sont libres de faire ou de ne pas faire, suivant qu'il leur plaît : aucune autorité supérieure ne peut, aujourd'hui, vaincre leur mauvaise volonté ou leur indifférence. Il faut donc, ou supprimer entièrement les prestations en nature, ou les régler par un autre système de législation.

» Restent les prestations en argent. Je ne partage pas l'opinion de ceux qui pensent qu'il faut abandonner les communes à elles-mêmes, sous le prétexte que l'entretien des chemins vicinaux n'intéresse qu'elles, et qu'elles en profitent seules. Si toutes les communes comprenaient bien leurs intérêts, et si toutes étaient suffisamment riches, il n'y aurait point à se mêler de leurs affaires. Mais on sait qu'il y en a un grand nombre qui sont privées de ressources suffisantes. Il faut donc venir à leur secours, et, tout en utilisant leurs revenus particuliers, joindre à ce qu'elles ont ce que l'État et les départemens peuvent leur donner. D'ailleurs, il n'est pas exact de dire que les communes seules gagneront à l'amélioration des chemins vicinaux. L'agriculture en général, de même que l'industrie et le commerce, auront leur part de ces avantages. L'intérêt de tous se trouve ici dans l'intérêt de chacun. »

M. Lair (de Caen) a observé que les routes royales, à une époque peu reculée, étaient dans le plus mauvais état; que cependant elles ont été successivement améliorées, en les divisant en plusieurs classes et en y travaillant suivant leur rang d'utilité. La même opération à l'égard des chemins vicinaux aurait le même résultat, en confiant à des commissions les soins de surveillance, de répartition et de conservation. M. Lair pense aussi que l'impôt seul peut être employé à fournir les fonds nécessaires à cette partie des besoins des communes.

M. Fradin reprenant la parole : « Au point où est arrivée la discussion, il faut admettre que les fonds de l'Etat doivent venir en aide pour la dépense à faire aux chemins vicinaux; qu'il y a lieu de combiner ces ressources avec celles que peuvent fournir les communes elles-mêmes; que la prestation en nature doit être rejetée ou n'être admise que pour une très-petite partie et dans une juste proportion avec les ressources des contribuables, et essentiellement rachetable; qu'enfin l'administration de ces chemins doit être remise à des commissaires dépendans de l'autorité, ayant des rapports avec les divers conseils des communes d'arrondissement et du département, sous l'inspection du préfet. »

M. de la Pylaie (de Fougères) : « La première amélioration à apporter aux chemins vicinaux des pays de bocage, est de les découvrir par la suppression des branches d'arbres qui, en y conservant une humidité nuisible, en accélèreraient la dégradation. Il existe dans la Bretagne une grande quantité de ces chemins, qui n'éprouvent jamais l'influence du soleil, qui sont creusés à plusieurs pieds au-dessous du niveau du sol voisin, et qui forment des mares ou des bourbiers qu'on ne franchit qu'avec difficulté et souvent beaucoup de danger. Cet ébranchage, continue M. de la Pylaie, est tellement nécessaire, que le voyageur ne peut suivre ces chemins que le corps entièrement couché sur son cheval, au risque d'être renversé. Une prompte réforme est nécessaire dans ces chemins. » M. de la Pylaie exprime encore l'avis que le villageois ne se refusera pas à la prestation en nature, aimant mieux donner son temps que son argent.

La discussion sur les chemins vicinaux étant d'une très-haute importance, et rentrant aussi dans les attributions de la sixième section, la seconde a pensé qu'une réunion de ces deux sections serait avantageuse. En conséquence, les deux sections réunies ont, dans une séance du même jour, 11 septembre, continué la discussion.

### SÉANCE EXTRAORDINAIRE DU JEUDI 11 SEPTEMBRE, 7 HEURES DU SOIR.

*2me et 6me Sections reunies.*

Présidence de M. BONCENNE, premier vice-président du Congrès et président de la 6me section.

M. Nicias Gaillard, comme rapporteur, a fait à l'assemblée un résumé de ce qui a été dit sur la matière dans la séance qui a précédé. Ce résumé ne serait ici qu'une répétition inutile de ce qui vient d'être rapporté; passant ensuite à l'état actuel de la question, M. Nicias Gaillard continue :

« En définitive, il s'agit d'indiquer les moyens de se procurer les fonds ou le travail nécessaires, pour avoir, en plus ou moins de temps, une bonne viabilité vicinale. A qui sera commis le soin de classer les chemins vicinaux? Qui veillera à leur entretien? Qui répartira les fonds affectés à cet usage, et comment même se procurera-t-on ces fonds? Les avis se partagent : les uns proposent un emprunt, les autres préfèrent un impôt levé dans une juste proportion avec les ressources des contribuables; d'autres parlent de tirer des fonds de la caisse d'amortissement. D'une part on a prétendu que la commune seule devait subvenir à cette dépense; d'autre part on a soutenu que l'arrondissement, le département et l'Etat devaient y contribuer. Quelques orateurs repoussent la prestation en nature, parce qu'elle est mal organisée par la loi, et mal appliquée par ceux qui sont chargés de l'exécuter; d'autres au contraire ont pensé que la prestation en nature venait au secours des villageois qui aimaient mieux donner leur travail et celui de leurs animaux que de se démunir de leur argent; et que si la prestation en nature présente quelques abus dans son exécution, il faut seulement corriger ces abus, soit qu'ils touchent au mode de répartition, soit qu'ils se glissent dans la manière dont la prestation doit être fournie. Quant à l'administration de ces chemins, quelques membres ont proposé de la remettre à des commissions prises dans les conseils communaux, d'arrondissement ou de département, sous la surveillance du préfet : d'autres veulent des commissions entièrement indépendantes et n'ayant avec l'autorité administrative que des rapports purement officieux, des communications libres. Il en est qui proposent de former ces commissions par voie d'élection, et qui veulent établir, à cet effet, dans les arrondissemens, des circonscriptions particulières. Tel est, dit en finissant M. Nicias Gaillard, l'état de la discussion sur la question proposée aux deux sections réunies. »

M. Desvaux ( d'Angers ) a observé que « dans un grand nombre de communes les chemins vicinaux sont fort mal entretenus, tandis que dans d'autres ces chemins sont au contraire dans le meilleur état possible; différence que l'orateur attribue au zèle, à l'activité, à la bonne administration de certains maires qui savent attirer la confiance de leurs administrés; tandis que d'autres, officiers mal habiles, peu actifs, peu zélés, n'obtiennent aucunement cette confiance. De là M. Desvaux conclut qu'une bonne administration municipale, telle qu'elle devrait toujours être, obtiendrait facilement de la persuasion les fonds nécessaires à la réparation des chemins vicinaux. »

M. Béranger insiste en faveur de l'emprunt pour faire les fonds de la dépense qu'occasioneront les chemins vicinaux. La capitale, dit-il, fournirait les fonds aux départemens. Ce prêt serait un lien de plus entre les diverses parties d'un grand Etat.

M. Boncenne, président des deux sections réunies, ramène en deux mots la question à ses plus simples termes : *Moyen de se procurer des fonds ; administration.*

M. Godefroy (de Lille), ancien sous-préfet, rejette comme absolument inefficaces les moyens de persuasion ; il rappelle un temps où l'autorité était facilement et promptement obéie : l'empereur connaissait peu de retard dans l'exécution des lois rendues par son gouvernement ; aujourd'hui l'influence de l'autorité décroît tous les jours ; il faut donc, même dans les intérêts de la nation, trouver des moyens qui s'accordent avec l'état de choses actuel. « Le villageois sans contredit, continue-t-il, tient moins à son travail qu'à son argent ; la prestation en nature ne doit donc pas être entièrement repoussée ; mais elle doit être utilement combinée avec l'impôt en argent, et elle sera toujours rachetable. La loi de 1824 sera donc rectifiée en ce point ; au moyen de l'impôt combiné avec la prestation en nature, et des fonds dont les communes pourront disposer sur leurs revenus particuliers, on obtiendra l'argent et le travail nécessaires pour les chemins vicinaux. »

Quant à l'administration de ces chemins, M. Godefroy donne des aperçus qui seront exposés plus bas.

M. de la Fontenelle regarde que la première opération à faire est un bon classement des chemins vicinaux.

M. Orillard, avocat à Poitiers, présente quelques réflexions qui rentrent dans l'opinion de M. Godefroy.

M. Jullien (de Paris) propose d'émettre le vœu qu'il soit fait un petit ouvrage en forme de manuel, pour éclairer les habitans des campagnes, sur le besoin et l'avantage des chemins vicinaux, sur la méthode la plus avantageuse de les construire, de les réparer et de les entretenir ; afin, dit

M. Jullien, qu'une fois bien convaincu de l'avantage d'avoir de bonnes voies vicinales, chacun d'eux pût y travailler avec succès.

SÉANCE EXTRAORDINAIRE DU VENDREDI 12 SEPTEMBRE 1834, 7 HEURES DU SOIR.

2me et 6me *Sections réunies.*

Présidence de M. Boncenne, premier vice-président du Congrès et président de la 6me section.

Sur l'avis ouvert par M. Boncenne, l'assemblée invite M. Godefroy à formuler une proposition qui puisse être soumise à l'acceptation des deux sections réunies, et être présentée à la séance générale du Congrès.

M. Fradin (de Poitiers) développe de nouvelles considérations sur la matière ; il parle de rejeter en entier la prestation en nature.

M. Godefroy et M. Fradin lisent chacun un aperçu sur les points principaux à résoudre, d'après les débats qui viennent d'avoir lieu. L'examen des deux projets de proposition est renvoyé à une commission composée de MM. le général Dubourg, Eugène Lelong et Bourgnon de Layre.

SÉANCE EXTRAORDINAIRE DU MARDI 16 SEPTEMBRE 1834, 10 HEURES DU MATIN.

2me et 6me *Sections réunies.*

Présidence de M. Boncenne, premier vice-président du Congrès et président de la 6me section.

La commission des chemins vicinaux, après avoir examiné les travaux de MM. Godefroy et Fradin, a fait, dans une séance subséquente, par l'organe du général Dubourg, son rapport ainsi qu'il suit.

Le général Dubourg croit devoir lire d'abord les deux projets de propositions formulées par MM. Godefroy et Fradin, chacune d'elles pouvant fournir de bons matériaux pour le règlement projeté par le gouvernement.

Voici la proposition de M. Godefroy :

Pour arriver à des moyens efficaces de mettre en état de viabilité les chemins vicinaux, le point de départ peut être la loi de 1824; cette loi offre des dispositions bonnes et utiles.

Elle crée, comme ressources, 1° la prestation en nature limitée à deux journées de travail; 2° le vote de cinq centimes communaux.

Comme l'efficacité dépend souvent de la célérité, elle donne au préfet le droit d'homologuer le vote des prestations et des cinq centimes, sans recours aux ordonnances royales et aux conseils de préfecture; le droit de prononcer sur les acquisitions, aliénations et échanges au-dessous d'une certaine valeur, comme aussi de vider les différends, lorsque les communes ne sont pas d'accord sur le degré d'intérêt respectif à tel ou tel chemin.

Il faut ajouter à cela un moyen d'action et de coercition; où le prendre?

L'autorité des maires n'est pas suffisante, ou elle est paralysée par maintes circonstances locales; ils ne sont pas placés assez haut : les préfets et les sous-préfets le sont trop, en ce sens qu'ils ne peuvent surveiller de loin l'ensemble de l'exécution; les conseils d'arrondissement et de département ne s'assemblent qu'annuellement et pendant quelques jours, d'ailleurs ils n'ont pas de caractère exécutif.

Il faut une commission ou syndicat chargé de constater l'intérêt respectif des communes, de classer les travaux, de maintenir leur ordre successif, de suivre leur exécution. Ce dernier rouage essentiel mettra tout en mouvement.

*Ressources.* — Deux journées de prestation en nature par an, rachetables en argent, exécutées par tâche;

Cinq centimes additionnels;

Les votes des prestations en nature et les cinq centimes n'ayant besoin que de l'autorisation du préfet;

Fonds commun départemental fait sur les ressources ordinaires du département, et au besoin un vote spécial de trois centimes additionnels départementaux, que le conseil général distribuera comme encouragement et secours.

*Action.* — Division de l'arrondissement en sections, dont l'étendue sera réglée en raison des circonstances de population, d'importance des travaux et des ramifications des voies vicinales intéressant plusieurs communes. Les chemins utiles à une seule commune resteront dans les attributions ordinaires des maires ou du conseil municipal.

Par section, un syndicat de cinq propriétaires que choisira le préfet parmi les plus imposés, et dont feront de droit partie les membres du conseil municipal élus par les cantons auxquels appartient la section.

Le syndicat fera d'abord le classement des chemins, qui devra être approuvé par le conseil général.

Il réglera dans quel ordre les travaux seront exécutés, les évaluera, prononcera sur le degré d'intérêt de chaque commune, et réglera en conséquence son contingent, le tout sous l'approbation du préfet.

Il dirigera et poursuivera l'exécution des travaux avec le concours des maires et assisté d'un agent-voyer assermenté; il sera chargé de mettre les retardataires en demeure et verbalisera, etc., etc. Il pourra établir des cantoniers assermentés partout où il le jugera convenable.

Les communes mises en demeure par le syndicat soit de fournir leur contingent, soit d'exécuter leurs travaux, le préfet fera dresser d'office les rôles de prestations en nature et de centimes, et chargera le syndicat de faire exécuter les travaux.

*Juridiction.*— Les acquisitions, aliénations, échanges, expropriations au-dessous de trois mille francs, seront prononcés par les conseils de préfecture; les empiétemens réprimés provisoirement par le même conseil, sauf débat ultérieur, pour la propriété, devant les tribunaux; les contraventions de petite voirie déférées aux juges de paix.

S'il y a discord entre deux communes au sujet de travaux pour lesquels elles doivent s'entendre, le préfet prononcera, assisté de deux membres du conseil général que cette assemblée aura désignés d'avance dans la dernière session.

Le projet présenté par M. Fradin est ainsi conçu :

Le Congrès émet l'opinion que la meilleure législation relative aux chemins vicinaux ou ruraux, parce qu'elle lui paraît la plus propre à en assurer la confection et l'entretien avec justice, économie et solidité, est celle

1° Qui en consacrera la classification, en chemins communaux allant d'un hameau à un autre et les rues d'un village; en chemins cantonaux communiquant entre les chefs-lieux de communes limitrophes et les chefs-lieux de canton ; en chemins d'arrondissement communiquant des chefs-lieux communaux aux chefs-lieux d'arrondissement;

2° Qui en confiera la classification et la surveillance aux conseils d'arrondissement et de département, avec le concours des autorités locales, particulièrement des conseils municipaux ;

3° Qui repoussera comme voie d'exécution la prestation en nature, source d'abus, espèce de capitation qui grève le pauvre : on la conservera tout au plus comme facultative, à l'égard de ceux qui voudraient se racheter de l'impôt par ce moyen ;

4° Qui répartira les frais de confection et d'entretien par la voie de l'impôt, suivant la classification entre les communes, les agglomérations de communes formant l'arrondissement ;

5° Qui affectera au budget de l'Etat une réserve de l'impôt général et particulier s'il est possible, parce qu'il est équitable que toutes les natures d'impôt concourent à la dépense dont il s'agit, la viabilité étant utile à tous; le décime établi comme subvention de guerre, pour être distribué suivant l'avis des conseils d'arrondissement et de département entre les communes dénuées de ressources;

6° Qui établira pour l'adjudication des travaux la libre concurrence et la publicité pour le compte-rendu de la dépense;

7° Qui contiendra des mesures efficaces pour prévenir la détérioration de ces chemins.

Après avoir donné lecture des propositions de MM. Godefroy et Fradin, le général Dubourg ajoute que la commission, ayant reconnu dans l'une et dans l'autre des vues utiles, et dont la méditation plus mûrie pourrait donner au gouvernement le fondement de bonnes dispositions législatives, ne pouvant d'autre part en extraire une proposition simple et susceptible de discussion et d'adoption ou de rejet, a cru devoir se borner à conclure à ce que l'assemblée des deux sections, prenant en considération les deux projets, engageât les deux auteurs à leur donner le plus de publicité possible, même à les remettre en temps utile sous les yeux des chambres; enfin, à ce que les deux sections réunies recommandassent ces deux projets à l'attention et aux méditations du Congrès.

Cette proposition de la commission, mise aux voix, a été adoptée.

## SÉANCE DU VENDREDI 12 SEPTEMBRE 1834.

### 2me *Section.*

Présidence de M. Lair (de Caen).

Parmi plusieurs mémoires adressés à la deuxième section du Congrès par diverses sociétés savantes; le bureau a remarqué une communication faite par la Société d'agriculture de St-Omer, département du Pas-de-Calais, transmise par M. de Givenchy, ayant pour objet un engrais dit de Damart, du nom de l'auteur qui a trouvé le moyen d'ôter à certains engrais leur mauvaise odeur. Quelques membres de la section ont pensé que l'on ne pouvait enlever aux engrais leur odeur fétide sans leur enlever une grande partie de leur efficacité. Un autre mémoire de la même société fait ressortir les avantages des comices agricoles, et exprime le vœu que ces associations se multiplient sur tous les points de la France où elles pourront être organisées. La section a réuni ses vœux à ceux de la Société de St-Omer.

M. de Givenchy a proposé de rechercher quels sont les moyens les plus propres à répandre l'instruction agricole parmi la jeunesse française, et spécialement parmi les jeunes gens appelés à habiter les campagnes, à diriger les travaux de la culture. M. de Givenchy désire qu'il soit rédigé dans un style simple, clair et précis, des manuels qui contiendraient les principes fondamentaux de l'agriculture; il pense que l'on pourrait donner à ces manuels la forme d'un catéchisme, comme il l'a vu pratiquer en Allemagne et en Prusse. A cette occasion M. Desvaux dit qu'il a rédigé un ouvrage de ce genre, qui a été tiré à un grand nombre d'exemplaires, et dont plusieurs éditions sont déjà épuisées. M. Babinet avait également soulevé cette question dans une proposition qui n'a pu être discutée, n'étant pas venue à temps à l'ordre du jour.

L'ordre du jour appelle l'examen de la question suivante: *Jusqu'à quel point paraît fondé le reproche fait au nouveau mode de culture, ayant pour base les prairies artificielles, de diminuer la masse relative et surtout la qualité des céréales.*

M. Joslé, docteur-médecin, secrétaire du comice agricole de Poitiers, a dit qu'au premier aperçu l'emploi d'une plus grande quantité de terrain en prairie artificielle restreint nécessairement la quantité de terres consacrées à la culture des céréales; que de là semblerait résulter la diminution de la quantité de ces dernières productions; mais en considérant l'amélioration que ces terres reçoivent de la culture en prairies artificielles, et le produit en céréales que l'on en obtient lorsqu'elles sont rompues, on sera convaincu que ce genre de culture loin de diminuer effectivement la masse des céréales l'augmente au contraire. Il faut cependant, pour arriver à cet heureux résultat, employer un assolement réfléchi et bien approprié à la nature du terrain qu'on exploite; il ne faut point mettre en prairie artificielle une terre épuisée par plusieurs autres cultures, ni rompre une prairie artificielle vieille et épuisée depuis long-temps faute d'engrais ou d'amendemens, pour y mettre de suite du blé sans y jeter des engrais; ce serait manquer le but et tendre à diminuer la quantité des céréales. « Il semble reconnu par tous, continue l'orateur, que le froment est en effet d'une qualité inférieure quand il est provenu d'un défrichement d'une prairie; surtout si c'est d'une prairie ancienne et sur laquelle on n'a pas d'abord, après qu'elle a été ouverte, cultivé aucune espèce de semence, ne fût-ce que du trèfle qu'on ne laisserait subsister qu'une année. »

M. Babault de Chaumont prétend que cette mauvaise qualité du grain provenu d'un défrichement se manifeste dans le blé recueilli sur les défrichemens de brandes ou bruyères, parce que ces terres nouvellement ouvertes et que l'on nomme *essarts*, ayant été incultes trop long-temps, ont une trop grande force de végétation; alors la paille est grosse, roide, pleine et peu propre à la nourriture du bétail; le grain du froment est *terré*, *glacé*, ce que quelques contrées du Poitou nomment *aillati*, et d'une écorce plus épaisse. Dans le commerce ce blé est ordinairement repoussé. On évite aisément cet inconvénient en employant, la première année, la terre défrichée à la culture de la pomme de terre, ou à quelque autre production qui demande plusieurs façons de binage ou sarclage; la quantité des céréales est de beaucoup augmentée par la culture des prairies artificielles.

M. Eugène Lelong rapporte un fait qui confirme cette dernière assertion.

M. Fournet de Marsilly, membre du comice agricole de St-Savin, pense que la qualité est en raison inverse de la quantité, qu'ainsi il y a compensation.

M. Roy (de Melle) reconnaît que le système des prairies artificielles exerce la plus heureuse influence sur l'abondance des récoltes en céréales, et que dans l'arrondissement de Melle (Deux-Sèvres), on n'a jamais remarqué que la qualité en eût subi quelque altération.

M. Fouquet père, envoyé du comice agricole de Mirebeau (Vienne), parle des bons effets obtenus par un hersage énergique donné au froment, au printemps, sur un *rompis* de prairie artificielle.

MM. de Fayole, Bobin et Bonnin ont également déclaré qu'ils n'avaient jamais remarqué que les blés récoltés sur des rompis de prairies artificielles aient été d'une qualité inférieure, et qu'ainsi que la distinction en avait été faite plus haut, il ne fallait pas confondre les rompis de prairies artificielles avec les défrichemens de brandes ou landes.

M. Jozeau (de Niort) dit qu'ayant adopté depuis 30 ans le système des prairies artificielles sur un domaine dont le fonds est argilo-calcaire, et qu'ayant réduit de plus d'un tiers l'étendue des terres semées en céréales, il a cependant obtenu un résultat plus avantageux, ayant récolté une quantité de grains supérieure à ce qu'il recueillait avant sa nouvelle méthode; la qualité du grain en était si peu altérée, qu'ayant fait semer l'année dernière une espèce de froment de Flandre dit blanczée, à la suite immédiate du rompis d'un sainfoin qui était à sa onzième année sur un terrain calcaire (groie), il y a recueilli une moisson de dix-neuf pour un, et d'une telle qualité, que tout le grain en a été vendu au-dessus du cours ordinaire ; un plant de colza qui avait d'abord été semé sur ce terrain, et qui était trop épais, fut enfoui lors de l'ensemencement du blé.

D'après ces divers renseignemens qui ont été généralement reconnus pour vrais, la section consultée a adopté les deux propositions suivantes :

1o Le reproche fait au nouveau mode de culture, ayant pour base les prairies artificielles, de diminuer la masse relative des céréales, n'est pas fondé ;

2o Le reproche fait au nouveau mode de culture, ayant pour base les prairies artificielles, de diminuer la qualité des céréales, n'est pas fondé.

La section arrête également que ces deux propositions adoptées seront soumises à la sanction de l'assemblée générale du Congrès.

M. Jérémie Babinet (de Lusignan) a déposé sur le bureau des feuilles de *nicotiana agrestis*, ou tabac cultivé par M. Rivault fils, de Venours, commune de Lusignan. La grandeur et la vigoureuse végétation de ces feuilles, qui ont été détachées d'une plante qui n'a reçu qu'un labour ordinaire, prouvent que sans les obstacles mis à la culture de cette production, elle réussirait parfaitement dans les départemens de l'Ouest.

M. Aimé Fradin a présenté une proposition tendante à presser la rédaction d'un nouveau code rural, ou tout au moins la réunion en un seul recueil des diverses lois et règlemens sur la matière qui sont aujourd'hui en vigueur. La section ayant adopté cette proposition et arrêté qu'elle sera soumise à la réunion générale, le texte en sera reproduit dans l'analyse des travaux de la séance générale.

Un mémoire sur la carie des grains et sur les moyens de l'éviter a été présenté à la section par M. Lhuillier-Duché, docteur-médecin de Poitiers. Le préservatif est, suivant M. Lhuillier-Duché, une dissolution de sulfate de cuivre dans l'eau. M. Desvaux, chargé du rapport de ce mémoire, ajoute que plusieurs faits de cette nature ont déjà été recueillis. La section a pris en considération le document fourni par M. Lhuillier.

## SÉANCE DU SAMEDI 13 SEPTEMBRE 1834.

Présidence de M. LAIR (de Caen).

Dans un mémoire sur la navigation de la Loire, M. de la Pylaie a fait sentir la nécessité urgente d'un canal latéral de la Loire, par lequel on éviterait les dangers des bancs de sable et des débâcles de glaces ; on remédierait encore par le canal latéral, à l'inconvénient de la diminution des eaux, qui manquent presque entièrement en été. Que si l'on ne pouvait quant à présent réaliser cette entreprise, il serait au moins possible de continuer le canal commencé, qui irait du port de *Pornic* au lac de Grand-Lieu, où une grande masse d'eau fournirait une gare naturelle pour les bâtimens marchands, et même pour les vaisseaux de l'Etat, dans les momens où les gros temps viennent fermer l'entrée de la Loire. Cette entreprise est facile à achever, et la dépense en serait vite récupérée. Quant au moyen employé à Nantes pour forcer les eaux à recreuser le lit de la Loire, moyen qui consiste à construire dans le lit même des murailles à pierres sèches, ce moyen est insuffisant. La section prend en considération le mémoire de M. de la Pylaie.

Cet objet de haut intérêt a aussi été abordé par M. Verger (de Nantes), qui a lu un mémoire sur la navigation de la Loire, duquel sont résultées deux propositions formulées ainsi qu'il suit :

1° Sans entrer dans l'examen des moyens d'exécution, la section émet le vœu que des travaux soient incessamment entrepris pour améliorer le canal de la Loire, soit par un canal latéral, soit par toute autre voie, soit pour établir un chemin de fer de Nantes à Orléans ;

2° Et si ces grands travaux ne pouvaient avoir lieu, la section émet le vœu que des études soient faites pour la canalisation du Loir, dont la ligne pourrait être poussée à une petite distance de Rambouillet, où un chemin de fer viendrait réunir ce canal à Paris.

La section consultée a adopté ces deux propositions, et

arrêté qu'elles seraient soumises à l'assemblée générale du Congrès.

M. Guépin lit une notice sur l'utilité d'un chemin de fer de Nantes à Poitiers; l'avantage qui en résulterait serait immense. M. Guépin énumère les diverses cités et les différens bourgs de la Vendée qui profiteraient des avantages de ces voies de communication; elles diminueraient, dit l'orateur, l'influence du presbytère et du château, tout-puissans encore dans ces belles contrées. Il demande en conséquence :

Que le Congrès recommande aux conseils généraux et des arrondissemens de la Loire-Inférieure, de Maine-et-Loire, des Deux-Sèvres et de la Vienne, et aux conseils d'arrondissemens et de départemens, aux économistes, aux ingénieurs, et à tous ceux que cet objet peut intéresser, l'étude d'un chemin de fer de Nantes à Poitiers.

Cette proposition mise aux voix a été adoptée, et il a été arrêté qu'elle serait transmise à la réunion générale du Congrès.

M. Desvaux. « L'une des causes qui empêchent le plus puissamment l'usage général des nouveaux instrumens aratoires, est le prix dont sont toujours ces nouveaux instrumens ; le petit cultivateur n'ose risquer une pareille somme sans être assuré du résultat ; le gros propriétaire voit de grandes avances à faire, puis la difficulté dans les réparations de ces instrumens, et la vieille routine gagne toujours autant de temps, qui est perdu au préjudice des bonnes méthodes. »

M. Desvaux avait depuis long-temps été frappé, comme tout le monde, de ces divers inconvéniens qui s'attachaient aux instrumens de la nouvelle agriculture ; il avait, dans la séance du 10 septembre, présenté un mémoire sur la nécessité de créer un instrument de labour, simple, qui pût être facilement construit par le plus grand nombre des cultivateurs, qui pût aussi, au moyen de légères modifications, être propre à toute espèce de terrains, dont le prix ne s'élèverait pas à plus de 15 à 30 fr., et qui cependant pût produire un aussi bon labour que les charrues perfectionnées des meilleurs cultivateurs de notre époque. M. Desvaux désire que le gouvernement propose un prix assez considérable pour celui qui exécuterait cet instrument. M. le président Barbault de la Mothe avait été chargé de l'examen de ce mémoire, et de la proposition qui en résultait. M. Barbault ayant fait à la section son rapport sur le mémoire de M. Desvaux, la discussion s'ouvre.

M. Joslé observe que le prix des nouveaux instrumens d'agriculture, surtout des charrues, provient de la main-d'œuvre, et non de la valeur des matériaux employés à leur construction, quelques-uns étant presque entièrement en bois.

M. Aimé Fradin modifie la proposition de M. Desvaux, en demandant seulement que les sociétés et comices agricoles soient appelés à porter leur attention sur cet objet.

M. Jozeau, discutant sur la meilleure forme à donner aux charrues, pense que l'avant-train est utile.

M. Bobin de la Miletterie croit au contraire que si l'avant-train n'est pas nuisible, il est au moins sans utilité.

M. Babault de Chaumont pense que le mérite principal des nouvelles charrues étant dans la perfection du versoir, ce serait faire un grand pas que d'obtenir des cultivateurs qu'ils adaptent au moins ces versoirs à leurs charrues imparfaites.

La section a arrêté que la proposition de M. Desvaux, modifiée par M. Fradin, sera recommandée à l'attention et à la sollicitude du Congrès; cette proposition a été ainsi formulée :

Le Congrès considère qu'il est d'un haut intérêt d'inviter les sociétés et les communes agricoles de France à proposer un prix à l'inventeur d'un araire du prix modéré de 18 à 30 fr., d'une construction solide, simple et facile, réunissant aux avantages des autres instrumens aratoires pour le bon ameublissement des terres, celui de convenir à tous les sols, en changeant seulement la dimension des parties.

Cette proposition a été adoptée.

## SÉANCE DU DIMANCHE 14 SEPTEMBRE 1834, TENUE A LA MILETTERIE.

Présidence de M. Lair (de Caen).

Dans toutes les sciences et en agriculture surtout, la pratique doit être jointe à la théorie ; on s'exposerait autrement à bien des mécomptes. La deuxième section du Congrès ayant accepté l'offre faite, dans une de ses premières séances, par M. Bobin, c'est sur la ferme de la Miletterie, située route de Poitiers à Limoges, appartenant à cet agriculteur, que le 14 septembre, et par la plus belle matinée, la section s'est réunie en séance champêtre pour éprouver quelques instrumens aratoires. Des moyens de publicité avaient été employés pour appeler à cette épreuve tous les cultivateurs des environs ; la réunion était nombreuse ; une grande quantité de charrues de toutes sortes, soit nouvelles, soit anciennes, modifiées, étaient exposées à l'examen des amateurs d'agriculture.

Une charrue nouvelle, la charrue Rozé, était surtout l'objet de la curiosité publique. M. Bobin, qui l'avait nouvellement reçue, s'était empressé de la mettre à la disposition de la section. Un autre instrument dont la réputation est encore plus étendue, le semoir et le sarcloir de M. Hugues, avait aussi été remis à la section par la société d'agriculture de Poitiers, qui l'avait reçu au moment de l'ouverture du Congrès, et n'avait encore pu en faire usage. M. le président de cette société avait obtenu de M. Hugues que son moniteur, M. Goddard, vînt lui-même diriger le premier emploi de ce semoir. Tout concourait à donner de la solennité à cette conférence publique de la pratique et de la théorie. D'autres instrumens, tels que l'*extirpateur*, la *houe à cheval*, le *rayonneur*, la *herse-Maronel* ou *tricycle* aux longues dents de fer sur des montans en bois, et pouvant creuser la terre plus ou moins profondément au moyen de *hausses* ajustées exprès, ont été aussi mis en œuvre ou soumis à l'examen. Enfin trois araires du Poitou auxquels on avait adapté des versoirs en bois contournés comme ceux des charrues nouvelles, prouvèrent combien il serait facile d'améliorer cet araire, et à peu de frais; ces derniers instrumens furent présentés par M. Nicolas, agriculteur du canton de Gençay; le prix en serait à peu près de 30 fr.

Tous les autres instrumens appartenaient à M. Bobin et venaient de sa ferme de la Miletterie; une grande partie y ont été fabriqués (1). M. Joslé, secrétaire du comice agricole de Poitiers, a été chargé de faire à la section, dans la séance de demain, le rapport circonstancié des opérations qui ont eu lieu dans cette journée.

## SÉANCE DU LUNDI 15 SEPTEMBRE 1834.

Présidence de M. Lair (de Caen).

A cette séance, M. Babault de Chaumont demande qu'il lui soit permis d'adresser, au nom de la deuxième section, des remercîmens à M. Bobin pour la complaisance avec laquelle il a mis à la disposition des commissaires de cette section, ses terres, ses attelages et ses gens de service; ceux-ci, par leur activité, leur intelligence et leur expérience dans la manière dont ils manœuvrent les nouveaux instrumens, ont prouvé que M. Bobin, sentant bien toute l'étendue de la mission d'un bon agriculteur, ne se borne pas à faire exécuter des instrumens aratoires, mais qu'il forme aussi des bras pour les mettre en œuvre.

M. Lair a dit qu'il était porteur d'une médaille que la société d'agriculture de Caen adresse au Congrès de Poitiers, pour qu'elle soit remise, à titre de récompense et comme encouragement, à celui qui, par des services rendus, soit à l'agriculture, soit au commerce, soit à l'industrie, aura mérité cette marque de distinction. M. Lair propose donc de faire remettre à M. Bobin, tout à la fois agriculteur et industriel, en séance

(1) M. Bobin livre au plus juste prix toutes les espèces de charrues qu'il fait fabriquer. Il ne fait point de ces fournitures une spéculation commerciale, mais seulement un acte d'obligeance toute dans l'intérêt de l'agriculture.

générale et par M. le président même du Congrès, cette médaille, comme un encouragement et un témoignage de considération. Cette proposition est adoptée par acclamation ; en conséquence, il est arrêté que M. le président du Congrès sera prié d'offrir, à la séance générale, la médaille à M. Bobin.

M. Joslé, dans son rapport, s'est exprimé comme il suit :

« Messieurs, le bureau de la section d'agriculture du Congrès m'a fait l'honneur de me choisir pour vous rendre compte de ce qui s'est passé hier à la ferme de la Miletterie, dans l'essai des diverses charrues et autres instrumens aratoires qui a été fait. N'attendez pas de moi un style correct et châtié; ces réflexions ont été écrites *currente calamo*, je vous demande votre indulgence.

» Dans notre réunion, nous devons constater une fois encore la supériorité tranchée des nouveaux instrumens aratoires perfectionnés, et faire de nouvelles expériences sur certains points controversés de mécanique agricole; nos observations d'hier pourront servir à porter de nouvelles lumières dans les esprits chancelans encore dans leur conviction.

» Nous ne pouvions faire d'expérience sur un très-grand nombre de charrues; mais celles qui étaient à notre disposition réunissent à peu près tous les systèmes aujourd'hui connus. Nous pourrions déduire de nos dernières observations des conséquences applicables à beaucoup d'autres. Nous dirons même que nos expériences ont eu principalement pour but de constater la différence de labourage entre la charrue ou *araire* simple, sans avant-train, et les charrues munies de ces accessoires.

» L'objet de nos premières observations est une charrue Rozé avec avant-train, établie d'après le système américain, c'est-à-dire dont le soc est superposé sur le versoir, avec lequel il s'adapte, et y est fixé au moyen de deux boulons. Tout le corps de la charrue n'est composé que de trois pièces en fonte : le soc, le versoir et le sep. Ce dernier, disposé de manière à offrir le moins de surface pour les frottemens, est placé de champ, et ne touche horizontalement la terre que par un point fort étroit. Avec le versoir est fondue une pièce montante perpendiculairement, faisant corps avec lui, qui sert d'étançon en avant pour fixer le corps de la charrue à l'age; c'est à l'extrémité antérieure de cet age qu'est placé le petit avant-train de la charrue, ce qui est d'une simplicité remarquable; une pièce de bois de 20 pouces environ de largeur est fixée transversalement sur l'age au moyen d'un simple boulon. Cette pièce de bois est percée, à chaque extrémité, d'une mortaise perpendiculaire, dans laquelle viennent se loger deux crémaillères en fer, auxquelles sont adaptées les roues de l'avant-train. Sur la pièce de bois sont fixées deux clavettes qui passent dans les trous des crémaillères et qui permettent d'élever ou d'abaisser l'age de la charrue, ou de fixer une roue plus bas ou plus haut que l'autre, à la volonté du laboureur, et selon que l'exigent les circonstances du labourage. Le régulateur de cette charrue est fort, très-solide et très-fixe ; je ne m'arrête point à le décrire.

» Cette charrue a été mise en action par un attelage de deux forts bœufs, conduit par un ouvrier exercé. Le Congrès doit à l'obligeance d'un de ses membres, M. de la Massardière, la communication d'un dynamomètre qui a servi puissamment à la précision de nos observations. J'aurais également à vous parler des nombreuses obligations que la section doit à l'obligeance de M. Bobin, si déjà le secrétaire de la section ne lui en avait hier, en séance générale, témoigné toute notre gratitude.

» Enfin le travail a commencé : les deux premiers sillons ont été tracés sans l'instrument indicateur de la force de traction ; ce n'est qu'à la seconde tournée que cette force a été mesurée. La profondeur du labour était de 15 à 18 centimètres ; la largeur de la bande de terre enlevée était de 21 centimètres, dans une terre peu forte à raison de sa nature sableuse, mais offrant cependant une consistance moyenne. La force moyenne de traction avec le coutre et l'avant-train a été de 330 kilogrammes, ou 660 livres ; sans le coutre, il y a eu une légère différence en moins ; enfin, sans coutre et sans avant-train, la charrue réduite ainsi en simple araire perfectionné, donne, pour moyenne résistance au tirage, 230 kilogrammes ou 460 livres.

» Voilà des chiffres ; ils doivent être concluans, et démontrer, sans autres raisonnemens, combien l'avant-train fait perdre de forces à l'attelage. Maintenant le labour est-il plus parfait avec des charrues à roues qu'avec l'araire simple ? Chacun de nous a pu observer qu'il n'y avait aucune nuance de différence entre ces deux labours, et que même l'ouvrier conduisait avec plus de facilité la charrue devenue araire, que lorsqu'elle était munie de son avant-train. Et d'ailleurs, y eût-il quelque différence, elle ne peut jamais compenser l'avantage que nous avons reconnu dans le tirage ; il est vrai de dire que le système d'avant-train n'est pas le même dans la charrue Rozé que dans les autres. Mais nous verrons tout à l'heure dans la charrue Grangé que, malgré que l'effort de pression soit bien allégé par la puissance des leviers, le dynamomètre a marqué des chiffres encore plus forts, et en effet cet avant-train Rozé donne encore moins de tirage que les autres. Je le regarde déjà comme un commencement de suppression de cet accessoire, et comme une nuance de transition pour amener les entêtés à l'araire simple.

» En général, le travail de la charrue Rozé, avec ou sans avant-train, m'a paru offrir toutes les conditions d'un bon labour; la raie est bien ouverte et la bande de terre bien retournée, le fond du sillon bien égal; la charrue en araire a de l'aplomb et de l'assiette en terre, et présente l'avantage de pouvoir recevoir des socs en fonte qui coûtent un franc vingt-cinq centimes, ce qui est fort à considérer.

» La seconde charrue essayée a été confectionnée dans les ateliers de M. Bobin, montée entièrement d'après le système de M. Rozé avec le même régulateur, mais ayant pour corps de charrue des fontes de Mondon, forge du Berry; l'effort de traction, terme moyen, a été à peu près le même que celui de l'araire Rozé, c'est-à-dire de deux cents à deux cent cinquante kilogrammes. Mais il faut dire que le laboureur ne prenait pas autant de largeur de raie, et qu'il fouissait peut-être un peu plus profondément que le conducteur de la première charrue. Du reste, bon labour, terre bien ameublie, bien retournée, mais la raie un peu moins nette et un peu moins large.

» Enfin, les dernières expériences ont été faites avec la charrue Grangé. Cet instrument a déjà eu tant de célébrité dans le monde agricole, que la description en serait superflue. Son effort de tirage au dynamomètre a été de 300 à 350 kilogrammes ou 600 à 700 livres, ce qui est déjà un grand inconvénient, comparaison faite de cet instrument avec ceux dont il vient d'être parlé, dont l'effort de tirage n'est que de 200 à 250 kilogrammes. La complication de ses leviers et de son avant-train ne peut non plus soutenir la comparaison avec la simplicité de l'araire. Le labour qu'elle fait est bon; mais, malgré qu'elle doive marcher seule, il est certain que quand elle sort de sa direction, il est difficile de l'y faire rentrer; enfin elle est difficile à régler, elle prend une bande de terre dont on ne peut pas aisément fixer la dimension. Soit inexpérience des conducteurs, soit autre cause, des trois labours qui ont été faits, celui de la charrue Grangé a été le plus irrégulier; il ne faut cependant pas en induire que ce soit un mauvais instrument. Dans un pays où l'on se sert habituellement d'énormes charrues à avant-train, celle-ci a dû produire un bon effet. Mais l'araire simple paraîtra toujours préférable à toute autre complication, parce qu'avec cet araire convenablement modifié, selon la nature des terres, on peut exécuter toutes sortes de labours avec le moins d'efforts possible.

» Au travail des charrues a succédé celui du semoir de M. Hugues.

Cet instrument a déjà, aussi lui, fait grand bruit en France, et je le crois destiné à opérer une grande révolution partout où des impossibilités matérielles ou sociales ne s'opposeront pas à son emploi. Je ne prétends pas discuter ici la question de savoir si les semences au semoir sont plus avantageuses qu'à la volée, parce que je sortirais des bornes que je me suis tracées. Mais je dois dire que l'instrument de M. Hugues m'a paru fonctionner parfaitement bien, et que tous les semoirs que j'ai vus jusqu'à présent ne m'avaient donné qu'une idée fort imparfaite de ce qu'on pourrait faire avec de tels instrumens. Je ne vous ferai point une description de celui qui a fonctionné hier; elle ne donnerait point une juste idée de l'instrument que M. Goddart, moniteur envoyé par M. Hugues, vient de vous faire connaître avec détail. Vous avez pu voir avec quelle fixité il marche, comme la graine est bien placée et régulièrement espacée, exactement recouverte dans la terre, et que malgré que le hersage du terrain n'ait pu, à cause de la sécheresse, s'opérer aussi régulièrement qu'on aurait pu le désirer, sa marche a été très-régulière et sans entraves. Le conducteur a mis environ vingt minutes à ensemencer huit ares. Cette expérience, incomplète quant aux résultats ultérieurs, a suffi cependant pour montrer la marche franche, hardie et efficace de l'instrument : c'était le point capital à démontrer.

» Plusieurs herses de diverses constructions ont aussi fonctionné. Nous en avons remarqué une à roues dont l'effet doit être fort énergique dans des terres préparées. L'extirpateur, la houe à cheval, le rayonneur ont pu être examinés par les nombreux assistans à cette solennité agricole, qui devra, je l'espère, donner une nouvelle impulsion à notre agriculture, grâces aux honorables hôtes qui sont venus nous éclairer de leurs lumières.

» Je regrette, Messieurs, que le temps m'ait pressé si fort dans ma rédaction, et qu'il me force à borner là mon récit et mes courtes observations; malgré tout, je crains encore d'avoir trop long-temps occupé vos précieux momens. »

Ce rapport terminé, la discussion s'est élevée sur les conséquences à en tirer. M. Joslé repousse entièrement l'usage de l'avant-train des charrues, comme augmentant la résistance de l'instrument, en rendant sa direction plus difficile et élevant aussi son prix.

M. Bobin partage entièrement son opinion.

MM. de Fayole et de la Fontenelle (de Poitiers) prétendent que dans les terres fortes et pierreuses il est impossible de supprimer l'avant-train, que d'ailleurs l'araire simple est plus difficile à conduire que la charrue à avant-train, et qu'il est moins aisé de trouver des ouvriers qui labourent à la perche que des ouvriers qui labourent à la charrue.

M. Babault de Chaumont observe que le plus grand inconvénient du labourage sans avant-train, quand on se sert de l'areau du pays, est qu'un ouvrier peu expérimenté peut blesser les animaux de trait avec la pointe du soc; mais que ce danger disparaît avec les charrues nouvelles, dont le mode d'attelage éloigne assez les animaux de tire pour qu'ils ne puissent jamais être atteints par le soc.

Plusieurs autres membres donnent leur avis contre les charrues à avant-train.

M. Lair (de Caen) pense que les charrues à avant-train devront toujours être conservées dans les fortes terres de la Normandie.

La section consultée croit ne devoir pas prendre de décision sur un point de discussion qui n'est pas encore susceptible de recevoir une solution positive; et qu'il suffit de constater le fait matériel qu'une charrue sans avant-train offre moins de résistance qu'une charrue à avant-train.

L'idée de lier l'une à l'autre les parties diverses qui constituent la force publique, surtout celles destinées plus particulièrement à maintenir l'ordre et la police intérieure, a fait naître le projet de donner aux gardes champêtres une organisation plus régulière. M. Laubier (de Melle) a donc fait une proposition tendante à ce résultat, dont l'effet serait d'obtenir de ces agens un service plus actif et plus régulier.

M. Nicias Gaillard demande la parole sur cette proposition.

« Les améliorations que la proposition tend à consacrer, dit-il, ont souvent été sollicitées; si l'institution des gardes champêtres n'a pas, jusqu'à présent, porté les fruits qu'on en devait espérer, cela tient aux vices que la proposition signale, en indiquant les moyens d'y remédier.

» Vous voulez qu'un homme remplisse ses devoirs, faites

d'abord qu'il ait intérêt à les remplir. Si donc il est possible d'élever la somme modique allouée aux gardes champêtres, ce sera une première garantie pour la société, et, pour eux, un premier moyen de défense contre les tentations que trop souvent ils ont à vaincre. Il leur sera plus facile de repousser ce qu'ils gagneraient à ne pas faire leur devoir, quand ce qu'ils recevront pour le faire suffira à leurs besoins.

» Mais il importe surtout d'organiser une surveillance active et de tous les jours. Les procureurs du roi, que la loi donne comme surveillans aux gardes champêtres, sont trop au-dessus d'eux : les maires sont mieux placés ; mais l'expérience a prouvé qu'il y avait de leur part beaucoup de négligence et de faiblesse. Il faut une surveillance particulière, une subordination hiérarchique, une discipline en quelque sorte militaire. Une institution qui réunirait tous les gardes champêtres d'un canton en une brigade commandée par le garde champêtre du chef-lieu, aurait, sous ce rapport, les avantages qui manquent à l'organisation actuelle. Elle produirait aussi cet excellent effet de mettre de l'unité dans les opérations; chaque brigade agirait, au besoin, comme un seul homme.

» C'est à une telle organisation que nous devons tous les services que rend la gendarmerie. Détruisez ses compagnies, ses brigades, divisez les gendarmes par commune, sans supérieur immédiat, sans aucun lien de discipline, l'institution perdra toute sa force.

» Les motifs qui me font approuver la proposition, me conduisent même à l'étendre. Comme au-dessus des gardes champêtres des communes, elle établit un brigadier au chef-lieu de canton; de même, je voudrais au chef-lieu d'arrondissement un homme plus élevé en dignité, qui aurait tous les brigadiers de l'arrondissement sous ses ordres. L'organisation des gardes champêtres suivrait aussi les divisions administratives; et la surveillance, partant de plus haut, assurerait contre les brigadiers eux-mêmes les garanties déjà acquises contre les simples gardes.

» Quant à cet *homme* plus *élevé en dignité*, il existe déjà : le lieutenant de gendarmerie aurait sous ses ordres les gardes champêtres de l'arrondissement ; et ces deux institutions qui, considérées sous le rapport de la police judiciaire, concourent au même but, se trouveraient rattachées l'une à l'autre par leur organisation. »

Par suite de ces observations et d'un amendement de M. Fradin, la proposition est ainsi formulée :

Le Congrès, reconnaissant que l'organisation actuelle des gardes champêtres s'oppose à ce qu'ils puissent rendre tous les services qu'on était en droit d'attendre de cette institution, notamment dans l'intérêt de l'agriculture, émet le vœu qu'il y ait un garde champêtre par chaque commune ;

Qu'il reçoive un traitement plus élevé ;

Qu'il y ait au chef-lieu de chaque canton un brigadier sous les ordres et la surveillance duquel soient placés tous les gardes champêtres du canton, et que les brigadiers de chaque canton soient eux-mêmes sous la surveillance et les ordres du lieutenant de gendarmerie de l'arrondissement.

La section a également arrêté que cette proposition sera présentée au Congrès en séance générale.

## SÉANCE DU MARDI 16 SEPTEMBRE 1834.

### Présidence de M. Lair (de Caen).

Des remercîmens ont été adressés par M. le président à M. Goddart, moniteur envoyé par M. Hugues, pour la manière lumineuse dont il a expliqué, à plusieurs reprises, dans diverses séances, le mécanisme du semoir Hugues, et la manière dont il faut l'employer.

Un mémoire sur un nouveau procédé de vinification a été présenté à la section par M. Élie Dru (de Parthenay). M. Jozeau (de Niort), chargé de l'examiner, en a fait le rapport, dans lequel il a expliqué quels nouveaux moyens ont été imaginés par M. Elie Dru pour obtenir une fermentation plus favorable à la qualité du vin ; ces procédés sont consignés dans un ouvrage imprimé et répandu par M. Elie Dru, il est inutile de s'y arrêter plus long-temps. La section a arrêté qu'il serait fait au procès-verbal mention honorable du mémoire.

M. Desvaux, chargé du rapport d'un mémoire de M. Lhuillier-Duché, docteur-médecin à Poitiers, ayant pour objet le chara, a remis sur le bureau une note écrite de laquelle il résulte que le chara a été l'objet de renseignemens plus ou moins exacts, de relations plus ou moins exagérées; quelques auteurs ont pensé que c'était une espèce de *crambé*. Mais alors disparaissent les qualités merveilleuses que l'antiquité lui attribue. Il serait donc assez curieux de faire, ainsi que le désire M. Lhuillier-Duché, de nouvelles recherches pour reconnaître la plante qui nous représente aujourd'hui le chara des anciens.

M. Jullien (de Paris), après avoir fait sentir que les monts-de-piété qui ont été institués dans le principe pour le soulagement des malheureux, sont au contraire, par la mauvaise direction qui leur est donnée, la cause de leur ruine, propose au Congrès d'adopter cette proposition :

« Le Congrès appelle l'attention du gouvernement et des amis de l'humanité sur la situation actuelle des établissemens connus sous le nom de monts-de-piété, et sur la nécessité d'en extirper les nombreux abus qui corrompent cette institution. »

La proposition ainsi formulée est adoptée, et a été soumise à la sanction de l'assemblée générale du Congrès.

Une notice de l'académie royale des sciences, arts et belles-lettres de la ville de Caen, extraite d'une séance publique du jeudi 17 avril 1834, présidée par M. Lair, a été offerte par ce dernier à la deuxième section du Congrès. Cette notice a pour objet le moyen éprouvé depuis long-temps de conserver pendant quelque temps, dans les champs, au moment de la moisson, et après qu'il est coupé, le blé sans qu'il se gâte, lors même qu'il y aurait beaucoup de pluie. Ce moyen est de le mettre en meulettes : la notice indique la manière d'opérer. Cet ouvrage est assez répandu. La section ordonne mention honorable au procès-verbal.

La section a terminé ses travaux en s'occupant d'un sujet d'une haute importance pour l'agriculture et l'industrie. Il s'agissait d'examiner *quels seraient les moyens de diminuer, en faveur de l'agriculture et du commerce, le taux de l'intérêt de l'argent.* En annonçant que l'ordre du jour appelle l'examen d'une question touchant d'aussi près à la prospérité d'une grande portion de la population, M. Babault de Chaumont a dit qu'il existait en France une grande masse de numéraire dont on ne trouvait que très-difficilement l'emploi ; que cette abondance d'argent en aurait dû faire baisser l'intérêt, mais qu'elle n'avait produit qu'une élévation extraordinaire dans le prix des propriétés immobilières, dont la valeur tout-à-fait hors de proportion avec les revenus que ces propriétés produisent, rend de plus en plus nécessaire la diminution du taux de l'argent resté en circulation. Car, si la grande augmentation dans la valeur des immeubles devient favorable aux progrès de l'agriculture, ce ne sera qu'autant que les propriétaires, et surtout les agriculteurs, trouveront facilement, et à un intérêt modéré, les moyens de faire les avances souvent nécessaires pour mettre les terrains en état de produire, et pour subvenir aux pertes imprévues. Enfin, relativement au commerce, quand le prix de tout ce qui en fait l'objet éprouve une baisse considérable, ne serait-il pas juste et nécessaire que l'argent, représentatif de tous objets de commerce, subît aussi une diminution dans l'intérêt qu'on en retire? L'agriculture et le commerce trouveraient donc un avantage à ce qu'il fût imaginé un moyen de baisser le taux de l'intérêt de l'argent. Pour y parvenir, il faut trouver, pour le prêteur, garantie et bénéfice modéré; pour l'emprunteur, facilité pour fournir cette garantie et arriver à se liquider.

Plusieurs propositions ont été faites par divers membres de la section.

Le général Dubourg a pensé qu'il fallait établir, par circonscriptions assez bornées, des banques prêtant à un taux peu élevé.

Deux projets ont surtout fixé l'attention de la section ; l'un de M. Bouriaud, négociant à Poitiers, dont voici l'extrait :

Banques locales établies sur des bases dont les principales sont la création d'actions, non-seulement en numéraire, mais en sommes triples en valeurs hypothécaires, produisant un intérêt relatif. — Ces banques, dont le chef-lieu serait celui du département, seraient confiées à des directeurs et à des comités de surveillance nommés par les actionnaires eux-mêmes ; elles seraient autorisées à mettre en circulation des billets payables à vue avec endossement ; il y aurait unité dans la confection de tous les billets de banques départementales ; elles escompteraient les papiers du commerce offrant les garanties exigées. Leurs bénéfices se composeraient d'une légère commission sur les comptes, sur l'argent prêté, et du profit de leurs billets en circulation. Pour favoriser l'établissement de ces banques, le gouvernement serait invité à renoncer aux droits d'enregistrement, ou tout au moins à consentir à leur réduction, et à abréger en faveur de ces banques les formalités pour la vente des propriétés qui leur seraient données en hypothèques. La caisse d'amortissement pourrait, avec toute sécurité, ouvrir un crédit aux banques départementales, qui toutes correspondraient entre elles, ainsi qu'avec la banque de France.

M. Bouriaud, en déclarant qu'il n'a fait que modifier un projet présenté aux chambres en 1828, pense que ces banques faciliteraient les opérations du commerce, aideraient à l'agriculture, utiliseraient des fonds oisifs, et augmenteraient ceux qui sont en circulation ; ainsi tout éprouverait l'heureuse influence que recevraient le commerce et l'agriculture.

M. Fournet-Marsilly observe que dans son projet M. Bouriaud a plus songé aux commerçans qu'aux propriétaires et aux agriculteurs, à ceux qui prêtent qu'à ceux qui sont forcés d'emprunter. Il croit devoir envisager la chose dans ses rapports avec les besoins de la petite propriété, et venir au secours de ceux qui, n'ayant que peu de gages à donner, trouvent aussi peu de crédit. Après avoir successivement représenté toutes les chances malheureuses que peut courir le propriétaire, soit par la perte de ses récoltes par des accidens imprévus, soit par la perte de ses bestiaux, etc., et celles plus nombreuses encore qui peuvent accabler le commerçant qui, dans sa plus grande détresse, doit encore conserver l'apparence de la prospérité pour conserver la confiance ; après avoir parcouru les diverses manières d'emprunter, et qui se réduisent à trois principales, M. de Marsilly formule ainsi sa proposition :

Le Congrès pense que pour obtenir sur l'intérêt de l'argent une réduction progressive, il serait utile que le gouvernement intervînt dans les besoins du propriétaire de la manière suivante :

Chaque emprunteur devrait fournir sur ses biens, en vertu de titres obligatoires ou de rentes, une inscription égale à la somme qu'il recevrait, sans qu'elle pût dépasser les trois-quarts de l'estimation cadastrale de ces biens.

La somme lui serait comptée en billets de banque, dont il paierait les intérêts à son percepteur, par douzième, à raison de quatre et demi pour cent par an.

Ces billets payables au porteur chez le receveur général, proviendraient d'une banque territoriale qui serait établie dans les bureaux du receveur général ; ils porteraient un talon où quelques lettres initiales signaleraient le contrat dont ils représenteraient la valeur ; le talon resterait déposé à la recette générale. Le signalement de chaque billet émis serait envoyé à tous les employés des finances du département.

Les contrats, gages de l'emprunt, rédigés en forme négociable, seraient négociés à raison de quatre pour cent par an, à des capitalistes qui toucheraient leurs intérêts par trimestre chez le receveur général. Dans le cas où l'emprunteur ne remplirait pas ses engagemens, et que l'on serait forcé de faire vendre ses biens, on pourrait appliquer à cette opération la loi relative aux objets d'utilité publique.

L'enregistrement réduirait ses droits proportionels à un droit fixe pour tout ce qui concernerait l'exécution de l'ensemble de la proposition.

M. Eugène Lelong appuie la proposition de M. Bouriaud, en demandant seulement que les banques départementales ne prêtent pas hors le département, à raison des frais que pourraient plus tard occasioner ces placemens à des distances très-éloignées.

M. Jullien (de Paris) combat cette dernière opinion, en disant que ce serait établir entre les départemens une division contraire à l'union qui doit exister entre les parties d'un même État.

M. Nicias Gaillard. « Le projet de M. Marsilly a des inconvéniens qu'il est facile de signaler, mais il repose sur une idée qui paraît devoir servir de base à toute théorie du crédit. Joindre dans les transactions la célérité à la sûreté ; imprimer au billet au porteur qui court de main en main, toujours exigible, toujours payable, le sceau d'une garantie hypothécaire, tel est l'un des plus importans problèmes à résoudre dans l'intérêt de toutes les branches d'industrie. M. de Marsilly a cherché la solution de ce problème; sous ce rapport son projet se recommande à l'attention publique. Un bon principe reste, malgré les difficultés d'exécution qui peuvent le rendre momentanément inapplicable; d'autres l'appliqueront. Ce qu'il faut surtout ne pas se lasser de signaler, ce sont les formes si lentes, si embarrassées de nos lois sur l'expropriation. Celui-là fera beaucoup pour la facilité des emprunts, qui trouvera un moyen simple et prompt d'arriver à la réalisation du gage hypothécaire. »

M. Auguis préfère le projet de M. Marsilly parce qu'il entre plus dans les intérêts de l'emprunteur, et que ses moyens d'exécution sont plus simples et moins compliqués, par conséquent d'une exécution plus prompte que celui de M. Bouriaud.

M. Aimé Fradin fait, sur ces deux projets, une proposition qu'il formule ainsi : « Le Congrès, considérant que le projet de M. Bouriaud et celui de M. de Marsilly, ayant pour objet la diminution du taux de l'intérêt de l'argent dans l'intérêt de l'agriculture et du commerce, contiennent des vues utiles qui appellent de sérieuses méditations avant d'être adoptées, recommande ces deux projets à l'attention du gouvernement, des sociétés agricoles et industrielles de France, et du prochain Congrès. »

Cette proposition a été admise par la section, qui a arrêté qu'elle serait reportée à la séance générale du Congrès.

Le temps s'était écoulé avec une étonnante rapidité ; il n'en restait plus à la section pour se livrer à de nouveaux objets de travaux, malgré que son portefeuille eût pu lui fournir encore d'abondans matériaux. Plein d'une grave et touchante émotion, M. Lair (de Caen), président, a exprimé à l'assemblée combien il éprouvait de regrets de voir arriver le moment de terminer la dernière séance, et de clore cette session de la deuxième section du Congrès.

« L'aménité de vos procédés, a dit M. Lair, les nobles égards et les bienséances observées dans les débats si pleins d'intérêt qui ont eu lieu dans le sein de cette réunion, laisseront un long souvenir qui sera pour moi d'un grand prix. Recevez mes remercîmens de m'avoir confié la tâche de diriger, comme président, les travaux qui vous ont occupés; vous l'avez rendue aussi facile qu'agréable. Et vous, Poitevins, votre accueil m'a séduit; je me suis cru toujours au milieu de mes compatriotes, je me suis cru Poitevin. »

M. Aimé Fradin, au nom de la deuxième section, a remercié M. Lair de la manière honorable dont il avait conduit les opérations de cette section.

« Votre expérience nous a guidés, a dit M. Fradin, votre raison nous a éclairés; vous avez, par votre modération, su retenir nos débats les plus vifs, dans les limites d'une polémique avouée par la bienséance et l'urbanité. Si vous vous êtes cru Poitevin, c'est que votre cœur a deviné que les Poitevins vous réservaient dans leur cœur la place d'un compatriote. »

M. le président a ensuite déclaré solennellement la clôture de la session pour la deuxième section du Congrès.

*Les Secrétaires de la Section,*
J. J. JOZEAU (*de Niort*).
BABAULT DE CHAUMONT,
(*de Poitiers*).

*Le Président de la Section,*
P. A. LAIR (*de Caen*).
*Le Vice-Président,*
BARBAULT DE LA MOTHE,
(*de Poitiers*).

# TROISIÈME SECTION.

## Sciences Médicales.

### SÉANCE DU LUNDI 8 SEPTEMBRE 1834.

Présidence de M. le docteur JOLLY, doyen d'âge.

Par le résultat du scrutin, MM. Levieil de la Marsonnière (de Poitiers) et Guépin (de Nantes) sont nommés président et vice-président de la section. MM. Hunault de la Peltrie (d'Angers) et Lucien Gaillard (de Poitiers) sont maintenus dans les fonctions de secrétaires.

On s'est occupé de quelques travaux préparatoires, et ensuite la séance a été levée.

### SÉANCE DU MARDI 9 SEPTEMBRE 1834.

Présidence de M. LEVIEIL DE LA MARSONNIÈRE.

M. le président de la section ouvre la séance par le discours suivant (1) :

« Messieurs, en vous renouvelant l'expression des sentimens que m'inspirent les suffrages dont vous m'avez honoré, je vais vous soumettre en peu de mots l'opinion que je me suis faite de la tâche que nous avons tous à remplir. Pour appeler à notre aide le plus de lumières possible sur les principes d'une science à l'étude de laquelle chacun de nous a consacré sa vie, nous devons rechercher avec empressement, accueillir avec intérêt tous les documens, toutes les pensées qui peu-

(1) On a mis en petit-texte tout ce qui a été extrait *textuellement* des mémoires ou notes lus en séance par les membres de la section

vent nous conduire à ce but. Il n'est pas toujours facile d'avancer à coup sûr. Qui peut vous dire, Messieurs, le nom de celui à qui se trouve réservé le bonheur de faire faire à la science un pas de plus? Qui peut le deviner tout d'abord? Souvent une opinion qui paraît vaine ou erronée est un degré qu'il faut franchir pour arriver à la découverte d'une vérité. N'est-il pas vrai que pour parvenir à mettre les erreurs derrière soi, il faut presque toujours les traverser? Il serait donc souvent désavantageux de rejeter avec trop de promptitude et de préjugé tout travail, toute proposition, toute vue qui ne présenteraient pas, au premier abord, ce grand degré d'utilité ou d'évidence que nous pourrions désirer. Écoutons avec attention, et attendons de réflexions long-temps mûries, et de l'épreuve du temps, la solution de questions qui nous paraissent encore enveloppées d'une trop grande obscurité. »

M. Simon (de Nantes) donne lecture d'un mémoire sur le magnétisme animal; la section de médecine a entendu avec intérêt la lecture de ce mémoire, qui comprend des considérations philosophiques, des recherches historiques et des observations extraordinaires.

M. Simon demande pour le magnétisme un examen dégagé de toutes préventions. Il réclame un plus ample informé pour cet étrange et inexplicable sujet, qui lui semble mériter l'attention particulière de tous les hommes véritablement amis du progrès. Sans assumer en aucune manière la responsabilité des assertions plus ou moins hardies contenues dans ce mémoire, la section de médecine pense qu'il renferme assez de recherches curieuses pour intéresser tous les membres du Congrès; elle propose à l'assemblée générale d'en entendre la lecture.

## SEANCE DU MERCREDI 10 SEPTEMBRE 1834.

### Présidence de M. Levieil de la Marsonnière.

On passe à la discussion de la question suivante proposée dans le programme du Congrès :

*Doit on admettre des lésions de fonctions sans lésions d'organes?*

M. Thiaudière (de Gençay). «Aujourd'hui toutes les études commencent par l'anatomie ; on débute par remarquer les différences qui existent entre l'état normal et l'état anormal; et l'on fait toutes sortes d'efforts pour soumettre les groupes de symptômes aux altérations matérielles, telles qu'on les rencontre dans les cadavres, c'est-à-dire pour trouver l'explication des symptômes dans les lésions matérielles des organes.

Quant à moi, j'attache l'importance première, dans les maladies, aux faits vitaux, aux phénomènes de réaction vitale ; je crois que toute la médecine est là, et que le plus souvent l'anatomie pathologique vient pour compléter l'histoire de la maladie plutôt que pour en éclairer le diagnostic et la thérapeutique : je finis par où les anatomo-pathologistes commencent.

Les anatomo-pathologistes décrivent longuement l'histoire de la *gastrite aiguë*, de la *gastrite chronique* et du *cancer d'estomac*. Mais, pour eux qui n'admettent pas de maladies sans altération d'organes, ils nieront l'existence de la *gastralgie*, et de cette maladie si commune chez les femmes, que l'on est convenu d'appeler tout simplement des *maux d'estomac*, faute d'expression technique qui indiquât mieux sa nature.

Pour ce qui regarde les maladies du poumon, s'ils inscrivent dans leur cadre nosologique la *pneumonie*, la *pleurésie*, la *phthisie* et la *gangrène pulmonaire*, que feront-ils de l'asthme, et comment distingueront-ils physiquement la coqueluche de la bronchite? Si l'anatomie pathologique leur explique parfaitement le mécanisme de la formation de l'anévrisme du cœur, l'hypertrophie, la péricardite ou l'hydropéricarde, contesteront-ils l'existence de ces palpitations nerveuses qui sont si communes?

S'ils se rendent parfaitement raison de l'apoplexie, de l'encéphalite, de l'hydrocéphale, peuvent-ils en dire autant de la folie, de l'épilepsie, etc.? S'ils démontrent les traces de la péritonite et de toutes les variétés de l'entérite, diront-ils que les coliques ne sont pas de simples lésions de fonctions?

Ainsi un organe peut être gêné dans l'exercice de ses fonctions, et cependant ne pas offrir de lésions matérielles. Il est même des cas où l'on peut considérer, ainsi qu'on l'a dit, le corps humain comme un *seul et grand organe* dont la faiblesse ou la vigueur se comprennent dans une vaste unité. L'homme sain qui meurt de décrépitude, l'animal asphyxié, en présentent des exemples; on peut y ajouter l'épuisement total de certains hommes : scrutez avec soin chaque organe en particulier, aucune lésion essentielle ne s'y fait remarquer ; mais l'ensemble ne présente pas les conditions de la santé. La mort de *Benjamin Constant*, en 1830, fut attribuée à une sorte d'affaissement général, car l'autopsie cadavérique la plus exacte et la plus minutieuse ne fit découvrir aucune altération d'organes.

L'école anatomique faisant toujours dépendre les symptômes des altérations de la structure des organes, elle est conséquente avec ses principes en déclarant qu'on ne peut les faire cesser qu'en faisant cesser l'altération organique de laquelle ils dérivent; mais combien de fois les malades resteraient sans soulagement, si l'on attendait, pour leur porter remède, d'avoir mis à découvert une lésion organique appréciable? Et que répondre à ces médecins qui s'imaginent avoir rendu impossible toute objection, en disant que souvent les lésions physiques qu'ils ont soupçonnées disparaissent complètement en même temps que l'action organique cesse? N'est-ce pas, de leur part, échapper lestement à une difficulté qu'il leur paraîtrait difficile de résoudre sérieusement? L'observateur impartial doit s'en tenir à ce qui est; il sera moins brillant sans doute, mais à coup sûr plus utile.

Je conclus en disant que si j'admets des lésions de fonctions avec lésions d'organes, je reconnais aussi l'existence de lésions de fonctions sans lésions d'organes. »

M. Barot (de Gençay). « La question qui nous occupe offre un vif intérêt sous le rapport de la thérapeutique. Car l'on doit approprier la médication aux lésions physiques, quand elles existent; au contraire, quand elles n'existent pas, la thérapeutique doit être purement expérimentale. Plusieurs lésions des fonctions gastriques, surtout celles que l'on appelle *bilieuses*, et qui cèdent si facilement à l'emploi des vomitifs, semblent exister sans aucune lésion physique appréciable. En pareil cas, le vomitif fait même disparaître d'autres maladies qui étaient produites par les premières; et, dans ces maladies sympathiques, il est encore impossible d'admettre aucune altération organique, puisqu'elles cèdent si promptement à l'action d'un remède qui agit loin d'elles.

Beaucoup de modifications fonctionnelles relatives à l'âge, au sexe, aux idiosyncrasies; beaucoup de dispositions épidémiques ou constitutionnelles, existent sans aucun changement physique appréciable dans les organes. On doit donc résoudre la question par l'affirmative. »

M. Roy (de Melle). « Les faits rapportés par M. Barot sont loin de fournir la conclusion qu'il en a tirée; en effet, nous voyons que pour guérir ces maladies il emploie des moyens qui agissent énergiquement sur l'estomac. Pourquoi un vomitif ne pourrait-il pas modifier d'une manière avantageuse certaines altérations physiques de la muqueuse gastrique? Toutes les affections de l'estomac ne sont pas des inflammations, et beaucoup d'entre elles peuvent céder à des remèdes autres que les antiphlogistiques. D'ailleurs, dans toutes les maladies, lorsque le malade vient à succomber, on trouve toujours des altérations organiques qui peuvent expliquer la mort. »

M. Pingault fils (de Poitiers). « La chaleur, le froid, la sécheresse, l'humidité, l'électricité, le magnétisme, enfin tous les corps extérieurs, modifient d'abord les tissus organiques, soit pour entretenir la santé par des excitations nécessaires, soit pour déterminer diverses maladies, lorsque leur action est plus grande ou moindre qu'elle ne devrait être.

S'il survient des dérangemens dans les fonctions, c'est donc consécutivement à des causes qui ont altéré le tissu vivant; on ne saurait concevoir la chose autrement, et dans tous les cas on peut remonter par l'analyse au point de départ de l'affection que l'on a sous les yeux. »

M. Hunault de la Peltrie (d'Angers). « La question qui nous est soumise ne pourra jamais être résolue d'une manière absolue et complète, attendu l'impossibilité où l'on se trouve toujours de poser les véritables limites qui séparent l'état normal de l'état pathologique. Les variétés de conformation relatives à l'âge, au sexe, aux idiosyncrasies, sont si nombreuses, que les médecins les plus expérimentés sont souvent très-embarrassés pour décider si un tissu qui est mis sous leurs yeux se trouve sain ou altéré. Certains organes, comme le cerveau, les nerfs, les vaisseaux sanguins, nous offrent fréquemment des difficultés de cette nature. »

M. Orillard (de Poitiers). « Nous convenons que des lésions graves de fonctions, la mort même, peuvent survenir sans que nous puissions découvrir des lésions d'organes : voilà un fait bien constaté par les travaux contemporains. Mais de ce que nous ne découvrons rien, devons-nous conclure que rien n'est altéré dans des organes dont la structure intime nous est tout-à-fait inconnue ?

Ramenons la question à ces termes : Pouvons-nous concevoir des lésions de fonctions sans lésions d'organes? Mais la fonction n'est que l'organe en action; elle ne peut en être séparée, et ne saurait être affectée isolément; elle n'est pas plus possible sans l'organe que le mouvement sans le corps qui se meut, et si l'on fait une abstraction, ce ne peut être que dans l'expression et nullement dans le fait. La digestion ne sera jamais que l'estomac digérant. Ainsi, point de fonction sans organe, impossibilité absolue de lésion de fonction sans lésion d'organe. Mais bien souvent l'imperfection de nos moyens ainsi que la ténuité des altérations ne nous permettent pas de constater les lésions organiques, qu'en bonne logique nous devons nécessairement supposer. »

M. St-Georges Ransol (de Luçon). « En s'adressant directement aux faits, on trouve que beaucoup de maladies peuvent exister sans lésion organique, c'est-à-dire sans altération physique du tissu des organes : ainsi la manie, le délire nerveux, la céphalée, l'épilepsie, sont des affections purement vitales du système cérébral. Les affections spasmodiques de l'estomac, des intestins, ne paraissent le plus souvent liées à aucune lésion physique. Le scalpel ne peut jamais nous faire découvrir le siége des affections périodiques, et les altérations qu'elles laissent parfois dans les organes ne nous donnent point la raison des phénomènes qui les accompagnent. Le choléra doit être considéré comme une névrose universelle, accompagnée d'une décomposition particulière du sang qui est le résultat de l'action virulente du miasme cholérique. M. Broussais a commis des erreurs graves en établissant la théorie de cette maladie sur des autopsies cadavériques; les lésions physiques que l'on rencontre ne sont que des effets d'état spasmodique qui concentre les fluides à l'intérieur. »

M. Lucien Gaillard (de Poitiers). « Nous devons éviter de nous abandonner à l'impulsion des théories, et de prendre nos suppositions pour des réalités. Si l'on veut raisonner avec exactitude, on ne doit pas dire : On trouvera plus tard des lésions que nous n'apercevons pas en ce moment; ou bien : On doit croire qu'il existe des altérations physiques, quoique nous ne puissions les saisir. Dans une question de fait, nous devons nous baser uniquement sur les faits, tels que nos moyens actuels nous permettent de les voir et de les juger.

Or, il résulte de ce qui a été observé par la majeure partie des membres, que dans beaucoup de cas on ne trouve aucune altération physique dans un organe dont les fonctions ont été troublées d'une manière plus ou moins grave. Ceci s'explique facilement. Si nos organes exercent des fonctions, ce n'est point assurément à cause de leurs propriétés physiques et chimiques, c'est par le moyen d'une puissance inconnue dans sa nature, que nous appelons *la vie*. Pourquoi donc la vie ne pourrait-elle donc pas se trouver augmentée, diminuée, modifiée, sans que les qualités physiques fussent altérées? Quelle différence anatomique trouvons-nous entre l'organe vivant et celui qui vient de mourir ? »

La question proposée a été modifiée en ces termes :

*Peut-il exister des lésions de fonctions sans lésions appréciables d'organes ?*

La majorité de la section répond par l'affirmative.

## SÉANCE DU JEUDI 11 SEPTEMBRE 1834.

### Présidence de M. Levieil de la Marsonnière.

M. Thiaudière présente à la section une certaine quantité de sang, provenant d'une saignée qu'il a faite à un individu atteint de fièvre cérébrale, et offrant quelques particularités relatives à sa prompte dessiccation.

L'ordre du jour appelle une des questions renvoyées au Congrès de Poitiers par le Congrès de Caen; elle est ainsi formulée :

Inviter les médecins à faire savoir au prochain Congrès s'ils ont remarqué quelques modifications dans la marche, les caractères extérieurs et les vertus préservatrices de la vaccine.

M. St-Georges Ransol (de Luçon). « En 1829, plusieurs individus vaccinés quelques années avant, ont été atteints de la petite-vérole, et je pense que la vaccine ne peut préserver que pendant un espace de temps limité. »

M. Arlin. « Ceux qui ont vacciné il y a plus de vingt ans, et qui continuent cette opération encore aujourd'hui, ne trouvent aucun changement dans les caractères et les vertus de la vaccine. La véritable éruption vaccinale préserve constamment de la variole. Mais lorsque l'éruption est irrégulière ou incomplète, alors elle n'est plus préservatrice; c'est ce qui a pu induire plusieurs fois en erreur ceux qui ont observé la variole sur des individus que l'on croyait avoir été vaccinés. »

M. Bonnet partage la même opinion.

M. Guépin (de Nantes). « Tous les ans, à Nantes, on peut observer plusieurs cas de variole chez des individus bien vaccinés; malgré ces exceptions qui pouvaient exister autrefois comme aujourd'hui, dans la majorité des cas la vaccine préserve très-bien de la variole. »

MM. Quotard, Orillard, Abribat, développent des opinions analogues, fondées sur des observations qui leur sont particulières.

M. Pingault fils (de Poitiers). « Tout le monde sait que la variole, dans quelques cas, peut attaquer deux fois le même individu; il n'est donc pas étonnant que la vaccine, que l'on pourrait regarder comme une variole supplétive, n'offre pas plus de certitude sous ce rapport que la variole elle-même. Quelques faits exceptionnels ne sauraient infirmer la règle générale, appuyée sur l'expérience journalière et sur un très-grand nombre de faits. »

M. Barrilleau. « Il serait facile de confondre les cicatrices de la fausse vaccine avec celles de la véritable éruption, surtout quand elles sont récentes. Cependant il existe des caractères spéciaux qui permettent d'établir une différence entre ces cicatrices, quand on y met l'attention convenable. Dès-lors, quand ces caractères existent chez des individus qui ont la variole, on ne peut nier qu'ils n'aient eu précédemment une véritable vaccine. »

M. Bas (de Poitiers). « Ayant vacciné un enfant, j'ai suivi sur son bras tous les développemens d'une véritable vaccine. Deux ans plus tard, le même enfant a été, sous mes yeux, atteint de la variole. Ainsi je ne doute pas que la variole ne puisse quelquefois se développer chez les individus vaccinés. Ces faits font exception à la règle générale. »

M. Collinet, pharmacien (de Poitiers). « On voit souvent des enfans vaccinés rester plusieurs jours en contact avec des malades affectés de la petite-vérole, et n'en être pas atteints, ce qui démontre l'efficacité actuelle et persévérante du virus vaccin. »

M. Roy (de Melle). « Dans tous les cantons où l'on vaccine beaucoup, bien qu'il reste toujours un bon nombre d'individus qui ne sont pas vaccinés, on ne voit jamais d'épidémie de variole, tandis qu'autrefois elles étaient très-communes. »

M. Hunault de la Peltrie d'Angers). « On a fait à Paris des recherches multipliées pour retrouver le cowpox, virus originel de la vaccine; elles ont été sans résultat. Néanmoins des observations faites à Angers en 1825, et à Paris en 1834, confirment tout-à-fait l'opinion déjà émise que dans la majeure partie des cas la vaccine préserve très-bien de la variole, cette règle générale ne pouvant être infirmée par quelques exceptions. »

La section adopte la solution suivante :

La véritable vaccine préserve le plus souvent de la variole; mais, dans quelques cas rares, les individus vaccinés peuvent être atteints par la variole.

## SÉANCE DU VENDREDI 12 SEPTEMBRE 1834.

Présidence de M. Levieil de la Marsonnière.

La section de médecine s'occupe de la question suivante :

**Combien de temps peut vivre le fœtus après la mort de sa mère ?**

M. Barrilleau (de Poitiers). « La question n'est point susceptible d'une solution précise, parce que bien des maladies différentes peuvent faire périr la mère et décider en même temps la mort plus ou moins rapide de l'enfant. A la suite des maladies chroniques, des fièvres graves avec altération profonde des liquides et du système nerveux, on peut croire que la mère et le fœtus, atteints long-temps d'avance de la même maladie, succombent en même temps. Au contraire, le fœtus peut survivre quelque temps, lorsque la mère est subitement privée de la vie par une hémorragie, une syncope, une asphyxie, etc. »

M. Lucien Gaillard (de Poitiers). « Le fœtus contenu dans le sein de sa mère se trouve dans des circonstances bien différentes de celle d'un enfant qui serait asphyxié. Il est accoutumé au contact et à la chaleur du liquide au milieu duquel il nage ; il n'a point encore éprouvé le besoin de respirer, et sa circulation ressemble beaucoup à celle du poisson ; des faits récemment publiés prouvent même qu'elle dépend moins qu'on ne le pensait de la circulation de la mère. M. Gaillard indique quatre opérations césariennes faites après la mort de la mère, les quatre enfans ont été extraits vivans. »

M. Pingault fils (de Poitiers). « Il y a quelques mois, une femme de la campagne ayant succombé très-promptement à une attaque d'apoplexie loin de tout secours médical, des témoins ont remarqué que l'enfant âgé de huit mois qu'elle portait dans son sein, s'agitait encore plus d'une heure après la mort de sa mère. »

M. Orillard (de Poitiers). « Le fœtus possède une vie indépendante qu'il peut conserver pendant un certain temps après la mort de sa mère. J'ai vu un enfant extrait vivant du sein de sa mère vingt minutes après la mort de celle-ci. J'ai aussi à ma connaissance qu'un fœtus a fait sentir des mouvemens pendant environ trois quarts d'heure dans le sein de sa mère. »

M. Arlin (de Poitiers). « On doit distinguer les différentes causes qui peuvent déterminer la mort de la mère, car elles amènent plus ou moins rapidement la mort du fœtus. En général, il faut se hâter de pratiquer l'opération après avoir constaté, par les moyens usuels, la mort de la mère. »

M. Thiaudière (de Gençay). « Vu la difficulté d'assigner un délai précis, on doit pratiquer l'opération césarienne, à quelque intervalle de temps que l'on soit appelé après le décès de la mère, à moins qu'il n'y ait déjà quelque signe de décomposition. »

M. Piorry (de Chauvigny). « Une raison qui doit nous engager à pratiquer l'opération, c'est que l'enfant est souvent beaucoup plus robuste que la débilité et l'état maladif de la mère ne semblent le faire présumer. »

M. Hunault de la Peltrie (d'Angers). « Les faits apportés dans la discussion ont déjà éclairé la question ; c'est par des observations nombreuses faites dans diverses circonstances, qu'il sera possible d'obtenir des résultats plus précis. »

La section adopte la proposition suivante, rédigée par M. Quotard :

La question ne peut être résolue d'une manière absolue ; seulement il est constant que la vie du fœtus peut se prolonger après la mort de la mère, mais d'une manière variable et qui ne saurait être précisée.

## SÉANCE DU SAMEDI 13 SEPTEMBRE 1834.

Présidence de M. Levieil de la Marsonnière.

*Quel sens doit-on attacher à ces mots* : fièvre putride, fièvre maligne?

M. St-Georges Ransol (de Luçon). « Quoique le mot putride ait été exagéré pendant plusieurs siècles par les écoles galéniques, il n'est pas moins vrai de dire que dans certains cas, et même dans des épidémies, le sang est affecté d'un état putride, ou, si l'on veut, d'une dissolution morbide. Cet état de décomposition vitale des fluides se trouve indubitablement dans les fièvres appelées putrides par les anciens et adynamiques par l'école de Pinel. La noirceur de la langue, la fétidité extrême et même insupportable des selles, des urines et des sueurs, les escarres qui surviennent aux jambes, aux reins, l'état gangréneux des vésicatoires, les plaques noires dont la peau est couverte dans quelques endroits, tout prouve qu'il existe une altération spéciale du sang et même une décomposition chimique très-avancée, puisque les cadavres tombent rapidement en putréfaction.

En 1829, pendant l'été, la variole produisit dans le village de Curzon et autres communes, des ravages effrayans, surtout sur les enfans. Le caractère de cette affection varioleuse consistait dans une dissolution très-marquée du fluide sanguin, puisque le corps des malades était couvert de taches noires, qu'il y avait des hémorragies par le nez, les intestins et la vessie. On ne pouvait s'approcher des malades sans désinfecter les appartemens par des fumigations antiseptiques. L'état varioleux était compliqué d'une fièvre vraiment putride. Le traitement composé d'acides végétaux, minéraux, et même de camphre et de quina, me réussit dans plusieurs cas où je fus appelé. Toutes les personnes qui furent traitées par la méthode de Broussais périrent sur-le-champ.

Sous la domination de Pinel, qui professait le système de Brown, les fièvres dites adynamiques ou plutôt putrides étaient plus communes par l'abus du quinquina et des excitans.

S'il y a des maladies organiques, on ne peut contester qu'il existe des maladies qui dépendent d'une altération particulière des fluides. Les bubons pestilentiels, les boutons varioleux, les éruptions morbilleuses, scarlatineuses, érysipélateuses, les dépôts laiteux après les couches, voilà autant d'états maladifs qui prouvent que le foyer morbide réside principalement et réellement dans les différens fluides. Je regarde comme bien prouvée l'existence des *fièvres putrides*.

Le système nerveux, dans son ensemble, est susceptible d'être dérangé dans ses mouvemens réguliers et de s'abandonner à toute espèce d'anomalies, comme on le voit dans les affections vaporeuses, sans que les autopsies cadavériques puissent nous faire connaître, en plusieurs circonstances, une lésion physique des nerfs ou des centres nerveux qui rende raison des phénomènes morbides. Pourquoi, dans les maladies aiguës, le système nerveux ne serait-il pas atteint d'une excitation vive qui troublât les fonctions cérébrales et celles des autres viscères?

On observe dans les fièvres rémittentes pernicieuses un désordre des plus violens, qui se caractérise par des convulsions, un délire furieux, et même par des symptômes tétaniques. Cependant dans ces fièvres on n'osera jamais dire qu'il existe une inflammation de la moelle épinière et de l'encéphale, puisque le quinquina administré à propos rétablit le calme dans toute la machine. Ne serait-il pas aussi logique de soutenir que cette irritabilité nerveuse peut exister avec le type continu, ce que l'on a coutume d'appeler fièvre maligne? Cette fièvre se caractérise par le trouble des facultés mentales, le pouls petit, serré, un abattement profond des forces motrices, sensitives, des traits altérés, des yeux tantôt mornes, tantôt hagards ou peignant la fureur. L'utilité des antispasmodiques, des calmans, des toniques pour le traitement de ces maladies, vient encore confirmer le diagnostic, et ce serait une grande erreur de confondre ces maladies avec les inflammations qui peuvent se montrer dans les différens organes. »

M. Quotard (de Poitiers). « Les expressions fièvre putride, fièvre maligne, sont tout-à-fait propres à induire en erreur le praticien sur le véritable caractère de ces maladies. Nous ne devons plus aujourd'hui sacrifier aux théories des humoristes et des vitalistes, qui ont inventé les dénominations, mais recourir à la saine observation des faits.

Les principaux symptômes de ces affections, comme la soif, la noirceur et la sécheresse de la langue, la tension et le gonflement douloureux de l'abdomen, la diarrhée fétide, la prostration des forces, la fréquence et la dureté du pouls, la chaleur et la sécheresse de la peau, indiquent une irritation inténse de la membrane muqueuse intestinale. Souvent à ces phénomènes viennent se joindre une céphalée très-vive, l'agitation, le délire, la carphologie, etc., symptômes bien connus de l'inflammation du cerveau. L'autopsie confirme les prévisions du médecin, car on rencontre toujours des lésions notables dans les organes qui, pendant la vie, ont donné des signes de souffrance. Aussi il serait utile de remplacer les expressions de fièvre putride ou maligne par celles de gastro-entérite et de gastro-entéro-encéphalite ; laissant, du reste, à chaque médecin, le droit de se guider dans le traitement d'après ses observations et son expérience. »

M. Guépin (de Nantes). « Les solidistes s'exagèrent l'importance des lésions organiques ; quelques injections plus ou moins colorées ne sauraient avoir la puissance qu'on leur accorde, et très-souvent les liquides peuvent être primitivement et principalement affectés, comme le prouvent l'altération du sang qui se perd par les hémorragies, la fétidité de toutes les excrétions, la tendance de toutes les parties à se gangrener sous l'influence des moindres causes. »

M. Pingault fils (de Poitiers). « Tous les auteurs de système ont assigné aux fièvres putrides et malignes des causes diverses; mais l'observation clinique démontre que ces maladies résultent toujours d'une lésion de la membrane muqueuse gastro-intestinale. »

M. Hunault de la Peltrie (d'Angers). « Le choléra, que nous avons eu malheureusement l'occasion de si bien observer, doit nous servir à résoudre l'importante question des fièvres. Le phénomène capital du choléra était une altération du sang, et cette altération était généralement si grave, que dans les premiers temps de l'épidémie, elle foudroyait tout d'un coup les malades. Mais lorsque l'épidémie a commencé à perdre de son intensité, à la suite des premiers symptômes survenait une période marquée par une sorte de réaction dont tous les écrivains ont signalé, dans le temps, la ressemblance parfaite avec la fièvre putride ou typhoïde. On se rappelle que plusieurs journaux publièrent, en même temps, que le typhus avait remplacé le choléra dans les hôpitaux de la capitale. Cette remarque conduit naturellement à rapporter les phénomènes graves des fièvres à l'altération du sang que l'on peut toujours constater, plutôt qu'aux lésions physiques très-variables que l'on rencontre dans divers organes. »

M. Boynet (de Poitiers). « Les fièvres putrides et malignes doivent plutôt être rapportées à une altération des fluides, qu'à des lésions organiques qu'on ne trouve pas constamment. »

M. Orillard (de Poitiers). « Les fièvres dites putrides ou malignes ne peuvent être considérées comme des gastro-entérites, ou bien il faudra admettre que ce sont des gastro-entérites complètement différentes de celles que nous connaissons; et alors pourquoi confondre sous une même dénomination des maladies essentiellement opposées par leurs causes, leur pronostic, leur traitement et les résultats des nécropsies?

Les causes de la gastro-entérite exercent toutes une action plus ou moins directe sur l'estomac et les intestins; agens mécaniques ou chimiques, le plus souvent elles déterminent une irritation qui devient la source des irradiations secondaires.

Dans les fièvres putrides ou malignes, les causes agissent plutôt sur l'ensemble de l'économie, affectant d'une manière plus marquée deux systèmes partout répandus, le système de la circulation et celui de l'innervation. Ce sont de longues privations, de mauvais alimens, l'air des grandes villes pour les sujets non acclimatés, les excès des veilles ou du travail intellectuel, certaines constitutions épidémiques, toutes les affections morales tristes, etc. Sous l'influence long-temps continuée d'une de ces causes, ou sous celle de plusieurs réunies, le sang paraît s'appauvrir; moins riche en fibrine et en matière colorante, il tombe plus facilement en dissolution; moins vivifiant, il excite moins les divers organes : trop long-temps surexcité, le système nerveux peut tomber dans l'affaissement, ou conserver un surcroît d'activité qui sera le caractère le plus important et le plus grave de la maladie.

Lorsque l'économie se trouve ainsi modifiée, une gastro-entérite peut se développer et hâter l'apparition des symptômes *putrides* ou *malins;* mais alors cette gastro-entérite n'est là qu'une cause occasionelle, et nullement la cause déterminante, encore moins le point de départ d'une affection tout-à-fait spéciale. Bien des gastro-entérites existeront sans cet appareil de symptômes, et le plus souvent ces mêmes symptômes de fièvres putrides ou malignes se retrouveront sans qu'il existe aucune trace de gastro-entérite ; nous les voyons se développer, dans certaines phlébites, à la suite de quelques grandes opérations, et toujours c'est dans le sang et les nerfs qu'il faut rechercher leur spécialité incontestable.

Je ne puis ici exposer les symptômes des gastro-entérites et ceux des fièvres putrides, et je dois me borner à marquer leurs principales différences. Dans la gastro-entérite, le malade accuse, vers la région de l'estomac et celle de l'abdomen, une douleur plus ou moins vive ; et l'exploration de ces parties, confirmant les troubles fonctionnels, fait évidemment reconnaître une phlegmasie gastro-intestinale. Dans les fièvres putrides, le malade frappé de stupeur et présentant un faciès tout-à-fait caractéristique, ne sait point indiquer ses souffrances, c'est en vain qu'on le sollicite, il répond presque toujours que rien ne lui fait mal, et si vous palpez avec soin l'abdomen, vous ne découvrez le plus souvent qu'une légère tension, un degré de météorisme plus ou moins prononcé. La douleur pourra être éveillée sur divers points ; mais elle ne sera ni bien constante ni caractéristique d'une véritable inflammation.

Les fièvres putrides ou malignes sont presque toujours plus graves que les gastro-entérites, et cela en raison des modifications puissantes déjà éprouvées par la constitution, au moment même où semblent se développer les prémiers symptômes. Quand une gastro-entérite commence, il n'y a encore qu'une affection locale; l'influence sur l'économie ne vient que secondairement, et le mal peut être combattu à son point de départ. Dans les fièvres, au contraire, la masse du sang, l'innervation, sont puissamment modifiées, bien avant que des symptômes locaux se soient manifestés; les affections locales ne sont que secondaires, accidentelles, et tout-à-fait sous la dépendance de la modification générale qui fait leur caractère et leur gravité.

Combattez une gastro-entérite par les émissions sanguines générales et surtout locales, usez de la diète, des boissons émollientes, des topiques de même nature, et vous obtiendrez le plus souvent d'heureux résultats; détruisant le premier foyer d'irritation, vous enlevez le mal à son origine. Il en est autrement dans les fièvres putrides ou malignes; si ces moyens sont quelquefois utiles dès le début pour combattre un état de pléthore ou des congestions d'organes, n'en usez que modérément, et sachez y renoncer bientôt, sous peine d'augmenter l'affaiblissement qui doit survenir, de favoriser la prédominance de l'innervation, et d'enlever à la constitution la ressource de crises salutaires, malheureusement trop rares. C'est dans ces fièvres qu'il faut le tact médical le plus éclairé et un esprit dégagé de tout système, pour établir une saine interprétation des causes et des symptômes, et pour l'indication curative; tour à tour vous aurez à vous applaudir de la méthode antiphlogistique ou de l'expectation, de la révulsion ou de l'emploi des toniques. Je ne puis qu'établir les faits, forcé de renoncer aux détails.

La nécropsie établit encore de grandes différences entre les gastro-entérites et les fièvres putrides ou malignes : dans les premières, se rencontrent sous toutes les formes et en divers points des traces évidentes d'inflammation; dans les secondes, vous trouverez plutôt des congestions que de véritables inflammations, et ces dernières ne seront jamais que secondaires. La lésion la plus constante, c'est l'engorgement, avec ulcération, des plaques de Peyer; le siége de ces ulcérations, leur forme, l'état de la muqueuse qui les avoisine, indiquent que c'est moins à l'intensité de l'inflammation qu'à une maladie tout-à-fait spéciale qu'il faut rapporter leur origine. Le cerveau est plutôt gorgé de sang que réellement enflammé, et semble, comme tous les organes parenchymateux ou membraneux, plus imbibé d'un sang de moindre consistance que dans son état normal. Enfin, tous les symptômes putrides ou malins ont pu exister, et l'autopsie ne faire découvrir aucune altération appréciable.

Je crois donc pouvoir conclure de tout ce qui précède, que les fièvres putrides ou malignes diffèrent essentiellement de la gastro-entérite, et doivent reconnaître pour caractère principal une altération profonde du sang et du système nerveux, sous l'influence de laquelle peuvent se développer des lésions tout-à-fait secondaires, et nullement caractéristiques. »

M. Jolly (de Poitiers). « On a dit dans cette discussion, en parlant des fièvres adynamiques et ataxiques, qu'il fallait toujours être clair, précis, intelligible dans les diverses dénominations qu'on employait en médecine. Nous sommes parfaitement de cet avis; mais se montre-t-on bien tel qu'on le désire, toutes les fois qu'on se sert du nom *gastro-entérite?* Nous ne le pensons pas. En effet ces deux mots réunis sont tantôt appliqués à certaines affections légères de l'estomac et des intestins, qui se terminent le plus souvent de la manière la plus heureuse, par l'emploi des plus faibles moyens thérapeutiques; tantôt aux maladies les plus graves, caractérisées par une série de symptômes qui annoncent une altération profonde dans les organes et les fonctions, et surtout dans l'innervation.

Quelle différence énorme dans ces deux espèces de maladies! Néanmoins, elles sont désignées souvent sous le nom de gastro-entérite, sans faire attention si l'une est légère et l'autre grave, si dans la première le malade récupère promptement la santé et si dans la seconde il succombe.

Il nous semble que dans ces deux circonstances il y a défaut de clarté et de précision, que la dénomination employée n'exprime pas, d'une manière bien intelligible, l'état des organes qui sont spécialement affectés, qu'elle ne fait pas connaître le caractère des symptômes, l'étendue et la gravité du mal.

Qu'un médecin dise à un de ses collègues que tel individu est atteint d'une gastro-entérite : ce dernier médecin comprendra bien que le canal intestinal est affecté; mais il ne saura certainement pas si la maladie est grave ou légère, si elle est à son début ou à sa dernière période.

Sous ce rapport, on s'entendrait mieux, si on se servait des anciens noms de fièvre bilieuse, muqueuse, adynamique et ataxique, et même de ceux qu'on employait dans un temps bien plus reculé, je veux parler des fièvres putrides et malignes, car ces expressions donneraient de suite une plus juste idée de la nature des symptômes et de la gravité de la maladie.

Si la maladie n'est pas toujours la même, si elle se montre avec plus ou moins d'intensité suivant ses périodes, si les agens thérapeutiques doivent être modifiés à mesure qu'elle avance vers sa terminaison, afin d'en prévenir l'issue funeste ou au moins de l'éloigner, pourquoi ne pas mettre en usage certaines qualifications qui peindraient de suite à l'esprit la nature et la gravité du mal?

Il nous semble qu'il serait avantageux d'ajouter le mot adynamique au nom de gastro-entérite, toutes les fois que cette maladie serait caractérisée par l'enduit noirâtre de la langue, l'état fuligineux des dents et des gencives, la fétidité de l'haleine, de la transpiration et des déjections alvines, le délire taciturne, la faiblesse et la fréquence du pouls, l'anéantissement des forces, l'état de stupeur et de somnolence, enfin par tous les symptômes qui annoncent une prostration marquée et réelle des organes et des fonctions de l'économie.

On lui donnerait au contraire le nom de gastro-entérite ataxique toutes les fois que l'affection abdominale serait accompagnée de troubles et de désordres dans les organes et les fonctions, susceptibles de se modifier fréquemment, en passant avec rapidité et alternativement d'un état d'excitation à un état d'affaissement. En effet, dans cette maladie on observe, entre autres symptômes, que la face est vultueuse, la langue rouge et sèche, le ventre tendu, les déjections alvines nulles, le pouls fort et fréquent, les mouvemens brusques, le délire violent. Bientôt après, des phénomènes différens se manifestent et succèdent aux premiers : la figure devient pâle, la langue est humide et moins rouge, le pouls faible et déprimé, les forces abattues, les urines et les évacuations alvines fréquentes et involontaires; le délire est léger ou il cesse entièrement, les organes des sens sont insensibles à toutes les impressions.

Ici, comme dans la gastro-entérite adynamique, nous ne regardons les phénomènes cérébraux que comme sympathiques. S'ils n'étaient pas tels et s'ils dépendaient d'une méningite ou d'une céphalite qui compliquerait la gastro-entérite, rien de mieux que d'accorder alors à la maladie le nom de gastro-entéro-encéphalite qui lui a été donné par l'auteur de la médecine physiologique.

Ces dénominations de gastro-entérite adynamique et de gastro-entérite ataxique ne seraient pas, selon nous, sans importance. En faisant connaître d'une manière précise le fâcheux caractère des symptômes, le siége de la maladie, les lésions pathologiques, elles indiqueraient jusqu'à un certain point les modifications que devraient subir les méthodes de traitement.

Ces dénominations pourraient-elles être remplacées par celles qui indiquent seulement le siége de la maladie et ses caractères anatomiques? Nous ne le pensons pas. Aussi n'avons-nous parlé ni de la fièvre entéro-mésentérique ni de la dothinentérie.

D'après les observations recueillies jusqu'à ce jour, est-il facile de dire d'une manière précise et absolue quel sens on doit attacher à ces expressions fièvres putrides, fièvres malignes? Non sans doute, parce que les divers auteurs qui ont parlé de ces fièvres n'ont pas été toujours d'accord sur leurs causes, leur nature et leur siége ; ils en ont plus ou moins rembruni le tableau suivant les phénomènes qu'elles ont présentés et leur issue heureuse ou funeste. »

M. Lucien Gaillard (de Poitiers). « La question me semble renfermer deux termes, 1° la dénomination fièvre ; 2° la qualification putride ou maligne, car la fièvre pourrait exister sans être ni putride ni maligne. Il est utile d'apprécier séparément la valeur de ces deux expressions si anciennes et encore aujourd'hui si obscures. Ne pouvant donner à cette immense sujet tout le développement dont il serait susceptible, je me contenterai de formuler mon opinion en courtes propositions.

1° Le mot fièvre, quoique banni par M. Broussais et l'école anatomique, est resté dans le langage médical ;

2° Ce mot est parfaitement compris dans la pratique, il exprime pour nous la réunion de certains phénomènes morbides ; ce groupe n'est ni artificiel ni variable ; peu de maladies sont aussi constantes dans leurs symptômes que la fièvre : qu'elle soit primitive ou secondaire, continue ou intermittente, bénigne ou grave, ses caractères essentiels subsistent toujours ;

3° La plupart des auteurs qui ont écrit sur la fièvre, tout en variant sur son étiologie, se sont toujours accordés en ceci, qu'ils ont chacun rapporté à une cause unique cette réunion de symptômes : ainsi Broussais à la cardite, les humoristes à l'effervescence des liquides, les vitalistes à un effort conservateur de la nature ;

4° Les hypothèses de Galien, d'Hoffmann, des humoristes et des vitalistes, sur la cause essentielle des fièvres, ne peuvent être reçues aujourd'hui ;

5° Il est impossible d'admettre avec M. Broussais (1) que la fièvre soit une cardite primitive ou provoquée par une lésion locale quelconque, par les raisons suivantes :

(1) Examen prop. 111, 112, 113 ; Boisseau, p. 572 ; Pyrétol Roche et Sanson, p. 63, etc., etc.

A. Les recherches anatomiques ne montrent jamais cette lésion du tissu du cœur.

B. Les études cliniques ne font point voir que le tissu et les fonctions du cœur soient plus gravement affectés dans les fièvres les plus graves, comme cela devrait être.

C. Il est impossible de rapporter le désordre qui se manifeste dans toutes les fonctions à une congestion sanguine, produite mécaniquement par l'accélération des battemens du cœur; parce que très-souvent les contractions sont faibles, incomplètes, à peine accélérées.

6° La fièvre ainsi isolée des théories auxquelles on a voulu la subordonner, se montre à nous comme une affection spéciale, bien caractérisée par ses symptômes, qui peut naître primitivement et se produire indépendamment de toute affection locale appréciable, ou être provoquée par une lésion organique quelconque, plaie, abcès, pneumonie, dothinentérie, etc.;

7° Il résulte des propositions précédentes que les expressions *fièvre putride*, *fièvre maligne*, ont servi et peuvent encore servir à qualifier certaines formes particulières de la fièvre grave, pourvu que l'on ne prenne pas à la lettre leur sens métaphorique. »

## SÉANCE DU DIMANCHE 14 SEPTEMBRE 1834.

Présidence de M. Levieil de la Marsonnière.

La section adopte la proposition suivante rédigée par M. de la Marsonnière :

Les mots *fièvre putride*, *fièvre maligne*, ne doivent pas être pris à la lettre. Ces dénominations inventées par les anciens, ainsi que celles adoptées par les écoles modernes, ne sont nullement l'expression fidèle des caractères de ces maladies, dans lesquelles s'observent également des lésions de tissus organiques, des altérations dans les fluides et dans le système nerveux.

On passe à la question suivante proposée par M. Hunault de la Peltrie :

Quelle est la part d'influence des institutions sociales et politiques, et des constitutions physiques et médicales, sur la multiplication incontestable ainsi que sur la nature du suicide en France? Quels seraient d'autre part les moyens à proposer pour remédier à de telles calamités?

M. Lucien Gaillard (de Poitiers) examine l'état de la société avant 1789 et de nos jours. « Les commotions politiques qui bouleversent si fréquemment toutes les existences, la constitution actuelle du gouvernement qui favorise le développement des ambitions les plus effrénées, doivent être regardées comme des causes bien puissantes de suicide. D'un autre côté, les idées morales et les croyances religieuses affaiblies n'opposent plus une barrière suffisante au délire des passions. »

M. Orillard (de Poitiers). « La littérature actuelle tend à égarer les imaginations impétueuses et ardentes des jeunes gens, en leur offrant un avenir brillant et mille images séduisantes qu'ils ne sauraient jamais atteindre : cruellement trompés par la réalité, ils s'abandonnent facilement au désespoir qui les conduit au suicide. On peut remarquer que certaines manières de se suicider, comme l'asphyxie par la vapeur du charbon, la strangulation, le poison....., ont eu parfois une sorte de succès de mode, ou, pour mieux dire, se sont propagées par la contagion de l'exemple. Il serait à désirer que l'éducation fût plus positive, et que l'on se gardât de bercer les jeunes gens d'espérances chimériques ; il faudrait bien aussi se garder de donner une publicité dangereuse aux faits de suicide. »

M. Thiaudière (de Gençay). « Indépendamment des causes morales, il faut prendre en considération la prédominance actuelle des constitutions nerveuses qui rendent certains individus facilement impressionnables. Il serait convenable, dans l'éducation des enfans, de joindre aux travaux intellectuels des exercices gymnastiques destinés à développer la force matérielle du corps. »

M. Barrilleau. « En France, comme partout, les révolutions ont donné un nouvel essort aux passions, les commotions politiques ont occasioné une tension morale funeste ; la vie ne suit plus son cours ordinaire, elle semble se précipiter. Les intérêts privés se heurtent sans cesse ; le mérite et le savoir ne semblent plus des conditions pour arriver aux places, aux honneurs ; on veut franchir les distances, on veut arriver au pas de course. De ces passions sans frein résultent des blessures morales profondes, des mécomptes, des regrets, du désespoir, enfin le suicide.

D'autres causes encore mènent au suicide : ainsi les écrivains qui déclament continuellement contre la société et ses institutions, les spectacles où l'on représente le vice sous l'apparence de la vertu, où la détermination du suicide est prise comme le seul et unique moyen de se soustraire aux conséquences funestes des passions.

On a remarqué, dit M. Barrilleau, qu'il en est du suicide comme de quelques monomanies, qu'il se propage par imitation ; et il cite à l'appui de cette opinion les exemples des filles de Milet, la fréquence des suicides à Rouen en 1806, à Versailles en 1793. Il blâme à cet égard les journaux politiques de porter à la connaissance de tout le monde non-seulement le fait simple du suicide, mais encore les circonstances qui l'ont produit et accompagné. Toutes ces causes, dit-il, bouleversent les existences et les idées et conduisent au suicide.

Pour prévenir cette tendance funeste à la société, il faudrait 1° faire une loi pénale contre le suicide ; et, pour justifier son utilité, il cite des lois qui ont produit des résultats avantageux chez les anciens : ainsi une loi de Ptolomée défendit sous peine de mort d'enseigner la philosophie de Zénon ; à Milet le sénat ordonna d'exposer une des femmes qui se pendraient ; à Athènes la main du suicidé était brûlée séparément du corps ; une loi de Tarquin privait de sépulture le corps des suicidés ; en Angleterre les corps étaient jetés à la voirie ; nouvellement le roi de Saxe a ordonné que les corps seraient portés aux amphithéâtres de dissection ; 2° soigner l'éducation de telle sorte que la morale et la religion en soient les principales bases ; 3° mettre un frein à la licence des spectacles et réprimer les doctrines immorales et pernicieuses journellement propagées par la presse. »

## SÉANCE DU LUNDI 15 SEPTEMBRE 1834.

Présidence de M. Levieil de la Marsonnière.

M. Hunault, sans reproduire les considérations données précédemment sur l'influence que les institutions sociales et politiques peuvent avoir sur le suicide, s'attache à développer l'action des constitutions physiques et médicales. Ainsi plusieurs observateurs citent des épidémies de suicide sans aucune cause morale appréciable. Nous avons eu occasion de voir, à l'époque du choléra, une frénésie homicide s'emparer des populations égarées. M. Fourreau, médecin à Paris, a adressé au Congrès l'observation très-détaillée d'une monomanie homicide, causée par la présence des vers dans le tube intestinal; l'expulsion des vers rétablit immédiatement le moral du malade. On a encore vu de jeunes enfans, appartenant aux classes opulentes de la société, chercher avec une effayante opiniâtreté des moyens de destruction. On doit en conclure que la coïncidence de plusieurs causes physiques et morales peut contribuer au développement de la manie du suicide.

M. Hunault regrette l'existence des asiles religieux, où chacun pouvait aller cacher, loin du monde, ses chagrins et son désespoir. On voit trop souvent les infortunes privées traînées au grand jour de la publicité, et le malheur lui-même n'est pas une propriété inviolable. Il serait utile d'établir des maisons de refuge, environnées, comme autrefois, d'un impénétrable secret.

M. Quotard. « On doit reconnaître que la presse tombe parfois dans de fâcheux écarts, mais il est impossible de soumettre les œuvres littéraires et les pièces de théâtre à une surveillance spéciale. Cette mesure, proposée par quelques personnes, est tout-à-fait incompatible avec les principes fondamentaux du gouvernement actuel. Il vaudrait mieux s'occuper de perfectionner le système d'éducation, car il est facile de modifier dès l'enfance les dispositions morales, et de les porter vers le bien. »

M. S. Doucet (de Loudun) donne des détails sur le suicide dans les différens âges et les différens sexes, et sur les causes qui peuvent le déterminer. Un grand nombre d'individus, surtout de jeunes étudians, éprouvent dans diverses circonstances le désir de mettre fin à leurs jours, mais le plus souvent la réflexion ou de nouvelles impressions empêchent l'accomplissement de ces projets. « Les suicides, dit M. Doucet, étaient plus nombreux chez les anciens que chez les modernes; on doit y réunir tous les individus qui ont, pour une cause quelconque, politique ou religieuse, fait le sacrifice de leur vie. »

M. Thiaudière (de Gençay). « On doit établir une grande différence entre les individus qui font un sacrifice volontaire de leur vie à leurs convictions religieuses, morales ou politiques, et ceux qui se donnent volontairemement la mort. L'une de ces actions peut être souvent admirable, l'autre ne saurait jamais l'être. »

M. Thiaudière insiste sur la nécessité d'une éducation solide.

M. Levieil de la Marsonnière (de Poitiers). « L'état atmosphérique de l'Angleterre porte naturellement au suicide. Le vent du nord-est porte vulgairement, en Grande-Bretagne, le nom de *vent des pendus.* Il faut noter que le choléra s'est aussi développé dans l'aire parcourue par ce vent de nord-est. Plusieurs membres avaient pensé que l'hypocondrie portait au suicide; M. de la Marsonnière a vu tous les hypocondriaques profondément attachés à la vie; ils s'entourent de mille soins, multiplient autour d'eux les précautions les plus minutieuses, et la conservation de leur existence est pour eux un sujet continuel d'inquiétude. Au contraire, les mélancoliques sont souvent dégoûtés de la vie et disposés à se détruire. On voit certains individus dont l'imagination est vide, le cœur impressionnable et le jugement superficiel ou incomplet, qui ne savent ou se poser, qui ne peuvent se donner un but raisonnable, l'atteindre et s'y arrêter. Ceux-là sont particulièrement disposés à détruire leur vie pour terminer des agitations dont ils n'obtiennent aucun résultat. »

Après une discussion dans laquelle sont entendus MM. Barrilleau, Quotard, Thiaudière, etc., la section adopte la proposition suivante :

Les institutions sociales et politiques, les constitutions physiques et médicales, par un concours funeste et simultané, ont eu leur part d'influence dans la multiplication incontestable des suicides en France.

Quant aux moyens préventifs, on peut indiquer : 1° un bon système d'éducation ; 2° quelques dispositions pénales; 3° l'établissement de maisons d'asile.

## SÉANCE EXTRAORDINAIRE DU LUNDI 15 SEPTEMBRE 1834.

Présidence de M. Levieil de la Marsonnière.

Le 15 septembre, à 7 heures du soir, la section s'est réunie extraordinairement pour examiner une proposition qui lui a été faite sur l'organisation médicale.

MM. Jolly, Barrilleau, Chabot, Alloneau, Arlin, Palustre, Bonnet et de la Marsonnière, prennent la parole sur cette importante question. Ils démontrent les nombreux inconvéniens de l'état actuel, et développent divers moyens d'y apporter remède en modifiant les diverses lois, mal coordonnées entre elles, qui régissent l'enseignement médical et l'exercice de la médecine.

La section reconnaît l'urgence d'une nouvelle organisation qui concilierait à la fois les intérêts de la société et ceux du corps médical; mais, considérant : 1° qu'il lui est impossible d'élaborer en peu d'heures un plan complet d'organisation médicale; 2° que plusieurs projets ont déjà été développés par des sociétés savantes, notamment par l'académie royale de médecine et par l'association des médecins de Paris, elle se borne à émettre le vœu que

Le gouvernement veuille bien s'occuper le plus promptement possible de la nouvelle organisation depuis long-temps promise au corps médical.

## SÉANCE DU MARDI 16 SEPTEMBRE 1834.

Présidence de M. Levieil de la Marsonnière.

M. Thiaudière (de Gençay) présente un *Mémoire sur l'établissement d'un corps de médecins légistes*.

« L'exercice de la médecine légale, dit M. Thiaudière, exige une grande variété de connaissances et d'études spéciales auxquelles se livrent un petit nombre de médecins ; cependant les magistrats appellent souvent le premier médecin qui se trouve disponible, ou le plus rapproché du lieu de l'événement.

Le médecin qui a fait un rapport médico-légal ne peut paraître en justice qu'en qualité de simple témoin, et, sa déclaration une fois recueillie, le ministère public et le défenseur ont seuls la parole. Egalement étrangers l'un et l'autre à la médecine légale, c'est sur elle cependant qu'ils s'appuient pour tirer des preuves de la vérité des faits qu'ils avancent, et c'est sur d'aussi faibles bases que les jurés sont obligés d'asseoir leur conviction.

Je voudrais qu'il fût nommé près de chaque cour royale un *médecin général du roi*, ayant, dans le ressort de la cour, sur les *médecins du roi* et leurs substituts, la même autorité que les procureurs généraux sur les procureurs du roi et leurs substituts.

Je voudrais qu'il fût nommé près de chaque tribunal de première instance un *médecin du roi*, ayant pour les affaires de sa compétence la même autorité que le procureur du roi pour les siennes.

Je voudrais qu'on instituât près de la justice de paix de chaque canton, un *médecin du roi*, *substitut* de celui qui résiderait au chef-lieu de l'arrondissement.

Tous ces fonctionnaires, dans l'ordre hiérarchique, auraient mission de constater par des rapports tous les faits du domaine de la médecine légale.

Les médecins du roi feraient d'office ou ordonneraient toutes les recherches propres à éclairer leur conviction. Lorsqu'une affaire serait portée à la cour d'assises, le médecin du roi siégerait au parquet et soutiendrait l'accusation avec le ministère public. L'accusé choisirait pour sa défense un médecin qui discuterait dans son intérêt les faits de médecine légale. »

M. S. Doucet (de Loudun). « Il est tout-à-fait impossible d'établir une hiérarchie de médecins exerçant une magistrature spéciale, en dehors des juges d'instruction et des procureurs du roi. Comment régler les attributions, la compétence et les devoirs de ces fonctionnaires ? Comment concilier les droits de cette nouvelle autorité avec ceux de l'ancienne ? Il n'est pas davantage nécessaire qu'un seul médecin soit exclusivement chargé de tous les rapports de médecine légale. C'est aux magistrats chargés de l'instruction à choisir ceux qui par leur moralité et leurs connaissances offrent les meilleures garanties. »

M. Bonnet (de Poitiers). « Entre deux pouvoirs indépendans qui agiraient dans la même cause, il y aurait inévitablement une rivalité et une confusion d'attributions, nuisibles à la chose publique. Sans établir cette magistrature médicale, on pourrait nommer des médecins spécialement chargés des affaires de médecine légale. »

M. Barrilleau (de Poitiers). « Au lieu d'établir des titres et des distinctions, il faut au contraire maintenir l'égalité dans le corps médical et laisser la carrière ouverte à tous ceux qui sont capables de la parcourir. Un très-grand nombre de médecins possèdent des connaissances suffisantes, et tous ont soutenu, en faisant leurs études, un examen sur la médecine légale; il est juste de les appeler successivement à remplir des fonctions honorables sans doute, mais fort pénibles à cause du travail auquel doit se livrer celui qui veut remplir convenablement ses fonctions. Il serait inconvenant de faire argumenter deux médecins l'un contre l'autre, et de mettre ainsi la science en cause devant les juges, les jurés et le public. Le médecin doit paraître en justice comme un arbitre intègre, impartial, pur de tout soupçon; il ne doit jamais jouer le rôle plus ou moins passionné d'avocat ou de ministère public. Que pourraient comprendre les jurés à des discussions scientifiques, et quelle confiance pourraient-ils accorder à des principes ainsi mis en question par ceux qui sont chargés de les expliquer? Aujourd'hui, lorsque le médecin donne des conclusions claires, positives et bien motivées, elles servent généralement de base à la déclaration du jury. »

M. Malapert (de Poitiers). « Les légistes sont tout-à-fait incompétens dans les questions de science, et ils ont absolument besoin dans ces occasions d'appeler les hommes spéciaux. »

M. Quotard (de Poitiers). « La législation actuelle est suffisante, et le médecin obtient toutes les facilités désirables pour arriver à la connaissance de la vérité. »

M. Palustre (de Niort) approuve la proposition de M. Thiaudière sous le rapport de la nomination de médecins légistes, tous les médecins n'étant pas également propres à faire et à défendre un rapport de médine légale.

M. Boynet (de Poitiers). « Le médecin qui serait exclusivement chargé de toutes les affaires de médecine légale pourrait avoir l'air d'être influencé par l'accusation, avec laquelle il se trouverait si souvent en rapport ; il vaut mieux que le travail soit divisé en plusieurs. »

M. Hunault de la Peltrie (d'Angers). « Le mémoire de M. Thiaudière contient deux propositions : la première de constituer une magistrature médicale, les raisons développées par plusieurs préopinans montrent qu'elle est inexécutable; la seconde d'établir des médecins légistes, cette proposition présente beaucoup d'inconvéniens. Après ceux déjà signalés, on doit encore noter que les magistrats chargés de la poursuite des affaires ciiminelles, doivent être libres d'associer à leurs travaux ceux qui ont obtenu leur confiance. Ce serait un tort d'exclure des couis d'assises un grand nombre de médecins qui peuvent s'y montrer avec honneur. »

La section consultée décide qu'il n'y a pas lieu d'adopter la proposition de M. Thiaudière.

La clôture du Congrès n'a point permis à la section d'entendre et d'examiner plusieurs autres communications qui lui ont été faites; elle doit mentionner celles qui lui ont été annoncées ou déposées dans ses aichives.

1° *Note sur l'état et les appréciations théoriques et pratiques de la lithotritie dans les provinces*, par M. Hunault de la Peltrie. 2° *Analyse de calculs urinaires*, par M. Collinet, pharmacien. 3° *Histoire d'un singulier corps étranger introduit dans le rectum, nouveau procédé opératoire pour son extraction*, par M. Thiaudière, docteur-médecin. 4° *Memoire sur la fondation d'hôpitaux dans tous les chefs-lieux de canton de la France*, par M. Thiaudière, docteur-médecin à Gençay. 5° *Remarques faites sur un mélange d'éther sulfurique et d'une substance végétale*, par MM. Desroziers, professeur de chimie au Collége de Poitiers, et Malapert, pharmacien. 6° *Mémoire sur l'action des médicamens*, par M. Saint-Georges-Bansol, de Luçon.

Parmi les questions qui n'ont pu être discutées, quatre surtout paraissent offrir une impoitance particulière. La section de médecine les recommande à l'examen du Congrès qui doit s'ouvrir à Douai, en septembre 1835.

1° On invite tous les médecins, savans et observateurs quelconques, à fournir au Congrès prochain tous les matériaux qu'ils possèdent sur les constitutions physiques et médicales de leurs localités, avant, pendant et depuis l'invasion du choléra-morbus. (M. Hunault de la Peltrie).

2° On invite les médecins et tous ceux qui s'occupent d'études physiologiques à rechercher et à signaler les avantages que l'on pourra retirer de la phrénologie pour le perfectionnement de l'éducation. (M. Jullien (de Paris).

3° La vie est-elle de nature différente dans chacun des êtres qui sont compris dans le mot monde, ou bien est-elle semblable et seulement distribuée en plus ou en moins? (M. S. Doucet (de Loudun).

4° La maladie de Pott, par ses terminaisons telles quelles, ne laisse-t-elle pas chez les individus qui en ont été atteints, des infirmités assez graves, des troubles, des perturbations, des perversions organiques et fonctionnelles assez profondes, pour que cette maladie ait droit d'être considérée comme une cause d'exemption spéciale de tout service militaire quelconque, et par conséquent d'être inscrite comme telle dans nos cadres médico-légaux, où elle n'existe en ce moment qu'implicitement? (M. Hunault de la Peltrie).

M. Duval, de l'Académie royale de médecine de Paris, a adressé à la section un mémoire rempli d'observations intéressantes sur la structure et la vitalité des dents. Il en déduit les conclusions suivantes :

« Souvent les molaires sont tellement usées, qu'au lieu d'être tuberculeuse, leur face triturante est lisse et polie par l'effet de la détrition. On y distingue parfaitement, comme après la coupe transversale d'une dent, les aspects sous lesquels se présentent ses substances dures ; l'un appartient à l'émail qui est très-blanc, le second à la substance osseuse que je désigne sous le nom d'ostéodonte, et le troisième à cette partie qui, sous forme de zone circulaire et de couleur de corne, se trouve entre ce dernier et l'émail, et que j'appelle dictyodonte. Si avec la pointe d'un cure-dent d'acier ou d'une sonde on touche une de ces parties, l'émail ne donne aucun signe de sensibilité, l'ostéodonte quelquefois un peu, mais le dictyodonte beaucoup et plus souvent.

Ces faits étant prouvés, il ne peut plus y avoir de doute sur la sensibilité des substances dures des dents, *et vivunt et sentiunt.* »

M. le docteur Fourreau de Beauregard, médecin des hôpitaux militaires de Paris, a fait part au Congrès d'une observation intitulée :

*Histoire d'une monomanie homicide causée par les vers intestinaux, et guérie par les vermifuges. — Remarques sur la présence des vers dans les cadavres du plus grand nombre des aliénés. — Induction à tirer de l'existence constante du tœnia dans les intestins du chien et du chat, animaux sujets à la rage spontanée, pour rechercher si l'irritatiou produite par le tœnia n'est pas la cause de la rage, qui est la folie du chien, et qui est ainsi appelée en langue anglaise.*

Rapport présenté à la section par M. Guépin (de Nantes).

Messieurs, le professeur d'hygiène de la faculté de Montpellier, le docteur Ribes, vous a adressé un mémoire difficile à analyser, en ce qu'il n'est lui-même qu'une analyse rapide d'un plus grand ouvrage que l'on pourrait appeler *examen des doctrines médicales.*

Pénétré depuis long-temps des divergences de l'école de Paris et de celle de Montpellier, notre savant confrère a voulu y mettre fin. Pour arriver à ce résultat, il fallait nécessairement posséder une conception médicale qui ne niât ni le *vitalisme* du midi, ni *l'organicisme* du nord, qui pût s'accommoder à la fois des travaux des *spiritualistes* et de ceux des *matérialistes*, qui permît d'envisager l'homme aussi bien dans son *unité* que dans la *multiplicité* de son être.

Cette conception la voici : l'économie humaine doit être envisagée comme une association de parties, dans laquelle il faut savoir distinguer des intérêts généraux et des intérêts particuliers. Il envisage aussi l'homme et son milieu comme associés pour produire de concert les phénomènes de la vie. Pour lui, la vie n'est ni un combat, ni une résistance; les deux aspects de l'homme sont unis : il n'y a plus deux principes en nous, mais deux ordres de qualités appartenant au *corps vivant*; l'homme n'est plus passif dans le milieu qui le presse.

Partant de cette conception, le professeur de Montpellier se propose de prouver l'impuissance actuelle de toutes les doctrines médicales, et de montrer en même temps dans le passé l'utilité et la nécessité de chacune d'elles.

Il réduit d'abord toutes les doctrines à deux, le *spiritualisme* et le *matérialisme* médical. Or, il prouve sans peine que toutes se ramènent aisément à l'un ou à l'autre de ces dénominateurs.

Il montre aussi comment tout s'enchaîne en médecine, et comment chaque principe fondamental de notre art renferme en lui une hygiène, une thérapeutique, une pathologie spéciale; ce qui prouve en passant qu'il y a nombre de médecins spiritualistes qui procèdent à la manière des matérialistes et sont inconséquens avec eux-mêmes, et nombre de médecins matérialistes qui appartiennent au contraire à l'école de Montpellier et sont spiritualistes dans leurs actes.

Arrivant à l'examen des doctrines, notre savant confrère montre dans Socrate la puissance intellectuelle qui fait révolte contre la théologie païenne et la détruit. Socrate ne commence pas la révolution, il l'achève, il termine l'œuvre de Pythagore et d'Anaxagore en écrasant la mythologie par la philosophie. — Nous sentons, disait-il, en nous, une faculté pensante ; c'est une substance non appréciable aux sens ; c'est l'âme qui embrasse et dirige le corps, comme la divinité embrasse et dirige l'univers.

En même temps la médecine passe de l'état religieux à l'état philosophique, et les deux écoles philosophiques, nées de Socrate, se divisent le monde médical. Ces deux écoles ont pour chefs Platon et Aristote.

Platon étudie le monde dans l'homme.

Aristote arrive à l'homme par le monde.

Long-temps ces deux doctrines se combattent : la première conduit au spiritualisme, la seconde au matérialisme; mais avant de subir cette transformation, elles passent par Alexandrie où l'éclectisme s'établit comme résultat nécessaire d'une lutte dans laquelle leur impuissance avait été constatée.

Sous l'influence du christianisme, on vit proclamer que l'âme est une substance spirituelle à laquelle le corps est soumis. L'homme devint alors, pour les médecins, le produit de l'union de deux causes, l'âme et le principe vital d'un corps ou ensemble de parties qui en était l'instrument. Par suite, la *physiologie* se trouvait distincte de la *psycologie*, l'étude du principe vital supérieure à celle de l'anatomie; la cause active avait ses lois en opposition à celles de la matière. L'hygiène de cette doctrine avait pour but le perfectionnement de l'âme et le mépris du physique. En nosologie il y avait des *affections* de la cause efficiente et des *maladies* des organes. Les symptômes et les altérations anatomiques étaient des effets; toute affection était générale, car elle intéressait la cause qui lui était unie. En thérapeutique le médecin était subordonné à la nature, qui seule guérit; il se proposait toujours pour but de modifier la cause efficiente. Le chirurgien, dans la hiérarchie, était inférieur au médecin, comme la *matière* à l'*esprit*. L'action thérapeutique était expliquée par les *sympathies* et non par l'*absorption*, etc., etc.

La réaction matérialiste contre la théologie chrétienne a lieu d'abord par Paracelse et Vanhelmont, et elle se termine à Broussais, en empruntant successivement à la science la couleur de ses diverses périodes.

Ainsi sont professées d'abord les doctrines des esprits animaux, des fermens acides et alcalins. Les sécrétions sont envisagées comme de véritables fermentations. Mais il ne sort de cette réaction rien de bon dans la pratique ; aussi bien Rammazini, Sydenham et autres, ne suivent-ils aucune doctrine.

Après cette forme du matérialisme médical, on voit apparaître celle qui veut faire de l'homme un être mécanique soumis aux lois de la dynamique et explicable par elles, où les solidistes prédominent nécessairement.

Le vitalisme des sthaliens, le vitalisme des demi-sthaliens, l'organicisme et les forces réactives, la doctrine des propriétés vitales, et l'école anatomique, occupent ensuite l'auteur, et le conduisent jusqu'à nos jours, où il s'arrête.

Je ne suis point d'avis, Messieurs, de demander la lecture en séance générale du Mémoire de M. Ribes, et cependant j'en partage les opinions, et cependant je suis arrivé à la même conséquence par une autre voie. Il a suivi la méthode platonicienne, tandis que je suivais la méthode aristotélienne et que j'arrivais à l'homme par l'étude du monde extérieur, ou plutôt à l'unité par l'étude de la multiplicité. Comme lui, en un mot, je crois à la vie universelle, à l'unité de loi et de plan dans le monde. Mais est-il possible que notre réunion se prononce en une séance sur une question qui, telle qu'elle est posée, résume tous les travaux, toute la vie intellectuelle de M. Ribes; qui, telle que je la poserais, si j'avais mission pour changer le terrain de la discussion, résumerait aussi toutes les études que j'ai pu faire depuis six années ?

Je vous proposerais plutôt de déclarer que le Mémoire du docteur Ribes est d'une haute importance, et qu'il y aura lieu de s'en occuper dans les Congrès subséquens.

*Les Secrétaires de la Section*,
HUNAULT DE LA PELTRIE
(*d'Angers*).
LUCIEN GAILLARD (*de Poitiers*).

*Le Président de la Section*,
LEVIEIL DE LA MARSONNIÈRE
(*de Poitiers*).
*Le Vice-Président*,
GUÉPIN (*de Nantes*).

## QUATRIÈME SECTION.

### Archéologie et Histoire.

#### SÉANCE DU LUNDI 8 SEPTEMBRE 1834.

Présidence de M. CAUVIN (du Mans), doyen d'âge, et ensuite de M. AUGUIS (de Melle) (1).

La séance est ouverte sous la présidence d'âge de M. Cauvin (du Mans). MM. de la Saussaye (de Blois) et Grille de Beuzelin (de Paris) remplissent les fonctions de secrétaires provisoires.

M. Auguis (de Melle) est nommé président de la section ; M. de Givenchy (de Saint-Omer) est appelé à la vice-présidence ; MM. de la Saussaye et Grille de Beuzelin sont conservés comme secrétaires ; M. de la Pylaie (de Fougères) est appelé aux mêmes fonctions, sur la résiliation de M. de Beuzelin.

M. le président donne connaissance des diverses communications faites à la section, qui comprennent : 1° des réponses aux questions déterminées à l'avance par la lettre de convocation ; 2° des propositions nouvelles faites par plusieurs membres du Congrès ; 3° des hommages d'ouvrages et de mémoires manuscrits ou imprimés.

La section décide : 1° que les réponses aux questions posées par le programme seront lues lorsque ces mêmes questions

(1) M. de la Saussaye a tenu la plume aux différentes séances de la section et rédigé le compte-rendu, sauf pour les séances des 11, 12 et 13 septembre ; cette partie du travail appartient à M. de la Pylaie.

seront traitées en séance; 2° que les propositions nouvelles et les mémoires manuscrits seront classés par le bureau, selon le degré d'intérêt qu'ils pourront présenter, afin d'être soumis successivement à l'examen de la section toutes les fois que l'ordre du jour d'une séance se trouvera épuisé; 3° que les ouvrages ou mémoires imprimés seront mentionnés au procès-verbal.

L'ordre du jour adopté pour la séance du lendemain est: 1° l'examen d'une proposition de M. Pattu de Saint-Vincent, relative à une description historique des monumens de France; 2° la discussion sur l'origine de l'ogive, indiquée par la lettre de convocation.

### SÉANCE DU MARDI 9 SEPTEMBRE 1834.

Présidence de M. Auguis (de Melle).

M. Pattu de Saint-Vincent (de Mortagne) présente et développe la proposition suivante :

« Provoquer dans la France des collections de vues exécutées par » les plus habiles artistes, réunissant tout ce qui est beau, dans tous » les genres, de façon à donner une idée exacte de nos provinces, à » recueillir les souvenirs, à faire connaître les monumens qui s'y » trouvent. — Ces vues seraient accompagnées d'un texte historique et » archéologique. — Éviter, autant que possible, que ces collections soient » dépendantes les unes des autres; mais que chacune fasse un tout com- » plet. — Travailler sur un même plan et sur une même échelle, afin » néanmoins que les diverses collections puissent se réunir et former » un ensemble régulier. — A cet effet, arrêter un plan qui serait adressé » aux diverses Sociétés savantes. »

Après avoir entendu quelques objections présentées par MM. Grille de Beuzelin et de la Saussaye, la section, sans adopter la proposition de M. Pattu de Saint-Vincent, décide qu'elle sera cependant insérée au procès-verbal.

L'ordre du jour appelle la discussion *sur l'origine de l'ogive et sur l'époque à laquelle elle s'est introduite en France et dans les états voisins.*

M. de la Pylaie expose qu'il a observé à l'île de Noirmoutiers une ogive dans une construction qui remontait au VIII$^e$ siècle, et, ce qui est très-remarquable, sous une autre ouverture construite à plein cintre et en claveaux étroits. Cet antiquaire a encore retrouvé à l'Ile-Dieu le système ogival dans les voûtes inférieures de la tour de l'église Saint-Sauveur, tandis que les fenêtres de la partie supérieure de l'édifice ont, par leur plein cintre, le caractère des constructions du X$^e$ au XI$^e$ siècle. M. de la Pylaie conclut de ces observations que, dans diverses localités, l'ogive a pris naissance fortuitement du besoin de donner une extrême solidité aux constructions, parce que, d'après cette forme, tout le poids, au lieu de reposer sur la courbure centrale de l'arc, retombe sur les parties latérales.

M. le président donne lecture d'une communication de M. Shweighauser de Strasbourg, qui considère la question sur l'origine de l'ogive comme des plus difficiles à résoudre, et avoue que malgré toutes ses recherches, il èst encore loin d'avoir atteint un résultat satisfaisant. Il rappelle que des ogives ont été observées dans des monumens du VI$^e$ siècle, dans la baie de Subiaco, près de Rome, et qu'on en a trouvé dans les cryptes des plus anciennes églises de Paris, qui remontent, comme on sait, aux premiers temps de la monarchie française. Il cite celle du nilomètre du Kaire et celles du Saint-Sépulcre, renouvelé au XI$^e$ siècle, comme ayant pu servir de modèles. Il parle, d'après Stieglitz, des édifices construits en Saxe dans le style ogival, et que cet auteur attribue au X$^e$ siècle. L'église de Mayence, la cathédrale de Strasbourg offrent aussi des ogives dans leurs parties les plus anciennes. D'après d'autres exemples encore, M. Schweighauser pense que le style ogival n'a complètement prédominé que dans le XIII$^e$ siècle, cette forme n'étant que comme fortuite et isolée avant cette époque. Il cite encore l'église d'Haguenau et surtout celle d'Altorf, renouvelée à la fin du XII$^e$ siècle, où l'on voit des ogives très-grossières à côté d'arcades romanes d'un style très-perfectionné.

M. de la Pylaie fait observer qu'il y aurait ainsi beaucoup

d'analogie entre cet édifice et l'église Saint-Sauveur, visitée par lui à l'Ile-Dieu.

Sur la remarque de M. de Caumont, qu'il a vu beaucoup d'exemples de substructions, et qu'il est quelquefois impossible de rien conclure de ce qu'une arcade ogivale en supporte une à plein cintre, M. de la Pylaie répond que la construction, à la même époque, de la partie inférieure et de la partie supérieure de l'église Saint-Sauveur est bien évidente, et que l'habitude qu'il a d'observer les anciens édifices lui permet de l'affirmer positivement.

M. André (de Bressuire) reconnaît aussi l'extrême difficulté qu'il y a à préciser l'époque des constructions où les deux styles sont ainsi mélangés. Cet antiquaire cite un exemple remarquable à l'appui de son opinion. Il a vu à Thouars une tour dont le sommet était roman, tandis que la partie inférieure était de style ogival ; le sommet a été construit sous Louis XIII, par un architecte qui s'est plu à faire un *trompe-l'œil* avec tant de perfection qu'il faut une grande habitude d'observation pour s'en apercevoir.

M. Grille de Beuzelin signale la différence qui existe entre l'ogive observée isolément et le style ogival. Il pense que l'ogive a pu se rencontrer et s'est rencontrée en effet dans beaucoup de monumens à plein cintre ; mais que le style ogival proprement dit est sorti tout entier des spéculations de quelques docteurs placés à la tête des grandes associations libres fondées en Allemagne. Leurs pensées d'art et les artistes qui les exécutaient se sont répandus dans l'Europe, et l'architecture à ogive s'est établie concurremment avec celle à plein cintre. M. de Beuzelin a remarqué, en Allemagne surtout, que c'étaient des moines architectes qui élevaient les édifices du dernier de ces deux styles, et des architectes laïques qui construisaient les monumens ogivaux. Ainsi l'église de Saint-Kunibert à Cologne, achevée après le commencement du Dôme, est entièrement à plein cintre, tandis que le Dôme est tout ogival. Les mêmes ouvriers, à la même époque, ne pouvaient exécuter des travaux d'art si différens. L'opinion de

M. de Beuzelin serait que le style ogival est sorti des opérations algébriques des savans allemands affiliés aux sociétés des francs-maçons.

M. le président lit une communication de M. Dusevel (d'Amiens), où il établit que dans l'Amiénois, le Ponthieu, le Vimeu et le Santerre, qui forment aujourd'hui le département de la Somme, le style ogival ne l'a emporté complètement sur le style roman que vers l'an 1220, époque de la fondation de la cathédrale d'Amiens.

M. de Caumont a souvent eu lieu d'observer la rivalité des deux architectures, signalée par M. Beuzelin ; il a vu, dans les Pyrénées, une église romane du xv<sup>e</sup> siècle. M. de Caumont engage M. de la Fontenelle à donner quelques explications sur l'ancienne église de Charroux, située près de Poitiers, et qui vient d'être détruite.

M. de la Fontenelle n'a pu tirer aucune donnée satisfaisante de l'examen qu'il a fait de cet édifice, reconstruit en tout ou en partie à plusieurs reprises différentes. M. le secrétaire général parle aussi de l'église de Saint-Généroux, qu'il a visitée en 1833 avec M. Ludovic Vitet, et dans laquelle ils ont trouvé plusieurs points de ressemblance avec le temple Saint-Jean de Poitiers, quoique ce dernier édifice doive être beaucoup plus ancien que le premier; car, lorsque saint Généroux vint bâtir sa cellule à l'endroit où fut depuis construite l'église actuelle, ce lieu était *entièrement désert*, au dire des anciens documens historiques.

M. Foucart (de Poitiers). « Il faut chercher l'origine du style ogival, non dans les spéculations architecturales, mais dans les besoins des populations. Les toits plats que l'on remarque sur les édifices de tradition romaine convenaient parfaitement aux climats méridionaux ; mais ils ne pouvaient opposer une barrière suffisante aux pluies et aux neiges des contrées du nord, et de là vint la nécessité de leur donner une pente plus rapide. Peu à peu les toits aigus remplacèrent les toits plats, et on les appliqua même aux anciennes constructions lorsque l'usage en fut devenu général ; ce fait se remarque bien facilement sur les pignons des anciennes églises romanes, notamment sur celui de l'église de Savenières, près d'Angers. Cet exhaussement des toits dut amener celui des voûtes, et le style ogival résulta des efforts que l'on fit pour trouver une forme plus élancée et plus forte en même temps, qui pût répondre à l'introduction d'un nouveau système de couverture plus élevé et plus lourd que le précédent. L'ogive serait donc originaire des climats septentrionaux ; elle aurait commencé par les voûtes des édifices, aurait envahi successivement les fenêtres, les portails et les ornemens, et serait devenue, en un mot, le générateur d'un nouveau style architectural. Cette origine de l'ogive explique tout naturellement pourquoi les édifices ogivaux sont plus communs dans le nord que dans le midi de l'Europe. »

M. Eusèbe Castaigne (d'Angoulême). « Je pense que pour discuter avec fruit la proposition dont la section est occupée, il suffirait de demander à chacun des antiquaires du Congrès ce qu'il a observé à ce sujet dans le pays qu'il habite. En conséquence, entrant dans la question pour ce qui regarde mon département, je puis affirmer que l'ogive y était inconnue au commencement du XII$^{e}$ siècle. Je citerai pour exemple la cathédrale d'Angoulême, dont la façade, construite en 1120, est toute à plein cintre, ainsi que celles d'un grand nombre d'églises de ce diocèse, bâties vers la même époque sur le plan de la basilique épiscopale. Toutefois, j'ai remarqué, dans cette cathédrale et dans la petite église de Roullet, un léger angle curviligne aux cintres qui séparent les voûtes. J'ai vu aussi, parmi les ruines de l'abbaye de la Couronne, fondée en 1171, des voûtes en ogive placées au-dessous des fenêtres romanes, et j'en conclurai : 1° que c'est dans les voûtes, et dans un but de solidité, que l'ogive a pris naissance ; 2° qu'un léger angle curviligne commence à se faire sentir dans les voûtes vers le quart du XII$^{e}$ siècle ; 3° que vers les trois quarts du même siècle cet angle est déjà très-aigu ; 4° que ce n'est que vers la fin du XII$^{e}$ siècle que l'ogive a été admise comme embellissement dans les portes et les fenêtres. »

M. André regarde comme bysantine l'architecture de la cathédrale d'Angoulême, et pense que la lutte de styles n'a pas eu lieu entre l'architecture romane, qu'il appelle *gallo-romaine*, et l'architecture ogivale; mais entre celle-ci et l'architecture bysantine.

L'heure avancée force la section de remettre au lendemain la suite de la discussion.

### SÉANCE DU MERCREDI 10 SEPTEMBRE 1834.

Présidence de M. Auguis (de Melle).

L'ordre du jour appelle la suite de la discussion sur l'origine de l'ogive.

M. Moreau (de Saintes) pense que l'ogive parut dans les monumens religieux avant l'époque des Croisades. Il établit ses opinions d'après l'examen qu'il a fait de plusieurs églises de la Saintonge, citées dans la charte de fondation de l'abbaye de Saintes, datée de 1047. Dans toutes ces églises l'ogive est mélangée au plein-cintre. Il reconnaît toutefois que le style ogival ne prévalut qu'après la première croisade. On continua encore en Saintonge de construire des églises dans le style romain jusqu'à la fin du XII<sup>e</sup> siècle. L'église de l'abbaye de Saintes, dont la façade a beaucoup d'analogie avec celle de Notre-Dame de Poitiers, offre dans son étage supérieur le plein-cintre avec des ornemens du XIIe siècle, et dans sa partie inférieure des ogives du XIe.

M. Lecointre (d'Alençon) espère trouver la solution de la question dans l'examen des plus anciens monumens du Poitou, où l'ogive est entrée dans le système d'architecture. Il cite le portail de Notre-Dame de Poitiers, celui de Civray, la salle des Pas-Perdus du Palais de Poitiers, la cathédrale de la même ville, etc.

Examinant d'abord dans quelle partie des édifices l'ogive a commencé à être employée systématiquement, il lui semble démontré que c'est dans les fausses portes, les arcades basses, les arceaux de voûte, et non dans les fenêtres; ce qui détruit le système présenté par M. Foucart, système qui tombe, d'ailleurs, devant les nombreux exemples d'églises à plein-cintre aussi élevées que les plus hautes cathédrales à ogives.

Passant ensuite à l'examen des monumens de la province, il montre l'ogive adoptée dans l'architecture, comme simple acolyte du plein-cintre, dans diverses églises dont il ne peut donner la date précise par les documens historiques qui ne parlent de ces monumens que dans le XII° siècle ; mais, en comparant leur achitecture avec celle des édifices antérieurs et postérieurs, il détermine la fondation de ces églises au commencement du XII° siècle.

M. Lecointre examine ensuite les événemens de cette époque, et s'arrête surtout à la croisade de Guillaume IX, duc d'Aquitaine, comte de Poitou. Il attribue à l'influence que ce prince lettré exerça sur son siècle, la révolution subite et de peu de durée qui s'opéra dans le Poitou et une partie de l'Aquitaine au commencement du XII° siècle ; révolution qui produisit le portail de Notre-Dame de Poitiers, celui de Civray, l'octogone de Montmorillon, le portail de Notre-Dame de Parthenay, etc. ; révolution au milieu de laquelle parut l'ogive, qui cependant fut long-temps encore, en Poitou, simple compagne du plein-cintre qu'elle devait détrôner. Le plein-cintre domine encore dans l'église Saint-Pierre, fondée dans la seconde moitié du XII° siècle par Henry Plantagenet et Aliénor, sous l'inspiration de l'école normande plus sévère que l'école poitevine, et l'ogive ne commence à prévaloir en Poitou que vers 1230.

Passant en revue les divers ornemens architectoniques nouveaux qui paraissent en même temps que l'ogive, M. Lecointre s'arrête à plusieurs d'entre eux qui lui semblent apportés de l'Orient et reproduits sous l'influence du génie poétique de Guillaume IX. Tels sont : les zodiaques de Lusignan et de Civray, les statues de femmes nues, entortillées de serpens qui leur sucent les mamelles, et qu'on voit à Montmorillon, à St-Jouin-de-Marnes et ailleurs ; les frontons triangulaires coupés de St-Jouin-de-Marnes et de Notre-Dame de Poitiers, celui, surtout, si remarquable de Civray, qui lui semblent une imitation de ceux des temples grecs, type ingénieux adopté par le christianisme pour représenter la divine Trinité. Il demande si la concomitance de l'introduction de ces ornemens dans le système architectural avec l'introduction de l'ogive n'est pas une forte preuve en faveur de l'opinion qu'il défend ; surtout si, comme M. Schweighauser l'a avancé, l'ogive était employée dans les constructions du Saint-Sépulcre qui, plus que tout autre monument de l'Orient, dut attirer l'attention des croisés, se graver dans leurs souvenirs et se recommander à leur imitation.

En finissant, M. Lecointre réfute l'argument tiré du retard de l'emploi du style ogival dans le midi de la France, dont les populations, accoutumées aux grands monumens du peuple-roi, perpétuèrent avec un religieux respect les traditions des arts de Rome, dont le plein-cintre conservait le type dégénéré.

M. l'abbé Gibault ( de Poitiers) serait tenté d'attribuer l'origine de l'ogive aux Gaulois, habitués à vivre au milieu des bois, et qui auraient cherché à imiter l'effet du croisement des hautes branches des arbres qui forme la voûte des forêts. Il préfère cependant l'opinion qui fait venir le style ogival de l'Orient, à la suite des croisés.

M. Chanlouyneau ( d'Angers) réfute la première de ces deux opinions par l'examen de l'architecture des Gaulois avant et après la conquête des Gaules.

M. l'abbé Gibault déclare se rattacher de préférence à l'origine orientale de l'ogive.

M. de la Fontenelle revient sur l'observation qu'il a déjà faite au sujet de la difficulté de tirer des données positives du style architectural des églises les plus anciennement fondées, en raison de leurs différentes reconstructions. Il ajoute qu'en France et en Angleterre on s'occupe beaucoup maintenant de la question de l'origine de l'ogive; que M. Gally-Knight ( de Londres) a notamment fait parcourir la France par un dessinateur, grand connaisseur en architecture ( M. Joseph

Woods, de Lewes dans le canton de Sussex), pour prendre les vues des monumens que le savant antiquaire anglais croit propres à éclaircir le problème à résoudre (1); il pense donc que des renseignemens précieux pourront être réunis d'ici à quelque temps, et qu'il serait bon de remettre cette question à la session du Congrès de 1835.

M. de Beuzelin rappelle la différence qu'il a déjà établie entre l'ogive employée isolément, comme ornement, ou concurremment avec le plein-ceintre, et l'ogive considérée comme style architectural, et il demande que l'on ajoute, dans la proposition présentée pour le Congrès de 1835, au mot *ogive*, ceux : *et de style ogival.*

La proposition de M. de la Fontenelle est adoptée dans la forme suivante :

A raison de la difficulté que présente l'origine de l'ogive et du style ogival, inviter les antiquaires à relever tous les monumens qui peuvent aider à la solution de la question. Ces documens seraient apportés à la prochaine session du Congrès, qui se trouverait peut-être en position d'émettre une opinion en pleine connaissance de cause.

M. Lecointre demande que les antiquaires aient soin d'indiquer exactement quelle était la place de l'ogive dans les édifices où elle aura été observée.

La section adopte cette adjonction à la proposition de M. le secrétaire général.

L'ordre du jour étant épuisé, M. de la Pylaie donne quelques explications verbales sur le monument de Karnac qu'il a récemment exploré, et dont il soumet un nouveau plan à la section.

« Ce monument a été toujours mal jugé et mal décrit. On n'a voulu voir dans les quatre groupes principaux dont il se compose, et quelques autres pierres éparses, qu'une suite non interrompue primitivement et projetée ainsi sur plus d'une lieue d'étendue, depuis le bourg de Karnac jusqu'au petit bras de mer qui arrive au bourg de la Trinité, où s'arrête tout le système. Mais on n'a pas pris garde que quatre groupes princi-

(1) Voir à ce sujet la *Revue anglo-française*, t. II, p. 344. On y donne des détails sur les monumens dessinés par M. Joseph Woods.

paux sont essentiellement caractérisés et distincts entre eux, commençant chacun par de grandes pierres, hautes de 7 à 9 pieds, et se terminant, en décroissant graduellement, par des blocs hauts de 2 à 3 seulement. Une distance considérable sépare ces quatre groupes, ces quatre phalanges de nombreux *menhirs*.

» Une autre considération importante résulte de ce que le premier groupe à l'ouest se rattache immédiatement à un *cromleac'h* ovale; que la deuxième phalange se trouve précédée de deux *menhirs*, placés là comme deux chefs un peu à l'écart; que le troisième groupe semble dépendre d'un grand *dolmen* de la classe des *Roches-aux-Fées;* qu'enfin la dernière phalange est accompagnée d'une aire spacieuse, de forme carrée, dont la turcie est garnie de *menhirs* sur quelques points. A l'endroit que l'on peut regarder comme son terme définitif, on remarque deux ou trois autres *dolmens*, de grandes dimensions, sur la crête des hauteurs littorales qui dominent le petit bourg de la Trinité. Différens auteurs ont mentionné la butte Saint-Michel, *tumulus* situé près de la première phalange occidentale; mais personne n'a encore signalé l'autre éminence tumulaire située près de la dernière phalange, vers l'orient, le *tumulus* de *Kercado*, mot qui signifie *maison*, *habitation du Sauveur*.

» Il doit résulter de ces données que les différentes opinions émises sur la destination du monument de Karnac ne sauraient être admises. Il ne pouvait être un *mallus*, ou lieu d'assemblées civiles ou religieuses, puisque des différences de niveaux considérables s'opposent à ce que tout un peuple puisse s'y concerter à la fois sur ses intérêts, ou bien y suivre de point en point une cérémonie religieuse. Il faut le récuser comme monument funéraire, vu le peu de profondeur du sol sous la généralité de ces *menhirs;* comme campement, à cause de la proportion décroissante des pierres verticales qui ne pouvait offrir partout la hauteur convenable pour appuyer des tentes; comme l'emblème d'un serpent, parce que la disposition des pierres en quatre groupes distincts rend cette conjecture la plus invraisemblable de toutes. Il vaudrait peut-être mieux reconnaître, dans ces quatre groupes, un emblème des quatre saisons; dans le haut *tumulus* de Kercado, une éminence consacrée au soleil; dans la butte Saint-Michel, une autre consacrée peut-être jadis à la lune. En un mot, on ne doit voir dans les pierres de Karnac qu'un monument érigé au culte des astres.

### SÉANCE DU JEUDI 11 SEPTEMBRE 1834.

Présidence de M. Auguis (de Melle).

M. le président annonce à la société l'hommage de onze ouvrages concernant l'archéologie.

Après l'indication de ces ouvrages, M. Guépin (de Nantes) communique à l'assemblée ses curieuses et savantes observations sur les caractères de la race bretonne prototype, sur la race poitevine, et la petite peuplade du bourg de Batz, près du Croisic.

« La grande question des races humaines, dit-il, a pris une importance nouvelle depuis qu'il a été prouvé par Édwards que les races qui ne se mêlaient pas ou ne se mêlaient que peu à d'autres conservaient leur individualité.

» Cette question, je ne prétends pas la résoudre; mais j'ajouterai quelques matériaux à ceux qui existent, et je provoquerai de toutes mes forces à ce que l'on fasse pour d'autres contrées l'étude que j'ai faite pour la Bretagne, étude que je compte compléter, et que, sans la demande de M. de Caumont, je n'eusse pas soumise au Congrès.

» L'histoire nous apprend que les Kimri, les Cimbres, les Bretons sont une seule et même famille. Avant nos historiens modernes, La Tour-d'Auvergne avait mis cette vérité hors de doute. Mais la dénomination de Bretons n'appartient qu'à une partie des habitans de la Petite-Bretagne.

» Ces hommes sont parfaitement représentés dans quelques dessins de feu Perrin. Leur buste est long, leur nuque assez large, leur tête développée, le crâne est épais et dur à briser, les yeux sont inclinés fortement vers l'angle interne comme ceux des Tartares, les pommettes font saillie, les bosses frontales proéminent; la partie latérale antérieure de la tête est très-développée dans le lieu que Gall assigne à l'idéalité, la partie antérieure l'est moins; la partie supérieure laisse proéminer la fermeté; la partie postérieure indique, d'après Gall, les penchans à la querelle, à la destruction ou à la cruauté, à la discrétion, et surtout l'amour-propre et le désir de l'approbation. Le diamètre antéro postérieur est moins développé proportionnellement que le diamètre transversal. Ces caractères physiques correspondent assez au caractère moral. Les Bretons sont braves, ils aiment la guerre, les femmes, la gloire et la poésie; leur entêtement est extrême. Il suffit pour expliquer, par sa réunion à l'amour-propre, la persistance de leurs mœurs et de leurs coutumes.

» Les Bretons ou Kimri parlent la langue scythique, s'il faut en croire La Tour-d'Auvergne, Le Deist de Botidoux et Le Brigant. Leur langue contient d'ailleurs, à l'état de racines, une foule de mots qui se retrouvent dans l'hébreu et les langues orientales, dans le grec et même dans le latin.

» Ce sont eux qui ont importé le druidisme dans nos contrées, et l'on peut en suivre à la trace leur épanchement d'Orient en Occident, au moyen des dolmens et des menhirs qu'ils ont laissés depuis l'Arménie jusqu'à Carnac, où existe le plus beau des monumens druidiques. Tous les noms de fleuves et de montagnes les plus anciens appartiennent aussi à la langue bretonne.

» Les Kimri ont conservé des chants populaires et des airs nationaux. Les chants ne sont guère antérieurs aux 12e, 13e et 14e siècles. Les airs sont communs, quelques-uns du moins, aux Bretons du pays de Galles et aux Bretons de l'Armorique, ce qui prouve une plus haute antiquité. Chose assez remarquable encore, tous les lieux, tous les hommes célèbres dans les romans de la Table-Ronde appartiennent aux Kimri de la province de Bretagne.

» On trouve au bourg de Batz, dans la Loire-Inférieure, une race que je regarde comme croisée; elle ne parle pas le breton pur; on l'envisage généralement comme le produit de Saxons et de Bretons; elle est plus élevée de taille que la race bretonne, et ne possède qu'incomplètement ses caractères physiques; leurs cheveux sont plus blonds, leur peau plus blanche, leur barbe autrement disposée, leur tête autrement faite; ainsi l'idéalité se trouve beaucoup moins développée, tandis que le diamètre perpendiculaire a plus de développement. Cette race se perd d'ailleurs chaque jour par son union avec la race vendéenne.

» Celle-ci a les cheveux noirs, la tête ronde. La doctrine de Gall lui assigne, pour qualités morales, la persévérance, le sentiment de la propriété, la discrétion, la circonspection, la combativité, la destruction, c'est-à-dire tout ce qui constitue une peuplade essentiellement guerrière. Les Vendéens ont, comme les Bretons, le diamètre latéral très-développé ; mais les pommettes sont moins saillantes, et les yeux n'ont aucunement l'inclinaison que j'ai signalée chez les Kimri, inclinaison remarquable qui se trouve à Nantes sur les quatre grandes statues du tombeau du duc François II et sur les seize petites statues du même monument, dont l'auteur Colomb était né à Saint-Pol en Basse-Bretagne. »

M. Mangon de la Lande lit ensuite un mémoire pour la conservation des monumens répandus sur le sol de nos divers départemens, où il insiste principalement sur la nécessité d'une association générale pour prévenir leur destruction.

M. le président invitant la société à présenter ses observations au sujet des articles réglémentaires concernant cette association, et des mesures à prendre pour la conservation des antiquités, M. Verger (de Nantes) pense qu'on devrait déclarer NATIONAUX ceux qui méritent ce titre en raison de leur importance. Comme M. Mangon de la Lande avait indiqué qu'on devait s'adresser, pour la connaissance de ces monumens, aux sociétés locales, M. de Caumont déclare qu'elles n'ont communiqué que des documens insuffisans, et qu'il vaudrait mieux s'adresser spécialement aux archélogues des divers départemens.

M. Mangon de la Lande dit, en opposition à M. de Caumont, qu'il croit plus avantageux de s'adresser aux sociétés savantes elles-mêmes, parce qu'elles savent s'attacher tous les hommes d'un mérite connu, en les invitant à former une commission spéciale pour l'archéologie.

La première de ces deux propositions est adoptée par la société.

M. Verger ayant proposé d'inviter le gouvernement à acquérir par expropriation les monumens déclarés nationaux, cette proposition paraît impraticable à M. André.

M. Godefroy (de Lille), voulant concilier le droit de propriété avec la conservation des monumens *déclarés d'intérêt national*, propose de faire décider par le gouvernement qu'il n'y serait fait aucun changement, sans l'assentiment d'une commission établie par le ministère.

M. le président cite, en exemple, l'église de St-Bertin, détruite à St-Omer, malgré les injonctions des autorités locales pour sa conservation.

M. de la Pylaie rapporte que les blocs de granit les plus remarquables des monumens de Locmariaker et de Carnac, malgré leur célébrité, furent notés pour être employés à la construction des écluses du canal de Bretagne, et que ces monumens ne doivent leur conservation qu'à la distance et à la difficulté du transport de ces pierres magnifiques jusqu'aux chantiers de construction ; que tous les dolmens et menhirs placés sur les rives du canal ont disparu, et qu'on a surtout à regretter la destruction d'un dolmen dont la table offrait le moule en creux d'un homme, comme si cette concavité eût été destinée à recevoir une victime humaine pour les sacrifices : c'est une perte irréparable, puisqu'on n'en connaît plus aucun autre de ce genre en Bretagne. Près de la ville de Fougères, ajoute-t-il, des menhirs fort remarquables, accompagnés de leurs sternates, qui se trouvaient presqu'au pied du bois de Mont-Bêleu (*Mons-Beli*), ont été brisés en 1828, pour le cailloutage de la route de Laval, malgré ses recommandations à M. Deslandes, alors sous-préfet de la ville. Il cite encore les réparations inconsidérées faites au bas des deux courtines qui joignent les tours de la porte d'entrée du château de la ville de Brest, travail par suite duquel on n'aperçoit plus, pour ainsi dire, la construction romaine qui forme la base de ces murailles ; les réparations mal dirigées faites dernièrement à l'église ou temple de St-Jean de Poitiers, monument qu'on peut classer au nombre des plus curieux ; enfin l'état de dégradation le plus déplorable et toujours croissant où se trouve le château de la ville de Fougères, dont certaines parties des murs d'enceinte l'emportent en beauté sur les murailles de la ville d'Avignon, considérées comme les fortifications les plus belles de toute la France.

Dans un rapport à ce sujet à la société royale des Antiquaires de France, où il signalait combien il était urgent d'arrêter cette destruction de nos monumens, il rappela encore que le plus grand, le plus connu des dolmens de France, la Roche-aux-Fées, près de Rennes, avait failli d'être employée, en 1828, pour bâtir une grange !!!

M. André (de Bressuire) cite une chapelle de Louis XIII, en gothique à dentelle, d'une délicatesse exquise, livrée à un marchand de bois.

M. de Caumont déplore de son côté et signale au Congrès plusieurs actes de vandalisme. Les bas-reliefs et les sculptures antiques qui avaient été réunis par MM. de Crazannes et Moreau dans un modeste local appartenant à la ville de Saintes, ont été, on ne sait pourquoi, délogés de cet emplacement malgré les réclamations et les plaintes du conservateur. Ils sont depuis deux ans relégués honteusement sous une espèce de hangar, accessible à tout venant, dans la cour du même édifice (l'ancien doyenné du chapitre, qui renferme la bibliothèque).

M. de Caumont insiste sur la nécessité pressante de prendre enfin des mesures efficaces pour la conservation des édifices, et de s'opposer aux destructions qui désolent les provinces. Il annonce qu'il s'est entendu avec les antiquaires les plus instruits de diverses parties de la France, pour la création d'une nouvelle société qui prend le titre de *Société pour la conservation des monumens historiques*. Il donne des détails sur l'organisation et les travaux de cette compagnie, dont il a déjà fait distribuer les statuts aux membres du Congrès.

M. de Givenchy, vice-président, propose que le Congrès témoigne dans son procès-verbal, de la manière la plus formelle, l'indignation qu'il a éprouvée en entendant le récit des actes multipliés de vandalisme qui lui ont été signalés, en sorte qu'ils deviennent une énergique protestation contre de pareils actes de barbarie, exécutés dans un temps où de toutes parts l'esprit national se porte vers l'étude de l'histoire du pays; protestation qui doit tendre à engager le gouvernement à prendre des mesures fortes et promptes pour éviter le mal.

Cette proposition reçoit de l'assemblée une sanction générale.

M. Foucart pense qu'il faudrait créer, d'après l'invitation du Congrès, une commission pour la conservation des monumens de France, dont le centre serait à Paris, et qui serait adjointe à celle des travaux publics. Cette mesure reçoit l'approbation de l'assemblée.

M. l'abbé Cousseau (de Poitiers) a la parole pour la lecture d'un mémoire *sur l'état des lettres en Aquitaine, vers la fin du* IV<sup>e</sup> *siècle.*

« Il dit, en commençant, qu'ayant pris des notes sur la question proposée, il avait bientôt vu son sujet prendre une extension qui l'avait décidé à renoncer à ce travail; mais que M. le secrétaire général y ayant fait allusion dans son discours d'ouverture, pour ne pas tromper l'attente du Congrès, il a tracé rapidement un tableau abrégé de l'état de la littérature en Aquitaine, à l'époque indiquée dans le programme.

» Après avoir montré avec quelle facilité les Gaulois adoptèrent la langue et la littérature de leurs vainqueurs, il prouve par de nombreux témoignages qu'ils disputèrent souvent avec succès la palme de l'éloquence aux Romains eux-mêmes. Il indique ensuite ce grand mouvement intellectuel qui, de Marseille et des provinces du Midi, s'étendant de proche en proche jusqu'à l'Aquitaine, sembla se concentrer dans cette province, vers la fin du IV<sup>e</sup> siècle.

» Nulle époque plus brillante, dit-il, pour la littérature gauloise. Jamais nos écoles n'eurent une plus grande renommée; jamais il n'en sortit, dans un aussi court espace de temps, un aussi grand nombre de personnages distingués par la culture de l'esprit. Nous connaissons encore aujourd'hui les noms et les titres de plus de soixante hommes de lettres sortis de l'Aquitaine pendant ce seul demi-siècle. Après 1400 ans de révolutions diverses, si fatales pour la plupart des monumens de l'antiquité, nous possédons des ouvrages de douze auteurs de cette même province, qui attestent encore aujourd'hui avec quel zèle et quel succès elle a cultivé les lettres dans ces temps reculés. »

M. l'abbé Cousseau recherche ensuite les causes de ce grand mouvement littéraire, concentré, en quelque sorte, pendant un demi-siècle, dans une province de la Gaule. Il indique les mœurs douces et polies des Aquitains et leur caractère moins rebelle à la civilisation romaine, d'après Ammien Marcellin et Salvien; il indique aussi le caractère et les habitudes de leurs vainqueurs, presque tous personnages connus dans les lettres romaines, qui les cultivaient jusque dans les camps, qui aimaient à en répandre le goût parmi la jeunesse des provinces conquises; mais surtout l'intérêt puissant qui poussait toutes les ambitions naissantes vers les études littéraires.

« L'entrée à tous les emplois militaires et civils, au sénat même, fut accordée, avec le droit de cité, aux provinces de la Gaule, et l'éloquence était la voie la plus sûre pour parvenir à ces hautes dignités. De là cette ardeur universelle pour la culture des lettres ; de là ces écoles nombreuses établies dans les villes principales, où les maîtres dans l'art de bien dire voyaient accourir une multitude innombrable d'auditeurs. Sans parler des écoles du Midi, incontestablement plus anciennes, celle de Trèves, dotée par les empereurs des plus magnifiques privilèges, jouissait au loin d'une grande réputation.

» Mais elle n'atteignit jamais la renommée que celle de Bordeaux dut toujours au mérite éminent de ses professeurs. C'était dans cette illustre école de l'Aquitaine que les empereurs venaient chercher un Ausone pour instruire leurs enfans, un Patère, un Arbore, un Minervius pour les faire monter dans les chaires de Rome et de Constantinople. Par eux, l'éloquence gauloise devint célèbre dans tout le monde romain. Les hommes les plus distingués dans tous les genres se glorifiaient d'avoir étudié sous de tels maîtres : Symmaque, entre autres, le dernier orateur qu'eut le sénat de Rome, élève de Minervius, était grand partisan de l'éloquence gauloise, et se croyait redevable de la sienne à ce vieux professeur aquitain.

» Sans doute cette éloquence était loin d'égaler celle des orateurs des derniers temps de la république, et la Gaule ne l'emportait que sur les Romains dégénérés. Le siècle du goût était passé depuis long-temps ; l'enflure du style avait remplacé la noble simplicité des anciens : au lieu de ces harangues graves et sévères qu'inspirait l'amour de la patrie et un vif sentiment de ses dangers, on entendait (et c'étaient là les grands sujets de l'éloquence) de fades panégyriques où le vain éclat des phrases servait à cacher le vide des pensées, et où un orateur, disons mieux, un parleur sans âme, sans conviction, n'ambitionnait que l'argent des maîtres et les applaudissemens des esclaves. E. gagée dans ces voies honteuses, l'éloquence était perdue sans retour.

» Mais tout-à-coup une grande révolution s'opéra dans l'esprit de la littérature, et je ne vois aucun lieu du monde où elle soit mieux marquée que dans notre Aquitaine. C'est là une époque solennelle, digne de l'attention des historiens vraiment philosophes, féconde en instructions solides pour tous les hommes généreux qui s'occupent en ce moment de régénérer notre littérature.

» Le christianisme avait pénétré dans nos provinces vers la fin du IIIe siècle, éclairant les esprits d'une lumière nouvelle, élevant les âmes à une hauteur plus nouvelle encore. A l'incrédulité universelle (càr alors on ne croyait à rien, ni à la religion, ni au pouvoir, ni à la liberté, ni à la vertu), aux doutes immenses qui fatiguaient le vieux monde romain, le christianisme substitua une conviction, une foi qui opéra des prodiges en tout genre. Pendant quelque temps, les combats qu'eut à soutenir cette foi furent des combats de sang, et les fidèles ne surent que mourir. Mais quand l'orgueil leur déclara une autre guerre et souleva des erreurs capables de ruiner le fondement, la vérité trouva d'ardens défenseurs qui confondirent cette fausse science.

» Elle n'en eut point de plus célèbre dans tout l'Occident que saint Hilaire de Poitiers, homme vraiment extraordinaire, dont l'influence sur la littérature de ce siècle fut prodigieuse, dont les écrits, selon le témoignage d'un contemporain (saint Jérôme), furent répandus, dès son vivant, aussi loin que le nom romain lui-même. Hilaire était un élève de la philosophie grecque ; il avait cherché dans tous ses systèmes le repos de l'esprit et du cœur, sans pouvoir le trouver. Il se hasarda de le demander au christianisme, et bientôt sa conviction, fruit d'études consciencieuses (c'est ici que ce mot convient), fut portée à un si haut point, que les menaces de l'exil et de la mort n'y purent rien changer. Certes, un beau talent animé par une telle foi ne pouvait manquer d'atteindre à une haute éloquence. Qu'on lise le premier de ses livres contre les Ariens, ses requêtes à l'empereur Constance, et surtout cette terrible invective *Tempus est loquendi* où la plus sainte indignation s'échappe en traits de feu : on y trouvera, sans doute, une énergie souvent outrée, des locutions rudes, un style dur et quelquefois barbare. Mais que font des nœuds à une massue, si ce n'est d'en accroître le poids? Combien devaient pâlir, devant ces productions étincelantes du génie irrité, les déclamations des rhéteurs à gages, les froids discours des panégyristes payés! Faut-il s'étonner si la jeunesse généreuse les abandonna pour entrer dans les nouvelles voies que lui traçaient ces véritables maîtres de la forte éloquence.

» L'école de Poitiers datait du IIIe siècle. Bien que de ses professeurs nous ne connaissions qu'Anastase et Rufus, dont le nom revient souvent dans les épigrammes d'Ausone, professeur d'une école rivale, on ne peut douter qu'elle n'ait puissamment contribué à répandre le goût des lettres dans notre contrée. Le nom de saint Hilaire est déjà pour elle un titre glorieux. Mais elle ne tarda pas à être éclipsée par une autre école qui se forma auprès de ce nouveau maître. La réputation de l'évêque de Poitiers attira de toutes les parties de la Gaule, auprès de lui, de nombreux disciples. Le plus célèbre, sans doute, fut ce jeune officier (saint Martin) qui à l'âge de trente-deux ans quitta le monde, parce que le monde ne suffisait pas à son ambition, et qui alla fonder à Ligugé (1) le plus ancien monastère de tout l'Occident. On est accoutumé à ne voir en lui qu'un thaumaturge, et on s'étonnera peut-être de l'entendre citer comme un grand orateur. Cependant rien n'est plus certain : Sulpice-Sévère, bon juge en éloquence, atteste avec serment qu'il n'a jamais entendu un langage plus fort, plus pur et plus riche.

» M. l'abbé Cousseau cite ensuite plusieurs évêques de l'Aquitaine renommés par leur éloquence. Mais, ajoute-t-il, ce n'était pas l'éloquence seulement qui fleurissait dans cette province. Tous les genres de littérature y étaient cultivés. Sulpice-Sévère écrivait l'histoire avec une pureté et une gravité qui lui ont valu le surnom de Salluste chrétien. La poésie surtout faisait à cette époque les délices de nos ancêtres. Formés la plupart à l'école d'Ausone, les poètes du temps s'essayaient dans tous les genres. Rutilius Numatianus écrivait en vers son voyage de Rome à Poitiers; Sanctus déplorait dans l'églogue les maux causés par les ravages des Barbares, et saint Paulin, le véritable représentant de la poésie chrétienne à cet âge, s'efforçait de l'appliquer aux sujets même qui semblaient lui devoir être le plus étrangers.

» M. l'abbé Cousseau cite son épithalame de Julien, embelli de plusieurs traits touchans de l'Écriture. Il cite aussi son élégie sur la mort d'un enfant, mais surtout ses épîtres à Ausone et à un jeune homme nommé Jovius, pour l'engager à puiser ses inspirations dans les dogmes chrétiens plutôt que dans les fables du paganisme. Il voit dans cette correspondance poétique une idée vraie de la lutte curieuse entre la littérature païenne expirante et la littérature chrétienne qui cherchait à la remplacer. Mais bientôt toute culture des lettres disparut dans l'Aquitaine ravagée par les Barbares. Toutefois quelques étincelles du feu sacré de la science se conservèrent dans les monastères de Ligugé, de Saint-Hilaire, de Saint-Jouin et de Saint-Maixent, pour éclairer de nouveau les mêmes contrées, dans des temps plus heureux. »

M. André (de Bressuire). — « Dès le IIIe siècle, Poitiers comptait des écoles florissantes ouvertes à la jeunesse gauloise. Mais au IVe siècle elles prirent le plus grand développement. Le grammairien Ammonius Anastasius y professait les belles-lettres, et le rhéteur Rufus l'éloquence. Le poète Ausone, qui se plaisait à oublier ses faisceaux et sa chaire curule dans une charmante maison de campagne qu'il possédait dans les champs poitevins, employait ses loisirs à lancer contre les professeurs de Poitiers de mordantes épigrammes. Les beaux esprits de Rome méprisaient la littérature gauloise, qu'ils traitaient de barbare et d'étran

(1) Petit bourg situé à une lieue de Poitiers; il a été visité par une section du Congrès.

gère. Cependant le nom seul des auteurs sortis des écoles poitevines peut les faire apprécier. Rutilius, dont l'itinéraire offre plusieurs morceaux de poésie pleins de force et d'image, était Poitevin et avait étudié à Poitiers. Palladius, fils d'Exuperantius, préfet des Gaules, parent du poète Rutilius, et son compatriote, a laissé un savant traité d'agriculture. L'Aquitaine jouissait alors d'une célébrité remarquable, surtout au milieu de la barbarie qui commençait à couvrir les Gaules. C'était presque le seul foyer de lumières qui répandît quelques clartés.

» A la fin du IVe siècle il se fit un mouvement assez remarquable. Le christianisme, devenu la foi générale, absorba la littérature apportée par la civilisation romaine, et les belles-lettres devinrent exclusivement chrétiennes. Des querelles de polémique religieuse agitèrent tous les esprits, lorsque les doctrines d'Arius, venant à se répandre dans les Gaules, opérèrent une division dans la foi. L'arianisme était la religion de la cour impériale, et une foule d'évêques l'avaient embrassé. Ils niaient l'égalité et la consubstantialité du Père et du Fils, prétendaient que le Christ n'existait point de toute éternité, et qu'il avait été tiré par son Père du nombre des créatures. Ces discussions théologiques occupaient alors tous les esprits, et des docteurs de l'Église avaient passé dans les masses. A la tête du parti opposé aux subtilités des opinions ariennes, se trouvait Hilaire, évêque de Poitiers, qui, par ses talens et son éloquence, devint une des colonnes de la foi catholique. Comme il est le type de la littérature dogmatique de la fin du IVe siècle, il est nécessaire d'en parler avec détail.

» Hilaire était né à Poitiers, de parens d'une condition élevée, qui ne négligèrent rien pour son éducation, mais l'instruisirent dans les principes du paganisme. Après avoir terminé ses études, il abandonna les erreurs de ses pères pour la foi chrétienne. Sa science et ses vertus frappèrent les Poitevins, qui l'élurent pour leur évêque.

» Un concile s'assembla à Milan pour juger les doctrines d'Arius ; mais les évêques courtisans les avaient d'avance décidées orthodoxes. Lorsque Hilaire voulut ouvrir la bouche, on étouffa sa voix par des injures, on s'écria qu'il ne fallait pas accorder le rang d'évêque à cet homme qui avait été condamné et déposé par son supérieur ecclésiastique. Hilaire se retira désespéré, et les prélats écrivirent à l'empereur Constantius que l'évêque de Poitiers était un perturbateur qui n'aspirait qu'à faire naître des schismes. L'année suivante, au concile de Béziers, Hilaire déploya la même fermeté sans plus de succès. Enfin, Constantius, irrité de son opiniâtre résistance, animé d'ailleurs contre lui par les insinuations de Saturnin, évêque d'Arles, chef de l'arianisme dans les Gaules, l'exila dans le fond de la Phrygie, pour enlever aux catholiques d'Occident un défenseur aussi redoutable. Hilaire employa le temps de son exil à composer plusieurs traités et divers ouvrages contre les Ariens, et les remit à Constantius, qui n'en fit aucun cas. Hilaire perdit toute mesure, et déclama avec la plus grande véhémence contre l'empereur. L'écrit qu'il fit à cette occasion est un des plus curieux monumens de cette polémique âpre et sauvage qui caractérisait les discussions théologiques de cette époque. En voici un extrait remarquable :

« Les ministres de la vérité doivent la dire. Si je calomnie, que l'in-
» famie soit mon partage ; mais si je ne fais que montrer l'évidence
» au grand jour, alors j'use de mon droit et je reste dans les limites
» de la liberté et de la modestie apostoliques. Mais peut-être me ju-
» gera-t-on téméraire d'appeler Constantius un antechrist...... Non,
» ce n'est pas témérité, mais fidélité ; déraison, mais raison ; fureur,
» mais franchise.

» Je te crie, Constantius, ce que j'aurais dit à Néron, ce que Dé-
» cius et Maximinus auraient entendu de ma bouche : tu combats
» contre Dieu, tu sévis contre l'Église, tu persécutes les saints, tu
» hais les ministres de la parole divine ; tu détruis la religion, tyran,
» non de la terre, mais du ciel ; voilà ce que tu as de commun avec
» eux. — Reçois maintenant ce qui t'appartient en propre : tu es un
» chrétien imposteur, un nouvel ennemi du Christ, le précurseur de
» l'antechrist, l'artisan de ses mystères d'abomination. Tu étouffes la
» foi, vivant contre la foi ; tu es le savant des profanes et l'ignorant
» des fidèles. Tu gratifies les méchans d'évêchés et en dépouilles les
» bons ; tu plonges les prêtres dans les cachots, et ne fais servir ton
» armée qu'à la terreur de l'Église. Tu contrains les synodes occiden-
» taux, et pousses de force leur foi vers l'impiété. Après avoir ren-
» fermé tous les évêques dans une seule ville, tu les épouvantes par
» tes menaces, les affaiblis par la faim, les fais périr par le froid et
» les dépraves par ta dissimulation. Quant aux Orientaux, tu jettes la
» division parmi eux, tu séduis les simples, tu excites les intrigans,
» perturbateur de la vieillesse et profanateur de la jeunesse.

» Ta cruauté nous refuse une mort glorieuse. Par une recherche
» nouvelle, tu triomphes au nom du diable et persécutes sans mar-
» tyre. Néron, Décius et Maximinus, nous devons plus à votre cha-
» rité ; par vous, nous avons vaincu les démons, et le sang précieux
» des martyrs répandu dans l'arène a rendu témoignage à la vérité.....
» Mais toi, le plus cruel des cruels, tu nous donnes ces tourmens de
» plus et cette faveur de moins ; ô le plus scélérat des hommes, pour-
» quoi prives-tu les pécheurs du pardon et les confesseurs du mar-
» tyre ? Tu te glisses en caressant, tu égorges au nom de la religion,

» tu poursuis tes impiétés, et, apôtre menteur du Christ, tu éteins
» la foi du Christ. Mais c'est là ce que t'a appris l'ennemi des hommes,
» ton père : vaincre sans danger, égorger sans glaive, persécuter sans
» infamie, haïr sans soupçon, mentir sans intelligence, professer la
» foi sans l'avoir, flatter sans bonté, faire ce que tu veux sans mani-
» fester ce que tu veux. — Homme, tu prétends corriger Dieu; cor-
» ruption, régler la vie; ténèbres, éclairer la clarté; infidèle, prê-
» cher la foi; impie, professer la piété; profane, troubler l'univers.
» — Sous ta peau de brebis, nous te découvrons, loup rapace; si je
» mens, tu es la brebis; mais si je dis vrai, tu es l'antechrist. »

» A ce torrent d'étranges invectives, l'empereur n'opposa que le silence et dédaigna de se venger.

» Cependant un grand concile fut convoqué à Séleucie; Hilaire y parut et parla avec tant de force pour la doctrine catholique, que les partisans d'Arius, effrayés, le firent renvoyer dans son diocèse.

» Il revint à Poitiers précédé d'une immense réputation, et y fut bientôt environné d'une foule de disciples de tout sexe et de tout âge, parmi lesquels on remarque saint Martin, saint Benoît, les trois frères saint Jouin, saint Mesme et saint Maixent, sainte Florence et sainte Triaise, et une foule d'autres qui tous parvinrent aux premières dignités de l'Église. Après un voyage en Italie pour y combattre l'arianisme, il retourna dans sa patrie, et la mort l'enleva au milieu des soins qu'il donnait à son troupeau, qui conserva toujours sa mémoire.

» Quels qu'aient été les écarts de saint Hilaire et l'exagération de son zèle, il serait injuste de méconnaître en lui un docteur comparable aux plus fameux Pères de l'Église d'Orient. L'impulsion qu'il donna aux lettres ecclésiastiques, qui, à partir de cette époque, constituèrent toute la littérature, est véritablement immense, et si alors l'Aquitaine jouit de quelque célébrité, c'est à lui qu'elle le doit. »

M. l'abbé Cousseau rappelle les circonstances au milieu desquelles fut écrite l'invective citée par M. André, et l'odieux caractère que déploya l'empereur Constance dans sa persécution contre les catholiques. Il dit que, pour apprécier le zèle de St Hilaire et décider s'il manqua ou non de mesure, il ne faut pas considérer seulement la hardiesse de son langage, mais aussi ce que demandait la nécessité des temps. Il fait remarquer, par rapport aux expressions dont la dureté choque notre politesse moderne, que cette dureté était autorisée, jusqu'à un certain point, par les mœurs anciennes; qu'on en trouve des exemples bien plus étonnans dans les orateurs grecs et latins.

« Mais, ajoute-t-il en finissant, si St Hilaire, après avoir écrit cette terrible invective dans toute la chaleur d'une sainte indignation, avait senti lui-même que son zèle l'avait peut-être emporté au-delà des bornes du respect dû à la majesté d'un souverain, lors même qu'il se fait tyran ; s'il avait tenu son écrit secret pendant la vie de Constance, et ne l'avait publié que lorsque ce prince étant tombé dans le domaine de l'histoire, on ne lui devait plus que la vérité ; qui oserait accuser St Hilaire? Qui n'admirerait plutôt tant de modération jointe à une si noble intrépidité? Or, c'est ce qu'affirme expressément St Jérôme, auteur contemporain, dans son catalogue des écrivains ecclésiastiques. »

Cette discussion est suivie d'un mémoire intitulé : *Précis sur l'Ile-Dieu (partie Archéologique)*, par M. de la Pylaie.

Cette île, selon l'auteur, ne peut tirer son nom que de celui de Insula Dei, l'Ile-de-Dieu, comme l'appellent encore tous les habitans de la côte vendéenne qui se trouve en face; elle dut être primitivement un collége de druides, comme l'île de Sain ou Sein et le rocher du Mont-Saint-Michel : étant le séjour des ministres de la divinité, elle devint elle-même sacrée aux yeux du peuple, et ce fut en conséquence l'Ile-de-Dieu. Aujourd'hui c'est encore le Sauveur du monde qui est le patron de l'église de la paroisse primitive.

L'île, dit M. de la Pylaie, est remplie de monumens druidiques ; le rocher de granit qui compose le fonds du sol les forme tous : il y a des Peulvans, des Sériales ou pierres par alignemens, trois Dolmens ; le plus remarquable est celui qu'on nomme Pierre-Planche-a-Pierre ; la roche aux Petits-Fradets et la Pierre-du-Tonnerre; celui-ci était simple, tandis que les deux autres sont à système croisé. Je ne puis dans cet aperçu rapide, dit l'auteur, que signaler les pierres de Tabernande, la roche Vire-Trois-Tours, le système singulier du chiron de la Chaudière, constituant une espèce d'enceinte ; les roches du Grand-Fougeroux, les alignemens du chiron du Grand-Rochefort, le Trumeriau (petit *tumulus*) de la Grande-Marie, la pierre de St-Martin, le Céphalode nommé la Grand'-Mère à Jean Chiron ; les grandes roches de Kerdifouaine et du moulin de la Meule (*moles*); deux tombelles avec le cercueil superficiel formé latéralement de pierres disposées comme nos châsses en bois, en manière de coin tronqué ; la Roche-aux-Fras, la pierre de Bon-Conseil ; des alignemens où les pierres, par une exception sans exemple, sont placées transversalement ; enfin un CYCLURE ou enceinte ovale, terminée par un alignement en forme de queue pour ce singulier monument. Cette île renferme quelques autres rochers ou pierres druidiques, mais moins importantes que celles que nous venons de mentionner ; il est à remarquer que cette multiplicité se trouve sur un sol qui a à peine deux lieues de longueur, sur une de largeur ; on distinguait par le nom de Gruzalands les habitans de la partie sud, et par celui de gens de la Fouras ceux de la partie septentrionale, toute couverte jadis d'une épaisse forêt, sans doute de chênes-verts.

M. le président communique une note relative à deux colonnes milliaires qui existent auprès de Chauvigny, département de la Vienne. M. Aubert fait observer, au sujet de ces monumens, qu'il serait à désirer qu'elles fussent transportées au Muséum de Poitiers (1).

M. Eusèbe Castaigne dépose sur le bureau trois médailles, l'une de Dioclétien, la seconde de Maximien et la troisième de Constance-Chlore ; elles sont toutes avec la même face et avec le même revers, de sorte qu'elles n'ont absolument que le nom de changé !!! M. Castaigne, tout en reconnaissant que ce cas rare de plusieurs pièces, ayant la même tête avec des noms différens, a été déjà reconnu sur quelques monnaies de France, pense qu'il n'a jamais été remarqué dans la série numismatique des empereurs romains.

## SÉANCE DU VENDREDI 12 SEPTEMBRE 1834.

Présidence de M. AUGUIS (de Melle).

La séance est ouverte à 11 heures et demie. M. de Caumont dépose sur le bureau le premier numéro du Bulletin monumental dont il vient de commencer la publication.

(1) Les colonnes, qui appartenaient à M. Faulcon, ont été offertes par lui à la Société des Antiquaires de l'Ouest ; elles font partie aujourd'hui de la collection de cette Société.

M. Godefroy donne ensuite lecture de la proposition suivante, émise par le Congrès provincial de Douai :

Mettre au concours une histoire de la province, relatant avec fidélité et impartialité les principaux événemens, les mœurs et usages, les monumens; suivie d'un précis sur l'histoire naturelle du pays : cet ouvrage devrait être rédigé de manière à être mis entre les mains des jeunes gens, pendant les dernières années de leurs humanités. M. de Godefroy émet le vœu que toutes les sociétés savantes de la France exécutent un pareil travail, qui formera le complément indispensable de l'éducation locale.

Le président répète cette proposition, qui reçoit l'approbation de toute l'assemblée. M. de Godefroy lit la deuxième proposition émise par le Congrès de Douai : c'est la résolution qu'il a prise d'après le vœu du Congrès de Caen, que chaque province eût un élève à l'école de la bibliothèque nationale de Paris, où le gouvernement fait faire un cours sur la lecture et l'étude des anciennes chartes et manuscrits; cette entreprise serait le plus puissant moyen de concourir au progrès de la diplomatique. M. de Givenchy donne de nouveaux développemens à ces propositions pour la Société des antiquaires de la Morinie, dont il est député ; elles sont mises à l'ordre du jour de demain.

M. le président fait observer que ces développemens sont de nature à être consignés dans le procès-verbal du Congrès de France. Cette proposition est adoptée.

M. de Godefroy signale les avantages qui ont résulté de l'étude des anciennes écritures, des travaux des bénédictins, etc.; puis, déplorant les pertes irréparables qu'on a faites par l'ignorance de la valeur de ces précieux matériaux, il rappelle que nos anciennes chartes ont été brûlées en 1793, employées à faire des gargousses, et que ce qui en reste est à l'abandon; que des hommes instruits en ont recueilli de précieux lambeaux disséminés dans le commerce.

M. de la Pylaie cite la perte des anciens titres que possédait la ville de Fougères, et dont quelques-uns contenaient, au rapport de son père, ex-maire, de précieux documens pour l'histoire du pays et de toute l'Armorique. Ces chartes furent brûlées, jetées dans la rue par l'armée vendéenne. Tout disparut; mais j'ai le plaisir, ajoute-t-il, d'annoncer au Congrès qu'une quarantaine de titres concernant cette contrée limitrophe de trois provinces, viennent d'être découverts dans un grenier de la mairie, à Mortain, par M. Léchaudé d'Anisy; plusieurs autres chartes concernant le Mont-St-Michel, et contenant toute espèce de documens historiques sur ce célèbre monastère, même un gros *volumen* composé par les chartes de fondation des anciens monastères de l'Angleterre; des lettres de St Bernard à St Guillaume, abbé de Savigny, quelques autres chartes concernant l'Angleterre, etc., etc. Et ce véritable trésor historique était là, pêle-mêle avec des décombres, ou enfoui dans la poussière et détérioré par l'eau d'une toiture mal entretenue.

M. le président signale aussi l'odieuse dilapidation qui a eu lieu au dépôt des chartes de la bibliothèque nationale, depuis 1816 à 1830, intervalle durant lequel tous ces manuscrits furent vendus par charretées: qu'heureusement le gouvernement est parvenu à en retrouver déjà une certaine quantité, et qu'il a pris tous les moyens possibles pour en assurer la conservation.

Il ajoute de nouveaux détails relativement à l'ordre, au classement à établir dans les chartriers; il cite en exemple le dépôt précieux, si riche, de la Tour de Londres, dont tout le contenu est inventorié; il ajoute que le gouvernement français a fait continuer, depuis quelques années, les travaux sur les anciens titres et manuscrits de la bibliothèque nationale, travail qu'avait suspendu la révolution de 1789, et déclare qu'avec un ordre de classement et de surveillance bien observés, on éviterait toute soustraction.

M. de Godefroy expose la marche suivie à ce sujet par le gouvernement: les archives départementales sont sous la garde du préfet, sous la surveillance du secrétaire-général, qui s'en décharge sur un employé spécial. Dans quelques départemens, les conseils généraux ont senti la nécessité de placer à la tête de ce dépôt un archiviste capable, et voté des fonds pour ses honoraires.

M. de Givenchy fait observer qu'on préviendrait la dilapidation des archives, en appliquant une griffe ou timbre sur chaque pièce; qu'on pourrait même employer un timbre sec.

Selon M. Babinet, le moyen le plus efficace pour prévenir les soustractions dans les dépôts d'archives, est la prompte publication du catalogue des titres les plus importans que ces archives contiennent. Il rejette pour ces titres l'apposition d'un timbre, d'une griffe, à cause de l'état ordinairement mutilé de leurs bords.

M. de Godefroy propose de créer des archivistes départementaux et municipaux; ces archivistes rédigeraient des catalogues exacts dont les doubles seraient envoyés à Paris; une commission centrale en ferait le dépouillement et en publierait les résultats. Les archivistes départementaux seraient obligés de faire des cours publics de *diplomatique*.

M. le président met aux voix cette proposition qui est adoptée.

M. de la Pylaie communique ensuite verbalement ses recherches archéologiques à l'île de Noirmoutiers, qui ont eu des résultats d'un haut intérêt. Là il a rencontré l'ogive remontant à l'année 840; des arcs ogivés à claveaux presque modernes placés sous un arc parallèle à claveaux étroits, en pierres plates, ainsi qu'aux voûtes romaines et romanes; un DOLMEN remarquable à la pointe de l'Herbaudière, ayant un système croisé en forme de transept, pour ainsi dire, ainsi qu'on les observe dans le pays de Retz, *in Agro Ratiatensi;* le petit MENHIR DE PIERRE-LEVÉE vers le bas de la butte de Pélavé (Mons-Abbatis) et quelques autres monumens druidiques sur cette butte; la ROCHE-PATTE-AU-DIABLE, et dans son voisinage quelques grandes PIERRES GISANTES, du côté du sud; au nord-ouest de cette localité, un MENHIR isolé au milieu des champs; enfin la ROCHE-GRÉZARD, entre l'Herbaudière et l'abbaye de la Blanche, appartenant à un système druidique en ruines, et que la tradition rapporte avoir été traînée là par trois chats rouges. Dirigeant ses recherches du côté de l'ANSE-DU-VIEIL, qu'on considère comme la partie la plus anciennement habitée de l'île, cet archéologue-naturaliste y voit encore les restes d'un autre DOLMEN près du village; il y retrouve des briques romaines, *tegulæ lamatæ*, *lateres*, etc.; quelques débris de murailles de l'ancienne église de Saint-Hilaire, dont la construction, par le ciment, lui paraît remonter à peu près au temps des Romains; alors cette anse profonde, aujourd'hui fermée par une dune considérable, était le port romain, au fond duquel était construite, un peu dans les terres, la CHAPELLE-DE-SAINT-ANDRÉ, en petites pierres cubiques, ou *minuto-lapide*, avec cordons de briques interposés : tout le sol adjacent est rempli de morceaux de briques, de tuiles. M. de la Pylaie y a même rencontré un fragment de vase en *terra-campana*.

M. le président termine la séance par la lecture des observations de M. le marquis de Le Ver, sur l'époque où l'on a cessé d'employer les tuiles romaines.

## SÉANCE DU SAMEDI 13 SEPTEMBRE 1834.

Présidence de M. AUGUIS (de Melle).

La séance est ouverte à onze heures et demie. Lorsqu'on arrive, pendant la lecture du procès-verbal, à l'article qui signale les odieuses dilapidations des archives de la bibliothèque nationale sous la restauration, M. de Lastic déclare que le gouvernement n'en est pas coupable, qu'il n'y a donné la main en aucune manière, et qu'elles ne proviennent que de l'infidélité de gardiens subalternes, excités par l'attrait du bénéfice qu'ils faisaient en vendant ces parchemins quatre à cinq sous la livre; il déclare que dès que l'autorité en fut instruite, il fut pris les mesures les plus sévères pour les réprimer, et demande que son observation soit relatée dans le procès-verbal. — Adopté.

M. Auguis, président, lit une lettre par laquelle M. Boinot, maître de pension à Châtillon-sur-Sèvre, annonce qu'on a découvert en 1828, dans un jardin situé sur la pente de la colline sur laquelle la ville est bâtie, du côté du S.-O., quatre fosses à la suite l'une de l'autre, dans une direction du N. au S.-O., pratiquées dans le rocher, ayant trois pieds de diamètre à leur orifice, sept à huit pieds de profondeur et autant de diamètre. Elles avaient été creusées au marteau et présentaient la forme de ponnes à lessive.

Les deux premières avaient, sans doute, été découvertes déjà, car on les trouva remplies de pierres et de décombres; mais la troisième contenait une excellente terre végétale, au fond de laquelle était un vase à trois anses; celle du milieu se trouvait trois fois plus large que les deux autres. Ce vase, haut seulement de huit à dix pouces, avait le ventre subitement évasé comme nos pots à l'eau. Il fut trouvé debout, rempli de la même terre dont la fosse était pleine : un trou qui existait au fond, fut considéré comme provenant d'une fracture, puisque les éclats se trouvaient enlevés de dedans en dehors. La fosse renfermait en outre quelques morceaux de charbon, dont la forme annonçait qu'ils provenaient d'un brasier.

On a découvert encore dans la même ville de Châtillon, sur le sommet de la colline, ainsi que sur ses pentes, un assez grand nombre de fosses pareilles; mais M. Boinot n'a pas eu connaissance qu'on en eût rencontré dans la vallée. Dans la fosse d'où fut extrait le vase que nous avons décrit ci-dessus, il y avait un ou deux fragmens de poterie fort minces, d'une terre assez fine, et un morceau de cuivre long de 8 à 10 lignes, ayant la forme d'un bout de lacet.

La même lettre annonce qu'on a aussi fait la découverte, à Maulévrier, petite ville du département de Maine-et-Loire, de tombeaux assez nombreux, creusés dans le rocher, de manière à laisser une plus petite place pour la tête, qui était tournée vers le nord. Près de celle-ci était placé un petit vase rempli de charbon et contenant en outre une pièce de monnaie. Ces tombeaux étaient pratiqués dans le champ du Prieuré, attenant au jardin du presbytère. Comme on a trouvé dans le même lieu des pièces du moyen âge et des pièces romaines, M. Boinot n'a pu savoir positivement de quelle époque étaient celles qu'on rencontra dans les vases remplis de charbon.

M. de la Pylaie rappelle, au sujet de la découverte de ces vases funéraires, qu'on en a rencontré d'analogues tout récemment à Laval, au mois d'avril dernier; ils étaient au nombre de trois, en terre grossière, rougeâtre, graveleuse, hauts de quatre pouces et un peu resserrés sous leur orifice. Du reste, ils ressemblent assez par leur structure à des pots à feu de petites dimensions, seulement leur orifice est plus large;

chacun d'eux est muni d'une anse et d'un bec peu saillant au côté opposé de son ouverture. Deux de ces vases ont le bord supérieur plat ; le dernier le présente obliquement ascendant : leur base, dans tous, est un peu plus étroite que leur ouverture.

Ces trois vases sont d'un travail grossier ; ils ont été trouvés dans un caveau de l'église St-Thugal, fort ancienne, à six pieds de profondeur au-dessous du sol ; là, ils entouraient un cercueil en plomb, à bords épais de deux lignes, et porté sur deux tréteaux en fer : ceux-ci se trouvaient tellement détériorés par la rouille, qu'on les eût facilement rompus. Ces vases offrent, en dedans, la trace d'une espèce de terre noirâtre, ou de noir animal, ou d'encens brûlé : ils ont été recueillis et déposés au muséum départemental par M. Meslay, auquel M. de la Pylaie doit ces renseignemens. M. de la Pylaie indique encore au Congrès une urne gauloise découverte en 1833, aux environs de Fougères, au bourg de Louvigné, près de la frontière de Normandie ; elle est haute de dix-sept centimètres et demi ; son orifice large de onze centimètres, le ventre de cinquante-huit, et la base seulement de vingt-quatre : le bord de son ouverture a quinze millimètres d'épaisseur ; elle diffère des précédentes, parce qu'elle n'a point d'anse. Cette urne est faite d'une terre graveleuse fort grossière et très-fragile. On la découvrit le 7 mai en creusant les fondations d'une maison, à cinq pieds de profondeur.

Deux autres urnes pareilles se trouvaient dans le même endroit, au nord de celle-ci, et placées à trois pieds de distance, environ, les unes des autres. On ne put les retirer du sol à cause de leur fragilité. Elles étaient remplies, comme celle que nous venons de décrire, d'une cendre noire mêlée de débris d'ossemens : dans un de ces vases on rencontra un morceau de fer dans un état extrême d'oxidation ; il était même comme vitrifié. En outre on a découvert, dans un champ voisin du bourg, une pièce d'or fort mince, avec une croix au revers, avec les armes de France et d'Angleterre. On voit, au côté opposé, deux figures, entre lesquelles se trouve le mot PAX, sous lequel cinq rayons partent de la circonférence. La légende est HENRICUS DEI GRATIA FRANCORUM ET ANGLIÆ REX. Comme cette pièce paraît être de 1421, elle se trouverait alors relative au mariage de la fille d'Isabeau de Bavière et de Charles VI, avec le fils de Henri, qui fut appelé Henri V, roi de France et d'Angleterre.

M. de Givenchy, député au Congrès par la Société des antiquaires de la Morinie, de concert avec M. de Godefroy, autre député de cette Société, présente les observations suivantes de la part de cette Société :

Première observation, présentée par les députés de la Société des Antiquaires de la Morinie, au nom de cette compagnie, sur le dix-neuvième vœu du Congrès de Caen, émis par suite de la proposition de M. Deville. ( Voyez Congrès de Caen, pag. 140 et 266. )

La Société adhère, de tous ses vœux, à celui qu'ont émis les membres de la première session, tenue à Caen (1), sur la proposition de M. Deville; mais elle désire qu'en attendant l'époque où le ministre pourra envoyer des élèves de l'École des Chartes dans tous les départemens, ou au moins dans tous les chefs-lieux des anciennes provinces, il soit donné des ordres pour que les documens historiques, provenant d'anciennes corporations qui ont cessé d'exister, soient réunis au chef-lieu de l'arrondissement dans lequel se trouvent les dépôts actuels de ces documens, dépôts qui, pour la plupart, sont tellement mal tenus, que les archives se détériorent de jour en jour; qu'une fois réunis, ces documens soient confiés à la garde d'un bibliothécaire instruit et digne de confiance, qui les préserve de toute détérioration ultérieure, et s'occupe, autant que ses loisirs le lui permettront, à les mettre en ordre et à les cataloguer (2).

Cette proposition se rattache à une autre qui avait été déposée sur le bureau et adoptée par la section; en conséquence, les députés, pour ne pas abuser des momens de l'assemblée, se bornent à demander qu'il en soit fait mention au procès-verbal pour constater qu'ils se sont acquittés de leur mandat.

(1) Voyez le Compte-Rendu de la première session du Congrès scientifique de France, tenue à Caen, p. 140 et 266.

(2) Ce vœu a été rempli par la mesure adoptée par M. le ministre de l'instruction publique, dans sa circulaire du 15 décembre 1834, et par la création d'un comité central des archives dans son ministère, ayant des correspondans dans tous les départemens.

Cette proposition est adoptée par la section.

Deuxième observation, faite par les mêmes, sur le vingt-unième vœu du Congrès de Caen, émis sur la proposition de M. Isidore Lebrun (1).

La Société des Antiquaires de la Morinie, comprenant que la proposition de M. Lebrun tendait à faire entrer l'étude de l'archéologie dans les cours d'humanités, a chargé ses députés de développer les inconvéniens qu'elle y trouvait; entre autres, celui d'embrouiller les idées des jeunes humanistes, en leur présentant l'histoire comme toujours douteuse et sujette à discussion, ce qui devait naturellement tendre à les dégoûter de cette étude.

M. Isidore Lebrun déclare que telle n'a point été son intention; qu'il se bornait à demander au Congrès d'émettre le vœu que l'Université mît entre les mains des élèves de seconde et de rhétorique, un manuel élémentaire d'archéologie pour les familiariser avec cette science et leur en inspirer le goût.

Les députés satisfaits de cette explication, qui rentre tout-à-fait dans l'esprit des observations de la société, se bornent à en demander la mention au procès-verbal.

Cette proposition est adoptée.

Troisième observation, présentée par les mêmes députés, au nom de la même Société, sur le vingt-deuxième vœu émis par le Congrès de Caen, sur la proposition de M. Isidore Lebrun ( page 144 (2).

La Société partage l'avis de M. Lebrun, tendant à demander la formation de musées dans les chefs-lieux de départemens; mais elle croit devoir s'élever contre le projet d'ôter aux grandes villes, chefs-lieux d'arrondissement, le droit de former des musées ou de conserver ceux qu'elles auraient établis; elle demande la modification du vœu émis par la session de Caen.

M. Lebrun répond que son intention n'était point d'attaquer des droits acquis par la possession, surtout dans des grandes villes. Boulogne, par exemple, possède un musée beaucoup plus riche que la plupart des chefs-lieux de département, et il y aurait injustice à transporter ces richesses à Arras, d'autant plus que Boulogne a fait de très-grands sacrifices pour ce mu-

(1) Voyez le Compte-Rendu du Congrès de Caen, p. 143 et 268.

(2) Pag. 244 et 268.

sée. M. Lebrun n'a prétendu s'opposer qu'à la formation de petits musées dans les petites villes, bien qu'elles fussent chefs-lieux d'arrondissement; et il pense que dans l'intérêt de la science il serait plus convenable, dans ce cas, de centraliser tous les objets d'arts au chef-lieu du département.

Les députés demandent l'insertion au procès-verbal de cette explication. — Adopté.

Quatrième observation, présentée par les mêmes députés, au nom de la même Société, sur le vingt-unième vœu du Congrès de Caen, émis par suite de la proposition de M. de la Saussaye (1).

La Société adhère de tous ses vœux à celui qu'a émis l'assemblée de Caen, mais elle désirerait lui donner plus d'extension,

1° En invitant les Sociétés savantes à ne point s'arrêter, dans la publication des médailles, au XIII^e^ siècle, mais de la continuer jusqu'aux temps modernes, et d'y faire entrer la description des jetons, mereaux, monnaies de cuir et de métal.

2° Elle désire surtout que la deuxième session du Congrès invite les Sociétés savantes et les numismates isolés à ne point se borner à décrire les médailles qui parviendraient à leur connaissance, *parce qu'elles existent matériellement*, mais à rechercher dans les archives et dans tous les documens historiques qui seraient à leur portée, les médailles, monnaies, dont l'existence y est constatée, bien qu'on n'ait pas pu parvenir à en retrouver des *pièces matérielles*. Pour faire comprendre mieux la pensée de la Société des Antiquaires de la Morinie, les députés citent l'exemple suivante :

Un de ses membres a découvert, dans des documens authentiques, la preuve que l'on avait frappé, à Saint-Omer, une monnaie obsidionale de bas aloi, lors du siége soutenu par cette ville contre Louis XI; cependant il n'est à la connaissance de personne qu'on ait retrouvé une seule de ces pièces, circonstance que les mêmes documens expliquent par le soin religieux que le magistrat de Saint-Omer a mis à retirer cette monnaie de la circulation pour la remplacer par de bon argent. L'existence constatée de cette monnaie est intéressante, car elle recule, d'environ quarante ans, l'usage connu de cette sorte de monnaie.

En résumé, la Société désire qu'on rédige une histoire monétaire qui ne soit plus basée seulement sur les pièces existantes matériellement, mais que ces mêmes pièces soient considérées comme de simples preuves

(1) Voyez p. 148 et 269.

de faits constatés par des documens. Par ce moyen, les monumens numismatiques ne seront plus les seuls élémens de l'histoire monétaire, et serviraient de preuves matérielles aux faits déjà constatés par des documens.

La section après avoir entendu le développement de cette pensée, en adopte l'esprit, et en renvoie le vœu à l'assemblée générale.

M. de la Saussaye déclare qu'il est très-partisan de l'extension donnée par MM. les députés de la Morinie, à la proposition qu'il s'applaudit d'avoir présentée au Congrès de Caen ; mais il doit faire remarquer qu'elle a été rendue de la manière la plus infidèle, à la page 269 du Recueil des travaux du Congrès, consultée par MM. les députés. On peut vérifier son assertion à la page 148 du même Recueil, où cette proposition se trouve insérée textuellement aux procès-verbaux de section.

## SÉANCE DU DIMANCHE 14 SEPTEMBRE 1834.

Présidence de M. Auguis (de Melle).

M. le président donne communication de l'*Album de Maillezais*, recueil de plans et de dessins originaux de l'ancienne abbaye de Maillezais, et de tous les détails d'architecture qui s'y rapportent, exécutés par MM. Briquet, Arnaud et Baugier (de Niort). La section accueille avec beaucoup d'intérêt ces documens curieux, et exprime le désir qu'ils soient présentés, par leurs auteurs, en séance générale.

L'ordre du jour appelle la discussion des quatrième et troisième questions proposées par le programme, et dont la section a décidé la réunion à la séance de la veille ; savoir :

A quelle cause peut-on attribuer l'imputation faite héréditairement à quelques familles d'être adonnées à la sorcellerie et à la divination ? — Etablir l'origine et la cause des croyances de féerie, et quelle fut leur influence sur la littérature du moyen âge et des derniers siècles.

M. le président donne lecture de deux réponses à la première de ces deux questions par MM. Chaudruc de Crazannes (de Figeac) et Canel (de Pont-Audemer).

M. de Crazannes commence par établir la vérité de cette proposition que dans les campagnes on croit généralement qu'il y a des familles adonnées héréditairement à la sorcellerie, et il affirme qu'il n'y a pas un canton des Gaules qui n'ait son *Mœris*, parcourant les campagnes transformé en loup, et sa Canidie, faisant des conjurations, vendant des philtres, jetant des sorts. Ces personnes sont un objet de crainte, on évite leur rencontre, et elles ne peuvent s'allier qu'aux familles sous le poids de la même accusation. M. de Crazannes pense que toute l'érudition qu'il serait facile de faire à ce sujet est inutile, et la question, selon lui, se réduit à des termes bien simples; car rien n'est plus naturel, en effet, que de voir supposer que les enfans héritent des qualités comme des secrets de leurs pères. Il ne doute pas, du reste, qu'à mesure que l'instruction pénétrera dans les campagnes, ces croyances ne diminuent graduellement, et que le métier de sorcier ne finisse par disparaître.

Voici l'opinion de M. Canel : « Au XIXe siècle, nous avons la contagion des suicides; dans d'autres temps, c'était la contagion de la danse Saint-Guy, de la lycanthropie, de la sorcellerie, etc. Les hommes qui se trouvaient entraînés dans le torrent des *possédés* le devaient à leur organisation physique. Si ces hommes ont laissé des enfans, il est probable qu'ils leur auront transmis leurs prédispositions à subir les mêmes influences. Ces hommes, isolés des autres par la frayeur qu'ils inspiraient, étaient confirmés, par cela même, dans la fausse opinion qu'ils étaient sorciers. Si cette conviction venait à cesser chez eux, comme ils étaient toujours repoussés par la réprobation de la foule, pour se venger de leur isolement, ils devaient chercher à entretenir la crainte qu'ils inspiraient, en continuant à se dire sorciers, et l'imputation de sorcellerie se sera perpétuée dans quelques familles, de la même manière que s'y perpétuaient les états, les métiers, etc., de la même manière que l'on rendait les enfans moralement responsables des crimes de leurs pères, préjugé qui ne s'éteint que difficilement; et l'imputation de sorcellerie faite héréditairement à quelques familles n'est donc autre chose que l'application longuement prolongée de l'ancien adage : *Tel père, tel fils.* »

M. André (de Bressuire). « En se livrant à l'examen des causes de sorcellerie portées devant les tribunaux du moyen-âge, et des condamnations prononcées contre les sorciers, on trouve une trop grande masse de faits pour ne pas croire à un fonds de vérité dans les imputations dont ils étaient l'objet. Assez souvent leurs aveux étaient arrachés par la violence des tortures ; mais souvent aussi ils étaient dégagés de toute contrainte. Il ne faut pas s'exagérer les effets du magnétisme animal ; mais ne pourrait-on pas y rattacher ce don de seconde vue, dont les sorciers se prétendaient doués, et au moyen duquel ils se transportaient dans les espaces imaginaires et se mettaient en communication avec les esprits invisibles ? Il faut aussi remarquer qu'il y a toujours eu plus de sorcières que de sorciers. Les femmes sont plus impressionnables par ces influences ; et, lorsqu'on lit les détails singuliers du sabbat et les plaisirs étranges qu'elles y goûtaient, ne serait-on pas tenté d'attribuer tout ce qui se passait dans ces bizarres réunions, à des affections hystériques développées par ce moyen ? On racontait comme réel ce qui n'avait lieu que dans une imagination égarée par l'état extraordinaire où l'on se trouvait. Au surplus, ce n'est qu'avec une extrême réserve que des opinions de cette nature peuvent être émises, ce n'est que sous la forme d'un doute qu'on doit les soumettre aux lumières du Congrès. »

M. de la Fontenelle ne partage pas l'opinion de M. André, et pense qu'il n'y a aucun fonds de vérité dans les faits de sorcellerie que nous ont transmis les tribunaux du moyen-âge. Il ne croit pas au magnétisme animal, et, par conséquent, à aucun des effets qu'on lui attribue. Il ne peut, cependant, s'empêcher de regarder comme une chose extraordinaire les nombreux jugemens des personnes accusées de sorcellerie et les condamnations résultant de leurs aveux, quoique la plupart de ces aveux fussent obtenus par les tortures. Il signale comme un fait très-singulier la croyance qu'avait le célèbre Bodin (d'Angers), au pouvoir des sorciers ; cet homme, d'une grande instruction et d'un esprit extrêmement élevé, donnait des louanges à un juge parce qu'il faisait exécuter les sorciers sans attendre le résultat du recours en parlement. Beaucoup de personnes, dit M. de la Fontenelle, croyaient donc à la sorcellerie, et certaines gens se croyaient eux-mêmes sorciers. Il parle, à ce sujet, de la persuasion où était Richard-Cœur-de-Lion qu'il était sorcier, disant de lui-même *qu'il venait du diable et qu'il retournerait au diable ;* et l'opinion générale était que la famille des Plantagenet était adonnée héréditairement à la sorcellerie. On racontait comment cette accusation pesait sur elle depuis le mariage de l'un de ses membres avec une princesse qui ne pouvait assister jusqu'à la fin du saint sacrifice de la messe, et qui s'en allait toujours au moment de la consécration; on assurait qu'un jour où l'on essaya de l'arrêter par son manteau, elle le laissa entre les mains de celui qui le retenait et s'envola à travers un des vitraux de l'église. La maison de Lusignan, à raison de sa descendance de *Merlusine* (1), sorcière au plus haut degré, passait aussi pour être une famille de sorciers. M. de la Fontenelle cite encore un fait assez récent, puisqu'il date du XVI^e siècle : un vicaire général de Poitiers ayant prêché un jour contre la croyance aux sorciers, et s'étant élevé contre les condamnations injustes qui en résultaient, on en tira la conclusion qu'il était sorcier lui-même, et le malheureux prêtre fut jugé et brûlé comme tel.

M. de la Fontenelle dit qu'en Poitou la croyance à la sorcellerie et à sa transmission héréditaire est encore si forte, qu'aucun paysan, si pauvre qu'il soit, ne voudrait s'allier à une famille accusée de sorcellerie, quelque honorable que fût sa conduite et quelque grande que fût sa fortune. Plusieurs personnes ont pensé que ces familles descendaient des druides, qui se livraient, comme on sait, à la magie et à la divination; mais M. de la Fontenelle a peine à croire à cette origine, qui lui semble trop éloignée. Sans la rejeter entièrement, il croirait plutôt que les familles accusées aujourd'hui de se livrer héréditairement à la sorcellerie descendent de ces peuplades qui, sous le nom d'Egyptiens, de Bohémiens, etc., commencèrent à se répandre en France vers le XIV^e siècle, et

(1) Il faut écrire ainsi ce nom et non pas *Mellusine*, comme on le fait généralement. Le nom de *Merlusine*, comme le peuple le prononce avec raison, signifie *mère des Lusignans*. Voir à ce sujet mes notes sur le mémoire relatif à cette fée, rédigé par M. Babinet (de Lusignan), et inséré dans les *Mémoires de la Société académique de Poitiers*. (*Note du secrétaire-général du Congrès.*)

dont quelques débris seront restés dans le pays, s'y seront mariés, et auront laissé des enfans qui auront continué ou qui auront été accusés de continuer les pratiques auxquelles se livraient presque exclusivement leurs pères.

M. Grille de Beuzelin ( de Paris ). « La conservation intacte d'une race ne peut pas résulter seulement du mariage de ses descendans entre eux; mais il faut encore l'observance d'une religion particulière, comme on le remarque à l'égard des Juifs, par exemple. Or, cette condition n'existe pas pour les descendans des Bohémiens. On doit se rattacher à l'opinion de M. André, quant aux faits extraordinaires que nous a légués l'histoire de la sorcellerie. Beaucoup de choses qui, à des époques anciennes, paraissaient surprenantes, ne le seraient plus, maintenant que les connaissances sont plus avancées; et on pouvait tirer alors un très-grand parti de l'électricité et du magnétisme pour produire des effets prodigieux, tels que ceux, par exemple, qui figurent dans l'histoire des sociétés secrètes. »

M. de la Fontenelle trouve que M. de Beuzelin n'a pas traité la question, dont le but est de rechercher à quoi tient l'imputation faite héréditairement à certaines familles d'être adonnées à la sorcellerie, quoique rien dans leur conduite actuelle ne puisse rendre vraisemblable cette imputation. Abordant ce dernier point, il revient à l'opinion qu'il a déjà émise, en y ajoutant de nouveaux développemens.

M. Chanlouyneau (d'Angers) raconte quelques faits qui tendraient à prouver que la croyance à la sorcellerie commence à s'affaiblir beaucoup dans les campagnes.

M. de la Fontenelle soutient que dans le nord des Deux-Sèvres et dans le bocage de la Vendée, et même dans la Bretagne et l'Anjou, de ce côté-ci de la Loire, on croit toujours, parmi les populations de la campagne, que la sorcellerie, dans certaines familles, se transmet héréditairement. Dès-lors il est utile de rechercher d'où vient cette opinion.

M. de la Saussaye affirme que les mêmes croyances subsistent encore dans le Pays-Chartrain. Quand une fille, née de parens chez lesquels la sorcellerie passe pour être héréditaire, épouse un jeune homme dont la famille n'est pas sous le poids du même reproche, on est convaincu que c'est par l'effet d'un *charme*, d'un *philtre*, en un mot d'*un sort qu'elle a jeté sur lui*.

M. Abel Pervinquière (de Poitiers). « Tout en reconnaissant l'exactitude des faits curieux rapportés par M. de la Fontenelle, on ne peut être de son avis sur l'origine qu'il donne aux sorciers, car les conciles sévissaient contre eux long-temps avant l'arrivée des Bohémiens en France. Au surplus, cette croyance aux sorciers était répandue partout, notamment en Espagne où l'inquisition les faisait brûler impitoyablement, même à des époques assez rapprochées de nous. Elle est également constatée par des monumens législatifs assez remarquables; les anciennes coutumes de Hainaut voulaient que les sorciers et sorcières, traités en qualité de mineurs (comme entachés de lèpre spirituelle), fussent nourris et entretenus aux dépens de la commune. »

M. Pervinquière apprend à la section qu'on vient de retrouver une grande partie de la procédure dirigée contre le malheureux Urbain Grandier. Parmi ces pièces, qui sont dans la possession d'un habitant de Poitiers, se trouvent les lettres autographes qu'il écrivait à sa mère peu de temps avant de mourir. Elles sont pleines, tout à la fois, d'onction et de fermeté, et on ne peut les lire sans en être vivement attendri.

M. André. « Les accusations de sorcellerie pouvaient n'être pas toujours dénuées de fondement, et l'erreur provenait seulement de ce qu'on attribuait au monde matériel un ordre de faits et des scènes qui ne se passaient que dans le monde immatériel. Le nombre des individus punis pour sorcellerie est fort considérable, et ne peut s'expliquer que par la faculté d'imitation qui, à cette époque, constituait une véritable épidémie. On pourrait citer, comme exemple de ces imitations épidémiques du moyen-âge, la danse St-Guy, les lycanthropes, les confréries de flagellans, et une association qui, au XIVe siècle, se forma dans le Poitou sous le nom de Gallois;

les hommes et les femmes qui la composaient, couraient nus à travers champs, par les plus grands froids, et tombaient gelés dans les campagnes. On connaît, dans le siècle dernier, les convulsionnaires de St-Médard. Ne pourrait-on pas croire que différens phénomènes résultant de l'organisation physique se développent tout-à-coup, dans des cas donnés, pour être ensuite suspendus indéfiniment, et que s'ils ne reparaissent pas, c'est que les mêmes circonstances physiologiques ne se représentent plus? C'est ainsi que la manie des suicides se propage et s'éteint; elle se multiplie maintenant d'une manière effrayante. La prédisposition organique de certains individus aux perceptions attribuées aux sorciers pouvait effectivement se transmettre héréditairement au moyen-âge. Cette succession s'est affaiblie peu à peu avec la décroissance du mal; mais l'imputation existe encore aujourd'hui par tradition, quoique la cause qui y a donné lieu soit complètement anéantie. »

M. Grille de Beuzelin ne croit pas aux sorciers du moyen-âge; sa véritable opinion est que rien ne se trouve en dehors de la nature, mais que l'on ne connaît pas encore toutes les formes qui peuvent se présenter dans les organisations humaines. Il rapporte, relativement à cette manie du suicide qu'on a signalée, ce qui se passa, sous l'Empire, dans un régiment où elle s'était développée de la manière la plus grave; on ne put faire cesser le mal qu'en transplantant dans d'autres régimens les jeunes soldats que leur constitution faible ou lymphatique semblait prédisposer plus particulièrement à la contagion. M. de Beuzelin cite aussi plusieurs des faits extraordinaires que peut produire l'extase, et parle d'une femme qui, dans l'état extatique, subit, dans un des hôpitaux de Paris, une opération très-douloureuse sans donner le moindre signe de souffrance.

M. l'abbé Cousseau (de Poitiers). « Avant d'émettre un avis sur la question, je dois combattre les assertions de MM. André et de Beuzelin, qui attribuent les faits de sorcellerie à des facultés naturelles inconnues. Je ne crois pas, comme eux, qu'il faille étendre si loin les limites de ces facultés. Bien qu'il soit difficile d'assigner le point précis auquel la nature peut aller, on sait positivement qu'il est des choses auxquelles ses forces ne peuvent atteindre; par exemple, savoir ce qui se passe actuellement à cent lieues d'ici, s'élever dans les airs sans aucun secours extérieur, et autres choses qui, si elles pouvaient être naturelles et par conséquent devenir communes, renverseraient l'ordre physique et moral du monde. Si donc on reconnaît de pareils faits (et ici je n'entends ni les admettre ni les combattre), je crois qu'il faut en chercher ailleurs l'explication. On peut attribuer, suivant les circonstances, plusieurs causes diverses aux réputations héréditaires de sorcellerie: un fait extraordinaire, une première imputation calomnieuse, etc. Quant à l'origine druidique, pour certaines familles, elle ne me paraît nullement invraisemblable; je ne vois aucun obstacle à cette transmission de mauvais renom, à travers une si longue suite de siècles, les populations se croyant toujours intéressées à garder de ces hommes réputés dangereux. Cette opinion pourrait être appuyée de quelques passages d'un concile tenu du temps de Charlemagne, où les évêques placent la sorcellerie parmi les observances superstitieuses des anciens Gaulois. »

M. de la Saussaye (de Blois) partage l'opinion de M. l'abbé Cousseau, relativement à l'origine druidique de la sorcellerie. On sait que les druides et les druidesses se livraient à toutes les pratiques de la magie et de la divination, et rien n'empêche de croire que, rentrés dans la vie civile, leur réputation se soit perpétuée héréditairement et soit arrivée jusqu'à nous, comme les pratiques superstitieuses, d'origine gauloise, qui ont encore lieu, dans nos campagnes, auprès des pierres, des arbres et des fontaines. L'origine de la sorcellerie doit remonter ainsi, dans tous les pays, jusqu'aux premiers ministres du culte, qui, aux époques barbares, ont été partout des magiciens ou ont passé pour tels.

M. de la Saussaye pense que c'est aux mêmes sources qu'il faut chercher l'origine des croyances de féerie; et tout le monde connaît quel rôle elles ont joué dans la littérature du moyen-âge, et surtout quelle a été l'influence de la nôtre sur celles des états voisins. Sortie du sol plus complètement gaulois de notre Bretagne, par les romans de la Table-Ronde, elle fournit tout le merveilleux de nos grands poëmes nationaux, connus sous le nom de *Chansons de geste*, et imités de toute l'Europe; et sa plus belle part de gloire, peut-être, est d'avoir animé les immortelles fictions du Tasse et de l'Arioste. Cette source de merveilleux n'a jamais été entièrement abandonnée, et le retour marqué que fait maintenant la littérature vers le moyen-âge lui promet encore un avenir brillant dans l'empire de la fiction, tandis que les populations des campagnes continueront long-temps encore à croire à la réalité des faits attribués à la féerie et à la sorcellerie, et au pouvoir des êtres surnaturels que ces croyances ont enfantés.

M. Verger (de Nantes), sans nier l'influence que le druidisme a pu avoir sur la naissance de la sorcellerie en France, croit qu'elle est due principalement à la propension naturelle de tous les hommes pour le merveilleux. En effet, à toutes les époques et chez tous les peuples, il y a eu des sorciers de différens noms. Il ne pense pas que l'exercice de la sorcellerie se soit constamment perpétué dans la même famille. Il est à sa connaissance que, dans plusieurs départemens de l'Ouest, les hommes qui l'exercent encore, sont descendus de parens qui ne l'exerçaient pas. Ce sont, pour la plupart, des malheureux, des gens sans asile, et qui ont d'autant plus d'influence qu'on les voit souvent rôder dans les campagnes pendant la nuit. Il cite plusieurs faits relatifs à ce sujet.

La continuation de la discussion est remise au lendemain.

## SÉANCE DU LUNDI 15 SEPTEMBRE 1834.

Présidence de M. Auguis (de Melle).

La discussion sur les questions de la sorcellerie et de la féerie est continuée.

M. l'abbé Cousseau apporte à l'appui de l'opinion qu'il avait émise la veille, un passage curieux du concile tenu à Leptine en 743, condamnant ceux qui recourent aux devins et aux sorciers, et comprenant cette superstition parmi les restes du paganisme gaulois, c'est-à-dire le druidisme. Le concile rappelle les forêts, *quas NIMIDAS vocant*, les sacrifices qui se font sur les pierres, le culte de Mercure, *mis* avant celui de Jupiter. « N'est-il pas vraisemblable, dit M. l'abbé Cousseau, que ces devins ou sorciers étaient les descendans des anciens druides, qui continuaient ou qui passaient pour continuer le même métier de divination auquel leurs pères étaient incontestablement adonnés, et que cette persuasion se sera perpétuée pendant la longue suite de siècles qui s'est écoulée depuis. »

M. Mangon de la Lande (de Poitiers). « Je ne crois pas que les sorciers descendent des druides. Je ferai remarquer en outre la différence qu'il y avait entre le druidisme et le paganisme gaulois qui ne devait être, à l'époque citée, que les restes du polythéisme romain. Les doctrines du druidisme avaient disparu de bonne heure, en raison de l'analogie du dogme d'un Dieu unique qui les rapprochait du christianisme, et qui favorisa singulièrement son introduction dans les Gaules. Il faut éviter de confondre deux choses fort distinctes : le druidisme ancien, conservé dans sa pureté primitive; et le paganisme gaulois des bas-temps, qui devait être le polythéisme antique, ou bien encore le druidisme, mais défiguré par l'introduction de plusieurs des divinités et des dogmes apportés par les Romains. »

M. l'abbé Cousseau. « Loin de chercher à contredire la distinction établie par M. de la Lande entre le druidisme et le paganisme gaulois, je citerai à l'appui de son observation les opinions de quelques Pères de l'Eglise qui ont reconnu et vanté le mérite de la doctrine des druides, et particulièrement les paroles remarquables d'Origène, qui a dit des druides *que la Gaule et la Bretagne avaient été préparées au christianisme par leurs enseignemens*. Mais cela, néanmoins, ne peut empêcher de croire qu'après la conversion des druides au christianisme, leur réputation de devins et de magiciens n'ait continué pour eux et leurs descendans, et je crois que l'origine de l'imputation de sorcellerie héréditaire peut remonter à ce haut point d'antiquité où les Gaules ont adopté la religion chrétienne. »

M. André pense qu'il faut modifier en quelques points les assertions de M. de la Lande ; et par exemple, on doit, dit-il, tenir compte de la différence qui existait, à l'époque de la décadence du polythéisme, entre les croyances populaires et celles des hommes éclairés qui le professaient, et qui ne voyaient plus dans les nombreuses divinités de la mythologie antique que des personnifications des divins attributs d'un Dieu unique, comme celui des chrétiens et des druides.

Sur l'observation de M. le président, que, quelle que soit l'issue de la discussion sur l'origine de la sorcellerie, la question ne pourra pas recevoir, sans doute, de solution positive, la section adopte la proposition qu'il fait de ne continuer la discussion que sur la troisième question : *Etablir l'origine et la cause des croyances de feerie, et quelle fut leur influence sur la littérature du moyen-âge et des derniers siècles.* M. le président donne lecture de deux réponses à cette question, envoyées par MM. Chaudruc de Crazannes et Canel.

M. de Crazannes rattache l'origine des croyances de féerie à celle de l'origine des superstitions en général, et cite d'abord une opinion qui lui a été communiquée par M. Schweighauser sur les fées en particulier.

M. Schweighauser pense qu'il y a de l'analogie entre les fées et les Parques appelées quelquefois *Vates*, et que l'imagination des Gaulois a développé l'idée primitive en y ajoutant de nouvelles fictions. Selon lui, on peut encore les rapprocher des Normes de la mythologie scandinave, qui sont également des sortes de Parques et aussi les déesses des trois divisions du temps : *passé*, *présent* et *futur*.

M. de Crazannes ajoute que les descendans des anciens Aquitains qui habitent les campagnes croient encore aux fées, et qu'ils prétendent les rencontrer quelquefois, le soir, vêtues de robes blanches, ordinairement au nombre de trois. Passant à l'étymologie du nom de *fée*, il lui semble venir du mot *fata*, relatif à l'art de prédire l'avenir que la superstition leur accorde. Il pense qu'elles pouvaient encore être les mêmes que les divinités champêtres ou déesses maires, matrones, etc. ; *matres*, *mairæ*, *matrones*, *dominæ*, *campestres*. Il est remarquable que César donne aux druidesses le nom de *matres-familiâs*. Ces déesses sont toujours représentées au nombre de trois, dans les monumens découverts dans les Gaules, l'Allemagne, l'Italie et l'Espagne. Le nom de *filandières*, que portent les fées dans la Saintonge, favorise l'opinion qui fait remonter leur origine aux Parques; elles sont vieilles comme elles, et, comme elles, elles jettent aussi des sorts. Une autre opinion, très-séduisante selon M. de Crazannes, les fait remonter à l'époque du gouvernement des femmes dans les Gaules et dans la Germanie, et les fées seraient la tradition des druidesses, des Velléda, pythonisses politiques, religieuses et guerrières.

La féerie, la sorcellerie et la magie, dit M. de Crazannes, ont joué un grand rôle dans le moyen-âge, et même jusqu'au XVII^e siècle, dans les ouvrages de nos poètes et de nos romanciers. Après la chute du polythéisme et des fictions mythologiques, la féerie et ses deux sœurs furent le grand arsenal des machines épiques et la source du merveilleux où puisèrent l'Arioste, le Tasse et leurs imitateurs. Cette dernière ressource ayant enfin manqué aux poètes, *l'épopée est devenue comme impossible*.

M. Canel ne s'occupe que de l'origine des croyances de féerie. Selon lui, lorsque la religion spiritualiste de Jésus-Christ vint supplanter le paganisme matériel, tout devint symbole autour d'elle. Procédant par voie d'enthousiasme et d'exaltation, elle plaça l'homme entre la terre, sa patrie d'aujourd'hui, et le ciel, sa patrie de demain. L'esprit humain, essentiellement borné dans son essor, ne peut pas toujours tendre vers l'idéal et l'infini. Si, à force d'exaltation, il franchit ses limites, bientôt il retombe d'autant plus bas qu'il s'est élevé davantage, et il passe, par compensation, du sublime au grotesque. C'est ce qui lui est arrivé quand le christianisme l'eut retenu quelque temps en dehors des affections de ce monde. Et alors le grotesque, contre-poids de l'exaltation sublime, joua un rôle immense. C'est lui qui créa toutes les fictions du moyen-âge, depuis les dragons et les gargouilles jusqu'aux *fêtes des Fous et des Anes*, depuis les cornes du diable jusqu'à la baguette des fées.

Personne ne réclamant la parole sur la question, la discussion est fermée.

M. Mangon de la Lande demande à lire un conte en vers sur un sujet qui se rattache à la discussion qui vient d'avoir lieu, car il s'agit d'une croyance populaire sur le pont d'Anzême (département de la Creuse), dont on attribue la construction au diable. La demande de M. de la Lande est accueillie, et sa lecture entendue avec intérêt.

M. Verger raconte à ce sujet une anecdote, relative aussi à un *Pont du-Diable*, situé près de Mayenne.

La section adopte une proposition de M. de la Fontenelle, et décide qu'elle sera soumise à l'approbation du Congrès. Cette proposition est ainsi conçue :

Le Congrès émet le vœu qu'il soit formé dans chaque département une commission choisie par le gouvernement parmi les membres des Sociétés savantes pour former un vocabulaire de tous les mots, non français ou surannés, employés par le peuple dans cette contrée. Il serait, de ces vocabulaires particuliers, fait un vocabulaire général qu'on imprimerait aux frais de l'État, et dans lequel on joindrait à chaque mot l'indication du pays où il est en usage.

M. le marquis Le Ver (d'Yvetot) demande le renvoi au Congrès de 1835 de la proposition suivante :

Déterminer à quelle époque a cessé l'emploi des cordons de grandes briques et des tuiles à rebord dans la construction des édifices des Gaules.

Après quelques observations, le renvoi est prononcé.

M. Le Ver demande encore le renvoi au Congrès de 1835, d'une autre proposition relative à la détermination du lieu où César s'embarqua pour aller soumettre la Grande-Bretagne, et qu'il désigne sous le nom de *Portus Iccius*. M. Le Ver rend compte des différentes opinions que les savans ont déjà émises sur ce sujet, et pense que les seules qui méritent une discussion sérieuse, sont celles qui placent le *Portus Iccius* à Wissent ou à Boulogne, dans l'ancienne Morinie, et aujourd'hui dans le département du Pas-de-Calais. Il propose donc de restreindre la question à ces deux localités.

Après une discussion à laquelle ont pris part MM. de la Fontenelle, Auguis, de Givenchy, etc., la section décide que la question sera étendue d'une manière générale, et sera présentée dans la forme suivante :

La seconde session du Congrès propose à la troisième session de rechercher et même de fixer, s'il est possible, la position du *Portus Iccius.*

Une proposition envoyée à la section par M. le baron Chaudruc de Crazannes est lue et adoptée sans réclamation. Elle est ainsi conçue :

Le Congrès sollicite de M. le ministre de l'instruction publique une décision pour ordonner l'impression, soit en entier, soit par extrait, soit par analyse, des mémoires sur les antiquités nationales, adressés à l'Académie des inscriptions et belles-lettres, notamment depuis 1819, et le concours pour les trois médailles.

M. Thibaudeau (de Poitiers) communique à la section un rapport intéressant sur un grand nombre de monumens du département de la Vienne.

Sur la demande de M. de Givenchy, le renvoi de ce rapport à la *Société française pour la conservation et la description des monumens historiques* est prononcé.

M. de la Saussaye donne communication de la première partie d'un ouvrage qu'il se propose de publier sur les antiquités de la Sologne blésoise. La section charge M. Grille de Beuzelin de faire un rapport, en séance générale, sur cette communication.

## SÉANCE DU MARDI 16 SEPTEMBRE 1834.

Présidence de M. Auguis (de Melle).

M. de la Saussaye lit un rapport, au nom de la section, sur la promenade archéologique du 13 septembre (1).

M. l'abbé Gibault lit à la section un mémoire sur l'endroit où s'est donnée la bataille entre Clovis et Alaric, qui anéantit la domination des Visigoths en Aquitaine, et acheva de réduire toutes les Gaules sous l'empire du roi des Francs.

Ce mémoire n'est pas seulement le résultat des recherches de l'auteur, de ses visites solitaires sur les lieux qui furent témoins de ces grands

(1) Voir le récit de cette promenade au Compte-Rendu des Assemblées générales du Congrès.

événemens; il est encore le compte rendu d'une excursion scientifique faite par lui, en compagnie du savant et respectable évêque d'Orléans, Mgr de Beauregard, de MM. l'abbé Taury et Joseph Barbier, dont le Congrès doit tant regretter l'absence, et de feu M. Barbier père, magistrat très-versé dans les antiquités de son pays. C'est le système tracé par Mgr de Beauregard, après cette excursion solennelle, que M. Gibault vient exposer, avec de légers dissentimens sur des points où il n'a pu s'accorder avec le savant prélat.

Grégoire de Tours, Frédégaire, et nos plus anciens historiens, placent le champ de bataille où succomba Alaric, à dix milles de Poitiers, sur les bords du Clain. Et ce champ de bataille, que Clovis donna à l'abbaye de St-Hilaire, ils s'accordent à le nommer *Campus Vaucladensis*, *Campus Voclavis*.

L'analogie du nom de Vouillé avec le mot *Vaucladensis*, et l'existence de quelques retranchemens dans cette paroisse, ont fait adopter cette localité par la plupart des auteurs, comme ayant été le véritable théâtre du désastre des Visigoths. Mais les anciennes chartes ne désignent Vouillé que sous les noms de *Volliacum*, *Vohec*, qui n'ont aucun rapport avec le mot *Vocladensis*; mais cet endroit ne réunit ni la proximité du Clain, ni la distance de dix milles à partir de Poitiers; mais sa chapelle, bien que propriété ecclésiastique (elle dépendait du chapitre de Ste-Radégonde), n'appartenait point à l'abbaye de Saint-Hilaire. Enfin les retranchemens de Vouillé, par leur disposition, n'ont pu convenir ni à Clovis ni à Alaric.

M. l'abbé Gibault croit que le mot *Vaucladensis* n'était point un nom spécial de localité, mais bien un nom générique composé des mots latins *vallem claudere*; que le lieu du combat était donc une *vallis clausa*, *une vaucluse* en français, si ce nom, dans notre langage, n'avait pas perdu sa généralité.

Après avoir passé en revue les divers lieux où l'on a placé la bataille, et prouvé, en les décrivant avec un style pittoresque, qu'ils ne réunissent point les conditions exigées par les récits des anciens historiens et par le mot Vaucladensis; après avoir dit que l'historien du Poitou, Thibaudeau, n'avait osé, tout compétent qu'il était dans la matière, résoudre cette question, M. l'abbé Gibault retrace ainsi, mais avec de longs développemens, les détails de l'expédition de Clovis, d'après le système de Mgr de Beauregard :

« Clovis était parti de Blois, il avait traversé la Sologne et la Touraine, et s'était avancé jusque sur la Vienne coulant du midi, se réunissant au nord avec le Clain, au lieu que l'on nomme Cenon. Ses rives formaient de vastes plages, sur lesquelles les deux ennemis

» devaient se craindre l'un l'autre, et s'observer. Clovis pouvait » craindre en effet, s'il dégarnissait la rive et les campagnes voisines » de la Vienne, que son ennemi n'envahît ces points, et d'être conquis » lorsqu'il allait conquérir. Alaric, de son côté, avait intérêt de con- » server libres les chemins du midi, de peur que son ennemi ne le sé- » parât de ses possessions, de ses braves de l'Auvergne, de ses autres » provinces, et des secours qu'il pourrait recevoir de son allié naturel » Théodoric; et il se tenait encore dans la ville de Poitiers. »

Le fier Clovis brûle d'atteindre son ennemi; mais il lui faut, dans les plans de l'illustre auteur du système, remonter la Vienne jusqu'à Lussac. Arrivée à Lussac, son armée trouve le pont brisé, et elle doit chercher un endroit où le fleuve paraisse guéable. « Nous n'avons rien » dit, ajoute M. l'abbé Gibault, du gué de la Biche. Bouchet le place » près de Civaux, et Mgr de Beauregard adopte sa version d'après des » traditions locales. Pour moi, je crois plutôt à Grégoire de Tours, » auteur naïf, inimitable, presque contemporain, qui semble indiquer » Cenon.

» Le roi des Francs, après avoir passé la Vienne, ramène ses troupes » à la recherche d'Alaric, chassant devant lui les postes que le roi » visigoth aurait pu disséminer dans la campagne; et, se dirigeant en- » suite par les lieux inoccupés de Verrières, Gençay, Maigné, il arrive » à Sichar, d'où il peut considérer l'immense vallée close de tous » côtés par ses tertres élevés comme des redoutes, semblable à un » vaste cirque que le Clain divise, comme s'il voulait, maître souve- » rain du camp, assigner à chacun des rivaux son terrain pour com- » battre. Clovis ne néglige point les hauteurs de Sichar, situées à » l'ouest du champ de *Vauclade*, que bientôt la victoire et la pieuse » reconnaissance proclameront *Champagné-Saint-Hilaire* (Campus » pugnæ Sancti Hilarii). Il jette ses avant-postes jusques dans Voulon, » et fait rafraîchir sa cavalerie dans cette belle prairie d'Anché, dont » le Clain baise avec amour les riches tapis de verdure.

» De son côté, le roi des Visigoths, inquiet des mouvemens de son » ennemi, craignait également et d'être rejeté sur Poitiers et de tenter » la voie du midi que Clovis lui coupait à Voulon. L'attendra-t-il dans » Poitiers, nouvellement fortifié des débris de colonnes et de tombeaux » romains, dans ces vastes casemates des remparts qui n'ont point » fléchi sous le poids des siècles et que l'antiquaire va encore explorer » sans crainte? Prendra-t-il le chemin de l'ouest, plus long, et où il » peut craindre d'être coupé? Passer sur le corps de son ennemi, c'est » la résolution du désespoir; il la prend, marche sur Mougon (Campus » Mogotensis), franchit le gué de Piedgrignoux (Peregrinorum), s'a-

» vance vers Bapteresse, traverse la plaine où s'élève la Motte de-
» Ganne; mais le roi Franc l'attendait, le reçoit, le repousse, ou
» plutôt le jette dans la plaine close de Champagné, où il avait choisi
» ses positions, le combat et le triomphe. »

Tel est le plan de Mgr de Beauregard; tout y est présenté dans un ordre possible et rappelle les principaux points de cette vaste scène. Cependant M. l'abbé Gibault ne saurait l'admettre complètement. Faire attendre en repos l'impétueux Clovis, faire attaquer le prudent Alaric, c'est intervertir les rôles; aussi, reprenant en sous-œuvre le travail du savant prélat, croit-il devoir hasarder quelques modifications et présenter la version suivante :

« Alaric apprend dans Poitiers que Clovis a passé la Vienne à un
» gué inconnu et non gardé. Surpris par cette nouvelle inattendue, il
» veut se joindre aux troupes qu'il attend de l'Auvergne, il évacue
» Poitiers et marche sur le midi. Mais l'impétueux roi des Francs,
» avide de combats, a, par une course rapide, prévenu la retraite
» d'Alaric; il est déjà aux bords du Clain avec son avant-garde, pour
» lui barrer la route, harceler sa marche, la retarder par des engage-
» mens partiels. Mougon, ce *Campus Mogotensis* où Hincmar a
» placé la bataille, et dont le nom dit assez le passage des Goths,
» Mougon dont la belle fontaine montre encore de grands restes des
» travaux du peuple-roi, est le théâtre d'un premier combat. Cepen-
» dant Alaric tient tête aux assaillans, pendant que son armée franchit
» le gué de Piedgrignoux, se reforme et s'écoule sur la voie du midi.
» Andillé, Alonnes, Bapteresse, voient de nouvelles rencontres, de
» nouveaux succès de Clovis, que monumentent encore et les débris
» des monastères que le vainqueur y fonda, comme pour y dessiner ses
» marches victorieuses, et les restes des membres gigantesques, les
» *grandia ossa* des races germaniques que le soc et la bêche y décou-
» vrent chaque jour aux regards terrifiés.

» Enfin Clovis a réuni ses forces; comme un vaste réseau, son armée
» entoure, resserre son rival; il peut cesser de batailler en camp vo-
» lant et présenter de pied ferme le front à l'ennemi. Alaric s'est re-
» tranché à Sichar, Clovis a occupé Voulon, et, aux pieds de Sichar,
» Champagné ouvre sa vaste et profonde vallée. Clovis a donné le
» signal, ses guerriers se sont élancés, déjà le prince Théodebert a
» signalé son arrivée; la rivière qui le sépare du camp est couverte
» de ses soldats; déjà ils ont attaqué le pied de la montagne. On les
» voit gravissant sur la colline; mais quels efforts pour en atteindre
» les hauteurs! Les mesurer de l'œil ne pouvait être d'un lâche, les
» emporter était d'une armée de héros, mais déjà les Francs étaient des

» Français. Le camp tient peu. Francs et Visigoths s'y battent pêle-
» mêle. Ceux-ci tendent à se reformer sur les revers du camp. La
» grande vallée les reçoit et se remplit. Les armées se rangent. L'oi-
» seau timide s'est envolé, tout ce qui a vie a fui; il ne reste que
» l'homme, que l'homme et le combat. La mêlée est au comble, ils
» triomphent, ils périssent, ils chantent leurs lais de mort, ou font
» entendre de leurs voix puissantes les cris de triomphe et de gloire.
» Les chefs vont çà et là, animent, rétablissent le combat. Alors
» Clovis aperçoit son rival, pousse à lui, l'atteint, le renverse. Rapide
» comme l'éclair, il n'est vu que de deux guerriers qui, d'un mouve-
» ment commun, le frappent de leurs lances. Mais sa solide armure a
» résisté, les coups glissent impuissans, et le prince, achevant sa vic-
» toire, porte le coup de mort à son rival. Les cris de triomphe frap-
» pent les airs. Les collines profondes, les bois épais et solitaires ou-
» vrent leurs asiles au guerrier malheureux, le reçoivent sous leurs
» ombres et protègent sa marche fugitive vers une autre patrie, pen-
» dant que de Mougon à Sichar, dans toutes ces vallées profondes
» rougies du sang des Visigoths, la victoire écrit en lettres immortelles:
» *Campus Vaucladensis.* »

M. Redet, élève de l'école des chartes, archiviste à Poitiers, lit la note suivante *sur les Archives du département de la Vienne :*

Un membre de cette section a communiqué, dans une des dernières séances, une proposition émise par le Congrès provincial de Douai, et tendant à pourvoir à la conservation des archives dans les provinces. Ce vœu ne pouvait manquer d'être favorablement accueilli dans cette assemblée; vous avez, Messieurs, écouté avec un vif intérêt les développemens donnés par M. de Godefroy à la proposition qu'il était chargé de vous transmettre, et vous avez approuvé les moyens avisés pour parvenir à réaliser un but dont l'importance est si vivement sentie aujourd'hui. L'ardeur avec laquelle on se livre aux recherches historiques sollicite des mesures promptes et actives pour arrêter les funestes ravages que le vandalisme et l'insouciance ont successivement exercés. Il faut se hâter de ramasser tout ce qui a échappé à la destruction; le moindre délai peut être cause de la perte d'un manuscrit, d'un titre à jamais regrettable; il faut tout classer et inventorier, pour qu'il ne se perde rien de ce qui pourrait servir à jeter quelques nouvelles lumières sur les points encore mal débrouillés de notre histoire. Plusieurs villes sont heureusement restées en possession de dépôts considérables qui, malgré les injures du temps et des révolutions, sont encore à même de fournir d'abondans et de précieux documens à ceux qui s'occupent de l'étude du moyen-âge et de nos antiquités nationales. Poitiers peut se vanter à bon droit d'être, sous ce rapport, avantageusement partagé. Et c'eût été pour moi un véritable plaisir de vous détailler les richesses que renferment les archives du département, si j'en avais eu une connaissance suffisante. Mais il y a trop peu de temps que le soin m'en a été confié, pour que j'aie été à même d'apprécier toutes les ressources qu'on peut en attendre. Ce qu'il m'a déjà été permis de constater, c'est qu'il s'y trouve un nombre considérable de chartes d'une haute antiquité; plusieurs datent du VIIIe siècle; j'en ai déjà réuni cinquante à soixante des deux siècles suivans; la plupart proviennent des anciennes abbayes de Saint-Hilaire et de Nouaillé.

Nouaillé était dans l'origine une église dépendante de l'abbaye de Saint-Hilaire. Aton, abbé de Saint-Hilaire, y établit la règle de saint Benoît, et chargea Hermenbert du soin de gouverner la nouvelle communauté. Charlemagne approuva cette fondation, et son fils Louis, roi d'Aquitaine, lui accorda des dons et des immunités. Les archives possèdent deux diplômes de ce dernier prince en faveur de l'abbaye de Nouaillé. Par le premier, qui est de l'an 794, il confirme la fondation faite par Aton, et accorde plusieurs priviléges aux religieux; par le second, il leur fait don d'une rente de vingt sous, et leur confirme les priviléges qu'il leur avait précédemment octroyés. Ce second diplôme est en très-mauvais état; il est tout rongé sur le côté droit et à sa partie inférieure, de manière qu'il n'y reste point de vestige de la date. Il n'est guère possible de remplir cette lacune avec précision; il est à observer seulement que Charlemagne étant appelé *Dominus imperator*, le diplôme n'est pas antérieur au mois de décembre de l'an 800, époque où il fut couronné empereur.

Aton, abbé de Saint-Hilaire, fut ensuite évêque de Saintes; il était revêtu de cette double dignité lorsqu'il fit donation de deux terres à l'abbaye de Nouaillé, comme on le voit par la charte qu'il souscrivit au mois de mars, la 31e année du règne du roi Charles, c'est-à-dire en 799. Le *Gallia christiana* a publié cette charte, mais en observant à tort qu'Aton érigea Nouaillé en abbaye en 799, puisque le diplôme de Louis, roi d'Aquitaine, de l'an 794, a pour objet la confirmation de cette fondation. Il nous reste du même monastère une charte plus ancienne encore que les trois précédentes; elle est datée de la douzième année du règne de Charles, c'est-à-dire de 780; à cette époque, Nouaillé n'était encore qu'une église desservie par quelques religieux de Saint-Hilaire, qui cependant y vivaient en communauté, puisque ce lieu est qualifié de monastère dans la charte dont il s'agit. Elle a pour objet un échange entre Hermenbert, chef de cette communauté, et Aper, abbé de Saint-Hilaire.

Le plus ancien monument que j'aie trouvé aux archives, jusqu'à présent, est un diplôme de Pépin-le-Bref, confirmant les privilèges de l'abbaye de Saint-Hilaire. Il est remarquable, comme la charte d'Aton dont j'ai parlé plus haut, par une écriture minuscule très-nette et très-régulière. Quoiqu'il porte l'empreinte des injures du temps, et que l'humidité y ait occasioné plusieurs taches, on parvient à le lire tout entier. Ce qui lui ajoute un double intérêt, c'est qu'il est daté de Poitiers : *Data in mense julio anno* XVII *regni nostri Pictavis civitate.* Cette année-là, en 768, Pépin, après avoir victorieusement terminé ses campagnes contre son infatigable adversaire le duc d'Aquitaine, passa à Poitiers pour retourner au centre de ses états; il mourut la même année à l'abbaye de Saint-Denis.

Je ne m'étendrai pas sur les autres diplômes des rois de la seconde race. L'un, de Charles-le-Simple, de l'an 915, est bien conservé; il confirme un échange de terres fait entre Rainulfe, comte de Poitou et abbé de St-Hilaire, et Garnier, chanoine de Saint-Pierre. Il ne porte point de monogramme; mais il était revêtu de la signature du chancelier et du sceau royal dont on ne voit plus que la place.

Parmi les chartes du x^e siècle, il y en a plusieurs des comtes de Poitou. Je ne citerai que celle de Guillaume-Fier-à-Bras, faisant donation à l'abbaye de Nouaillé de l'église de St-Sauveur, en Aunis, avec les terres qui en dépendaient. Elle est datée de la seconde année du règne de Robert, et commence par la formule si usitée dans ce siècle : *Mundi terminum adpropinquante.* Du reste, elle n'aurait rien de particulier qui méritât d'être signalé, si elle n'avait donné lieu à quelques difficultés diplomatiques qui furent facilement résolues par l'illustre Mabillon. La lettre qui contient les explications de ce savant bénédictin, écrite et signée de sa main, est déposée aux archives et annexée à la charte qui les avait motivées. Les raisons de douter qu'on opposait à l'authenticité de ce titre, consistaient en ce qu'il n'était pas revêtu de sceau, que les souscriptions étaient toutes de la même main, et que l'an 2 du règne de Robert, Guillaume II n'existait plus. Cette dernière difficulté était la plus sérieuse. D. Mabillon répond que Guillaume-Fier-à-Bras mourut en effet l'an 993, et que Robert n'a succédé à son père qu'en 997, mais qu'il avait été déclaré roi du vivant de son père, dès le commencement de l'an 988; et ainsi la deuxième année de son règne concourait avec l'an 989, époque où le duc Guillaume était encore en vie. La seconde partie de la lettre renferme des observations précieuses sur l'usage de l'indiction romaine. Ces explications avaient été demandées par l'abbé de Nouaillé, dont le monastère était uni à l'illustre congrégation à laquelle appartenait D. Mabillon. Sa réponse est datée de Paris, du 17 août 1701.

Plusieurs titres de ce même siècle, ayant pour objet des donations, des ventes ou des échanges, sont précieux par les renseignemens géographiques qu'ils fournissent. Quelques-uns sont des contrats de vente de serfs et de serves, rédigés dans le latin barbare du temps. Une charte datée de la 10e année du règne d'Eudes, nous apprend qu'un certain Ingelard vendit pour quatre sous une serve qu'il recommande de la manière suivante : *Ancilla jure nostra nomine Adaltrudim, non fura, non iectiva neque cadiva, sed in Dei mente et omne corpore sana.*

Les chartes de date reculée, rédigées en français, méritent d'être recueillies avec soin, elles peuvent donner lieu à d'utiles recherches. Il ne s'en est pas encore rencontré aux archives, qui soient antérieures à la seconde moitié du XIIIe siècle. Le langage qui y est employé se rapproche beaucoup de celui qui était usité dans les provinces situées de l'autre côté de la Loire, et on voit que ce n'est point un dialecte de la langue romane parlée dans les provinces du midi. Un accord entre l'abbé de Nouaillé et l'abbesse de la Trinité de Poitiers, au sujet d'un droit de pâture, est daté de l'*an de l'Incarnation mil et dous cent seyxante et seis le jeodi après le dyomeine que len chante Oculi mei*, c'est-à-dire du 24 mars 1267, car alors l'année commençait à Pâques. Un acte de donation en latin prouve qu'en l'an 1008 on était déjà dans l'usage de commencer l'année à Pâques dans ce pays.

Les archives du département se composent, pour une bonne partie, des chartriers des anciennes abbayes et autres communautés religieuses qui se sont trouvées comprises dans la circonscription actuelle du département de la Vienne. Mais les archives du grand prieuré d'Aquitaine n'y tiennent pas une place moins considérable ; elles sont formées de la réunion des titres de plus de cinquante commanderies de l'ordre de Malte disséminées dans le Poitou, la Touraine, l'Anjou, le Maine, le Perche, la Bretagne, l'Aunis, la Saintonge, l'Angoumois, le Périgord, le Limousin et le Berry. Elles sont en assez mauvais ordre, et il faudra beaucoup de temps pour les ranger d'une manière convenable. Outre ces deux grandes classes, communautés religieuses et commanderies de l'ordre de Malte, il faudra en établir deux autres, dont l'une comprendra tous les registres et papiers qui se rattachent à l'ancienne intendance de la province; et l'autre, les titres provenant de plusieurs maisons nobles et autres pièces particulières. C'est à l'abbaye de Nouaillé et au chapitre de Saint-Hilaire que nous devons les titres les plus précieux par leur antiquité. Les chartriers des abbayes de Montierneuf, Saint-Cyprien, Sainte-Croix, la Trinité, des chapitres de Notre-Dame-la-Grande, Sainte-Radégonde, Saint-Pierre-le-Puellier, sont aussi fort riches en chartes du moyen âge. Ceux de l'évêché et du chapitre de Saint-Pierre sont volumineux et doivent renfermer des pièces qui ne seront pas sans intérêt pour l'histoire de la province.

Après un aperçu aussi rapide, je ne me flatte pas d'avoir donné une idée exacte de ce qui compose le vaste dépôt de la préfecture, et je suis encore trop peu avancé dans la tâche de longue haleine qui m'est imposée, pour que les résultats auxquels j'ai pu arriver jusqu'à ce jour, soient dignes de l'attention du Congrès; je me féliciterai seulement d'avoir saisi l'occasion de lui signaler l'importance des archives dont Poitiers est en possession.

M. le président donne communication d'une proposition envoyée par M. Spencer-Smith, et que la section est forcée d'ajourner à l'époque du Congrès de 1835. Cette proposition est ainsi formulée :

Déterminer la topographie du champ de bataille où les Arabes, sous la conduite d'Abdérame, furent défaits, en 734, par les Français, sous leur duc Charles-Martel.

La section décide que la proposition suivante, de M. Dupuis-Vaillant (de Poitiers), sera soumise à l'approbation du Congrès :

Le Congrès émet le vœu qu'une Commission, composée de quatre membres de la Société des Antiquaires de l'Ouest et de quatre membres de l'Académie de Poitiers, soit chargée de s'entendre avec M. le conservateur des monumens du département de la Vienne, pour rendre au temple St-Jean sa forme primitive, et faire disparaître les constructions modernes qui détruisent le caractère architectural de ce précieux monument.

Sur la demande de M. de la Saussaye, la section décide que les mémoires manuscrits qui lui ont été envoyés, et que le terme des travaux du Congrès a empêché de lui être communiqués, soit en entier, soit par extrait, seront mentionnés à la suite du compte-rendu de ses travaux. Voici les titres de ces mémoires :

1° *Coup d'œil sur le Poitou et son Histoire*, par M. d'Assailly (de Niort);

2° *Le Parlement de Niort, ou Influence du vote de l'impôt sur la nationalité des provinces de l'Ouest*, par M. Babinet (de Lusignan);

3° *Renouvellement de la guerre entre Charles V et le prince de Galles*, par M. Babinet (de Lusignan);

4° *Essai historique sur la domination des Romains et des Visigoths en Aquitaine, et particulièrement dans le pays des Santons*, par M. Massiou (des Sables-d'Olonne);

5° *Mémoire sur une Mosaïque et une Inscription trouvées dans la commune de Marboué, près Châteaudun*, par M. Le Jeune (de Chartres);

6° *Mémoire sur la Chaire-au-Diable*, par M. Verger (de Nantes).

*Les Secrétaires de la Section,*
DE LA SAUSSAYE (*de Blois*).
DE LA PYLAIE (*de Fougères*).

*Le Président de la Section,*
AUGUIS (*de Melle*).
*Le Vice-Président,*
L. DE GIVENCHY (*de St-Omer*).

## CINQUIÈME SECTION.

### Littérature et Beaux-Arts.

SÉANCE DU LUNDI 8 SEPTEMBRE 1834.

Présidence de M. JULLIEN (de Paris), et ensuite de M. ISIDORE LE BRUN (de Paris).

A une heure la séance est ouverte. M. Jullien ( de Paris ), doyen d'âge, occupe le fauteuil. MM. F. Chatelain ( de Paris ) et A. Mazure ( de Poitiers ) remplissent les fonctions de secrétaires.

On procède au scrutin secret pour la nomination des président et vice-présidens.

MM. Isidore Le Brun (de Paris) et Guerry-Champneuf (de Poitiers), ayant obtenu la majorité des voix, sont proclamés, le premier président, et le second vice-président.

MM. les secrétaires font observer que leur nomination ne pouvant être que provisoire, il est nécessaire de procéder à un nouveau scrutin. La section les maintient par acclamation.

M. Isidore Lebrun prend place au fauteuil et remercie l'assemblée des suffrages dont il a été l'objet.

Le bureau est définitivement constitué.

Lecture est donnée par M. le président des diverses propositions présentées à la cinquième section.

M. Pattu Saint-Vincent (de Mortagne, Orne) propose au Congrès de faire un appel à tous les membres des sociétés savantes de nos départemens pour la publication des *vues des principales villes de France.* On y joindrait les costumes des diverses localités et un texte explicatif.

Ces dessins pourraient être livrés à très-bon marché; les artistes qui en seraient chargés se rendraient sur les lieux, et ne demanderaient que d'être défrayés pendant leur séjour dans les diverses villes dont ils devraient reproduire les monumens; et s'il y avait des bénéfices, ils seraient employés à offrir des exemplaires de cette collection aux bibliothèques et aux sociétés savantes.

M. Grellaud (de Poitiers) engage l'auteur de la proposition à vouloir bien la résumer par écrit.

M. F. Chatelain s'attache à démontrer qu'une publication aussi peu chère qu'on la propose, et tirée seulement à trois cents exemplaires, est chose impossible; il cite les frais nécessités par la belle entreprise de l'*Ancien Bourbonnais*, cette œuvre gigantesque à laquelle coopèrent, sous la direction de M. Achille Allier, vingt artistes, les premiers entre leurs égaux, et il regarde comme inexécutable le projet de publier pour toute la France un pareil ouvrage auquel s'associeraient seulement quatre artistes, quel que fût d'ailleurs le mérite de ces artistes.

MM. David de Thiais (de Poitiers) et Isidore Le Brun appuient l'opinion de M. F. Chatelain par d'autres motifs. Ils font voir que la proposition pourrait, à l'insu de son auteur, suggérer l'idée d'une spéculation de librairie, et qu'il importe au Congrès d'éviter de prêter son appui même à l'apparence d'une telle spéculation.

M. le président demande si la proposition est prise en considération.

La section se prononce pour la négative.

M. de Caumont (de Caen) demande à présenter une proposition sur l'organisation des sociétés savantes en France; il réclame la priorité pour cette question, dont le Congrès de Caen n'a pu s'occuper l'an dernier, faute de temps.

M. de Caumont voudrait voir se former en France vingt grandes académies provinciales de première classe, ayant chacune pour ressort plusieurs départemens, et divisées au moins en quatre sections indépendantes les unes des autres, ayant leurs bureaux distincts, et publiant séparément leurs mémoires.

Un règlement unique régirait tous les instituts provinciaux ; un plan de travail uniforme serait adopté pour tous. Ils auraient pour leurs travaux le même mode de publication et le même format.

M. de Caumont regarde comme une des causes de l'inertie et du peu d'utilité des sociétés savantes, la difficulté que l'on éprouve à se procurer les mémoires qu'elles publient, et qui restent trop souvent ignorés. Il désirerait, pour obvier à ce grave inconvénient, que chaque société eût, à Paris, un dépôt de ses mémoires, et surtout que ce dépôt fût fait chez le même libraire, afin d'en faciliter l'acquisition aux hommes studieux. En conséquence, l'honorable membre invite le Congrès à exprimer le vœu que toutes les sociétés de province fassent déposer leurs publications chez un libraire de Paris (1). Une telle mesure s'accorderait d'ailleurs avec celle que vient de prendre M. le ministre de l'instruction publique, en demandant à ces sociétés un exemplaire de leurs mémoires, afin de faire rédiger chaque année un rapport général sur leurs travaux, et de les faire sortir, par ce moyen, de l'état d'isolement et d'oubli dans lequel elles sont tombées.

M. de Caumont ne désire pas que cette proposition soit discutée cette année, mais il insiste pour qu'elle soit enregistrée dans les procès-verbaux, afin que les personnes qu'elle intéresse puissent la méditer.

M. F. Chatelain appuie fortement la seconde partie de la proposition de M. de Caumont : un centre à Paris où vinssent aboutir tous les rayons intellectuels de la province lui semblerait une création heureuse ; c'est une pareille idée qui l'a porté à fonder l'*Office Littéraire*, où toutes les Revues départementales se donnent, pour ainsi dire, rendez-vous. Mais,

(1) M. Lance, libraire à Paris, rue du Bouloy, n° 7, est déjà dépositaire des mémoires de plus de trente académies ou sociétés savantes des provinces.

sans entrer dans le fond de la discussion sur la première partie de la proposition de M. de Caumont, il croit y découvrir, au lieu d'un effort tenté vers la décentralisation intellectuelle si désirable, un moyen au contraire de renforcer la centralisation parisienne. Les vingt académies de province ainsi constituées lui paraîtraient vingt satellites gravitant autour d'un centre unique, l'Institut de France. Il faudrait peut-être craindre également, ainsi que le fait observer M. Devaux (d'Angers), de mettre l'esprit d'intelligence en régie.

La section, consultée par M. le président, décide que la proposition formulée par M. de Caumont sera insérée au procès-verbal.

### SÉANCE DU MARDI 9 SEPTEMBRE 1834.

Présidence de M. Isidore Le Brun (de Paris).

L'ordre du jour appelle la discussion de la question suivante :

Quelle est aujourd'hui la meilleure manière d'enseigner l'histoire ?

Après une courte discussion sur la position de la question, M. Auguis (de Melle) explique que l'auteur a dû sans doute entendre qu'on examinerait si l'on continuerait à suivre les anciennes méthodes historiques, ou les doctrines répandues en Italie par Vico, et en Allemagne par Herder.

M. Cardin (de Poitiers) dit que l'enseignement de l'histoire doit nécessairement varier avec la différence des documens sur lesquels elle s'appuie. Des événemens qui se sont succédé sur la surface du globe, les uns ne peuvent être étudiés qu'à l'aide des souvenirs épars laissés par les anciens et par les monumens : c'est là l'histoire conjecturale et primitive. Les événemens qui ont suivi sont appuyés sur des documens authentiques, mais peu nombreux, et l'obscurité qui, dans la première période, couvrait l'histoire tout entière, subsiste encore sur les détails. Enfin, les événemens qui sont moins éloignés de nous sont riches en renseignemens de tout genre ; mais il reste d'autres difficultés pour déterminer les caractères des personnages historiques et la nature des faits et des intrigues politiques qui s'y rattachent. Il ajoute que l'enseignement de l'histoire diffère encore suivant qu'on a pour objet l'histoire générale ou des histoires spéciales, telles que celles des affaires diplomatiques, de la marine, des événemens militaires, etc., etc.

M. de la Fontenelle (de Poitiers) pense que le mode d'écrire l'histoire, présenté par M. Thierry, doit être adopté préférablement à tout autre système, et il ajoute à l'appui de cette opinion de nombreux développemens. Il cite M. Sismonde de Sismondi comme étant un modèle à suivre. Arrivant à l'observation faite par un membre, si le mode d'enseigner l'histoire doit être le même que celui de l'écrire, il déclare que dans son opinion ces deux modes se lient l'un à l'autre.

Après une assez vive discussion à laquelle prennent part MM. Choisnard, David de Thiais, Cardin, Isidore Le Brun, Mesnard fils et André, la section engage le bureau à lui présenter, à sa prochaine séance, une rédaction plus précise.

On passe à la discussion de la question suivante :

Quel est le genre d'architecture monumentale le plus approprié à notre climat, à notre culte et à nos mœurs ?

M. F. Chatelain lit un mémoire sur ce sujet; écartant ce qui a rapport aux mœurs, il résume la question dans cette pensée : « L'architecture de la renaissance paraît réunir mieux que toute autre les qualités en harmonie avec les besoins du siècle présent. »

Plusieurs membres réfutent ces conclusions. M. Godefroy (de Lille) regarde l'architecture de la renaissance comme celle d'une époque de transition; elle est trop indécise pour servir de type.

M. F. Chatelain fait observer que, dans les beaux-arts, comme dans la littérature, notre époque est aussi une époque de transition; que par cela même qu'il y a indécision marquée dans le genre d'architecture monumentale, il serait peut-être bon de lui en assigner un.

M. David de Thiais combat cette opinion. « L'artiste, dit-il, ne retrouvera des inspirations puissantes et fécondes, l'art ne s'élèvera désormais à de véritables conceptions monumentales, qu'au moment où les sociétés qui gravitent vers la régénération pourront enfin se reposer dans le sein de la paix et de la véritable liberté. Aux jours de transition, les artistes peuvent et doivent tenter des essais plus ou moins fructueux, mais sans atteindre la véritable limite de l'art, le grand et le beau. »

M. André (de Bressuire) rappelle que la condition de l'homme vivant en société est toujours l'amélioration de son bien-être, que son état n'est pas de rester stationnaire; qu'ainsi toutes les époques sont des époques de transition, et que, si l'on attendait les jours dont a parlé le préopinant, on ne produirait jamais rien.

M. David de Thiais reproduit cette pensée que l'architecture subira forcément des transformations comme la société; il lui semble évident qu'à l'époque où les chemins de fer seront établis, tous les lieux où se rencontrera la multitude, temples, places publiques, écoles, devront être nécessairement beaucoup plus vastes et sur des proportions plus larges.

On entend encore plusieurs membres, entre autres MM. Mesnard fils, Isidore Le Brun et André.

## SÉANCE DU MERCREDI 10 SEPTEMBRE 1834.

Présidence de M. Isidore Le Brun (de Paris).

La discussion continue sur la question de l'architecture monumentale.

M. le président donne lecture de la réponse à la question en discussion envoyée par M. A. Canel (de Pont-Audemer), qui n'a pu se rendre au Congrès, en faisant remarquer la coïncidence qui existe entre cette réponse et les idées émises dans la séance d'hier par M. David de Thiais.

La note de M. Canel est ainsi conçue :

« S'il est vrai que l'architecture soit une traduction faite en pierre des idées qui vivent dans un peuple, comme il y a chez nous des idées grecques mêlées à des idées du moyen-âge, il en résulterait que notre architecture devrait résumer l'architecture des Grecs et celle du moyen-âge. Mais peut-être n'est-il pas possible à notre époque de se faire une architecture, torturée qu'elle est dans le travail d'un pénible enfantement. Au milieu du choc des idées différentes qui se croisent, rien de normal ne peut s'établir; tout est transitoire. Nous ne laisserons à nos descendans que des matériaux : eux, ils bâtiront. A mon avis, dans nos jours d'épreuves, nous ne pouvons pas plus avoir d'architecture nationale que de littérature nationale. Nous ne faisons que préparer l'avenir par nos discussions, celles du Congrès ne seront pas perdues. »

M. F. Chatelain dit que cette coïncidence n'existe pas moins entre les conclusions du travail qu'il a eu précédemment l'honneur de soumettre à la section, puisque M. Canel pense que notre architecture devrait résumer celle des Grecs et celle du moyen-âge, ce qui serait à peu près la même chose que l'architecture de la renaissance, adaptée plus spécialement encore à l'actualité de nos mœurs et à notre climat. Du reste, M. F. Chatelain regarde la question telle qu'elle a été posée comme à peu près insoluble; il demande qu'elle soit reportée au prochain Congrès. Si une solution n'est pas donnée en 1835, au moins des observations seront-elles présentées, qui pourront être d'une grande utilité pour nos architectes.

Cette proposition étant appuyée par plusieurs membres, la section décide que la question sera ainsi formulée pour le prochain Congrès :

Quel est le genre d'architecture le mieux approprié à nos mœurs et à notre climat?

M. le président, au nom de la commission chargée de la révision de la question sur la manière d'enseigner l'histoire, présente la rédaction suivante :

Quelle est la meilleure manière de communiquer aux jeunes gens les notions historiques?

M. Simon (de Nantes) n'adopte pas cette rédaction, qu'il regarde comme trop vague. Il soumet à la section des observations imprimées, extraites d'une brochure publiée à Nantes, par M. Richelot, professeur d'histoire à l'école primaire de Nantes, et il pense que la question serait mieux posée ainsi :

Quel doit être l'enseignement de l'histoire ? Sera-t-il le même dans les colléges royaux et communaux, dans les écoles primaires supérieures, dans les institutions militaires et dans les petits-séminaires? Cet enseignement variera-t-il dans les villes où l'histoire sera enseignée, selon leur position et selon leur spécialité ?

Plusieurs membres combattent cette rédaction. M. Boncenne croit que la question serait simplifiée en la posant ainsi :

Quelle est la meilleure manière d'enseigner l'histoire selon l'âge et suivant le degré de l'instruction de l'élève ?

Cette nouvelle rédaction donne lieu à diverses observations.

M. Jullien (de Paris) demande que le Congrès exprime le vœu que désormais les professeurs d'histoire s'attachent à faire ressortir la marche et les progrès de l'esprit humain. « Assez long-temps les princes et les conquérans ont eu le privilége exclusif d'appeler sur eux l'attention toute particulière du professeur d'histoire ; le moment est arrivé d'envisager cette science sous le rapport de l'industrie et du mouvement intellectuel des masses. Telle doit être désormais la philosophie de l'histoire. »

Sans chercher à réfuter les paroles du préopinant, M. F. Chatelain dit que, selon son opinion, le Congrès ne doit pas tracer une marche à nos professeurs d'histoire avant d'avoir suffisamment étudié leur manière d'enseigner ; il croit que la solution de cette question devrait être laissée au Congrès prochain. D'ici là, dit-il, avertis par la discussion soulevée à ce sujet, plusieurs membres présenteraient des idées plus fixes et moins hasardées.

Cette opinion est appuyée par MM. Mazure et Boncenne.

Un grand nombre de membres demandent l'ordre du jour.

La section consultée passe à l'ordre du jour.

Un mémoire intitulé : *De l'Art et de la mission des Artistes*, avait été annoncé au Congrès. Ce mémoire n'ayant pas été présenté, M. David de Thiais demande la parole sur le sujet même du mémoire.

Il dit, en substance, que dans les jours de transition où nous vivons, jours que le scepticisme dévore, l'art n'existe plus, à proprement parler. L'art, en effet, ne peut trouver les élémens de la perfection que dans la foi, l'inspiration fécondée par l'étude et la liberté couronnée par la paix : or, notre époque doute d'elle-même et du monde; elle est dédaigneuse des longues veilles et des infatigables travaux; elle s'agite enfin dans toutes les angoisses qui lui déchirent le sein. Au milieu de si funestes circonstances, l'art ne sait donc où se poser; il se fatigue en de pénibles et vains essais, bientôt il retombe sans force, ne pouvant se soutenir dans les sublimes régions où le génie complet peut seul élever un trône durable. C'est que dans un moment où tout jeune homme, cherchant à se faire une belle place dans le monde, prend ses caprices pour de la volonté et sa fougue déréglée pour de l'inspiration, il ne peut rien naître de sain et de vigoureux, rien qui soit véritablement marqué au coin de l'avenir. L'art est spécialement destiné à moraliser les hommes, et l'artiste trop souvent s'efforce de ne leur présenter que des tableaux hideux et des images obscènes. Un tel état de choses ne saurait durer. Il est temps de donner de nobles encouragemens au génie laborieux qui se consume dans les veilles, tandis que la médiocrité orgueilleuse spécule sur l'ignorance ou la faiblesse du public. « Vengez donc, dit en terminant l'orateur, vengez, Messieurs, celui qui souffre et ne se plaint pas : hommes de science et de talent qui tenez aujourd'hui vos assises pour le plus grand accroissement du progrès social, prononcez une parole de consolation, un mot d'encouragement, et que le poète, que le véritable artiste retrouve, en entendant votre voix, l'énergie qui fait persévérer, et l'espérance qui fait oser de grandes choses. »

Un membre fait observer que la littérature est divisée en deux camps, et qu'il ne convient peut-être pas au Congrès de se porter juge; qu'appeler des encouragemens sur une école ce serait flétrir l'autre école ; et que, malgré l'immoralité d'une certaine littérature, il convient peut-être mieux de ne pas s'immiscer dans ces débats pour ne point renouveler la vieille querelle du classique et du romantique.

M. Duplesset (de Poitiers) défend l'espèce de littérature qualifiée d'immorale. Il est des époques, dit-il, ou quelquefois la moralité se trouve dans une œuvre qui contient d'ailleurs des passages peu décens.

M. David de Thiais dit qu'une tolérance universelle lui semble devoir exister, en littérature surtout ; il désirerait donc que le Congrès s'abstînt de flétrir cette littérature obscène, dont il est loin d'ailleurs de se montrer partisan ; mais il insiste pour l'émission d'un vœu tendant à une régénération littéraire dont le besoin est vivement senti par tous les bons esprits.

M. Fradin (de Poitiers) fait remarquer le danger pour les mœurs qu'offre la scène actuelle ; il propose la rédaction suivante du vœu à émettre :

Le Congrès voit avec regret le genre adopté par la littérature scénique actuelle, et particulièrement l'immoralité des tableaux mis en scène ou exposés aux carrefours.

M. Boncenne (de Poitiers) ne veut point être complice de ces ménagemens. Il ne peut y avoir de critique trop vengeresse pour flétrir cette nouvelle école du vice, cette littérature évaporée, échevelée, toute redondante d'épithètes ivres, toute suspendue dans le vague du non-sens. Faut-il attendre qu'à force de donner au vice de fausses couleurs, les corrupteurs rendent vraies leurs monstrueuses suppositions?

M. F. Chatelain se range de l'avis de M. Boncenne. Le Congrès, selon sa conviction, est trop haut placé pour se contenter d'un timide appel au blâme. Il doit avoir le courage de formuler nettement son opinion, et ne pas craindre, alors que toute morale est mise en problème, les futurs sarcasmes d'une école déjà tombée devant le mépris public, et qui s'est suicidée à force de méfaits.

Attendu l'heure avancée, et sur la demande de plusieurs membres, la section décide que demain, à l'ouverture de la séance, les membres seront invités à présenter une rédaction nouvelle qui puisse résumer la discussion de ce jour.

M. le président invite M. Verger (de Nantes) à donner à la section des détails sur les peintures récemment découvertes dans la cathédrale de Nantes.

Dans le mois dernier, dit M. Verger, il fut décidé que des réparations seraient faites au chœur de la cathédrale de Nantes. L'architecte chargé des travaux, afin de peindre sur un fond solide, fit gratter les voûtes et les murs. On allait commencer à peindre, quand l'architecte, en examinant le plafond, crut apercevoir les indices de caissons. Un artiste qui l'accompagnait crut en même temps reconnaître un doigt, puis une main. On fit nettoyer, et au lieu de caissons on découvrit le cadre d'un grand tableau, puis le tableau lui-même, représentant la transfiguration. Cette peinture ne manque pas de mérite; la figure de Moïse est d'une assez belle expression et passablement conservée. La figure du personnage principal est tout-à-fait endommagée, celle d'Elie l'est moins. Ce dernier offre des raccourcis bien dessinés.

Sous la seconde arcade on a dégagé un second tableau tellement détérioré, qu'on n'a pu en deviner le sujet.

A chaque extrémité de ces deux tableaux pendent des médaillons entourés d'ornemens qui représentent des armoiries. Deux d'entre eux portent les armes de France. Un autre est mi-parti aux armes de France, et mi-parti aux armes d'une autre nation. Nous avons cru distinguer des léopards, cependant nous ne pensons pas que ce soient les armes d'Angleterre. On pourra le reconnaître quand le travail sera achevé.

Ces deux tableaux ne sont point d'Errard, suivant l'avis de nos artistes.

Cette découverte attira plusieurs amateurs et peintres, et alors les renseignemens affluèrent. On se souvint qu'avant notre révolution le chœur était décoré des peintures de Charles Errard, et qu'il avait surtout décoré la coupole du sujet de la descente du St-Esprit sur les apôtres. On se mit à l'œuvre et on essaya de retrouver ce grand tableau. On dégagea bientôt trois belles têtes d'apôtres. L'un d'eux fut mis entièrement à découvert, moins un bras.

Au-dessous de la coupole et de chaque côté des deux fenêtres qui éclairent le chœur, on découvrit encore quatre grandes statues de quatre Pères de l'Église. Elles sont placées dans des niches dont le bas est un cul-de-lampe, et le dessus est surmonté de rinceaux dans le genre de Michel-Ange. Ces dernières peintures sont en grisailles, et aussi de Charles Errard.

Les choses étaient dans cet état quand on appela M. le préfet et M. le maire. Ces deux fonctionnaires firent suspendre les travaux, et demandèrent à Paris qu'on leur envoyât un artiste habitué à ces sortes de restaurations. M. le ministre a répondu, nous a-t-on dit, qu'il allait charger M. Abel de Pujol de ce travail.

Voici comme on raconte la disparition de ces peintures. En 1793, alors que Carrier, d'odieuse mémoire, régnait à Nantes, tandis qu'un nommé Renard en était le maire, il fut ordonné par l'une ou l'autre de ces autorités de faire disparaître les signes religieux de la cathédrale. Le peintre couvrit la décoration du chœur d'une couche de peinture blanche. Carrier crut qu'on éludait l'ordre par un simple badigeonnage, il commanda sous peine de mort qu'une seconde couche fût de suite posée. Pour parodier le ciel on peignit en bleu, et plus tard ce temple devint celui de la déesse Raison.

En 1820, une autre décoration fut ajoutée à ces deux couches.

Charles Errard est né à Nantes en 1606. On ne connaît rien des particularités de sa vie; on sait seulement qu'il était un des douze anciens qui, en 1648, se réunirent pour former l'académie de peinture et de sculpture.

En 1666, étant recteur de cette académie, il fut nommé directeur de celle de Rome, que créa alors Colbert. Il y passa le reste de sa vie, moins cependant un voyage de deux ans qu'il fit à Paris, en 1673. Il mourut à Rome en 1689, âgé de 83 ans.

Charles Errard était aussi architecte; c'est sur ses dessins qu'a été bâtie l'église de l'Assomption, à Paris. Ce monument, qui a des défauts majeurs, renferme aussi de grandes beautés. On doit ajouter qu'Errard ne fut point présent à l'exécution de ce monument, et que par suite il ne put relever beaucoup de défauts.

La section, par l'organe de son président, remercie M. Verger (de Nantes) de sa communication.

Hommage est fait d'une brochure imprimée portant ce titre : *Projet d'une nouvelle organisation des théâtres dans les départemens.*

M. le président renvoie cette brochure à l'examen de M. Robin (de Poitiers).

La section décide que vendredi elle s'occupera des questions sur les théâtres, et samedi de celles sur l'enseignement.

## SÉANCE DU JEUDI 11 SEPTEMBRE 1834.

Présidence de M. Isidore Le Brun (de Paris), et ensuite de M. Guerry-Champneuf (de Poitiers).

M. le secrétaire général du Congrès fait connaître à la section que les travaux de l'école de dessin de Poitiers sont demeurés dans le local de l'exposition, où ils pourront être visités par les membres du Congrès.

Il ajoute qu'il existe dans la chapelle des dames de Sainte-Croix une collection de petits tableaux flamands, donnés autrefois par un prince de Nassau à la supérieure de Sainte-Croix. M. le secrétaire général pense qu'il serait bon que cette collection fût visitée par une députation de la section de littérature et beaux-arts pour en faire le sujet d'un rapport, s'il y avait lieu.

Il y a aussi chez un amateur qui a habité long-temps Paris, M. de Jousserant, une précieuse collection de tableaux, que la section aura la facilité de visiter, si elle le désire (1).

La section remercie M. le secrétaire général de sa communication.

(1) Ces deux collections ont été examinées par une députation du Congrès.

L'ordre du jour rappelle la rédaction du vœu à présenter sur la direction qui doit être imprimée à la littérature.

M. David de Thiais propose la rédaction suivante :

Le Congrès émet le vœu que la littérature, tout en revêtant la forme qui paraîtra la plus convenable au développement de l'art et de la société, abjure toutefois, quant au fond, les doctrines immorales et les honteuses pensées de spéculation et de vénalité.

Le Congrès, sans prétendre imposer aucune loi, ni favoriser exclusivement aucun système, désirerait vivement voir les beaux talens qui président aujourd'hui aux destinées de la littérature se mettre eux-mêmes à la tête d'une réforme que tout rend désormais éminemment nécessaire.

Au point de vue du Congrès de Poitiers, l'art est avant tout destiné à moraliser les hommes et à préparer sans secousse la grande régénération humanitaire ; il applaudirait avec bonheur aux études consciencieuses, aux œuvres empreintes d'une foi pure, d'une haute morale, et d'une véritable inspiration ; il espère donc que sa pensée sera comprise et que l'art reprendra son rang dans le monde.

M. Duplesset lit quelques observations en réfutation de l'opinion émise dans la séance précédente. Il croit qu'un vœu du Congrès en pareille matière serait une dangereuse indiscrétion ; que si on peut reprocher de nombreux défauts à la littérature que l'on a qualifiée d'immorale, il ne faut pas oublier qu'il n'y a pas de lumière sans ombre. Il conclut à ce qu'on attaque la forme et non le fond, et surtout qu'on ne flétrisse pas plus une littérature qu'une autre.

M. Mesnard fils (de Poitiers) regarde ce vœu comme inutile.

Après avoir entendu sur la question MM. David de Thiais, Béra, d'Assailly, de la Liborlière, Isidore Le Brun, M. le président donne une nouvelle lecture du premier paragraphe, et se dispose à le mettre aux voix.

M. Jullien (de Paris) propose d'amender ainsi le premier paragraphe :

Le Congrès émet le vœu que la littérature, tout en revêtant la forme qui paraîtra la plus convenable au développement de l'art et à son but moral et social, s'abstienne toutefois, quant au fond, des doctrines licencieuses et immorales, et se dégage de l'esprit de spéculation et de vénalité qui trop souvent déshonore ses productions, quelles que soient les écoles et les genres auxquels elles appartiennent.

M. David de Thiais déclare se réunir à l'amendement de M. Jullien sur le premier paragraphe.

L'amendement est adopté.

M. le président met aux voix le second paragraphe de la proposition.

Un membre fait observer que le paragraphe qu'on vient d'adopter renferme les deux derniers paragraphes de la proposition primitive.

Un autre membre insiste pour que ces deux paragraphes soient mis aux voix. Ils ne sont point adoptés.

L'ordre du jour appelle la discussion de la question suivante présentée par M. F. Chatelain :

Examiner si l'institution de l'Académie de France à Rome, fondée par Colbert, répond encore aux besoins de notre époque.

M. Chatelain donne de nombreux détails sur l'Académie de France à Rome et sur sa direction. Il la montre se composant de vingt à vingt-cinq pensionnaires, administrée par un artiste qui prend le titre de directeur, dont les appointemens sont de six mille francs, qui a carosse à livrée royale, une table de six couverts, la possession et jouissance des appartemens du palais, un secrétaire-bibliothécaire dont le traitement est de deux mille francs avec le logement et la table. Il s'attache à démontrer que dans un moment où de sages économies dans l'administration gouvernementale sont le vœu de tous les bons esprits, il est bien d'éveiller l'attention publique sur cette académie, qui n'a d'académique que le nom et qui est une véritable sinécure. Les fonctions du directeur ne consistent qu'à presser l'exécution des travaux exigés par le règlement, qu'à donner ou refuser des congés aux pensionnaires, à leur payer leur pension, à veiller à l'entretien du mobilier et des bâtimens, à poser le modèle dans l'école publique de l'académie, et à passer les marchés pour les fournitures. La présence du directeur de l'école de Rome est si peu nécessaire dans la capitale du monde chrétien, que notre Horace Vernet a pu aller improviser des chefs-d'œuvre à Alger et à Anvers sans que l'école s'aperçût, pour ainsi dire, de son absence. Il montre les élèves logés très-mesquinement, n'ayant que des locaux fort petits, et forcés de louer à leurs frais des ateliers plus vastes lorsqu'ils veulent faire un grand tableau. Il blâme la contrainte qui leur est imposée de vivre dans l'intérieur du palais, et cela moyennant trois francs par jour qu'on leur retient; il fait voir qu'au moyen d'une autre retenue qu'on leur fait subir encore pour le cas de leur retour en France, ils reçoivent net soixante-dix francs par mois qui doivent servir à leur entretien et aux frais de modèle.

M. Chatelain entre dans divers détails sur les règlemens de l'académie; il s'attache à démontrer combien, après avoir pu être excellens en 1666, ils sont aujourd'hui un perpétuel non-sens. L'académie de Rome n'a et ne peut avoir d'influence par elle-même sur le talent de nos jeunes artistes, puisque sa direction est entièrement en dehors de l'art. Pourquoi grever le budget d'un fardeau inutile? L'argent employé à défrayer si largement l'académie de Rome, s'il était ajouté aux encouragemens à donner aux artistes, ne serait-il pas beaucoup mieux employé dans l'intérêt des arts et de ceux qui les cultivent? Pourquoi entraver l'essor du génie des artistes par des règlemens tracassiers, véritable anomalie dans le siècle présent, et qui sont même contraires à la saine morale, puisqu'ils imposent aux lauréats l'obligation expresse de ne point se marier avant l'expiration de la pension quinquennale? M. Chatelain cite, à l'appui de l'inutilité de l'exil à Rome, les derniers envois de cette école généralement d'une grande faiblesse.

M. Chatelain examine quel était l'état de la France, sous le rapport de l'art, en 1666, ce qu'il est aujourd'hui, et en tire la conclusion que l'école de Rome est une superfétation; il se résume en demandant qu'il plaise au Congrès de manifester le vœu de voir supprimer l'institution caduque de l'Académie de Rome, en laissant toutefois aux artistes, avec la faculté d'aller camper dans les lieux où les portera leur génie, l'intégralité de la pension quinquennale qui leur est accordée.

La proposition étant prise en considération, M. Duplesset dit qu'il regarde l'institution de l'Académie de Rome comme une institution utile aux progrès de nos artistes.

M. Isidore Le Brun fait observer que les derniers envois de l'école de Rome sont loin d'être satisfaisans, cependant il ne se prononce pas pour sa suppression. Peut-être il est possible, par une autre voie, de remédier aux abus signalés.

M. Fradin pense que la solution de la question aurait plus d'importance aux yeux de la science, si elle était préparée par l'émission d'une opinion de gens spéciaux. Le Congrès devrait éviter de la traiter. On demande la révision du règlement de l'Académie de Rome. A ses yeux, cette question est mesquine pour un Congrès scientifique. La conservation de l'école de Rome ne peut entraîner pour l'Etat qu'une dépense au plus de quelques mille francs qu'absorbent les frais d'administration; mais n'y a-t-il aucune compensation? Le beau ciel de l'Italie, qui a inspiré le génie des Michel-Ange et des Raphael, et la vue des grands monumens de Rome, ne jetteront-ils aucune semence dans l'âme de nos artistes?

M. F. Chatelain répond que l'élève devenu lauréat pourra, s'il le veut, rester pendant cinq ans à Rome. Il dit que la question est tout-à-fait de la compétence du Congrès, et surtout d'une section qui porte pour titre distinctif : *Beaux-arts ;* qu'au surplus la presse, à plusieurs reprises, a éclairé la discussion; que cette institution est devenue un abus. A toutes les époques, dans tous les pays, ce ne sont point ceux qui profitent des abus qui sont les premiers à les signaler et à demander qu'on les détruise.

M. Grille de Beuzelin (de Paris) se réunit à cette opinion. Il a long-temps séjourné à Rome, et il a pu entendre les artistes manifester le désir de voir détruire les entraves qui les tiennent garrottés. Il croit pouvoir affirmer qu'Horace Vernet lui-même a senti toute l'inutilité de l'institution qu'il dirige, et que depuis six ans, sa voix provoquant des réformes, n'a pas été entendue.

La discussion est fermée.

M. le président lit la proposition en ces termes :

Le Congrès émet le vœu de voir supprimer l'Académie de France à Rome, comme n'ayant plus le degré d'utilité qui a présidé à sa création. Il verrait avec satisfaction que la pension quinquennale qui est accordée par le gouvernement aux lauréats, leur fût intégralement conservée, avec faculté d'aller visiter sans entraves les lieux où les appellerait l'instinct de leur génie.

La section décide que ce vœu sera soumis à l'assemblée générale.

M. Isidore Le Brun est remplacé au fauteuil par M. Guerry-Champneuf, et il développe la proposition suivante :

Le Congrès émet le vœu, pour la propagation du goût, pour le progrès des études archéologiques et dans l'intérêt des artistes, que ceux-ci se livrent de plus en plus à des investigations dans les départemens.

« Les études et les travaux artistiques, dit M. Isidore Le Brun, sont-ils ce qu'ils devraient être? Une petite ville, pour avoir un palais de justice, doit consentir à la construction d'une colonnade avec fronton : quant à des salles spacieuses, bien distribuées, d'accès facile, l'architecte ne s'en met pas plus en peine que de raccorder son œuvre avec le site et l'étendue du terrain, avec les habitations voisines. Il en est souvent de même pour les bas-reliefs. Qu'un conseil de département veuille honorer, par l'érection d'une statue, la mémoire d'un savant ou d'un guerrier illustre, ce vote généreux ne sera pour le sculpteur qu'une occasion de faire du nu ou de la draperie, et s'il permet à un bout de costume moderne de se montrer, il exagèrera l'ampleur du manteau obligé. Rennes et Nérac doivent accepter et payer ce que des artistes conçoivent et arrangent dans leurs ateliers à Paris. Les peintres aussi voyagent peu; cependant, maîtres de leur travail, ils sont libres de compliquer ou de modifier les sujets mêmes qui leur sont indiqués. C'est à leur goût et à leur talent à tout disposer pour accuser constamment un caractère de nationalité. Aux expositions du Louvre, le public enfin est délivré des Grecs et des Romains ; mais on s'aperçoit tout d'abord que parmi plus de 2,000 toiles encadrées, à peine cinquante expriment une idée saisissante : on connaît à l'affluence des curieux les quelques tableaux qui, malgré un faire parfois défectueux, rendent des pensées morales, philosophiques, ou des faits bien français. Le public manifeste incessamment, sinon un goût toujours sain, au moins la volonté que le théâtre et les beaux-arts concourent à son instruction historique, en lui retraçant les mœurs, usages et costumes de ses pères ; et la plupart de nos villages, certains arrondissemens conservent beaucoup encore des XVI^e^ et XVII^e^ siècles. Cependant l'archéologie, désolée des ravages du temps et des dévastations, appelle souvent en vain des artistes de talent qui rendraient plus connues et plus chères les antiquités monumentales de la France. Quelques anciennes provinces sont privilégiées par ceux des artistes qui voyagent. A chacune des dernières expositions, on a compté de 60 à 80 vues et sujets appartenant à la Normandie ; la Bretagne, l'Auvergne et le Dauphiné ont eu ensemble presque autant de tableaux ou lithographies. Mais comme si les beaux sites de la Loire eussent retenu les artistes, deux chevaux de la race poitevine et l'amphithéâtre de Saintes ont été les seuls sujets empruntés aux départemens situés entre cette rivière et la Garonne. Les peintres et dessinateurs, plus empressés à entreprendre des voyages, ne réclameraient pas en vain, dans les principales localités, les conseils d'habitans très-occupés de tout ce qui se rapporte à l'histoire de leur pays : ils ne s'exposeraient plus à copier des *vues* de villes qui n'en sont que la caricature ; car il ne manque pas de lithographies faites d'après des tableaux qui ont reproduit des édifices curieux, mais gisans parmi des masures et dans des quartiers hideux ; et cela est exposé, vendu avec l'inscription *Ville de* ***. Les arts de dessin, long-temps occupes exclusivement d'orner et d'embellir les châteaux des riches, doivent accomplir leur haute mission d'éclairer le peuple ; et, pour l'instruire, il est nécessaire que les artistes voyagent, l'observent ailleurs que dans la capitale et les grandes villes. »

M. Simon (de Nantes) regarde cette proposition non comme

mauvaise en elle-même, mais comme parfaitement inutile. Les Eugène Deveria, Deroy, Duval Le Camus, étaient ces jours derniers parcourant la Bretagne ; de tous côtés la France voit arriver dans les départemens les artistes de la capitale, qui viennent y étudier les localités diverses : les artistes que réunit en ce moment Poitiers, dit l'orateur, prennent aussi de nombreux croquis ; et d'ailleurs pourriez-vous forcer les artistes à voyager ?

M. Isidore Le Brun dit que c'est un vœu qu'il émet, et qu'un vœu n'est pas un ordre. Il a cité des faits précis, qu'il est facile de vérifier par l'examen d'édifices publics nouvellement construits, de gravures qui sont colportées dans les départemens, et par la comparaison des livrets des expositions au Louvre. Déjà il a félicité *la Revue Anglo-Française* d'avoir révélé, par quelques dessins, que le Poitou et les provinces adjacentes contiennent des sites et des monumens bien dignes d'occuper le talent d'artistes habiles.

La proposition de M. Isidore Le Brun étant appuyée, est mise aux voix et adoptée.

## SÉANCE DU VENDREDI 12 SEPTEMBRE 1834.

### Présidence de MM. Isidore Le Brun et Guerry-Champneuf.

La section s'occupe d'une rédaction nouvelle sur le vœu tendant à imprimer une marche plus saine à notre littérature, l'assemblée générale lui ayant renvoyé la rédaction primitive comme incomplète.

Plusieurs rédactions, présentées par MM. David de Thiais, Ch. d'Assailly, Foucart, Sainte-Hermine, Duplesset, et Jullien (de Paris), sont tour à tour lues par M. le président, et donnent lieu à une nouvelle discussion. Sur la proposition de plusieurs membres, une commission spéciale est nommée pour présenter, séance tenante, une rédaction définitive. Cette commission, composée de MM. Jullien, d'Assailly, Duplesset, Foucart et David de Thiais, se retire immédiatement pour se livrer à ce travail.

La discussion est renvoyée au lendemain.

M. Isidore Le Brun demande à développer une proposition par lui faite et qui était portée à l'ordre du jour d'hier.

Il cède le fauteuil à M. Guerry-Champneuf.

M. le président donne lecture de cette proposition :

Le Congrès est d'avis que, dans ce siècle de l'industrie, il est instant que les expressions principales de la technologie soient employées, reproduites fréquemment, mais avec goût et suivant leur véritable acception, par l'enseignement classique et dans les ouvrages à l'usage des gens du monde.

M. Isidore Le Brun développe ainsi sa proposition : « Notre langue s'est formée principalement d'après les études classiques faites sur l'antiquité. Mais les anciens connurent imparfaitement les arts, ils les méprisèrent; encore au siècle de Justinien la pratique en était abandonnée aux esclaves. Si jamais l'on composait une technologie grecque ou latine, excepté Théophraste, Pline et Sénèque, les autres écrivains procureraient peu d'expressions et de renseignemens. Les manœuvres nautiques qu'ils ont décrites çà et là dans leurs œuvres, sont encore pratiquées par les matelots de la Méditerranée orientale ; mais la plupart des poètes grecs et latins n'ont guère demandé à l'industrie d'autres comparaisons que celles tirées de l'art du potier, du foulon, du barbier. — Inutile de citer Horace, Boileau, qui autorisent l'emploi de mots nouveaux pour exprimer des choses nouvelles. Le langage est fait pour la communication des idées, pour la transmission des connaissances. Combien d'expressions créées ou admises par nécessité depuis l'établissement du régime constitutionnel ! Alors que les progrès des arts de l'industrie sont rapides, constans, universels, la langue et le style doivent s'empresser d'adopter leurs expressions principales. Le temps est passé où les rhéteurs frappaient d'improbation tout ce que le style élevé, noble, réputait trivial ; les académies cherchent à se faire comprendre même du peuple : la période et la comparaison sont en discrédit. Cependant le manque d'études technologiques se fait remarquer fréquemment dans les ouvrages périodiques, dans les comptes rendus des expositions de l'industrie : les écrivains et les lecteurs ne comprennent pas les mécaniciens; ou bien la conversation s'empare d'expressions vagues, qu'elle détourne de leur véritable acception, et qui ne peuvent ainsi procurer des idées précises des choses. Sans doute, il faut que le goût soit sévère sur l'admission des expressions de la technologie, sévère dans l'emploi des comparaisons qu'il lui emprunte, afin qu'elle ne hérisse pas le langage de mots barbares ou dont l'étymologie serait obscure. Jamais la littérature dite maritime ne parviendra à faire recevoir l'argot des gabiers, quoique la langue de la nation la plus puissante par sa marine ne dédaigne pas tous leurs termes. Mais il s'agit des arts savans, de luxe, usuels, de ceux dont le voyageur s'empresse de visiter les fabriques, d'examiner les produits; et beaucoup de leurs expressions indiquent des faits, expliquent des procédés. »

M. Castaigne (d'Angoulême) rejette la proposition, quoiqu'il n'en désapprouve pas l'intention. Il croit apprécier bien les beautés et la richesse de la langue grecque, mais il lui semble qu'elle a déjà trop fourni de mots techniques dont la signification propre échappe aux gens du monde.

M. Cardin (de Poitiers) fait observer que c'est surtout chez une nation dont la langue n'est pas susceptible de mots composés et indicatifs des élémens de l'idée à exprimer, qu'il est utile de répandre la connaissance de la technologie. Il ajoute que c'est à la régularité et à l'exactitude du système de composition des mots, dans la langue allemande, que l'on doit l'avantage, dans les pays où elle est parlée, de pouvoir formuler des expressions techniques intelligibles pour tous : d'où il résulte que les livres de science y sont beaucoup plus répandus qu'en France.

M. Ch. d'Assailly (de Niort) s'oppose à la proposition. Des mots empruntés à chaque spécialité d'état ne peuvent qu'entraîner dans la langue des inconvéniens nombreux, une véritable confusion; le temps seul peut introduire graduellement les expressions techniques de science, d'art et d'industrie.

M. Maynard fils trouve la rédaction de la proposition un peu obscure ; il propose de lui substituer celle-ci :

Le Congrès émet le vœu que la connaissance de la technologie soit plus généralement répandue.

M. Fradin dit qu'à l'état de civilisation où nous sommes rendus, des notions élémentaires sur les sciences et les arts industriels doivent faire partie de toute bonne éducation ; l'historique des arts occupera probablement quelques-unes des leçons de nos professeurs d'histoire dans les divers degrés d'enseignement. La technologie s'introduira donc par cette voie.

M. Auguis s'oppose à l'introduction du vocabulaire de certaines professions, telles que celles de boulanger, de perruquier, dans la langue parlée ou écrite. Les termes employés par chaque état sont un véritable argot, incompréhensible pour la masse de la nation ; il importe de ne pas transporter dans le langage ordinaire le patois de chaque classe de la société. Si les écrivains de l'antiquité n'ont pas employé plus fréquemment des expressions technologiques, c'est qu'ils ne le voulaient pas : le goût le leur défendait, et Pline lui-même dut lui obéir.

M. Isidore Le Brun. « Pline l'ancien nous a conservé beaucoup de ces expressions tirées de la pratique des arts et de l'agriculture par des peuples étrangers à l'Italie. Si Virgile, si Tite-Live n'ont pas, à l'exemple d'Homère et d'Hérodote, nourri leurs ouvrages d'expressions technologiques, c'est à des motifs que le goût lui-même ne peut admettre, qu'il faut s'en prendre. Les poètes du siècle d'Auguste décèlent incessamment leur désir de pouvoir parler des arts de l'industrie ; en comparant Martial, Catulle, Horace et Juvénal avec Claudien, on jugera que celui-ci a su profiter de la pratique, plus connue de son siècle ; du tissage, de la broderie, de la fabrication, et aussi de l'art de la navigation. — L'honorable préopinant a cru pouvoir citer l'argot des perruquiers et boulangers. Précisément la 6e section du Congrès s'occupe en ce moment de la taxation du pain, et quelques-uns de ses membres sont allés chez des boulangers pour recueillir des renseignemens. D'autres discussions, une foule d'affaires, diverses fonctions publiques rendent nécessaires la connaissance précise et l'emploi fréquent des expressions technologiques. Et la proposition dit technologie générale ; elle ne parle pas de vocabulaire spécial à chaque état. Les salons retentiront d'expressions multiples et parfois très-vagues à l'usage des *dilettanti*, et ce serait souiller le langage que de s'entretenir de machines! Lequel de nos poètes contemporains a composé jusqu'ici une description complète et vraiment classique de l'emploi de la vapeur, cette invention qui prépare pour les temps nouveaux une révolution presque égale à celle qu'a produite la découverte de l'imprimerie? On dit la littérature frappée de stérilité, et elle n'a pas encore traité de l'industrie, puissance désormais inséparable de la civilisation. »

L'amendement proposé par M. Maynard est adopté.

M. David de Thiais, au nom de la commission nommée au commencement de la séance, présente la rédaction suivante, qui a obtenu l'assentiment de la commission :

Attendu que la nécessité d'une réforme littéraire, dans le sens de la morale et des vrais intérêts de la civilisation, est également sentie par la saine partie de la nation et les hommes éminens de notre littérature, quel que soit le genre ou l'école auxquels ils se rattachent :

Le Congrès émet le vœu de voir s'opérer cette réforme importante.

## SÉANCE DU SAMEDI 13 SEPTEMBRE 1834.

Présidence de M. Isidore Le Brun (de Paris).

L'ordre du jour est l'examen de cette proposition :

Quel est, dans l'intérêt de l'art dramatique, le meilleur mode d'organisation et d'administration des théâtres?

Après un rapport succinct de M. Robin, lecture est faite par M. Jullien du mémoire suivant adressé au Congrès par M. Michelot, ex-sociétaire du Théâtre-Français et professeur honoraire du conservatoire :

*Note sur la chute du* Théâtre-Français *et sur les moyens de le relever.*

Je m'étendrai peu sur les considérations qui se rattachent à l'existence politique du Théâtre-Français, ces considérations sont suffisamment comprises par tous les bons esprits. La chute de ce théâtre est la conséquence forcée de deux révolutions qui ont entraîné à la fois ce qu'elles devaient réédifier sur de meilleures bases, et ce qu'elles devaient être impuissantes à reconstituer ; tant il est impossible que le pouvoir gouvernemental, même bien intentionné, défasse et refasse tout en un demi-siècle ! Je m'étendrai plus longuement sur l'état moral du théâtre, parce qu'il intéresse davantage la classe à laquelle s'adressent mes réflexions. Dans son genre, la Comédie-Française fut l'établissement le plus prospère de l'Europe. Il est un de ceux qui contribuèrent à l'amélioration des mœurs en général, et à l'urbanité des salons en particulier. En fondant une des plus grandes gloires nationales, la Comédie Française devint, sans inspirer de jalousie à personne, l'admiration de l'Europe entière.

C'est à compter de 1793, de pénible mémoire, que près d'elle, autour d'elle, dans sa ville natale, l'envie, la médiocrité et la haine du beau ont ébranlé ses fondemens. Le personnel qui la composait alors échappa, comme par miracle, aux malheurs des temps, et on la vit de nouveau surgir et jeter un dernier rayon de gloire à l'ombre tutélaire d'une puissance dont le génie comprenait et fécondait tout. Elle succomba enfin pour ne plus se relever, quand elle fut considérée comme une simple entreprise commerciale, et abandonnée comme telle au sort de toute industrie mercantile. Tout le monde alors put pénétrer dans ce sanctuaire, réservé jadis à un petit nombre d'élus. Des auteurs sans littérature, des acteurs sans traditions, assaillaient depuis vingt ans le temple qui leur était fermé. Ils triomphèrent enfin ; mais ils s'ensevelirent sous les ruines de ceux qu'ils avaient vaincus. Le résultat de cette lutte devait être ce qu'il est. Des esprits judicieux avaient dit et publié que l'abandon de l'opinion publique, et par suite le mépris de ce qu'elle avait tant estimé, seraient le terme de cette prétendue rénovation de l'art.

Dans cet état de choses, la Comédie-Française n'exerçant plus d'influence sur la littérature et les mœurs, il fut facile de prévoir ce que deviendrait la langue, abandonnée aux plus déplorables excès, et la politesse d'un peuple fondée précisément sur la clarté, la pudeur et l'élégance de cette même langue. Depuis ce moment, les législateurs du langage ont perdu leur tribune publique, et, à l'avenir, les lois de l'Académie ne passeront plus le seuil de sa porte.

La partie éclairée de la nation vit ce désastre, en gémit, et sa plainte n'a pu trouver d'écho dans le pouvoir, parce que le pouvoir lui-même subit encore, après vingt ans, l'influence des opinions de ceux qui ont imposé aux autorités successives la chute du Théâtre-Français, comme un des gages de leur confiance. Cependant quelques hommes placés assez haut, et assez profondément touchés de la perte qu'ils n'osent avouer qu'en silence et en secret, ont essayé quelques remèdes. De l'argent a été donné, mais l'argent ne guérit que le mal des dettes; il ne constituera jamais la gloire des arts. Le pouvoir, entraîné par ses engagemens, ne pourrait pas même ostensiblement remettre aujourd'hui le théâtre sur des bases honorables; car il ne peut imposer à son tour aucune saine doctrine au public, sans être attaqué dans ses bonnes intentions. En voici la cause :

Le goût du théâtre est descendu trop bas dans les classes peu éclairées, et ces classes veulent et imposent leur théâtre partout. Cela explique assez comment elles ont envahi les places que les amateurs instruits s'étaient réservées au Théâtre-Français. Sera-ce ce même public, aujourd'hui possesseur des bancs du théâtre, où il faut lui parler sa langue, parce qu'il ne comprend qu'elle, qui restituera à la nation le titre d'arbitre du goût en Europe? Non; il conduira le théâtre dans l'abîme, où ses habitudes et son ignorance le tiennent encore plongé. Il y a loin de lui au peuple d'Athènes, que le législateur éclairait au flambeau des arts de l'imagination. Le nôtre, élevé tout entier au perfectionnement de l'industrie, à l'accroissement de son bien-être individuel, travaille sans cesse, de son intelligence et de ses mains, à accroître nos jouissances matérielles et les siennes. Cette tâche est assez belle pour qu'il s'en contente; mais, en général, les jouissances de l'esprit contribuent bien plus à nous faire aimer la vie que nos meubles et nos alimens, et les œuvres du goût et du génie ne peuvent prospérer que sous l'influence d'un autre ordre d'idées, que sous le patronage intellectuel des sommités sociales. Périclès, Alexandre, Auguste, Léon X, Élisabeth, Louis XIV et Napoléon, attestent cette vérité. Ce qu'un seul a fait dans son temps, l'intelligence collective peut le faire dans le nôtre.

Le théâtre est loin d'être ce qu'ont pensé, depuis trente ans, ceux qui en ont eu la haute administration. J'en excepte l'auteur du décret de 1807, qui seul l'a compris, comme je l'ai dit plus haut. Les tourmentes révolutionnaires lui ont fait prendre, à deux époques différentes, une direction politique exclusive. Les partis se le sont tour à tour arraché pour le combattre; voilà la cause de l'erreur où sont tombés les hommes chargés de l'administrer, et qui a détourné le théâtre du but de son institution primitive.

Voici ce qu'est le théâtre, ou, pour mieux dire, ce qu'il était et ce qu'il doit être dans une nation civilisée : une école complémentaire de ceux qui ont reçu une éducation complète. Le théâtre est un institut qui modifie à leur insu, et en les charmant, ceux qui sont en état de le comprendre. Il n'apprend rien de positif, comme les sciences, l'histoire, le monde et les mœurs ; il est le beau idéal de tout cela, ou il manque son but. Il est le rêve poétique de tout ce qui est vrai, sans jamais descendre à la vérité absolue, pour laquelle il n'est point nécessaire qu'il existe, puisqu'elle est partout sans lui. Le grand rôle que joue le théâtre, dans une nation, est dans l'art sublime de lui montrer la nature à travers un prisme enchanté, afin qu'elle vive dans la pensée publique, plus belle qu'elle n'est en effet, sans cesser d'être elle-même. C'est avec cette poésie que l'imagination soutient notre amour des choses de la vie, dont nous ne sommes que trop souvent désabusés dans notre existence positive ; c'est par cette poésie que nous aimons mieux nos semblables et que nous devenons meilleurs.

Les nations qui n'ont point de théâtre, ont l'*opium*. La raison et les lumières de l'Occident lui ont fait admettre la plus efficace de ces deux nécessités. Mais la Muse, qui donne des jouissances si pures, défend l'entrée de son temple à toute profanation. Or, plus le théâtre s'impose d'entraves, plus il atteint le but élevé de ses plaisirs et de ses leçons. Les peuples qui ont dû une grande part de leur civilisation au théâtre, avaient instinctivement cette opinion. C'était aussi celle de notre France, depuis 1650 jusqu'en 1814. Sous un autre rapport, il y a peut-être quelque ingratitude à cette même nation d'avoir brisé la tribune où les premières idées d'affranchissement se sont fait habilement entendre, où les plus courageux combats ont été livrés aux préjugés qui enchaînaient le monde.

Mais quand les œuvres qui doivent honorer une nation sont créées, suffisent-elles pour nos besoins et nos jouissances ? Non ; car Molière, Corneille, Racine et tant d'autres célébrités, sont dans la bibliothèque et dans la mémoire de beaucoup de monde, et semblent y être stériles, ou du moins, n'y laisser que le regret de ne pas les voir vivre de leur vie naturelle. L'action est donc aussi nécessaire aux productions du génie, qu'une belle âme semble l'être au corps le plus parfait. Nous sommes aujourd'hui arrivés à ce point de perversité du goût, que les chefs-d'œuvre sont inertes dans nos mains. La vie dont ils se revêtaient est éteinte. Point de théâtre possible, cependant, si cette vie ne renaît pas de sa cendre : car ce ne sont point les œuvres qui ont vieilli ; elles seraient encore jeunes de gloire et de beauté, si elles passaient par des bouches dignes d'elles. Ainsi, le théâtre est tout entier dans la manière d'exécuter ses chefs-d'œuvre. Le théâtre, c'est l'acteur, ou pour mieux dire, c'est l'œuvre devenue vivante de la vie de l'acteur. Si ce dernier est réduit, comme de nos jours, à l'état de machine parlante, de presse façonnée à débiter toutes les erreurs, où s'engage une littérature qui ne connaît de lois que celles de la licence et de l'oubli de toutes les convenances; s'il ne reçoit ses inspirations que des derniers degrés de la société; si son tribut d'éloges ne lui vient que des applaudissemens à gages et des spéculateurs journalistes, son retour à la dignité de son art est impossible, et le théâtre, qui est tout par lui, est perdu sans retour. Il faut l'abandonner alors, et le laisser descendre jusque dans les jeux du cirque, où le début de sa barbarie l'entraîne. Mais, si l'on comprend encore que de l'excès du mal peut renaître le bien, un effort sera fait par cette élite de la nation, toujours prête à se dévouer pour son bien-être et pour sa gloire.

Le titre d'acteur est une dignité théâtrale, qui n'est méritée qu'autant que l'acteur, indépendamment des facultés particulières qu'il tient de la nature, a fait de profondes études de son art, et que toute son éducation théorique reçoit son complément pratique pendant des années, du meilleur, du plus sûr et du plus infaillible des maîtres, *le public* ÉCLAIRÉ. C'est à lui qu'est départie cette tâche, et non à tout autre. On ne fait plus d'acteurs, depuis que ce public d'élite est déshérité du droit de juger, et que ses arrêts ne sont plus la loi du vulgaire; depuis que sa pudeur et le sentiment de sa dignité lui ont interdit le droit de se mêler d'affaires dans lesquelles l'*intrigue*, la *cupidité* et le *charlatanisme* étaient intervenus. Il s'est contenté de protester par sa retraite et son silence, contre ces trois plus grands ennemis des arts et des artistes.

Pour retrouver un jour des acteurs, voici ce qu'il faudrait faire. Choisir, parmi les jeunes gens qui se sentent appelés aux arts d'imitation, ceux qui, par un sentiment qui honore leur jugement, regrettent la perte d'un théâtre qu'ils n'ont point même vu, et dont ils souhaitent le retour par un noble instinct d'ambition littéraire. Après leur avoir donné l'instruction traditionnelle, qui ne tient plus, en France, qu'à un fil déjà prêt à se rompre, leur faire pratiquer le grand art de bien dire, appliqué à la grâce des convenances et à la noblesse du maintien, dans des représentations jouées devant un public spécial.

Un public de mauvais goût a le triste privilége de créer nécessairement des acteurs de mauvais goût. L'effet contraire est produit par une assemblée de personnes distinguées. Voici comment se donne la meilleure des leçons que puisse recevoir un artiste, même fort dans la théorie de son art. Une telle assemblée, par le seul aspect de sa décence et de sa bienveillance, révèle aussitôt à l'acteur un profond sentiment de ses devoirs. De ce premier effet naît, au sein de la crainte, un excessif désir de plaire, et tous les efforts de son imagination sont d'abord réglés, pesés avec une extrême réserve. A cette leçon, sa sensibilité s'exalte à un tel degré, que le silence même de l'auditoire l'instruit de ce qu'il fait bien et de ce qu'il fait mal, d'une manière plus sûre que le bruit des applaudissemens ou celui des sifflets. Chaque épreuve renouvelée lui donne fortement à penser, et fait changer en passion ce premier désir de plaire à des juges dont il s'est fait de jour en jour une si grande idée. Son intelligence, sans cesse irritée, se développe au milieu des anxiétés de cette passion. Le doute, ce sentiment qui naît de l'amour pur et qui est le plus grand ami du savoir, l'instruit chaque jour en lui montrant qu'il ne sait rien encore. Par ce moyen, le but principal qu'on se propose est atteint. L'art le plus secret et le plus difficile est révélé, et les talens distingués ne tardent pas à éclore.

Il faudrait le concours de quelques centaines de personnes d'un goût pur et éclairé, amis de la saine littérature, de la raison et de la morale publique, pour former cette association privée qui rendrait à l'art toute sa dignité. Les familles des associés partageraient les plaisirs qu'elles ne peuvent plus aller chercher dans les établissemens publics, sans s'exposer souvent à rougir. Des étrangers distingués seraient admis ou invités à ces solennités dramatiques. Deux ou trois ans de représentations de ce genre feraient surgir un ensemble compact de sujets qui serait véritablement l'œuvre du public, et dont la nation entière lui saurait gré. Cet ensemble serait le véritable fruit qu'on recueillerait, car c'est lui qui est l'art, et non les talens isolés ou séparés entre eux par des contrastes choquans qui, loin de servir à les faire valoir, diminuent chaque jour leur mérite. Ce patriciat des beaux-arts suppléerait à l'impuissance trop réelle de l'autorité, qui ne pourra qu'encourager de ses vœux le succès d'une telle entreprise.

Sans doute on ne tardera pas à envier l'entrée d'une réunion choisie, et chacun briguera l'honneur d'en faire partie : mais c'est à en maintenir la première fondation que le succès de l'avenir sera attaché. Rien en soi n'est plus inoffensif que cette aristocratie de l'esprit, dont les arts de goût s'entourent pour conserver leurs titres de noblesse. Elle est du genre de celles auxquelles un peuple civilisé ne renonce pas, parce qu'elle est toute de politesse et de formes sociales, parce qu'elle ne touche qu'à la surface et jamais au fond des institutions politiques. D'ailleurs la liberté, qui est pour tous, ne peut donner aux uns le droit de flétrir les arts, sans donner aux autres le droit de les honorer.

Si ces réflexions peuvent réclamer quelque intérêt de la part des personnes auxquelles elles seront soumises, l'auteur de cette note donnera le plan sur lequel il serait facile de fonder un *théâtre normal* au sein d'une société privée, d'un cercle de haute société, dont le siége serait au centre de la capitale, et qui réunirait en même temps les agrémens et les avantages que présente d'ordinaire ce genre de réunion.

M. Robin fait un rapport sur la brochure intitulée : *Projet d'une nouvelle organisation des théâtres dans les départemens*, et une discussion s'engage sur la question à l'ordre du jour.

MM. David de Thiais, Simon, Robin, Duplaisset et Isidore Le Brun sont entendus, et ensuite la section passe à l'ordre du jour sur la question elle-même.

La section émet le vœu que M. Théodore Pavie (d'Angers) soit entendu demain, en séance générale, pour donner un précis du voyage qu'il vient de faire dans l'Amérique du sud. L'émission de ce vœu sera présentée aujourd'hui à l'assemblée générale.

M. Jullien (de Paris) lit une pièce de vers de Mlle Elise Moreau (de Coulonges), intitulée : *Dernier Chant.*

Cette lecture est écoutée avec intérêt; la section décide qu'il sera fait mention, dans le procès-verbal, des remercîmens adressés par elle à Mlle Elise Moreau.

Deux propositions sont déposées sur le bureau, l'une de M. Grille de Beuzelin (de Paris) et l'autre de M. Cardin (de Poitiers).

La première est ainsi conçue :

Proposer, pour tous les chefs-lieux de département, la construction de galeries couvertes, décorées intérieurement de peintures à fresque représentant les traits principaux de notre histoire qui se sont passés sur le territoire du département avec des inscriptions explicatives des dates, et les portraits des hommes célèbres du département avec quelques mots de notices biographiques;

Dans le but, 1° de populariser la connaissance des principaux faits de notre histoire ; 2° de favoriser les études des artistes ; 3° de faire sortir de l'oubli la peinture à fresque, cet art si particulièrement monumental.

Une galerie du même genre serait construite à Paris et décorée des faits principaux de notre histoire générale de France.

## SÉANCE DU DIMANCHE 14 SEPTEMBRE 1834.

Présidence de M. Isidore Le Brun (de Paris).

L'assemblée entend la lecture d'une fable intitulée : *Le Chat et les Souris*, par M. Doussin, conservateur de la Bibliothèque de Poitiers.

M. de Lastic-St-Jal lit ensuite une pièce de vers, portant ce titre : *L'Indécision du Siècle*, envoyée au Congrès par M. Alphonse Le Flaguais ( de Caen).

La section vote des remercîmens aux auteurs de ces deux pièces de vers, et décide que mention en sera faite au procès-verbal.

La discussion est reprise sur la proposition de M. d'Assailly (de Niort). M. Chatelain croit qu'à cette proposition se rattache celle de M. Hippeau, formulée dans le compte rendu du Congrès de Caen, et que la priorité doit être acquise à cette dernière proposition.

En l'absence de M. Hippeau ( de Poitiers ), M. le président lit, dans le compte rendu du Congrès de Caen, et l'exposé des motifs, et la proposition elle-même. Cette proposition est ainsi rédigée :

Le Congrès exprime le vœu :

1° Que l'enseignement des colléges ne soit qu'une continuation, sans double emploi, de l'enseignement primaire supérieur, lequel suffirait aux jeunes gens qui ne se destineraient pas aux professions savantes, et servirait de point de départ à ceux pour lesquels une instruction classique serait nécessaire ;

2° Que l'enseignement des colléges, ainsi débarrassé des élémens des connaissances nécessaires à tous, et qui, dans l'état actuel, allant de pair avec les langues anciennes, entravent la marche des études, ne comprenne que l'étude, devenue alors spéciale, de ces langues, plus le développement plus étendu des sciences dont l'enseignement intermédiaire n'aura donné que des élémens ;

3° Enfin, que les facultés, recevant les jeunes gens ainsi préparés pour les hautes études, présentent le complément des études scientifiques et littéraires, et que les inscriptions prises à ces cours supérieurs soient obligatoires, selon leur spécialité, comme cela existe déjà pour le droit et la médecine, à tous ceux qui aspirent aux professions libérales et aux hautes fonctions publiques.

M. de Ste-Hermine (de Niort) demande l'ordre du jour sur cette question. On doit plutôt s'occuper de celle de M. d'Assailly, qui d'ailleurs est toute différente, et qu'il importerait de résoudre d'abord.

M. Jullien (de Paris) dit que la question ne lui paraît pas posée d'une manière satisfaisante ; elle devrait se réduire à l'émission d'un vœu tendant à ce que l'enseignement fût libre.

M. Guerry-Champneuf (de Poitiers) fait d'abord observer que la liberté de l'enseignement est promise par la Charte, et que par conséquent c'est un droit acquis, sur lequel on ne pourrait appeler les discussions du Congrès, sans entrer dans le domaine de la politique.

M. Guerry ne s'occupera donc que des moyens de corriger le système actuel de l'enseignement ; et, sur ce point encore, il ne proposera que des réformes faciles et peu nombreuses : car il ne faut pas renverser l'édifice en cherchant à le réparer.

La méthode des colléges lui paraît vicieuse. Dès qu'un enfant sait un peu lire et écrire, on lui met entre les mains une grammaire latine, on lui fait réciter des règles abstraites qu'il est incapable de comprendre. Il ne sait encore ni le français ni le latin, et on lui fait traduire du latin en français, et, qui pis est, du français en latin. Enfin on l'exerce continuellement sur des *mots*, avant qu'il ait pu acquérir aucune idée juste sur les *choses*. Il résulte de là que la plupart des élèves se dégoûtent de la science avant de la connaître, avant même d'en soupçonner les avantages. Ils passent d'une classe à l'autre ;

ils font ce qu'on appelle *leurs études ;* mais ils ne rapportent du collége aucune instruction solide, et, une fois qu'ils en sont sortis, ils n'ouvrent plus ces anciens auteurs, qu'on n'a pas su leur faire apprécier.

Cependant ils se présenteront dans les écoles de droit ou de médecine; ils y prendront des grades, car on n'osera pas les refuser après dix ou douze ans d'études classiques; et ils deviendront médecins et juges, aux dépens de qui il appartiendra. Cet abus ne peut être attaqué que dans sa racine, en refusant l'entrée des colléges aux enfans qui n'auront pas prouvé leur aptitude par des études préliminaires. Les femmes n'apprennent pas le latin, mais elles apprennent bien le français maintenant; et il n'est pas rare de voir des jeunes filles de dix à douze ans qui le savent parfaitement, tandis que souvent les jeunes gens qui ont passé dix ans au collège ne savent même pas l'orthographe.

Qu'un enfant ne commence l'étude des langues mortes qu'après avoir appris sa propre langue, les élémens de la géographie et de l'histoire, l'arithmétique, en un mot tout ce qui s'enseigne dans les écoles primaires supérieures; qu'il ne soit admis au collége qu'après avoir subi un examen sérieux sur ces matières, qui sont parfaitement à sa portée : il aura alors dix ou douze ans, un peu plus ou un peu moins selon ses dispositions naturelles; son esprit aura été convenablement préparé; son intelligence sera développée; il aura des notions exactes sur les peuples dont il va lire les livres; n'est-il pas évident que ses progrès seront plus rapides, plus sûrs, et que les études classiques en deviendront plus fortes ? Quatre ou cinq ans suffiront pour les langues mortes, et on les saura mieux qu'à présent. Mais ce changement si utile, si indispensable, qui l'entreprendra? Ne demandons pas à l'université d'essayer toutes les nouvelles méthodes qu'on lui propose ; ces expériences seraient trop périlleuses. Mais elle peut, sans le moindre danger, supprimer les *basses classes*, qui sont de création très-moderne, et décider qu'à l'avenir il faudra savoir le français pour commencer le latin dans ses colléges. L'industrie particulière, à qui on aura laissé plus de latitude, fera le reste: il s'établira de bons instituteurs privés, pour donner aux enfans ces connaissances préliminaires qu'on néglige trop aujourd'hui. Chacun d'eux choisira la route qui lui paraîtra la meilleure pour arriver à ce but; on ne demandera plus à un enfant où il aura étudié, mais ce qu'il aura appris; et les méthodes se perfectionneront peu à peu. La part de l'enseignement officiel serait assez belle dans ce système; il aurait donné l'exemple, il servirait de modèle, et les examens préparatoires lui conserveraient une grande influence sur toutes les écoles privées.

M. Béra (de Poitiers) dit qu'il est nécessaire d'établir une distinction entre les colléges royaux et les colléges communaux.

M. Foucart (de Poitiers) fait observer que la nécessité d'une réforme universitaire est généralement sentie, que depuis plusieurs années les hommes spéciaux s'en occupent, et que tout porte à croire qu'une loi sera bientôt présentée aux chambres sur cette matière importante.

« Mais, ajoute-t-il, on est loin d'être d'accord sur les modifications à apporter au régime actuel; il y a, sur ce point, des systèmes bien différens soutenus par des hommes très-capables et appuyés de raisons très-fortes. Ainsi, M. Guerry-Champneuf voudrait qu'on ne commençât le latin qu'après avoir appris le français; j'ai entendu des hommes pratiques soutenir le système opposé. M. Guerry voudrait que les élèves ne fussent admis aux colléges que lorsqu'ils auraient déjà acquis des connaissances assez étendues; des hommes également éclairés pensent au contraire qu'il y aurait plus d'avantage à ce que les enfans reçussent les premiers élémens dans les établissemens où ils complèteront leurs études, parce qu'on pourrait beaucoup mieux coordonner l'enseignement.

» Je n'entends point porter un jugement sur ces questions, qui ne me semblent pas de nature à être résolues dans une discussion improvisée; je signale seulement leur importance, et je fais observer que la proposition de M. Guerry, qui peut d'ailleurs être fort bonne, est incomplète parce qu'elle ne porte que sur une partie de l'enseignement; je crois qu'elle doit être consignée dans les procès-verbaux, mais seulement à titre de renseignement, et que la section ne peut voter sur une proposition qui n'est qu'un fragment de système et qui pourrait ne plus être en harmonie avec le système complet que l'on croirait devoir adopter. »

M. d'Assailly regarde la proposition de M. Guerry comme une proposition nouvelle.

M. Guerry-Champneuf pense qu'il ne faut pas trop embrasser à la fois; que s'il se trouve un seul changement facile à opérer, il faut le saisir, une première amélioration en amenant une seconde.

L'honorable membre cite nombre de professions qui peuvent se passer de la connaissance des langues anciennes. Il serait urgent de supprimer dans les colléges depuis la 9$^e$ jusqu'à la 6$^e$, et peut-être même la 5$^e$, pour n'admettre dans ces colléges, après examen satisfaisant, que les jeunes gens qui se destinent aux hautes études universitaires, et qui auraient montré la capacité qu'elles exigent.

M. d'Assailly, après s'être rangé de l'opinion de M. Foucart, dit que le Congrès doit réclamer la liberté d'enseignement, comme un des besoins les plus impérieux de la France.

M. Foucart. « La liberté d'enseignement est consacrée par la charte, le Congrès n'a donc point à voter sur un principe qui est désormais hors de toute contestation. »

M. d'Assailly. « Mais ce principe n'est point appliqué. »

M. Foucart. « L'on n'a pu faire immédiatement après la révolution de 1830 toutes les lois promises par l'art. 65 de la charte; et, en attendant que des lois nouvelles soient votées, il faut bien appliquer les anciennes, pour ne pas tomber dans l'anarchie. Déjà les promesses de la charte ont été exécutées, relativement à l'instruction primaire, par la loi du 28 juin 1833, que l'on s'accorde, sans distinction d'opinions politiques, à considérer comme la meilleure de toutes celles qui ont été rendues sur cette matière.

» L'enseignement des colléges royaux et l'enseignement supérieur sont encore régis par les décrets de l'empire et les ordonnances de la restauration. J'avouerai sans peine que le principe de la liberté d'enseignement n'y est pas assez respecté; mais il faut reconnaître que, dans la pratique, l'administration n'use qu'avec la plus grande réserve des droits que lui confère la législation actuelle, et qu'en fait tout homme remplissant certaines conditions de capacité et de moralité a le droit d'ouvrir un établissement où l'on enseigne tout ce qui est enseigné dans les colléges royaux. Sans doute il est à désirer que le principe de la liberté d'enseignement soit organisé par des lois; j'unis mes vœux, sur ce point, à ceux du préopinant; mais je ne crois pas que le principe lui-même puisse être l'objet d'un vote.

» Revenant à la proposition de M. Guerry, je dirai qu'il est à craindre qu'un examen subi par de très-jeunes enfans, à une époque où leurs dispositions naturelles ne sont pas encore développées, n'éloigne des colléges royaux un grand nombre d'enfans qui, plus tard, à l'aide du travail, auraient fait des sujets distingués. »

M. Guerry-Champneuf soutient qu'on doit mettre un peu haut les conditions d'admission; que c'est le seul moyen de préparer les élèves à de bonnes études.

M. Cardin appuie l'opinion de M. Guerry. Dans les ouvrages des anciens, il ne suffit pas de la connaissance de la langue, il faut encore l'étude de l'histoire; il est nécessaire de l'apprendre d'abord avant d'étudier les langues anciennes. Si les Romains étaient encore existans, si leur civilisation était encore la nôtre, l'étude de leur langue serait facile, il n'y aurait aucun inconvénient à permettre cette étude au premier âge; mais la civilisation, les mœurs des Romains sont une étude qui complique d'autant les difficultés de leur idiome; on ne doit donc permettre de telles études à la jeunesse qu'après l'y avoir convenablement préparée.

M. d'Assailly demande que sa proposition, tendant à réclamer la liberté de l'enseignement, soit d'abord mise aux voix.

M. Guérinière (de Paris) dit que la proposition de M. Guerry est une proposition particulière; que celle de M. d'Assailly, au contraire étant plus générale, il convient de lui donner la priorité.

M. Nicias Gaillard (de Poitiers). « On insiste pour que le Congrès demande la liberté de l'enseignement. Nos lois sont allées au-devant de ce vœu. Elles ont proclamé en principe que l'enseignement serait libre. Déjà ce principe a été mis en action, quant à l'instruction primaire; il le sera de même dans les autres parties de l'enseignement, à une époque et sous des conditions qu'il faut laisser à la sagesse du législateur le soin de déterminer.

» La proposition de M. Guerry me semble donc être la seule qui soit véritablement en discussion.

» Je ne révoque point en doute l'utilité de l'étude des langues anciennes; mais je suis de l'avis de ceux qui pensent qu'on pourrait employer moins de temps à les apprendre, et cependant les apprendre mieux. Que la durée de l'instruction soit plus courte, mais qu'elle soit mieux remplie; qu'au lieu de prélever huit années sur l'enfance, au profit du grec et du latin, on n'admette à cette étude qu'à l'âge où les progrès de l'intelligence la rendront plus facile et plus profitable; alors nos enfans sauront mieux les langues anciennes, dont ils n'auront pas eu le temps de se dégoûter avant d'avoir pu les comprendre; et ils emploieront ces trois ou quatre années qu'on leur rendra à des études plus en rapport avec leur âge.

» Je partage donc, sur plusieurs points, l'opinion développée par M. Guerry. Sa proposition se rapproche beaucoup du plan tracé par La Harpe, en 1791, dans le *Mercure de France*, et qui se trouve à la suite de son *Cours de Littérature*. La Harpe pensait, aussi lui, que rien n'est moins accessible à l'intelligence des enfans que la métaphysique de la grammaire et de la syntaxe. Il demandait qu'on ne fût admis dans les colléges, pour y étudier les langues, qu'à l'âge de neuf ans, après avoir reçu, pendant cinq années, dans les *premières écoles*, l'instruction morale et religieuse, et y avoir appris la lecture, l'écriture, l'arithmétique, la géographie, surtout celle de la France, et les élémens de l'histoire, dont il voulait qu'on mêlât l'étude à celle de la géographie.

» Les *premières écoles* de La Harpe devaient être, comme les colléges, établies et entretenues aux frais de l'administration. M. Guerry semble abandonner exclusivement les siennes à l'industrie particulière. Le principe de la liberté de l'enseignement veut qu'il y ait des écoles privées à côté des écoles publiques, et qu'on soit libre de préférer les unes aux autres : il n'exige rien de plus. Il convient à tous les systèmes que l'Etat ait, à chaque degré de l'enseignement, des maîtres et des méthodes. Là où l'enseignement est libre, on n'a plus le droit, sans doute, d'imposer aux pères de famille des instituteurs qu'ils n'ont pas choisis. Mais l'Etat reste toujours chargé de l'éducation publique. Les hommes auxquels il délègue ce soin peuvent n'avoir pas besoin de priviléges; tout bon citoyen doit désirer qu'il leur suffise de la persuasion des bons exemples et de ce légitime moyen d'influence qu'assurent les lumières et la probité.

» De cette manière, les écoles publiques, loin de nuire aux écoles privées, leur seront utiles en leur inspirant une salutaire émulation. Elles vaudront par le bien qu'elles feront et par celui qu'elles feront faire.

» M. Guerry voudrait qu'on ne pût être admis dans les colléges qu'après un examen constatant qu'on possède les connaissances qui se donnent dans les écoles primaires *supérieures*; c'est-à-dire, outre l'instruction morale et religieuse, la lecture, l'écriture, les élémens de la langue française et du calcul, le système légal des poids et mesures (toutes choses que comprend l'instruction primaire *élémentaire*), les élémens de la géométrie et ses applications usuelles, spécialement le dessin linéaire et l'arpentage, des notions des sciences physiques et de l'histoire naturelle applicables aux usages de la vie, le chant, les élémens de l'histoire et de la géographie, et surtout de l'histoire et de la géographie de France. ( Art. 1er, loi du 28 juin 1833. )

» Peut-être est-ce beaucoup exiger d'un enfant, surtout si on lui ouvre les colléges aussitôt qu'il aura accompli sa neuvième année, ainsi que le propose La Harpe. Les enfans ont, sans doute, une facilité étonnante et surtout une admirable mémoire; mais il vaut mieux qu'ils sachent bien que beaucoup. La variété dans les sujets d'étude est un puissant attrait pour l'esprit; mais ne serait-il point à craindre qu'en allant trop souvent d'une matière à une autre, l'enfant ne s'attachât à aucune, et qu'on ne lui fît tout perdre pour avoir voulu lui donner trop?

» La proposition me semble devoir être modifiée sous un autre rapport. Je la trouve trop absolue.

» On sait à quel point les intelligences sont diverses, et combien les enfans sont loin d'avoir pour toutes les études la même aptitude et le même goût. Il en est en qui l'on reconnaît, de bonne heure, de grandes dispositions pour les lettres, et qui, soit répugnance naturelle, soit incapacité relative, ne réussiront jamais dans les sciences. Faudrait-il donc interdire à un enfant l'étude du grec et du latin parce qu'il ne *posséderait* pas les élémens de la géométrie, ou bien parce qu'il *dessinerait* ou *chanterait* mal?..... Je veux qu'il soit permis de lui enseigner ce qu'il apprendra bien, quoiqu'il ne sache pas ce que, d'après la tournure particulière de son esprit, il a pu et peut-être dû mal apprendre. »

M. l'abbé Cousseau ( de Poitiers ) apprécie la proposition de M. Guerry, tout en manifestant la même crainte que M. Nicias Gaillard.

M. Isidore Le Brun dit qu'il faut composer avec l'adolescence; qu'on passerait, sans doute, sur la faiblesse des réponses sur une partie des études primaires, si d'ailleurs l'élève donnait des indices de capacité. Il ajoute que le père de famille qui s'abuse souvent et qu'il est si aisé d'abuser sur ce qu'on appelle *vocation*, serait éclairé, par l'examen, sur l'aptitude de son fils à exercer un jour telle ou telle profession. — L'examen pour passer d'une école dans une autre, comme pour monter de classe en classe, est le plus puissant moyen d'application et d'émulation : il est bien d'y former même le jeune âge. Jusqu'ici l'examen a peu produit ce qu'il doit procurer. Devenu ridicule sous les anciennes universités, il fut aussi rendu trop facile dans les écoles centrales et les premiers lycées : c'est par les écoles de haut enseignement qu'il s'est manifesté. Ce qu'il serait instant d'empêcher, même quant à l'instruction secondaire, ce sont les leçons préparatoires, telles que la spéculation mercantile en a établi; véritable auxiliaire de la paresse, qui improvise en quelques semaines, et moyennant un salaire débattu, des gradins universitaires.

M. Guerry-Champneuf insiste sur la nécessité de n'admettre, dans les colléges, que des enfans arrivés à un certain âge, et reconnus capables sur les différens objets de l'instruction primaire.

M. Maynard père (de Poitiers) donne quelques détails sur les écoles primaires; il résulte de ces explications que la connaissance du dessin linéaire est une chose si facile à acquérir dans le jeune âge, que l'enfant y sera nécessairement formé au moment de l'examen.

M. Nicias Gaillard : « Je n'ai pas songé à contester l'utilité du dessin linéaire. Je l'ai seulement pris pour exemple, ainsi que le chant et la géométrie, afin de prouver que l'admission de l'enfant à l'étude des langues anciennes ne devait pas dépendre d'un examen constatant qu'il possède tout ce qui constitue l'instruction primaire supérieure. »

M. Guerry ajoute que le dessin est une sorte d'écriture utile dans beaucoup de professions, et qu'il serait presque honteux de l'ignorer, dans un temps où il s'enseigne dans toutes les écoles primaires des villes.

M. le président engage M. Guerry-Champneuf à formuler son vœu, et met aux voix la rédaction suivante qui est adoptée :

Le Congrès exprime le vœu que les enfans ne puissent être admis dans les colléges de l'université, pour y étudier les langues anciennes et suivre l'enseignement secondaire, qu'après un examen constatant qu'ils possèdent les connaissances qui se donnent dans les écoles primaires du degré supérieur.

SÉANCE DU LUNDI 15 SEPTEMBRE 1834.

Présidence de M. Isidore Le Brun (de Paris).

M. le vicomte de Lastic-Saint-Jal (de Niort) a la parole pour un rapport sur le mémoire présenté par M. le comte Raoul de Croy, au nom de la société libre des beaux-arts, mémoire qui contient l'examen de cette question :

Quel est le meilleur mode de propager les beaux-arts ?

M. le vicomte de Lastic-Saint-Jal analyse rapidement ce mémoire. « Il faut aux beaux-arts, dit l'auteur, des encouragemens en rapport avec nos mœurs et notre situation sociale, si nous voulons que leur effet soit durable. Il leur faut une existence plus intime, plus liée avec la nôtre. Nos monumens sont à conserver et à embellir, des trésors y sont enfouis ; on ignore la valeur des objets les plus curieux. En rattachant le goût des arts à des bases certaines, on consolidera leur existence. Mais pour que ce goût se propage, descende jusqu'à la classe populaire, il est nécessaire de mêler l'intérêt à l'étude. Des rapports plus fréquens avec le public sont indispensables pour atteindre ce but ; ils s'établiraient par des expositions annuelles, par des moyens de débouchés mieux combinés et moins étroits. Ces encouragemens ouvriraient des voies de propagation indépendantes du gouvernement. »

L'honorable rapporteur conclut à ce que, vu la clôture prochaine des travaux du Congrès de 1834, la section renvoie au Congrès prochain la solution d'une question aussi importante.

Cette proposition étant adoptée, il est décidé que la question sera mise au programme des travaux du prochain Congrès.

M. de Ste-Hermine (de Niort) propose l'adoption de ce vœu :

Le Congrès scientifique de France émet le vœu que les départemens aient désormais une plus large part dans la distribution des fonds qui sont accordés, chaque année, au gouvernement pour encourager les sciences, les arts et les lettres. Il pense qu'il faut activement favoriser le mouvement intellectuel qui se manifeste sur tous les points de la France, et seconder ainsi l'établissement de nouveaux centres de civilisation, destinés à détruire les fâcheux effets du monopole que la capitale a long-temps exercé sous ce rapport.

Après avoir entendu les développemens donnés par M. de Sainte-Hermine, la section adopte ce vœu et décide qu'il sera porté à l'assemblée générale.

L'ordre du jour est la suite de la discussion sur la proposition de MM. d'Assailly et Hippeau.

M. Hippeau ( de Poitiers ) reproduit les principaux argumens qui ont décidé le Congrès de Caen à porter au Congrès suivant la proposition dont il est l'auteur ; il regarde comme une chose indispensable de coordonner les trois enseignemens qui se donnent en France , et développe la nécessité de cette réforme.

M. d'Assailly ( de Niort ) demande que le vœu par lui exprimé dans la séance d'hier soit mis aux voix ; il est ainsi formulé :

Le Congrès exprime le vœu que le principe de la liberté d'enseignement soit mis en pratique, le plus promptement possible, comme un des besoins les plus impérieux de la France.

M. Hippeau propose la rédaction suivante :

Le Congrès émet le vœu que le gouvernement présente, le plus tôt possible, la loi qui doit régler la liberté de l'enseignement.

Après un débat auquel prennent part MM. Foucart, Isidore Le Brun, Hippeau, Chatelain, Grellaud et plusieurs autres membres, la rédaction de M. Hippeau est mise aux voix et adoptée.

L'ordre du jour appelle la proposition de M. d'Assailly, portant :

1o Que le gouvernement établisse dans chaque chef-lieu d'académie, et notamment à Poitiers, des chaires pour l'enseignement supérieur des sciences et des lettres ;

2° Que tout docteur de l'une de ces facultés ait droit d'enseigner concurremment avec les professeurs en titre ;

3° Que les inscriptions prises, en suivant les cours des professeurs non rétribués, donnent droit aux diplômes des divers degrés, après examen subi dans la forme actuelle.

M. d'Assailly développe sa proposition. Il examine si la liberté d'enseignement existe en France ; il la voit bien en théorie, mais il la cherche en vain dans la pratique. A l'étranger, au contraire, elle n'existe pas en théorie, elle n'est pas écrite dans la loi, mais elle existe en pratique. L'orateur cite l'Allemagne où les soldats de fortune de la science, qui vivent de la science comme les militaires de leur épée, ont la faculté d'arriver à l'enseignement, après l'accomplissement d'une formalité qui n'a rien que de superficiel.

M. de la Liborlière (de Poitiers) dit que lors de la formation de l'Université, il existait, dans toutes les académies, des facultés des lettres, mais que vu le manque d'élèves, on a supprimé ces facultés comme une charge inutile pour l'État.

M. Grellaud (de Poitiers) est d'avis de multiplier les centres de lumières ; il lui semble utile de réunir, aux mêmes lieux, les différentes parties de l'enseignement, et cela même dans l'intérêt des savans qui composent une Université, et qui entretiendront mieux encore le foyer de la science. La question financière ne doit pas être envisagée, quand un avantage moral la rend tout-à-fait secondaire.

M. Abel Pervinquière (de Poitiers) approuve une partie de la proposition de M. d'Assailly. Il relève l'assertion de l'honorable membre sur l'Allemagne. Il ne suffit pas, dans cette contrée, d'être docteur pour faire un cours, le docteur est obligé préalablement de soutenir un acte. La proposition de M. d'Assailly paraît à M. Pervinquière beaucoup trop générale. On peut suivre l'exemple des universités allemandes, mais n'aller pas au delà.

M. Guerry-Champneuf voudrait que l'enseignement des lettres et des sciences fût complet dans nos vingt-sept académies, ou au moins dans celles qui ont déjà une faculté de droit ou de médecine. Ainsi les jeunes gens ne seraient plus obligés d'aller achever leurs études à Paris, où ils sont environnés de tant de dangers; et nos provinces ne pourraient qu'y gagner sous tous les rapports.

M. d'Assailly soutient qu'en Allemagne les docteurs ne sont pas obligés de subir un examen, mais bien seulement d'envoyer une dissertation; que cette obligation est purement de forme; que les cahiers soumis sont rendus immédiatement, revêtus du visa du recteur. Il invoque à ce sujet le témoignage de M. Cousin, qui a publié récemment un rapport sur les écoles d'Allemagne.

M. Hippeau fait observer que si toutes les facultés étaient réunies dans une même ville, les professeurs n'auraient pas d'auditeurs.

M. Foucart. « J'adopte en principe les deux premières parties de la proposition de M. d'Assailly.

» Il serait fort important qu'il existât dans les départemens, et surtout dans les villes où il y a une réunion nombreuse de jeunes gens, un plus grand nombre de chaires du haut enseignement. On a dit que des chaires de cette nature avaient déjà existé, et qu'on avait été obligé de les supprimer faute d'auditeurs. Sans rechercher si la faute venait des professeurs ou des auditeurs, je dirai qu'on avait eu le tort de créer des facultés complètes, ce qui était très-coûteux et ce qui donnait lieu à l'établissement de chaires qui sont peut-être bien placées à Paris, mais qui n'ont pas un intérêt assez général pour les départemens. Il faudrait donc créer des chaires de science, de littérature ou d'histoire, suivant les besoins des localités; ainsi à Poitiers, où il existe une faculté de droit et une école secondaire de médecine, des chaires de haute littérature, d'histoire, de physique et de chimie, seraient suivies avec beaucoup d'intérêt et de fruit par un grand nombre de jeunes gens, et je ne doute nullement que les professeurs, s'ils étaient à la hauteur de l'enseignement des facultés, ne réunissent autour d'eux un auditoire nombreux.

» Je crois aussi qu'il serait bon qu'il y eût, en dehors des facultés de droit, des cours libres professés, non par des licenciés, mais par des docteurs. Les professeurs des écoles de droit s'en applaudiraient eux-mêmes dans l'intérêt de la science ; les professeurs libres, n'étant point obligés de proportionner leurs leçons au temps d'étude exigé par les règlemens universitaires, pourraient, comme cela a lieu dans les Universités allemandes, s'appliquer à traiter à fond les matières les plus importantes du droit : ainsi, par exemple, l'un d'eux pourrait consacrer un cours de quelques mois à étudier le système hypothécaire ; un autre approfondirait les successions, ou bien encore traiterait une matière spéciale, non comprise dans l'enseignement des facultés, telle que la loi sur le notariat, etc. Ces *privat-docenten*, comme on les appelle en Allemagne, ayant ainsi les moyens de se former à l'enseignement, fourniraient d'excellens professeurs aux facultés de droit, lorsque des chaires seraient mises au concours. L'enseignement privé deviendrait ainsi le noviciat de l'enseignement public. Mais encore ici je ferai observer que la faculté qu'on réclame existe en fait, et qu'un simple licencié peut obtenir la permission de professer, qui n'est guère refusée aujourd'hui ; toutefois il serait bon que le droit d'enseigner fût organisé par une loi qui prescrirait les conditions que devraient remplir les *privat-docenten*.

» En m'unissant à M. d'Assailly sur ces deux points, je combats la liberté qu'il réclame, pour les jeunes gens, d'étudier où ils voudraient, ou plutôt de ne pas étudier du tout. Ici j'ai pour moi la pratique de tous les jours et la connaissance du caractère des jeunes gens ; s'ils ne sont pas forcés de se livrer à l'étude, ils ne le font pas. D'après les règles universitaires, les étudians sont obligés de suivre les cours, et ils ne peuvent être admis aux examens si, pendant leur temps d'étude, ils ne l'ont pas fait avec assiduité. Les certificats d'étude émanés des professeurs particuliers seraient complètement illusoires, car il est bien certain que celui-là aurait le plus d'élèves qui serait le plus facile à accorder des certificats ; et il vaudrait mieux supprimer une vaine formalité, que d'introduire une règle dont le seul résultat serait d'augmenter le nombre des certificats de complaisance, déjà trop nombreux dans la société.

» Mais, dira-t-on, les examens suffiront, et les professeurs de faculté pourront toujours repousser les incapables. Je répondrai que, si les jeunes gens peuvent se dispenser de fréquenter les écoles de droit, ils resteront chez eux; cela sera beaucoup plus économique. Puis, quand il sera question de passer des examens, ils liront quelques livres qu'ils ne comprendront pas, ou bien prendront quelques leçons des praticiens du lieu : or, il n'en est pas de l'enseignement du droit comme d'un enseignement élémentaire; on trouvera à peu près dans toutes les villes un homme qui enseignera les élémens du français, du latin, des mathématiques; mais où ira-t-on chercher des professeurs de droit? La pratique du barreau et de la magistrature, qui absorbe ordinairement ceux qui s'y livrent, ne donne pas les qualités requises pour l'enseignement du droit; le professorat dans cette matière exige des études longues et spéciales. Vous aurez donc des jeunes gens qui croiront avoir appris quelque chose, et qui viendront à vingt ou vingt-cinq ans prendre des grades pour lesquels ils seront tout-à-fait incapables.

» Qu'arrivera-t-il alors? Ils seront repoussés par les professeurs, et, déjà parvenus à un âge avancé, il leur sera impossible de recommencer des études mal faites; quelquefois du grade qu'ils voulaient prendre dépendait leur avenir, et leur établissement est manqué. Si la sévérité des professeurs n'est pas à l'épreuve de ces considérations, voilà des hommes incapables qui entreront dans le barreau ou dans la magistrature. Et qu'on ne se fasse pas illusion, le plus grand nombre des jeunes gens sera dans ce cas; si l'on a besoin de preuves, que l'on consulte l'expérience et qu'on demande à nos anciens ce qu'étaient, avant la révolution de 1789, ces facultés de droit dans lesquelles les étudians qui voulaient être admis aux grades, prenaient le même jour douze inscriptions en faisant douze faux, et subissaient une thèse dont les argumens étaient communiqués. Cependant ces facultés étaient composées d'hommes honorables : mais l'abus était tellement enraciné, qu'il ne leur était pas possible de ne pas s'y soumettre. Voilà où nous reconduirait le système de M. d'Assailly, en abolissant les règles qui ont fait des études du droit quelque chose de sérieux. »

M. le président lit le premier paragraphe de la proposition de M. d'Assailly, paragraphe qui se trouve ainsi rédigé :

Le Congrès émet le vœu que le gouvernement établisse, dans chaque chef-lieu d'académie qui possède une faculté de droit ou de médecine, des facultés pour l'enseignement supérieur des sciences et des lettres.

M. Isidore Le Brun fait observer que des décrets ont bien pu créer des facultés, mais non leur procurer des auditeurs, même gratuits; en outre, que des cours de belles-lettres auraient fort peu de corrélation avec les études médicales, et que du moins il conviendrait de rédiger ainsi le paragraphe : *pour l'enseignement supérieur des sciences ou des lettres.*

Ce paragraphe, ainsi rédigé, est mis aux voix et adopté.

Le deuxième paragraphe donne lieu à une discussion.

MM. Hippeau, Abel Pervinquière, Foucart et F. Chatelain, demandent qu'il soit inséré dans ce paragraphe une garantie de capacité. MM. d'Assailly et Guerry-Champneuf combattent cette demande comme inutile, attendu que le grade ne doit être conféré qu'à ceux qui ont fait preuve de capacité, et que d'ailleurs un docteur incapable, s'il s'en trouvait, n'aurait pas d'auditeurs.

Le deuxième paragraphe, mis aux voix, n'est pas adopté.

Le troisième paragraphe, n'étant que la conséquence du premier, n'est pas mis aux voix.

## SÉANCE DU MARDI 16 SEPTEMBRE 1834.

Présidence de M. Isidore Le Brun (de Paris).

M. le président lit la proposition de M. Cardin ; elle est ainsi conçue :

Inviter le gouvernement à faire rédiger, sous la direction de l'Institut, un dictionnaire historique de la langue française, indiquant, par des citations tirées des manuscrits des divers siècles, l'altération de sens et de forme des expressions, et déterminant ainsi le caractère inhérent à la langue française et celui qu'a pu lui imprimer plus tard l'influence de la littérature ancienne et étrangère.

M. Cardin. « Le projet que je présente se lie d'une manière intime avec les collections des historiens de France, des ordonnances de nos rois, des chartes et traités de paix ou d'alliance, et avec l'histoire littéraire de France : là sont consignés les souvenirs politiques, législatifs et littéraires de la nation; ils seraient incomplets si ne venaient pas s'y joindre ceux des opinions successives qui ont eu cours parmi elle et des modifications de sa vie privée. Ce dictionnaire devrait donc offrir, sur chaque mot, l'indication des plus anciens manuscrits où il se trouve employé, et celle des variations de sens et de formes par lesquelles il a passé, pour arriver à sa valeur actuelle. Des citations, puisées dans les écrits émanés des différens siècles, établiraient avec exactitude et précision quelle a été la chaîne des idées attachées successivement à chaque terme, et quelles altérations matérielles il a subies, jusqu'à ce qu'il ait revêtu sa forme actuelle. On pourrait ainsi nettement distinguer le caractère essentiel de la langue française et résultant du peuple qui l'a formée, de celui qu'elle a reçu depuis la renaissance des lettres, de l'influence de la littérature ancienne et étrangère. Les premiers matériaux de ce travail existent dans les écrits de Sainte-Palaye, Bréquigny et Mouchet. Il serait facile au gouvernement de joindre à cette collection qu'il possède déjà, les manuscrits dépositaires des recherches du savant Charles Pougens. On compléterait les documens nécessaires, en chargeant 1° la commission de l'Institut à laquelle a été dévolu le soin de publier des notices sur les manuscrits de la Bibliothèque royale; 2° celle qui s'occupe de la rédaction du Dictionnaire de la langue usuelle; 3° les chefs et les élèves de l'Écoles des Chartes, les archivistes des départemens et des villes, de faire passer, tous les six mois, à la commission de rédaction du dictionnaire historique de la langue française, un état des passages où ils auraient rencontré des expressions, soit inconnues jusque-là, soit employées dans une signification ou sous une forme différente. Semblable appel serait fait aux savans qui se livrent à des études analogues. »

M. Nau de la Sauvagère (de Paris) pense que ce travail est à peu près inexécutable. Il cite l'Académie, chargée depuis cent ans de faire un dictionnaire de la langue française, dictionnaire qui n'est pas à la veille d'être achevé.

M. Isidore Le Brun croit que le travail demandé par M. Cardin rentre dans une proposition faite par M. de la Fontenelle à une autre section, proposition tendante à faire recueillir les mots anciens, afin d'en déterminer l'étymologie, le sens primitif, et les acceptions triviales qu'ils ont subies.

M. Cardin répond que la proposition de M. de la Fontenelle a un tout autre but, celui de recueillir ceux des mots des patois de France qui sont étrangers à la langue régulière, et non de simples altérations de ceux admis par elle, et d'acquérir ainsi des renseignemens précieux sur l'origine des diverses races qui habitent le sol. Ce projet se rattache à l'histoire primitive des Gaules, tandis que la proposition, discutée devant la 5ᵉ section, se rapporte au moyen-âge, à ses lois, à ses mœurs, et à l'interprétation des documens qui les constatent.

M. de la Liborlière (de Poitiers) fait observer que pour mettre à fin un tel travail, il faudrait tout d'abord ressusciter les congrégations des Bénédictins.

M. Cardin réplique que les collections de nos historiens et celles de nos lois n'exigent pas de moindres soins, et l'on n'a pas cessé pour cela de s'en occuper; que d'ailleurs ces travaux se lient tous les uns aux autres, et que la conservation des monumens historiques et législatifs n'atteindrait nullement le degré d'utilité qui en doit résulter, si en même temps on ne réunissait pas tous les moyens d'en obtenir une intelligence exacte et complète.

La proposition, mise aux voix, est adoptée.

La section décide, sur l'observation de M. F. Chatelain, que la proposition de M. Grille de Beuzelin, relative aux beaux-arts (1), fera partie du programme du Congrès de 1835.

M. le président lit cette proposition de M. Jullien (de Paris) :

Engager les membres du Congrès et tous les membres des sociétés savantes et littéraires à vouloir bien transmettre au prochain Congrès une indication précise des sociétés de ce genre qui existent dans leurs départemens respectifs, du nombre des membres dont elles se composent, de la nature de leurs travaux, et des mémoires ou comptes-rendus qu'elles publient.

M. Jullien expose combien il importe que le prochain Congrès puisse avoir sous les yeux une statistique détaillée et complète des associations consacrées aux sciences, aux lettres et aux arts, qui existent en France, puisque ces sociétés sont les élémens primitifs et nécessaires de la formation des Congrès scientifiques.

Cette proposition est adoptée.

La section entend la lecture d'une pièce de vers sur le Congrès, composée par M. l'abbé Auber : elle applaudit au talent de l'auteur, et décide qu'une mention honorable de cette lecture sera faite au procès-verbal.

(1) Voir le procès-verbal du 13 septembre.

*Les Secretaires de la Section*,
F. CHATELAIN *(de Paris)*.
AD. MAZURE (*de Poitiers*).

*Le Président de la Section*,
ISIDORE LE BRUN (*de Paris*).
*Le Vice-Président*,
GUERRY-CHAMPNEUF (*de Poitiers*).

## SIXIEME SECTION.

### Sciences Morales et Législation.

SÉANCE DU LUNDI 8 SEPTEMBRE 1834.

Présidence de M. Lair (de Caen), doyen d'âge, et ensuite de M. Boncenne (de Poitiers).

La section a procédé à l'organisation de son bureau, qui s'est trouvé ainsi composé :

*Président*, M. Boncenne (de Poitiers), avocat, doyen de la faculté de droit; *vice-président*, M. Nicias Gaillard, avocat-général à la Cour royale de Poitiers; *secrétaires*, M. Isidore Le Brun (de Paris), homme de lettres; M. Foucart (de Poitiers), avocat, professeur à la faculté de droit.

Il a été convenu ensuite que les mémoires manuscrits envoyés au Congrès seraient remis à des commissaires désignés par le bureau, qui les examineraient et en feraient le rapport. Le bureau a été chargé aussi de classer les différentes questions qui devaient être discutées.

La discussion s'est ouverte immédiatement sur la question suivante :

Déterminer les avantages et les inconvéniens de la taxation du pain et de la viande de boucherie, généralement en usage dans les villes?

M. Guépin (de Nantes) pense que la solution de la question peut varier suivant les localités; qu'il est impossible de la résoudre dans ce moment, à cause de l'absence de documens statistiques; il faut, avant tout, avoir ces documens;

nous devons donc émettre le vœu que le gouvernement les rassemble afin qu'on puisse y chercher des raisons de décider.

M. Guerry-Champneuf ( de Poitiers ). « La question a déjà été résolue par le fait dans plusieurs villes importantes. Ainsi la taxation du pain a été supprimée à Reims, et depuis cette époque le pain y a diminué de prix. Du reste, je reconnais que les renseignemens statistiques nous manquent, et j'appuie le vœu de voir le gouvernement les recueillir et surtout leur donner de la publicité. »

M. Isidore Le Brun ( de Paris ). « Le défaut de taxation du pain serait très-préjudiciable aux ouvriers, qui presque toujours achètent leur pain à crédit ; il les mettrait à la discrétion des boulangers. Je pourrais citer pour exemple les pêcheurs de Dieppe qui, vivant à crédit une partie de l'année, sur le produit à venir de leur pêche, seraient souvent obligés d'engager par avance tout ce produit, si le prix du pain n'était pas taxé.

» La concurrence, il est vrai, ferait naturellement baisser le prix ; c'est ce qui est arrivé à Arras, où la taxation ayant été abolie, le prix du pain a été diminué d'un dixième. »

M. Bourgnon de Layre ( de Poitiers ). « Le gouvernement d'ailleurs peut prendre des précautions pour les temps de disette. »

M. Guerry-Champneuf. « On peut éviter le danger d'une trop grande élévation dans le prix, au moyen de mercuriales qui serviraient à déterminer ce qui serait dû aux boulangers, après une fourniture faite à crédit pendant un certain temps. »

Plusieurs membres. « Mais ce serait la taxation sous un autre nom. »

M. le président. « La *taxation* est la fixation d'un prix au-dessus duquel il n'est pas permis de vendre. La *mercuriale* est une base résultant du prix moyen des denrées, à l'aide de laquelle on peut déterminer ce qui est dû pour une fourniture. »

M. Grellaud (de Poitiers). «Il me semble que la solution de la question actuelle dépend de la solution d'une question préjudicielle. Les bouchers et les boulangers exercent un monopole ;

ne serait-il pas convenable d'examiner, avant tout, si ce monopole doit subsister? »

Plusieurs personnes répondent qu'on ne discute la question que dans l'hypothèse de la non-existence du monopole.

M. Laurence (de Poitiers). « Le droit de fixer le prix de la viande et du pain appartient au maire comme chef de la cité. C'est un droit municipal que nul autre que lui ne peut mieux exercer, parce que nul autre ne connaît aussi bien les besoins des habitans. »

On fait observer que c'est précisément là le point en discussion, et que le droit dont il s'agit n'est nullement de l'essence du pouvoir municipal.

M. Guépin (de Nantes) demande que le gouvernement soit prié d'indiquer les effets probables de l'abolition de la taxe, et que le Congrès signale aux Congrès subséquens la nécessité d'une enquête sur les avantages et les inconvéniens de la taxe du pain et de la viande.

M. de Caumont (de Caen). « Cette enquête se fait dans ce moment. Le conseil municipal de Caen a été appelé par le gouvernement à discuter la question; après une délibération très-approfondie, il a été d'avis de la conservation de la taxe. »

M. Guerry-Champneuf demande que le gouvernement soit prié de donner la plus grande publicité à cette enquête.

M. G. Lecointre-Dupont (d'Alençon) se joint à M. Guerry pour qu'on émette le vœu de la publicité, et demande en outre que l'enquête détermine d'une manière positive quels ont été les effets de l'abolition de la taxe dans les villes où elle a eu lieu, dans quelles circonstances elle a été opérée, si le pain était cher ou à bon marché, etc.

M. Bérenger (de Paris). « La taxation du pain et de la viande a d'immenses avantages dans les villes populeuses. Je citerai, pour exemple, Paris; la consommation de la capitale est telle, que son approvisionnement ne peut jamais aller au-delà de huit jours. Il pourrait se faire que des accidens imprévus paralysassent tout-à-coup les moyens de subsistance, ce qui arriverait souvent si l'administration ne prenait pour l'approvisionnement de la ville, et pour la vente du pain à un prix modéré, des mesures combinées avec beaucoup de sagesse. Ces mesures ont pour effet sans doute d'augmenter le prix du pain; mais cet inconvénient est bien compensé par la sécurité dans laquelle se trouve la population ouvrière. Ouvrier moi-même, je préfère payer le pain quelques centimes de plus et être certain de n'en pas manquer.

» Le même effet est produit par la taxation de la viande; le prix en est augmenté, mais la viande est de meilleure qualité et l'approvisionnement est assuré. Je pense donc que le Congrès doit décider qu'il n'y a pas lieu, quant à présent, dans les villes populeuses, telles que Paris, Lyon, Rouen, etc., de supprimer la taxe dont les légers inconvéniens sont bien compensés par les avantages qu'elle procure. »

M. Guerry-Champneuf (de Poitiers). « Reims est une ville populeuse et manufacturière, et cependant l'abolition de la taxe n'y a produit que des avantages. »

M. Bérenger. « L'exemple est mal choisi, car Reims a été souvent le théâtre de soulèvemens, il en existe même un dans ce moment. »

M. Guerry-Champneuf. « Il faudrait prouver qu'il est occasioné par le défaut de taxation, ce qui n'est pas. »

M. Babinet (de Lusignan). « On a parlé tout à l'heure de la nécessité de l'approvisionnement. Mais la suppression du monopole et de la taxe n'empêcherait pas que le gouvernement ne prît des mesures pour assurer l'approvisionnement. Par exemple, il pourrait toujours obliger chaque boulanger à avoir en magasin un certain nombre de sacs de farine. »

M. Pattu de St-Vincent (de Mortagne, Orne). « On a cité tout à l'heure ce qui a lieu dans la capitale, mais il faut observer que Paris est une ville tout exceptionnelle, régie par des règlemens administratifs particuliers; il ne faut donc pas la citer pour exemple dans une discussion générale. »

M. le général Dubourg (de Paris). « Lorsque des habitudes sont anciennes, on éprouve toujours de grandes inquiétudes quand il est question de les abandonner. Je ne crois pas que ces inquiétudes soient fondées dans cette circonstance, et je puis citer, pour le prouver, un exemple qui doit être ici d'un grand poids. La population de Londres est plus considérable que celle de Paris; eh bien! à Londres il n'y a pas de taxation. Le pain est vendu, non pas comme chez nous avec une forme déterminée, mais en morceaux et au poids; de telle sorte que l'acheteur n'est jamais trompé sur ce point. Londres renferme une classe ouvrière très-nombreuse, qui vit souvent à crédit comme la nôtre, et qui ne souffre pas cependant du défaut de taxation: elle a même sur la nôtre l'avantage de ne pas être trompée sur le poids. Il serait à désirer que l'usage de Londres fût adopté chez nous. »

Plusieurs voix. « On a toujours le droit de faire peser son pain. »

M. Dubourg. « Mais on ne le fait pas, et l'ouvrier qui prend son pain à crédit n'oserait pas l'exiger, parce que le boulanger refuserait de lui livrer du pain sans argent. »

## SÉANCE DU MARDI 9 SEPTEMBRE 1834.

Présidence de M. BONCENNE (de Poitiers).

L'ordre du jour est la suite de la discussion *sur les avantages et les inconvéniens de la taxation du pain et de la viande.*

M. le général Dubourg pense que la question a été suffisamment discutée.

M. Simon (de Nantes) demande l'ajournement pour toute décision.

M. Nicias Gaillard. « Je m'oppose à l'ajournement. La question est d'un intérêt actuel et présent. On nous a dit que M. le ministre du commerce l'avait soumise aux conseils municipaux; c'est maintenant qu'elle est à l'étude, qu'il faut l'examiner. Il serait singulier qu'on attendît pour la discuter qu'elle eût été résolue.

» Jusqu'ici on n'a guère attaqué que le monopole; mais le monopole n'est pas en discussion. En quoi la taxation du pain ressemble-t-elle au monopole ? Dire qu'on ne vendra pas au-dessus d'un certain prix, ce n'est pas dire qu'il n'y aura que certaines personnes qui vendront à ce prix. La taxe du pain peut s'appliquer à tous les systèmes ; et loin qu'elle suppose des priviléges, des exclusions, elle sera surtout nécessaire si le premier venu peut être boulanger, car c'est alors plus que jamais qu'on aura besoin des garanties qu'elle présente.

» Je ne crois pas que l'Assemblée constituante ait été coupable de ménagemens et de faiblesse pour le monopole. On trouve généralement qu'elle lui a fait une assez rude guerre. C'est elle cependant qui, en même temps qu'elle délivrait l'industrie et le commerce de leurs entraves, autorisait la taxe du pain et celle de la viande de boucherie par un texte formel (1).

» Ne nous laissons donc pas abuser par les mots, et ne confondons pas, dans la même proscription, des choses essentiellement différentes.

» La question, telle que je l'envisage, se réduit à des idées bien simples. Il convient généralement que l'administration n'intervienne pas dans les transactions particulières. Chaque citoyen est présumé capable d'administrer sa fortune et de défendre ses intérêts. J'admets ces principes, mais j'y réclame une exception : je soutiens qu'il n'en est pas du pain comme des autres marchandises.

» Voyez ce qui se passe ordinairement entre le marchand et le consommateur. L'un essaiera peut-être de vendre la chose demandée plus qu'elle ne vaut réellement, l'autre de l'acheter moins qu'elle ne vaut ; mais les prétentions d'abord éloignées se rapprochent, et l'on se rencontre bientôt à ce point intermédiaire où le marchand gagne encore à vendre, sans que le consommateur perde à acheter. Là finit le débat, et ce débat est sans danger.

» S'agit-il, en effet, de ces choses seulement agréables, qui

(1) Art. 30 de la loi du 19 juillet 1790.

plaisent sans être utiles, le marchand doit craindre, s'il exige trop, que l'acheteur, effrayé par le prix, ne trouve facile de s'en passer; et si le marchand, au contraire, en homme qui connaît l'empire des choses frivoles, en exagère le prix et les vend plus qu'elles ne valent, c'est un tribut qu'il lève sur le riche qui cherche à dépenser sa fortune, ou sur la médiocrité vaniteuse. L'autorité publique n'a point à s'en mêler. Elle n'est pas chargée de diminuer le prix du superflu; elle a pour devoir d'assurer à chacun le nécessaire.

» Il ne suffit pas que la chose demandée soit utile, nécessaire même selon les conditions, pour que l'autorité publique doive intervenir. S'il y a lutte, ce n'est point ordinairement une lutte inégale dont il faille s'inquiéter. Les intérêts opposés s'y contre-balancent. Si le consommateur a besoin d'acheter, le marchand a besoin de vendre. Il sait bien que, s'il prétend à de trop gros bénéfices, on ira prendre ailleurs la marchandise qu'il surfait, ou telle autre qui en tiendra lieu. S'il arrive qu'il réussisse dans ses prétentions excessives, ce sera pour l'acheteur une perte purement accidentelle, ordinairement de peu de conséquence, et que presque toujours sa fortune le mettra en état de supporter facilement.

» Mais s'il s'agit d'une chose dont le besoin soit à la fois tellement général que nul n'en soit exempt; tellement urgent qu'il veuille être satisfait aussitôt qu'il se fait sentir; tellement absolu qu'il ne souffre pas d'équivalent; besoin de tous les jours, inévitable comme s'il était imprévu et contre lequel il n'y ait pas à se prémunir; s'il s'agit du pain!......... Est-il vrai que tout soit égal entre celui qui l'achète et celui qui le vend, qu'il doive être permis à chaque partie de faire sa condition la meilleure possible, et que l'administration, qui veille au nom de la société, n'ait qu'à laisser faire? Cela est-il vrai quel que soit l'acheteur, riche ou pauvre? quel que soit le temps, temps d'agitation ou de calme, temps de disette ou d'abondance?......... Si j'ai posé la question exactement, j'ai déjà prouvé la négative.

» Le riche aura toujours du pain ; la question ne le touche guère. C'est le pauvre surtout qu'elle intéresse.

» Le pauvre trouvera-t-il dans la concurrence un moyen de défense suffisant contre la cupidité du boulanger? Mais il n'est pas toujours maître de choisir. La mère de famille, qui a ses enfans à garder, ne peut guère aller chercher son pain de chaque jour, chez un boulanger éloigné de sa maison. Elle court chez le boulanger voisin, et, comme ses enfans l'attendent, elle donnera tout ce qu'elle a, s'il le faut, plutôt que de ne pas leur apporter le pain qu'elle leur a promis.

» Le pauvre est souvent obligé d'acheter son pain même à crédit. Croit-on qu'alors il soit bien hardi à en discuter le prix? Le boulanger lui fait une grâce, même en lui vendant trop cher. Qu'est-ce pour lui que la liberté du choix, *le bienfait de la concurrence?* S'il porte ailleurs sa pratique, son créancier, qui de suite s'en apercevra, viendra le menacer de le poursuivre. N'est-ce pas une loi prudente que celle qui fixe d'avance un prix qu'il ne pourrait pas débattre?

» La taxe est donc toute dans l'intérêt du consommateur, et surtout du consommateur pauvre. Elle ne dit pas à celui qui achète : Voilà un prix *au-dessous* duquel vous ne pourrez pas acheter. Elle dit à celui qui vend : Voilà un prix *au-dessus* duquel vous ne pourrez pas vendre.

» Cette considération répond à ceux qui prétendent que sans la taxe, le pain serait moins cher, parce qu'alors on en débattrait le prix, et que le boulanger aimerait mieux réduire son bénéfice que de n'en faire aucun en ne vendant pas. La taxe, en effet, n'empêche point ceux qui trouvent qu'elle est trop élevée d'essayer d'acheter au-dessous. On parle de concurrrence; mais, sous ce rapport, la concurrence existe. Comment se fait-il, si la taxe assure au marchand de gros bénéfices, qu'il ne se trouve pas des boulangers moins achalandés qui vendent au-dessous pour avoir des pratiques, gagnant moins, mais gagnant encore? Cela ne se fait guère cependant; et c'est une preuve que l'administration, qui possède tous les élémens nécessaires pour fixer exactement le prix du pain, et qui doit veiller, dans l'intérêt de la sûreté publique, à ce qu'il soit, autant que possible, à bon marché, ne lui donne pas une estimation supérieure à sa valeur véritable.

» Et d'ailleurs ne vaudrait-il pas mieux payer le pain un peu plus cher et l'avoir meilleur? Quand le boulanger verra qu'on marchande et qu'on prétend payer le pain moins qu'il ne vaut, il baissera le prix aux dépens de la qualité. Il n'y perdra pas, lui, croyez-le bien; peut-être même y gagnera-t-il plus que tout à l'heure. Le consommateur seul y perdra, car il aura du pain mauvais et malsain. L'économie qui nuit à la qualité est, en tout, une économie mal entendue; mais elle est bien autrement dangereuse quand elle s'applique à l'aliment indispensable!

» Jusqu'ici j'ai traité la question en général. Mais que sera-ce dans les temps de disette? On sait à quels désordres peut donner lieu la cherté du pain. Dans les temps d'agitation populaire, elle est souvent la cause et presque toujours le prétexte des émeutes. Laissez alors les boulangers fixer arbitrairement le prix du pain, vous ne tarderez pas à recueillir les fruits de votre innovation imprudente.

» Le peuple n'est pas toujours juste envers l'administration; le malheur surtout le rend défiant. Cependant il est difficile qu'il se persuade que des hommes placés à la tête de la cité pour en défendre les intérêts, des hommes honorables qu'il est accoutumé à respecter, cherchent de gaîté de cœur ou par une connivence criminelle à aggraver la misère publique. Mais le pauvre sera bien autrement hostile au boulanger, s'il croit que c'est à lui qu'il doit s'en prendre de la cherté du pain! Même dans les temps calmes, même lorsque le boulanger suit la taxe au lieu de la faire, le pauvre, obligé de lui donner chaque jour le peu qu'il gagne, se plaint et l'accuse. Que sera-ce lorsqu'il saura que le prix est laissé à la discrétion du boulanger? Tout lui deviendra suspect. Le marchand vendrait le pain au-dessous de ce qu'il lui coûte, qu'on l'accuserait encore. Que de querelles, que de troubles n'amènera pas ce froissement continuel d'intérêts opposés, cette lutte de jour en jour plus vive ! On n'a pas voulu que l'autorité publique intervînt pour prévenir les désordres ; elle sera obligée d'intervenir pour les réprimer.

» Laissez, au contraire, à l'administration le soin de taxer le pain ; dans les temps d'abondance, quand l'ouvrier trouvera dans le salaire de son travail de quoi nourrir sa famille, le prix du pain, toujours en rapport avec celui du blé, assurera au boulanger le profit modéré qu'il a droit d'attendre de son industrie. Cet avantage légitime le dissuadera de chercher un gain déshonnête dans l'altération du pain. La surveillance d'ailleurs sera plus facile et devra se montrer plus sévère, car la qualité sera déterminée aussi bien que le prix, et le boulanger n'aura plus cette excuse qu'il lui faut du pain de toute qualité pour en avoir à tout prix. Arrive-t-il une disette ? c'est le temps des sacrifices. L'administration taxe le pain au-dessous de ce qu'il vaut ; mais en même temps les greniers d'abondance ou les caisses publiques s'ouvrent pour tenir compte au boulanger de la différence. L'administration seule y perd, ou plutôt je ne puis dire tout ce qu'elle y gagne, car combien n'a-t-elle pas prévenu de désordres et soulagé de malheureux !

» C'est donc avec grande raison que depuis si long-temps, et peut-être de tout temps, la taxe du pain a été établie en France. On peut voir combien d'ordonnances (1) ont été rendues sur cette matière avant la révolution de 1789. J'ai dit qu'en 1791, en même temps qu'on détruisait tout ce qui avait l'apparence du monopole, on conservait la taxe du pain. Depuis, nos lois (2) criminelles l'ont sanctionnée en prononçant des peines contre ceux qui vendraient au-delà. A toutes les époques, elle a donc été reconnue utile. A quoi jugerions-nous qu'elle ne l'est plus ?

» Quant à moi, je suis de l'avis de la législation ancienne,

(1) Juillet 1372, septembre 1439, 1567, 1577.

(2) Code du 3 brumaire an IV. Code de 1810, modifié par la loi du 28 avril 1832, art. 479, n° 6

je suis de l'avis de la législation nouvelle ; je suis de l'avis du passé, je suis de l'avis du présent. Je vote pour le maintien de la taxe. »

M. Babinet ( de Lusignan ) examine la taxe dans l'intérêt du pauvre. D'après des renseignemens qu'il a recueillis d'un boulanger, un hectolitre de froment rend 140 livres de pain. Soit son prix brut 11 fr. 20 cent., autres frais 1 fr. 42 cent.; la vente du pain, son, braise, produirait 14 fr. 85 cent. Donc un profit de 16 à 18 pour 100, alors que les industries les plus heureuses n'en procurent d'ordinaire que de 15 p. 100.— Craindrait-on une coalition de la part des boulangers! Elle est peu vraisemblable, car les classes riches des consommateurs fixeraient pour les autres le prix du pain en raison de sa qualité.

On donne lecture à la section du mémoire suivant, rédigé sur la question en discussion, par M. Garnier (de Melle).

Messieurs, vous avez à examiner la question de savoir s'il convient de continuer à soumettre le pain à la taxe de l'autorité administrative, ou si, au contraire, il est préférable d'abandonner aux boulangers et aux consommateurs le soin de débattre le prix de gré à gré.

Cette proposition, si simple dans ses termes, mérite d'être étudiée avec recueillement. La décision à prendre soulève des difficultés de plus d'un genre. La taxe du pain généralement admise ou généralement rejetée, peut réagir sur l'agriculture, le commerce; elle peut devenir une cause de paix ou de perturbation dans la cité. Au simple énoncé de conséquences aussi étendues, vous pourriez penser qu'en adoptant l'un ou l'autre système, j'ai cédé à trop d'entraînement ou à trop de défiance: aussi, pour ne pas mériter un semblable reproche, je vais m'imposer le devoir de résumer, avec une égale fidélité, tous les argumens que j'ai trouvés pour et contre la taxation du pain.

Nous avons à choisir entre deux systèmes, savoir : une liberté sans limites qui favorise une concurrence excessive, ou bien les entraves d'une taxe qui rétrécit cette même concurrence, mais qui donne des gages de sécurité. Chacune de ces opinions a trouvé des censeurs et des apologistes : dès-lors, et quel que soit le parti que vous adoptiez, vous êtes certains d'avoir pour vous des autorités respectables. Toutefois, nous devons vous dire, avec sincérité, que la plupart des publicistes paraissent ennemis très-prononcés de la taxe, et partisans d'une entière liberté.

Ils vont jusqu'à soutenir, 1° que la taxe du pain repose, le plus souvent, sur une base fausse; 2° qu'elle est sans utilité, sans résultat; 3° qu'elle est nuisible à l'État et aux particuliers.

Je vais présenter le développement succinct de ces trois propositions.

1° *Base fausse de la taxe.* — Aucune loi, aucune puissance ne peut fixer la valeur précise d'aucune chose, parce que cette valeur dépend d'une infinité d'autres valeurs, d'une foule de circonstances, les unes morales, les autres matérielles et toutes variables. Toutes les valeurs dépendent de la rareté ou de l'abondance, de la proximité ou de l'éloignement de l'objet apprécié, de la difficulté ou de la facilité du transport, des craintes ou des espérances, des variations des saisons ou des accidens de la nature. Toutes ces circonstances agissent et réagissent avec tant de rapidité et d'incertitude, qu'il devient comme impossible de fixer, avec une véritable précision, la valeur positive d'une chose, pendant une heure.

Relativement au prix du blé constaté chaque semaine pour arriver à formuler la taxe du pain, n'est-il pas constant que la fixation des valeurs est tout-à-fait variable? C'est à l'issue des marchés que l'autorité administrative dresse ses mercuriales; mais il n'existe que trop de moyens de procurer une baisse ou une hausse artificielle des grains. Il est difficile de réprimer ces fraudes auxquelles, aussi quelquefois, viennent se joindre des hasards qui concourent accidentellement à donner le change sur la valeur du blé. Souvent il ne faut qu'un petit mouvement de la malveillance, que le cri de quelque femme imprudente, pour donner l'alarme et produire une augmentation dans les prix. C'est, néanmoins, sur cette fausse base que le pain sera taxé. Il est comme impossible d'atteindre les fraudeurs, parce que l'intérêt public est moins actif pour se défendre, que l'individu privé n'est entreprenant pour faire son bien propre, en trompant ses concitoyens.

2° *La taxe est sans utilité, sans résultat.* — Aucune loi n'empêchera un homme d'acheter, au-delà du prix établi, ce que la nature ou le découragement de l'industrie ou du commerce aura rendu plus rare, ou l'opinion plus précieux. La taxe n'empêchera pas les vendeurs d'accorder des préférences à des acheteurs que le désir d'acquérir aiguillonne. Les acheteurs d'une contrée pourront établir des valeurs différentes de la taxe, lorsque des circonstances morales ou matérielles les exciteront à faire des offres supérieures. Enfin, si par leur nature le pain et la viande pouvaient être conservés long-temps, croyez-vous que les citoyens ne paieraient pas au-dessus de la taxe, pour amasser des provisions en cas de disette? Il y aurait alors des traités de gré à gré, et toutes parties s'inquiéteraient fort peu et de la police et des mercuriales. En effet, la taxe ne convenant pas, le consommateur se trouverait n'avoir besoin de rien, ou irait s'approvisionner ailleurs; et, de son côté, le fournisseur prétendrait qu'il n'a pas de marchandises à livrer.

3° *La taxe est nuisible et dangereuse.* — Déclarez que la taxe est abolie : ce sera un hommage rendu à la liberté, qui s'empressera de vous en témoigner sa reconnaissance. Une émulation salutaire, une activité nouvelle, la concurrence enfin, s'établiront entre tous les boulangers de la même ville. Chacun d'eux se hâtera de fabriquer au plus bas prix possible, afin d'avoir un plus grand débit. Cette rivalité de tous les jours et de toutes les heures tournera au profit de la classe indigente : il s'agit pour elle de l'intérêt le plus vif et de tous les instans. Le pauvre tient peu à ce que les objets de luxe ou d'un usage moins fréquent se vendent plus ou moins cher; mais il est naturel qu'il désire, avec ardeur, un abaissement dans le prix du pain. La taxe s'y oppose. Dégagez les boulangers de cette entrave : ne les placez pas sous un droit exceptionnel : que l'exercice de leur industrie ne soit pas plus limité que celui des autres fournisseurs, leurs voisins; et bientôt, par suite de la concurrence librement ouverte, vous verrez arriver progressivement un abaissement assez considérable dans le prix du pain.

Presque toujours, la taxe n'est utile qu'aux boulangers, et elle est préjudiciable aux consommateurs. Dans les années de disette, elle peut amener la disparition factice des blés, afin de décider l'autorité à ordonner un surhaussement dans le prix du pain. Ce sera un triomphe pour les accapareurs; l'écoulement de leurs provisions sera assuré, parce que leur avidité aura épié un besoin qu'il faut satisfaire à l'instant, mais au prix que leur cupidité aura marqué au temps de l'abondance. Dans le système de la taxation, l'alternative pour le peuple est de manquer de pain ou de le payer beaucoup au-dessus de la valeur réelle.

Que s'il arrivait que dans une localité on taxât le pain et qu'on ne le taxât pas dans la localité voisine, le commerce deviendrait florissant là où il trouverait plus de liberté; et ce, au grand avantage du pays libre qui profiterait de l'abondance et de l'apport des denrées que l'intolérance aurait chassées d'ailleurs.

En jetant les yeux sur l'histoire de nos contrées, quels enseignemens y trouvons-nous?

Nos rois avaient restreint le commerce des grains par les édits les plus sévères. Lorsqu'ils ont eu la force de les faire exécuter, comme en 1669, la misère du peuple a été extrême : cela est arrivé à d'autres époques ; au contraire, sous Henri IV, la nation vécut dans l'abondance : Sully avait rendu la liberté au commerce des grains, avait brisé toutes les entraves qui furent rétablies depuis, pour disparaître enfin en 1789.

Sous l'infortuné Louis XVI, Turgot, alors intendant du Limousin, s'aperçut que les boulangers possesseurs d'un privilége exclusif et sujets à la taxe, en abusaient pour porter le pain au-dessus de son prix naturel; il leur concéda la faculté de vendre au prix qu'ils voudraient, et aussitôt le prix baissa, parce que les communes rurales, à une distance même de cinq lieues, apportaient à Limoges un pain fait librement, et par conséquent à meilleur marché.

Voici, sur ce point, quelle est la doctrine de Montesquieu :

« Le prince ou le magistrat ne peuvent pas plus taxer la valeur des » marchandises, qu'établir par une ordonnance que le rapport d'un à » dix est égal à celui d'un à vingt. L'empereur Julien ayant baissé le » prix des denrées à Antioche y causa une affreuse famine. »

En définitive, l'affranchissement de la taxe est une conséquence de la liberté ; pour violer le principe, pour entraver telle ou telle industrie, pour fonder une exception, il faudrait de bien puissans motifs : et encore serait-il indispensable de rétablir la règle générale, aussitôt que la raison d'exception aurait cessé d'exister ; mais où peut-on la rencontrer, lorsque nous venons d'établir que la taxation du pain repose sur une base fausse ;

Qu'elle est sans utilité, sans résultat ;

Qu'elle est nuisible et préjudiciable.

N'est il pas plus rationnel de lever, d'abolir les entraves de la taxe ? Aussitôt, il y aura émulation, activité nouvelle, et la concurrence amènera un abaissement de prix profitable à la classe indigente.

Après avoir établi ce qu'il y avait à dire contre le régime de la taxe, je vais rechercher ce qui militait en faveur de son maintien.

En toutes choses, il faut faire la part des hommes et des circonstances. Avant 1789, il existait d'énormes abus ; on les attaquait par deux motifs, principalement par devoir, et peut-être aussi un peu par amour-propre.

Par devoir, parce que c'est une obligation de conscience de consacrer ses efforts, ses facultés à opérer le bien du pays ou à détourner le mal qui l'opprime.

Par amour-propre, parce qu'il faut bien le dire, tous les hommes ont un peu ou beaucoup d'orgueil ; et cette passion incessante n'est pas médiocrement satisfaite, lorsqu'elle trouve occasion de distribuer le blâme ou la critique. Cette censure, justement exercée, est un devoir qu'il est méritoire et quelquefois courageux de remplir; mais aussi combien de fois cette même censure est-elle inique, partiale, ou tout au moins exagérée!

Il arrive aussi que le désir d'une vaine popularité s'empare de certains hommes, même parmi les plus habiles : il les a bientôt conduits hors du vrai et du praticable.

Ces principes posés, je dois dire que j'ai été moins touché par les argumens des publicistes contraires à l'établissement de la taxe; et j'ai osé croire qu'ils avaient pu céder à l'entraînement, à la séduction, ou enfin même à des vues non désintéressées.

Je me suis encore demandé si les publicistes qui, comme nous, n'ont pas vu les deux systèmes en action, émettraient aujourd'hui les mêmes opinions qu'il y a 50 ans, qu'il y a 100 ans. Si l'on dit tous les jours, autres temps, autres mœurs; il y a même raison de dire, autres temps, autres lois. Par exemple, en la commune de Loudun, on coupait le nez ou les oreilles à celui qui volait ou *emblait* certaine pièce de bétail : ceci n'est plus dans nos mœurs, cela commence à devenir incroyable. Si les lois ont changé selon les temps, à plus forte raison les opinions et les doctrines qui sont de moindre valeur ont dû éprouver de notables changemens. Dès-lors, est-il bien certain qu'en présence des faits qui se sont succédé depuis 1789, les publicistes d'autrefois émissent aujourd'hui les doctrines qu'ils ont professées?

Une autre remarque est à faire.

Autre chose est de raisonner en théorie, autre chose est d'administrer ou de mettre en pratique. Par exemple, n'existe-t-il pas une foule d'utopies qui séduisent, qui entraînent au premier aperçu; que si vous en essayez l'application, vous reconnaissez qu'il y a impossibilité ou préjudice?

Ces réflexions préliminaires, Messieurs, ont pour objet de vous défendre de l'impression vive qu'a pu exercer sur vous l'opinion émise par des publicistes habitués au respect de leurs nombreux lecteurs.

En résultat, je pense qu'il est sage de maintenir la taxe du pain, et voici sur quels motifs j'appuie cette détermination :

D'abord, ne croyez pas que nous voulions établir un privilége, ce serait une sorte d'anachronisme moral : rien n'est plus opposé à nos mœurs politiques actuelles. Sous l'ancien régime, au temps des maîtrises et des jurandes, il fallait se soumettre à certaines épreuves ou conditions pour exercer l'état de boulanger : aujourd'hui, rien de semblable n'existe, et la taxe du pain ne s'oppose nullement à ce que vingt personnes au lieu de dix exercent demain l'état de boulanger dans notre commune ; cependant cette limitation du nombre de ces fournisseurs n'aurait rien d'extaordinaire parmi nous : il est une foule de professions plus ou moins relevées dont le nombre des titulaires est circonscrit ; par exemple, les notaires, avoués, commissaires-priseurs, huissiers, débitans de tabac, etc., etc. Un tarif fixe leurs droits et honoraires : c'est une taxe utile pour que les citoyens ne payent pas au-delà de ce qui est dû ; c'est une mesure utile pour ces fonctionnaires, afin que ceux d'entre eux qui sont plus désinteressés ou plus riches ne puissent détruire la clientelle de leurs collègues, en baissant le prix de leurs honoraires. Ainsi, en ce qui touche certaines professions il y a donc véritable privilége, en ce sens qu'il n'est permis qu'à quelques-uns, et moyennant encore certaines conditions, de remplir certaines places ; au contraire, il est loisible à tous d'exercer, demain, l'état de boulanger.

Si les boulangers sont forcés de vendre tous au même prix, il n'en est pas moins vrai qu'une concurrence utile et sans péril peut s'ouvrir entre eux : en effet, celui-là vendra le plus qui livrera le pain le meilleur, le mieux manipulé.

Sous l'empire de la taxè, il y a donc libre concurrence, émulation, désir de mieux faire que le voisin, afin de vendre davantage.

Sans doute, cette concurrence serait plus étendue, s'il était permis de vendre à tous prix ; mais veuillez apercevoir quelles en seraient les conséquences.

D'abord, le blé est à vil prix, à prix médiocre, ou bien il a une valeur désespérante pour le malheureux.

Dans les deux premiers cas, le blé étant à bas prix, l'absence de la taxe qui a amené une concurrence excessive, produit des résultats bien minimes : dans l'abaissement, la différence entre les prix des boulangers sera d'un demi-centime, au plus, par livre. Sans doute, c'est un avantage ; mais il en est de cette question comme de toute autre, elle a deux aspects, qu'il faut examiner avec une attention égale.

Maintenant, le blé est très-cher : l'homme qui a des besoins est appelé à débattre le prix de sa subsistance avec le fournisseur ; alors, par la force des choses, et à moins d'une vertu presque surhumaine, il est facile de prévoir quel sera le résultat du débat. Celui qui a faim offre peu d'argent ; le boulanger trouve qu'il y a perte, ou que le bénéfice est trop médiocre ; il est à craindre que les pauvres, unis par les liens d'un malheur commun, excités en secret par des artisans de troubles, ne se réunissent, ne s'ameutent à la porte du fournisseur qui tient à son prix : alors ce n'est plus de quelques centimes ou de quelques pains qu'il s'agira, c'est de la tranquillité de la ville entière.

Si, au contraire, le blé étant cher, le pain est assujéti à la taxe, ce n'est plus un débat particulier qui s'engage corps à corps entre le fournisseur isolé et une multitude inquiète et égarée : c'est un règlement à modifier ou à maintenir entre l'autorité administrative et l'universalité des citoyens. Or, la différence est grande entre les deux genres de débat. Le boulanger, maître du prix du pain, et qui ne veut pas vendre à perte au pauvre qui a besoin, doit évidemment être le plus faible dans cette lutte, où il paraît toujours avec défaveur, comme sollicitant un bénéfice dans un instant de disette. Quand il y a taxe, l'administrateur averti par sa sollicitude naturelle, par les réclamations des boulangers ou des consommateurs, et par les rapports de ses agens, a déjà eu le temps de prendre toutes ses mesures ; il a recours à des exhortations paternelles, ou bien à l'abaissement du prix : en désespoir de cause, il invoque l'appui de la force publique, dont il peut user avec d'autant plus de prudence qu'il a été prévenu en temps utile.

Lorsque des hommes qui ont reçu le bienfait d'une éducation soignée, qui ont puisé dans la bonne société des habitudes de délicatesse et d'honneur, se portent cependant à des actes déshonnêtes pour ajouter encore quelque chose à une position sociale déjà fort avancée, comment pouvez-vous espérer que le pauvre qui a reçu peu d'instruction, qui a fréquenté des lieux où les bons enseignemens sont rares, sera enclin à respecter la propriété ou l'industrie de celui qui refuse de lui fournir, au prix qu'il en offre, le pain qui lui est indispensable pour prolonger la triste existence de sa famille? Il est par trop évident qu'il y a risque, presque certitude de perturbation, si la valeur du pain est fixée de gré à gré par le fabricant isolé et les consommateurs assemblés, dans ces crises déplorables, où l'on s'inquiète, s'effraie, où l'on se rend coupable sans songer au lendemain.

On a beaucoup parlé des heureux avantages offerts par une concurrence sans limites aucunes. On peut répondre aussi qu'elle ouvre la porte à de bien grands abus.

Avec la taxe, le prix est fixe ; il y a excitation à mieux confectionner pour vendre davantage que celui qui manipule moins bien.

La taxe étant abolie, les prix peuvent être baissés à l'infini ; alors, pour vendre beaucoup et ne pas y perdre, le boulanger aura intérêt à fabriquer avec des farines insalubres qui retiennent l'eau en plus grande abondance que les farines de bonne qualité. Ce genre de fraude est signalé par le *Journal des Connaissances Utiles*, pag. 14, année

1833. N'a-t-on pas à redouter l'introduction du sulfate d'alumine, sorte d'abus sévèrement puni par le tribunal de la Seine ?

Le boisseau fournit 40 livres de pain : il est facile d'en tirer 50 livres, en manipulant la farine avec de l'eau de lessive, qui ne s'évapore guère à la cuisson. Cette fraude a été constatée en faisant bouillir du pain, en y jetant un papier bleu de tournesol, lequel a pris bientôt la couleur verte ; ce qui a révélé la présence d'un alkali, lessif ou autre.

S'il était vrai que l'absence de toute taxe pût amener une diminution dans le prix du pain, comme on le soutient vainement, pensez-vous que le sort des ouvriers en deviendrait meilleur? En 1740, en Angleterre il y eut disette, mais le travail ne manqua pas ; dans cet hiver difficile, les ouvriers payèrent des dettes contractées dans des années d'abondance. Je ne rappelle ce fait qu'avec une discrète réserve. Laissez subsister la taxe, laissez ouverts, surtout, vos ateliers de charité.

Maintenant, Messieurs, j'arrive à vous parler des coalitions diverses qui peuvent surgir à la suite de la disparition de la taxe.

Elles sont assez variées :

Coalition pour ne pas fournir de pain ;

Coalition pour hausser ou baisser le prix outre mesure ;

Coalition de quelques boulangers pour contraindre quelques-uns d'entre eux à cesser d'exercer leur industrie.

En suivant leurs propres inspirations ou en obéissant à des voix ennemies de l'ordre public, les boulangers peuvent s'entendre et déclarer qu'ils ferment leurs ateliers ; l'alarme est aussitôt répandue. On les excite à fournir du pain, ils augmentent les prix, et cette augmentation est encore adoptée comme un bienfait. Cette manœuvre n'aurait pu avoir lieu avec le système de la taxe, qui suit une marche ascendante ou descendante d'après le prix variable des grains. Ensuite, la surveillance journalière de l'autorité administrative fixant les mercuriales eût été un obstable insurmontable.

Les boulangers peuvent aussi se coaliser pour surhausser le prix du pain : ils y sont engagés par leur intérêt privé, comme aussi par les sourdes menées de ceux qui vivent de troubles et d'émeutes. Le soulèvement des masses, au moyen de la hausse du prix du pain, ne peut avoir lieu que fort difficilement avec le système de la taxe et la surveillance qu'elle entraîne.

Dans des cas donnés, heureusement fort étrangers à la petite ville de Melle, la malveillance a un intérêt pressant à faire fermer des ateliers pendant quelques heures ou quelques jours ; ce temps suffit pour opérer un mouvement. Alors, il ne s'agirait que d'une somme d'argent donnée à quelques boulangers qui fourniraient le pain à si bas prix que les métiers seraient mal suivis ou abandonnés.

Autre genre de coalition. Par exemple, neuf boulangers exercent à Melle, ville que j'habite. Prêtez à six d'entre eux, plus riches que les trois autres, l'intention coupable de se coaliser pour abaisser le prix du pain; il arrivera que dans cette lutte inégale les trois fournisseurs moins aisés seront obligés de fermer leur magasin.

Quant à la fixation du prix du pain, voici quelle est la doctrine enseignée par le *Journal des Connaissances Utiles*, écrit pourtant dans des sentimens de libéralisme et de progrès.

Le prix du pain se compose :

1° Des frais fixes, ou à peu près, de manutention et d'établissement;

2° Des frais variables, du prix de la farine;

3° Du bénéfice du boulanger.

Plus le blé est cher, plus le magistrat doit restreindre ce bénéfice, sauf à indemniser le boulanger des sacrifices qu'il lui impose dans la disette, par plus de latitude dans les années d'abondance. C'est avec ce système de compensation sagement appliqué par l'autorité municipale, que si la baisse est plus insensible, la hausse dans le prix est moins sentie par les indigens.

Je sais que les abus n'en sont pas plus respectables parce qu'ils sont plus anciens : au contraire, dans ce cas, je pense qu'il y a plus grande nécessité de les détruire parce qu'ils ont fait plus de mal. Aussi nous ne venons pas vous dire : Laissez subsister une taxe abusive parce qu'il y a long-temps qu'elle existe; mais nous venons vous soumettre diverses observations.

Sous l'ancien régime, le pain et la viande étaient taxés, et de plus, toutes les denrées et diverses marchandises. En 1789, et dans le développement immense d'une liberté qui n'était pas bien comprise, toutes les taxes furent abolies. Cet essai ne fut pas heureux. D'un grand excès on se précipita dans un excès contraire. Vint la loi du maximum. Notre district de Melle fit imprimer le sien sur 32 pag. in-quarto. Ce tarif énonce le prix de plusieurs milliers d'objets, même d'un fouet de bergère estimé six sols deux deniers. Les commerçans furent ruinés; l'abus fut reconnu. On comprit qu'il y avait un moyen terme entre des taxes trop multipliées et l'abolition de toute espèce de taxe.

Aujourd'hui, l'art. 30 de la loi du 22 juillet 1791, titre 1er, est encore la législation vivante : on y lit qu'il est défendu de taxer le vin, le blé, ni aucune espèce de denrées; que seulement le pain et la viande pourront être taxés.

Or, cette disposition législative a été rendue, en grande connaissance de cause, après l'expérience profondément sentie de l'un et de l'autre système; c'est après le maximum, c'est après son abolition, c'est après de douloureux souvenirs que nous continuons à ordonner la taxe du pain. Ainsi, ce n'est pas par respect pour une vieille institution que nous vous proposons de la maintenir : loin de là, c'est à la suite d'un double essai, d'une double expérience de l'un et de l'autre système que nous déclarons nous décider en faveur du maintien de la taxe.

En me résumant, mes motifs, pour décider ainsi, sont fondés sur les considérations qui suivent :

La taxe du pain n'est pas prononcée en haine de la liberté : la liberté ne peut avoir d'ennemis raisonnables; la liberté, compagne inséparable de l'ordre et de la discipline, ennemie irréconciliable de l'arbitraire et de la licence, repoussant toutes sortes de servitudes, excepté l'esclavage de la loi, trouverait un million de bras pour la défendre, si elle était vraiment attaquée. Chacun est intéressé à sa conservation; elle est la sauvegarde de tous : ce n'est pas supprimer la liberté que de régler l'un de ses innombrables effets.

Mais si la liberté, ainsi définie, n'a pas d'ennemis, il en est bien autrement des gouvernemens et de l'ordre public : diverses passions sont déchaînées, et, à défaut de justes motifs, tout peut servir de prétexte ou de moyens pour tenter d'opérer un bouleversement. Or, nous avons établi qu'au moment de la cherté des blés, et le prix du pain étant arbitraire, quatre genres de coalition étaient à redouter :

Coalition pour ne pas fournir de pain;

Coalition pour produire la baisse, en haine de l'agriculture, du commerce et des fournisseurs;

Coalition pour amener la hausse, afin d'exciter la classe pauvre à commettre des désordres;

Coalition des boulangers riches pour réduire à l'oisiveté leurs confrères qui ne peuvent supporter la baisse du prix.

Que, dans les grandes villes, les boulangers portent le pain à un prix trop élevé, il arrivera que plusieurs ménages se mettront à fabriquer eux-mêmes : les boulangers fermeront leurs magasins; le gouvernement perdra le produit de leurs patentes, et se trouvera embarrassé en face de cette multitude d'artisans sans travail et qui se troublent plus vite qu'ils ne calculent.

La taxe du pain est une entrave, cela est vrai; mais au moins elle a pour motif, ou, si vous le voulez absolument, pour excuse, cette immense considération, qu'avec elle il y a plus grande chance de maintenir l'ordre et la sécurité dans la cité : *salus populi, lex suprema.*

Au contraire, nous voyons une foule de monopoles, d'exclusions ou de priviléges, qui n'ont à peu près d'autre cause que l'intérêt du fisc :

L'administration de la poste aux lettres;

L'administration de la poste aux chevaux ;

La vente de certaines substances ;

La vente des poudres et salpêtres ;

La vente du papier timbré ;

Le débit des tabacs ;

L'exploitation des bois et forêts;

L'exploitation des mines, etc., etc.

Ainsi, moyennant certaines conditions, il n'est permis qu'à un nombre limité de personnes de se livrer à l'exercice de certaines industries.

La taxe du pain, au contraire, ne s'oppose point à l'augmentation du nombre des boulangers : elle ne s'oppose pas non plus à ce que l'émulation et la concurrence s'établissent utilement entre eux, puisque, malgré l'uniformité des prix, celui-là aura le plus de débit qui livrera les subsistances les plus saines, les mieux manipulées.

Laissez aux boulangers la faculté de donner le pain à tous prix, il arrivera que pour ne pas y perdre et supporter la baisse, quelques-uns d'entre eux seront excités à faire des fraudes et préparations nuisibles à la santé.

Du reste, la taxe du pain n'a pas seulement la sanction des temps anciens; l'article 479 du Code pénal de 1810, révisé le 28 avril 1832, établit que seront punis d'une amende de 11 à 15 francs les boulangers qui vendront au-delà de la taxe.

Autre considération. — Abolissez la taxe, il arrivera que dans une foule de localités où il n'y a qu'un seul boulanger, il faudra vous soumettre à payer le prix marqué par sa cupidité; il y aura plus d'économie à se plier à son arbitraire qu'à aller s'approvisionner au loin.

La taxe, faite par une administration active et consciencieuse, établira une sage compensation. Par ce moyen, le prix moins abaissé dans les années d'abondance sera bien moins élevé dans les années de cherté ou de disette. — Cette balance observée est une garantie pour la classe indigente.

Avant de terminer ce mémoire, dont votre bienveillance pour moi aura excusé la longueur, qu'il me soit permis de vous appeler à faire une étude attentive de la lettre de M. le ministre du commerce, qui, à l'âge de trente-quatre ans, a publié des ouvrages fort estimés en économie politique. Sa lettre révèle deux pensées fort distinctes.

D'abord, comme théoricien ou philosophe, il est évident mille fois qu'il est partisan de l'abolition de toutes taxes.

Ensuite, comme homme politique, comme associé au gouvernement, comme obligé de mettre sa doctrine en pratique, il semble reculer devant elle, il est embarrassé dans l'application de ses propres principes, il se livre à une foule de réflexions ayant pour but de demander ou de conseiller le maintien de la taxe.

C'est que dans ces matières on juge moins avec son imagination et sa pensée native qu'avec son expérience et les devoirs de sa position sociale. Autre chose est de voir une vérité, autre chose est de la mettre en pratique.

Quelques personnes conseillent un essai qui consisterait à supprimer la taxe, à l'instant même, en déclarant qu'elle pourrait être rétablie.

Cette tentative, exécutée dans le moment où nous sommes, ne mettrait à découvert qu'un côté de la question. Aujourd'hui le pain est à bas prix; il est vrai que la classe pauvre obtiendrait peut-être, par semaine, le bénéfice de quelques centimes : mais la cherté des blés revenant, et l'abolition de la taxe permettant toute hausse de prix, vous entendriez des cris improbateurs bien plus universels que ne l'auraient été les témoignages de satisfaction à l'instant de la suppression de la taxe.

Pour prendre un parti, j'ai consulté les hommes du métier, et notamment les neuf boulangers de la ville de Melle. La question leur a été présentée sous ses deux faces : trois fois le pour et le contre a été débattu devant eux. Deux fois, il leur a été représenté que la peur était une mauvaise conseillère, que le trouble qui l'accompagne empêchait de voir les objets sous leur véritable aspect. Trois fois voici quelle a été leur réponse à l'unanimité :

Nous demandons le maintien de la taxe pour ne pas être égorgés dans nos maisons.

Quant à la taxe de la viande,

Ce n'est pas un objet de nécessité première ou indispensable; je pense qu'il y aurait lieu à abandonner aux bouchers et aux consommateurs le soin d'en débattre le prix de gré à gré.

Quant à la taxe du pain,

Il serait sans doute plus conforme aux principes de liberté d'abolir toute taxe du pain; mais en présence d'un état de choses qui laisse subsister des entraves plus gênantes et moins utiles, et dans la crainte des funestes conséquences qui pourraient résulter de la suppression, j'estime qu'il est sage de maintenir, au moins provisoirement, la taxe du pain. — Une enquête, des renseignemens statistiques, pourront fournir les moyens de prendre une décision contraire, ultérieurement (1).

M. Pathus de Saint-Vincent combat la taxe du pain et les mesures prises par l'administration relativement à la boulangerie. « Le point le plus important, c'est la concurrence; et dans beaucoup de villes elle est fort limitée. Avec la liberté, le pain sera meilleur : il est mauvais par le fait même du monopole actuel. La concurrence à la fois amène le bas prix et empêche toute coalition. Quant aux substances malfaisantes qu'elle ferait employer pour baisser le prix, elles seraient faciles à reconnaître. »

M. le général Dubourg fait observer, relativement aux calculs de M. Babinet, que ce n'est pas 140 livres de pain que rend l'hectolitre de bon blé, mais 150 et même 160.

(1) M. Roy, ancien magistrat à La Rochelle, a adressé la note suivante:

Le pain ne peut être comparé à aucun autre objet de consommation Ce n'est pas seulement parce qu'il est de première nécessité, mais aussi c'est que dans chaque localité son debit journalier est constamment le même; car on ne peut pas le suppléer, ni en faire de provision.

Cette certitude d'un même debit chaque jour doit porter les boulangers à se concerter, lorsqu'il n'y a pas de taxe, pour que le prix soit uniforme aux diverses variations du prix du blé. Il est plus convenable que cette uniformité de prix résulte d'une taxe qui repose sur des bases sagement arrêtees.

Si l'accord qui ne pourrait manquer de régner entre les boulangers, trouvait quelque dissident, ce serait sans influence sur la masse; son debit n'irait pas au-delà de ce qu'il pourrait confectionner ; et, s'il y avait un prix favorable, ce ne serait presque pas au profit des classes indigentes et ouvrières Celles-ci vont elles-mêmes chercher leur pain; et cette nécessite, qui renaît pour elles chaque jour, les oblige d'aller chez les boulangers qui sont à leur proximité, et où elles peuvent trouver quelque credit que ne leur donnerait pas celui qui, dans le paiement comptant, voudrait avoir une indemnité du moindre prix.

L'avantage de la concurrence, relativement au débit du pain, est une illusion; cette concurrence existe de droit sous l'empire d'une taxe, puisqu'on peut vendre au-dessous, et on use bien peu de cette faculté.

Un etablissement en grand pourrait offrir un résultat favorable; mais, dès que le prix du blé éprouverait une hausse prononcée, on verrait la fabrication cesser ou le pain se rapprocher du prix commun

C'est dans ces circonstances que se ferait surtout sentir le besoin d'une taxe, car la cupidite des uns, la penurie de moyens des autres, livreraient la consommation journalière à un arbitraire dangereux. La fabrication serait tenue réellement ou en apparence au-dessous du besoin, pour avoir un pretexte d'exiger un plus haut prix, et la tranquillité publique serait incessamment compromise.

Dans ces temps difficiles, si le peuple supporte impatiemment une taxe légale et motivee, que serait-ce d'une fixation de prix qui lui paraitrait arbitraire et exagérée ?

M. Abel Pervinquière lit la circulaire du ministre du commerce, citée à la séance précédente par M. de Caumont. « Il faut, dit-il, rendre à chacun la justice qui lui est due ; cette circulaire contient véritablement toutes les prévisions désirables, et désigne avec précision les renseignemens à recueillir, afin de remédier aux vices du mode de taxation. » Saisi de cette circulaire par M. le préfet de la Vienne, le conseil municipal, dont M. Pervinquière est membre, s'est décidé pour le maintien de la taxation. Sa délibération a été approfondie et appuyée de recherches historiques.

« Si le parlement de Toulouse, par un arrêt de 1562, abolit toute taxe, il ne tarda pas à la rétablir ; et le conseil municipal de Paris, en 1791, se prononça pour son maintien. Le pain est une marchandise, mais d'une nécessité actuelle et pressante : le moindre débat sur son prix produit des discussions fâcheuses, et peut amener, surtout dans les temps de disette, de graves désordres. » — L'orateur cite quelques faits ; puis, examinant les modes d'évaluation de la taxe du pain, il dit qu'à Poitiers, où l'on a suivi long-temps le système de la compensation, l'autorité s'est formé un type régulateur et invariable d'après un tableau dont les bases sont : 1° le prix du blé par double décalitre, double boisseau usuel, hectolitre et quintal métrique ; 2° taxe du pain blanc, du demi-blanc, comparativement au prix du blé ; 3° produit des issues pour le pain blanc et le pain de sa fleur, d'après le prix du blé et la taxe du pain ; 4° frais de mouture, de fabrication, bénéfice alloué au boulanger par hectolitre de blé : le tout calculé dans une proportion graduée, et eu égard à la quantité de pain de chaque espèce que le boulanger s'oblige de confectionner. M. Pervinquière ajoute, qu'attendu que les considérations qui ont déterminé le conseil municipal de Poitiers peuvent être modifiées par des circonstances propres à certaines localités, il pense que la section manquant d'élémens divers ne doit pas se prononcer absolument sur la question ; pourquoi il se réunit à l'opinion de MM. Guépin et Guerry-Champneuf.

M. David de Thiais cite la petite commune de Neuville, où avec la taxe le pain se vendait cher, où depuis sa suppression il est meilleur et coûte moins cher qu'à Poitiers.

M. Béranger ne croit pas la question assez approfondie, car elle attaque ou concerne toutes les sortes de monopoles.

La clôture est adoptée.

Sur la proposition de M. Béra ( de Poitiers ), la section sépare la question de la taxe du pain de celle de la taxe de la viande.

Sur la première question, la section adopte l'ajournement comme n'ayant point de renseignemens suffisans pour se prononcer, et elle émet le vœu que le gouvernement rende public le résultat des recherches provoquées par la circulaire de M. le ministre du commerce.

La question de conservation de la taxe de la viande est mise aux voix et résolue *négativement.*

## SÉANCE DU MERCREDI 10 SEPTEMBRE 1834.

Présidence de M. Boncenne.

M. Jullien (de Paris) demande que la section ajoute à son titre les mots *économie sociale.*

Il résulte des explications donnécs par quelques membres que la section entend comprendre dans la généralité de son titre l'*économie sociale.* On décide qu'il ne sera fait aucune addition au titre, mais qu'on fera mention dans le procès-verbal de cette explication.

M. Béranger ( de Paris ) dépose sur le bureau le mandat qui lui a été donné par plusieurs ouvriers et ouvrières, bourgeois et bourgeoises, au nom desquels il se présente au Congrès. Ce mandat, contenant l'indication de plusieurs questions à discuter, est renvoyé au bureau chargé d'en faire la classification.

M. le président propose de prendre en considération la proposition suivante de M. Abel Pervinquière :

Je propose au Congrès d'émettre le vœu :

1° Que M. le garde des sceaux enjoigne, par l'entremise des procureurs généraux, à tous les juges de paix du royaume, de rechercher dans les diverses communes de leurs cantons, au moyen d'enquêtes ou autrement, les usages locaux auxquels le Code civil se réfère ;

2° Que les procès-verbaux des juges de paix de chaque ressort de Cour royale, ainsi que copie certifiée des documens écrits qu'ils auront pu recueillir, soient renvoyés à une commission composée de cinq jurisconsultes choisis dans la ville où siége la Cour, pour mettre ces matériaux en ordre et dresser un tableau fidèle des usages constatés ;

3° Que tous ces tableaux ainsi dressés soient ensuite réunis en un seul et même volume et imprimés aux frais du gouvernement.

Après quelques observations de M. Béra, qui propose 1° de laisser au garde des sceaux le choix des moyens à employer pour faire l'enquête, 2° de faire examiner les procès-verbaux par les tribunaux de première instance, la proposition de M. Abel Pervinquière est prise en considération.

Une seconde proposition de M. Abel Pervinquière est ainsi conçue :

Le Congrès émet le vœu : 1° que M. le ministre de l'instruction publique fasse faire chaque année un catalogue exact des ouvrages et des dissertations les plus remarquables qui sont publiés par les jurisconsultes allemands, et adresse un exemplaire de ce catalogue aux écoles de droit et aux principales bibliothèques de France ;

2° Que, par les soins de ce même ministre, il soit établi à Paris un dépôt de ces ouvrages, afin que l'on puisse se les procurer facilement ;

3° Que sous les auspices et la direction d'un jurisconsulte éclairé on traduise, aux frais du gouvernement, ceux de ces ouvrages écrits en langue allemande qui seront d'une haute importance et d'une utilité reconnue.

M. le général Demarçay trouve la proposition trop restreinte ; il voudrait que l'on proposât de charger les sociétés savantes de faire un tableau de tous les livres écrits sur les différentes sciences, et de réviser ce tableau tous les cinq ans, afin de le mettre au courant des progrès que les sciences auraient pu faire dans l'intervalle. De cette manière, les hommes qui sont éloignés des foyers d'instruction et de lumière sauraient où puiser les connaissances qu'ils voudraient acquérir

L'on fait observer que c'est là une proposition nouvelle, et l'on invite son auteur à la formuler par écrit et à la déposer sur le bureau.

L'ordre du jour est *la discussion des questions relatives aux chemins vicinaux et à l'emploi des troupes à la confection des travaux d'utilité publique.*

M. le général Dubourg fait un rapport sur un mémoire de M. Bonnin, cultivateur à Lizant, relatif à l'emploi de l'armée aux travaux d'utilité publique. Ce mémoire contient d'abord des considérations sur l'avantage qu'il y aurait, pour la moralité des troupes, à remplacer l'oisiveté des garnisons par d'utiles travaux. Ces considérations reçoivent l'approbation de M. le rapporteur, qui critique ensuite le système de l'auteur, dont le résultat serait de mettre les soldats à la disposition des entrepreneurs, en ne leur donnant qu'un supplément de paye de 50 cent. par jour. Si la coopération des troupes aux travaux d'utilité publique procure des avantages pécuniaires, il faut que ces avantages tournent au profit de l'Etat.

M. Simon demande la priorité pour la question de l'emploi des troupes aux travaux d'utilité publique, et il fait précéder la discussion de la lecture du règlement que vient de publier, sur ce sujet, M. le ministre de la guerre. Comme ce règlement ne pourra être applicable qu'au printemps prochain, les observations de la section pourront être faites en temps utile.

M. Thiaudière combat l'emploi des troupes par deux considérations qu'il se contente d'émettre sans développement : 1° si l'on emploie les troupes à la confection des routes et qu'on en ait besoin pour faire la guerre, les routes resteront inachevées ; 2° les soldats enlèveront le travail et le salaire des ouvriers.

M. Simon. « Il y a dans ce moment 312 lieues de routes stratégiques à faire dans les cinq départemens de l'Ouest ; ces routes sont de la plus haute importance. Eh bien ! il est reconnu qu'on est dans l'impossibilité de réunir dans ces départemens une quantité suffisante d'ouvriers. Lorsqu'il a été question de creuser des canaux, on avait besoin de 1,500 ouvriers par département, on n'a jamais pu en réunir que 800. Il résulte de cette pénurie de travailleurs une augmentation dans le prix de la main-d'œuvre, non-seulement pour les travaux publics, mais aussi pour les travaux de l'agriculture et de l'industrie.

» La réunion d'un grand nombre d'ouvriers étrangers au pays offre de très-grands inconvéniens; lorsque les travaux sont terminés, il faut les licencier, ce qui se fait très-difficilement. Quelques-uns restent dans le pays et se livrent au vagabondage ou au brigandage. Les ouvriers qui manqueraient d'ouvrage, par suite de l'emploi des troupes, auraient toujours la ressource d'entrer dans l'armée ; mais cela n'est point à craindre, car il y a maintenant des travaux immenses à faire, et dans l'Ouest ce sont les bras qui manquent. Si on n'emploie pas les troupes, jamais les routes, si nécessaires au pays, ne seront exécutées.

» Sous le rapport moral, l'emploi des troupes aux travaux publics offre les plus grands avantages. Les garnisons sont des écoles de corruption. Les soldats, rentrés dans leurs foyers, ne portent que trop souvent dans les campagnes une double contagion morale et physique qui produit les effets les plus désastreux. Des occupations continues sauveraient les jeunes soldats de tous les dangers de l'oisiveté et conserveraient à la fois leurs mœurs et leur santé.

» On sait aussi que des idées fausses sont trop souvent répandues parmi les soldats; ils considèrent en général le travail comme étant au-dessous d'eux : il importe de détruire ce préjugé et de réhabiliter en quelque sorte le travail. D'un autre côté, il faut respecter la susceptibilité de l'esprit militaire et ne pas imposer aux troupes le travail comme *une corvée;* il faut le *poétiser,* pour ainsi dire, en leur montrant le résultat de leurs travaux comme un but glorieux pour elles : on y parviendrait en plaçant sur les routes des monumens qui porteraient inscrits les numéros des régimens auxquels elles seraient dues.

» Enfin, l'emploi des troupes aux travaux publics prouverait aux ouvriers l'avantage de vivre en commun sur les lieux mêmes des travaux, puisque les soldats qui vivent en corps, sont logés, nourris et habillés pour trente-neuf centimes par jour. »

M. Thiaudière répond que la pénurie des ouvriers, sur un point donné, n'est pas un obstacle à la confection des routes, parce que les ouvriers émigrent facilement d'un pays dans un autre quand ils savent trouver de l'ouvrage. C'est ce qui arrive chaque année à l'époque de la moisson, et ce qui arriverait, sans doute, dans l'Ouest, si on y commençait les routes projetées.

M. le général Demarçay pense que la question est d'une haute importance, et reproche au ministère de l'avoir tranchée seul et sans le secours des Chambres. « Deux questions, dit l'honorable général, doivent être examinées. *A-t-on le droit d'employer l'armée à des travaux d'utilité publique? Est-il de l'intérêt public de le faire?*

» La société, par l'organe de ses législateurs, a le droit de demander aux citoyens tous les sacrifices essentiels au bien public. Si on allait au-delà, si on imposait des sacrifices qui ne fussent pas motivés par le bien public, il y aurait abus, il pourrait y avoir tyrannie. Quelle est la mission de l'armée? De défendre le pays contre les attaques extérieures; je dis contre les attaques extérieures, parce que l'armée n'est jamais appelée qu'accidentellement à maintenir la tranquillité intérieure: c'est l'œuvre habituelle de la garde nationale. Il résulte de ce principe qu'en temps de paix l'armée ne doit conserver sous les drapeaux que les hommes dont l'éducation militaire n'est pas terminée; tous les autres doivent être renvoyés dans leurs foyers. Exiger des soldats autre chose que le service militaire, les obliger, lorsque le motif de l'instruction ne les retient plus sous les drapeaux, à se livrer à des travaux pénibles, c'est exiger d'eux sans nécessité un nouveau sacrifice, c'est leur imposer une charge que la loi ne leur impose pas.

» J'arrive maintenant à la question d'intérêt. Tous les hommes qui se sont occupés de travaux savent que le bon marché est dû à la libre concurrence des entreprises ; les travaux faits par des individus qui n'y auraient aucun intérêt reviendraient certainement plus cher que ceux faits par des entrepreneurs. D'ailleurs beaucoup de soldats, employés à des ouvrages qui ne seraient pas de leur goût, résisteraient et travailleraient le moins possible ; les uns manqueraient de bonne volonté, d'autres manqueraient d'adresse, et le plus grand nombre ferait ainsi de mauvais ouvrage. Ajoutez à cela la détérioration des habits qu'il faudrait renouveler aux frais de l'Etat, et vous verrez que vos routes vous reviendraient plus cher d'après ce système que d'après le système actuel.

» Il faudrait nécessairement établir des campemens pour que les troupes ne fussent pas obligées de faire tous les jours de longues routes. Mais les campemens sont nuisibles à la santé des soldats ; lisez les journaux, ils nous parlent tous les jours du grand nombre de malades des camps de Saint-Omer et de Compiègne. Le campement prolongé des troupes ne doit avoir lieu qu'autant que les circonstances les plus impérieuses l'exigent. Si nous étions dans la position des Romains qui étaient obligés, pour maintenir la population d'un pays conquis, d'établir des camps au milieu d'elle pendant 10 ou 20 ans, il serait bon d'employer en même temps les troupes à la confection des routes ; mais nous ne sommes pas dans le même cas. Nos places fortes ne sont pas non plus ce qu'étaient les châteaux féodaux du moyen-âge ; une embuscade cachée derrière un buisson suffisait souvent pour enlever la forteresse et le souverain. Il fallait alors dans ces châteaux des garnisons habituelles. Aujourd'hui nous n'avons pas à craindre qu'on prenne par surprise nos places fortes. Douai, Lille, Arras sont fortifiées de telle sorte, que leurs populations suffisent dans les temps ordinaires pour les garder.

» On a examiné la question sous le point de vue de la moralité des soldats. Je conviens que la vie des garnisons est mauvaise, que les soldats y contractent de funestes habitudes ;

mais j'en conclus qu'on doit les renvoyer chez eux quand il n'est plus nécessaire de les retenir sous les armes pour leur donner l'instruction militaire. On peut d'ailleurs consulter l'expérience. Il n'est jamais venu à l'idée d'un administrateur en Angleterre, où cependant la civilisation est bien avancée, d'employer les troupes à la confection des routes. »

M. le général Dubourg. « C'est qu'il n'y a pas en Angleterre plus de 30,000 hommes sous les drapeaux. »

M. le général Demarçay. « C'est précisément l'exemple que j'indique à la France. Nous jouissons de la paix; tout porte à croire qu'elle ne sera pas troublée; il est donc convenable de ne conserver que très-peu d'hommes sous les drapeaux. »

L'orateur répond ensuite à l'objection tirée du manque d'ouvriers, en disant que cela provient de ce que des travaux considérables n'ont pas lieu assez souvent. Quand les travaux se multiplieront, les ouvriers se multiplieront également, et les prix que la concurrence avait fait monter d'abord éprouveront ensuite une diminution.

M. Béranger. « Il est question d'employer les soldats à des travaux d'utilité publique. Cela est-il possible? cela est-il nécessaire? Il semble bien difficile de déterminer un soldat à quitter ses armes pour prendre une pioche et une brouette; c'est là une des conséquences de cet *honneur militaire* dont on parlait tout à l'heure. Je me contente ici de signaler ce fait, en livrant son appréciation aux hommes qui se sont occupés de l'étude du cœur humain. Mon intention est d'examiner la question dans ses rapports avec la position de la classe ouvrière.

» Les ouvriers, Messieurs, sont aujourd'hui dans un état de malaise très-grand; sur quelques points de la France leur position est déplorable : à Lyon, les ouvriers gagnent à peine 15 à 20 sous par jour; cela n'est point suffisant pour l'entretien de leur famille. Tout récemment, à Reims, des ouvriers égarés sont sortis de la ville et se sont retirés sur leur *Mont-Aventin*. Il faut porter remède à tant de maux; ce remède, on le trouve dans l'augmentation du travail, du produit et de la circulation.

» Il y a donc ici une question de grande production générale ; c'est la question qui se présente sans cesse, lorsque l'on traite ces matières. Il existe chez nous beaucoup de forces perdues ; beaucoup d'hommes vivent dans une oisiveté soit forcée, soit volontaire ; voilà le mal auquel il faut remédier. Il faut une production abondante ; il faut que toutes nos forces soient consacrées à l'obtenir.

» Cela posé, je dirai : Pourquoi ne pas organiser les travailleurs en *armée pacifique ?* Si on licenciait un régiment, ne pourrait-on pas lui proposer de se livrer à des travaux d'utilité publique ? Eh bien, ne peut-on pas également organiser un régiment de travailleurs volontaires qui se porterait là où ses services seraient nécessaires ?

» On a objecté la diminution du salaire dans les lieux où il existe une grande réunion d'ouvriers ; mais c'est un mal nécessaire et d'ailleurs passager. S'arrêter à cette considération, ce serait rendre impossibles tous les grands travaux, ce serait sacrifier l'intérêt public à l'intérêt privé.

» Une autre considération me frappe encore : la classe pauvre est essentiellement morale ; ce qui le prouve, c'est ce mouvement ascensionel vers le bien qu'elle suit depuis un grand nombre d'années. Mais il faut reconnaître aussi qu'il existe parmi les ouvriers des habitudes vicieuses ; les uns ont un esprit d'indépendance exagéré, les autres se livrent à des passions dangereuses : il faut détruire toutes ces habitudes, ou plutôt les empêcher de naître. Dans les armées il y a moins d'habitudes vicieuses que parmi les ouvriers, parce qu'il semble que dans un corps organisé chaque individu est responsable des fautes des autres ; de là naît un esprit de corps qui tourne à l'avantage des bonnes mœurs.

» Il faudrait créer quelque chose de semblable pour les ouvriers, qui n'ont entre eux aucun lien commun ; car la réunion dans les ateliers est plutôt un sujet de jalousie et d'envie que de noble émulation. Je forme donc le vœu que si on ne peut faire entrer l'armée dans les travailleurs, on essaie de faire entrer les travailleurs dans l'armée ; si on y parvient on aura résolu l'un des problèmes les plus difficiles des temps modernes. »

## SEANCE DU JEUDI 11 SEPTEMBRE 1834.

Présidence de M. Boncenne.

M. Bonnin fait remarquer que c'est par erreur que, dans le rapport sur son mémoire, M. le général Dubourg a considéré comme moyen proposé le concours des troupes sous la direction des entrepreneurs, tandis que l'auteur n'a présenté ce moyen que subsidiairement, attendu que sa proposition principale est l'emploi de l'armée sous la direction immédiate d'agens du gouvernement. — Le procès-verbal est adopté.

M. le président donne lecture du mandat donné à M. Béranger. Cette pièce est ainsi conçue :

« Nous, soussignés, ouvriers et ouvrières, bourgeois et bourgeoises, roturiers et roturières, savans ou artistes, faisons savoir à tous, que Charles-François Béranger, notre camarade et notre ami, né à Paris le 26 septembre 1798, ancien ouvrier horloger et présentement homme de lettres, nous a exposé son intention de se rendre au Congrès scientifique qui doit avoir lieu à Poitiers, département de la Vienne, le 7 septembre prochain, afin d'y faire diverses propositions, toutes dans l'intérêt du progrès social, et parmi lesquelles il nous a signalé les suivantes :

» 1° Appeler l'attention des hommes politiques de tous les pays du monde sur la nécessité de supprimer graduellement les douanes ; elles sont l'un des liens les plus forts qui enchaînent les peuples ; indiquer en même temps les mesures propres à rendre cette suppression facile, tout en ménageant les droits acquis et les positions faites ;

» 2° Appeler l'attention des hommes politiques de la France sur les finances municipales et leur mode de perception, qui établit autant de douanes particulières qu'il y a de villes ayant un octroi ;

» 3° Signaler la grande lacune qui existe dans l'enseignement, et appeler l'attention sur la nécessité d'établir au moins une école pratique d'arts et métiers, et une d'agriculture par arrondissement ;

» 4° Signaler le décroissement rapide et vraiment effrayant du prix des salaires, et surtout des salaires des femmes ;

» 5° Signaler la nécessité, pour les gouvernemens, de s'occuper sérieusement et le plus tôt possible de l'éducation des femmes ;

» 6° Signaler l'urgence qu'il y a de créer des institutions propres à faire cesser l'hostilité des ouvriers contre les chefs d'industrie, et réciproquement, soit par l'établissement d'un syndicat de maîtres et d'ouvriers dans chaque ville, soit par celui de conseils de prud'hommes, soit par celui de caisses de secours et de prévoyance ;

» 7° Appeler l'attention de tous sur le nombre toujours croissant des enfans trouvés, et signaler quelques-unes des causes de cette plaie des gouvernemens modernes, avec les moyens propres à la rendre moins saignante et moins cruelle.

» Nous soussignés, nous avons trouvé bons le désir et la pensée de notre ami, et, afin qu'il pût exécuter son dessein, nous l'avons prié d'être au Congrès scientifique de Poitiers notre représentant ; nous l'avons autorisé à y parler en notre nom ; et nous avons voulu faire les frais de son voyage, au moyen d'une contribution volontaire que plusieurs de nous se sont imposée, suivant leurs moyens. Que Dieu le conduise et l'éclaire (1) !

. . . . . . . . . . . . . . . . . . . . .

. . . . . . . . . . . . . . . . . . . . .

» Fait à Paris, le 31 août 1834. »

(1) Le comité de rédaction, en se conformant aux intentions de la majorité des membres du Congrès, a supprimé la fin du mandat donné à M. Béranger, qui a uniquement trait à la politique, sans aucunement approuver le surplus de cette

Suivent les signatures, parmi lesquelles on trouve celles d'un assez grand nombre de femmes, celles de deux rédacteurs principaux d'un journal quotidien de Paris, celles de plusieurs hommes de lettres et d'un grand nombre d'ouvriers.

M. le président annonce que l'ordre du jour est la suite de la discussion *sur l'emploi des troupes aux travaux d'utilite publique.*

M. Guerry-Champneuf demande la clôture de cette discussion, en se fondant sur ce que le gouvernement a pris une détermination qu'il ne convient pas au Congrès de discuter.

M. Nau de la Sauvagère. « Il s'agit, non d'éloge ou de critique, mais de l'examen d'avantages ou d'inconvéniens. Le Congrès est bien en droit d'émettre une opinion; il faut donc continuer la discussion. »

M. le général Dubourg se propose de réfuter l'opinion émise par M. le général Demarçay, qu'il regrette de ne voir pas à la séance. — « Le gouvernement, a-t-on dit, n'a pas le droit d'employer les troupes à des travaux publics. Mais son droit d'appeler les jeunes gens au service militaire contre l'étranger, n'est pas tellement limité, qu'il doive, en temps de paix, les laisser exposés à l'oisiveté et à l'immoralité. L'histoire dément une telle restriction, puisqu'elle montre les troupes partout employées pour le service et l'avantage du pays. — Sans doute il vaudrait mieux qu'à l'expiration du temps nécessaire pour l'instruction du soldat, il fût renvoyé dans ses foyers; mais puisque la chambre des députés n'a pas prononcé sur ce sujet, puisque le militaire instruit reste sous le drapeau, il faut l'occuper à des travaux utiles, l'arracher aux habitudes vicieuses de la caserne. L'instruction militaire, d'ailleurs, peut être acquise en quelques mois. Beaucoup de soldats savent les états de serrurier, de menuisier : il faut utiliser leurs bras. Ceux qui ignorent toute profession remueraient de la terre sous la conduite de sous-officiers. »

pièce, ni reconnaître que des individus, non appelés à un Congrès scientifique, aient le droit d'y envoyer un delegué

L'orateur présente quelques observations critiques relatives au règlement du ministre de la guerre ; il pense que la haute paye attribuée aux soldats travailleurs doit être employée en partie à leur procurer une nourriture plus abondante et plus substantielle, et que le reste doit leur être remis seulement à l'époque de leur congé.

« On a présenté, continue-t-il, le campement comme nuisible à la santé des soldats. Cette objection est bien faible dans un pays dont les armées ont visité tour à tour Madrid et Moscou, et ont acquis trop de gloire peut-être par des conquêtes faites au prix de tant de fatigues. La nation serait-elle donc dégénérée? Non sans aucun doute. Tous nos soldats ne sont pas fils de pairs de France, ils sont habitués de longue-main à la fatigue, et ne la redoutent pas. Jamais nos armées ne jouirent d'une santé meilleure que dans les marches forcées; elles bravaient les plus mauvais temps, éprouvaient toutes les privations. — La mesure proposée susciterait, dit-on, des murmures. Il faut le dire, peut-être une des habitudes de notre nation, c'est de murmurer : mais après tout on obéit, et c'est là l'essentiel. D'ailleurs un chef qui a su prendre sur ses soldats l'ascendant qu'il doit avoir, sait toujours bien se faire obéir. — L'exemple cité de l'Angleterre ne prouve rien, puisque son armée n'est que de 30,000 hommes au plus. D'ailleurs elle emploie des soldats à des travaux dans ses colonies : en ce moment la garnison d'Halifax (Nouvelle-Ecosse) est occupée à faire une route. »

M. le vicomte de Lastic-Saint-Jal (de Niort) ne veut pas examiner la question par rapport seulement aux départemens de l'Ouest, parce que ce serait rendre la discussion politique, et peut-être irritante. C'est de plus haut et de plus loin qu'elle veut être envisagée par des hommes éclairés qui, dégagés de toute passion, consacrent leurs lumières et leurs pensées au bien-être et à l'amélioration sociale de toute la France. « L'emploi des troupes aux travaux publics lui semble contraire, 1° aux intérêts de l'Etat ; 2° à ceux des contribuables ; 3° aux intérêts de la classe ouvrière et indigente ; 4° attentatoire aux droits et à la liberté des citoyens ; 5o dangereux pour la santé et la vie des soldats ; 6o enfin, inexécutable.

» Le premier besoin d'un Etat est d'avoir une armée bien exercée, bien disciplinée, toujours prête à voler à son secours dans quelque circonstance que ce soit. Or une armée répartie par fractions, occupée de travaux grossiers, pénibles et prolongés, ne perdra-t-elle pas de cette prestesse, de cette précision nécessaires pour les manœuvres ? La discipline ne s'énervera-t-elle point par cette séparation d'individus destinés à marcher comme un seul homme à la voix d'un chef unique ? On a dit que l'oisiveté des garnisons contribuait à la corruption du soldat. D'abord, la majeure partie de la journée est absorbée par des exercices variés et successifs. Mais aux champs, le soldat apportera ses inclinations de débauche, il cherchera à séduire des filles, des femmes, jusque-là vertueuses : il parviendra à propager le mal dans les campagnes, sans que son intensité diminue dans les villes. — Des jalousies entre les corps militaires surgiront de toutes parts. La cavalerie, par exemple, exceptée de la mesure, deviendra la partie privilégiée de l'armée ; l'infanterie seule sera condamnée *aux travaux forcés*. De là, des haines qui entraîneront des désordres, des collisions, des malheurs irréparables peut-être.

» L'armée absorbe une forte part du budget ; sa réduction deviendra désormais impossible, et il faudra une haute paye à l'officier, un nouvel équipement au soldat : nous savons ce que coûtent les fournitures de ce genre ; il faudra aussi des outils et instrumens qui d'ordinaire sont à la charge des entrepreneurs. Je ne fais qu'indiquer ces points si bien développés hier par M. le général Demarçay. Qui donc supportera cet énorme surcroît de dépense ? Les contribuables.

» Tous les esprits s'occupent d'améliorer le sort de la classe indigente, de celle si intéressante des ouvriers ; il faut leur laisser des travaux à exécuter. J'ai vu les canaux construits en Bretagne pour rendre navigables l'Oust et le Blavet, exécutés en partie par des émigrans accourus de diverses provinces du centre. Pendant la campagne ils économisaient de quoi subvenir à l'existence de leurs familles durant la saison rigoureuse. Et jamais je n'ai appris, ainsi qu'il a été dit hier, que les ouvriers étrangers au Morbihan se soient transformés en brigands : je n'en ai jamais vu un seul traîné devant les tribunaux. — Les ouvriers, a-t-on dit, se reporteront sur l'agriculture; mais ce ne sont pas les bras qui lui manquent, c'est l'argent, indispensable aux défrichemens des landes, au dessèchement des marais.

» Ou l'on augmentera les rations de vivres, et voilà de nouvelles dépenses ; ou elles resteront ce qu'elles sont, et des maladies surviendront en grand nombre. La conquête d'Alger fournit une preuve récente de l'insalubrité des camps pendant la nuit. Et c'est harassé, mouillé par la sueur ou par la pluie, que le soldat travailleur rentrera sous la tente. Auprès de chaque chantier il faudra établir une ambulance considérable. Rappelons-nous l'aquéduc Maintenon et les milliers desoldats qu'il dévora.

» Hier, il a été dit que si les Romains avaient exécuté d'immenses travaux, c'était pendant un campement de longues années, nécessité par l'obligation d'être là pour maintenir les populations conquises. Aux yeux de quelques-uns, les habitans de l'Ouest seraient-ils donc assimilés aux Gaulois? — Les devoirs de l'armée sont tracés, ses droits aussi sont écrits, ils existent, et je maintiens que c'est porter atteinte à la liberté des citoyens que de les condamner arbitrairement aux carrières. En France, l'armée se compose d'hommes pris indistinctement dans toutes les classes, dans tous les rangs de la société. Il faudra donc transformer en pionniers et en terrassiers les conscrits des villes, étrangers à ce genre de travaux. Ce serait ajouter à la charge du devoir, une charge bien plus onéreuse pour eux que pour ceux des campagnes. »

M. Bourgnon de Layre (de Poitiers), vu l'absence de M. Demarçay, dont il s'était préparé à réfuter l'opinion, se borne à exposer le principe constitutionnel qui domine même les considérations de moralité et d'économie. Ce principe, c'est qu'avant d'être appelé sous les drapeaux, le soldat est enfant de la patrie, et qu'après son licenciement il devient citoyen, qualité qu'il doit avoir méritée par son service même. Or le travail est le moyen puissant de le maintenir incessamment dans les devoirs que lui imposera le beau titre de citoyen.

M. Barbault de la Motte (de Poitiers) signale quatre inconvéniens principaux qui résulteront du projet. « Un grand nombre de jeunes gens ont des habitudes et un état de constitution qui les éloignent des travaux pénibles. Toute l'infanterie deviendrait pionnière, subissant la peine employée contre les indisciplinés : l'armée se croira avilie. — On fournira aux travailleurs d'autres habillemens, mais ce supplément sera insuffisant, et la dépense de son entretien s'accroîtra beaucoup pour le budget. Il n'y a qu'une certaine quantité de travail ; ce que l'on fera exécuter par le soldat, sera autant d'enlevé à la classe qui ne peut vivre que par le travail. — Toujours les ouvrages entrepris aux frais de l'Etat sont les plus coûteux. Et il faudra façonner des outils, construire des chariots ! Combien d'instrumens brisés ! Ce seront autant de bonnes fortunes pour les fournitures scandaleuses ! »

M. Brochain (de Poitiers), tout en se prononçant contre la permanence des armées, vote pour l'emploi des troupes aux travaux d'utilité publique. « Le soldat est retenu 7 ans au service, et 2 années lui suffisent bien pour s'instruire. Que faire le reste du temps, si ce n'est de s'abandonner au vice ? Dans un corps débile il peut y avoir une volonté puissante, jamais dans un être corrompu. — Cependant les travaux publics sont une tâche imposée à l'armée : une simple ordonnance ne peut la prescrire, il faut une loi. Avec un gouvernement constitutionnel, refuser d'obéir à une mesure adoptée par les représentans élus de la nation, ce serait refuser de s'obéir à soi-même. Il est possible que des sociétés d'entrepreneurs exécutent avec plus d'économie les ouvrages ; mais l'intérêt en présence de la morale ne peut jamais prévaloir, et c'est de moralité qu'il s'agit. Nous ne sommes plus au temps où le soldat de la révolution ou de l'empire, rentrant mutilé, honoré dans ses foyers, y propageait les sentimens généreux : à présent c'est usé par 7 ans d'immoralité ou au moins d'oisiveté que le soldat retourne auprès des siens.—A cause des inconvéniens du passage subit d'une vie désœuvrée à un travail actif et pénible, il faudrait établir une sage graduation. On ne prit aucune précaution sous Louis XIV : aussi l'exemple de l'aquéduc si meurtrier de Maintenon n'est pas à citer. Quant aux Romains, leurs soldats, toujours sous le coup de la discipline, étaient retenus dans un même campement pendant plusieurs années. »

La clôture est demandée. M. Guépin (de Nantes) s'y oppose, la question n'étant pas encore assez examinée. —« Déjà, dit-il, le gouvernement a de grands ateliers, et je puis affirmer que nulle part on ne produit aussi bien et à meilleur marché. Pourquoi n'en organiserait-il pas d'autres sur une plus vaste échelle ? Voyez ceux d'Indret. On y confectionne tout bien et à bas prix ; les machines qui en sortent sont égales ou presque égales à celles de l'Angleterre. Et sûrement il y a toute possibilité pour créer dans l'armée un corps de travailleurs. Alors on n'aurait plus à objecter que l'homme militaire serait froissé. L'impôt du sang est le plus grave sans doute, mais il y a aussi l'impôt du travail. Il ne faut plus que le soldat se croie une machine à fusil. Dans ce corps de travailleurs, il y aurait des troupes de menuisiers, de serruriers, etc. Ce corps de militaires-ouvriers serait hiérarchisé, et précisément il le serait par le travail même. Un pont est à construire : viennent les compagnies de pionniers, de terrassiers, de maçons, etc. ; viennent aussi les musiciens afin de *poétiser* le travail. —Certes l'esprit d'opposition perdrait de son activité, s'affaiblirait, si l'on comprenait bien ce que peut être l'organisation en corps des travailleurs. Le règlement ministériel qui paraît n'est point parfait ; un de ses défauts, c'est de laisser le soldat sous le commandement de chefs souvent moins aptes que lui pour le travail. Dans l'enrégimentation, au contraire, les plus habiles seraient les conducteurs, et les meilleurs ouvriers sont aussi les plus moraux.

» Les soldats dans les campagnes ne porteraient pas plus d'immoralité qu'il y en a : laissés dans les villes, ils contractent plus aisément les habitudes du vice. La moralité manque partout, il est trop vrai, mais c'est à cause du manque général d'éducation. — On appellerait concurremment les indigens à la confection des travaux publics : la classe des ouvriers n'en souffrirait donc pas de préjudice. La concurrence doit être le principe de ces entreprises. La restauration n'en voulut pas ; toutefois on doit reconnaître que plusieurs de ses travaux ont été bien exécutés, et dans un grand but d'utilité, par exemple le canal de Bretagne. — On a objecté l'hiver, le mauvais temps auquel le soldat serait exposé. C'est encore un motif pour l'enrégimentation ; car des hommes de science veilleront mieux à sa santé. Le contact de l'ouvrier avec l'ouvrier, sans autre but que la tâche et le salaire, sert souvent l'immoralité plutôt que l'émulation : pour ces hommes aussi l'enrégimentation deviendrait un bienfait. »

M. Béranger. « Avant la clôture, qu'il me soit permis, à moi qui ai été ouvrier, de répondre à ceux qui ont objecté que les travaux sur les routes seraient une aggravation des fatigues de la vie militaire. Visitez l'atelier souvent obscur et humide, à l'air bientôt vicié, et où la contraction obligée du corps est la première peine. Il est des sortes d'états qui contraignent l'ouvrier à rester quelquefois jusqu'à 17 heures par jour dans la même position. Le campement, en pleine campagne, serait pour lui comme un lieu de délices. »

M. le président pose ainsi la proposition :

Le Congrès est d'avis qu'il y a plus d'avantage que d'inconvénient dans l'emploi des troupes pour les travaux publics, et notamment pour les travaux des routes.

Cette proposition est adoptée par la section, à la majorité de 31 voix contre 19.

### SÉANCE DU VENDREDI 12 SEPTEMBRE 1834.

Présidence de M. Nicias Gaillard ( de Poitiers ).

La séance est ouverte à 8 heures et demie. M. Le Brun donne lecture d'une partie du procès-verbal qui est adoptée.

Une difficulté s'élève sur la manière dont a été posée hier la proposition de M. Guépin. Cette proposition paraît, à plusieurs membres, conçue d'une manière trop générale, parce qu'il semblerait en résulter que M. Guépin étend son organisation de corps de travailleurs, non-seulement à l'armée, mais encore à tous les ouvriers.

M. Hunault de la Peltrie ( d'Angers ) fait observer que ce serait résoudre ainsi indirectement une question d'organisation sociale de la plus haute gravité ; ce que la section n'a pas eu l'intention de faire, puisqu'il ne s'agissait que de l'emploi de l'armée aux travaux publics.

M. Guépin formule de nouveau sa proposition en la restreignant aux *militaires*.

On décide que la proposition sera discutée à son tour.

L'ordre du jour est la discussion de la question suivante :

**Déterminer quels ont été les résultats de la suppression, dans certaines localités, des tours placés à l'entrée des hospices, pour recevoir les enfans abandonnés?**

M. l'abbé Gaillard ( de Poitiers ) annonce qu'il examinera d'abord la question sous ses rapports physiques. Il soutient en fait que la suppression des tours dans plusieurs localités a augmenté la mortalité des enfans exposés. Il cite à l'appui de sa proposition les détails statistiques suivans :

« Les tours d'arrondissement ont été supprimés dans le département de la Vienne, à dater du 1er janvier de cette année. Pendant les mois de janvier, février et mars, sur 71 enfans qui ont été exposés, 22 sont morts ; depuis le 1er janvier jusqu'au 10 septembre, 139 ont été exposés, et 52 sont morts. Si je prends les 3 années 1830, 1832 et 1833, je trouve que terme moyen, sur 146 expositions il y a eu 17 morts. Donc la mesure qui vient d'être prise a augmenté des deux tiers la mortalité des enfans trouvés.

» Si maintenant on examine le terme moyen de la vie de ces enfans, on trouve qu'il est de 7 jours pour les 22 qui sont morts cette année ; tandis que la vie moyenne des 146 morts dans les années précédentes, était de 10 ou 11 jours. Il y a donc eu aussi diminution de la vie moyenne.

» La raison en est bien simple : c'est que les enfans sont apportés de très-loin, qu'ils souffrent beaucoup en route, surtout dans la saison rigoureuse ; quelques-uns sont apportés demi mourans. D'un autre côté, le nombre des enfans exposés dans le tour unique de Poitiers, étant beaucoup plus considérable qu'auparavant, le nombre des nourrices devient insuffisant ; la modicité du prix qu'on leur alloue en éloigne un grand nombre, de telle sorte que plusieurs enfans meurent par défaut de nourrice. On est aussi obligé d'accepter toutes les nourrices qui se présentent, ce qui compromet souvent la santé des enfans.

» Il est un autre inconvénient non moins grand, c'est l'augmentation des infanticides ; un magistrat de la Cour m'assure que leur nombre est augmenté cette année. Il est triste de le dire, mais c'est un fait prouvé par la statistique, le département de la Vienne est le premier pour le grand nombre des infanticides.

» La fermeture des tours empêchera-t-elle la naissance des enfans naturels ? Non, certainement ; dans les pays où il n'y a pas de tours, il y a bien moins d'enfans exposés, mais il y a autant d'enfans naturels. Dans les pays protestans, par exemple, leur nombre est considérable ; ainsi, en Prusse on en compte 76 sur mille, tandis qu'en France il n'y en a que 69, et à Naples 48. ( *Annales d'hyg. publ.*, *n*° 32. )

» Plusieurs causes concourent à augmenter le nombre des enfans exposés. Il y a des départemens où l'on tient beaucoup à l'honneur ; le nombre des enfans exposés y est très-considérable. C'est ainsi qu'à Poitiers, en 1826, sur 119 enfans naturels il y a eu 119 expositions. Depuis 1825 jusqu'à 1829, sur 660 enfans naturels il y a eu 626 expositions. A Strasbourg, au contraire, où il existe un grand nombre de filles mères, on n'attache pas une aussi grande idée de déshonneur à cet état, et les expositions sont moins fréquentes.

» La seconde cause est la pauvreté. Dans notre département, où il n'y a que peu de travaux industriels, une fille serait fort embarrassée pour nourrir son enfant; elle n'aurait d'autre ressource que de se livrer à la mendicité. Si elle le gardait auprès d'elle, tout le monde connaîtrait sa faute, et elle serait plus exposée à de nouvelles séductions. Que les tours soient supprimés, et cette fille tuera son enfant. A Cholet, où les tours n'ont jamais existé, il y a un véritable massacre d'enfans.

» Ainsi, je suis opposé à la suppression des tours, parce qu'elle augmente la mortalité des enfans, empêche de trouver des nourrices, expose aux infanticides, livre à la mendicité et au vagabondage les enfans gardés par leurs mères. Le moyen de diminuer le nombre des enfans naturels n'est pas la suppression des tours, mais la propagation des idées religieuses. Il me serait facile de prouver par des chiffres que dans des paroisses très-nombreuses où la religion est honorée et observée, il n'y a point ou il n'y a que très-peu d'enfans naturels. Enfin il ne faut pas oublier, lorsqu'on se plaint de l'augmentation du nombre des enfans naturels, qu'elle est une suite nécessaire de l'augmentation de la population. »

M. Boncenne (de Poitiers). « Une raison particulière me détermine à prendre la parole. Il convient à un membre du Conseil général de la Vienne, dont on vient d'attaquer la résolution, de prouver que cette résolution a été prise après de mûres considérations, et que l'essai que l'on a fait de la suppression des tours d'arrondissement n'a pas produit les résultats désastreux qu'on lui attribue. »

L'orateur, avant d'entrer dans la discussion de la question, jette un coup d'œil sur l'histoire de la législation relative aux enfans trouvés. « L'empereur Valentinien imposait aux parens l'obligation de nourrir leurs enfans. *Unusquisque sobolem suam nutriat, quod si exponendam putaverit, animadversioni quæ constituta est subjacebit. Necare videtur non solùm is qui partum perfocat, sed is qui publicis locis exposuit.*

» Ces principes furent long-temps en vigueur. Ce fut en 1204, pour la première fois, que le fils d'un comte de Montpellier institua l'hôpital du Saint-Esprit destiné à recevoir les enfans trouvés. En 1445, Charles VII rendit une ordonnance portant que l'hospice du Saint-Esprit, à Paris, ne devait servir qu'aux *orphelins légitimes ;* on quêtait à la porte de la cathédrale pour les enfans trouvés. Les motifs de l'ordonnance de Charles VII sont fort remarquables ; il y est dit que si l'on obligeait l'hôpital à recevoir les enfans trouvés il y en aurait trop, « parce que moult de gens feroient moins de difficultés de eux » abandonner à pescher, quand ils verroient que tels enfans » bâtards seroient nourris et qu'ils n'en auroient ni charge » ni sollicitude. »

» En 1552, un arrêt du Conseil chargea les seigneurs du soin des enfans trouvés ; mais c'était pour eux une charge fort lourde ; ils n'exécutèrent pas les obligations qui leur étaient imposées. Les enfans étaient abandonnés et périssaient en grand nombre, lorsque saint Vincent de Paule réchauffa la charité publique par son éloquence toute chrétienne et parvint à fonder de nouveaux hospices ; mais saint Vincent de Paule, tout en cédant à une juste compassion, n'aurait certainement pas voulu adopter des mesures qui n'auraient eu d'autre résultat que de favoriser et d'augmenter les abus : car il ne s'agit aujourd'hui que de savoir si l'intérêt de la société, si le ménagement qu'on doit aux deniers des contribuables n'exigent pas que l'on cherche un moyen de supprimer les facilités laissées à beaucoup de personnes de se procurer les jouissances physiques du mariage en se débarrassant des enfans.

» Un décret du 25 frimaire an VII portait que les enfans naturels seraient reçus dans tous les hospices et élevés aux frais du gouvernement ; mais les abus toujours croissans motivèrent le décret du 18 janvier 1811. Ce décret distingue *les enfans trouvés*, *les enfans abandonnés*, *les orphelins pauvres*. *Les enfans trouvés* sont ceux qui, nés de pères ou de mères inconnus, ont été trouvés exposés dans un lieu quelconque, ou portés dans les hospices destinés à les recevoir. *Les enfans abandonnés* sont ceux qui, nés de pères ou de mères connus, et d'abord élevés par eux ou par d'autres personnes à leur décharge, en sont délaissés sans qu'on sache ce que les pères et mères sont devenus, ou sans qu'on puisse recourir à eux.

*Les orphelins* sont ceux qui, n'ayant ni pères ni mères, n'ont aucun moyen d'existence (1).

» Les enfans trouvés sont mis à la charge du gouvernement et du département tout ensemble. On distingue les dépenses intérieures et les dépenses extérieures : les dépenses intérieures, c'est-à-dire celles de layette et entretien, etc., sont à la charge des hospices ; les dépenses extérieures, dans lesquelles sont compris les frais de nourrice, sont à la charge du gouvernement et subsidiairement des hospices. 4,000,000 francs sont consacrés à ces dépenses ; mais les revenus des hospices et ces 4,000,000 fr. sont devenus insuffisans à cause de l'accroissement du nombre des enfans trouvés, et parce que des gens mariés portent leurs enfans aux hôpitaux. Il a fallu avoir recours aux centimes facultatifs. Tel a été l'accroissement des dépenses pour le département de la Vienne, qu'il y a sept ou huit ans elle n'excédait pas 30,000 fr., tandis que cette année on lui a consacré 62,000 fr.

» Le conseil général, touché du sort des enfans trouvés et désirant aussi ménager l'argent des contribuables, a recherché les moyens de diminuer les dépenses sans s'écarter de la charité chrétienne. Il s'est entouré de tous les renseignemens ; il a consulté entr'autres le prospectus de M. de Gouroff, Français au service de la Russie. Ce prospectus, qui contient le résumé d'un ouvrage plus considérable qu'il annonce et qui n'a pas encore été publié, établit en fait qu'il n'y a d'hospices à tours que dans les pays catholiques, qu'il n'y en a pas dans les pays protestans, où cependant l'on ne voit pas que leur absence ait des inconvéniens. En 1756, le parlement de Londres avait ouvert des hospices à tours ; quatre ans après il les supprima, et aujourd'hui les enfans sont élevés par leurs père et mère, et ils sont reçus ensuite dans des maisons de travail. Voilà quelle est en Angleterre la charité nationale. Il en résulte qu'à Londres où la population est de 1,250,000 âmes, il n'y a eu, depuis 1819 jusqu'en 1824, que 151 enfans ex-

(1) Décret du 19 janv., art. 1, 2, 56.

posés ; à Paris, où la population n'est que de 800,000 âmes, le nombre des enfans exposés dans le même temps a été de 25,277. Il n'y avait pas de tours à Mayence avant 1811 ; depuis 1789 jusqu'à cette époque 30 enfans ont été exposés. Napoléon y fonda un tour ; il avait ses raisons pour cela, car la loi mettait les enfans trouvés à la disposition de l'État, dès l'âge de 12 ans. Ce tour fut ouvert le 7 novembre 1811 jusqu'en 1815, que le grand-duc de Hesse-Darmstadt le ferma. Pendant cet intervalle de trois ans 716 enfans ont été exposés. Voilà des faits que personne n'a contestés. La conséquence de ces faits est que l'existence des tours augmente le nombre des expositions.

» On a objecté au système adopté par le conseil général de la Vienne, l'augmentation de la mortalité. Il est reconnu que la mortalité est bien plus grande parmi les enfans élevés dans les hospices, que parmi les enfans élevés par leurs père et mère. Les causes nécessaires de cette mortalité sont faciles à signaler. Lorsqu'une malheureuse fille est enceinte, elle ne soigne pas sa santé comme le ferait une femme, heureuse d'être mère ; elle cherche à dissimuler son état par des vêtemens serrés ; quelquefois même, ce qui est affreux, mais ce qui n'est que trop fréquent, elle prend, pour se procurer l'avortement, des drogues qui produisent toujours des effets funestes pour elle et pour son enfant. Des ouvrières, des domestiques se livrent habituellement à des travaux pénibles. Il n'est donc pas étonnant que la mortalité des enfans qui ont souffert dans le sein de leur mère soit aussi considérable.

» On a dit que l'augmentation de la mortalité provenait de la fatigue, du froid, du voyage. Je ne fais ici qu'émettre l'opinion des médecins que nous avons consultés : ils ont déclaré que la fatigue ne devrait faire périr les enfans que dans le premier ou dans le second jour de leur arrivée ; or, la plus grande partie de ces enfans sont morts après quinze jours, trois semaines, et jusqu'à trois mois ; ce n'est donc pas la fatigue qui les a tués. Qui ne sait d'ailleurs que les enfans nés à Paris sont très-souvent transportés à des distances de 20, 30, 40 lieues? Il y a bien moins loin des extrémités du département à Poitiers. Il y a d'ailleurs des moyens commodes de les apporter; et, à ce sujet, je vous demande la permission de citer un fait qui nous a été révélé au conseil général par l'un de ses membres, et qui prouve l'abus que l'on fait des tours.

» Dans la voiture publique qui menait M. M... de Montmorillon à Poitiers, se trouvait une femme qui conduisait à l'hospice un enfant nouveau-né; elle dit aux voyageurs qui l'entouraient que la mère de cet enfant était domestique, que son père était aussi domestique dans la même maison; que leur maîtresse, qui était contente de leurs services, ne voulait pas qu'ils se mariassent, et qu'elle ne voulait pas non plus garder l'enfant qui l'embarrassait; c'est par cette raison qu'on l'envoyait à l'hospice, et c'est ainsi, Messieurs, que les fonds du gouvernement et des départemens servent à favoriser de honteuses spéculations.

» Revenant à l'objection, je dois dire que le conseil général a pourvu à ce que la santé des enfans apportés de loin ne souffrît pas; il a fait des fonds pour qu'il y eût à demeure, à l'hospice, quatre nourrices toujours prêtes à donner le sein aux enfans, et à satisfaire à leurs premiers besoins jusqu'au moment où ils seront placés en nourrice à la campagne.

» On a prétendu que le nombre des infanticides serait augmenté. Cette objection tombe devant un fait: à Civray il n'y a jamais eu de tour, et cependant si vous consultez les archives criminelles de la Cour de Poitiers, vous verrez que l'arrondissement de Civray est un de ceux qui produisent le moins de ces sortes de crimes. Je sais que l'on allègue que les enfans naturels de Civray sont portés à Montmorillon. C'est d'abord un fait douteux; mais, en l'admettant comme prouvé, il en résulterait toujours que l'obligation de porter les enfans dans un arrondissement voisin, ne donne pas lieu à des infanticides. C'est aussi ce que confirment tous les résultats de la statistique. L'exposition d'ailleurs n'a-t-elle pas aussi ses dangers? On a vu des individus qui apportaient des enfans, oublier de tirer la cloche du tour, et des enfans laissés là périssaient avant d'être admis dans l'hospice.

» Je viens de prouver que la mesure adoptée par le conseil général n'a pas d'inconvéniens, il faut maintenant parler de ses avantages. Le premier sera de réprimer des abus qui choquent la morale et la religion, et qui sont funestes à l'Etat. Il arrive fréquemment qu'une femme mariée expose son enfant, vient ensuite se proposer pour nourrice, et reçoit un salaire pour remplir une obligation que la nature lui impose. A Châtellerault, où il n'y avait pas de tour, les enfans étaient présentés à l'hospice avec un billet d'entrée du maire : c'était là méconnaître complètement l'esprit de l'institution. Dernièrement un maire, dans l'arrondissement duquel les tours ont été supprimés, écrivait au préfet de ce département qu'il le priait de suspendre l'exécution de la mesure, jusqu'à ce qu'une jeune fille de sa commune qui était enceinte, fût accouchée, parce qu'il lui avait promis de placer son enfant dans l'hospice.

» Voulez-vous voir maintenant les bons effets de la suppression des tours? Voici un fait positif: dans la ville de Châtellerault, dont je parlais tout à l'heure, une fille venait d'accoucher; elle était décidée à mettre son enfant à l'hospice : lorsqu'elle sut qu'elle ne pouvait le placer à Châtellerault, et qu'elle serait obligée de se séparer de son enfant, elle ne voulut pas y consentir; elle le garda pour l'élever.

» Il est important, Messieurs, de faire passer dans l'économie sociale ce principe de morale, qu'une mère doit toujours nourrir son enfant. Nous devons donc adopter tout ce qui peut tendre à rendre l'exposition difficile. Il importe que ce faux sentiment d'honneur dont on a parlé soit détruit, et qu'on attache du déshonneur plutôt à l'exposition, qu'à l'éducation d'un enfant naturel.

» Le moyen que nous avons indiqué n'est pas le seul; il en est un autre qui déjà a été employé avec succès. On s'est aperçu, comme je le disais tout à l'heure, que des femmes mariées, ou non, déposaient leurs enfans à l'hospice pour les reprendre ensuite en qualité de nourrices, et pour les élever aux frais de l'Etat. En 1829, on proposa, afin de faire cesser cet abus, de transporter les enfans dans un département voisin, et de prendre ceux de ce département en échange. Cette mesure eut un grand succès; les expositions diminuèrent de moitié. Mais des obstacles nombreux s'élevèrent; de toutes parts on jeta les hauts cris : on dit que cela faisait de la peine aux nourrices qui avaient déjà reçu les enfans; on dit aussi que nous avions envoyé des enfans sains, et que ceux qu'on nous avait donnés en échange étaient rachitiques et malsains. La règle qui avait déjà produit de si bons résultats fut abandonnée. On pourrait la rétablir aujourd'hui, et elle concourrait, avec la suppression des tours d'arrondissement, à diminuer le nombre des expositions.»

M. Boncenne termine son improvisation en exprimant le vœu que les communes soient obligées de participer aux dépenses des enfans trouvés, avec l'Etat et les départemens. « Les communes alors seraient intéressées à ce qu'il y en ait moins; une surveillance plus exacte serait exercée, et la morale publique y gagnerait. »

## SÉANCE DU VENDREDI 12 SEPTEMBRE 1834, AU SOIR.

Présidence de M. Nicias Gaillard (de Poitiers).

M. Bouriaud lit les observations suivantes :

Comme administrateur des hôpitaux de Poitiers, comme tuteur des enfans trouvés, je croirais manquer à mes devoirs si, oubliant mon insuffisance, je ne réclamais pas la parole pour présenter quelques observations sur la question importante qui vous est soumise.

M. Boncenne vous a dit avec raison qu'il fallait distinguer les enfans trouvés des enfans abandonnés; il vous a dit que les enfans trouvés étaient ceux qui, nés de pères et de mères inconnus, ont été trouvés exposés dans un lieu quelconque, ou portés dans les hospices destinés à les recevoir. Les enfans abandonnés, au contraire, sont ceux qui, nés de pères et de mères connus, et d'abord élevés par eux ou par d'autres personnes, à leur décharge, en sont délaissés sans qu'on sache ce que les pères et mères sont devenus ou sans qu'on puisse recourir à eux. Cette classification, qui résulte du décret du 19 janvier 1811, établit, entre les enfans trouvés et abandonnés, un mode différent d'admission dans les hospices; aussi, comme la question à traiter ne peut concerner que les enfans trouvés, il me semblerait rationnel de la formuler en ces termes : « Déterminer quels ont été les résultats de la suppression des tours placés à l'entrée des hospices pour recevoir les enfans trouvés, suppression qui a eu lieu dans certaines localités. »

La réunion de faits particuliers pouvant contribuer à fixer votre opinion sur les avantages ou sur les inconvéniens de la suppression des tours d'exposition, je crois devoir vous faire connaître quels ont été les résultats de cette mesure dans le département de la Vienne. Elle a été funeste aux malheureux enfans, sans qu'on ait atteint le but qu'on s'était proposé : c'est une vérité que je désire pouvoir vous démontrer; puissé-je vous faire partager ma conviction, et atténuer dans vos esprits l'impression qu'a dû y produire le savant orateur auquel j'ai l'honneur de répondre!

Jusqu'au commencement du XVIIe siècle, les enfans abandonnés étaient exposés dans les rues et sur les places publiques; on en faisait un objet de commerce, on les vendait à des mendians qui les achetaient pour les faire servir à exciter la commisération des passans; le prix de ces enfans était fixé à vingt sous. Enfin, en 1638, Vincent de Paule, si justement appelé le père des malheureux, parvint à faire cesser cet abominable trafic. Des maisons charitables furent établies par les soins de cet ami de l'humanité, peu à peu le sort de ces enfans infortunés s'améliora, et, pour éviter le danger des expositions sur la voie publique, on établit devant les portes des églises des coquilles en marbre où l'on plaçait les enfans qu'on voulait exposer. Plus tard, les tours d'exposition ont remplacé ces coquilles qui ne garantissaient pas les enfans de l'intempérie des saisons. Enfin, au XVIIIe siècle, le sort des enfans trouvés n'avait plus rien de semblable à ce qu'il avait été dans les siècles antérieurs; tout semblait leur promettre appui et protection; on les désigna sous le nom d'enfans de la patrie, et les lois des 27 frimaire et 30 ventôse an V attestent l'intérêt puissant qui s'attachait à eux. Pourquoi ces sentimens de charité et d'humanité n'existeraient-ils donc pas au XIXe siècle?...

En proposant la fermeture des tours dans plusieurs arrondissemens, le conseil général de la Vienne (on vous l'a dit) a voulu faire un *essai* pour arriver à des économies qui lui semblaient indispensables. En rendant une justice méritée aux membres de ce conseil, je sens combien il leur a été pénible d'être forcés à adopter une semblable mesure, je sens quelle violence ont dû se faire des pères de famille pour voter un *essai* qui nécessairement compromettait l'existence de malheureux enfans. Mais la nécessité commandait cet énorme sacrifice, il a fallu lui obéir, et nous devons plutôt plaindre que blâmer ceux qui ont été obligés de s'y soumettre.

Le seul tour de Poitiers a donc été conservé; qu'est-il résulté de cette décision dont l'exécution n'a eu lieu qu'au 1er janvier 1834? Ici, Messieurs, les chiffres me fourniront des argumens irrésistibles contre la fermeture des tours d'exposition. En effet, suivant le compte moral de la commission administrative des hospices de Poitiers, depuis 1808 jusqu'à 1833, la moyenne proportionnelle des enfans exposés à l'Hôpital-général s'est élevée à 113 1/25 dans le même espace de temps, c'est-à-dire de 1808 jusqu'à 1833.

La mortalité pour les enfans du premier âge a été. . . . . . . . . . { garçons comme 1 est à 58.<br>filles comme 1 est à 19 1/4.

Comme la mesure de la réduction des tours dans le département de la Vienne n'a eu d'effet qu'à dater du 1er janvier 1834, et qu'aujourd'hui nous ne sommes encore arrivés qu'au neuvième mois de cette année, je vais vous présenter un tableau comparatif des expositions et de la mortalité des enfans depuis le 1er janvier jusqu'au 10 septembre inclusivement, pendant les années 1832, 1833 et 1834.

Du 1er janvier jusques et y compris le 10 septembre 1832, il a été exposé 99 enfans.

Du 1er janvier jusques et y compris le 10 septembre 1832, il est mort 14 enfans.

Du 1er janvier jusques et y compris le 10 septembre 1833, il a été exposé 83 enfans.

Du 1er janvier jusques et y compris le 10 septembre 1833, il est mort 18 enfans.

Du 1er janvier jusques et y compris le 10 septembre 1834, il a eté exposé 139 enfans.

Du 1er janvier jusques et y compris le 10 septembre 1834, il est mort 52 enfans.

Il résulte de ce tableau, extrait fidèle du registre des expositions et de celui des décès, que, lorsque tous les tours du département étaient ouverts, la moyenne des expositions était de 91 enfans, et la moyenne de la mortalité de 16 enfans; tandis que, dans le même espace de temps, depuis qu'un seul tour existe dans le département, le nombre des expositions est augmenté de plus de moitié, et que la mortalité, au lieu de 1 sur 6, est aujourd'hui presque de 1 sur 2.

Le conseil général de la Vienne, en réduisant les tours d'exposition, avait pour but d'arriver à des économies; mais qu'il me soit permis de révoquer en doute les avantages pécuniaires fondés sur cette mesure;

bien loin de là, si elle est maintenue, non-seulement le nombre des expositions ne diminuera pas, mais encore qu'arrivera-t-il de la concentration des tours dans le seul chef-lieu du département? Les filles-mères, forcées d'exposer leurs enfans à 8, 10 et 15 lieues, ne pouvant fournir aux frais de transport, et ayant, du reste, intérêt à cacher leur honte et leur déshonneur, finiront par faire ces expositions dans un lieu public, voisin de leur habitation. Alors, d'après la loi, le maire de la commune devra constater l'existence des enfans et les fera porter à l'hospice destiné à les recevoir ; ces frais retomberont donc à la charge des communes. Quand bien même des économies seraient possibles, pourraient-elles jamais balancer le résultat moral de la conservation de nos semblables!

Avant l'existence des tours, l'infanticide comptait de nombreuses victimes, c'est un fait positif. Cependant on vous a dit qu'à Civray, sous-préfecture de la Vienne, les infanticides sont inconnus, et qu'il n'y a jamais existé de tour. Je crois cette assertion exagérée, mais je n'ai point de documens à cet égard. Seulement j'observerai que cet arrondissement est le moins populeux de la Vienne, et que, jusqu'au 1er janvier 1834, l'hospice de Montmorillon recevait les enfans trouvés de Civray.

On vous a dit que l'effrayante mortalité qui s'est fait remarquer à l'hospice de Poitiers, depuis 1834, ne devait pas être attribuée aux fatigues auxquelles les enfans naissans étaient exposés (principalement pendant la nuit) pour arriver au tour *unique* du département de la Vienne. C'est là une erreur et la suite d'une fausse indication donnée à la dernière session du conseil général. Sur 52 enfans, 30 sont morts à l'Hôpital-général et non pas en nourrice, les 1, 2, 3, 4 et 5me jours de leur exposition, avant même qu'on ait eu le temps de leur procurer une nourrice, car la difficulté d'en trouver s'augmente au fur et à mesure du nombre toujours croissant des expositions. Dans cette prévoyance, le conseil général a voulu qu'en 1835, quatre nourrices fussent constamment attachées au dépôt; mais, pour fournir à cette dépense, il n'a pu voter qu'une somme de 40 fr. pour chaque nourrice. Cette excellente idée ne pourra donc pas recevoir son exécution à cause de l'insuffisance de cette allocation.

On vous a dit encore, par suite de renseignemens inexacts, qu'il suffisait de porter à l'hôpital des enfans *abondonnés* pour qu'ils y fussent admis. Mais on ignore donc que l'admission des enfans abandonnés est *toujours* subordonnée à l'autorisation des préfets.

Un autre abus vous a été signalé : on a prétendu qu'un enfant porté par sa mère à l'hospice de Poitiers y avait été accueilli sans difficulté, et que cette admission avait eu lieu au moment même de la dernière réunion du conseil général. Ayant eu connaissance de ce fait, je l'ai vérifié moi-même, et j'ai acquis la certitude qu'aucune exposition n'avait été faite à l'époque indiquée. Du reste, pour faire cesser le scandale des enfans allaités aux frais de l'Etat par leurs propres mères, la commission administrative des hôpitaux de Poitiers a rédigé l'article 278 de son règlement particulier dans les termes suivans: « Les » nourrices ne peuvent être agréées qu'après avoir justifié de l'existence » ou de la mort de leur enfant dernier né. » Cette mesure peut bien ne pas arrêter la cupidité d'une mère décidée à exposer son enfant, mais, du moins, elle lui ôte tous moyens de l'obtenir comme nourrisson.

Une fille qui devient mère, vous a-t-on dit, contracte l'obligation de pourvoir à l'existence de son enfant, rien ne doit la soustraire à ce devoir. Mais cette obligation, ce devoir, peuvent-ils toujours être remplis? N'est-il pas des exceptions à cette loi naturelle? Avant toutes choses ne faut-il pas du pain? D'un côté, l'honneur et la réputation; de l'autre, la misère et le dénûment n'y mettent-ils pas des obstacles invincibles? Si tous moyens étaient enlevés d'échapper à cette flétrissure publique, combien de dangers menaceraient ces malheureux enfans, témoignage vivant de la honte de leurs mères? Elles vivent seules, sans ressources, abandonnées, c'est là leur punition; c'est ainsi qu'elles expient, *non pas leur crime*, comme on vous l'a dit, mais leur faiblesse. La société et l'humanité doivent donc se réunir pour donner appui et protection à leurs enfans infortunés.

On a prétendu que les échanges d'enfans de département à département avaient produit des résultats avantageux, et que l'échange fait en 1828 dans la Vienne avait diminué de moitié les expositions. Ces résultats avantageux n'ont été que momentanés; des expositions nouvelles remirent bientôt à la charge de l'État les enfans qu'on avait voulu soustraire à l'échange. Toujours est-il que ces malheureux enfans furent décimés par suite de cette mesure meurtrière. Quant à la diminution des expositions, c'est une erreur; loin qu'elles aient été réduites à moitié à l'époque de l'échange de 1828 dans le département de la Vienne, je vois, au contraire, peu ou point de variations dans le chiffre des expositions. En effet, à Poitiers, en 1827 il y a eu 143 expositions, en 1828 il y en a eu 129, en 1829 il y en a eu 122, et en 1830, 147; et, quand bien même (ce qui n'est pas) l'échange de 1828 eût produit une diminution dans le nombre des expositions, cette mesure devrait encore être rejetée comme contraire au bien-être des enfans.

Je me hâte de terminer, car cette discussion a quelque chose de pénible et d'affligeant. En me résumant, je dirai : la réduction des tours dans le département de la Vienne a été funeste aux enfans, sans apporter ni économie dans les dépenses, ni diminution dans le nombre des expositions ; aussi j'estime que, tant dans l'intérêt de l'humanité que dans l'intérêt de la morale, cette mesure ne peut trop tôt être révoquée.

Néanmoins, comme mes observations ne reposent que sur les résultats de ce qui a eu lieu pendant neuf mois au plus dans les seuls hôpitaux de Poitiers, j'émets le vœu que le gouvernement soit invité à recueillir et à publier tous les renseignemens propres à éclairer cette question si digne de son attention.

Enfin, dans ma conviction intime, je ne crains point d'affirmer que le seul et le plus puissant moyen de remédier à cette plaie sociale, c'est de répandre l'instruction morale et *religieuse* parmi le peuple, en lui inspirant l'amour du travail.

M. Simon exprime l'affliction profonde que lui cause la discussion d'une question sur laquelle l'humanité ne permet aucun doute. « Maintenant qu'il est prouvé par des détails statistiques que la suppression des tours a été une mesure mortelle à un grand nombre d'enfans, comment peut-on hésiter à blâmer énergiquement cette suppression ?

» On a cité la législation romaine ! mais où trouver des lois plus injustes que celles qui assuraient le droit de vie et de mort au maître sur son esclave, au père sur son fils ? Imitons dans la législation des anciens peuples ce que la raison et l'humanité avouent, et n'allons pas nous approprier des lois qui révoltent la nature.

» La mère *doit* nourrir son enfant, dit-on, en s'armant d'un axiome de rigoureuse morale. Oui sans doute, mais c'est quand elle *peut* le nourrir. Jetez les yeux sur la société. Dans les mariages, la femme vaque aux soins du ménage, elle nourrit, elle élève son enfant, pendant que l'homme, employant utilement cette supériorité de forces qu'il a reçue de la nature, gagne à la sueur de son front de quoi faire vivre sa famille. Mais comment voulez-vous qu'elle se suffise à elle-même et à la malheureuse créature qui vient de naître, cette fille du pauvre que son séducteur a abandonnée et que le monde repousse? Et cependant elle est moins coupable que nous, qui l'avons trompée! — On cite l'exemple de l'Angleterre; mais nous n'avons pas, nous, la taxe des pauvres. Qu'on fasse qu'il n'y ait plus d'enfans qui aient besoin de la pitié publique, je consentirai à la suppression des tours ; jusque-là, je demande qu'on les conserve. »

M. David de Thiais est d'avis de conserver les tours, non pour donner une prime d'encouragement à la corruption, mais parce que cette corruption est un fait actuel que la société est appelée à subir jusqu'à des jours meilleurs. « Il existe un principe sacré que nul homme ne peut répudier sans crime : c'est que tout être qui a reçu la vie doit la conserver. Ce serait un étrange remède à employer contre la corruption, que de condamner à mort les fruits infortunés de cette corruption, dont ils sont innocens. Puisque cette plaie sociale nous dévore aujourd'hui, par suite de l'ignorance des masses, de nos longues guerres et des différentes phases de nos révolutions, tâchons, pour le présent, de trouver des procédés qui ne seront, après tout, que des palliatifs. Mais, pour l'avenir, moralisons le peuple, enseignons-lui ses devoirs envers lui-même et la société; répandons le bien-être dans ses rangs, et le problème sera résolu. »

Il est plus de 10 heures, la séance est levée.

## SÉANCE DU SAMEDI 13 SEPTEMBRE 1834.

Présidence de M. Nicias Gaillard (de Poitiers).

M. le docteur Guépin donne lecture de la note suivante, extraite d'un mémoire que M. Duchâtelier, président de la société d'émulation de Quimper, l'a chargé de remettre au Congrès.

« Les enfans trouvés (il s'agit du département du Finis-
» tère) s'élèvent jusqu'à 1,600, et leur dépense s'est accrue,
» de 1811 à 1831, de 55,600 à 119,000 fr.; un hospice avec des
» expositions s'éleva, de 1797 à 1831, de 12 et 15 à 140. Il est

» constant, d'ailleurs, qu'un tiers envii on des enfans exposés
» sont des enfans légitimes. Il est constant, d'une autre part,
» d'après les comptes officiels de la justice, que le nombre des
» infanticides ne diminue point proportionnellement à l'élé-
» vation des expositions. L'institution des tours doit-elle être
» maintenue? Et, pour des infanticides que l'on n'arrête point,
» faut-il accorder une prime aux vices qui conduisent les
» familles à abandonner leurs enfans? En résumé, hospices
» ordinaires et hospices d'enfans trouvés ne s'entretiennent
» qu'à l'aide de prélévations exorbitantes sur les centimes ad-
» ditionnels; c'est du pain et de la paille qu'on donne à ces
» malheureux en frappant des contributions, mais d'avenir
» point. »

M. Guépin déclare partager l'avis de M. Duchâtelier; il pense qu'il est important de supprimer les tours, la mendicité et plus tard les hospices; mais que ces suppressions ne doivent avoir lieu que lentement, et lorsque l'état de la société les aura rendues possibles. Il repousse les raisons tirées du droit romain qui ont servi à appuyer la suppression immédiate, en disant que l'ancienne société ne présente aucun rapport avec la société actuelle. « Le christianisme a posé une pensée nouvelle qui a pris la place de la pensée du paganisme. Une mère doit, sans doute, nourrir son enfant, mais c'est quand elle peut le nourrir, et la société n'a pas le droit de la tenir dans le cas contraire.

» On a reproché aux jurés, dit M. Guépin, d'avoir trop d'indulgence pour les infanticides. Cette indulgence est naturelle; car presque toujours les malheureuses femmes auxquelles ce crime est reproché ne sont pas les plus coupables. C'est à leurs séducteurs, surtout, que l'on doit adresser les reproches les plus grands. Quelle est l'histoire de ces femmes? elles sont d'abord séduites, et c'est trop souvent par des hommes de notre classe, qui les abandonnent ensuite comme les instrumens d'un plaisir satisfait; plongées dans la misère, leur intelligence s'obscurcit, elles perdent les sentimens les plus naturels et commettent un crime dont elles ne comprennent pas toujours l'étendue. Il n'est donc pas étonnant qu'on use quelquefois d'indulgence à leur égard ; mais on ne saurait trop flétrir les séducteurs qui sont les causes premières de ces crimes. »

M. Guépin donne incidemment quelques renseignemens relatifs à l'effet produit sur les enfans par le froid. Il pense avec le docteur Edward que le refroidissement étant très-prompt chez eux, il peut arriver souvent qu'ils meurent de froid. Reprenant ensuite la discussion principale, l'orateur émet cette opinion qu'on doit tendre à la suppression de tous les établissemens de bienfaisance, non pas en les supprimant brusquement, mais en les rendant inutiles; il pense qu'on n'arrivera à ce but que par une organisation sociale qui assurera à tout le monde l'existence physique et l'éducation. « Quels que soient les moyens qu'on emploie, qu'il s'agisse d'associations industrielles, de colonies agricoles, ou de tout autre mode plus approprié aux besoins et aux idées d'un pays, peu importe, pourvu que l'avenir et l'éducation de tous soient assurés; alors, mais seulement alors, on pourra supprimer les tours. »

M. Nicias Gaillard, ne pouvant prendre part à la discussion, croit devoir du moins présenter à la section les renseignemens que lui ont adressés MM. les procureurs du roi des arrondissemens de Civray, Montmorillon et Loudun. Il n'a point encore reçu ceux qu'il a demandés à M. le procureur du roi de Châtellerault.

« Même avant la suppression votée par le conseil général de la Vienne, il n'y avait point à Civray de tour destiné à recevoir les enfans trouvés. Ces enfans étaient déposés dans le tour de Poitiers ou dans celui de Ruffec ( Charente ).

» Depuis le 1^er^ janvier 1829 jusqu'au 1^er^ janvier 1834, il y a eu cinq infanticides dans l'arrondissement de Civray, savoir : un en 1829, un en 1830, deux en 1832, un en 1833. Dans le même espace de temps, il y a eu deux expositions, l'une dans un lieu *solitaire*, l'autre dans un lieu *non solitaire*. Depuis le 1^er^ janvier 1834 jusqu'au 1^er^ septembre de la même année, il a été commis un infanticide, et deux homicides par *imprudence* ou *négligence*, d'enfans nouveau-nés. Souvent on est obligé de qualifier ainsi de véritables infanticides.

» Dans l'arrondissement de Montmorillon il existait un tour. 28 enfans y ont été reçus en 1824, 8 en 1825, 11 en 1826, 13 en 1827, 12 en 1828, 9 en 1829, 14 en 1830, 9 en 1831, 18 en 1832, 17 en 1833. Depuis le 1er janvier 1829 jusqu'au 1er janvier 1834, cinq infanticides ont été commis dans cet arrondissement. On n'a eu à y juger, pendant ces cinq années, ni expositions dans des lieux *solitaires* ou *non solitaires*, ni avortement ou tentative d'avortement, ni homicide par *imprudence* ou *négligence* d'enfans nouveau-nés. Depuis le 1er janvier 1834 il n'a été commis, dans cet arrondissement, aucun de ces crimes ou délits.

» Dans l'arrondissement de Loudun, où il existait aussi un tour, 21 enfans ont été reçus à l'hospice en 1825, 21 en 1826, 14 en 1827, 20 en 1828, 18 en 1829, 11 en 1830, 20 en 1831, 22 en 1832, 22 en 1833. Depuis le 1er janvier 1829 jusqu'au 1er janvier 1834, deux filles ont été inculpées d'avortement; mais il est intervenu, dans ces deux affaires, des ordonnances de non-lieu. Une fille, accusée d'infanticide, a été acquittée par la cour d'assises de la Vienne. Une autre affaire de la même nature est restée sans poursuites, le crime ne paraissant pas constant.

» Depuis le 1er janvier 1834, époque de la suppression du tour de Loudun, quatre enfans ont été déposés à la porte de l'hospice de cette ville. On les y a reçus; mais trois sont morts. Le quatrième est dans un état de langueur qui fait craindre pour ses jours. Depuis 1829 jusqu'à 1834, il y avait eu une exposition dans un lieu *solitaire* ou *non solitaire*.

» En 1828, les enfans de l'hospice de Loudun furent échangés avec ceux d'un autre arrondissement. Ils étaient alors au nombre de 104. 77 furent retenus par leurs nourrices ou réclamés par différentes personnes. »

M. Brochain ( de Poitiers ). « La question, telle qu'elle est formulée, se réduit à une question de statistique; je crois qu'elle doit être étendue et qu'elle mérite d'être discutée d'une manière plus générale. Mon intention est de rechercher quelles sont les causes des naissances illégitimes, pour essayer d'en diminuer le nombre, si cela est possible. Ces causes se réduisent à une seule, *le célibat*. Tel est le vice de notre organisation sociale, que pour qu'un jeune homme se marie, il faut qu'il ait un état fait, c'est-à-dire qu'il soit arrivé à peu près à sa 30e année; d'un autre côté, la loi du recrutement enlève à la société et voue au célibat, pendant 7 années, des hommes dans la force de l'âge. La nature n'entre point dans toutes ces considérations; de là, des désordres déplorables.

» Le moyen de diminuer ces désordres serait de favoriser le mariage. D'abord, il faut que les soldats ne soient retenus sous les drapeaux que pendant le temps rigoureusement nécessaire pour le service militaire et pour leur instruction. En second lieu, il faudrait que les célibataires fussent placés dans une position plus défavorable que les hommes mariés; il faudrait, pour cela, n'admettre dans les emplois et dans les fonctions publiques que des hommes mariés; alors le mariage pourrait être contracté plus tôt qu'aujourd'hui, alors il y aurait moins de scandales, alors on pourrait supprimer les tours. Mais, jusque-là, on ne peut le faire sans danger, et sans condamner à la mort des enfans qui ont droit à la vie.

» On a cité hier la loi romaine qui obligeait les parens à nourrir leurs enfans, et défendait les expositions; mais il faut dire dans quelles circonstances cette loi a été rendue. Sous Constantin, les expositions étaient très-fréquentes, l'empereur les défendit; mais, en même temps, pour prévenir les infanticides, il permit aux parens pauvres *de vendre* leurs enfans au moment de leur naissance, avec la faculté de les racheter plus tard, s'ils le pouvaient. Les successeurs de Constantin prohibèrent l'exposition et la vente, mais en autorisant les pères et mères qui ne pourraient nourrir leurs enfans à mendier avec eux. Il y a donc toujours eu, à côté de l'obligation de nourrir les enfans, un moyen de venir au secours de ceux qui ne pouvaient remplir cette obligation.

» Il est arrivé, je le sais, que des femmes mariées ont porté leurs enfans à l'hospice, et se sont présentées ensuite pour les nourrir : c'est là un abus auquel il a été remédié; aujourd'hui une femme n'est admise comme nourrice qu'autant qu'elle justifie de l'enfant dont elle est accouchée. »

M. le docteur Barilleau répond à plusieurs faits cités dans la séance d'hier pour appuyer la suppression des tours. « Il a été prouvé, par les calculs de M. l'abbé Gaillard, que la mortalité est augmentée depuis cette suppression; cela, quoi qu'on en ait dit, tient au froid et à la fatigue que les enfans éprouvent en route. S'ils ne meurent pas tous dès le premier jour, c'est qu'il y en a de plus ou moins robustes; quelques-uns succombent sur-le-champ, d'autres survivent quelques jours. Il faut observer que les enfans ne voyagent pas dans le département aussi commodément qu'à Paris : on les amène ici, presque toujours le soir ou la nuit, dans des paniers qu'on porte à cheval; il n'est donc pas étonnant que le froid et la fatigue les fassent périr quand ils font une longue route. »

L'orateur trouve trop faible la somme votée pour les nourrices qui devront rester habituellement à l'hospice. Il répond ensuite à ce qu'on a dit sur l'inconvénient des tours, où des enfans seraient morts de froid parce qu'on n'aurait pas sonné pour avertir les personnes de l'hospice. Il fait observer qu'à Poitiers ce danger n'est pas à craindre, parce que la porte du tour, qu'il faut nécessairement ouvrir pour déposer l'enfant, agite une sonnette dont le bruit suffit pour éveiller les gardiens. C'est une précaution qu'il serait à désirer que l'on prît partout.

« Les mères, sans doute, doivent nourrir leurs enfans, mais il faut pour cela qu'elles en aient la possibilité. Il est souvent plus avantageux pour les enfans d'être élevés dans un hospice que dans leur famille; ainsi à Poitiers les enfans trouvés sont toujours facilement placés comme domestiques. »

M. le général Demarçay félicite le Congrès d'avoir posé la question de suppression des tours. « C'est, dit-il, un progrès que cette question puisse être discutée aujourd'hui; car, il y a quelques années, personne peut-être n'aurait osé la soulever. »

L'orateur déclare qu'après avoir long-temps partagé l'opinion commune, il est arrivé naturellement à l'avis contraire, et que son opinion sur ce point a été confirmée par l'ouvrage de M. Gouroff et par ce qu'il a vu dans les pays étrangers; ainsi, à Aix-la-Chapelle, où nos codes sont encore en vigueur, il n'y a point de tours, et il n'y a pas plus d'infanticides qu'ailleurs. La question, ajoute-t-il, ne paraît douteuse que chez les peuples catholiques, car chez les peuples protestans elle est résolue depuis long-temps, et l'on serait fort étonné dans ces pays d'entendre demander si les mères doivent ou non nourrir leurs enfans. L'honorable général reproduit les argumens qui ont été développés à l'appui de l'opinion qu'il défend.

## SÉANCE DU SAMEDI SOIR 13 SEPTEMBRE 1834

Présidence de M. Nicias Gaillard (de Poitiers).

Un membre opine pour que chaque fille enceinte soit obligée de déclarer son état à la mairie, sinon qu'elle soit punie correctionnellement.

M. Guerry-Champneuf (de Poitiers). « Tout le monde reconnaît la gravité du mal et la nécessité d'y porter remède. Mais d'accord sur le but, on se divise sur les moyens : c'est que *les faits* ne sont pas connus. » L'orateur examine successivement tous les remèdes proposés dans la discussion.

« 1° *La suppression des tours*. Les préopinans ont beaucoup parlé de la suppression de trois tours dans le département de la Vienne; mais personne n'a pu dire si elle a eu du moins l'avantage de diminuer le nombre des expositions. Quant aux *inconvéniens* de la mesure, il est difficile de ne pas conclure des chiffres cités par MM. l'abbé Gaillard et Bouriaud qu'elle a compromis la vie des enfans trouvés, en éloignant le lieu de l'exposition. Ce n'est pas la première fois qu'on a remarqué que ces transports à de longues distances, faits sans aucune précaution, sont funestes aux enfans. Un arrêt de règlement du Conseil d'état du 10 janvier 1779 nous apprend qu'il venait, chaque année, à la maison des enfans trouvés de

Paris *plus de deux mille enfans nés dans les provinces éloignées de cette capitale*, et qu'ils souffraient *tellement d'un pareil transport, que plus des trois quarts périssaient avant l'âge de trois mois*. En conséquence, l'arrêt ordonna à tous ceux qui trouveraient des enfans abandonnés de les remettre à des nourrices *ou à l'hospice le plus voisin*. Ainsi la nouvelle expérience est pleinement d'accord avec l'ancienne.

» Mais ces tours, si multipliés, ne sont-ils pas une sorte d'encouragement au libertinage qu'ils servent à cacher? Aucun document digne de foi ne le prouve. Il y a toujours eu des enfans abandonnés. Le Code théodosien et le Code de Justinien contiennent plusieurs dispositions qui les concernent. En France, plusieurs maisons charitables s'établirent, pour les recueillir, dès les premiers temps de la monarchie. Il est vrai, comme l'a rappelé M. Boncenne, que l'hospice du Saint-Esprit ou *des Enfans-Bleus* n'était ouvert qu'*aux enfans légitimes de Paris*. On n'y recevait pas, dit un ancien auteur, *les enfans trouvés par la ville ou nuitamment jetés à val les rues*. Mais cette exclusion n'empêcha pas qu'il n'y eût alors beaucoup d'enfans trouvés : seulement ils périssaient de faim et de misère *à val les rues*. Si quelques-uns échappaient, c'était pour devenir l'objet d'un honteux trafic. On les vendait à des mendians, qui s'en servaient pour exciter la compassion publique, ou à des faussaires, qui les substituaient frauduleusement à de vrais enfans de famille, quelquefois morts par leur fait. D'autres, plus coupables encore, les achetaient pour répandre leur sang dans des opérations magiques.... Le prix de ces malheureuses victimes descendait souvent jusqu'à *vingt sous!*...... Tels sont les abominables désordres qui allumèrent le zèle de saint Vincent de Paule. Le mal existait donc avant les hospices et les tours : qui oserait affirmer qu'il ne survivrait pas à la suppression de ces asiles ?

» 2° *Echange des enfans entre deux départemens voisins*. Cette mesure, essayée en 1828, dans le département de la Vienne, fut abandonnée dès l'année suivante. Quels en ont été les effets? Le rapport du préfet au conseil général (session de

1834 ) constate que *les frais, qui s'élevaient à 72,000 fr., tombèrent immédiatement à 32,000 fr.* Mais on n'y voit point si le nombre des expositions diminua. On explique d'une manière assez vraisemblable cette réduction subite de la dépense : c'est que les nourrices, à qui on redemandait les enfans qu'elles élevaient, pour les transporter dans un autre département, aimèrent mieux renoncer à tout salaire que de s'en séparer et de les exposer aux dangers d'un long voyage. Ainsi le nombre des enfans resta le même, malgré la diminution de la dépense ; et les administrateurs des hospices de Poitiers assurent que l'échange fit périr un dixième des enfans. D'un autre côté, cette mesure, repoussée à Poitiers, vient d'être prise, cette année, dans plusieurs départemens, et notamment dans celui de Maine-et-Loire. Il est fâcheux que, dans une matière aussi grave, les conseils généraux manquent de direction, et que l'expérience d'un lieu soit perdue pour les autres. On conçoit que les dangers du transport puissent être écartés par de sages précautions, et qu'alors l'échange présente quelques avantages : mais avant de l'approuver entièrement, il est indispensable de savoir quels en ont été les résultats, partout où il a été adopté.

» 3° *Mettre les dépenses à la charge des communes.* Il faudrait éviter de rien faire qui ressemblât de près ou de loin à la taxe des pauvres. La règle proposée s'observe en Angleterre, et elle y a produit les plus déplorables abus. Un des honorables préopinans ( M. le général Demarçay) n'a vu dans les hospices et les tours qu'un préjugé des pays catholiques ; il a dit que les étrangers, s'ils nous entendaient discuter si long-temps sur une pareille question, prendraient de nous une opinion peu favorable...... Un exemple fera voir si c'est nous qui avons à gémir de notre situation morale. L'Angleterre est un pays protestant qui n'a pas de tours pour les enfans trouvés. Eh bien! le nombre des enfans illégitimes y est beaucoup plus considérable qu'en France, et l'entretien de ces enfans coûte plus cher aux communes que nos hospices. Il résulte d'une enquête parlementaire faite tout récemment et publiée cette année même, que sur vingt mariages qui se contractent, dans les classes inférieures, il y en a dix-sept à dix-neuf qui sont précédés de la grossesse, et que pour tout dire, en un mot, la *chasteté des femmes, dans ces classes, est une chose inconnue*, A NONENTITY (un néant). » Après avoir cité plusieurs faits de ce genre, tirés de la même enquête, M. Guerry ajoute qu'on ne trouve heureusement rien de semblable en France, et que par conséquent nos mœurs et nos institutions valent mieux que celles de nos voisins.

» 4° *Forcer les mères de nourrir leurs enfans.* La plupart ne le pourraient pas. Et d'ailleurs, quelle éducation, quels exemples leur donneraient-elles ? Elles en feraient des mendians, de mauvais sujets, tandis que, dans les hospices, ils reçoivent ou peuvent recevoir une bonne éducation. Plusieurs familles, a-t-on dit, se déchargent du devoir de nourrir leurs enfans légitimes en les exposant. S'il en était ainsi (et jusqu'à présent il est permis d'en douter), il faudrait plaindre les parens en qui l'excès de la misère étoufferait à ce point les sentimens de la nature : car c'est le plus cruel de tous les sacrifices. Il serait facile de prendre des précautions administratives pour prévenir cet abus. Mais peut-on interdire aux parens légitimes cette triste ressource, ce remède extrême des hospices, qu'on offre aux parens illégitimes? Il semble que ce serait accorder une prime au libertinage.

» Au surplus, que gagnerait-on à forcer les filles d'avouer publiquement leur faute ? Est-il bien avantageux d'étouffer en elles tout sentiment de pudeur? En vaudront-elles mieux, quand leur honte sera divulguée, et n'est-ce pas leur fermer tout retour à la vertu ? Personne, sans doute, ne croit à la pureté des mœurs du peuple de Paris pendant les années qui suivirent 1793. Cependant, et malgré le désordre qui régnait alors, ou plutôt à cause de ce désordre, le nombre des expositions diminua sensiblement. Il y en avait eu, de 1789 à 1792, 5,419 par an, terme moyen. Il n'y en eut que 3,579 par an, de 1793 à l'an IX. L'ordre reparut à cette époque; et de l'an X à 1813, le nombre moyen des expositions remonte à 4,949 (1). Le même document prouve encore que le chiffre de la dépense n'est pas un indice bien sûr pour apprécier la moralité d'une époque. La proportion des enfans morts dans l'hospice fut de 0,31 dans la première période, de 0,73 dans la seconde, et de 0,16 seulement pendant la troisième. Il est clair que, même en supposant égal le nombre des expositions, la dépense était moindre, quand les trois quarts des enfans mouraient en bas âge. Mais c'est là une déplorable économie ; et on doit féliciter l'hospice de Poitiers de ne l'avoir pas faite. »

5° *Répandre l'instruction.* L'orateur pense que l'instruction sans une bonne éducation, sans une éducation religieuse avant tout, n'améliore point les mœurs. « La statistique a prouvé jusqu'ici que les départemens les plus éclairés sont en même temps ceux où il se commet le plus de crimes, où il naît le plus d'enfans illégitimes (2). D'autres recherches ont prouvé que la prostitution de Paris se recrute principalement dans les mêmes départemens. » L'orateur est bien éloigné de blâmer l'instruction populaire. Il a toujours cherché au contraire à la propager. Mais il ne voudrait pas qu'on y attachât trop d'espérances.

L'examen de ces divers moyens n'a prouvé qu'une chose, selon M. Guerry-Champneuf : c'est que l'expérience manque totalement, que les faits ne sont pas connus, et qu'il est urgent de les recueillir.

« Mais on ne doit pas s'occuper exclusivement des enfans trouvés. Les informations seraient incomplètes, si elles n'embrassaient pas tous les enfans illégitimes : car c'est là la source du mal. Le terme moyen des naissances illégitimes est, en France, de 68,302 ; ce qui supposerait, d'après la loi de la population, plus de 2 millions d'enfans naturels existans, si la mortalité n'était pas plus grande dans cette classe que dans les

(1) Rapport fait au conseil général des hospices de Paris, par un de ses membres, 1816.

(2) *V.* l'Essai de statistique morale de M. Guerry (de Tours).

autres. Que devient cette masse d'êtres isolés qui n'ont jamais connu les liens de famille? Le gouvernement seul peut le constater d'une manière certaine à l'aide des registres de l'état civil. Les actes de décès indiquent les prénoms, nom, âge, profession et domicile de la personne décédée, les prénoms et nom de l'autre époux, si cette personne était mariée, ou veuve, etc. Que ces renseignemens soient relevés avec soin, et on connaîtra le sort des enfans illégitimes parmi nous. Ces relevés seront faciles. Ils peuvent se faire dans les communes, ou dans les greffes des tribunaux de première instance. Dans ce dernier cas, et en supposant que le nombre des décès soit égal à celui des naissances (68,302), chaque arrondissement n'aurait à relever que 188 décès. »

En résumé, d'après l'orateur, le seul fait qui soit constant dans cette discussion présente la suppression des tours comme dangereuse pour la vie des enfans; et c'est une raison décisive pour revenir provisoirement à l'ancien état de choses. Mais il lui paraît nécessaire de préparer les élémens d'une solution définitive de ce problème difficile, en recueillant le plus tôt possible les renseignemens énumérés dans la proposition dont il donne lecture (1).

M. Wakefied (2). « Messieurs, bien que la question dont il s'agit puisse être rétrécie quand l'on se borne à demander si la suppression de certains tours destinés à recevoir, dans quelques arrondissemens de ce département, les enfans abandonnés, est avantageuse ou non, c'est une occasion, pour un étranger comme moi, de présenter son opinion relativement à l'utilité ou aux inconvéniens d'un établissement destiné à recevoir ces mêmes enfans. Je suis même bien plus disposé à entrer dans l'examen de la question, depuis qu'un des orateurs a présenté l'état moral de l'Angleterre comme différent de ce que je pense qu'il est, et je désire présenter quelques observations en réponse à ce qu'il établit. Mais, d'abord, permettez-moi de

(1) Voir le texte de cette proposition dans le procès-verbal de la séance générale du . . . . septembre.

(2) Ancien membre de la Chambre des Communes. M. Wakefield est auteur d'*une Statistique de l'Irlande*, en 3 vol. in-4°.

m'arrêter un moment sur la distinction que l'on fait ici entre les enfans trouvés et les enfans abandonnés; ces derniers sont souvent des orphelins ou des enfans de criminels, il n'y a point de secret attaché à leur paternité. L'Etat est obligé de pourvoir à leurs besoins; mais cela doit se faire ouvertement, et leur existence n'entre point dans la question de l'établissement destiné à recevoir des enfans qui sont nés de parens inconnus, d'une manière secrète et clandestine.

» Je demanderai maintenant la permission de dire que c'est une grande erreur de supposer qu'il n'existe point d'établissemens de ce genre en Angleterre. L'hôpital des enfans trouvés de Londres (*faundling hospital*) est une des plus magnifiques institutions de charité de notre pays. Il fut fondé, il y a une centaine d'années environ, par un homme qui laissa pour son entretien des sommes considérables. Aujourd'hui, ces sommes produisent un grand revenu, augmenté encore par des souscriptions particulières, et cet hôpital est administré par des gouverneurs nommés par les souscripteurs; il n'a d'ailleurs aucun rapport avec le gouvernement; mais il n'a point de tour où la mère puisse déposer l'enfant sans être connue. Il y en avait un autrefois, mais il a été supprimé. La mère, ou quelque personne de bonne réputation, est obligée d'apporter l'enfant; l'enfant est marqué; la mère ou ses amis peuvent le venir voir une fois par semaine, à ce que je pense, et elle peut ensuite le réclamer quand elle a le moyen de l'entretenir; de cette manière, il n'y a point entre la mère et l'enfant de séparation *innaturelle*. L'hôpital est souvent remboursé des frais d'entretien de l'enfant par la mère, à qui il est rendu. Et un pareil hôpital, bien que l'on puisse dire qu'il encourage le vice, n'en est pas moins, à mon avis, une bénédiction pour mon pays; et l'adoption de cet état de choses, dans les hôpitaux de France, serait reconnue extrêmement avantageuse.

» Je ferai observer, en outre, qu'à Dublin il y avait encore tout dernièrement un immense établissement de cette espèce, aux frais du gouvernement, et un tour y était ouvert nuit et jour pour recevoir les enfans. Le parlement, dans ses dernières sessions, a refusé de voter un seul shelling pour le soutenir; il fut prouvé, en effet, que la mortalité était si grande que cet établissement faisait plus de mal que de bien. En outre, il y a quelques années, des femmes furent condamnées à mort parce que s'étant chargées de porter des enfans du nord de l'Irlande à l'hospice des enfans trouvés (si je me le rappelle bien, on leur donnait trois guinées pour chaque enfant), et le tour ouvert rendant inutile un certificat de dépôt de l'enfant, il fut prouvé qu'elles n'avaient pas été loin pour déposer ces malheureuses créatures; elles les avaient jetées dans une houillère bourbeuse. Avant que ces femmes dénaturées fussent exécutées, elles reconnurent que cette pratique durait depuis grand nombre d'années. Ainsi, l'hôpital se trouvait être un encouragement à l'infanticide!

» Maintenant, relativement à la moralité de notre population, le préopinant (1) a établi qu'il y a à peine une fille chaste dans les classes inférieures; et il a conclu, de ce dérèglement de mœurs, que la plus grande partie des enfans des pauvres devaient être des bâtards. Il a lu, à ce sujet, un extrait d'un ouvrage qui donne l'analyse d'un rapport d'une commission du parlement relativement aux lois sur les pauvres; mais je désirerais savoir si le passage qu'il a lu est extrait du rapport des commissaires, ou de la déclaration de quelque personne appelée à déposer devant le comité. Dans ce dernier cas, ce ne serait que l'opinion d'un individu; dans le premier, bien que beaucoup de respect soit dû au comité, je ne puis admettre ces conclusions.

» Qu'il y ait en Angleterre de fréquentes atteintes aux bonnes mœurs dans les classes inférieures, je suis prêt à l'admettre; mais que cette absence de chasteté produise une bâtardise générale, non-seulement je ne me borne pas à le nier, mais je demande à établir hautement qu'au contraire elle conduit au mariage. Paley a dit que l'honneur est un sentiment que mal à propos nous croyons exister seulement chez nos égaux, et que nous

(1) M Guerry-Champneuf

appliquons rarement aux classes laborieuses; mais j'affirme que dans cette classe l'opinion dominante est que l'homme qui a des liaisons avec une femme, innocente avant qu'il l'ait séduite, est obligé de l'épouser; et une preuve de cela, c'est qu'il arrive rarement dans les campagnes qu'une fille ait des enfans dont le père ne soit pas célibataire, et ce père, comme on le dit, se dispose, à la St-Michel ou à une autre époque, lorsqu'il a les moyens de s'établir, à faire d'elle sa femme légitime. Le mariage célébré, on oublie la première faute, qui n'était peut-être que l'effet d'une erreur d'un moment. L'enfant n'est point illégitime; et bien que sa naissance, qui arrive peu de temps après le mariage, prouve des liaisons antérieures, il n'en résulte pas moins que leur union est légitime. La fille devient une bonne épouse, une tendre mère, et sa conduite ultérieure la rend un membre respectable de la société.

» Comparez maintenant cela avec la tentation offerte à l'homme par la proximité d'un hôpital! La réparation offerte à la femme n'est point le mariage, mais la facilité de porter l'enfant à l'hospice et de cacher le déshonneur de celle qui lui a donné le jour. Quelle tentation pour les hommes mariés de satisfaire leurs passions au prix de l'innocence des femmes! Cependant il y a ici des hommes qui argumentent en faveur des tours, pour écarter toutes les difficultés qui gêneraient l'admission des enfans. Dans un pays où il y a des hôpitaux de cette sorte, les hommes s'appuient sur l'intérêt qu'ont les femmes de cacher leurs fautes. Ce n'est ni l'intérêt de l'homme, ni celui de la femme, ni celui de la famille de celle-ci, de déclarer le père de l'enfant. Le tour et ses cruelles conséquences sont le remède à tout cela. Chez nous, où il n'existe pas de tours, le mépris public suivrait l'homme qui ne réparerait pas sa faute par le mariage; et quant à l'homme marié, s'il ne voulait pas pourvoir à l'entretien de la mère et de l'enfant, il aurait de la peine à vivre dans le lieu où sa conduite serait connue, tant l'animadversion publique se prononcerait hautement contre lui.

» Et, il arrive si rarement parmi nous que le père soit un

homme marié, que je ne saurais trop insister sur l'éloignement qu'un établissement de cette nature donne pour le mariage. Et je ne m'appuierai pas ici sur mon opinion personnelle. Comme plusieurs de vous, sans doute, ont lu les Mémoires de lord Byron par Moore, ils doivent se rappeler les lettres que le poète écrit à son homme d'affaires à l'abbaye de Newstead. Un jeune meunier, qui n'était pas sans fortune, fermier de lord Byron, avait séduit une personne de sa paroisse. Je cite de mémoire, mais voici le fond de la lettre du poète : « J'espère que ce mariage ne sera point considéré comme une punition par le jeune meunier; mais c'est la punition à laquelle sont soumis les gens de sa condition, et s'il n'épouse pas la fille, chassez-le du moulin : je ne veux pas qu'il reste sur mes domaines. »

» Ainsi l'usage et l'opinion publique s'unissent chez nous pour rendre le mariage la conséquence de la séduction; et en réalité, dans la plupart des cas, le mariage suit tout naturellement. Le préopinant s'est trompé en pensant qu'il y a ou qu'il y ait jamais eu en Angleterre une loi pour obliger le séducteur à épouser la fille séduite enceinte. Seulement, d'après une loi dernièrement rapportée, la mère était obligée de déclarer sous serment le père de son enfant (*to swear the child*). La paroisse était alors et est encore maintenant obligée de soutenir la mère et l'enfant. Les *overseers* (1) des pauvres, pour économiser les fonds de la paroisse, poursuivent l'homme pour garantir à la commune les dépenses que peut-être elle sera obligée de supporter. Si cela arrive à un homme qui n'a pas le moyen de payer, il peut être envoyé en prison; si c'est un célibataire, ce qui est le cas le plus ordinaire, il propose parfois lui-même d'épouser la fille, et ainsi l'enfant n'est pas illégitime. Et c'est cela que le préopinant appelle obliger au mariage par la loi? J'ai toujours été opposé, par diverses raisons, à cette déclaration de paternité, de la part de la

(1) Surveillans, administrateurs de la paroisse

femme ; et à la Chambre des Communes, où j'ai eu l'honneur de siéger, je ne me suis pas levé pour la défendre.

» Le préopinant, en comparant la moralité des deux pays, a blâmé celle de l'Angleterre. Loin de moi, qui ai reçu en France l'hospitalité et un bienveillant accueil, de mettre en doute la moralité de ses habitans; mais je dois soutenir que, malgré l'absence prétendue de chasteté de nos femmes dans leur jeunesse, notre population rurale est morale. Je dis même que l'*overseer* des pauvres qui, pour économiser les fonds de la paroisse, proposerait de séparer la mère et l'enfant, si le mariage ne s'en est pas suivi, serait réprimandé par le magistrat et peut-être même maltraité par le peuple.

» Ainsi, lorsqu'une fille est enceinte, et que le père ne veut ni l'épouser, ni subvenir à ses besoins, la maison de travail de la paroisse devient son asile. Dans cette position, la loi n'anéantit pas le premier sentiment gravé par la nature dans le cœur d'une femme ; l'affection de la mère pour son enfant n'est point détruite; celle-ci continue à nourrir de son lait l'être malheureux à qui elle a donné le jour.

» Je ne suis pas surpris des relevés statistiques relatifs à la mortalité que l'on a remarquée ici parmi ces pauvres enfans. Pensez-vous que leur mort serait arrivée de la sorte, si ces enfans avaient été avec leur mère? C'est votre tour qui a fait que la grand'mère, la tante, la sœur aînée ou quelque autre membre dénaturé de la famille, a entrepris un long trajet pour aller jeter le pauvre enfant dans ce même tour. Sans l'hospice, à l'entrée duquel on le trouve, quelques-uns de ses parens auraient peut-être élevé l'enfant. La mère probablement ne s'en serait pas même séparée, car les sentimens maternels s'éteignent difficilement.

» J'affirme, quoi qu'il en soit, qu'il n'y a point de loi, point d'usage, point d'économie de finance qui doivent jamais séparer la mère de l'enfant. Si le Dieu de la nature a donné le lait au sein de la mère, comment un étranger ose-t-il en arracher l'enfant? Eh quoi! pouvons-nous oublier le jugement de Salomon, ce grand juge du cœur humain ! Pouvons-nous oublier comment il sut découvrir les sentimens d'une mère, et établir un jugement d'une équité éternelle, sans autre guide que ce lien si fort et si saint! Les milliers d'années qui se sont écoulés depuis n'ont pas affaibli le tribut d'hommage payé à cet acte, qui prouve dans celui auquel on le doit une si grande connaissance du cœur humain. Mais ici je me sens emporté par le cri de mon cœur. Où trouver un homme qui n'attache pas de prix à l'affection de la femme? Si ce monstre existait, il serait indigne d'avoir inspiré ce tendre sentiment! N'est-ce pas là cette grande consolation que la suprême sagesse qui nous a créés tous, nous a offerte pour compenser les maux de la vie? Et que faites-vous avec vos tours? Vous donnez à l'homme la facilité d'abandonner le sexe le plus faible au moment de la détresse, d'envoyer à l'hôpital le fruit de leur amour, quand il est probable que de l'hôpital il ira bientôt droit au cimetière! Quels sentimens vindicatifs ne doit-il pas créer dans la femme, non-seulement contre le père de l'enfant, mais encore contre ceux de ses parens qui ont emporté l'enfant? Car, permettez-moi de me reporter plus bas que la haute position assignée à l'homme dans ce monde : quel est l'animal qui se laisse impunément enlever ses petits? En me reportant aux lois civiles, je dirai que c'est presque toujours un homme de la même condition que la femme, qui est le père de l'enfant. Evidemment, s'il n'en est pas ainsi, il ne peut pas, pour cette raison, épouser la femme. Pour épargner son argent, vous bâtissez un hôpital pour recevoir le fruit de sa débauche ; mais alors, au moins, conservez l'enfant, et qu'il soit un témoignage vivant contre lui. L'opinion publique interviendra, et alors il sera contraint de pourvoir à l'entretien de l'enfant. Dans tous les cas pareils, la dépense faite par l'hôpital peut être économisée; et la barbarie d'un hospice d'enfans trouvés n'a pas seulement des effets sur l'enfant : l'esprit de vengeance dont j'ai déjà parlé a dénaturé le cœur de la femme, et par suite de cela, elle se déprave, et enverra sans remords, plus tard, d'autres enfans à l'hospice. De toute façon, votre législation la laisse seule, abandonnée, chassée de la société ; elle est la seule personne stygmatisée par son déshonneur.

» Le préopinant nous assure qu'en Angleterre, les femmes font une spéculation sur les enfans dont elles accouchent, qu'*elles jurent un enfant* à un homme, puis à un autre, et qu'ainsi chaque serment et chaque enfant lui procurent le magnifique revenu de deux shellings par semaine. Cela doit être une exception au système général. La paroisse juge peut-être que deux shellings par semaine lui coûtent moins que ne lui coûterait l'entretien de la famille dans la maison de travail ; mais, croyez-moi, on a peu d'exemples de femmes mères de plusieurs enfans illégitimes : il existe une loi en vertu de laquelle elles peuvent être emprisonnées pour un an. Un magistrat serait blâmé d'infliger cette peine à une jeune femme pour sa première faute ; mais si l'on amenait devant lui une femme endurcie, qui eût eu successivement plusieurs enfans, je vous assure qu'elle serait bientôt arrivée en prison. En outre, il faut encore considérer ici l'âge de la femme : les femmes d'un certain âge et d'une certaine instruction qui ne gardent pas leurs enfans, mais qui les envoient à l'hôpital, si elles étaient obligées de les garder, s'observeraient, et les enfans ne verraient pas le jour. Tous ces enfans admis dans le tour causent au département une dépense inutile qui n'aurait jamais été supportée que par l'hôpital lui-même. Mais est-ce qu'il n'y a que les femmes d'une seule condition qui aient des enfans illégitimes? Fielding, peintre fidèle de la nature, a fait de son *Tom Jones* un bâtard ; or, toutes les femmes qui ont un enfant n'ont pas un chevalier Weston pour l'élever. Il est bien plus probable qu'il aura pour patron le tour de l'hospice.

» On a parlé encore de la somme considérable qui est payée chaque année par la ville opulente de Nottingham pour l'entretien de ses enfans illégitimes. Sous ce rapport, Nottingham ressemble à toutes les autres villes manufacturières ; les femmes s'y rassemblent dans les manufactures, tombent dans la misère et donnent naissance à des enfans illégitimes. Les voisins qui, dans les comtés agricoles, s'occupent bien plus que dans les villes des détails de chaque famille, exercent une sorte de surveillance, et contribuent à amener des mariages, ce qui n'arrive pas aussi fréquemment dans une grande ville manufacturière. Je ne doute point qu'à Nottingham ce ne soient les habitans payant les taxes qui se plaignent de l'allocation hebdomadaire que les mères reçoivent; mais n'oubliez pas que l'allocation est un système plus économique que celui de la maison de travail, où la mère doit être reçue aussi bien que l'enfant. Les manufacturiers qui ont fait des fortunes considérables, en exploitant l'existence des femmes de cette classe, ne devraient pas se plaindre de la dépense; leurs établissemens ont été élevés, les manufactures créées pour leur gain, et ils devraient être les derniers à condamner la dépense des enfans dont la naissance est due aux nombreuses réunions qu'ils ont appelées autour d'eux. Mais je ne puis penser sans plaisir que jamais personne n'a songé à élever un hospice comme un moyen de diminuer la dépense, pour recevoir l'enfant seul et sans sa mère. Relativement à Londres, immense cité remplie de luxe et de misère, les femmes, je le sais, sont trop corrompues pour avoir des enfans illégitimes dans la même proportion que les femmes de l'intérieur du pays; elles en ont à peine le temps. La perte de leurs mœurs les fait promptement arriver dans nos rues, où l'on voit toujours une foule de prostituées. Ces malheureuses, promptement frappées par la misère et atteintes de maladies, abruties par l'ivrognerie, finissent souvent prématurément leur carrière. On ne peut douter qu'il n'y ait là un grand nombre d'enfans illégitimes; mais il n'y a point de registres qui le prouvent. L'admirable système adopté en France pour l'enregistrement des actes de l'état civil, vous permet d'établir le nombre de ces enfans pour la ville de Paris; et ce nombre, comme renseignement statistique, ne saurait être comparé avec les cent et quelques enfans qui, à Londres, ont été déposés, dans le cours de l'année, à la porte de personnes que, d'après leur réputation d'humanité, la mère criminelle a supposé devoir prendre soin de son enfant.

» Je me résumerai en considérant un tour placé à l'entrée

d'un hôpital d'enfans trouvés comme une mauvaise mesure sous le point de vue économique, puisque ce tour est surtout ce qui encourage au libertinage, et donne lieu à l'existence de ces enfans abandonnés dont le nombre va toujours en augmentant en France. Je considère, en outre, ce tour et l'hôpital lui-même comme une mauvaise institution sous le point de vue philanthropique, puisqu'elle cause la mort de beaucoup d'enfans. Le tour est une facilité donnée aux mauvaises mœurs; si vous en placiez dans toutes les paroisses, vous finiriez peut-être par anéantir le mariage, ou par le réduire grandement dans les classes pauvres. L'hospice absoudra l'homme de toute responsabilité, il éteindra les meilleurs sentimens du cœur humain. Oui, c'est le secret du tour ouvert sans cesse qui amènera tous ces maux. Ce que je blâme, c'est la faculté accordée au père et à la mère de cacher leur faute et d'étouffer leur honte; et je pense avec le philanthropique Susmilch, le philosophique Malthus et avec lord Brougham, qu'un hôpital d'enfans trouvés, et un tour ouvert sans cesse, ne peuvent être qu'un grand malheur pour un pays. »

Le discours de M. Wakefield est accueilli par de nombreux applaudissemens.

M. le président s'adressant à M. Wakefied : « Monsieur, les applaudissemens que vous venez de recevoir sont la preuve la plus flatteuse du plaisir que l'assemblée a pris à vous entendre. Vous avez heureusement triomphé des difficultés que vous opposait une langue étrangère, et nous pouvons maintenant juger de ce que vous saviez être à la chambre des communes. »

M. Béranger ne veut présenter que quelques considérations. « Certes, les administrations départementales éprouvent de grands embarras pour faire face à leurs dépenses. Mais la suppression des tours est-elle le seul moyen de trouver des économies ? En morale, c'est une cruauté. » L'orateur propose qu'une enquête soit faite sur l'accroissement du nombre des enfans trouvés. « Jusque-là, une décision de la part du Congrès serait sans effet, et n'amènerait aucune amélioration dans l'état des enfans. »

M. Boncenne produit de nouveaux argumens en s'appuyant sur des documens statistiques puisés dans les archives du département de la Vienne. Il ajoute : « Les partisans des tours approuvent donc l'exposition des enfans. Eh bien ! ouvrez tous les hospices aux enfans trouvés, il faudra que les villes pourvoient à leur entretien. Les taxes des habitans seront augmentées, et vous grèverez d'autant les contributions de l'honnête ouvrier qui, au prix des privations qu'il s'impose, garde auprès de lui ses enfans, et les élève avec le fruit de son travail. Les délibérations des conseils municipaux et départementaux ne sont pas tellement secrètes, qu'on ne sache les embarras que l'administration éprouve pour faire face aux dépenses. Allez prendre part à leurs discussions, vous les verrez accablés de demandes qui sollicitent des secours. Il leur faut pourvoir à l'entretien des chemins et des rues, à la réparation des ponts : ils n'en ont pas fini avec la viabilité ; ils doivent accorder des allocations pour les écoles primaires, pour l'institution des sourds-muets, pour des bourses à l'école vétérinaire, à celle des arts et métiers, des beaux-arts, pour les bâtimens publics, etc., etc. Eétudiez la question sous le rapport financier, et ne vous hâtez pas de la résoudre par le sentiment. Quant aux réclamations de la philanthropie, le Code civil répond en privant les enfans naturels, même reconnus, d'une portion de la succession de leurs pères et mères, afin de flétrir les liaisons illégitimes.

» Par rapport au département de la Vienne, la mesure prise n'est qu'un essai ; l'année entière est nécessaire pour l'épreuve. La section ne peut, sur une aussi grave question, émettre un avis précis : elle doit en renvoyer l'examen approfondi au prochain Congrès. Que si elle vote pour la réouverture des tours, qu'elle se prononce du moins pour les échanges des enfans d'arrondissement à arrondissement, et entre des départemens limitrophes. Et, pour le cas trop présumable d'insuffisance de fonds, que la section émette un vœu afin que les communes soient obligées d'y contribuer. »

M Boncenne termine sa réplique, de laquelle on ne peut

donner ici qu'un aperçu, par des considérations très-remarquables sur la nécessité de multiplier partout les salles d'asile.

M. Lemercier ( de Poitiers ) conteste l'application des documens cités par le préopinant pour les exercices 1827 et 1828 dans les divers arrondissemens de la Vienne. M. Lemercier ne consentirait à la suppression des tours qu'autant qu'il y aurait des moyens pour moraliser les masses : autrement, mieux vaut avoir à entretenir des hôpitaux que des prisons. Et d'ailleurs quelle majorité dans le conseil général de la Vienne a prononcé en faveur de l'essai ? la mesure n'a été emportée qu'à une seule voix, 15 sur 14, et contrairement à l'avis unanime du conseil d'arrondissement de Poitiers, dont M. Lemercier était président.

La discussion est close. — M. le docteur Barilleau demande que l'on pose la question de savoir si la mesure a été ou non désastreuse.—M. Guépin et M. Boncenne proposent l'ajournement jusqu'à la publication par le gouvernement de documens généraux dont le Congrès est entièrement dépourvu.

M. Guerry-Champneuf demande la division par rapport aux enfans trouvés et illégitimes.

M. Isidore Le Brun fait remarquer la distinction à faire entre les salles d'asile et les tours : encore bien qu'en multipliant les premières on puisse espérer de parvenir à la suppression de la plupart des autres. Déjà depuis plusieurs années, des départemens, la Sarthe par exemple, n'entretiennent plus de tours que dans leurs chefs-lieux.

MM. Pontois, Béra et d'autres membres demandent la priorité pour la proposition d'ajournement. M. Lemercier s'y oppose, et soutient que c'est à la proposition du programme que la priorité doit être accordée.

Après une discussion fort animée sur la position de la question, la section décide :

1° Que la suppression des tours d'arrondissement a produit des effets désastreux dans les localités où elle a eu lieu ;

2° Que la proposition d'enquête faite par M. Guerry sera soumise à l'assemblée générale du Congrès ;

3° Que les communes doivent contribuer à la dépense nécessitée par les enfans naturels ;

4° Qu'il est à désirer que des salles d'asile soient établies en grand nombre.

La séance est levée à 10 heures.

## SEANCE DU LUNDI 15 SEPTEMBRE 1834.

Présidence de M. Boncenne.

Après la lecture et l'adoption du procès-verbal, M. le président fait observer qu'il existe entre ses mains plusieurs propositions que le temps ne permettra probablement pas de discuter. Il en est cependant quelques-unes dont l'utilité est tellement évidente, qu'il suffirait de leur simple exposé pour qu'elles fussent adoptées. En conséquence, M. le président propose d'en donner lecture, de voter sur celles qui ne seront l'objet d'aucune observation, et de mettre les autres à l'ordre du jour pour qu'elles soient discutées si le temps le permet.

La section, suivant la marche tracée par M. le président, adopte sans discussion les cinq propositions suivantes :

1° Inviter le gouvernement à faire dresser, pour les notaires, un tarif général et uniforme, ainsi qu'il a été fait pour les avoués et les huissiers, en 1807.

2° Solliciter l'abrogation du décret du 20 février 1809, en ce qu'il attribue à l'État la propriété des manuscrits qui existent dans les bibliothèques des départemens, des communes et des autres établissemens publics.

3° Émettre le vœu, sans entrer dans les moyens d'exécution, que des travaux soient incessamment entrepris, soit pour améliorer le cours de la Loire, soit pour créer un canal latéral, soit enfin pour établir un chemin de fer entre Nantes et Orléans.

4° Considérant combien il importe de favoriser les idées d'ordre et d'économie et les moyens de bien-être individuel, émettre le vœu que les caisses d'épargne et les banques de prévoyance soient propagées dans toute la France, et que le gouvernement, par des publications réitérées, fasse sentir aux classes laborieuses tous les avantages qu'elles en peuvent retirer.

5o Inviter le gouvernement à hâter, le plus possible, l'impression et la publication de la copie du manuscrit des *Assises de Jérusalem*, retrouvée en 1829, et surtout du second volume de ce manuscrit, contenant la *Cour des Bourgeois*.

L'ordre du jour est la discussion de la question relative à la propriété littéraire, qui a été présentée par M. Le Brun. Après un exposé de l'importance de cette matière, il examine ainsi qu'il suit les différentes mesures législatives qui jusqu'ici ont été employées.

« Assimilant les productions des lettres et beaux-arts aux œuvres des autres industries et aux biens ordinaires, on a proposé d'en rendre la propriété à tout jamais héréditaire. D'autres ont dit que les auteurs avaient une double famille, leur descendance et le public, dont les intérêts seraient bien conciliés par la reconnaissance exclusive de cette propriété en faveur des parens, pendant un certain temps. Il eût été judicieux d'ajouter que le génie créateur, qui a toujours été très-rare, devient presque impossible dorénavant; que le savoir laborieux, même les talens élevés, travaillent véritablement sur un fonds commun à toute société policée et lettrée. Dans le monde intellectuel qui rejette toute limitation, quelles bornes déterminer?

» En Angleterre, le droit exclusif d'un écrivain n'a pour durée que 13 ans. Chez nous, ce droit a été déclaré, par la loi de 1793 (19 juillet), non-seulement viager, mais transmissible aux héritiers, qui, toutefois, ne pourraient en jouir que pendant 10 ans, depuis le décès de l'auteur. Heureux ceux qui recueillent par succession des œuvres posthumes, car un décret de l'an XIII leur en accorde la propriété pour toute leur vie, à la condition de les publier à part des autres ouvrages de leurs auteurs, devenus propriété publique. Et ce domaine réputé national enrichira des libraires spéculateurs; les orphelins et leurs mères veuves n'en retireront rien autre chose que de la célébrité pour un nom qui rendra leur infortune plus pesante! Un décret de 1810 daigna, parmi des dispositions plus despotiques les unes que les autres, garantir la propriété littéraire à l'auteur et à sa veuve pendant leur vie, si les *conventions matrimoniales* de celle-ci lui en donnent le droit, et à leurs enfans pendant *vingt ans*. Ainsi le législateur admet une vocation littéraire, pressentie avant le mariage, et il ne considère pas que les gens de lettres, en général célibataires, ont pour soutien, dans la vieillesse, le plus souvent des collatéraux.

» D'après les lois de 1791 et 1793, les enfans et veuves d'auteurs dramatiques n'avaient la jouissance exclusive de leurs œuvres que pendant cinq ans. Une pétition réclamant contre cette inégalité de temps avec les ouvrages littéraires, fut repoussée par la chambre des députés, session de 1822.

» Enfin on annonça que d'une commission de savans et littérateurs, la plupart distingués, il allait émaner un projet de loi qui serait un monument glorieux pour le règne du prince d'alors. C'était en 1825, le 12 décembre : jusqu'au 5 mai suivant, cette commission tint 18 séances, de 4 à 5 heures chaque. La transmission à perpétuité dans la famille fut rejetée, et l'on décida que les enfans conserveraient la propriété exclusive pendant cinquante ans, aussi bien pour les œuvres de littérature en général et dramatiques, que pour les ouvrages d'art et de musique. Ce projet, en 16 articles, est resté non avenu.

» Cela montre quelles difficultés obstruent la matière ; et le projet, fort imparfait, ne proposait aucun moyen de défendre la propriété, du vivant même de l'auteur. Comment aussi assimiler avec un ouvrage scientifique, laborieusement composé pendant de longues années, souvent durant toute une existence, des œuvres d'inspiration soudaine, qui paraissent non-seulement dans une librairie, mais sur des théâtres, devant des milliers de spectateurs qui se renouvellent sans cesse, que la mode adopte et la renommée exalte, dont chaque représentation est lucrative pour l'auteur, et qui, de ville en ville, sont soutenus de tous les moyens des autres arts ?

» Plutôt que de s'étendre dans l'avenir, la réputation pour les savans et des littérateurs, même célèbres, se raccourcit, et ce n'est pas seulement à cause de la manière dont certains individus l'exploitent. Y eût-il encore des conceptions neuves et des découvertes, peu après leur mise en circulation, elles perdent de leur vigueur : tant le mouvement intellectuel est devenu accéléré, indépendamment de la foule des imitateurs qui jamais ne s'est jetée avec autant de rapacité sur tout ce qui n'est pas usé.

» Que le droit à la propriété littéraire soit viager ou transmissible pour un tiers, pour une moitié de siècle, l'essentiel est d'abord d'en assurer la jouissance ; et il a à lutter incessamment contre la contrefaçon et le plagiat.

» On demanderait en vain à la législation actuelle ce qui constitue le pillage déhonté, ou seulement adroit, mais de toute la souplesse qui est propre à la pensée pour se modifier. Vingt mille mots ajoutés au dictionnaire de l'académie n'ont pas empêché qu'une édition *nouvelle* n'ait été confisquée : tandis que des passages de Pinkerton, formant 270 pages, mais épars dans les XIX volumes de Malte-Brun, ont été déclarés tout au plus un cas de plagiat. Et des magistrats de la Cour de cassation ont professé que le commentaire attaché au texte d'un auteur, même vivant, n'est bien qu'un acte *immoral*, seulement justiciable de l'opinion et des journaux.

» D'autres procès ont prouvé que pour trouver le caractère de la spoliation par la contrefaçon, il faut combiner des dispositions d'un règlement de 1618, un arrêt de 1682, puis un édit de 1686, encore des arrêts de 1777 et de 1778 ; enfin la loi de 1793 qui définit la contrefaçon, *la réimpression, n'importe le caractère et le format, d'un ouvrage entier, ou en grande partie.*

» Cette loi prononçait contre le contrefacteur la confiscation, et pour indemnité elle accordait au véritable propriétaire une somme équivalente au prix de 3,000 exemplaires de l'édition originale : de la part du débitant, l'indemnité à payer était égale au prix de 500 exemplaires. — Pénalité mal graduée, car ce sont les vendeurs qui encouragent les contrefacteurs ; trop forte parfois contre ceux-ci ; car une édition de luxe, avec gravures, etc., perd moins à être réimprimée à bas prix qu'une édition ordinaire; puis il est arrivé que des réimpressions ont été faites dans la présomption que les auteurs étaient morts.

» Le 5 février 1810, parut le fameux décret impérial contre l'imprimerie et la librairie. Ce qu'il appelait garanties des auteurs consistait, art. 42, à ordonner la confiscation de l'édition ou *des exemplaires* contrefaits, au profit de l'auteur ou de ses ayant-cause; et, art. 43, à renvoyer pour les dommages-intérêts à *l'arbitrage du tribunal correctionnel* ou *criminel*, selon les cas et d'après les lois. — Au même moment, car la présentation du 2e ch. du tit. 2, liv. 3 du Code pénal, se fit le 9 février, le législateur, confondant les atteintes à la propriété littéraire avec les contraventions aux règlemens sur les maisons de jeu et les délits des fournisseurs, assimilait, (art. 426), quant au débit, les ouvrages contrefaits en France et ceux contrefaits à l'étranger; et, par l'art. 427, il prononce l'amende de 100 fr. au moins, de 2,000 fr. au plus, qui n'est pour le débitant que de 25 à 500 fr.; réservant le produit des confiscations pour le propriétaire, qui est renvoyé, pour le surplus de son indemnité, à se pourvoir par les voies ordinaires. Il n'y avait point encore d'emprisonnement : un simple décret du 14 décembre 1810 le prononça, en appliquant l'article 287 du même Code au cas d'introduction en fraude du droit de 150 fr. par 100 kilogr. infligé aux livres imprimés à l'étranger.

» Telle est encore la législation en matière de propriété littéraire. On croit la favoriser par *l'arbitrage* d'un tribunal correctionnel, quand ses juges les plus compétens devraient être un arbitrage ou jury mi-parti d'auteurs et de libraires ou imprimeurs.

» Mais depuis que la presse a recouvré de la liberté, le commerce a acquis beaucoup d'extension, et les atteintes à la propriété se sont agravées. Sûrement les libraires de Paris ne demanderaient plus, comme en 1817, le maintien du simple droit de 150 fr., par quintal métrique, sur tous les ouvrages français réimprimés à l'étranger, après les contrefaçons commises avec tant d'audace chez un peuple voisin, enhardi qu'il est dans cette piraterie par son incapacité pour rien produire : encore les pirates sont mis au ban de toutes les nations, et les libraires belges trouvent facilement, dans la France même, des complices pour le débit de leurs contrefaçons.

» Outre les commis-voyageurs qui, comme les colporteurs, commettent sciemment et avec le plus d'activité la vente des contrefaçons faites en France ou à l'étranger, les éditeurs souvent lèsent les droits des auteurs. Ceux-ci ne peuvent joindre leurs plaintes à celles des souscripteurs ; et quand eux ou leurs héritiers rentrent dans leur propriété, elle est détériorée, perdue par les fraudes des libraires qui ont publié une ou plusieurs éditions. Car les auteurs qui se prêtent à la supercherie d'éditions multiples en sont dupes eux-mêmes. On a vu des éditeurs, après avoir capté la confiance d'écrivains naturellement assez faciles, négliger une publication parce qu'ils avaient plus de profit à en exploiter une autre, sur un sujet semblable ou différent.

» Sans doute, le respect est dû avant tout à la liberté du commerce, principalement à la liberté de la presse, indispensable pour répandre les connaissances. Si des écrivains indignes trompent les libraires, il est juste qu'ils soient condamnés à toutes les indemnités à raison de leurs fraudes. Mais les fabricans dont les produits sont annoncés au rabais, ne souffrent que des préjudices faibles ou nuls ; tandis que l'homme de lettres pour qui la réputation est tout, qui lui sacrifie sa santé, sa fortune, son existence, est exposé à voir, avec son livre malheureux, son nom proclamé sur les places publiques, dans les promenades, par les journaux. Il est discrédité, et cela par son éditeur qui, souvent après avoir retiré un bon lucre de son marché, expose ainsi à l'encan le rebut d'une édition, des exemplaires incomplets, ou bien la *passe* de quelques centaines d'exemplaires qu'il s'est ménagés avec un imprimeur déloyal ; autre préjudice à la propriété que certains imprimeurs commettent presque impunément, quand ils travaillent pour compte d'auteur.

» Le nombre des exemplaires pour le dépôt légal doit être pris en considération. Quant aux souscriptions faites au nom d'un ministère, c'est un encouragement honorable, ce peut être aussi le fait de la faveur et de l'intrigue : ainsi seraient absorbés des fonds pris dans le trésor public et votés en faveur des ouvrages les plus utiles et dans l'intérêt des bibliothèques publiques.

» Un mal s'aggrave quand on n'yapporte pas de remède. Des commissions ont proposé des réformes jugées inefficaces : n'est-ce point parce qu'elles ont compliqué une matière déjà très-difficile ? On a considéré semblablement les ouvrages de littérature et de science, et les œuvres de musique et de dessin, comme si l'association des auteurs dramatiques ne prouvait pas qu'eux-mêmes ils reconnaissent leurs intérêts bien distincts des droits des autres écrivains. La presse quotidienne et périodique réclame aussi des dispositions spéciales pour son droit de propriété.

» Le Congrès scientifique voudra bien examiner s'il ne doit point comprendre la propriété littéraire parmi les matières sur lesquelles il exprime moins un jugement qu'il ne désire appeler l'attention du public, si les dispositions suivantes sont acceptables :

La propriété exclusive d'un ouvrage de littérature ou de science appartiendra, après le décès de l'auteur, pendant trente années à ses enfans et à sa veuve, pendant vingt ans à ses ascendans ou autres héritiers. Nonobstant toute cession plus prolongée, l'éditeur ne jouira de cette propriété que durant dix ans, au cas où il se trouverait des héritiers collatéraux et des descendans qui rentreraient en possession de l'ouvrage pour dix autres années, ou des enfans et veuve dont le droit exclusif ne durerait pas plus de vingt années.

Ces dispositions sont applicables aux œuvres posthumes.

Le plagiat existe, lorsque, sans le consentement exprès de l'auteur, un livre contient des citations ou emprunts apparens, formant ensemble une feuille par volume de cinq feuilles et au-dessous, deux feuilles par volume de plus de vingt feuilles. — Le dédommagement sera égal aux prix cumulés de cinq cents exemplaires du livre pillé et du livre fait par suite de ce plagiat.

Ce dédommagement pourra être d'une valeur double pour usurpation de titre ou de nom d'auteur.

La contrefaçon pour moins de la moitié d'un ouvrage sera passible, à chaque volume, d'une indemnité double de celle ci-dessus: cette indemnité sera quadruple pour contrefaçon de plus de la moitié.

Toute édition, tous exemplaires poursuivis pour plagiat ou contrefaçon, seront en outre adjugés à l'auteur ou ayant-droit.

Le débit d'exemplaires contrefaits en France donnera lieu à une indemnité égale au prix de l'édition originale à 1,000 exemplaires; de la moitié pour le cas de plagiat. Ces indemnités seront d'une valeur triple pour le débit, si la contrefaçon ou le plagiat ont été commis hors le royaume.

M. Abel Pervinquière. « Le mémoire de M. Le Brun contient des choses fort utiles, il contient aussi des propositions qui sont susceptibles de grandes discussions; le temps qui nous reste nous permettrait à peine d'effleurer la matière, qui est fort importante. Je crois donc qu'il doit suffire aujourd'hui de prendre acte des propositions de M. Le Brun, et d'appeler l'attention du Congrès futur et du gouvernement sur la matière. »

M. Babinet. « M. Le Brun voudrait que les ouvrages entrassent dans le domaine public au bout d'un certain temps. Je ne puis adopter cette proposition; je crois que la propriété d'un ouvrage est un droit aussi sacré que la propriété d'un champ, que cette propriété doit rester à l'auteur et à ses héritiers d'une manière incommutable, à moins qu'ils ne consentent à s'en dessaisir eux-mêmes. La seule objection qu'on pourrait ici adresser, c'est que les auteurs seraient ainsi maîtres de tenir leurs ouvrages à un très-haut prix, en ne faisant qu'un petit nombre d'éditions; mais cela n'est point à craindre, car il est dans l'intérêt de la fortune de l'auteur, aussi bien que dans l'intérêt de sa réputation, de vendre son ouvrage moyennant un prix modique, parce qu'il en débitera plus d'exemplaires. »

MM. Bourgnon de Layre et Béranger demandent que la question soit recommandée au gouvernement, au Congrès prochain, et à toutes les personnes qui s'occupent de législation et de littérature.

Cette proposition est adoptée.

SÉANCE DU MARDI 16 SEPTEMBRE 1834.

Présidence de M. BONCENNE.

La première proposition, par M. Deloynes, avocat, pour multiplier les banques d'épargne, est adoptée.

Deuxième proposition. Le Congrès exprime le vœu que l'art. 155 du Code d'instruction criminelle, qui prescrit aux greffiers des tribunaux de simple police de *tenir note* des dépositions orales des témoins, et que l'art. 189 du même Code rend applicable aux tribunaux de police correctionnelle, soit modifié en ce sens que les présidens des tribunaux correctionnels *soient tenus* de dicter eux-mêmes aux greffiers les dépositions des témoins dans toutes les affaires susceptibles d'appel.

La discussion à laquelle prennent part MM. Pontois, André, Bourgnon de Layre, Nau de la Sauvagère, Garnier, signale les inconvéniens graves qui résultent fréquemment du mode prescrit par les articles précités; et, d'un autre côté, les difficultés en raison de la multiplicité des affaires et du grand nombre des témoins, de pratiquer le moyen présenté par la proposition. — Le renvoi au prochain Congrès est adopté.

Troisième proposition. Le Congrès émet le vœu que le gouvernement présente le plus tôt possible aux chambres une loi abrogative de la loi du 3 septembre 1807, sur la fixation de l'intérêt de l'argent.

Cette proposition n'est pas admise.

Le bureau de la section d'agriculture vient siéger par suite du renvoi de la question sur les chemins vicinaux, dont la sixième section avait été également saisie. M. le général Dubourg fait le rapport sur les bases proposées par la commission (1).

(1) Voir à la section d'agriculture, p. 92 et suiv.

La sixième section reprend la suite de ses travaux.

Le Congrès émet le vœu que l'article de la loi du 28 avril 1816, qui fait des charges de notaires, avoués et autres officiers ministériels, une propriété mobilière, transmissible moyennant un prix, soit abrogé, sauf à déterminer des mesures transitoires pour ménager les droits acquis sous l'empire de la loi abrogée.

Le renvoi au prochain Congrès est prononcé par la section, qui n'entend rien préjuger sur le fond de cette proposition.

M. Jullien présente une proposition qui est écartée par l'ordre du jour. Elle est ainsi conçue :

Inviter les amis du bien public, dans les chefs-lieux de département et dans les grandes villes, à former, de concert avec les autorités municipales de chaque localité, des sociétés d'édilité et de salubrité, qui auront un conseil central destiné à s'occuper des mesures concernant l'assainissement et l'embellissement des villes, le bon entretien et la libre circulation de la voie publique, et surtout l'extinction progressive de la mendicité.

L'amélioration du régime pénitentiaire est à l'ordre du jour.

M. Nicias Gaillard, chargé d'examiner plusieurs mémoires adressés au Congrès sur cette question, a la parole :

« Messieurs, vous m'avez chargé de vous rendre compte d'un mémoire adressé au Congrès par M. Henri Richelot, de Nantes, mémoire qui a pour titre : *De la nécessité d'une reforme du système pénitentiaire fondée sur une nouvelle science de l'homme.*

» Ce mémoire contient, à côté de quelques idées vraies et convenablement exprimées, des doctrines dangereuses qui seraient de nature à compromettre la cause que défend l'auteur, si cette cause ne pouvait pas être autrement défendue.

» S'il était vrai que pour réformer la théorie des lois pénales il fallût déclarer la guerre au christianisme, et sacrifier, en allant bien plus loin encore, le grand principe de la liberté humaine, la cause de la réforme serait une cause désespérée. Il n'en est pas ainsi. On peut chercher à adoucir les lois sans attaquer une religion qui les a, la première, adoucies ainsi que les mœurs; et rien n'est moins contraire aux doctrines qui tendent à prévenir les crimes et à réformer les criminels que *la liberté*, sans laquelle tout essai d'amélioration serait évidemment inutile.

» Les réformes que l'auteur veut introduire dans la législation ne peuvent donc que gagner à être examinées indépendamment de ses doctrines métaphysiques. Nous verrons d'abord ce qu'il propose; nous jugerons ensuite le système qu'il donne pour fondement à ses propositions.

» L'objet du mémoire est d'établir qu'il est nécessaire de modifier la théorie des lois pénales en y remplaçant l'idée de la *répression* par celle de la *réformation* : modification importante qui doit en amener beaucoup d'autres dans la pratique.

» Un temps viendra où les progrès de la civilisation permettront de briser l'arme désormais inutile du châtiment. Ce temps est encore éloigné ; mais si l'on ne peut abolir immédiatement les peines, on peut du moins les diriger vers le seul but qu'elles doivent atteindre, l'amélioration du coupable, et supprimer celles qui châtient et ne corrigent pas.

» Ainsi plus de peines à perpétuité, si ce n'est pour ces criminels incurables, ces hommes-monstres qui apparaissent de loin en loin; car pour ceux-ci « on doit les enchaîner comme » on ferait des tigres. La conservation de l'ordre social passe » avant tout. »

» L'auteur nous laisse le soin d'appliquer ses principes aux autres peines établies par nos lois.

» Mais ce n'est pas assez de déterminer le but que les peines doivent atteindre et de les diriger vers ce but. Guérir le mal, est bien ; le prévenir, est beaucoup mieux. Ce qu'il faut, c'est une bonne hygiène morale qui consistera surtout à améliorer progressivement le sort des classes pauvres, *à élargir l'ordre social*, à donner autant que possible *satisfaction à toutes les natures*. « Ainsi deux choses, continue l'auteur, l'éducation » morale dispensée à tous et l'amélioration des conditions » sociales, voilà le vrai moyen d'extirper le crime. »

» Un tel résultat paraîtra peut-être plus désirable que facile à obtenir. Je sais beaucoup d'hommes qui pensent que les peines resteront toujours nécessaires, et qui ne voient pas dans l'avenir ce point brillant qu'on leur signale comme indiquant l'époque où la société pourra être impunément désarmée. Mais ceux-là même qui n'ont pas cette foi vive de l'auteur dans la perfectibilité humaine, ne peuvent qu'applaudir aux efforts qui ont pour objet de diminuer le nombre des crimes et de rendre les peines plus utiles par la mise en pratique d'un bon régime pénitentiaire. Je ne connais pas de plus louable et de plus noble étude; mais j'ajoute qu'il n'en est pas où il soit plus facile de se laisser égarer par ces idées absolues qui faussent la vérité en l'exagérant.

» Il est, sans doute, incontestable que l'amélioration du condamné est l'un des principaux objets que doivent se proposer les lois pénales; mais il n'est pas vrai que ce soit le seul. Le but vers lequel toutes les lois doivent tendre, c'est le maintien de l'ordre dans la société. L'auteur lui-même le reconnaît. Or, pour concourir à ce but, il faut que la peine agisse à la fois sur le coupable et sur ceux qui seraient tentés de l'imiter: sur le coupable, en le réformant de manière à ce qu'il n'y ait rien à craindre de son retour dans la société, et c'est ce qu'il faut demander au système pénitentiaire; sur les êtres vicieux que l'amour du bien ne suffirait pas pour retenir, en les intimidant par le spectacle de châtimens plus ou moins sévères, mais toujours justes et proportionnés au délit, et en entretenant cette conviction salutaire que la violation du devoir trouve sa punition dès ce monde.

» Le principe de la *réformation*, qui est celui de l'auteur, cesse donc d'être vrai aussitôt qu'il devient exclusif. Il en est de même du principe contraire, le principe de *l'intimidation*. Il faut les combiner. Ils ne sont vrais que l'un avec l'autre. Si vous les isolez, vous faites d'un des élémens du système le système tout entier, et vous ne pourrez, sans danger ou sans inconséquence, mettre en pratique vos incomplètes théories.

» Quant aux moyens de diminuer le nombre des crimes, les meilleurs sont, sans doute, ceux que propose l'auteur, *l'éducation morale dispensée à tous et l'amélioration des conditions sociales;* pourvu que, ne séparant pas des choses inséparables, on ne prétende pas enlever à la morale son fondement et sa sanction, et que sous prétexte de travailler à l'adoucissement du sort des malheureux, ce qui est en effet la première obligation du pouvoir et de la richesse, on n'aille pas envenimer leurs maux en les abusant de l'espoir d'un bien-être imaginaire, et qu'on se garde surtout de les enflammer de cette ambition impatiente et jalouse qui, pour trouver la place qu'on lui a follement promise, agiterait incessamment la société.

» Ce que nous avons analysé jusqu'ici tient peu de place dans le mémoire de M. Richelot. L'auteur s'est principalement attaché à développer son système sur les causes et la moralité de nos actions.

» Ce système est fondé sur une *nouvelle science de l'homme. La vérité* qui sert de base à cette science nouvelle, c'est la *nécessité des actes.* Le libre arbitre n'est qu'une *vieillerie scolastique*, un dogme décrépit. Il est faux que l'homme ait la faculté de vouloir ou de ne pas vouloir une chose par un acte de volonté libre. L'homme est soumis à une double influence à laquelle il ne peut échapper : « Deux choses, dit l'auteur, » l'organisation ou les facultés innées, l'éducation ou l'influence » du milieu, voilà toute la vie de l'individu, voilà les deux » sources uniques de ses sentimens, de ses pensées et de ses » actes, ou, pour tout résumer en un mot, de sa moralité. » Or, il est incontestable que personne ne s'est donné ses agens » ou son organisation, et que personne n'a fait non plus le » milieu dans lequel il s'est développé. Le libre arbitre n'a » donc rien à faire avec la moralité...... Il n'y a pas de libre » arbitre pour l'homme. »

» Voilà le fondement de cette nouvelle science qui s'élabore et qui doit opérer une rénovation sociale. Il ne faut donc plus voir dans les criminels des êtres libres qui, pouvant faire le bien, ont volontairement fait le mal ; des êtres responsables à qui on a le droit de demander compte de la détermination qu'ils ont prise, parce qu'ils pouvaient ne pas la prendre. Il faut voir en eux *des organisations inférieures, arriérees, des constitutions faibles, des santés délicates en morale, ou quelquefois des organisations morales très-fortes qui succombent au crime par un concours de circonstances particulières, comme on voit des constitutions physiques très-robustes succomber à des maladies accidentelles*.

» Je ne crains pas de le dire, Messieurs, si de telles maximes étaient vraies, il faudrait en gémir. Quelles tristes révélations elle nous aurait faites cette *nouvelle science* de l'homme !

» Je croyais être libre. Cette liberté dont j'avais la conscience, je la reconnaissais dans la faculté qui est en moi de comparer, de délibérer, de choisir (1), de vouloir ou de ne pas vouloir, de faire ou de ne pas faire. Chaque jour, à chaque instant de chaque jour, j'usais de ce don précieux. Je me sentais, je me voyais libre ; je n'étais pas plus certain de mon existence même que de ma liberté. Eh bien ! ce sentiment intime, ce témoignage que je me rendais à moi-même dans chacune de mes pensées, dans chacun de mes actes, m'abusait. J invoque en vain, selon la belle expression de Tacite, *la conscience du genre humaine;* le genre humain se trompait avec moi. La liberté est un mensonge. C'est à la nécessité qu'il faut croire. Oui ! il n'est rien de ce que fait l'homme, qu'il puisse faire autrement qu'il ne le fait.

» Et pourtant l'homme examine, apprécie, se décide ! la pensée est donc indépendante de son objet puisqu'elle le juge (2) ; elle a donc sur lui une pleine supériorité.... Non, répond l'auteur. Ce que vous prenez pour liberté de choisir,

(1) Qui conçoit, veut, agit, est libre en agissant (VOLT.)

(2) Bossuet.

n'est, de votre part, qu'incertitude, irrésolution, ignorance. Il n'est pas vrai que de deux actions contraires vous soyez libre de préférer l'une à l'autre, selon la détermination de votre esprit. « Il vous faut prendre parti pour la ve tu ou pour le » vice, suivant que votre organisation morale, double résultat » de la nature et de l'éducation, a plus de tendance vers l'un » ou vers l'autre. »

» Mais si le coupable n'avait pas le pouvoir d'éviter le mal, d'où vient qu'il se le reproche? Qu'il nous arrive un malheur, ce sera pour nous une consolation de songer qu'il était inévitable. Le chagrin qui nous vient de la mort d'un ami, de la perte accidentelle de notre fortune, n'est-il pas différent de la douleur que nos fautes nous font ressentir? Si nous apercevons en nous quelque imperfection naturelle, notre amour-propre pourra en souffrir; mais nous ne serons pas assez déraisonnables pour nous la reprocher. Si, au contraire, nous commettons une mauvaise action, notre conscience nous accuse, nous condamne. Qu'est-ce donc que ce remords qui nous poursuit et que nous voudrions pouvoir étouffer?.. .. *Le remords*, répond l'auteur, *n'est que le résultat du préjugé*. Nous sommes satisfaits ou mécontens de nous-mêmes, selon que nous croyons avoir bien ou mal fait, parce que, dominés par les fausses doctrines qui nous ont été enseignées, nous nous imaginons qu'il y avait pour nous liberté d'agir autrement. Nous rougissons *d'une chute morale*, comme nous sommes honteux de notre peu de courage, de la faiblesse de notre intelligence, en un mot de toute infériorité. Voilà tout ce qu'il y a dans le remords; le libre arbitre n'y est pour rien.

» Est-ce à dire que dans ce système il n'y a plus ni bien, ni mal?...... Non, le bien et le mal existent encore. « Il y a des » crimes, comme des douleurs corporelles, ce sont des faits » palpables et visibles. » Seulement il faut s'entendre. Tout relève de l'idée de progrès. « Les faits progressifs, voilà le bien; » les faits rétrogrades, voilà le mal... L'homme le plus moral » est celui qui aime le plus ce que nous concevons comme le » but social, c'est-à-dire l'amélioration de la race humaine,

» ou plus spécialement de la classe la plus nombreuse et la » plus pauvre, et qui y travaille le plus activement...... Par » cette définition, la morale sort des langes de l'ancien dogme. » Le renoncement aux biens de la terre, aux jouissances de la » chair qui était devant lui une des grandes vertus, n'en fait » plus partie.... Etre moral, c'est aimer ses semblables et leur » être utile..... Le criminel, c'est l'homme d'une moralité » faible...., c'est l'homme qui n'aime pas le but social. »

» J'en ai dit assez, Messieurs, pour vous mettre à même d'apprécier les doctrines de l'auteur du mémoire. Vous n'attendez pas que, pour les combattre, je vienne répéter ici ce qu'ont écrit sur la liberté humaine tant d'illustres philosophes. Le système que M. Richelot présente comme nouveau, est une vieille erreur mille fois réfutée. Il est bien tard pour chercher à la rajeunir.

» Qu'importe, si l'on admet le principe de la nécessité des actes, qu'on attribue cette nécessité à des causes différentes ? L'auteur distingue avec soin son système de celui des fatalistes ; mais il est indifférent qu'on préfère *le destin* des païens, *la fatalité* des musulmans, ou bien *les penchans innés* et *le milieu* de l'auteur du mémoire, si, dans tous ces systèmes, la volonté de l'homme se trouve également asservie, enchaînée. C'est ma liberté qui m'importe, et non pas le nom qu'on voudra donner à ce prétendu esclavage dans lequel tout mon être m'affirme que je ne suis pas.

» Il n'a donc pas suffi à M. Richelot de chercher ailleurs que certains partisans *de la nécessité*, la cause ou le principe de cette force par laquelle il soutient avec eux que l'homme est invinciblement dominé, pour éviter les inconséquences

D'un dogme absurde à croire, absurde à pratiquer,

et pour conjurer les dangereux effets qu'il ne pourrait manquer de produire, si, pour le malheur des hommes, il venait jamais à triompher du sentiment universel qui le repousse.

» Qui pourrait se laisser prendre aux subtilités à l'aide desquelles l'auteur s'efforce de concilier l'existence du bien et du mal avec un système qui l'exclut ? Votre *nouvelle science*, dites-vous, ne détruit pas le devoir ; seulement elle le déplace. Au lieu de faire consister la vertu dans le renoncement aux biens du monde, aux jouissances de la chair, vous appelez vertueux l'homme qui aime ses semblables et qui leur fait du bien. Je pourrais vous répondre que toutes nos obligations ne sont pas envers nos semblables, et que Dieu aussi veut être compté. Choisir arbitrairement entre les devoirs pour sacrifier les uns aux autres, c'est affaiblir ceux-là même qu'on prétend conserver. Combien elle serait imprudente cette morale nouvelle qui, s'applaudissant de ses concessions, et croyant se fortifier par ses faiblesses, convierait les passions les plus fougueuses au partage du cœur humain, comme si ces passions tyranniques se contenteraient d'une demi-victoire, comme si *la charité* (1), seule vertu qu'on veuille bien reconnaître, serait assez forte pour disputer à leur ruineuse exigence ce qu'elle aurait en vain promis au malheur !..... Mais qu'importe où vous placiez la vertu ? du moment que vous la reconnaissez, votre système ne peut plus se soutenir.

» Pourquoi l'homme qui fait du bien à ses semblables vous paraît-il digne d'éloge, s'il n'était pas libre de n'en pas faire? J'ai de l'argent, je sais quel parti j'en puis tirer, et tout ce qu'il promet de plaisir à mes caprices, de jouissances à mes passions. Eh bien ! je me l'enlève à moi-même pour le donner à ce malheureux dont il pourra adoucir les souffrances. Je fais ainsi, selon vous-même, une bonne action. Je me sens heureux de l'avoir faite, j'en serai d'autant plus heureux qu'elle m'aura plus coûté ; et l'estime des hommes viendra se joindre à ma propre estime, à laquelle je dois surtout tenir. Voilà la vertu, voilà ses efforts, ses sacrifices, voilà sa récompense.

» Mais quelle inconséquence n'y aurait-il pas à me louer d'une chose que m'a imposée la nécessité qui me subjugue? Comment comprendre la vertu sans volonté? Si je suis soumis, dans mon organisation morale, à des lois aussi impérieuses, aussi invariables que celles qui gouvernent la nature inanimée;

(1) *Caritas generis humani.*

si, au lieu de cet être doué de sentiment et de raison qui s'appartient à lui-même, il n'y a plus en moi que l'esclave irresponsable des dispositions que j'apporte en naissant et de l'impression que font sur moi les objets extérieurs, je pourrai bien encore être utile ou nuisible à mes semblables, selon les caprices de cette organisation dont je suis le jouet; mais, dans ces mouvemens indélibérés, dans ces actes sans moralité, il n'y aura ni sujet de blâme, ni sujet d'éloge. Je n'aurai pas plus de mérite à être utile que le blé à nourrir les hommes et le fleuve à fertiliser les campagnes.

» On ne comprend donc pas ce que veut dire l'auteur quand il parle de *l'estime que méritent certaines organisations morales et du mépris que méritent certaines autres.* Estime, ou mépris, pourquoi, si l'homme n'est pas plus libre que la plante qui végète, que la matière qui suit les lois éternelles du mouvement? Vous comparez l'homme moral à l'homme physique. Eh bien! vous ne trouvez pas qu'un homme est digne de mépris parce qu'il est malade, digne d'estime parce qu'il se porte bien. On ne blâme ni ne châtie un enfant, dit Bossuet, d'être boiteux ou laid; mais on le châtie d'être opiniâtre, parce que l'un dépend de sa volonté et que l'autre n'en dépend pas.

» Les mots *vertu* et *crime*, *estime* et *mepris*, *récompense* et *peine*, n'ont donc plus de sens dans le langage de l'auteur. Et la confusion des mots ne vient qu'à la suite de la confusion des idées. Que reste-t-il de vrai désormais? Qu'est-ce que la justice humaine sinon une inutile cruauté, une dérision sanglante? Et la justice divine?.... (1) Le remords, l'auteur le déclare, n'est plus qu'un préjugé; mais ce n'est pas seulement le remords. Qu'est-ce que l'âme (2)? Qu'est-ce que la vie à venir?

(1) Dans les cieux, sur la terre, il n'est plus de justice. (VOLT.)

(2) L'auteur semble avoir repondu à cette question dans le passage suivant « Quand nous nous servons de ce mot (organisation), il faut toujours se rappeler que nous entendons l'homme tel qu'il est organisé, *et non point une matière qui appartiendrait à un je ne sais quoi, âme, pur esprit, qui serait l'homme.* L'organisation morale de l'homme, c'est donc l'homme envisagé sous son aspect moral. »

Qu'est-ce que Dieu lui-même? Tout s'écroule dans ce monde et dans l'autre.

« Désolant système, pourrions-nous dire avec J.-J. Rousseau, qui renverse, détruit, foule aux pieds tout ce que » les hommes respectent!.... Ils ôtent aux affligés la dernière » consolation de leur misère, aux puissans et aux riches le » seul frein de leurs passions; ils arrachent du fond des » cœurs les remords du crime, l'espoir de la vertu, et se » vantent encore d'être les bienfaiteurs du genre humain! » Jamais, disent-ils, la vérité n'est nuisible aux hommes : » je le crois comme eux, et c'est, à mon avis, une preuve que » ce qu'ils enseignent n'est pas une vérité. »

» Il ne sert de rien d'opposer ici, comme le fait l'auteur, les découvertes des phrénologistes. L'homme a des prédispositions, des instincts: personne ne le nie, et les moralistes n'ont pas attendu pour le reconnaître, que Gall et Spurzheim aient cru pouvoir indiquer dans notre conformation cérébrale le siége de chacun de nos penchans. On ne peut non plus contester l'influence du climat, des institutions, de l'exemple. Mais, ce qui n'est pas moins incontestable, c'est que cette influence n'est pas irrésistible. L'expérience ne le prouve-t-elle pas assez, et faudrait-il citer tant d'exemples de penchans naturels modérés, d'habitudes vicieuses corrigées, de passions invincibles en apparence, vaincues cependant par une volonté ferme et constante? Que l'homme, qui est à la fois corps et esprit, soit entièrement indépendant des causes physiques, cela n'est pas. Mais qu'il en dépende absolument, qu'il leur soit tellement asservi que sa volonté n'en puisse jamais triompher, voilà qui est moins encore. — Les hommes gâtent toutes les vérités. Qu'y a-t-il qui n'ait été corrompu par l'exagération des conséquences?

» Mais voyez jusqu'où peuvent aller nos erreurs! L'auteur prétend démontrer que la doctrine du libre arbitre est contraire aux progrès des sciences politiques et morales, parce que, selon cette doctrine, les actions humaines dépendant du caprice des volontés individuelles, n'ayant entre elles aucune relation, échappant à toutes les prévisions, il est impossible de les ramener à des règles générales sur lesquelles on puisse fonder une science de l'homme.

» Cette erreur accuse une singulière préoccupation.

» Je pourrais d'abord répondre que s'il est vrai que le libre arbitre soit le seul moyen d'expliquer les innombrables différences qui se manifestent dans les pensées et dans les actions des hommes, il est déraisonnable de nier le libre arbitre, car il est impossible de ne pas reconnaître ces différences. Mais est-il vrai que si, au lieu de trouver une lumière dans son intelligence, une force qui lui est propre dans sa volonté, l'homme était dans une dépendance servile de son organisation physique, cette diversité s'effacerait? Non sans doute. Les prédispositions se diversifient à l'infini, soit par leur nature, soit par leur intensité. Il en est de l'homme physique comme de l'homme moral. Tous les individus se rapprochent par des traits généraux de conformité; mais ils s'éloignent par des dissemblances infinies dans les détails.

» Je sais bien que l'organisation physique n'est qu'un des élémens de l'homme, tel que M. Richelot le fait. Mais loin de s'adoucir, ces différences primitives se développeront par les circonstances non moins variables de temps, de lieux, d'hommes et de choses, qui forment *le milieu* dans lequel vit chaque individu, et, de génération en génération, elles deviendront plus vives et plus profondes.

» C'est bien alors que vous pourrez craindre que le type-homme ne se perde au milieu de tant d'individualités de plus en plus diverses. Comment ramènerez-vous à des principes constans, à cette règle unique que vous voulez donner pour fondement à votre science, ces phénomènes toujours changeans?

» Si, au contraire, ne mutilant pas l'homme que Dieu a fait, vous lui laissez la raison et la conscience, tous ces êtres que tant de différences éloignaient tout à l'heure se trouveront rapprochés par un lien commun. Vous n'obtiendrez pas sans doute une uniformité qui n'est pas dans l'ordre de la nature ni dans celui de la providence, mais vous aurez un moyen d'action, un point d'appui certain, *une règle pour l'éducation des enfans et pour le gouvernement des hommes.*

» N'est-ce pas un avantage pour celui qui veut travailler à éclairer, à améliorer ses semblables, que de trouver en eux un sentiment vif, profond, universel du bien et du mal, qu'il pourra toujours invoquer, auquel il pourra rapporter tous ses préceptes comme à une règle infaillible? Chose étrange, que, pour éclairer les hommes, il fallût les dépouiller de leur intelligence, et, pour les améliorer, de leur conscience et de leur liberté !

» Et pourquoi ces dangereux systèmes? Que peut-on en attendre? A quoi sont-ils bons?

» L'auteur s'est proposé d'indiquer les moyens de prévenir les crimes et de rendre les peines profitables à ceux qui les subissent. Sous le premier rapport, il demande *l'éducation morale dispensée à tous et l'amélioration des conditions sociales ;* sous le second, un système pénitentiaire qui réforme les condamnés.

» Mais quel est le but de tout système pénitentiaire, si ce n'est d'exciter dans le cœur du criminel le repentir d'avoir mal fait, et, par-là, le désir, la résolution de bien faire? Et vous croyez que le meilleur moyen pour atteindre ce but, c'est de persuader au condamné qu'il n'a pas agi volontairement, et qu'il sera dans l'avenir, comme il l'a été dans le passé, le jouet d'une double et invincible puissance qui rend tous nos actes nécessaires !

» Vous voulez qu'on dispense à tout le monde *le bienfait de l'éducation morale.* Mais est-ce un bon système d'éducation morale que celui qui ôte à nos actions leur moralité? Celui-là encourage-t-il à la vertu qui la dépouille de ses honneurs? Celui-là fait-il haïr le crime qui le relève de son ignominie? Est-il bien certain que si je suis imbu de cette idée qu'il me faudra toujours céder à l'irrésistible attraction de mes penchans et de mon éducation, je n'en serai que plus courageux et plus ferme dans les luttes journalières de la vie?

» Et *les conditions sociales*, il faudrait pour les *améliorer* enlever aux malheureux les croyances qui les consolent et les soutiennent !..... Ah ! si ce n'était au nom commun de tous les hommes, ce serait au nom de ceux qui souffrent que je repousserais ces désolantes maximes. Les amis de l'humanité auront beau faire, il ne restera que trop de pauvres et d'infortunés. Qu'à ceux-ci du moins on veuille bien laisser ce qui leur aide à porter leur fardeau !

» Il faut donc rejeter les doctrines de l'auteur comme fausses et dangereuses. Il faut les rejeter encore comme contraires au but qu'il a voulu atteindre.

» Tel est l'avis de votre rapporteur. »

M. de Godefroy demande que la section exprime le blâme que lui paraissent mériter les doctrines qui servent de base au mémoire de M. Richelot.

Il est répondu que la section partage, à cet égard, l'opinion émise par son rapporteur.

M. Nicias Gaillard continue son rapport.

« Messieurs, le mémoire que nous a adressé M. Marquet-Vasselot, directeur de la maison centrale de Loos, est extrait d'un ouvrage inédit intitulé : Examen critique des diverses théories pénitentiaires ramenées à l'unité d'un système applicable à la France ; il forme le chapitre 7 de cet ouvrage. L'auteur y traite particulièrement de l'*application de l'unité de système a toutes les catégories de détenus*.

» MM. Livingston, Dumont et Jullius ont écrit qu'on ne doit soumettre au régime pénitentiaire que les condamnés les plus coupables, les autres ne restant pas assez long-temps privés de leur liberté pour qu'on puisse espérer de les réformer. M. Vasselot pense au contraire que l'on doit appliquer le système pénitentiaire à tous les condamnés, en variant le mode de réforme selon la gravité des faits dont ils se sont rendus coupables, et la durée de l'emprisonnement.

» Les faits qualifiés délits supposent souvent autant de perversité que les faits qualifiés crimes. Pourquoi, d'ailleurs, si les condamnés qui n'ont commis que de simples délits sont moins coupables, aux yeux de la morale comme aux yeux de la loi, attendrait-on que leur perversité se fût accrue pour essayer d'y porter remède? Chose étrange, qu'on ne fût digne des soins du réformateur que lorsque les progrès de la corruption auraient déjà rendu tout essai de réforme inutile!

» On dit : Les condamnés pour délits resteront-ils assez long-temps dans les maisons pénitentiaires pour s'amender?... La question n'est pas là. Restent-ils assez long-temps dans les prisons ordinaires pour achever de s'y corrompre? Voilà ce qu'il faut se demander. Or, l'affirmative n'est pas douteuse.

» Il n'est pas nécessaire de fonder et d'entretenir à frais énormes autant de *pénitenciers* que nous avons de prisons. Les principaux élémens du système pénitentiaire sont faciles et peu coûteux. Les millions effraient; mais pour établir dans les prisons un régime salutaire, il n'est pas besoin de millions.

» L'instruction morale et religieuse, un ordre exact, une discipline sévère, la propreté, le travail, le silence, voilà en quoi consiste principalement le régime pénitentiaire. On peut l'appliquer, quoique dans des proportions différentes, à toutes les prisons.

» De cette manière, il étendra à tous les condamnés son heureuse influence, réformant les uns, empêchant du moins les autres de se pervertir davantage.

» Telles sont les idées que développe l'auteur, idées utiles en ce qu'elles tendent à débarrasser le système pénitentiaire de cet apparat, de cette sorte de solennité coûteuse qui en arrête les progrès, et à le ramener à des mesures simples, faciles et pourtant efficaces. »

M. le rapporteur rend aussi compte d'une lettre de M. Charles Lucas, inspecteur-général des prisons, *sur les améliorations à introduire dans les maisons centrales de détention.* Cette lettre, écrite à M. le rédacteur en chef de la *Gazette médicale*, et publiée dans ce journal, a été ensuite imprimée à part, et l'auteur en a adressé un exemplaire au Congrès.

« M. Charles Lucas s'y occupe plus particulièrement de la maison centrale de Limoges. L'état sanitaire de cette maison avait été signalé sous des rapports peu satisfaisans par M. Ferrus, au nom de la commission chargée par l'Académie de l'examen des causes de la mortalité dans les prisons, et de la recherche des moyens d'y remédier. M. l'inspecteur général des prisons examine à son tour le rapport de M. Ferrus.

» Cet académicien avait proposé deux ordres de moyens pour améliorer l'état sanitaire des maisons centrales : les uns communs à toutes, les autres propres à chacune en particulier.

» Les principaux moyens généraux indiqués étaient une nourriture plus abondante et plus substantielle ; des vêtemens plus en rapport avec l'état de la température ; le chauffage des chambres ; l'adoption du système des fosses mobiles et inodores ; la séparation des lits.

» M. Lucas fait remarquer que la plupart de ces moyens ont déjà été adoptés dans la maison centrale de Limoges. Quelques autres vont y être prochainement introduits. Il en est cependant qu'on ne peut admettre qu'après un examen spécial et approfondi, par exemple la distribution générale et journalière du vin. « Car, dit M. Lucas, on doit toujours combiner le régime » intérieur des prisons de manière à n'y pas introduire un » système alimentaire qui devienne une insulte à la probité » malheureuse, et peut-être une prime d'encouragement au » crime. »

» Ces moyens généraux ne sont pas sans doute suffisans pour déterminer une complète amélioration sanitaire dans la maison centrale de Limoges. Mais il n'en faut pas conclure, avec M. Ferrus, que cette maison doive être abandonnée. Le mal, pour être grand, n'est pas incurable.

» Ce mal vient de deux sources principales : 1° la situation topographique et atmosphérique de la maison centrale de Limoges ; 2° certaines causes prédisposantes communes à toutes les maisons centrales, mais qui y font plus ou moins de ravage.

» Sous le premier rapport, la maison centrale de Limoges se trouve sans doute dans une position fort désavantageuse. Placée dans une vallée, sur les bords de la Vienne, dans un pays humide et brumeux, elle a beaucoup à souffrir du froid et des brouillards. Cependant des moines de Saint-Maur, qui habitaient la maison avant 1789, s'y portaient tout aussi bien qu'ailleurs. Un pensionnat de demoiselles, qui s'y établit depuis, n'eut point non plus à se plaindre de l'insalubrité atmosphérique. Et, depuis 1815 jusqu'en 1820, époque à laquelle la maison fut habitée par des femmes détenues, son état sanitaire était si satisfaisant, qu'elle reçut les éloges de l'administration.

» L'expérience prouve donc que l'influence pernicieuse des lieux et de la température peut être utilement combattue; et, si la mortalité s'est accrue pendant quelques années, cet accroissement, qui a cédé depuis plusieurs mois aux soins de l'administration locale, était dû surtout à certaines causes prédisposantes.

» M. Charles Lucas s'est convaincu, d'après des observations multipliées, que les raisons diverses de la mortalité dans les prisons peuvent être ramenées à la classification suivante :

» 1° Influence de la vie cloîtrée des prisons et de la durée des détentions;

» 2° Influence des circonscriptions des maisons centrales sous le rapport des divers départemens dont leur population se compose;

» 3° Influence de la nature des divers travaux ;

» 4° Influence du produit de ces travaux et du produit des secours du dehors, comme moyen supplémentaire d'alimentation ;

» 5° Influence de la destination mixte des bâtimens des prisons pour les détenus des deux sexes ;

» 6° Influence des dortoirs en commun ;

» 7° Influence des âges ;

» 8° Influence des punitions.

» Après avoir ainsi classé les causes générales de la mortalité dans les prisons, l'auteur examine l'influence de chacune d'elles, notamment en ce qui regarde la maison centrale de Limoges.

» La vie cloîtrée des prisons a toujours des effets pernicieux;

mais ces effets varient dans leur intensité, selon les habitudes antérieures et le sexe des condamnés. Ainsi les habitans du nord, habitués à la vie sédentaire des manufactures, souffrent moins du régime des prisons que les habitans du centre et du midi, habitués à l'air libre de leurs champs. Ainsi, les femmes formées de bonne heure aux occupations tranquilles du ménage, supporteront plus facilement l'emprisonnement, que les hommes auxquels il faut du mouvement et de l'exercice.

» Cette dernière différence est surtout fort sensible dans la maison centrale de Limoges; l'auteur le prouve par des chiffres. Effrayé du petit nombre de condamnés qui survivent après dix années de détention, M. Lucas pose en principe que la peine de dix années d'emprisonnement est inadmissible. « Elle équi-» vaut, dit-il, à $\frac{6}{7}$ d'une condamnation à mort pour les » hommes, et à environ $\frac{3}{4}$ pour les femmes. »

» Une telle proportion peut être exacte pour la maison centrale de Limoges; mais nous ne pensons pas qu'elle puisse être érigée en règle générale. Aussi M. Lucas n'opère-t-il que sur les chiffres que lui fournit l'état de situation de la maison de Limoges.

» On n'a pas fait assez d'attention, en déterminant la circonscription des maisons centrales, aux différences d'habitudes atmosphériques, alimentaires, agricoles ou industrielles qui existent entre les départemens. Des huit départemens dont Limoges reçoit les condamnés, la Dordogne et la Charente-Inférieure sont ceux qui diffèrent le plus, sous les rapports qu'on vient d'indiquer, de la Haute-Vienne; au contraire, l'Indre est celui qui en diffère le moins. Aussi est-ce parmi les condamnés de l'Indre qu'il y a eu le moins de décès pendant les années 1831, 1832, 1833; et c'est parmi les condamnés de la Dordogne et de la Charente-Inférieure qu'il y en a eu le plus pendant le même espace de temps.

» La nature des diverses industries a toujours une grande influence sur la santé; c'est surtout dans les maisons de détention qu'il en est ainsi. Les hommes de service sont ceux que la mortalité y atteint le moins, à cause de l'exercice salutaire que leurs fonctions leur permettent de prendre. Au contraire, on voit mourir dans des proportions effrayantes les trameurs et les ouvriers qui travaillent à la mécanique à laine, les uns parce qu'ils n'exercent pas assez leurs forces, les autres parce qu'ils en dépensent trop.

» Il faut aussi considérer ce que gagne par jour le détenu, car « le prix de sa journée indique la mesure des supplémens » alimentaires qu'il peut se procurer. » Mais il importe peu, sous ce rapport, que l'argent dont dispose le détenu provienne de son travail ou des secours qu'il reçoit de sa famille. Ces deux élémens veulent également être appréciés. Un tableau comparé du nombre des décès avec le prix de la journée, selon chaque industrie, et ce que les détenus reçoivent de leur famille, prouve que c'est parmi ceux qui gagnent et reçoivent le moins qu'il y a le plus de décès.

» Mais il ne faut pas seulement considérer les circonstances, en quelque sorte matérielles, desquelles on peut extraire des résultats réductibles en chiffres. Il est des causes morales qui influent sur la mortalité autant et plus que celles qui ont été relevées jusqu'ici. De ce nombre sont la destination mixte des bâtimens d'une même prison pour les détenus des deux sexes, et les dortoirs en commun.

» Laissons ici parler M. Lucas lui-même :

« Si rigoureuse que soit la séparation, l'idée seule du voisi- » nage d'un sexe exalte chez l'autre les passions, allume les » désirs, et éloigne des sens ce calme si nécessaire pour accli- » mater le corps et prédisposer l'esprit du détenu à l'influence » de la vie sédentaire et de la discipline intérieure des pri- » sons. » Quant aux dortoirs en commun, les inconvéniens en sont immenses : « Je n'ai pas ici à démontrer en chiffre ces » inconvéniens, dit M. Lucas, mais un jour je les démontrerai » en faits recueillis et en récits entendus de mes propres » oreilles, car mon habitude est d'inspecter les prisons non- » seulement de jour, mais de nuit, afin d'observer par moi- » même, à l'insu des détenus et des gardiens, ce qui s'y dit et » ce qui s'y fait. C'est là pour l'observateur le moment le plus

» instructif, celui qui lui fait mettre le doigt sur la plaie de
» nos prisons la plus urgente à fermer. Je n'oserais dire ce que
» je sais; mais je puis affirmer sans crainte d'être démenti
» par tous les hommes qui connaissent sérieusement les mai-
» sons centrales, qu'il n'est rien de plus funeste à la santé des
» détenus que les enseignemens, les exemples et les pratiques
» du libertinage des dortoirs en commun. »

» C'est sur les hommes qui sont dans la vigueur de l'âge que le libertinage des prisons fait le plus de ravages. Le plus grand nombre meurt de 20 à 40 ans. Parmi les femmes, c'est de 40 à 60 ans, époque de leur âge critique, que la mort sévit davantage.

» La dernière influence signalée par M. Lucas est celle des punitions. La peine du cachot est souvent funeste à la santé du détenu. Les cachots, en effet, sont humides et froids; ils manquent de ventilation. Les détenus n'ont pas assez de l'unique couverture qu'on leur y laisse. Ils y sont au pain et à l'eau. Aussi la sortie du cachot est-elle presque toujours suivie de l'entrée à l'infirmerie.

» Après avoir signalé le mal et reconnu les causes auxquelles on doit principalement le rapporter, l'auteur cherche le remède.

» Il propose d'abord de supprimer les condamnations à dix ans et au-dessus de détention dans les maisons centrales. « Il
» est plus facile de vivre vingt ans dans un bagne que dix dans
» une maison centrale. »

» Si la maison centrale de Limoges avait, comme quelques autres, une ferme qui en dépendît, il serait bien de faire cultiver cette ferme, sous la surveillance des gardiens, par ceux des détenus qui sont parvenus à la dernière période de leur peine.

« Le besoin d'agriculture, dit M. Lucas, est si impérieux
» parmi une notable partie de cette population (la population
» de la maison centrale de Limoges), que le plus grand bien-
» fait qu'on ait pu accorder à la section des réclusionnaires, a
» été l'autorisation, à raison de son nombre peu élevé et de
» l'étendue de son préau, d'établir des jardins au pourtour des

» arbres et des murs des préaux, où ils cultivent des fleurs et » des légumes.

» Eh bien! nulle part la propriété n'est plus sévèrement » respectée : jamais une plainte qu'une laitue ou une rose ait » été enlevée, dans cette maison où le vol est pourtant malheu» reusement si fréquent; et pourtant ce n'est pas le désir de » la convoitise qui leur manque, car j'ai vu un détenu payer » une rose deux livres.

» Les mutations de propriété, par exemple, sont assez fré» quentes, et elles changent de mains sans bureaux d'hypo» thèques, de notariat et d'enregistrement, avec une rapidité » qui semble résoudre, dans la maison centrale de Limoges, la » grande question de la mobilisation du sol. Il y est véritable» ment monétisé. Voilà pourtant des voleurs qui établissent » entre eux des règles d'échanges, basées seulement sur un » principe qui ne pourrait avoir cours dans la société, le prin» cipe de la bonne foi.

» Tous ces petits jardins qui longent les murs du préau n'en » sont pas seulement un ornement agréable, mais éminem» ment utile à la discipline. Pour arriver aux murs et y faire » la moindre tentative d'évasion, il faudrait marcher sur cette » terre labourée, sur ces légumes, sur ces fleurs qui devien» draient aussitôt d'irrécusables dénonciateurs pour l'œil de » la surveillance. C'est ainsi qu'en s'entourant de fleurs les » détenus ont créé à la discipline de nouveaux gardiens qui » n'ont pour eux que le don heureux de s'en faire aimer. »

» Après ce gracieux tableau qu'on n'espérait pas rencontrer ici, M. Lucas continue d'indiquer les moyens qu'il croit propres à diminuer la mortalité.

» Il demande qu'on retranche de la circonscription de la maison centrale de Limoges, la Dordogne et la Charente-Inférieure ;

» Qu'on supprime l'atelier de la mécanique à laine et qu'on réduise de beaucoup le nombre des trameurs ;

» Qu'on n'admette dans les maisons centrales que des travaux qui procurent aux détenus des ressources sérieuses, et qu'on leur distribue avec discernement l'argent que leur envoie leur famille ;

» Qu'on évacue les femmes de la maison de Limoges sur une autre maison, mesure projetée par l'administration depuis plusieurs années ;

» Qu'on s'empresse d'adopter le système cellulaire de nuit et de supprimer ainsi les dortoirs en commun ;

» Que la peine du cachot soit remplacée par le confinement solitaire qui, « par la nécessité du silence et la possibilité du » travail, présente toute l'efficacité nécessaire dans la nature » de la punition et toute l'élasticité désirable dans la durée, » sans recourir à une prolongation de régime diététique qui » attaque les organes digestifs et compromette la santé des » détenus. »

» Si à ces mesures générales on en ajoute quelques autres, telles que la précaution de mettre des cadenas aux pompes afin que les détenus ne puissent y aller boire quand ils ont chaud, le soin de remplacer le vinaigre par l'eau-de-vie dans l'eau distribuée pour boisson aux détenus pendant l'été, et surtout l'établissement d'une salle de convalescence où ceux qui sortent de l'infirmerie puissent rester quelques jours avant de se remettre au régime ordinaire de la prison, l'auteur ne doute pas que la maison de Limoges n'offre bientôt un état sanitaire de plus en plus satisfaisant.

» Je crois exprimer fidèlement les sentimens de l'assemblée en remerciant, en son nom, M. Charles Lucas de l'envoi qu'il a bien voulu faire au Congrès. M. Lucas est un des hommes qui se sont le plus occupés des théories pénitentiaires et de leur application. On peut discuter quelques-unes de ses opinions, on peut désirer, par exemple, de s'éclairer davantage sur l'utilité de la suppression de l'emprisonnement décennal ; mais il y a beaucoup à gagner à suivre M. l'inspecteur-général des prisons dans sa pratique journalière. L'expérience vaut mieux que les spéculations. »

La question à l'ordre du jour est ainsi rédigée :

**Dans l'état actuel de nos mœurs, y a-t-il lieu de maintenir la légi-**

timation par mariage subséquent, non admise dans la législation anglaise?

M. N. Gaillard. « Il me semble qu'aucune objection ne peut s'élever contre la légitimation par mariage subséquent admise par nos lois. Aussi n'est-ce point à elle que s'adressent les reproches des jurisconsultes anglais, mais bien à la légitimation telle qu'elle était établie par le droit romain et par le droit canonique. D'après ces lois, on pouvait légitimer un enfant naturel long-temps après le mariage, ce qui donnait lieu à des abus que signale Blakstone. La sagesse de nos modernes législateurs a purgé l'institution des abus auxquels elle pouvait donner lieu; il ne nous reste que le bien qu'elle peut produire. »

A l'appui de son opinion, M. Gaillard dépose le mémoire suivant, rédigé par lui.

Après avoir fait l'histoire de la légitimation par mariage subséquent chez les Romains, et reconnu, avec Boehmer (1), que cette institution ne fut point introduite dans l'intérêt des enfans (2), mais dans un intérêt d'ordre public et pour abolir indirectement le *concubinat* (3), l'auteur du mémoire continue ainsi :

(1) Dissertation *de legitimatione ex damnato coitu natorum.*

(2) En effet, les *enfans naturels* (*liberi naturales*), c'est-à-dire les enfans nés d'une *concubine* (*ex concubinatu*), n'étaient point confondus avec les enfans nés d'un commerce passager (*spurii*). Le *concubinat* était un véritable mariage autorisé par les lois. Comme le mariage légitime, il était contracté pour toute la vie : *individuam vitæ consuetudinem continens*. Seulement la femme n'avait pas, dans cette union, le titre de *justa uxor*, et les enfans qui en naissaient n'avaient pas les droits de famille. Du reste, ils n'étaient entachés d'aucune note d'infamie, et, sous plusieurs rapports, leur condition était meilleure que celle des enfans légitimes, *justi liberi*. (Boehmer, n° VI. Pothier, *Contrat de Mariage*, n° 7.)

Ainsi ils étaient *sui juris*, tandis que les enfans légitimes étaient *alieni juris*. Soumis à la puissance paternelle dont les droits allaient jusqu'à mettre en gage, vendre, et même tuer le fils de famille; ne gagnant rien pour lui-même et n'acquérant que pour son père qui pouvait disposer, selon son caprice, des choses qui lui étaient ainsi acquises, et qui, à sa mort, les laissait également à tous ses enfans, *in communem hæreditatem*; celui qui était né *ex justis nuptiis* n'avait pour dédommagement que le droit de succession, droit dont l'enfant naturel lui-même n'était pas toujours privé, puisque son père pouvait, *jure veteri*, l'instituer héritier dans son testament. La légitimation était donc, dans la réalité, plus avantageuse aux pères qu'aux enfans. (Boehmer, n° VII.)

(3) Aussi les constitutions des empereurs ne permettaient-elles de légitimer que les

« Telle était la légitimation romaine. On voit qu'elle ne s'appliquait pas aux enfans nés d'une union illégitime, mais seulement à ceux qui devaient le jour à un mariage reconnu par la loi, quoique moins solennel que *les justes noces*, et qui ne différait guère d'elles que par l'intention : *Concubinam ex solâ animi destinatione æstimari oportet.* L. 4, ff. *de Concubinatu.* (Pothier, *Contrat de Mariage*, n° 9 ; d'Aguesseau, *Dissertation sur les Bâtards*, tom. 6, pag. 535. )

» Cette légitimation cessa d'être en usage avec le *concubinat* qui, interdit d'abord aux personnes mariées par Constantin, fut prohibé généralement par la Novelle 91 de l'empereur Léon-le-Philosophe. ( D'Aguesseau, *loc. cit.* )

» Le droit canonique ne pouvait établir une différence en faveur d'un commerce qui ne se recommandait que par la continuité des désordres. Il conserva la légitimation par mariage subséquent ; mais, par un changement que commandait l'abolition du *concubinat*, tous les enfans nés hors mariage purent être légitimés ; aussi bien ceux qui étaient nés d'un commerce passager avec une prostituée ( *meretrix* ) que ceux qui devaient le jour à une union illégitime plus durable. C'est cette légitimation que notre ancien droit français avait empruntée au droit canonique. Notre nouveau Code ( art. 231 ) l'a conservée en la modifiant.

» Elle a toujours été considérée comme favorable aux bonnes mœurs. C'est pour ce motif, et non point à cause de l'autorité des décrétales en elles-mêmes, que nos pères l'avaient admise (1).

» Aucune réclamation ne s'éleva, au Conseil d'état, contre la proposition de maintenir la légitimation par mariage subséquent. On discuta quelques articles accessoires ; mais le

*enfans naturels* nés au moment où elles étaient promulguées, et non point ceux qui viendraient à naître par la suite, de peur d'encourager le concubinage qu'elles voulaient détruire.

(1) Les décrétales, dit Pothier, *Contrat de Mariage*, n° 412, n'ont aucune autorité en France, surtout sur une matière telle que la légitimation des enfans qui tient à l'ordre politique, et n'est, en aucune manière, de la compétence de la puissance ecclésiastique ; mais l'équité et la faveur que ces principes renferment nous les ont fait adopter

principe ne souffrit aucune contestation et fut de suite admis.

» On connaissait bien cependant les dispositions des lois anglaises sur ce point. « Les lois anglaises, disait M. Por-» talis (Disc. prélimin. du projet de Code civil, pag. xxxv), » n'admettent point la légitimation par mariage subséquent ; » elles regardent cette sorte de légitimation comme capable » de favoriser la licence des mœurs et de troubler l'ordre des » familles. En France, on a plus consulté l'équité naturelle » qui parlait en faveur des enfans, que cette raison d'état qui » sacrifie tout à l'intérêt de la société générale.......... Nous » n'avons pas cru devoir changer cette disposition que l'é-» quité de nos pères semble nous avoir recommandée, mais » nous avons rappelé les précautions qui l'empêchent de de-» venir dangereuse. »

» Au nombre de ces précautions, la commission plaçait la disposition qui ne permet la légitimation qu'à l'égard des enfans reconnus avant le mariage ou par l'acte même du mariage : disposition sage qui remédie aux inconvéniens que la légitimation avait dans l'ancien droit français, où la reconnaissance pouvant être faite aussi bien depuis qu'avant le mariage, et la recherche de la paternité étant permise, les familles restaient dans une continuelle incertitude, et pouvaient être incessamment agitées par des réclamations scandaleuses, de nature à compromettre *l'honneur des femmes*, *la paix des ménages*, *la fortune des citoyens et la tranquillité de la société*. (Disc. prélim., p. xxxv. Discussion au Conseil d'état du chapitre de la légitimation. Rapport de Duveyrier, p. 106.)

» La légitimation, utile autrefois, a-t-elle cessé de l'être ? Doit-on, *dans l'état actuel de nos mœurs*, préférer la législation anglaise qui la repousse à la législation française qui l'admet ?....

» Il faut d'abord reconnaître que, dans la plupart (1) des États modernes, la légimation par mariage subséquent a un

(1) Le *concubinat* paraît s'être conservé en Allemagne sous le nom de mariage de la main gauche ou de mariage *ad marganiticam donationem*. Voir Merlin, *Repert.*, à ce mot

degré d'utilité qu'elle ne pouvait avoir chez les Romains.

» Nous avons vu que la légitimation romaine était, pour les *enfans naturels*, d'un avantage au moins fort douteux (1). Chez nous, au contraire, la légitimation est pour eux le bienfait le plus signalé. Elle leur rend un nom, une famille, un patrimoine, tous les honneurs, tous les avantages de la légitimité. En échange de ce qu'ils reçoivent, ils ne donnent rien, si ce n'est que, comme tous les enfans légitimes, ils sont soumis à la puissance paternelle à laquelle la simple *reconnaissance* eût suffi pour les soumettre, et qui n'est, chez nous, qu'un pouvoir bienfaisant et protecteur.

» Sous un autre rapport, la loi romaine reconnaissant le *concubinat*, cette union n'avait rien de déshonnête et qui blessât la morale publique, aucune tache que les *justes noces* fussent destinées à effacer. Au contraire, dans nos mœurs épurées par la religion chrétienne, le concubinage n'est plus qu'une débauche; et la loi est bien loin de le consacrer. En rendant à l'enfant un état, la légitimation par mariage subséquent produit donc cet autre avantage de faire cesser des désordres réprouvés par la morale et par la loi, de donner à une femme flétrie les moyens de réparer ses fautes par une conduite digne du titre d'épouse qu'elle va prendre, et de porter le père au mariage par la tendresse qu'il a pour des enfans à qui il peut ainsi rendre tout ce que le malheur de leur naissance leur a enlevé.

» A d'aussi puissans motifs quelles sont les raisons qu'opposent les défenseurs de la législation anglaise? Blackstone les développe ainsi, chap. XVI, n° 11 :

« Le but principal du contrat matrimonial est d'engager les
» conjoints à protéger, entretenir et élever les enfans qui en
» proviennent; et il paraît que cette vue est mieux remplie en
» légitimant les enfans nés après le mariage que ceux qui sont
» nés auparavant : 1° parce qu'il est très-incertain que l'enfant
» soit de l'homme que l'on croit être son père, au lieu que,

(1) Junge *Heineccium de Nuptiis*. Aussi exigeait-on le consentement des legitimés. *Ergò æquissimum est ejus consensum accedere.*

» dans une union légale, la loi assure la légitimité de » l'enfant et indique quel est celui qui doit en prendre soin ; » 2° parce que, d'après les lois romaines, un enfant pouvait » rester bâtard ou être légitimé à la volonté des parens, par » un mariage qu'ils contractaient *ex post facto*, et, par-là, ils » ouvraient la porte à la fraude et à la partialité que nos lois » ont pris soin de prévenir ; 3° parce que, d'après ces mêmes » lois, un homme pouvait rester bâtard jusqu'à l'âge de 40 ans » et être ensuite légitimé par le mariage de ses parens, ce qui » le frustrait des droits de protection et d'entretien qui consti- » tuent principalement le but du mariage ; 4° parce que, comme » les lois romaines ne limitaient pas de temps, ne fixaient pas » de terme pour reconnaître les bâtards et n'en bornaient pas » le nombre, il pouvait s'en trouver jusqu'à douze qui, vingt » ans ou plus après leur naissance, pouvaient parvenir ainsi à » la légitimation : ce qui était un grand découragement pour le » mariage, dont le but principal est non-seulement de produire » des enfans, mais encore des héritiers légitimes. »

» Tels sont les motifs que donne Blakstone. Il ajoute : « C'est sans doute en parlant de ces motifs que les pairs refusèrent, au parlement de Merton, de porter une loi pour légitimer les enfans nés hors mariage. »

» Ces raisons ne nous paraissent point de nature à faire douter des avantages de la légitimation. Il est juste d'ailleurs de reconnaître que ce n'est point la légitimation, telle que nous l'avons aujourd'hui, qui est attaquée par le publiciste anglais, mais la légitimation romaine et celle que le droit canonique avait adoptée. La sagesse de nos législateurs modernes a corrigé les vices de l'institution. Il ne nous reste que le bien qu'elle peut produire, sauf les inconvéniens inséparables de toute institution humaine, inconvéniens qui ne doivent pas arrêter le législateur lorsque le bien l'emporte de beaucoup sur le mal.

» Il est sans doute incontestable, comme le dit Blakstone, que le but du mariage est mieux atteint quand il en naît des enfans légitimes par le seul fait de leur naissance, que lorsqu'on ne le contracte que pour légitimer des enfans déjà nés. Mais la question n'est pas de savoir s'il vaut mieux naître bâtard que légitime, ou si le concubinage est préférable au mariage. C'est précisément à cause de l'honneur qui s'attache au mariage et de la faveur qu'il mérite, qu'on lui donne le pouvoir d'effacer la tache de la bâtardise et de racheter le scandale de la débauche. Bien que ce soit en haine du mariage que la légitimation ait été introduite, elle ne s'opère que par le mariage. Elle le favorise donc; elle se sert, pour y inviter, du moyen le plus puissant, l'affection que la nature a placée dans le cœur de l'homme pour ses enfans.

» Quand le jurisconsulte anglais signale la légitimation par mariage subséquent comme propre à encourager la débauche, nous croyons qu'il se trompe. Ce n'est pas parce que les lois permettent de légitimer les fruits d'une union condamnable, que des passions aveugles s'y laissent entraîner. Les enfans qui naissent de la débauche devraient toujours rester notés de bâtardise, qu'il n'y en aurait pas moins de débauchés, car les passions, les faiblesses resteraient les mêmes; et ce ne serait pas le malheur à venir d'enfans qui peuvent même ne pas naître qui arrêterait ceux que la morale et la religion ont en vain essayé d'arrêter.

» S'il n'est pas donné aux lois d'empêcher le libertinage, elles sont sages de chercher du moins à en diminuer la durée, et de fournir le moyen de le réparer. Il y a surtout incontestable sagesse à demander ce moyen au mariage qui venge ainsi son injure, au mariage qui vient après la débauche pour la purifier, au mariage qui le plus souvent n'aurait pas lieu si cet effet de légitimation qu'une saine politique réclame aussi bien que l'humanité, n'y était pas attaché.

» C'est donc une grande erreur que de considérer la légitimation comme contraire au mariage. Ce n'est pas elle qui fait qu'on ne se marie pas au moment où l'on se livre à la débauche; c'est elle qui fait qu'on se marie pour la réparer.

Otez la légitimation, les bâtards resteront bâtards, les concubines concubines, le désordre se perpétuera. Vous aurez des enfans illégitimes de plus et des mariages de moins.

» Mais, dit Blakstone, *il est incertain que l'enfant soit de l'homme que l'on croit son père*. Cela est vrai, et c'est une des raisons pour lesquelles la recherche de la paternité est interdite. Il ne faut pas permettre qu'un enfant vienne réclamer les effets d'une légitimation que n'a pas voulu lui conférer l'homme qu'il dit être son père : nous ne sommes point de ceux qui voudraient que la légitimation fût produite de plein droit par le mariage. C'était un des abus de l'ancienne législation, et nous l'avons déjà indiqué, ainsi que le mode par lequel la loi nouvelle l'a prévenu en exigeant, pour que le mariage légitime l'enfant naturel, que celui-ci ait été reconnu par les époux antérieurement au mariage, ou qu'il le soit par l'acte même de célébration. Cet abus supprimé, l'objection tombe. Car si l'incertitude de la paternité doit être opposée à l'enfant qui revendique son père, elle ne peut l'être au père qui reconnaît son enfant. La loi doit s'en rapporter à lui, surtout si l'époque de la reconnaissance n'est pas suspecte, et s'il n'est plus permis, du moins quant aux effets attachés à la légitimation, de *reconnaître* utilement après le mariage.

» Qu'importe, après cela, *qu'un enfant puisse rester bâtard ou être légitimé, à la volonté de ses parens, ex post facto?* Un enfant peut aussi rester bâtard, ou être simplement reconnu, à la volonté de ses parens, *ex post facto*, et son état sera bien différent. Faudrait-il, parce qu'il se peut qu'un père ne fasse pas également pour ses enfans ce que la nature lui commande envers tous, qu'il ne lui fût permis d'être juste envers aucun d'eux? Ici, ce que l'on donne à l'un n'est pas enlevé aux autres. Car, que la légitimation ait lieu ou non en faveur de celui-là, ceux-ci, dans les deux cas, n'auront rien. Quant aux enfans qui pourront naître du mariage, de quoi se plaindraient-ils, eux qui doivent leur naissance à ce mariage même, qui n'a été contracté que pour légitimer leurs frères aînés? *Cùm gratias agere eis posteriores debeant quorum beneficio ipsi sunt justi filii et nomen et ordinem consecuti*. (Loi 1re *C. de naturalibus liberis.*)

» Je ne vois qu'un intérêt (car je suis peu touché de celui des héritiers collatéraux quand je le trouve en opposition avec celui des enfans), je ne vois, dis-je, qu'un intérêt digne de considération, qui soit compromis par la légitimation : c'est l'intérêt des enfans que l'un des époux ou tous les deux ont pu avoir d'un précédent mariage. Ces enfans souffrent, incontestablement, de l'arrivée dans la famille d'individus que l'on avait considérés jusque-là comme y étant étrangers. Mais cet intérêt, que compromettent d'ailleurs tous les seconds mariages, n'est pas assez puissant pour contre-balancer les avantages de la légitimation. Le cas qu'on suppose se présentera d'ailleurs beaucoup plus rarement que le cas contraire.

» Je crois inutile de m'arrêter à réfuter les autres argumens du publiciste anglais. Qu'est-ce que celui-ci par exemple : *Un homme peut rester bâtard jusqu'à 40 ans et être ensuite légitimé par le mariage de ses parens?* Vaudrait-il mieux pour lui rester bâtard toute sa vie?.... *Mais il est frustré ainsi des droits de protection et d'entretien qui constituent principalement le but du mariage*. C'est sans doute un malheur pour lui d'avoir été privé des soins dont le premier âge a besoin. La légitimation ne peut pas faire qu'il n'ait pas été abandonné par ses parens et qu'il n'ait pas eu à souffrir de cet abandon ; mais du moins elle répare *ce malheur*, autant qu'il est possible. Elle met un terme à *cet abandon*; et, puisque le passé n'appartient plus à personne, elle améliore au moins le présent et l'avenir.

» Autre difficulté! Les lois n'ont pas fixé le nombre des enfans qu'on peut légitimer. *Il pourra donc s'en trouver jusqu'à douze qui, vingt ans ou plus après leur naissance, parviendront à la légitimation, ce qui est un grand découragement pour le mariage.*

» Nous avons déjà répondu que la légitimation est favorable au mariage, loin de lui nuire. « Le peuple qui n'a point adopté » la légitimation par le mariage subséquent, disait le tribun » Duveyrier dans son discours au corps législatif, affecte donc » de croire que la réforme est l'aliment du désordre, et le

» repentir l'attrait du vice ! » Qu'importe qu'il y ait plus ou moins d'enfans légitimes? Plus le scandale est grand, plus il est urgent de le réparer. Plus il y a de malheureux, plus on doit être pressé de leur porter secours.

» Concluons donc que la légitimation n'a pas perdu l'utilité qui l'avait fait admettre dans le droit canonique et dans notre ancien droit français; que, loin de là, les nouveaux législateurs l'ont améliorée, et qu'elle est, dans son état actuel, à l'abri des reproches qu'on pouvait lui adresser autrefois.

» Si la législation anglaise ne l'a pas admise, cette institution lui manque. C'est à elle de nous l'emprunter, et non point à nous d'y renoncer parce qu'elle ne l'a pas. Ce n'est pas le seul emprunt que l'Angleterre ait à faire à notre législation civile. Nous sommes riches de ce côté, et nous avons de quoi lui rendre avec usure tout ce que sa législation criminelle nous a prêté. »

M. Abel Pervinquière. « La question posée ne peut faire difficulté aux yeux des hommes raisonnables. Si l'Angleterre n'a pas admis la légitimation par mariage subséquent, la cause en est sans doute dans la répugnance qu'elle a toujours manifestée pour le droit romain, dans lequel se trouve le principe de cette sorte de légitimation. Aujourd'hui encore, l'étude du droit romain est singulièrement négligée en Angleterre. »

M. le président. « Puisque les reproches faits à la légitimation ne portaient que sur des inconvéniens qui n'existent plus, la question posée dans la circulaire n'offre plus d'intérêt, et ne peut, par conséquent, être mise aux voix. »

M. Grellaud. « Je suis parfaitement de l'avis de M. le président : aussi mon intention n'est-elle point de parler sur la question posée, mais de signaler une incohérence qui existe dans notre droit relativement à la légitimation, et de proposer au Congrès d'en solliciter la réforme.

» L'article 331 du Code civil porte qu'on ne peut légitimer par mariage subséquent *les enfans incestueux*. Cette disposition n'est applicable que dans le cas où le mariage peut avoir lieu avec dispense entre parens ou alliés. Sous l'empire du

Code civil, le mariage ne pouvait avoir lieu avec dispense, qu'entre oncles et nièces, neveux et tantes; une loi du 16 avril 1832 a autorisé aussi avec dispense le mariage entre beaux-frères et belles-sœurs. Il semble tout naturel que la conséquence du mariage, dans ces trois cas, soit la légitimation des enfans qui sont nés auparavant; cependant les Cours royales et la Cour de cassation ont repoussé cette légitimation, en se fondant sur l'art. 311 qui la prohibe en effet formellement. Un pétitionnaire appela sur cette difficulté l'attention de la chambre, qui parut décidée à faire droit à sa proposition. Mais M. le président Dupin dit que l'on devait considérer la légitimation par le mariage subséquent des parens ou alliés, comme étant de jurisprudence; qu'ainsi il était inutile de s'arrêter à la proposition; et la chambre, sur cette allégation, passa à l'ordre du jour. M. le président Dupin était dans l'erreur, tous les arrêts sont là pour le prouver; et, depuis cette discussion, la Cour d'Orléans a jugé contrairement à la légitimation. Il serait donc utile que le Congrès émît le vœu de voir cesser une anomalie aussi choquante. »

M. Abel Pervinquière. « La proposition qu'on vient d'improviser ne me paraît pas devoir être adoptée. Plusieurs articles de notre Code ont donné lieu à des difficultés très-sérieuses sur lesquelles la Cour de cassation elle-même a varié d'une manière déplorable. Il n'est pas rare de trouver sur telle question 10 arrêts pour et 10 arrêts contre. Notre Code n'est donc pas encore assez connu, pour qu'on se permette de le modifier. Voilà pourquoi je vois avec peine toutes ces lois nouvelles qui tendent à morceler ce bel ouvrage, et à nous rejeter dans cette confusion qu'il avait eu pour but de faire cesser. Avant d'y porter la main, laissons la jurisprudence s'asseoir et la doctrine le fixer. »

M. Godefroi fait observer que la question est très-délicate, et mérite d'être approfondie; il ne voudrait pas qu'on tranchât aussi promptement une difficulté qui paraît avoir arrêté les législateurs et les Cours souveraines.

M. Abel Pervinquière. « J'insiste pour que la proposition

soit rejetée. La question relative aux mariages des beaux-frères avec leurs belles-sœurs, des oncles avec leurs nièces, a été diversement résolue par les législations qui nous ont précédés. Autorisés au siècle de Metellus et de Brutus, ils cessèrent de l'être ensuite, puisque Claude fut obligé de faire porter un sénatus-consulte pour épouser Agrippine. Théodose abrogea le sénatus-consulte; mais l'empereur Bazile autorisa de nouveau ces mariages, qui, plus tard, furent encore défendus par Anastase.

» Si notre Code civil, tout en les prohibant, a donné au gouvernement le droit de les permettre pour des causes graves, entre les oncles et les nièces, et si la loi du 16 avril 1832 lui a aussi conféré celui de lever, pour les mêmes motifs, les prohibitions de l'article 162, il ne faut pas en conclure qu'il y ait désaccord entre ces dispositions législatives et celles de l'article 331, d'après lesquelles les enfans incestueux ne peuvent être légitimés par mariage subséquent. Jamais on n'a mis sur la même ligne les enfans naturels et les enfans incestueux. La faveur accordée aux uns ne doit pas s'étendre aux autres; ce serait porter une atteinte grave à la morale que de donner à ceux qui ont un commerce incestueux, l'espoir de légitimer un jour les fruits de cette cohabitation criminelle. Aussi n'y a-t-il lacune sur ce point ni dans le Code civil, ni dans la loi de 1832. Si, sous l'empire de ces lois, le mariage subséquent ne légitime pas les enfans incestueux, c'est que le législateur ne l'a pas voulu; et il a eu raison de ne pas le vouloir. Lisez la circulaire rédigée par le garde des sceaux pour la mise à exécution de la loi de 1832, vous y verrez que, dans l'esprit de cette loi, il ne faut pas invoquer comme un titre l'existence antérieure d'un commerce scandaleux, et que la faveur accordée à de pareils motifs serait un encouragement donné à la corruption des mœurs. Les causes graves qui doivent faire accorder des dispenses, sont, par exemple, l'intérêt des enfans légitimes d'un premier mariage, qui retrouveraient dans un oncle ou un beau-frère la protection d'un père, dans une tante ou une belle-sœur les soins d'une mère, ou bien encore la nécessité de conserver un établissement ou une exploitation dont la ruine blesserait des intérêts importans à ménager. Ces exemples, cités dans la circulaire, ne sont pas les seuls. Toutefois, il est certain que jamais on ne doit prendre en considération l'existence des enfans nés du commerce incestueux avant le mariage. C'est un malheur pour eux, sans doute; mais les pères sont ainsi punis dans la personne de leurs enfans; et l'expérience a appris que c'est surtout à des peines de cette nature qu'ils sont sensibles. Otez au scandale sa flétrissure, et bientôt vous verrez se produire les abus les plus révoltans. »

Après quelques nouvelles observations de MM. Grellaud, N. Gaillard et Foucart à l'appui de la proposition, elle est adoptée dans les termes suivans, pour être soumise à l'assemblée générale :

Le Congrès émet le vœu que l'article 311 du Code civil soit modifié en ce sens, que les enfans nés d'un oncle et d'une nièce, d'un beau-frère et d'une belle-sœur, puissent être légitimés par le mariage subséquent, quand le mariage vient à être autorisé.

Cette séance, la dernière de la section, est levée à 10 heures et demie, sans que la section ait pu s'occuper de plusieurs mémoires qui lui ont été adressés tardivement. Dans ce nombre se trouve le commencement du travail de M. Couppey (de Cherbourg), *sur la législation anglo-normande*.

*Les Secrétaires de la Section*,
FOUCART (*de Poitiers*).
ISIDORE LE BRUN (*de Paris*).

*Le President de la Section*,
BONCENNE (*de Poitiers*).
*Le Vice-Président*,
N. GAILLARD (*de Poitiers*).

# ASSEMBLÉES GÉNÉRALES.

## SÉANCE DU LUNDI 8 SEPTEMBRE 1834 (1).

Présidence de M. de Caumont (de Caen).

M. le secrétaire général donne lecture du procès-verbal de la séance d'hier.

Un membre demande la suppression du titre de *seconde session du Congrès scientifique de France*, et qu'on se borne à la dénomination de *Congrès de Poitiers*.

M. le secrétaire général insiste pour le maintien du titre, porté au procès-verbal, de *seconde session du Congrès scientifique de France*. Le titre de *Congrès scientifique de France* a été pris à la réunion de Caen, et on s'est constitué pour une première session, et la seconde, indiquée à Poitiers, est celle qui tient aujourd'hui. Du reste, M. de la Fontenelle n'entend point nier l'existence et l'action des autres Congrès ; mais l'institution fondée à Caen l'a été pour toute la France, pour toutes les branches des connaissances humaines, et avec la condition de se reproduire chaque année, en se portant d'un point sur un autre point. C'est donc un caractère particulier, qui a dû faire adopter une dénomination spéciale.

M. le Dr Guépin (de Nantes) est aussi pour la conservation du titre porté au procès-verbal ; mais il rappelle l'existence du Congrès de Nantes, le premier qui ait été tenu en France, et les Congrès de Clermont, de Toulouse et de Douai. Toutes ces réunions ont été d'un grand avantage pour le progrès, et il faut espérer que le Congrès scientifique de France, dont les

(1) La première séance, ou séance préparatoire, se trouve en tête de ce volume, page 9.

sessions futures seront sans doute plus nombreuses encore, aura une action marquée dans l'intérêt de l'espèce humaine.

La rédaction du procès-veabal est approuvée.

M. le président appelle successivement les secrétaires des diverses sections, pour faire connaître les travaux du matin.

MM. Boubée, Babault de Chaumont, Lucien Gaillard, de la Saussaye, F. Chatelain et Foucart, secrétaires des 1$^{re}$, 2$^{e}$, 3$^{e}$, 4$^{e}$, 5$^{e}$ et 6$^{e}$ sections, rendent compte de ce qui s'est passé dans leurs sections respectives, notamment pour l'organisation des bureaux.

M. le secrétaire général fait choix, parmi la nombreuse correspondance qui lui est parvenue, de plusieurs lettres de divers hommes remarquables qui avaient le projet d'assister à la seconde session du Congrès scientifique, et qui n'ont pu l'exécuter. Parmi eux sont MM. le baron de Reyffemberg, recteur de l'université de Louvain, le docteur Bowring, chargé par l'Angleterre de recueillir les documens pour préparer un traité de commerce entre cette puissance et la France, de Pongerville, membre de l'Institut, de Lasteyrie, etc. Dans la lettre de M. le baron de Reyffemberg se trouve l'indication du Congrès scientifique du royaume des Pays-Bas, dont la première session doit se tenir en août 1835, et à laquelle les membres du Congrès scientifique de Poitiers sont invités à assister.

Vient ensuite la liste des personnes qui, ne pouvant se rendre à la session du Congrès, y ont adhéré.

M. le secrétaire général fait ensuite le dépouillement de tous les ouvrages offerts au Congrès.

M. Castaigne, bibliothécaire à Angoulême, lit une *Ode sur le Congrès de Poitiers.* L'assemblée décide que cette pièce sera imprimée sans délai pour être distribuée à ses membres (1).

M. Boubée fait connaître la résolution prise par la 1$^{re}$ section, pour une promenade géologique, qui aurait lieu jeudi prochain, dans la matinée ; en même temps la section d'archéologie pourrait examiner les monumens historiques de Poitiers.

(1) Cette pièce sera imprimée à la suite du compte-rendu des séances générales.

M. le secrétaire général rappelle en cet instant qu'il a été fait, à la 1^re section, une autre proposition pour un essai d'instrumens aratoires à la Milletterie, dimanche prochain, à sept heures du matin. Ces courses de sections pourraient avoir lieu, sans préjudice des séances des autres sections.

Ces propositions, mises aux voix, sont adoptées.

M. Lair (de Caen) fait connaître au Congrès un événement malheureux arrivé dans cette ville. Des ouvriers tombés d'un échafaud ont été grièvement blessés. Il propose de faire à l'instant une quête pour venir au secours des victimes de cet accident.

La proposition est adoptée avec enthousiasme, et la quête faite, à l'instant même, par MM. Lair (de Caen) et Béranger (de Paris), homme de lettres et ancien ouvrier, a produit 231 fr. 85 c., dont le trésorier a fait recette.

Une seconde quête sera faite demain, pour les membres non présens aujourd'hui.

## SÉANCE DU MARDI 9 SEPTEMBRE 1834.

Présidence de M. de Caumont (de Caen).

M. Verger (de Nantes) demande qu'on fasse au procès-verbal mention du mandat donné par un grand nombre d'ouvriers à M. Béranger, pour assister au Congrès, ce fait lui paraissant avoir de l'importance.

Sur l'observation de M. Isidore Le Brun que ce mandat a été envoyé à une section, à raison des questions y indiquées, et qu'il faut attendre que la section ait prononcé, la réclamation de M. Verger n'a pas d'autre suite.

MM. Boubée, de Brébisson, Jozeau, Lucien Gaillard, de la Saussaye, Chatelain et Isidore Le Brun, secrétaires de sections, font connaître au Congrès les travaux de la matinée, dans leurs sections respectives.

M. le secrétaire général donne l'indication de plusieurs ouvrages imprimés, dont les auteurs font hommage au Congrès.

Il présente ensuite le résultat du compte rendu des recettes et des dépenses, de la première session du Congrès, tenue à Caen, en juillet 1833. Tous les paiemens opérés, et le volume des travaux de cette réunion publié, il est resté en caisse une somme de 50 fr., apportée de Caen à Poitiers, et dont M. le trésorier de la seconde session a fait recette.

La section d'agriculture ayant pris une résolution pour qu'un mémoire de M. Verger (de Nantes) sur les baux à long terme fût lu en séance générale, cette lecture a lieu.

*Analyse du Mémoire de* M. Verger *sur les baux à long terme.*

« Quel serait le meilleur système de baux à adopter dans l'intérêt de » l'agriculture? »

Tous les esprits méditatifs sont aujourd'hui unanimes pour reconnaître que l'agriculture a besoin d'encouragemens. Comme première base de toute prospérité, comme nourricière du genre humain, elle a certainement droit à un intérêt tout particulier. On doit s'étonner que l'art le plus ancien de tous, que celui pratiqué par le plus grand nombre des hommes, soit si lent dans ses progrès, et qu'il reste tant à apprendre à ceux qui le professent. Nous trouvons plusieurs causes à ce fâcheux état de l'agriculture.

1° Le défaut d'instruction spéciale chez la plupart de nos cultivateurs. Les écoles ayant jusqu'ici été limitées à l'enceinte des villes, l'habitant des campagnes a été privé de leur bienfait;

2° La pauvreté des parens a été le plus souvent une cause pour ne pas envoyer leurs enfans en pension. Ils n'ont pu les faire profiter des avantages de l'externat, par la même raison;

3° L'homme des champs ayant, à force de travail et d'années, formé son éducation agricole dans la ferme qui l'avait vu naître, ayant plutôt retenu une certaine routine appropriée à chaque champ, que classé des principes dans sa tête, s'est trouvé fort désappointé quand il a changé de terrain;

4° Le fermier, éclairé par une longue expérience, s'est refusé à mettre en pratique les améliorations dont il avait le sentiment, par deux raisons qu'il est important de faire disparaître : 1° la certitude de travailler pour le *maître*; 2° par le manque de capitaux ou d'avances. Si ces deux plaies de l'agriculture n'existaient pas, le fermier serait encore très-probablement arrêté dans ses progrès par le peu de bénéfice de l'agriculture.

Pourquoi l'agriculture, comparativement avec toutes les autres industries, fait-elle des bénéfices si restreints? C'est une troisième question que nous nous proposons d'examiner très-succinctement.

Nous avons dit qu'il était urgent de faire disparaître la certitude qu'a le laboureur de travailler pour le propriétaire, quand il se livre à des améliorations. L'avidité et l'égoïsme qui nous possèdent tous, plus ou moins, justifient la défiance du laboureur; il faut donc le mettre à l'abri de cette crainte et de l'avidité du propriétaire.

Nous ne voyons pas de meilleur moyen que les baux à longs termes. En effet, donnez à un cultivateur habile un bail emphytéotique, de vingt-un ans par exemple; vous verrez cet homme employer toutes les ressources de son art pour produire le plus possible. Il regardera désormais la ferme qu'on lui abandonne pendant vingt-un ans, comme la sienne, et il agira en conséquence.

Aujourd'hui, on lui donne un bail de cinq, sept ou neuf ans au plus. Il sait que le propriétaire en attend l'expiration avec impatience, pour lui faire payer une augmentation, en dépit de toute la nonchalance qu'il a mise à ses travaux; mais il sait aussi que cette augmentation sera double, s'il a rendu sa terre plus productive. Au moment où il allait jouir du fruit de ses sueurs et de son savoir, *le maître* le surcharge d'une nouvelle somme. De là, insouciance, apathie, découragement; de là, état stationnaire de cette noble branche de l'agriculture, cette source si puissante, si énergique de la richesse des peuples.

Comment vaincre l'avarice des propriétaires et les engager à donner de longs baux? Aux gens avides il faut de l'or; c'est donc là le seul appât auquel ils puissent se laisser prendre. Nous proposons 1° de diminuer les droits d'enregistrement, en raison directe de la longueur des baux; 2° pour satisfaire aux intérêts des propriétaires, ce bail de vingt et un ans porterait une augmentation de prix au bout de sept ans, et une seconde au bout de 14 ans : ces augmentations seraient calculées sur les améliorations dont la terre serait susceptible; 3° de réserver, dans les prix accordés à l'agriculture par le gouvernement et par les conseils généraux, une médaille d'honneur ou une somme en argent aux premiers propriétaires qui exhiberaient de pareils baux dûment enregistrés. Une mention honorable serait aussi faite dans les rapports annuels des sociétés savantes du département.

Si les baux à longs termes sont de nature à faire prospérer l'agriculture, ce que nous croyons fermement, les propriétaires de terre devraient se prêter de bonne grâce à cette mesure, car ils retireront une part avantageuse de l'augmentation de valeur du fonds.

Nous avons dit que la seconde raison du défaut de progrès de l'agriculture, c'était le manque de capitaux. En effet, nous voyons la presque totalité de nos fermiers de la Bretagne n'ensemencer que le cinquième, le sixième et quelquefois le dixième de leurs terres, parce qu'ils n'ont pas les avances nécessaires pour acheter des animaux, des outils, et surtout des engrais. Nous ne nous étendrons pas longuement sur ce fait, parce que nous sommes convaincus qu'il ne laisse aucun doute dans les esprits.

Quel serait le moyen d'obtenir les capitaux que réclame l'agriculture? A une industrie dont les bénéfices sont bornés, il faut un intérêt modéré. Nous ne voyons pas de meilleur moyen que les banques départementales. Ces établissemens, plus rapprochés de nos campagnes, pourraient obtenir plus facilement les renseignemens qui leur seraient nécessaires. Elles accorderaient crédit plutôt à la moralité qu'à la richesse, en prêtant aux cultivateurs qui, pour la plupart, sont pauvres, mais grands travailleurs. Ce crédit serait un encouragement à la bonne conduite et à la bonne culture. Avec des capitaux, le cultivateur achètera de bons outils, des animaux d'espèce convenable à sa terre, des engrais en quantité suffisante, et ne serait plus obligé de vendre sa récolte, dans un moment inopportun, soit pour satisfaire à ses besoins, soit aux exigences d'un propriétaire trop rigoureux. De là dériveront des bénéfices plus considérables, de là un courage et une énergie qui manquent généralement à nos laboureurs, désespérés qu'ils sont de leurs faibles bénéfices.

Il est assez ordinaire que les bénéfices que donnent les engrais, ajoutés à ceux que produit la ferme, donnent un bénéfice de 10 à 20 pour cent, et souvent 25 à 30 fr. Supposez qu'un fermier ait un crédit de 1000 fr., à 4 pour cent, et qu'il les emploie en engrais; il aura donc un bénéfice de 100 à 200 fr. en plus pour 40 fr. de dépense. Mais cent francs de bénéfice en plus que le résultat ordinaire, c'est une fortune.

Nous ne parlons ici que pour mémoire de l'amélioration des chemins et canaux; c'est un besoin tellement senti, que la demande des travaux qu'ils exigent est dans la bouche de tout le monde.

Il est encore indispensable que nos propriétaires se décident à donner à leurs fermiers des logemens plus sains et plus vastes. La santé est pour le pauvre laboureur la première source de fortune. Si elle lui manque, il n'y a plus pour lui que misère et désespoir. Dans la plupart de nos métairies, une pièce carrée de 18 à 20 pieds sert d'abri à six ou huit individus. Qu'un d'entre eux soit atteint d'une maladie contagieuse, et voilà toute la famille, sinon malade, au moins exposée à l'être, et cela dans une chambre qu'on ne peut abandonner aux malades, où le jour et l'air ne se renouvellent que par la porte.

Si de l'homme nous descendons aux animaux et aux récoltes, nous trouvons le même dénûment. Si par ses travaux et ses prairies artificielles le cultivateur augmente ses élèves, il n'a pas où les loger, et ses récoltes sont exposées à la pluie et à la gelée. Avec des entraves aussi sérieuses, l'agriculture se débat et languit, et pourtant elle renferme en elle-même tous les germes de bonheur et de prospérité. Elle ne demande qu'à marcher et à répandre ses trésors. L'égoïsme, fort mal entendu, lui ferme toutes les issues.

Nous demanderons encore, pour encourager le premier des arts, que l'on distribue des prix annuels, sinon par commune, au moins par canton, à ceux qui auraient produit les plus belles récoltes ou élevé les plus beaux animaux. Les prix varieraient suivant les localités, et seraient donnés solennellement, soit un jour en foire, soit le jour de la fête patronale du lieu.

Pour des services signalés, pour une découverte importante, nous voudrions que l'on instituât une décoration spéciale, mais qu'on ne la prodiguât pas, pour qu'elle produisît plus d'effet. Nous ne sommes pas partisan de ce genre de distinctions, mais puisque ce moyen d'encouragement est dans les mœurs du pays, nous sommes d'avis de le mettre en usage pour arriver à notre but.

Nous voyons encore, dans ces encouragemens et ces honneurs, le moyen d'arriver à un résultat fort utile, celui de retenir à la campagne une foule de bras qui viennent encombrer nos villes manufacturières. Ces hommes sans instruction et sans moyens de subsistance, dans les jours de crises, ne font que surcharger l'industrie au lieu de lui être utiles.

En demandant que des banques départementales soient établies pour avancer des capitaux à l'agriculture et à la petite industrie, en demandant surtout que l'intérêt ne fût que de 4 p. 0/0 par an, nous pensons bien qu'on nous objectera que peut-être les banques ne voudront pas prêter à un taux si bas, pour de petites sommes, et que si les banques s'y refusent, les particuliers ne le feront pas non plus.

Les banques assigneront leurs frais à couvrir surtout les risques à courir avec des gens qui ne possèdent rien, c'est-à-dire que leurs bras et leur industrie. Nous proposons de donner aux prêteurs une sécurité, un gage qui lève toutes les difficultés. Nous demandons qu'une loi affecte pour gage aux prêteurs à 4 p. 0/0 et au-dessous, et à ceux-là seulement, les récoltes du fermier emprunteur. Les capitalistes seraient privilégiés au préjudice du propriétaire et de l'Etat. Le prêt, de cette manière, serait facilité, et son remboursement assuré.

On ouvre la discussion sur la proposition faite d'émettre un vœu pour l'adoption des baux à long terme de quinze à trente ans, proposition admise par la 2e section.

M. le général Demarçay demande la parole, pour faire quelques observations sur les propositions émises dans le mémoire de M. Verger.

M. le général Demarçay. « Les intentions de l'auteur du mémoire sont bonnes, ce sont celles d'un homme instruit et d'un bon citoyen. Néanmoins, il existe dans ce travail une idée générale et dominante, qu'il est utile de combattre. Je veux parler de l'avidité reprochée aux propriétaires, à l'encontre de leurs fermiers. Cette idée est fausse; s'il y a avidité, elle ne peut être imputée aux propriétaires. Ceux-ci sont généralement plus instruits que leurs fermiers. Or, c'est de l'instruction que partent les sentimens élevés. Aussi, tous les hommes éclairés demandent-ils le bienfait de l'instruction pour les classes inférieures.

» Je viens à la question posée, et je dirai que s'il y a intérêt de la part de toutes les parties de faire des baux à long terme, ce mode de transaction sera généralement adopté. Mais la plupart des fermiers n'en voudraient pas; on leur offrirait des baux de cette espèce, et ils seraient refusés.

» Dira-t-on que c'est l'absence de capitaux qui paralyse l'agriculture, qui empêche les fermiers de rechercher ou d'accepter les baux à long terme? La réponse est que les capitaux ne manquent nulle part, pas plus en France que dans les autres parties de l'Europe.

» C'est l'habileté pour employer utilement ces capitaux qui manque. Qu'on trouve le moyen de les utiliser, et alors ces mêmes capitaux ne manqueront pas plus pour l'agriculture que pour les autres industries.

» *Récompenses.* — Les récompenses peuvent être utiles, si on rémunère les résultats heureux : j'entends parler ici d'un produit net obtenu.

» Mais que sont les fermes-modèles? Voyez celle de Grignon, où l'agriculture est perfectionnée au dernier point, où toutes les bonnes méthodes sont en usage. Les dépenses excèdent les recettes, et pourtant il n'y a pas de fermage à payer.

» Voyez la ferme de Roville, champ d'expérience de M. Mathieu de Dombasle, l'un des hommes que je respecte le plus : là encore on est en perte.

» Plutôt que d'envoyer des élèves dans de pareils établissemens, où ils apprendraient à faire de l'agriculture perfectionnée, mais avec perte réelle, je préférerais les placer chez des fermiers des contrées où on cultive le mieux; en Flandre et en Alsace, par exemple; là, ces jeunes gens apprendraient à cultiver, et bien et avec profit.

» La théorie en agriculture est bonne; mais elle cause, parfois, bien des erreurs, bien des mécomptes. La presse a publié, à l'époque où nous sommes, tous les bons systèmes de culture.

» Les sociétés d'agriculture sont utiles. La société centrale d'agriculture de Paris l'est surtout beaucoup : mais elle contient plus de savans, de naturalistes, de chimistes, que de véritables agriculteurs de pratique. Or, la pratique, en agriculture, vaut mieux que la théorie; c'est pourquoi je préfère aux sociétés d'agriculture les comices agricoles, composés de propriétaires-cultivateurs et de fermiers riches et instruits, comme par exemple le comice de Meaux.

» *Privilége du prêteur, à l'encontre du propriétaire.* — Cette partie de la proposition de M. Verger me paraît injuste et dangereuse. Dans l'état de choses qu'il propose, que resterait-il aux propriétaires? A peu près rien. Alors ceux-ci se verraient contraints, pour assurer leurs fermages, à prendre des mesures conservatoires contre leurs fermiers, et ces mêmes mesures deviendraient essentiellement préjudiciables aux fermiers eux-mêmes.

» En agriculture, ce qu'il faut surtout, c'est de l'ordre; il manque généralement en France. Cependant, il faut avouer qu'on est en progrès, sous ce point de vue.

» *Améliorations dans les constructions.* — Les fermiers n'en tireront pas généralement le parti convenable. Par exemple, ils placeront mal leurs fumiers, et de manière à rendre les habitations malsaines. Il faut attendre, en cette partie, une amélioration de l'instruction qu'il est nécessaire de donner aux fermiers.

» *Enregistrement.* — C'est une bonne question, mais c'est réellement une question de finances. Aussitôt que le ministre pourra baisser le chiffre du taux de l'enregistrement des baux, il fera une chose utile.

» *Banques départementales.* — Le taux de 4 pour 100 proposé est trop élevé. Du reste, le taux de l'intérêt de l'argent doit être libre. C'est le moyen de le faire baisser. En Hollande, les 2 1/2 pour 100 sont montés, à une époque, à 113.

» L'établissement de banques nombreuses qu'on vous propose est une institution qui peut offrir des dangers. L'Angleterre, le pays le plus riche du monde, a peu de numéraire circulant, mais il a beaucoup de papier. Avec un milliard de numéraire, ce pays profite des intérêts de 15 à 20 milliards, montant de son papier-monnaie en circulation. Du reste, plus une nation est riche, plus elle est exposée aux révolutions et aux crises financières. Une mode vient détruire le placement d'un article de fabrique. De là, une crise, des banques manquent, des existences qu'on croyait assurées sont en péril. On peut, à ce sujet, citer encore l'Angleterre pour exemple. La question proposée me semble donc extrêmement délicate. On peut croire, en général, que l'établissement de banques peut être utile, mais cette utilité est balancée par de graves inconvéniens, et aussi il me semble qu'en pareille occurrence on doit agir avec une grande circonspection. »

M. le docteur Guépin (de Nantes). « L'instruction, lorsqu'elle n'est pas jointe à l'éducation, n'est pas favorable à la propriété. J'établirai l'exactitude de ma proposition par les calculs existans dans la statistique morale de la France. Dans le pays où il y a le plus d'instruction sans éducation, là il se commet le plus de crimes, et surtout de crimes contre la propriété.

» Il me semble que les exemples donnés par le précédent orateur, relativement aux fermes-modèles, ne sont pas exacts. Du moins, je puis dire que dans la ferme du Grand-Jouan, près de Nantes, on a obtenu de bons résultats, même sous le rapport du produit net.

» Je défendrai la société centrale d'agriculture de Paris. Je conviens que parfois elle a donné des formules susceptibles d'être critiquées ; mais, en général, ses enseignemens ont eu de l'utilité.

» Quant aux capitaux nécessaires pour l'agriculture, en convenant qu'il en existe beaucoup, je soutiendrai que les fermiers les obtiennent difficilement. Pour les avoir, il faut offrir des sûretés qui sont hors de la portée de ceux qui auraient besoin de ces mêmes capitaux. Cependant ils sont nécessaires pour le progrès de l'agriculture. Les banques donneront la facilité de faire arriver ces capitaux entre les mains des fermiers. Donc l'établissement des banques est nécessaire dans l'intérêt de l'agriculture. Ces précédens posés, je m'étonne qu'on s'oppose à l'établissement des banques locales. »

M. Babault de Chaumont rappelle que la seule question sur laquelle la 2e section ait statué, est celle des longs baux, et que les autres questions qu'on vient de traiter n'ont point eu de solution préliminaire.

M. Verger défend les propositions émises dans son mémoire, et attribue la prospérité de l'agriculture en Flandre à la masse des capitaux dont les fermiers ont la disposition. Il cite pour exemple un fermier de cette contrée, avec laquelle il a eu des relations. En regard de ce tableau, M. Verger place l'état précaire et malheureux de fermiers, dans certaines portions de la Bretagne, ne possédant que quelques mauvaises pièces de bestiaux. « Malgré tout ce qu'on pourra prétendre, » dit M. Verger en finissant, je soutiendrai que c'est à l'é» goïsme des propriétaires, à leur avidité qui les porte à trop » pressurer leurs fermiers, à vouloir élever leurs fermages hors » des proportions convenables, qu'on doit attribuer la détresse » des cultivateurs, et par suite l'état précaire de l'agriculture » et le défaut de progrès en cette partie. »

M. Babault de Chaumont trouve de l'inconvénient dans les baux à long terme, en ce qu'ils pourraient empêcher l'établissement de la petite propriété, en rendant plus difficiles et plus rares les ventes en détail. Il attaque, à ce sujet, ce qu'a dit M. le docteur Guépin.

M. le docteur Guépin répond que son système a été mal compris et rendu par ceux qui l'ont attaqué.

La proposition relative à l'encouragement à donner aux baux à long terme, telle qu'elle a été admise par la 2e section, après un léger débat sur la position de la question, est mise aux voix et adoptée.

M. le président Barbault de la Motte, vice-président de la 2e section, rappelle qu'on a demandé une diminution du droit d'enregistrement pour les baux à long terme, et il croit que c'est en effet le moyen de les encourager.

M. Mangon de la Lande (directeur de l'enregistrement pour le département de la Vienne). « On a réduit le tarif de l'enregistrement des baux à un taux très-bas. On croyait que, dans cette position de choses, il y aurait eu plus de baux enregistrés. Il en a été tout autrement. »

L'ordre du jour, demandé sur cette dernière proposition, est mis aux voix et adopté.

M. le président Barbault indique une autre proposition additionnelle à celle des baux à long terme. Il s'agit de baux de vingt-un ans, avec augmentation de prix au bout d'une première période de sept ans et d'une seconde de quatorze ans.

Un membre trouve de l'inconvénient dans ce mode.

M. le conseiller Lelong fils croit que la clause d'augmentation progressive, augmentation fixée dès le commencement du bail, sera également favorable au propriétaire et au fermier ; il conclut, par suite, à l'adoption de la proposition.

M. le général Dubourg. « Il suffit de poser la résolution relative aux longs baux, sans en examiner les clauses, qu'il faut laisser à débattre entre les propriétaires et les fermiers. »

M. Cardin. « Il existe en Basse-Bretagne un usage, je veux parler de celui relatif aux domaines congéables. Cet usage se rapproche assez du mode de baux qu'on voudrait faire prévaloir. Il faudrait donc peut-être admettre cette législation.

Néanmoins je trouve qu'elle a un inconvénient, et le mieux serait de fixer l'augmentation progressive dès le principe. »

M. le général Demarçay, en reconnaissant pour vrai ce qui a été dit par M. Lelong, indique l'exemple d'un propriétaire qui tirant 500 fr. d'une métairie, ne paraît pas décidé à la vendre. Cependant, pour augmenter son aisance, il consent à céder ce domaine, pour 20 ou 25,000 fr., à son fermier. On croirait, au premier aperçu, que celui-ci va se ruiner. Point du tout; il cultive comme propriétaire différemment de sa manière de cultiver comme fermier, et son aisance augmente.

M. de la Fontenelle fait remarquer que les longs baux, avec la clause d'augmentation progressive du fermage, sont devenus nécessaires depuis l'introduction de la culture des prairies artificielles. Pour les luzernes surtout, il faut, dans beaucoup de localités, l'emploi de capitaux assez considérables pour opérer, et du temps pour se récupérer des avances faites.

M. le président Barbault continue à énoncer les propositions accessoires à celle des longs baux.

On ne s'arrête pas à celle qui tendrait à accorder des récompenses.

Il en est de même de celle relative aux constructions, quoique son auteur l'ait maintenue.

Quant aux prix à décerner pour les meilleures récoltes et les plus beaux animaux, il est reconnu que ce soin est dévolu aux comices agricoles.

Pour une décoration spéciale à accorder à ceux qui se seraient distingués comme agriculteurs, on décide que les services en cette partie rentrent dans la classe générale des services rendus à l'Etat et sont susceptibles des mêmes récompenses. Plusieurs agriculteurs distingués ont obtenu la décoration de la Légion-d'Honneur, M. Mathieu de Dombasle par exemple.

Par le résultat des décisions qu'on vient d'indiquer, la résolution relative aux baux à longs termes demeure adoptée, sans dispositions additionnelles.

M. Isidore Le Brun, secrétaire de la 6e section, indique,

comme renvoyée à l'assemblée générale, la question relative à la taxe du pain et de la viande, dans les villes.

M. Boncenne, président de cette section, rend compte de ce qui s'est passé, à cette même section, relativement à la question. En définitive, on a adopté la résolution qu'un vœu serait émis pour la suppression de la taxe de la viande, et qu'il devait y avoir un plus ample informé pour la taxe du pain.

M. le docteur Thiaudière croit qu'il ne faut pas supprimer la taxe de la viande indistinctement partout; il faut distinguer, suivant lui, entre les grandes et les petites villes.

M. André parle aussi sur la question.

M. Boncenne pense que ces observations auraient dû être présentées à la section.

M. Desvaux dit que dans les petites villes où la viande est taxée, le prix réel de cette marchandise est souvent au-dessous de la taxe.

La résolution de la 6e section, mise aux voix, est adoptée.

M. le président fait connaître la proposition de la Société de Médecine, pour la lecture, en assemblée générale, d'un mémoire de M. Simon (de Nantes), sur le magnétisme animal.

L'heure étant trop avancée, cette lecture est renvoyée à demain.

## SÉANCE DU MERCREDI 10 SEPTEMBRE 1834.

### Présidence de M. DE CAUMONT (de Caen).

Après la lecture du procès-verbal, M. le secrétaire général donne l'indication de divers ouvrages dont les auteurs font hommage au Congrès, et fait connaître plusieurs nouvelles adhésions.

MM. Boubée, de Brébisson, Babault de Chaumont, Hunault de la Peltrie, de la Saussaye, Chatelain et Foucart, rendent compte des travaux de la matinée, dans les sections dont ils sont secrétaires.

M. le président lit une proposition faite par le Congrès provincial de Douai et admise par la 1re section. Elle est ainsi conçue :

Le Congrès scientifique de France invite le gouvernement à imposer aux exploitans de houillères, comme condition de leur concession, l'obligation de recueillir avec un soin spécial, et de communiquer les résultats de leurs travaux et de leurs sondages, en tout ce qui peut concourir à la connaissance plus parfaite des gisemens de houille et du terrain carbonifère en général.

M. de la Fontenelle fait observer que les exploitans de mines de houille sont dans l'habitude de communiquer aux ingénieurs des mines et aux élèves des mines qui voyagent pour leur instruction, les renseignemens dont il est question dans la proposition. Il assure qu'on agit ainsi pour les houillères de la Vendée, dont il est l'un des concessionnaires. Néanmoins il ne s'oppose point à ce que le Congrès prenne une résolution à ce sujet.

La proposition mise aux voix est adoptée.

M. le président fait connaître une résolution prise par la deuxième section, après avoir décidé deux questions dont elle est la conséquence. Voici le texte du renvoi à l'assemblée générale :

Première question. Le sel est-il un amendement utile pour la terre ? Oui.

Deuxième question. L'emploi du sel est-il utile pour la nourriture des bestiaux ? Oui.

Le gouvernement est invité à mettre, exempte d'impôts, une certaine quantité de sel à la disposition des sociétés et comices agricoles, pour faire des expériences comparatives sur l'emploi de cette substance comme amendement.

M. Nau de la Sauvagère, au nom de la deuxième section, fait le rapport suivant :

Votre section d'agriculture, industrie et commerce, avait à examiner la question suivante :

« Quelle est l'influence de l'impôt sur le sel, relativement à l'emploi
» de cette substance, soit comme amendement pour les terres, soit
» comme destinée à faire partie de la nourriture des bestiaux ? »

Cette question a déjà été agitée hors du Congrès ; elle a trait à l'amélioration de l'agriculture ; elle est donc d'un intérêt général.

Avant de décider si l'impôt sur le sel était sans effet pour l'agriculture ou lui était nuisible, à raison de l'élévation du prix qui empêche l'agriculteur d'en faire un usage habituel, votre commission avait à examiner si le sel était utile, soit comme amendement pour les terres, soit pour la nourriture des bestiaux.

Quant à cette seconde partie de la question, aucune difficulté sérieuse ne s'est élevée; des faits concluans ont été cités en faveur de l'affirmative; il paraît prouvé que, pour les ruminans en particulier, l'emploi du sel, dont la médecine vétérinaire fait usage avec succès dans plusieurs maladies de l'estomac des animaux, avait l'avantage d'exciter les fonctions digestives de cet organe et produisait constamment des effets salutaires, notamment sur ceux que l'on engraisse et que par conséquent on nourrit beaucoup sans les faire travailler.

Un fait, cité par M. Desvaux, a démontré que l'emploi du sel avait encore, pour l'agriculture, d'autres avantages.

C'est relativement aux foins terreux et vasés, par suite du débordement des rivières, au printemps. Ces fourrages sont nuisibles et répugnans pour les bestiaux. Avec une addition de sel, on les fait aisément consommer.

Votre section a donc été d'avis unanime que le sel était utile à la nourriture des bestiaux.

Quant à la question de savoir si le sel était utile à l'agriculture, comme amendement des terres, deux opinions se sont prononcées.

Les partisans de la première ont prétendu que le sel ne pouvait avoir aucune influence sur le plus ou le moins de fertilité des terres; que telle avait été l'opinion des anciens, qui semaient du sel sur les lieux qu'ils condamnaient à rester stériles; que telle était l'opinion de Pline; que telle était aussi l'opinion des expérimentateurs modernes les plus habiles qui étaient du même avis, notamment MM. Arthur Young, de Dombasle et Gay-Lussac. Ils en concluaient que le sel était inutile à l'agriculture, comme amendement.

Il leur avait été répondu d'abord que la cérémonie dans laquelle les anciens jetaient du sel sur les terres qu'ils dévouaient à la stérilité était toute religieuse, et que si l'opinion des anciens pouvait avoir quelque influence sur la question, elle serait contre eux, puisque saint Paul fait dire par Jésus-Christ aux Apôtres : « Vous êtes le sel de » la terre, et si vous l'abandonnez elle deviendra stérile. » Ensuite, que les expériences d'un ou de plusieurs individus isolés ne pouvaient prévaloir contre celle de tout un pays, qui paraît beaucoup plus probante; qu'en Normandie, et surtout en Bretagne et dans le Bas-Poitou, l'emploi du sel, comme amendement, est d'un usage immémorial, notamment dans les pays non soumis au droit de traite, l'établissement des grandes gabelles en ayant interdit l'emploi dans les pays qui y étaient assujétis; que des recherches faites dans les archives de la ville de Nantes, il résulte qu'autrefois il passait annuellement sous les ponts de cette ville 300 mille tonneaux de sel dont une grande partie était employée comme amendement par les riverains de la Loire et de ses affluens, et qu'aujourd'hui 25 mille tonneaux, au plus, remontent cette rivière : que dans le Poitou, sur la côte des Sables, les habitans recueillent avec soin les varechs rejetés par la mer, que ces varechs contiennent 50 p. 100 de parties salines et sont employés en trop grande quantité pour qu'on puisse attribuer à une autre cause que ces sels la fertilité qu'ils donnent au sol ingrat du pays; qu'à la vérité l'emploi du sel devait être fait avec discernement, mais qu'il produisait de bons effets dans les *terrains calcaires*, connus sous le nom de *terrains brûlans*, en y entretenant une humidité salutaire aux plantes. On a cité, en outre, les faits suivans :

M. Desvaux connaît un propriétaire de l'Anjou qui, pendant douze années consécutives, a amendé ses vignes avec du sel, à la quantité d'un boisseau par boisselée, et a obtenu chaque année une récolte beaucoup plus considérable que ses voisins, et de qualité bien supérieure.

Dans le territoire de Fougères, l'emploi du sel, avant l'établissement de l'impôt, donnait de fort belles récoltes; depuis l'impôt les propriétaires ont dû baisser les prix des baux, ou s'obliger à fournir le sel aux fermiers, ce qui revient au même.

La majorité de la section a trouvé ces faits concluans, et a décidé que l'emploi du sel était utile à l'amendement des terres.

Cependant, quel est le degré de cette utilité? Quels sont les moyens de tirer de cet emploi le meilleur parti possible? Quelles sont les natures de terre où il serait le plus avantageux? C'est ce qui n'a point paru assez bien établi à votre section; elle a pensé que des essais comparatifs pourraient seuls donner, sur ces questions, des solutions positives, et que le gouvernement ne se refuserait pas, sans doute, à faire jouir des avantages de la suppression de l'impôt, ainsi qu'en jouissent déjà les fabriques de soude, les agriculteurs qui voudraient se livrer à ces essais; en conséquence, elle a décidé à l'unanimité que le *gouvernement serait invité à procurer aux comices agricoles les moyens de faire des essais comparatifs sur l'emploi du sel*, et que les comices agricoles étaient mieux en position pour les faire que des particuliers isolés.

M. Isidore Le Brun fait quelques réflexions sur la proposition, et indique un fait qui, au premier aperçu, paraît assez extraordinaire. A Vichy, les bestiaux qu'on a mené abreuver aux sources salées, ne veulent plus ensuite boire d'eau douce.

La proposition mise aux voix est adoptée, après quelques explications données par M. Babault de Chaumont.

M. Béra pense qu'il faudrait mettre aussi aux voix les questions qui précèdent la proposition.

M. de Caumont, président, répond que le compte rendu des travaux du Congrès expliquera suffisamment quel a été l'esprit de la détermination prise.

M. Boncenne répond plus positivement à la réclamation de M. Béra, en disant que la question décidée a pour considérant nécessaire la reconnaissance de ce point important que le sel est utile pour la nourriture des bestiaux.

M. Nau de la Sauvagère parle dans le même sens.

Cette discussion n'a pas d'autre suite.

On passe à la lecture d'une proposition de M. Abel Pervinquière, adoptée par la sixième section et renvoyée par elle à l'assemblée; elle est ainsi conçue :

Inviter M. le garde des sceaux à enjoindre, par l'entremise des procureurs généraux, à tous les juges de paix du royaume, de rechercher dans les différentes communes de leurs cantons, au moyen d'enquêtes ou autrement, les usages locaux auxquels le Code civil se réfère.

Les juges de paix, pour constater les usages ruraux, appelleront les hommes employés habituellement comme experts dans leur canton, et, pour les cas rédhibitoires, ils auront recours aux artistes vétérinaires, aussi de leur canton.

Les procès-verbaux des juges de paix de chaque ressort de Cour royale, ainsi que copie certifiée des documens écrits qu'ils pourraient recueillir, seraient renvoyés à une commission composée de cinq jurisconsultes, choisis dans la ville où siége la Cour, pour mettre les matériaux en ordre et dresser un tableau fidèle des usages constatés.

Ces tableaux, ainsi dressés, seraient ensuite résumés en un seul et même volume, et imprimés aux frais du gouvernement.

M. de la Fontenelle fait connaître qu'il a indiqué à l'Association Normande, l'année dernière, l'importance d'un pareil travail, et qu'il l'a entrepris, depuis plusieurs années, pour le ressort de la Cour royale de Poitiers, et notamment pour les trois départemens composant l'ancienne province du Poitou. Mais comme le concours de l'autorité est utile pour obtenir tous les renseignemens nécessaires, afin de ne rien omettre, il appuie la proposition.

M. André croit qu'on doit se borner à poser le principe, sans prescrire au gouvernement les moyens d'exécution.

M. Boncenne répond qu'on peut, en semblable circonstance, donner au gouvernement des avis qu'il peut suivre ou ne pas suivre.

M. Béra. « La rédaction de la proposition me paraît devoir être changée. Il faudrait charger de ce travail, outre les juges de paix, les tribunaux de première instance, dont les membres offrent une plus grande masse de lumières encore que les juges de paix, et consulter les avocats et les avoués. »

M. Abel Pervinquière. « On sent généralement l'utilité de ma proposition, et je n'ai donné qu'une simple indication pour les moyens d'exécution. Je ne crois pas les avoués très-aptes à s'occuper du travail dont il s'agit. Les magistrats d'appel peuvent au contraire donner d'utiles renseignemens, parce qu'ils sont obligés de statuer souvent sur des affaires dont la solution est déterminée par des usages locaux. Par exemple, il n'y a que quelques semaines, la deuxième chambre de la Cour royale de Poitiers a décidé que les noyers, dans les environs de Loudun, devaient être plantés à neuf pieds de distance du terrain d'autrui. Quant aux juges de paix, je les crois plus instruits pour les usages de localité que les juges de première instance, d'autant mieux que ces derniers sont souvent étrangers au pays où ils sont placés. Ensuite les juges de paix me paraissent avoir plus de temps et de facilité pour faire le travail que j'indique. »

M. de la Fontenelle. « Pour arriver à la confection du Code de localités dont on vient de parler, on trouvera dans certaines parties des documens complets. Par exemple, pour la pêche dans les rivières, il y a dans chaque département un règlement dressé par le préfet, revu par le conseil général et approuvé par le gouvernement. Quant aux usages ruraux, il me semble qu'ils doivent être recueillis par les juges de paix, en ayant le soin d'appeler les experts de leurs cantons. Sur des questions que j'ai adressées à des juges de paix de la Vendée, quelques-uns d'entr'eux, notamment celui de Montaigu, ont agi ainsi. Pour les cas rédhibitoires, les artistes vétérinaires peuvent donner d'utiles renseignemens. »

M. Fradin pense que les juges de paix sont plus aptes qu'aucuns autres fonctionnaires à dresser les procès-verbaux, objet de la proposition. Chaque jour des questions d'usage se terminent sur leur médiation. Ils en entendent parler plus que qui que ce soit. Ce fait est tellement avéré, que fréquemment les avocats et même les magistrats supérieurs les consultent sur ces points.

M. Grellaud ne croit pas que le travail qu'on propose ait l'importance qu'on lui suppose. Ces documens une fois recueillis n'auront point force de loi, et n'empêcheront point les procès sur les questions qui s'y rattachent. Du reste, peu d'articles, dans le Code civil, renvoient aux usages de localité.

M. Abel Pervinquière. « Je soutiens que quand les usages de localité seront bien constatés, il y aura peu de contestations à leur sujet. C'est l'incertitude sur les points de droit qui occasione les procès. On a tort de dire que peu d'articles du Code civil renvoient aux usages locaux. C'est là une grande erreur. Ils sont au contraire assez nombreux. Je citerai de mémoire l'article 648, pour la vaine pâture; l'article 671, pour la distance à laquelle les arbres doivent être plantés; l'article 674, pour la distance et les ouvrages requis pour certaines constructions; l'article 1648, pour la durée de l'action rédhibitoire; l'article 1736, pour le délai qu'on doit observer en donnant congé, lorsqu'il s'agit d'un bail sans écrit; les articles 1745 et 1758, pour la durée des baux; l'article 1759, pour la tacite réconduction; l'article 1777, pour les logemens et facilités qui doivent être laissés au fermier entrant; et enfin l'article 1778, pour les pailles et engrais que doit laisser le fermier sortant. Je pourrais encore en citer d'autres qu'il faudrait rechercher ; mais il me semble que les indications que je viens de donner suffisent. »

La proposition mise aux voix est adoptée.

M. Lair continue la quête commencée hier, et obtient une somme de 28 fr. 75 c. qui est, comme l'autre, déposée entre les mains de M. le trésorier.

M. le président annonce qu'il va être donné lecture d'un mémoire de M. Simon (de Nantes), *sur le magnétisme animal*, renvoyé par la troisième section à l'assemblée générale.

Avant de faire cette lecture, l'auteur annonce qu'il a réduit son mémoire, sur la demande de la section.

*Analyse du Mémoire de* M. C.-G. Simon, *de Nantes, sur le magnétisme animal.*

Il importe peut-être moins de donner une analyse complète de ce mémoire que de faire ressortir l'idée principale de l'auteur. Cette idée, la voici : De tout temps les novateurs ont été persécutés ; aujourd'hui les persécutions ont changé de nature. Le sarcasme, le ridicule, voilà les armes employées de nos jours ; armes terribles, qui tuent une pensée nouvelle plus sûrement que ne le faisaient autrefois les prisons et les échafauds. Le magnétisme animal n'a pas été plus favorisé que les autres doctrines. Poursuivi depuis Mesmer jusqu'à nos jours, il semble par cette raison être resté principalement entre les mains de charlatans, de fripons ou d'hommes immoraux qui ont abusé de l'influence mystérieuse qu'il mettait entre leurs mains. Pour faire cesser ces coupables abus, il est à désirer que la pratique du magnétisme soit affranchie des sarcasmes qui l'ont poursuivie jusqu'à ce jour, afin que des hommes honorables, des hommes de science puissent se livrer consciencieusement, sans crainte et sans mystère, à l'étude d'une faculté extraordinaire, dont l'emploi paraît offrir, suivant des autorités dignes de foi, de grandes ressources à la thérapeutique.

Maintenant nous abordons le mémoire de M. Simon.

Après avoir donné un résumé succinct de l'histoire du magnétisme animal jusqu'à nos jours, l'auteur s'appuie sur l'autorité de MM. Bourdois de la Motte, Fouquier, Guéneau de Mussy, Guersent Itard, J.-J. Leroux, Marc, Thillaye et Husson, membres de l'académie de médecine, qui, après cinq années d'études et d'expériences consécutives sur le magnétisme animal, présentèrent les 21 et 28 juin 1831, en sa faveur, le rapport qui leur avait été demandé par cette compagnie (1).

Fort d'un pareil témoignage, M. Simon établit dans son mémoire des faits nouveaux observés par lui. Ces faits, rapportés avec simplicité et bonne foi, sont trop curieux pour que nous ne les consignions pas ici. Nous allons laisser parler l'auteur lui-même.

« Durant tout l'hiver dernier (1833-1834), ayant eu le bonheur de rencontrer dans une jeune bonne que je désignerai sous le nom de Félicie, une somnambule d'une lucidité parfaite, nous avons pu, quelques-uns de mes amis et moi, observer la plupart des faits signalés dans les écrits des magnétiseurs.

» Nous avons accumulé le fluide magnétique sur un plateau de verre soutenu sur l'estomac de Félicie, au point d'effrayer cette jeune fille, à laquelle le fluide magnétique se présentait sous l'apparence d'une flamme prête à la dévorer. Les yeux bandés, Félicie faisait la partie de cartes sans jamais se tromper sur leur valeur. Elle lisait dans l'esprit de son magnétiseur. A ma première visite, qui eut lieu pendant son sommeil, elle dévoilait mon caractère, décrivait mes traits, mon physique, mes vêtemens et mes gestes, et toujours ses yeux étaient couverts d'un épais bandeau. Une autre fois, renfermée dans la maison, elle disait ce que je faisais seul à l'extrémité d'un grand jardin et dans les ténèbres d'une nuit obscure.

» Souvent nous lui fîmes voir la lanterne magique pendant son sommeil magnétique, et alors elle nous décrivait sans hésiter les personnages bigarrés que nous faisions passer derrière le verre de la lanterne.

» Folle de la musique, dès que les cordes d'un piano résonnaient, Félicie, naturellement lente et apathique, éprouvait une exaltation soudaine; religieuse et grave si les tons étaient graves et solennels, folle extravagante si l'air était bouffon. A la volonté du magnétiseur, elle entendait les sons de l'instrument ou cessait de les percevoir. Un soir nous la conduisîmes en esprit dans l'intérieur de la salle de spectacle qu'elle n'avait jamais visitée. Elle nous en fit une exacte description. Pour elle les loges étaient de petites grottes. Tout d'un coup elle se prit à bondir de joie sur son siége, et s'écria : Ah! le rideau, le rideau se lève! je vois des arbres, c'est comme une forêt ou comme un jardin. Voilà dans ce jardin un monsieur habillé en berger qui lève les bras en l'air.

» Nous réveillâmes Félicie à l'instant, dix minutes après j'étais au

(1) Rapports et discussions de l'académie royale de médecine, sur le *magnétisme animal*, publiés par M. P. Foissac, D. M. P. — A Paris, chez Baillière, libraire de l'académie royale de médecine, rue de l'École-de-Médecine, n° 13 *bis*.

spectacle ; on donnait le *Rossignol*, et la troisième scène commençait. Des faits anologues se sont représentés plusieurs fois.

» Toutes les fois que Félicie était en état de somnambulisme, l'insensibilité des organes s'est déclarée. Ni les piqûres d'épingle, ni les pinçons, ni les chatouillemens d'une barbe de plume, ni les odeurs les plus pénétrantes, n'avaient alors la moindre action sur ses sens. Toujours l'oubli des phénomènes obtenus pendant le sommeil magnétique a suivi le réveil, sauf les cas où son magnétiseur lui avait recommandé spécialement le souvenir de quelque fait particulier.

» C'est à l'aide du magnétisme que le médecin de Félicie, qui suivait avec nous ces expériences, a pu la guérir d'une double affection morbide assez dangereuse pour alarmer ses maîtres. Moi-même j'ai guéri en un instant, par le magnétisme, une de mes parentes tourmentée d'un violent mal de tête.

» Étant à Paris il y a quelques mois, j'ai conduit chez le docteur Chapelain, connu pour ses traitemens magnétiques, un de mes oncles, frappé de cécité depuis huit années. La somnambule avec laquelle il fut mis en rapport, reconnut parfaitement son mal et ordonna un traitement tout-à fait rationnel. Les personnes qui ont été à même d'observer des faits magnétiques n'ignorent pas qu'il s'établit constamment une relation sympathique entre un somnambule et le malade qui le consulte. Dans le cas présent, les yeux de la somnambule furent momentanément paralysés dans les mêmes circonstances que ceux de mon oncle. Après les premières *passes* qui devaient la réveiller, ses paupières se soulevèrent à demi, mais son œil droit restait terne et fixe, l'œil gauche était un peu plus ouvert et moins terne. Enfin, elle ne recouvra l'usage parfait de la vue qu'après quelques minutes d'efforts de la part du magnétiseur. On observera que mon oncle, qui a perdu entièrement l'usage de l'œil droit, est encore légèrement sensible de l'œil gauche à l'éclat de la lumière.

» Mes relations avec le docteur Chapelain m'ont mis à même de voir chez lui madame N.... qu'il a guérie d'une affection cancéreuse par la seule influence du magnétisme animal. Cette dame, filleule de Napoléon, fille d'un vieux général, aujourd'hui pair de France, ne s'était soumise au traitement magnétique que d'après les conseils de son médecin, l'un des membres les plus distingués de la faculté de médecine de Paris. Pendant sa convalescence, et étant en état de crise, elle écrivit au docteur Chapelain, qu'elle n'appelle plus que son sauveur, une lettre de remercîmens, avec des circonstances qui méritent d'être signalées.

» Lorsque madame N.... voulut écrire, elle saisit une plume métallique qui se trouvait sur le bureau du docteur Chapelain ; mais le fer ayant la propriété de produire quelquefois de légères convulsions chez les somnambules, la main de madame N...., soulevée par petites saccades, n'écrivait que des mots à demi formés, sans que cette dame eût conscience de ce qui arrivait. Le docteur Chapelain, témoin de ce fait, et en pénétrant la cause, lui ôta le papier et la plume des mains, en lui disant qu'elle n'avait fait que griffonner des lignes inintelligibles, qu'il fallait recommencer, et écrire avec plus de soin et d'attention. Il lui mit en main une plume ordinaire et une nouvelle feuille de papier, et alors madame N.... put à son aise exprimer sa gratitude dans une lettre fort nettement écrite, et que le docteur Chapelain conserve précieusement avec l'essai infructueux qui l'avait précédée. »

A la suite de ces faits, M. Simon signale un événement extraordinaire qui eut lieu au mois de juillet 1833, dans une maison d'éducation de Clermont en Auvergne. Mais cet événement pouvant s'expliquer par les lois ordinaires du somnambulisme cataleptique, la section de médecine en a ordonné le retranchement, pour ne pas abuser des instans du Congrès ; nous n'avons donc point à nous en occuper ici.

« A Paris, reprend plus loin M. Simon, à Paris où tant d'exemples éclatans ont enfin dissipé une partie du nuage, les vérités magnétiques n'excitent plus le sourire ; mais là encore cependant, et en province surtout, la malveillance et l'entêtement leur opposent toujours de rudes obstacles à vaincre. Il est malheureux que cet état de choses s'oppose à l'étude publique du magnétisme, et permette au charlatanisme seul d'exploiter une faculté merveilleuse, dont il importerait tant que la pratique ne fût confiée qu'à des hommes de l'art agissant publiquement, et capables de rectifier, par leurs connaissances médicales, les erreurs, les caprices ou la mauvaise foi des somnambules. »

D'aussi sages conclusions ne pouvaient manquer d'être accueillies par des hommes éclairés, dégagés de préjugés et de toute idée rétrograde ; aussi le Congrès s'est-il empressé d'en consigner l'adoption dans ses procès-verbaux, sans rien préjuger sur la question posée dans son programme. Cette question était ainsi conçue : « *Déterminer l'état de la science relativement au magnétisme animal.* »

M. Simon lui-même déclare que de nouveaux faits, que des expériences plus multipliées sont nécessaires pour être réunis, coordonnés et former un corps de science, qui ne peut s'établir que sur des lois bien déterminées. C'est aux hommes d'étude à s'occuper d'un pareil travail, avec zèle et avec un sincère amour de la vérité.

La fin du mémoire de M. Simon est consacrée à démontrer la possibilité d'user avec avantage du magnétisme animal, pour le traitement des fous, des idiots et des monomanes. Le Congrès ne pouvait se prononcer sur une pareille question. C'est une brillante hypothèse que le temps seul et l'expérience confirmeront ou détruiront.

M. Desvaux émet une observation relative à une opinion de M. de Jussieu.

M. le docteur Guépin fait une réclamation relative au mémoire, ou à ce qui s'est passé lors de la présentation de ce document à la section de médecine.

M. le docteur Roy attaque le mémoire de M. Simon. Il ne nie pas complètement le magnétisme animal, car lui-même a magnétisé, mais il croit qu'on en a exagéré l'effet. En magnétisant, on met un individu dans un état de souffiance qui ne lui fait pas éprouver le désir de revenir dans la même position. Croire que dans l'état indiqué, on peut savoir tout ce qui se passe, même dans des lieux où on n'a jamais mis le pied, est une doctrine qu'on doit trouver extraordinaire pour une époque de science, comme celle dans laquelle nous vivons.

M. le docteur Thiaudière ne nie point entièrement les résultats du magnétisme, mais il croit qu'on les exagère.

M. le docteur Guépin est d'avis qu'il faut, sur une matière aussi grave, recueillir beaucoup de renseignemens, pour décider plus tard en pleine connaissance de cause. •

M. le docteur Jolly propose une formule.

La discussion terminée, la proposition suivante est adoptée :

Le Congrès émet le vœu que tous les faits et documens qui peuvent conduire à la solution de la question relative au magnétisme animal, soient recueillis par les sociétés savantes et médicales, par les savans et par les médecins.

M. Lair lit une notice sur M. de Chênedollé, ancien inspecteur général de l'université, membre de la première session du Congrès, et mort il y a peu de mois.

*Note sur* M. DE CHÊNEDOLLÉ, *par* M. FRÉD. VAUTIER, *professeur à la Faculté des Lettres de Caen.*

Notre pays vient de faire une perte qui ne manquera pas d'y être vivement sentie sous plus d'un rapport.

M. de Chênedollé vient de mourir à Burcy, près de Vire, le 2 décembre 1833, à peine âgé de 63 ans.

M. Lioult de Chênedollé, issu d'une famille noble de notre Bocage, naquit dans ces temps qui devaient bientôt enfanter la révolution de 1789, et sa jeunesse fut en butte à tous les orages que l'implacable terreur de 1793 déchaîna sur tous ceux de sa caste.

M. de Chênedollé dut chercher un asile dans l'émigration.

M. de Chênedollé avait fait d'excellentes études au célèbre collége de Juilly; les lettres furent, sinon sa ressource, au moins sa consolation et son délassement dans le long exil aux terres de l'étranger. C'est à cette époque que d'heureux hasards le mirent en rapport avec quelques autres fugitifs de la France, dont la plupart ont obtenu plus tard un renom illustre; de ce nombre furent l'éloquent et sage Fontanes, le piquant et ingénieux Rivarol, le Protée de la prose française, Châteaubriand, etc., etc.

Entre les étrangers, le célèbre Klopstock est celui avec lequel il se lia de la manière la plus intime, et à l'amitié duquel il attacha le plus haut prix.

La Hollande, l'Allemagne, la Suisse et l'Italie, sont les contrées qu'il parcourut; il se complut à les étudier tour à tour.

Dès ce temps, M. de Chênedollé versifiait de longs et beaux morceaux de poésie descriptive, pleins d'images et de verve, conçus à la vue de quelque grand tableau de la nature, ou fournis par une méditation sur la condition morale ou intellectuelle de l'homme; quelquefois suggérés par l'idée d'un passage éloquent de Buffon ou de Bernardin de Saint-Pierre, ou encore par un trait rapide et profond de Pascal ou de Rivarol.

Ces ébauches furent le germe de son poëme du Génie de l'Homme, poëme du genre de ceux de Delille, ayant les qualités et les défauts des chefs-d'œuvre du modèle; souvent plus énergique et moins maniéré, mais aussi moins constamment pur, et encore plus faiblement lié dans ses détails.

Des jours de calme avaient succédé aux tempêtes; la France, lasse d'anarchie, s'était réfugiée dans le despotisme légal, qu'elle se réjouissait de voir exercé avec sagesse au nom de la gloire et du génie, et dans le sens des intérêts nationaux. Alors tout ce qu'il y avait de sensé dans l'émigration dut comprendre qu'il ne lui restait d'autre ressource que de se rallier le plus tôt possible au nouveau gouvernement du pays.

Fontanes était rentré en France, et il y jouissait déjà de la haute confiance du maître : son influence ne tarda pas à y rappeler le jeune

Chênedollé ; et lorsque peu après il fut placé à la tête du nouveau corps enseignant, un de ses premiers actes fut de donner à son jeune ami une chaire de littérature latine à l'Académie de Rouen ; il le destinait dès lors à des fonctions plus éminentes, et il se plaisait à le dire publiquement. Les circonstances de la Restauration qui firent passer le pouvoir universitaire en d'autres mains, ont contrebarré en ce point, comme presque partout, l'accomplissement de ses vues. Ce n'est que depuis quelques années seulement, que nous avons vu M. de Chênedollé nommé aux fonctions d'inspecteur général des études, et durant dix-huit ans à celles d'inspecteur particulier de l'Académie de Caen.

Lorsque M. de Chênedollé rentra en France, son Génie de l'Homme y fut publié, et reçut du public un très-honorable accueil ; on se plut à voir dans cette composition, moins un ouvrage fait, qu'un riche et noble échantillon de ce que l'auteur pouvait faire un jour sur un sujet choisi à sa convenance : quelques voix puissantes prononcèrent le mot d'épopée. Alors la France croyait encore à l'épopée ! Le jeune poète ne déclina pas cette haute mission, et bientôt il fut assez généralement connu qu'il s'exerçait sur le grand et beau sujet de la prise de Jérusalem par Titus, sujet fort étranger sans doute à ce qu'on appelle nationalité française, mais qui, comme la Jérusalem délivrée et le Paradis perdu, et même encore la Messiade, eût pu y suppléer par un caractère profond et frappant de nationalité chrétienne, et dans lequel il se proposait de mettre en contraste les deux grands tableaux des pompes du judaïsme et des restes insensés du paganisme romain.

En 1802, M. de Chênedollé, distrait un moment de ses grands travaux, donna, sous le titre d'Etudes Poétiques, un volume de poésies lyriques, qui auraient pu produire un certain effet, si les premières Méditations de Lamartine, qui venaient aussi de paraître, n'en eussent trop puissamment détourné l'attention du public ; quelques-unes de ces petites pièces étaient plus ou moins connues d'avance et avaient été composées pour les concours des Jeux floraux.

Dans l'avant-propos de cet essai, M. de Chênedollé parle de son poëme de Titus comme d'un ouvrage en état de paraître prochainement, et arrivé à peu près au point où la mesure de son talent pouvait se porter. Il serait fort à désirer que le manuscrit en fût livré à l'impression, ou du moins confié à quelques-uns de nos grands dépôts littéraires, où il ne courût pas risque d'être détruit.

M. de Chênedollé avait été un professeur des plus distingués, possédant également bien, et dans de grands détails, la connaissance des littératures latine et française ; il y avait à cet égard beaucoup à pro fiter dans sa conversation. Il fut un des bons esprits qui, avec cinq ou six autres, placés un peu plus bas dans la hiérarchie, ont le plus contribué à introduire dans notre académie les vrais principes de la bonne traduction.

M. de Chênedollé a été de plus un excellent inspecteur, un chef bienveillant et plein d'obligeance, un homme de bien, de la piété la plus sincère, du caractère le plus recommandable, et du commerce le plus sûr.

M. de Chênedollé laisse une famille nombreuse et digne d'un grand intérêt. Sa perte a été sentie à Vire comme un malheur public; et on peut dire à la lettre qu'elle a mis toute cette ville en deuil.

M. de Chênedollé était né le 4 novembre 1769.

Il avait été mis à la retraite, au mois d'avril 1833, après 23 années de service dans l'enseignement.

## SÉANCE DU JEUDI 11 SEPTEMBRE 1834.

Présidence de M. de Caumont (de Caen).

M. Boubée, secrétaire de la première section, rend compte à l'assemblée de la course géologique du matin.

### *Promenade géologique du jeudi 11 septembre 1834.*

« La section des sciences physiques, mathématiques et naturelles du Congrès de Poitiers, avait décidé qu'une promenade dont le but principal serait d'étudier la constitution géognostique du bassin du Clain et les faits qu'il présente à l'appui du *déluge des géologues*, aurait lieu le jeudi 11 septembre.

» Réunis à six heures du matin, environ cinquante membres du Congrès se mirent en marche sous la direction de MM. Boubée et Delatre. On sortit de la ville par la porte de Saint-Cyprien.

» A peine on a franchi le pont, qu'on observe successivement les assises en stratification horizontale du calcaire jurassique inférieur, et celles du calcaire jurassique moyen qui leur est immédiatement superposé. On voit au-dessus une couche puissante de fragmens calcaires entassés, une grande abondance de silex corné qu'on trouve également disséminé au milieu de la terre végétale dans les champs cultivés, et qui représente la formation supérieure du terrain jurassique.

» Parvenus au haut du plateau, nous observâmes trois circonstances propres à démontrer le passage de grandes eaux sur la contrée : 1° le creusement de la vallée du Clain, que l'on ne saurait attribuer à l'action des eaux actuelles ; 2° la dispersion de cailloux roulés, de roches étrangères au plateau, notamment de jaspe, de quartz hyalin qu'on y trouve en petit nombre ; 3° la dénudation des silex cornés et le brisaillement des calcaires au-dessous de la terre végétale, phénomène qui s'observe surtout à la sortie de St-Benoît dans l'escarpement de la nouvelle route. Ceci pourrait être attribué, il est vrai, à l'action incessante des eaux pluviales qui, s'infiltrant sous la terre végétale, dissolvent le calcaire et laissent à nu les silex, et aux gelées d'hiver qui peuvent fendre et brisailler les roches calcaires; mais l'action des grandes eaux, qu'atteste déjà la présence des galets précités, se révèle encore dans la grande quantité de ces silex dénudés, dans leurs formes usées, dans leur disposition, les plus gros étant communément à la partie inférieure, et dans le mélange de sable et de galets, soit au milieu de ces silex, soit au milieu des débris calcaires entassés.

» Après St-Benoît, les roches de Passe-Lourdin, qui font partie du terrain jurassique moyen, se présentent à la surface du sol et dans la partie la plus élevée, toutes percées d'une multitude de cavités qui donnent à ces roches l'aspect de la pierre meulière ; mais en examinant de plus près leur nature et la forme de leurs cavités, on reconnaît que ces roches sont calcaires et que les cavités sont presque toutes dirigées verticalement. Une disposition à peu près semblable s'observe dans les lieux les plus élevés des Pyrénées, dans ceux où les neiges séjournent long-temps sur le calcaire, ce qui semble indiquer que c'est à l'érosion lente des eaux qu'il faut attribuer cette disposition. Toutefois ces cavités sont pour la plupart très-régulières ; elles rappellent les cavités que les folades et autres mollusques térébrans savent se creuser dans le roc qu'ils habitent. Une discussion s'éleva à ce sujet, et l'on convint que si l'intervention des animaux perforans peut être justement invoquée dans ce cas, l'action postérieure des eaux actuelles n'a pas moins contribué à altérer, à défigurer même le premier travail des mollusques marins, en élargissant leurs loges et en corrodant les parois intérieures jusqu'à les rendre pour la plupart méconnaissables.

» Dans ce même lieu, les escarpemens de la vallée offrent l'entrée d'une petite grotte creusée à la partie inférieure du terrain médio-jurassique, grotte qui n'offre au géologue aucune particularité remarquable, mais qui, résultant d'un éboulement intérieur, présente à la voûte la forme ordinaire d'un cône surbaissé. Quelques archéologues, qui la veille avaient inutilement consacré une séance entière à la recherche de l'origine de l'ogive, en retrouvant les traits les plus caractéristiques dans la forme naturelle de cette voûte d'éboulement, déclarèrent gaîment que là, sans aucun doute, était la *mère-ogive*.

» Dans le bas de la vallée, et après avoir dépassé la fontaine, on trouve le calcaire à l'état de dolomie ; mais on remarque qu'il n'est dolomitique que par parties. Du reste, on ne peut reconnaître la stratification des couches dolomitiques, ni s'assurer si, dans ce point, elles sont toujours horizontales.

» De ce lieu on se porta vers une tranchée faite dans la route, au milieu d'un dépôt de cailloux roulés, dont la majeure partie, formés de quartz hyalin et de quartz laiteux, appartiennent aux terrains primordiaux. Quelques-uns cependant sont des jaspes et des silex cornés. On remarque au milieu de ce dépôt des blocs erratiques de poudingue, dont les galets de quartz, de jaspe et de silex sont réunis par un ciment ferrugineux. La nature de ces galets permet d'indiquer l'âge de ce poudingue, et de le rapporter à la formation crayeuse, tandis qu'il n'a été détaché de son gîte originaire et entraîné jusque dans ce lieu que par les eaux puissantes du cataclysme diluvien. Ces blocs et ces nombreux cailloux roulés, étrangers au pays, attestent encore le passage des grandes eaux qui purent creuser le large bassin au milieu duquel le Clain roule aujourd'hui ses paisibles ondes.

» On se dirigea de là vers le Pont-Verron, où l'on trouva de très-beaux fossiles, caractérisant une nouvelle formation, celle du lias : tels que le pectenlens, la gryphéa armata, des bélemnites, des térébratules, un nautile de grande dimension, des ammonites, des trigonies, des nucules, etc. Mais on n'eut pas le temps d'en rechercher toutes les espèces, et c'est à une seconde course qu'a faite sur les mêmes lieux M. le comte de Vibraye que l'on doit une partie de ces indications.

» On vit encore avec intérêt une dolomie granulaire, contenant des rognons de silex noir et des fossiles nombreux. On ne peut douter que cette dolomie n'ait été d'abord un calcaire ordinaire qui n'aura été changé en dolomie qu'après la formation même des silex.

» Non loin de là, près de la rivière, on vit ces mêmes roches s'offrir en couches fortement inclinées, et faisant avec l'horizon un angle d'environ quarante degrés. Cette position, que nous n'avions pas encore observée, nous fut expliquée par la découverte de plusieurs affleuremens d'une roche de porphyre rougeâtre à cristaux de feldspath blanc. Au milieu de ce massif porphyritique se voit un filon de quartz mêlé de jaspe et de filets de calcédoine. Ce quartz hyalin, rose sur quelques parties, paraît être manganésifère et annoncer peut-être dans ce filon quelque matière métallique ; du reste les dolomies se multiplient aux alentours du Port-Séguin. On les voit couronner la partie supérieure des collines. Elles sont horizontales et se rapportent à la formation jurassique moyenne et inférieure, comme tous les calcaires de la contrée. Cette stratification horizontale des formations jurassiques démontre leur formation postérieure au soulèvement du porphyre, tandis que l'inclinaison des couches du lias assigne à ce dernier terrain une existence antérieure à l'apparition de ces produits volcaniques des âges anciens du globe. Cependant on peut observer le passage des calcaires jurassiques à la dolomie en plusieurs points du porphyre, même à de grandes distances de cette roche ; ce qui nous fit supposer que, même après l'éruption et la poridification du porphyre, il avait continué à se dégager, sur ce point, des eaux ou des gaz chargés de magnésie qui avaient dû produire dans les calcaires cette altération remarquable.

» En approchant de Ligugé, nous vîmes les terrains primordiaux se développer à droite et à gauche de la rivière et prendre sur la rive droite un aspect imposant. Nous vîmes d'abord, et comme faisant suite au porphyre, une belle protogyne à grandes lames de feldspath rose, avec talc argentin et quartz translucide. Cette protogyne offre assez exactement l'aspect du granit dont est formé l'obélisque de Luxor.

» Un peu plus loin le talc paraît passer insensiblement au mica, et la roche plus solide et moins altérée devient un véritable granit. Nous remarquâmes les formes massives de ces roches primordiales qui, fissurées en tous sens et divisées par grands blocs, sont néanmoins privées de toute stratification, caractère général des roches granitiques.

» Le plus beau temps nous accompagna dans notre promenade, et il s'établit entre tous une franche cordialité. Telle est d'ailleurs la première pensée des Congrès scientifiques. Combien d'hommes s'occupant des mêmes études qui ne se seraient jamais rencontrés, si de semblables occasions ne leur eussent permis de se communiquer leurs pensées, leurs observations et leurs découvertes? A Ligugé, un déjeuner tout improvisé nous fut offert avec beaucoup de grâce par Mme Laurence, et il fut joyeusement accueilli.

» M. l'abbé Piet, qui nous conduisait à Ligugé, nous y fit voir les restes du premier monastère des Gaules, où l'évêque de Tours reçut les enseignemens de saint Hilaire. Nous visitâmes aussi, dans le même village, la tour célèbre où fut enfermé Rabelais, et dans laquelle on suppose qu'il a composé son Pentagruel.

» Nous rencontrâmes à Ligugé un bloc de granit gris qui parut être étranger à la localité et constituer un bloc erratique, ce qui fut une confirmation de toutes les considérations que cette course nous avait déjà permis de réunir pour attester sur le Poitou le passage d'eaux puissantes, dont l'éloignement des chaînes de montagnes ne permet de rattacher le cours à aucun des phénomènes dont l'histoire ait conservé le souvenir.

» L'heure de la séance générale nous rappelait à Poitiers; en repassant à Passe Lourdin, MM. les directeurs du séminaire, membres de la section, qui avaient fait avec nous toute la course géologique, nous firent les honneurs de leur campagne de Mauroc, et à trois heures nous étions déjà rassemblés dans le lieu des séances. »

M. Babault de Chaumont présente le tableau des travaux du matin pour la deuxième section, dont il est secrétaire. Cette même section a arrêté qu'elle se réunirait ce soir, à 7 heures, avec la sixième section, pour examiner la question relative aux chemins vicinaux.

MM. Lucien Gaillard, de la Pilaye, Chatelain et Isidore Le Brun, présentent l'analyse de ce qui s'est passé aujourd'hui, dans les 3e, 4e, 5e et 6e sections dont ils sont secrétaires.

M. le secrétaire général donne lecture de lettres écrites par Mlle Elisa Mercœur, MM. Jules Lechevalier (de Paris) et Chesnon (de Bayeux), qui expriment le chagrin qu'ils éprouvent de ne pouvoir pas prendre part aux travaux du Congrès.

Il fait ensuite connaître le titre de divers ouvrages dont l'hommage vient d'être fait à l'assemblée.

M. le président donne lecture d'une proposition faite par M. Mangon de la Lande, et adoptée par la cinquième section, qui l'a renvoyée à l'assemblée générale; elle est ainsi formulée :

Le Congrès émet le vœu pour qu'il soit formé en France, sur les points les plus importans, des sociétés archéologiques spéciales et indépendantes.

M. Chanlouyneau explique que cette expression *indépendantes* doit s'entendre en ce sens, que ces sociétés ne dépendraient pas les unes des autres. Il croit aussi qu'il ne faut point fixer un chiffre pour le nombre des sociétés archéologiques à établir; d'abord on avait proposé d'en porter le nombre de 15 à 18 au plus.

La proposition, mise aux voix, est adoptée.

Il est ensuite fait lecture d'une rédaction qu'on croit d'abord être une proposition de M. de Givenchy à reporter à l'assemblée générale, et ayant pour but de flétrir, dans l'opinion publique, l'avidité des démolisseurs qui ont privé la France de ses plus beaux monumens; mais après quelques observations de MM. Foucart et Nicias Gaillard, et la déclaration de M. de Givenchy que cette rédaction n'était destinée qu'à être portée au procès-verbal de la quatrième section, sans faire le sujet d'une proposition, la discussion, sur ce point, n'a pas d'autre suite.

Vient une proposition de M. Foucart, adoptée et renvoyée à l'assemblée par la quatrième section.

Le Congrès supplie le gouvernement de faire rechercher et acheter à l'amiable les monumens importans pour l'art et pour l'histoire qui sont entre les mains des particuliers.

Il est supplié, également, d'ordonner qu'aucune réparation ne puisse être faite aux monumens antiques, appartenant, soit à l'État, soit aux départemens, soit aux communes, soit aux particuliers; qu'aucune destination nouvelle ne puisse leur être donnée, qu'aucun d'eux ne puisse être détruit, sans que les ministres dans le département desquels se trouvent ces monumens aient pris l'avis, 1° des sociétés savantes du pays, s'il en existe; 2° de la société autorisée par le gouvernement pour la conservation des monumens anciens; 3° et des inspecteurs généraux des monumens.

M. Foucart donne quelques explications sur sa proposition. On voulait dépouiller les propriétaires des monumens sans les indemniser; il a pensé que cette dépossession ne pouvait avoir lieu ainsi sans injustice. Après y avoir réfléchi, il a réduit même sa proposition qui allait jusqu'à exiger une autorisation pour réparer, ce qui aurait été attentatoire au droit de propriété.

M. le général Dubourg croit qu'il n'est pas convenable d'imposer des entraves aux propriétaires de monumens.

M. Foucart, dans la crainte qu'on ne voulût étendre le mot *monument* à des médailles ou autres objets de cette dimension, propose d'employer l'expression *monument d'architecture*.

M. André craint qu'on ne puisse pas entendre par ces mots les monumens celtiques qui sont entièrement bruts.

Un membre répond que les monumens celtiques sont, malgré ce qu'on peut dire, monumens d'architecture, de l'enfance de l'art.

La proposition, formulée avec la rectification et l'addition faite en dernier lieu par son auteur, est mise aux voix et adoptée.

M. le président fait connaître à l'assemblée une proposition de M. David de Thiais adoptée par la cinquième section, et renvoyée par elle à l'assemblée générale. Elle est conçue dans ces termes :

Le Congrès exprime le vœu que la littérature, tout en revêtant la forme qui paraîtra la plus convenable au développement de l'art et à son but moral et social, s'abstienne toutefois, quant au fond, des doctrines licencieuses et immorales, et abjure l'esprit de spéculation et de vénalité qui, trop souvent, inspire et déshonore ses productions, à quelque école qu'elles appartiennent.

M. Foucart croit qu'on devrait inviter l'auteur de la proposition à la préciser davantage.

M. David de Thiais. « Je réponds à la qualification de vague donnée à ma proposition par M. Foucart. La rédaction d'un semblable vœu, qu'il est bon pourtant d'exprimer, présente de la difficulté. On ne peut, en effet, attaquer ni une école, ni des noms propres. Le vague est donc une nécessité dans la circonstance. Le Congrès scientifique, qu'on a dit être une sorte de concile, a mission pour flétrir en général une littérature immorale et de mauvais goût ; mais une trop grande précision aurait peut-être de l'inconvénient. D'abord la proposition était plus étendue, mais elle a été restreinte par la section. M. Jullien se propose de reproduire la partie qui n'a pas eu l'adhésion de la section, et alors le tout se trouvera mieux coordonné. »

M. Jullien (de Paris) soutient en effet que la rédaction première de la proposition est préférable à la rédaction réduite, adoptée par la cinquième section.

M. Boncenne demande le rejet de la première partie de la proposition, et l'adoption de l'avis de la section.

M. de Caumont, président, fait remarquer qu'il ne peut mettre aux voix une proposition non adoptée par une section, ou non renvoyée par elle à l'assemblée générale.

M. Nicias Gaillard croit aussi que cette première partie ne peut être admise.

A raison de la difficulté de la rédaction, le Congrès renvoie la proposition à un nouvel examen de la cinquième section.

M. le président fait connaître une proposition de M. F. Chatelain, adoptée par la même section, et renvoyée par elle à l'assemblée générale. Il en donne lecture dans les termes suivans :

Le Congrès émet le vœu de voir supprimer l'Académie de France à Rome, comme n'ayant plus le degré d'utilité qui a présidé à sa création. Il verrait avec satisfaction que la pension quinquennale qui est accordée par le gouvernement aux lauréats leur fût intégralement conservée, et que la facilité leur fût laissée d'aller visiter sans entraves les lieux vers lesquels les appelle l'instinct de leur génie.

M. F. Chatelain développe les motifs de sa proposition dans les termes suivans :

Messieurs, *examiner si l'institution de l'Académie de France à Rome, fondée par Colbert, répond encore aux besoins de notre époque?* telle est la question que j'ai l'honneur de vous soumettre, et elle me paraît une des plus importantes qui puissent vous occuper. C'est, en effet, une question vitale d'émancipation pour nos artistes. Mon intention, en appelant vos lumières pour la résoudre, n'est pas toutefois de faire des utopies, de bâtir dans le vague un nouveau mode d'encouragement à donner aux beaux-arts; je veux seulement dérouler à vos yeux les abus graves de cette école de Rome, qu'un long séjour dans la capitale du monde chrétien m'a permis d'examiner dans ses détails comme dans son ensemble.

J'espère vous faire partager ma conviction que la suppression de l'école de Rome serait le plus puissant encouragement à donner aux jeunes artistes destinés à maintenir dans notre France le culte du beau, de ce culte qui, je l'espère, malgré la mobilité qu'on nous reproche, sera chez nous impérissable.

Vous me permettrez donc de vous donner quelques détails sur l'Académie de Rome.

L'Académie de Rome, fondée par Colbert en 1666, située dans l'ancien palais de l'ambassade florentine, se compose de 20 à 25 pensionnaires. Elle est administrée par un artiste, qui prend le titre de directeur. Ses appointemens sont de six mille fr. Il a carrosse, laquais à livrée royale, un couvert pour six personnes, la possession et jouissance des appartemens du palais, et un secrétaire-bibliothécaire dont le traitement est de 2,000 francs, avec le logement et la table.

Voici les fonctions du directeur :

Il presse l'exécution des travaux exigés par le règlement ; il donne ou refuse des congés aux pensionnaires, il leur paie leur pension ; il veille à l'entretien du mobilier et des bâtimens ; il pose le modèle dans l'école publique de l'Académie ; il fait enfin tous les marchés pour les fournitures alimentaires de l'école.

Les fonctions du directeur sont si peu importantes, quant à la nécessité de son séjour à Rome, que notre Horace Vernet, directeur actuel, a pu aller improviser des chefs-d'œuvre à Alger, à Anvers, et être absent pendant les deux tiers d'une année sans qu'il en soit résulté d'inconvénient pour l'école.

Le matériel de l'Académie se forme d'une galerie fournie de beaux plâtres, où les étrangers ont quelquefois la faculté d'étudier pendant le jour, et où les pensionnaires choisissent à volonté des types pour leurs travaux d'atelier ; d'une bibliothèque d'un assez bon choix ; enfin, d'une école pour l'étude de l'homme vivant, où les pensionnaires ne vont jamais, parce qu'en effet il est un degré de talent qui permet de trouver fort maussade le maniement de l'estompe et la pose académique.

Les frais de moulage de statues antiques nouvellement découvertes, les illuminations et fêtes du palais sont portés au budget de l'Académie et l'augmentent considérablement.

Les élèves sont logés fort mesquinement ; leurs ateliers sont petits. Aussi les grands tableaux qu'ils exécutent sont-ils faits dans des lieux loués à leurs frais. On exige qu'ils se nourrissent dans l'intérieur du palais, et on leur retient, à cet effet, trois francs par jour. C'est à leur estomac à s'arranger pour avoir toujours l'appétit d'un petit écu ; et comme on leur fait encore une retenue pour le cas de retour en France (mesure sage d'ailleurs), ils reçoivent net 70 fr. par mois, qui servent à leur entretien et aux frais de modèle.

J'oubliais de vous dire que les sections réunies de la classe des beaux-arts, consultées il y a à peine deux mois sur la question de savoir si un lauréat envoyé à Rome pouvait ou non se marier pendant le temps de sa pension quinquennale, se sont prononcées pour la négative. Le célibat est donc une des conditions indispensables du règlement.

Les peintres, sculpteurs et architectes ont carte blanche, la première année, pourvu qu'ils restent à Rome. La seconde et la troisième année, ils sont tenus d'envoyer à Paris une étude : pour les premiers, c'est une étude de nu, d'après nature, proportion ordinaire, avec défense expresse d'oser plus; pour les derniers, c'est un chapiteau au lavis et des ruines de temples exactement mesurées. La quatrième année, on exige une espèce de tableau et de statue. Les architectes alors voyagent; et lorsqu'au terme de leur exil les peintres et les sculpteurs exécutent enfin, ceux-ci une statue de marbre, ceux-là un tableau d'histoire, les architectes produisent la restauration de quelque grand édifice antique, dont souvent on ne retrouve que quelques vestiges de fondations.

Le pensionnaire qui s'est soumis aveuglément et avec une exactitude servile à toutes ces conditions, sans être moins avancé qu'en entrant à l'école de Rome, reçoit les complimens de l'Institut, et obtient, à son retour, des travaux du gouvernement. Celui qui s'est écarté de la loi est abreuvé de dégoûts; celui qui rompt tout-à-fait son ban, perd une année de sa pension.

Observons que dans un pays où on ne se présente nulle part les mains vides, où d'ailleurs on est séparé de sa famille, le pensionnaire ne peut retrouver ses compatriotes que dans une espèce de cercle, lieu de réunion générale; que c'est pour lui un nouveau sujet de dépense, que dès-lors ses 70 fr. deviennent insuffisans, et que toutes ses économies se trouvent absorbées par l'étude annuelle que prescrit le règlement.

Qu'arrive-t-il de cet état de choses?

Pour trouver dans ce travail les moyens de grandir son art, le pensionnaire est réduit à chercher à faire des portraits. S'il en trouve à faire, il passe dix mois de l'année à ce genre d'occupation lucratif plutôt qu'utile à son avancement, et ne pense à la composition qu'il doit envoyer pour obtempérer au règlement prescrit, que juste au moment où le temps est à peine nécessaire pour jeter à la hâte sur la toile le morceau voulu. Mais, je l'avouerai, le pensionnaire de Rome trouve rarement des portraits à faire, parce que, entre autres circonstances peu favorables, les princes romains sont maintenant aussi pauvres en écus qu'ils sont riches en titres, et que d'ailleurs ce mot de pensionnaire dont on salue les élèves, fait croire aux étrangers que ces jeunes artistes ne sont que des écoliers.

Or, faute de mieux, ils se laissent aller aux délices de la Capoue moderne, dorment, chassent, croquent des ruines, pochent des paysages, et, quand ils peuvent obtenir un congé de quelques mois, saisissent, avec le plaisir de l'esclave qui rompt ses fers, l'occasion qui s'offre à eux de se jeter dans de folles dépenses, au moyen d'avances qu'on leur refuse rarement pour les empêcher de contracter des dettes usuraires.

Le remède à tous ces inconvéniens, on le trouvera quand on le voudra bien. Le voici en peu de mots :

Ce serait, en accordant la pension quinquennale, de prescrire un voyage en Italie, d'exiger une preuve quelconque de l'emploi des encouragemens distribués par le gouvernement, et prélevés, comme tout ce que dépense un gouvernement, sur la fortune publique. On indiquerait, par exemple, Venise, Florence, Rome, Milan, Naples, où se trouvent des œuvres remarquables; les villes de la Flandre ne seraient pas négligées, car toutes renferment des chefs-d'œuvre; notre France, dont tant de localités sont peu connues, devrait enfin être l'objet de recherches, mais on laisserait les jeunes lauréats libres de camper où bon leur semblerait. Outre l'économie qui résulterait de la suppression de l'académie de Rome, cette mesure aurait pour effet de dégager le génie des entraves dont on le tient enlacé, de procurer aux artistes pensionnaires une activité qui est l'élément où l'imagination se retrempe; enfin elle leur permettrait de vivre à meilleur compte, et par conséquent d'employer plus d'argent à l'étude de leur art.

Les paysagistes que l'on envoie de temps en temps à Rome ne connaîtraient plus un seul ciel, une seule végétation. L'Espagne, l'Ecosse, l'Allemagne, nos Pyrénées, produiraient sous leurs pinceaux de nouveaux types, et le monde artiste comme le monde de nos cités y gagnerait, l'un en réputation, l'autre en jouissances.

A l'appui de ces considérations, j'aurai l'honneur, Messieurs, de vous représenter que lorsque Colbert fonda l'académie de France à Rome, cette ville regorgeait de chefs-d'œuvre, et que quelques célèbres artistes y vivaient encore : la France, au contraire, n'avait alors presque pas de ressources pour les arts; point de musées, point ou peu de monumens; de plus les élèves étaient très-faibles, c'était les envoyer réellement sur la terre classique. Aujourd'hui tout est changé. Paris est décoré de monumens admirables; notre galerie du Louvre n'a point sa pareille. Toutes les statues antiques ont été moulées, et nous en possédons les épreuves; enfin une multitude d'hommes de talent, venus pour la plupart de nos départemens, et qui résident dans la capitale de la France, se donnent les uns aux autres une émulation toujours renaissante. La Rome de nos jours, au contraire, a perdu ou vendu la moitié de ses chefs-d'œuvre ; sa pauvreté ne permet pas au talent d'y croître encouragé ; ses édifices nouveaux sont marqués au coin du mauvais goût ; et son premier peintre, que vous me permettrez de ne pas vous nommer, ne pourrait lutter avec nos pensionnaires, la plupart déjà hommes de talent quand on les envoie dans la capitale des États Romains. Quel est donc le résultat véritable d'un tel état de choses ? Le voici : pour le pays, c'est une forte et folle dépense ; pour les élèves, une chaîne pénible et quelquefois funeste. Soumis à des règlemens qui entravent l'essor de leur génie, privés d'émulation, harcelés par les conseils que de loin leur donnent leurs anciens maîtres, ils vivent d'ennui, et ne rapportent souvent dans leur patrie que ce qu'ils en avaient emporté, de la facture d'école, et rien de plus.

Au reste, l'inutilité de cet exil est aujourd'hui presque universellement reconnue. Tous les monumens d'Italie ont été mesurés à satiété, et leurs ornemens moulés avec soin. Les architectes peuvent donc se former le goût sans sortir de Paris. Nos sculpteurs, grâce aussi au moulage, n'ont pas besoin de s'expatrier pour étudier les belles statues antiques. Les peintres seuls ont intérêt à voir les fresques de Michel-Ange et de Raphaël, et quelques autres ouvrages de maîtres. Mais cet intérêt se réduit à peu de chose, quand on pense que la gravure en a reproduit l'esprit, et que le temps en a détruit l'effet ; donc, à la rigueur, la vue des gravures peut suffire. Reste le beau ciel de l'Italie ; mais pour le contempler à son aise faut-il cinq ans ? Et d'ailleurs, nous le répétons, envers l'artiste qui sera porté par son génie particulier à rendre les beaux effets d'une nature germanique, remplira-t-on le but de la vocation spéciale, en lui imposant pendant un lustre le pèlerinage exclusif de Rome et de Naples ?

Messieurs, croyez-le, si nous parvenons à trouver un mode plus rationnel d'encouragement à donner aux artistes, les arts produiront encore des chefs-d'œuvre. Eh bien ! je crois que la suppression de l'école de Rome amènerait au but désiré, et que le libre arbitre laissé aux jeunes artistes serait fécond en résultats heureux.

Je me résume : si ma proposition est appuyée et prise en considération, je désire qu'il soit demandé au Congrès de manifester le vœu de voir supprimer l'académie de France à Rome, en conservant toutefois intégralement aux lauréats la pension quinquennale accordée aux vainqueurs des concours annuels.

Dans le cas contraire, Messieurs, où les idées que je viens d'émettre et les débats qui pourront en être la suite, ne porteraient pas la conviction dans vos cœurs, si j'ose m'autoriser d'un précédent consacré par la section qui m'écoute, je demanderais que le procès-verbal mentionnât et la question que j'ai l'honneur de lui soumettre et quelques-uns des développemens dans lesquels je viens d'entrer, afin d'en faciliter l'étude au Congrès de 1835.

M. le général Dubourg. « Un Congrès scientifique demande la suppression d'une académie, et de la section des beaux-arts part directement un vœu pour la suppression de l'école de Rome. Un tel événement doit étonner, au moins au premier aperçu. Mieux vaudrait, il me semble, demander, non la suppression de l'académie, mais la révision de son règlement. »

M. Nau de la Sauvagère. « Il ne faut pas supprimer l'école de Rome, mais améliorer seulement ses règlemens. Ces mêmes règlemens sont mauvais; mais comme ils sont anciens, on n'a pas osé y toucher. La réunion des élèves sur un point, à Rome, est une excellente mesure; autrement ces jeunes gens seraient comme perdus dans cette grande ville. Cette agglomération d'élèves dans la ville éternelle, vaut mieux que de les envoyer voyager seuls, après la fin de leurs études à Paris. Ils ont besoin de voir et d'étudier le beau ciel de l'Italie et ses monumens. Supprimer un établissement aussi ancien, aussi utile que l'école de Rome, serait une mauvaise mesure; il faut se borner, je le répète, à réviser les statuts de cet établissement. »

M. d'Assailly est d'avis aussi, non de détruire l'école de Rome, mais d'améliorer les règlemens de cette institution.

M. le docteur Guépin pense qu'on ne doit pas tenir dans des entraves, pareilles à celles qui existent, des élèves arrivés à près de trente ans. Il faut les laisser voyager, pour leur permettre de donner l'essor à leur génie.

M. Grille de Beuzelin adopte entièrement, comme artiste, l'opinion de M. le docteur Guépin. « Dans l'état actuel des choses, dit-il, un artiste de l'école de Rome est, à 28 ans, à peu près caserné, on peut le dire, dans un palais de cette cité, sans pouvoir en sortir qu'avec de grandes difficultés. Mais mieux vaudrait lui permettre d'aller étudier successivement dans les autres villes d'Italie, et d'aller admirer les chefs-d'œuvre qui existent dans d'autres contrées, et notamment en Hollande. Des peintres paysagistes seraient beaucoup mieux qu'à Rome sur d'autres points qu'il serait aisé d'indiquer; aussi, quantité de jeunes peintres distingués ont refusé d'aller à l'école de Rome. Des notabilités de notre époque, de la Roche et de la Croix, n'y ont pas mis le pied. La suppression de l'école de Rome est donc une mesure utile. »

M. le général Dubourg persiste à croire que cet établissement doit être conservé.

M. le docteur Guépin. « Le moyen-âge a produit des célébrités qui n'ont pas vécu un seul instant sous le ciel de l'Italie. C'est un mauvais moyen que d'obliger les élèves qu'on envoie là à se borner à faire des copies. En agissant ainsi, on enchaîne leur génie. »

M. David de Thiais. « Le monde entier appartient à l'artiste; il faut donc lui donner les moyens de voyager, en lui indiquant une station à Rome, comme utile au développement de son génie. Mais il est préjudiciable au progrès de l'art de le détenir là, pendant plusieurs années. »

M. Boncenne. « Le gouvernement peut imposer, à une pension qu'il accorde, une condition qu'il juge utile. L'académie de Rome concourt au progrès des beaux-arts en France; il faut donc maintenir cette institution, sauf à modifier son règlement, puisqu'il contient des dispositions qui paraissent avoir des inconvéniens. »

M. Chatelain. « Je ne reviens pas sur les motifs que j'ai donnés à l'appui de mon opinion, et qui, du reste, ont été reproduits de nouveau par d'autres membres du Congrès. Je me borne à dire que, d'après ma proposition, les lauréats continueraient à avoir une pension pendant cinq ans, et qu'ils auraient de plus l'avantage d'aller la dépenser à volonté dans les divers lieux où leur génie les entraînerait. »

M. Nau de la Sauvagère. « Les pensionnaires de l'école de Rome obtiennent facilement des congés pour aller à Naples, à Florence et ailleurs. Les inconvéniens signalés n'existent donc pas. L'école de Rome a rendu de grands services, et la supprimer serait un mauvais moyen d'améliorer. Si on ne rejette pas la proposition, il faut tout au moins la renvoyer à la prochaine session du Congrès. »

M. Isidore Le Brun. « Cette question est d'une importance immense, et la décision que vous allez prendre aura un grand retentissement. En tout cas, il faudrait obliger les élèves de l'école de peinture à envoyer quelques tableaux en France. »

M. André croit la question mal posée. Il lui semble qu'on doit seulement inviter le gouvernement à examiner si les réglemens de l'école de Rome répondent bien aux besoins de l'art.

On propose l'ajournement.

M. le docteur Guépin, qui croit aussi la question mal posée, en demande le renvoi à la commission, pour avoir une nouvelle rédaction.

M. Grille de Beuzelin pense pareillement que la question est mal formulée.

L'ajournement à la prochaine session du Congrès est mis aux voix et rejeté.

M. André donne lecture de sa rédaction.

M. Chatelain s'oppose à ce qu'elle soit mise aux voix. « L'inutilité de l'école de Rome est généralement reconnue, particulièrement par les journaux. Pourquoi retenir les élèves à Rome pendant cinq ans? S'ils sollicitent des congés, qu'ils obtiennent parfois, c'est pour être rendus momentanément à la liberté, et ne plus subir une retenue de trois francs qu'on leur fait chaque jour, pendant leur séjour à Rome. »

La discussion étant close, M. le président met aux voix la proposition de M. F. Chatelain, qui est adoptée par le Congrès.

M. le président fait lecture d'une autre proposition venant de la 6e section, et ainsi établie :

Le Congrès émet l'avis qu'il y a plus d'avantages que d'inconvéniens à employer les troupes aux travaux d'utilité publique et particulièrement aux travaux des routes.

M. Abel Pervinquière demande la parole.

Un membre prétend qu'étant membre de la section, M. Pervinquière ne peut plus parler sur la proposition, dans l'assemblée générale.

M. Nau de la Sauvagère s'oppose à ce qu'on adopte un pareil précédent. Rien n'empêche le membre d'une section de parler, dans l'assemblée générale, sur une question venant de cette même section.

Attendu l'heure avancée, la discussion est renvoyée à demain.

M. le président annonce que la quatrième section fera une course archéologique, dans l'intérieur de la ville, pendant la matinée de samedi prochain. Le rendez-vous est à six heures, sur la place Royale.

## SÉANCE DU VENDREDI 12 SEPTEMBRE 1834.

Présidence de M. DE CAUMONT (de Caen).

MM. Boubée, de Brébisson, Babault de Chaumont, Jozeau, Lucien Gaillard, de la Pilaye, F. Chatelain et Foucart, secrétaires de sections, entretiennent l'assemblée de ce qui s'est passé, le matin même, dans leurs sections respectives.

M. le secrétaire général proclame les noms de plusieurs personnes qui adhèrent au Congrès.

Il indique les titres de divers ouvrages déposés sur le bureau.

M. le président donne lecture de la question restée en discussion à la dernière séance. La proposition de la section est ainsi formulée :

Le Congrès croit que l'emploi des troupes pour les travaux publics, et notamment pour les travaux des routes, offre plus d'avantages que d'inconvéniens.

M. Jullien pense qu'il faut poser la question entière en finissant la formule par ces expressions : *Aux travaux publics et notamment aux travaux des routes.*

M. Boncenne, président de la 6e section, fait un rapport sur ce qui s'est passé à sa section lors de la discussion de la proposition ; il résume les opinions émises de part et d'autre.

M. Lucien Gaillard ( de Poitiers ) pense que la mesure est bonne en elle-même, mais il ne la croit pas possible. « On ne pourrait point occuper les soldats à des travaux d'art, pour lesquels il faut des hommes spéciaux, mais seulement à des travaux de terrassement. Or, si l'armée se compose en partie d'hommes sortis des rangs des cultivateurs, il est aussi beaucoup de soldats qui, avant de défendre la patrie, figuraient parmi les ouvriers sédentaires des villes. Ceux-ci seraient inhabiles à manier la pioche et la bêche. S'ils adoptaient forcément ce genre de travail, ils perdraient la série d'habitudes qui auraient été adoptées primitivement par eux, et ce déclassement ne serait pas sans inconvénient. D'après ces données, il semblerait donc convenable de laisser les soldats à leurs occupations habituelles, sans avoir la prétention d'en faire des travailleurs. »

M. le docteur Guépin ( de Nantes ). « Les travaux entrepris pour le compte de l'Etat sont aussi bien exécutés, et à moins de frais peut-être, que ceux faits pour des particuliers ; et je citerai à ce sujet l'établissement d'Indret. L'économie serait bien plus grande encore si les soldats étaient chargés de ces travaux. Venant à la question elle-même, je dirai que les habitans des campagnes sont pour beaucoup dans le chiffre de l'armée. Aussi bien que les habitans des villes, ils apprennent promptement le métier de soldats ; et alors il faut donner à ces hommes, dont la destinée est de rentrer dans la société pour s'y livrer à la culture de la terre, des habitudes de travail et les moyens de subvenir à leur subsistance et de devenir utiles comme citoyens. Il faut leur donner aussi en même temps des habitudes de moralité. Or, l'homme qui travaille est moral, et au contraire celui qui se livre à l'oisiveté prend des habitudes vicieuses. Façonnons donc le corps des défenseurs de la patrie en leur donnant à la fois des habitudes de travail et de moralité. »

M. le général Demarçay. « Pour bien discuter une question, il faut être un homme pratique. Au lieu de cela, chacun à tort et à travers, sans études préliminaires, avec une sorte de hauteur ou même de morgue qu'il est inutile de qualifier, s'ingère de vouloir porter un jugement souverain sur les questions les plus difficiles, dans les recueils périodiques et même dans les feuilles quotidiennes.

» Je viens à la question. Il faudrait peut-être douter relativement à sa solution, si la France devait avoir toujours sur pied une armée de 400,000 hommes. Mais telle n'est pas notre position. Le désarmement est inévitable; le chiffre de notre armée doit même être inférieur à 200,000 hommes, parce que notre intérêt le veut ainsi, et que le besoin d'une réduction dans nos dépenses se fait vivement sentir. Je me suis occupé beaucoup de la question. J'ai remis au ministère, il y a déjà long-temps, un mémoire sur ma spécialité, dans lequel la question était traitée à fond. Beaucoup des améliorations que j'ai proposées ont été adoptées. J'ai été contredit, violemment même ; ce qui m'étonne le plus, c'est que les personnes qui se disent le plus libérales souffrent la contradiction plus difficilement que les autres.

» Je n'entrerai point dans les détails de l'organisation de l'armée, cela me mènerait trop loin ; je me bornerai à ce qui s'applique positivement et d'une manière logique à la question posée.

» Ma pensée est qu'on doit réduire, autant que possible, la durée du service militaire. S'il était besoin de 500,000 hommes sous les armes, il faudrait que le service, s'il était possible, fût réduit à cinq ans. Tel était le projet du maréchal Soult, lorsqu'après l'Empire on s'occupa, une première fois, de la loi du recrutement ; et j'étais alors de la commission. Mais on offrit sept ans au ministère, et il ne pouvait qu'accepter cette proposition, puisque c'était un moyen d'avoir plus de soldats vieillis sous les drapeaux.

» Le temps nécessaire pour l'éducation des soldats est moins long qu'on ne pense, il est surtout réduit pour les soldats français. Mais comme mesure d'économie et pour compléter promptement les cadres, il est bon que chaque régiment recrute dans la contrée où il est en garnison.

» Une nation doit, autant que possible, restreindre son état militaire, en temps de paix. Mon avis est que 120 à 150,000 hommes peuvent suffire à la France. Je ne pense pas qu'on veuille augmenter l'armée pour le plaisir de lui faire entreprendre des travaux publics.

» Je m'adresse à une assemblée éclairée, mais non spéciale, et je crois que ces détails doivent lui suffire; mais si je m'adressais à une réunion spéciale, je me livrerais à bien d'autres développemens. »

M. le général Demarcay soutient ici la proposition que l'emploi de l'armée aux travaux des routes ne devait pas avoir lieu par ordonnance.

A ce point de son discours, il est interrompu, et on dit, de plusieurs côtés, qu'il traite une question politique, dont le Congrès ne peut ni ne doit s'occuper.

M. Simon ( de Nantes ). « La loi sur les routes stratégiques préjuge, par son titre, qu'elles seront faites avec l'emploi des troupes. »

M. le général Demarçay continuant : « Je m'adresse ici à M. le docteur Guépin, et je soutiens que les travaux entrepris par le gouvernement coûtent plus et sont moins bien exécutés que ceux qui sont le résultat de l'industrie particulière; j'ai pour moi l'expérience, et j'invoque des résultats. (*Ici l'orateur donne des indications.*) Je réponds à un système, et je veux établir que l'industrie particulière fournit à meilleur marché et donne de meilleurs produits que les articles que le gouvernement fait confectionner pour son compte. D'ailleurs, voyez l'Angleterre, elle est supérieure à la France pour les arts, et là le gouvernement s'adresse aux particuliers pour en obtenir tout ce dont il peut avoir besoin.

» Je finirai par dire que je ne pense guère que ce soit sous les drapeaux que les soldats pourront acquérir des habitudes de moralité. C'est dans la vie de famille que les hommes, une fois libérés du service militaire, pourront revenir à des habitudes de moralité qui seront précieuses pour la société. »

M. F. Chatelain demande le rappel au règlement. Il croit que quand il y a eu discussion générale dans une section, on ne peut reproduire les mêmes argumens, et en détail, dans l'assemblée générale.

La clôture est demandée.

M. Julhen (de Paris) parle contre la clôture.

La clôture, mise aux voix, est rejetée.

M. Chanlouyneau (d'Angers) soutient l'utilité de l'emploi des troupes pour les travaux des routes, et spécialement il établit la nécessité de cet emploi pour le département de Maine-et-Loire, en faisant connaître la difficulté de trouver assez de bras pour exécuter tous les travaux ordonnés par le gouvernement, pour cette contrée.

M. le général Demarçay croit que la question est mal posée.

M. Bourgnon de Layre demande que la question soit enfin mise aux voix.

M. le président donne lecture de la formule adoptée par la sixième section, et la met effectivement aux voix.

Une première épreuve est douteuse.

Une seconde l'est également.

Alors on demande le renvoi au lendemain, et cette proposition est adoptée.

## SÉANCE DU SAMEDI 13 SEPTEMBRE 1834.

### Présidence de M. DE CAUMONT (de Caen).

Avant la lecture du procès-verbal, M. de Godefroy demande la parole pour une motion d'ordre, et M. le président la lui accorde.

M. de Godefroy. « L'intention des membres du Congrès est de constater l'état de la science et d'activer ses progrès. Nous voulons mettre de côté tout ce qui pourrait nous diviser, en nous rappelant sur le terrain de la politique. Or, je me suis aperçu que la discussion relative à l'emploi des troupes, pour les travaux des routes, avait eu de l'âpreté. Il m'a semblé qu'une préoccupation politique avait dominé quelques opinions. Alors, je me suis dit, je dois abandonner la question, et le Congrès doit prendre aussi ce parti. C'est là, à mon avis, une question vitale pour des réunions comme la nôtre, qui doivent être essentiellement non politiques. Plutôt que d'en aborder qui aient ce caractère, il convient mieux de rester en arrière. Je demande donc qu'il ne soit pas donné d'autre suite à la discussion relative à l'emploi de l'armée pour les travaux des routes. »

Un membre. « Hier la question fut mise aux voix, et il y eut deux épreuves douteuses. Aujourd'hui elle se présente de nouveau, et elle doit être vidée. »

M. Jullien ( de Paris ). « Le vote d'hier nous a fait éprouver un sentiment pénible. La grande division qu'il a constatée fait connaître que le point à décider occasione de l'irritation. Par voie de conciliation, je crois donc devoir proposer, sur la question, l'ordre du jour, ainsi motivé :

Le Congrès, après une discussion approfondie et prolongée sur les avantages et les inconvéniens qui peuvent résulter de l'emploi des troupes aux travaux publics, et notamment à la construction des routes ; considérant que le gouvernement a déjà pris l'initiative de cette mesure pour assurer la prompte exécution des routes stratégiques qui doivent être ouvertes dans les départemens de l'Ouest ; qu'il convient d'attendre les résultats de ce premier essai, pour avoir une opinion mieux éclairée par l'expérience, sur la question délicate et importante qui a été débattue ; que le partage des opinions sur ce sujet, entre des hommes également animés de vues du bien public, prouve qu'il y aurait imprudence et précipitation à exprimer un vœu positif, dans un sens ou dans un autre ; passe à l'ordre du jour ainsi motivé, et renvoie la même question à l'examen du prochain Congrès, qui aura de nouveaux faits et un commencement d'expériences pratiques sur lesquels il pourra appuyer sa décision.

M. Henri de la Rochejaquelein. « La question me semble devoir être écartée. Elle a une actualité qu'il faut éviter. Nous ne sommes pas ici pour faire de la politique ; évitons-la au contraire, quand nous le pouvons, puisqu'elle perpétue nos divisions. »

M. de la Fontenelle. « Je prends la parole comme secrétaire général du Congrès. Lorsqu'en réunion préparatoire des questions ont été posées, nous avons cherché à éviter toutes celles qui paraissaient susceptibles de froisser des opinions religieuses et politiques. Aussi, nous n'avons posé la question de l'emploi des troupes aux travaux publics, et particulièrement aux travaux des routes, que sous le point de vue général. Mais la discussion qui a eu lieu hier lui a donné un autre aspect. En effet, quelques membres du Congrès en ont fait une question politique, et on l'a examiné, notamment sous le point de vue des routes stratégiques de l'Ouest. Ainsi je ne balance pas à dire qu'il vaut mieux abandonner la discussion, même au point où nous en sommes rendus. Mettons ainsi de côté tout ce qui pourrait établir des divisions entre nous, et assurons la tenue des Congrès futurs, qui ne peuvent exister qu'en dehors de la politique. »

M. Nau de la Sauvagère. « Il faut considérer la question sous le point de vue général, et non sous le rapport de la politique. Les chambres s'assembleront bientôt; elles traiteront la question, et c'est dès-lors une obligation pour nous de l'examiner scientifiquement. S'il y a eu division dans le Congrès, il faut l'attribuer uniquement à l'importance du point à décider. Il est en effet très-grave, et c'est un motif de plus pour lui donner une solution. »

M. Auguis. « Entre deux épreuves, on ne peut adopter une autre proposition, et nommément l'ordre du jour. Ce serait une chose inouie dans les fastes des assemblées délibérantes. »

M. le docteur Guépin. « Une opinion qui va succomber par le résultat d'un scrutin demande l'ordre du jour pour éviter un échec. Ce mode de procéder ne peut être admis. »

M. de la Fontenelle. « Ce n'est pas une opinion sur la question, qui demande un ajournement. Je le prouve en disant que moi aussi je suis pour l'emploi des troupes aux travaux des routes, et pourtant je viens appuyer l'ordre du jour, parce que la question, par suite de la discussion, est devenue irritante, sous le point de vue politique. »

M. Arnaudeau (de Laon) appuie la proposition de M. de Godefroy, et se livre à quelques développemens à ce sujet.

M. le général Dubourg. « Il est de règle qu'entre deux épreuves on ne peut plus demander l'ordre du jour. »

M. Nau de la Sauvagère. « Le Congrès ne s'occupe pas de questions purement politiques, cela est convenu ; mais si l'on voulait enlever à ses discussions ce qui, de près ou de loin, touche à la politique, il faudrait supprimer la section des sciences morales, et bientôt l'institution même du Congrès. »

M. Henri de la Rochejaquelein. « Cette question étant devenue essentiellement politique, je persiste à croire qu'il faut la mettre de côté. »

L'assemblée paraissant se décider pour la mise aux voix de la question, M. Foucart expose l'avis adopté à la sixième section. Il ajoute qu'il croit qu'on doit voter par boules blanches et noires.

Quelques membres demandent qu'on vote au scrutin secret et écrit.

M. Auguis prétend qu'il y a de l'inconvénient à voter par oui ou par non, parce que le contrôle est plus difficile.

Un membre répond que c'est le mode de procéder de la chambre des pairs.

Enfin on se décide pour le scrutin écrit et secret, et on y procède. Pour en opérer le dépouillement, M. le président appelle au bureau, en qualité de scrutateurs, MM. le docteur Guépin (de Nantes) et Nau de la Sauvagère (de Paris).

Le scrutin donne les résultats suivans :

Sur 161 bulletins, nombre égal à celui des votans, on trouve pour la résolution 87 votes, contre la résolution 67 votes, pour l'ordre du jour 4 votes, pour l'emploi momentané 1 vote, et 2 billets blancs.

En conséquence, la résolution de la sixième section est adoptée dans les termes suivans :

Le Congrès émet l'opinion suivante :

L'emploi des troupes pour les travaux publics, et notamment pour les travaux des routes, offre plus d'avantages que d'inconvéniens.

M. le secrétaire général donne lecture du procès-verbal de la séance d'hier, dont la rédaction est approuvée.

MM. Boubée, de Brébisson, Babault de Chaumont, Hunault de la Peltrie, de la Saussaye, Chatelain et Foucart exposent, dans un cadre étroit, les travaux du matin, dans les sections dont ils sont secrétaires.

On rappelle l'essai d'instrumens aratoires qui doit avoir lieu demain matin, à 7 heures, à la ferme de la Milletterie, sur la route de Limoges.

M. le secrétaire général fait connaître de nouvelles adhésions au Congrès, et donne les titres de quelques ouvrages qui lui sont encore adressés.

M. le président donne lecture d'une proposition de M. le docteur Guépin, adoptée par la sixième section et renvoyée par elle à l'assemblée générale.

Le Congrès approuve la formation en France d'un corps spécial de travailleurs volontaires, tirés de l'armée et enrégimentés : il serait composé des divers corps d'états qui peuvent coopérer à des grands travaux publics.

Cette proposition, mise aux voix, est adoptée.

Il est ensuite fait lecture d'une autre proposition adoptée par la cinquième section, et relative aux voyages des artistes.

M. Foucart croit la question mal posée. « Les artistes sentent tous le besoin de voyager, et il est inutile de le leur rappeler. S'il était question de demander des fonds pour les mettre en position de faire cette dépense, alors il y aurait lieu d'examiner la proposition. »

M. Boncenne. « C'est un conseil qu'on donne aux artistes. Je demande l'ordre du jour. »

L'ordre du jour, mis aux voix, est adopté, et par suite la proposition est rejetée.

M. le président annonce qu'on va s'occuper de la proposition de M. David de Thiais, venant de la cinquième section, déjà présentée une première fois à l'assemblée générale, et renvoyée par elle pour avoir une nouvelle rédaction et une modification.

M. Jullien (de Paris) donne lecture de cette rédaction faite par une commission dont il est le rapporteur ; elle est ainsi conçue :

Le Congrès, en appelant l'attention des amis des lettres et de la morale publique sur l'état actuel de la littérature et de la critique littéraire en France, croit devoir flétrir d'un blâme énergique les productions bizarres et monstrueuses, ou licencieuses et immorales, quels que soient les genres et les écoles auxquels elles appartiennent.

Il s'élève également avec force contre l'esprit exclusif de spéculation, de cupidité et de coterie, qui détourne l'art du but moral et social qu'il doit se proposer.

Il émet le vœu que les écrivains consciencieux, doués d'un talent supérieur, qui exercent une influence naturelle sur la direction donnée aux travaux littéraires, tout en respectant le libre développement des esprits, s'attachent à encourager, soit par leur exemple, soit par la sincérité et la sévérité de leurs jugemens, les inspirations pures et désintéressées, les fortes études, les œuvres empreintes d'une conviction profonde, et fassent ainsi servir les lettres et les arts, constamment ramenés à leur noble destination, à préparer sans secousse la réforme progressive et la régénération de l'humanité.

M. H. de Ste-Hermine fils. « La proposition qu'on vient de lire me paraît au moins mal formulée. Elle est même, à mon avis, tout-à-fait insuffisante. C'est pourquoi je propose la rédaction suivante :

Le Congrès croit devoir exprimer le profond dégoût que lui inspire l'immoralité qui flétrit un grand nombre de productions littéraires de notre époque. Il émet le vœu qu'à l'avenir les écrivains, quelle que soit l'école à laquelle ils appartiennent, ne s'écartent jamais des règles imposées par le goût et par le sentiment instinctif des convenances. Il appelle à concourir à la prompte réalisation de cette réforme si nécessaire, tous les hommes qui pensent que la mission des arts doit être de travailler toujours à moraliser l'humanité.

M. Duplaisset. « Cette nouvelle rédaction offre le même vague que la précédente. »

On demande à aller successivement aux voix sur les deux rédactions.

La rédaction de la commission, mise aux voix, est rejetée.

On met ensuite aux voix la rédaction de M. de Ste-Hermine; elle est adoptée.

M. le président fait connaître une proposition de M. le docteur Guépin, adoptée à la deuxième section et renvoyée par elle au Congrès. La rédaction est comme il suit :

Le Congrès recommande aux conseils généraux et aux conseils d'arrondissemens de la Loire-Inférieure, de Maine-et-Loire, de la Vendée, des Deux-Sèvres et de la Vienne, aux économistes, aux ingénieurs, et à tous les habitans que cette contrée peut intéresser, l'étude d'un chemin de fer de Nantes à Poitiers.

M. Arnaudeau (de Laon) croit que la proposition, ainsi rédigée, ne présente qu'un conseil sur lequel on ne peut pas délibérer, et il ne voit point de motifs à l'appui.

M. le docteur Guépin dit que les motifs de la proposition ont été développés devant la section.

M. Boncenne, président de la sixième section, expose aussi que ces mêmes motifs ont été entendus et adoptés par la commission.

M. de la Fontenelle. « Les termes de la proposition supposent l'utilité du chemin de fer de Nantes à Poitiers. En effet, cette utilité est évidente. Des motifs à ce sujet, donnés en assemblée générale, ne feraient qu'allonger la discussion, sans aucune utilité. »

Un membre propose d'ajouter à la fin de la formule proposée, ces mots : *Dont l'utilité est évidente.*

Cette addition est adoptée.

La résolution est ensuite mise aux voix et adoptée.

On passe à une proposition de M. Aimé Fradin, adoptée par la deuxième section, et ainsi conçue :

Convaincu que les garanties d'ordre et de protection publique offertes à la propriété, par une sage codification des droits, des usages et des délits ruraux, contribueraient à la prospérité de l'agriculture, le Congrès exprime le vœu qu'un projet de Code rural soit soumis, le plus prochainement possible, à la délibération des chambres.

M. Nicias Gaillard propose de supprimer le *prologue* qui

précède la résolution, et ce retranchement est approuvé.

La proposition, ainsi réduite dans sa rédaction, est mise aux voix et adoptée.

Vient une proposition de M. Desvaux, adoptée par la deuxième section.

Le Congrès considère qu'il est d'un haut intérêt pour l'agriculture d'inviter les sociétés agricoles de France à proposer un prix à l'inventeur d'un araire sans avant-train, d'un prix modéré (de 18 à 30 fr.), d'une construction solide, simple et facile, réunissant aux avantages des autres instrumens aratoires pour le bon ameublissement des terres, celui de convenir à tous les sols, en changeant seulement la dimension des parties.

Cette proposition est adoptée sans discussion.

Une autre proposition venant de la quatrième section, et ayant pour but un vœu pour que l'enseignement de la technologie soit plus généralement répandu, est adoptée après l'échange de quelques mots d'explication.

M. le président annonce que sur l'avis des commissions, et sauf l'agrément du Congrès, on entendra demain, en séance générale, M. Théodore Pavie (d'Angers) sur les résultats du voyage qu'il vient de terminer dans l'Amérique méridionale; et que lundi, aussi en assemblée générale, M. d'Orbigny rendra compte d'un séjour de huit ans en Amérique.

Le Congrès adopte cet ordre du jour, et, sur la proposition de M. le président, il est arrêté que quelques dames seront admises à ces séances, sur des cartes spéciales, délivrées par M. le trésorier.

## SÉANCE DU DIMANCHE 14 SEPTEMBRE 1834.

Présidence de M. DE CAUMONT (de Caen).

Il est fait rapport des travaux des sections, dans la matinée, par MM. Boubée, de Brébisson, Babault de Chaumont, Lucien Gaillard, F. Chatelain et Isidore Le Brun, secrétaires.

M. de la Saussaye, secrétaire de la 4e section, rend compte, dans les termes suivans, de la promenade archéologique faite dans l'intérieur de la ville de Poitiers.

*Promenade archéologique dans l'intérieur de la ville de Poitiers.*

La section d'archéologie et d'histoire ayant décidé qu'une promenade archéologique aurait lieu le samedi 13 septembre, les membres de la section, accompagnés de plusieurs autres membres du Congrès, se sont réunis à six heures du matin sur la place d'Armes, d'où ils sont partis sous la conduite de MM. de Caumont et de la Fontenelle, pour visiter les monumens les plus remarquables de la ville de Poitiers. Cette visite faite rapidement et tumultuairement, en quelque sorte, ne pouvait présenter, sans doute, des résultats bien complets; mais il n'a pas paru sans intérêt de recueillir, dans une relation, les principales réflexions qu'ont fait naître, parmi les membres de la section, les différences de style observées sur les monumens et servant à caractériser les diverses époques de l'art architectural.

*Saint-Porchaire.*—La tour du portail de cette église est tout ce qui reste de l'ancien édifice : les autres parties appartiennent au style du xvie siècle, et n'offrent pas d'intérêt.

M. de Caumont fait remarquer les trois ordres d'arcades romanes qui décorent le mur, les modillons variés qui soutiennent les corniches, l'emploi de *l'opus reticulatum* qui se montre dans quelques-unes de ses parties ; en un mot, tous les caractères de l'architecture religieuse de la fin du xie siècle au commencement du xiie.

M. de la Fontenelle fait connaître à la section que le plus ancien titre connu, relatif à St-Porchaire, date de la fin du xie siècle, quoique la fondation de cette église passe pour être beaucoup plus ancienne. On l'a fait en effet remonter, sans doute à tort, jusqu'à 589.

M. de la Saussaye appelle l'attention de la section sur les

chapiteaux des colonnes du portail. L'un d'eux, à gauche, offre l'inscription LEONES, qui n'est peut-être pas inutile pour l'explication des animaux en relief que le sculpteur a voulu représenter. Sur le chapiteau droit il fait remarquer un sujet déterminé parfaitement par la légende d'un médaillon renfermant une figure debout, vêtue d'une tunique, et occupant le milieu du chapiteau. Voici comment il a cru devoir lire cette inscription : † HIC DANIEL DOMINO VICIT COETVM LEONINVM. Elle est remarquable par l'emploi simultané de l'M romain et de l'M semblable à un ω minuscule renversé ; ce qui fait voir combien sont douteux les signes tirés de la forme des lettres, pour déterminer la date d'une inscription du moyen-âge.

La section recommande à l'attention de la Société des Antiquaires de l'Ouest un bas-relief fort mutilé situé au dessus du portail, et dont il serait encore possible de reconnaître les traits principaux avant qu'une dégradation plus complète l'ait totalement anéanti ; la section engage également la même société à relever une inscription que l'on aperçoit sur le contre-fort gauche de la tour.

Nous entrons dans ces détails parce que cette église n'a pas encore été décrite, et que Dufour, historien le plus récent du Poitou, a pris la figure encadrée dans le médaillon du chapiteau de Saint-Porchaire pour celle d'un clerc revêtu de son aube, et la légende qui l'accompagne pour un verset de l'Écriture.

*Saint-Hilaire-le-Grand.* — M. de la Fontenelle fait connaître à la section que l'église de St-Hilaire est fort ancienne ; qu'elle existait lorsque Clovis alla combattre Alaric ; car Grégoire de Tours raconte qu'un globe de feu, suspendu au haut de cette église, dirigeait l'armée de Clovis pendant sa marche. Si ce globe de feu était un signal donné à l'armée des Franks par les chrétiens orthodoxes qui désiraient leur succès, il aura pu être aperçu des environs de Voulon *(Campus Vaucladensis)* et des environs de Mougon *(Campus Mogotensis)*, points sur lesquels il est aujourd'hui démontré qu'eut lieu la mémorable bataille qui mit fin au premier royaume de la Septimanie, et à la domination des Wisigoths dans cette partie de la France. L'église de Saint-Hilaire fut abattue et reconstruite plusieurs fois depuis cette époque. Le style de l'édifice actuel rappelle parfaitement celui du x^e^ au xi^e^ siècle. M. de la Fontenelle fait observer que, commencée par Adèle d'Angleterre, femme d'Ebles-le-Manzer, comte de Poitou, par les soins de son architecte Gaultier Coorland, cette église ne fut terminée que par Agnès de Bourgogne, troisième femme de Guillaume III, comte de Poitou et duc d'Aquitaine; sa dédicace date du 1^er^ novembre 1049.

Une grande portion de la nef a été démolie pendant la révolution, et beaucoup de débris gisent encore sur la place qui entoure l'église. M. de Caumont pense que les antiquaires de l'Ouest devraient faire enlever de très-beaux chapiteaux, dont le volume est plus considérable que dans la plupart de ceux du x^e^ siècle qu'il a observés.

M. de Caumont appelle l'attention de l'assemblée sur le fronton triangulaire du portail latéral, dont la partie inférieure annonce une reconstruction du xvi^e^ siècle, et pense que les petites statues qui décorent ce fronton doivent être fort anciennes.

M. de Caumont consulte la section sur plusieurs chapiteaux de colonnes qui décorent l'église, et dont le travail large et hardi est très-remarquable, et diffère beaucoup de celui des autres chapiteaux qui les avoisinent. Il cite l'opinion de M. Le Prévost sur des chapiteaux analogues à ceux-ci, observés par lui en Normandie, dans des monumens de la même époque que l'église St-Hilaire, et que ce savant archéologue croyait provenir d'édifices plus anciens.

M. de la Saussaye pense que les chapiteaux, comme tous les autres ornemens si variés qui décorent les églises, étant exécutés par plusieurs artistes qui travaillaient à la fois, ces différences ne tiennent souvent qu'aux divers degrés d'habileté des uns et des autres, ou au style des différentes écoles qui les avaient formés.

M. de Caumont indique à la section l'épitaphe mutilée d'un abbé de St-Hilaire qui vivait au xv^e siècle. La pierre qui supporte cette épitaphe est encastrée dans le mur latéral gauche de l'église.

M. de Boismorand fait voir à la section un fragment d'inscription fort curieux par son antiquité, puisqu'il se rapporte au temps de Charles-le-Chauve. La pierre sur laquelle est cette inscription a été placée à contre-sens dans un mur bâti avec les débris de la partie de l'église qui a été détruite. La section pense qu'il serait important de l'ôter d'un lieu où elle est exposée tous les jours à être mutilée.

Les principales choses remarquées dans l'intérieur de l'église sont : les grandes colonnes isolées qui ferment le chœur du côté de l'abside, des chapiteaux ornés de sujets en relief, l'épitaphe d'un doyen de St-Hilaire, mort vers la fin du x^e siècle, et surtout une pierre tumulaire de forme cylindrique, dont les ornemens rappellent le style de la décadence de l'empire. On ne sait rien de positif sur ce tombeau, attribué à saint Hilaire ou à sainte Abre, sa fille.

*L'Amphithéâtre.* — Avant d'entrer à l'amphithéâtre, M. de la Fontenelle fait remarquer de grandes colonnes isolées, à chapiteaux grossiers, semblables à celles du chœur de l'église St-Hilaire, et qui sont restées de l'église St-Nicolas. Près de là on aperçoit un des *vomitoria* de l'amphithéâtre antique de Poitiers. L'assemblée entre dans le jardin qui occupe maintenant l'arène du cirque ; elle se disperse sur l'emplacement du *proscenium* et des gradins, et gravit la partie la plus élevée des ruines, d'où l'on distingue parfaitement la forme elliptique du monument, souvent interrompue, surtout de l'un des côtés longs, par différentes constructions modernes. Deux arcades de la partie supérieure de l'édifice, qui était à deux étages seulement, sont encore debout ; le revêtement des murailles, en cubes de petit échantillon *( de minuto lapide )*, se voit encore dans plusieurs endroits.

M. Foucart donne des explications curieuses sur cet édifice et sur un acquéduc qui fournissait peut-être jadis les moyens de transformer en naumachie l'arène du cirque, dont le sol est maintenant enterré de plus de 15 pieds.

M. Dupuis donne, à l'aide d'un plan dressé par lui, des renseignemens très-précieux sur la forme primitive du monument, et sur les divers détails de sa distribution intérieure et extérieure.

Une vue d'ensemble de l'édifice, présentée par MM***, complète les documens divers soumis à l'examen de la section.

*Église des Carmélites.* — On a remarqué dans l'église des Carmélites un tombeau fort ancien en forme de bas-relief, représentant une statue couchée, dont la tête a été mutilée, et entourée de plusieurs figures debout, dont les têtes ont toutes été également mutilées, pendant les guerres de religion sans doute. Le style du monument a paru se rapporter à celui du XI<sup>e</sup> siècle. On n'a aucun renseignement précis sur le personnage à qui ce tombeau a été destiné. On l'attribue dans le pays à sainte Abre; Besly le prend pour celui d'Adèle d'Angleterre, femme du comte Ebles-le-Manzer; et Dufour l'indique comme celui de Herloc, autrement Heloys, ou Adèle, fille de Rollon, premier duc de Normandie, et femme de Guillaume-Tête-d'Étoupes, comte de Poitou. Quoi qu'il en soit, ce monument, très-curieux, mérite d'être examiné avec soin.

*Temple Saint-Jean.* — Arrivés à l'ancienne église connue sous le nom de Temple Saint-Jean, parce que plusieurs antiquaires n'ont voulu y voir autre chose qu'une construction païenne, les avis des membres de la section ont été fort partagés sur la détermination de l'usage auquel ce monument avait été destiné. On sait qu'il faut écarter dans l'appréciation de son architecture, la nef ajoutée vers le XII<sup>e</sup> siècle, et, selon quelques-uns même, l'abside actuelle, et ne considérer que le bâtiment oblong à deux pignons ornés d'un genre de décoration qui se rapporte sans aucun doute à l'époque du bas-empire. Les différentes opinions émises jusqu'ici ont été successivement reproduites, mais particulièrement celle qui regarde le Temple Saint-Jean comme le tombeau païen de *Claudia Varenilla*, dont la pierre tumulaire a été transférée de cette église dans la cathédrale, et celle qui veut que ce soit le premier baptistère de la ville de Poitiers, comme semble l'indiquer le bassin octogone que l'on suppose avoir servi à donner le baptême par immersion.

L'examen des questions d'art qui se rattachent à ce monument curieux, que le zèle des antiquaires vient d'arracher au vandalisme qui le menaçait, nous entraînerait dans une dissertation qui serait trop en dehors des bornes d'un simple rapport. Nous terminerons donc, en consignant l'opinion particulière que nous avons émise : c'est que le temple de St-Jean, quelque attribution que l'on veuille reconnaître, est évidemment de construction gallo-romaine, qu'il appartient à la décadence de l'empire et à une époque où dominait à Poitiers la religion chrétienne, dont le signe se trouve répété sur les deux pignons du monument. La destination primitive du temple St-Jean comme baptistère, adoptée par M. de Caumont, nous semble évidemment la meilleure, et nous paraît suffisamment prouvée par la découverte du baptistère octogone, et la tradition conservée dans le nom du patron de l'église et dans le cérémonial de l'église de Poitiers, cérémonial qui remonte au XIIIe siècle, et qui prescrivait à l'évêque de baptiser chaque année, au samedi saint, deux garçons et une fille dans l'église de St-Jean.

*La Cathédrale.* — La cathédrale est un beau monument de l'architecture romane de transition, où cependant le plein cintre domine encore. C'est dans cette église qu'a été déposée la belle pierre tumulaire en marbre blanc qui occupait, dit-on, le milieu du pavé du temple St-Jean. Son inscription, en caractères d'un très-beau style, a été publiée plusieurs fois.

*Sainte-Radégonde.* — M. de la Fontenelle nous apprend que l'église de Ste-Radégonde fut élevée sur le tombeau de la reine des Francs, et qu'elle fut reconstruite plusieurs fois, comme la plupart des anciennes églises. La date de la consécration de l'édifice actuel remonte à l'an 1099.

M. de Caumont fait remarquer le style de la tour carrée du porche, qui répond bien à l'époque du XIe siècle, et la forme octogone de sa partie supérieure qu'il reconnaît comme une tradition du style byzantin. Un portail du XVI$^{e}$ siècle a été plaqué contre la base de la tour ; M. de Caumont fait observer les formes prismatiques des sculptures qui caractérisent ce style.

Sous la voûte du porche on remarque, dans des niches, à droite et à gauche de l'entrée, deux bas-reliefs représentant, l'un une figure d'homme assis, et l'autre une figure de femme debout ; ces figures paraissent appartenir, selon M. André et plusieurs autres, à une époque qui ne nous a pas semblé toutefois antérieure à la construction qui précéda immédiatement celle que nous voyons aujourd'hui.

M. Grille de Beuzelin indique la différence d'époque qu'il remarque entre l'abside et la nef, et qui est reconnaissable à un retrait fort marqué dans la largeur de celle-ci. Le rond-point du chœur est décoré de colonnes isolées, comme dans les autres églises de Poitiers déjà visitées, et les chapiteaux sont décorés de feuillage et de figures en relief. On remarque, sur les modillons de la partie de la nef qui avoisine le porche, des grotesques et des *obscena*. La belle voûte de la sacristie fournit à plusieurs membres de la section, des observations intéressantes sur l'architecture de transition.

Une crypte très-simple, ou pour mieux dire un caveau étroit, renferme le tombeau de la patrone de l'église, couvert d'une multitude de cierges, et au dessus duquel sont suspendus un grand nombre d'*ex-voto*. Ste Radégonde est honorée du culte tout particulier que les populations rendent de préférence aux saints locaux.

La question de savoir si le sarcophage en marbre noir, à couvercle prismatique, qui se voit dans la crypte, est bien le même dans lequel fut inhumée Ste Radégonde, est l'objet d'une discussion. M. de Caumont et plusieurs autres sont pour l'affirmative, et citent les tombeaux trouvés dans les démolitions de l'église de Ste-Geneviève de Paris. MM. André et de la Saussaye citent ceux trouvés à St-Germain-des-Prés, dont les couvercles étaient plats, et pensent que la forme prismatique fut employée beaucoup plus tard qu'au VI$^{e}$ siècle.

*Vieille enceinte de la ville.* — M. l'abbé de Rochemonteix nous fait voir, dans un jardin de la Grand'rue, les restes d'une muraille d'enceinte d'une grande épaisseur, et remarquables par l'emploi de ces assises de grandes briques qui se voient d'ordinaire dans les murs romains. Les petites pierres de revêtement ne sont pas taillées, et semblent annoncer un travail de la décadence. MM. André et de la Saussaye pensent que si l'existence d'une ancienne enceinte wisigothe à Poitiers était démontrée, cette muraille pourrait bien en avoir fait partie. M. de la Fontenelle soutient que cette enceinte a véritablement existé, et il annonce qu'il le démontrera dans son travail *sur le premier royaume de la Septimanie.*

*Eglise de Montierneuf.* — Selon M. de la Fontenelle, la construction de cette église fut commencée en 1066 ou 1069. Elle fut fondée, ainsi que son monastère, par Guillaume-Gui-Geoffroy, comte de Poitou et duc d'Aquitaine, fils de Guillaume-le-Grand et d'Agnès de Bourgogne, sur un emplacement qui était alors hors de la ville de Poitiers. Le fondateur de cet édifice fut enterré, en 1086, au milieu de la nef. Son tombeau, que l'on voit maintenant à droite de cette même nef en entrant, a été refait tout récemment et n'offre pas d'intérêt : cette restauration est due à M. l'abbé Gibault. La dédicace de l'église, faite par le pape Urbain II, est du 26 janvier 1096. Ces différentes dates, qui sont appuyées de pièces authentiques, rendent très-intéressante l'étude de l'architecture de cette église. Une partie de la nef ayant été détruite, elle a été refaite postérieurement; aussi le portail est moderne, et la portion supérieure de l'abside date du XIII$^{e}$ siècle. Tout le reste de l'édifice de la même époque se fait remarquer par une noble et élégante simplicité; il est très-élevé; l'architecture en est à plein cintre, à l'exception des galeries supérieures, en ogives primordiales. On y remarque un dôme surbaissé, les colonnes grosses et rapprochées les unes des autres qui entourent le chœur, et la décoration générale des chapiteaux qui n'est fournie que d'un rang d'arcs. Une inscription placée dans le mur, à gauche du chœur, indique la consécration, en 1086, de l'autel de la Vierge et de ceux des apôtres St Jean et St André. La section n'a pas oublié de signaler à la réprobation de tous les amis de l'art l'épais badigeon qui recouvre les murs de la jolie église de Montierneuf.

*Château des Comtes de Poitou.* — M. de la Fontenelle fixe l'attention de la section sur les débris de l'ancien château des comtes de Poitou ou château de Clain-et-Boivre, à la réunion de ces deux rivières, et rappelle qu'il fut construit par Jean, duc de Berry et comte de Poitou, en 1375. Cet édifice devint plus tard, lors de la retraite du Dauphin, depuis roi, sous le nom de Charles VII, le palais de la cour de France. Ainsi que M. de la Fontenelle l'a dit ailleurs, et que son savant ami M. l'abbé Gibault l'a exprimé éloquemment (1), ce fut le séjour, pendant que les Anglais occupaient Paris, de l'héritier de Charles VI, de son épouse, la vertueuse Marie d'Anjou, d'Agnès Sorel, du connétable de Richemont, de Dunois, de La Hire, de Xaintrailles, de Tanneguy du Chastel, de Barbazan, et de tant d'autres braves qui illustrèrent cette époque, où les provinces françaises de ce côté-ci de la Loire furent enfin délivrées du joug de l'étranger. Mais on craint de s'arrêter aujourd'hui dans un lieu si plein de nobles souvenirs ! Il a été en dernier lieu voué à l'infamie, on l'a affecté aux sacrifices humains de notre temps; c'est en un mot là où se font les exécutions.... Quel poignant contraste !

*La Prévôté.* — Plusieurs parties du vieil hôtel de la Prévôté ont été heureusement conservées jusqu'aujourd'hui. Quoique sa façade soit lourde, on aime à y retrouver le style si pittoresque de l'architecture du XV^e^ siècle. Dans la cour, il y a un portique soutenu par quatre colonnes fort remarquables, dont les arêtes prismatiques, qui en forment la décoration, tournent en spirales le long de leur fût.

*Eglise Notre-Dame.* — Arrivée à l'église Notre-Dame, l'as-

(1) Au commencement du premier volume de la *Revue Anglo-Française*. La première lithographie de ce recueil donne une vue du château de Clain-et-Boivre, d'après le dessin fait, en 1747, par Beaumesnil, correspondant de l'académie des inscriptions.

semblée reste long-temps à admirer sa brillante façade, et à en expliquer les divers détails. On ne connaît point la date de la construction de l'église Notre-Dame; on sait seulement, dit M. de la Fontenelle, qu'Eustachie de Berlay-Montreuil, femme de Guillaume-le-Gros, comte de Poitou, y fut inhumée vers l'an 1038. Ceux qui ne voulaient pas reconnaître l'emploi de l'ogive avant la première croisade, pensaient qu'à l'époque de cette inhumation il n'y avait que le corps principal de l'église qui fût bâti, et que le portail ne l'était pas encore. Ce portail est en effet très-remarquable par la forme ogivale des deux fausses portes; mais on sait très-bien aujourd'hui que cette forme était usitée accidentellement avant les croisades, et qu'une ogive d'ornement ne constitue pas le style ogival. M. de la Saussaye fait remarquer que le style de l'église Notre-Dame est de tradition byzantine ou de la décadence, qu'il paraît bien évidemment dans les formes du fronton triangulaire de la façade, dans la multitude comme dans la richesse des ornemens. Les souvenirs de l'architecture byzantine, qui paraissent peu dans les monumens du nord et d'une partie de l'ouest et du centre de la France, se rencontrent de plus en plus à mesure que l'on approche du midi. La section l'a déjà observé dans le dessin de l'église d'Angoulême, communiqué par M. Castaigne, et il devient commun dans les monumens du Bas-Languedoc et de la Provence, pays plus complètement romains autrefois, et où les traditions artistiques de l'antiquité durent se perpétuer plus long-temps, comme celles du langage et des institutions.

M. de Godefroy a souvent remarqué des frontons à pans coupés, comme celui de Notre-Dame, dans les églises bâties par les Lombards; il cite particulièrement St-Michel de Pavie.

La section recommande à la Société des Antiquaires de l'Ouest une description complète de la curieuse église de Notre-Dame. Les groupes de figures, les costumes, les monumens même sculptés sur la façade sont très-curieux à étudier. Plusieurs légendes bien conservées, qui accompagnent les groupes, n'ont pas encore été publiées.

*Le Palais.* — L'origine du palais remonte à l'époque du gouvernement de Julien dans la Gaule. Détruit par les barbares et reconstruit depuis à plusieurs fois différentes, il lui reste encore aujourd'hui une grande salle très-remarquable comme monument d'architecture civile. Le style de sa décoration en galeries feintes se rapporte à l'époque de transition, mais les formes plein cintre y dominent encore. Il est aisé de voir que la façade de cette salle est une reconstruction du XIVe siècle. Elle est due à Jean, duc de Berry et comte de Poitou, ainsi que la belle façade cachée par les maisons de la rue des Cordeliers et de la rue du Marché. Cette façade, inconnue même de beaucoup d'habitans de Poitiers, est ornée de statues fort bien exécutées, qu'il serait bon peut-être, pour en assurer la conservation, de placer dans le musée des antiques de la ville de Poitiers.

La section termine ici sa promenade archéologique. Frappée de la richesse des souvenirs d'histoire et d'art qui se rattachent aux monumens qu'elle venait de visiter, elle a décidé que les différentes observations auxquelles ils ont donné lieu pourraient être discutées en séance, et que l'on devrait parler aussi des moyens de conservation, mieux entendus, que semblent exiger quelques-uns d'entre eux.

M. le président propose que, vu l'heure avancée, on ne s'occupe pas de toutes les propositions adoptées par les sections, mais qu'on entende M. d'Orbigny qui doit donner un aperçu de ses voyages dans l'Amérique méridionale, et M. Briquet, pour la présentation de l'album de Maillezais.

Cet ordre du jour est adopté.

Il est fait lecture d'une proposition de M. de Brébisson, amendée par M. Mauduyt et approuvée par la première section. Elle est ainsi conçue :

Le Congrès engage les naturalistes qui se rendront à ses prochaines sessions, ou qui y adhéreront, à mettre sous les yeux des membres de la section d'histoire naturelle les objets nouveaux qu'ils auront découverts en France, ou les espèces rares non encore indiquées dans les lieux où ils les auront recueillies, afin que l'on puisse consigner ensuite, dans les procès-verbaux des séances, la liste de ces découvertes après un sérieux examen.

Aucun membre ne demandant la parole, la proposition est mise aux voix et adoptée à l'unanimité.

On passe à l'examen d'une autre résolution venant de la même section, et ainsi formulée :

Vu le besoin d'avoir, sur un grand nombre de points, des moyennes thermométriques et barométriques et des observations météorologiques certaines, le Congrès émet le vœu que le ministre de l'intérieur choisisse quelques postes télégraphiques, dans les lieux où l'on possède le moins d'observations semblables, pour y établir un baromètre, un thermomètre, un électromètre, un hydromètre, et un registre consacré aux indications journalières de ces instrumens, que les employés de ces télégraphes seraient chargés d'annoter avec un soin tout particulier, et d'après les instructions précises qui leur seront données à cet effet.

Après une courte discussion relative à l'emploi des instrumens, la proposition est mise aux voix et adoptée.

M. le président lit une proposition faite par M. Guerry-Champneuf et approuvée par la cinquième section, qui l'a renvoyée à l'assemblée générale. Elle est ainsi formulée :

Le Congrès exprime le vœu que les enfans ne puissent être admis dans les colléges de l'Université pour y étudier les langues anciennes et suivre l'enseignement secondaire, qu'après un examen constatant qu'ils possèdent les connaissances qui se donnent dans les écoles primaires du degré supérieur.

M. Simon (de Nantes) ne croit pas que la proposition soit admissible. Il vaudrait mieux que les classes inférieures des colléges fussent sur le même pied que les classes élevées des écoles primaires supérieures. M. Simon fait aussi connaître la position particulière de la ville de Nantes, où arrivent un grand nombre d'enfans des colonies et de l'étranger, sans instruction première, et qu'on met aussitôt au collége. L'adoption de la proposition aurait donc, pour la ville qu'habite l'honorable membre, de graves inconvéniens.

M. Isidore Le Brun. « La proposition n'exclut pas la concurrence de cet enseignement entre les colléges et les écoles primaires supérieures. »

M. Deloynes. « Les inconvéniens signalés par M. Simon existent, nonobstant ce que vient de dire M. Le Brun. L'enseignement primaire supérieur dans les colléges est donc nécessaire. »

M. Guerry-Champneuf. « Les écoles primaires supérieures n'existent pas encore, et la proposition veut qu'on ait fait des études indiquées, sans dire dans quelle école. »

La proposition mise aux voix est adoptée.

M. d'Orbigny lit un rapport sur ses voyages dans l'Amérique méridionale, pendant huit ans, et énumère les résultats qu'il a obtenus.

Le Congrès a daigné penser qu'un exposé de mes courses et de mes découvertes en des contrées dont plusieurs sont encore totalement inconnues, ne serait pas sans intérêt. Quelque flatté que je fusse de son appel, si je n'avais consulté que mes forces, j'aurais pu craindre d'y répondre; mais, confiant en son indulgence, mon zèle me soutiendra dans l'acquit d'une tâche difficile. Je dirai ce que j'ai vu, sans jamais viser à l'effet, convaincu que la vérité, la simplicité, qui furent toujours les premières vertus d'un voyageur, sont aussi, plus que jamais, au siècle où nous vivons, le premier gage de ses succès et le plus sûr garant de sa gloire.

Le Congrès, sans doute, a déjà senti que le peu d'instans qui m'est accordé ne me permet de lui offrir qu'une esquisse des plus rapides de mes explorations transatlantiques dans le cours de huit années. Il sait, d'ailleurs, qu'une vaste publication qui se prépare sous les auspices d'un ministre, ami des sciences, renfermera tous les détails de l'expédition, sous tous ses rapports historiques, géographiques, ethnologiques et d'histoire naturelle. Je croirai donc avoir, en ce moment, répondu au vœu du Congrès et rempli la tâche qu'il m'impose, si je parviens à répandre quelque intérêt sur les principales étapes de cette longue campagne scientifique d'un jeune audacieux, que son amour pour la science et pour la patrie ont arraché de ses foyers, et que la Providence y ramena heureux et fier de pouvoir déposer à leurs pieds les premiers tributs de ses efforts.

Parti de Brest en juin 1820, en qualité de naturaliste voyageur, avec la mission d'explorer les états de Buenos-Ayres, du Chili et du Pérou, sous les divers points de vue de l'histoire naturelle et de ses applications, j'arrivai à Rio de Janeiro, au commencement du mois d'août de la même année.

J'épargne à mes auditeurs l'histoire de mon séjour au Brésil et même à Montevideo, où une observation barométrique, prise par des officiers ignorans pour un levé du pays, hostile aux intérêts des occupans, faillit compromettre tout l'avenir de ma mission, en ne me permettant de poursuivre mon voyage et de me rendre à Buenos-Ayres qu'en janvier 1827. Je ne séjournai que quelques jours dans cette dernière ville, empressé de m'embarquer sur la rivière du Parana, pour gagner les frontières du Paraguay. Je remontai cette immense rivière sur une étendue de plus de trois cent cinquante lieues. A cette distance de son embouchure, ses eaux majestueuses coulent encore dans un lit de près d'une lieue de largeur; ses bords et les îles nombreuses dont il est semé, s'ornent de vastes forêts, où les élégans palmiers viennent entrelacer leur léger feuillage à celui de mille autres arbres de tout genre, le plus souvent couverts de lianes, dont les fleurs au printemps émaillent de pourpre et d'or ces guirlandes naturelles.'

J'eus lieu de reconnaître, dès-lors, combien sont infidèles nos cartes les plus accréditées de cette partie de la république argentine, surtout en ce qui concerne la grande lagune d'Ibera, dont elles doublent gratuitement l'étendue, et qu'elles reportent, d'ailleurs, d'un degré trop à l'ouest; sans parler de plusieurs rivières, telles que celles de Corrientes, de Bateles et de Sainte-Lucie, dont le cours y est tracé tout-à-fait à faux; erreurs que mes observations personnelles et les lumières que j'ai dues à M. Parchappe, savant aussi modeste que distingué, m'ont permis de corriger sur mes cartes avec beaucoup d'autres non moins graves.

Dans ce voyage, qui ne se prolongea pas moins d'une année, j'ai parcouru successivement les provinces de Corrientes et des Missions; et, après avoir pénétré au milieu des hordes sauvages qui peuplent le grand Chaco, et dont j'ai pu observer de près les mœurs diverses en vivant presque toujours de leur vie, je suis rentré sur le terrain de la civilisation européenne par les provinces d'Entre-Rios et de Santa-Fé.

De retour à Buenos-Ayres, les guerres intestines qui déchiraient l'état, depuis la signature de la paix avec les Brésiliens, me mettant dans l'impossibilité de traverser sans danger le continent, pour me rendre par terre au Chili ou au Pérou, je me décidai à partir pour la Patagonie, cette terre mystérieuse, où si peu d'Européens peuvent se vanter d'avoir vécu, et dont le nom seul avait encore quelque chose de magique. Je m'y rendis par mer à la fin de 1828, et j'y séjournai huit mois. Mes recherches s'y firent d'abord assez paisiblement, quelque pénible qu'il soit de parcourir un pays des plus arides, où le manque d'eau se fait sentir à chaque pas, au sein de déserts uniformes et sans fin; mais les Indiens cessèrent bientôt de vivre en bonne intelligence avec les colons. Les nations Puelches, Aucas et Tehuelches ou Patagons, tout-à-coup insurgées sans motif connu, se coalisèrent contre la colonie naissante du Carmen, sur le Rio-Negro, où je m'étais réfugié dès les premières attaques; et je fus obligé de me joindre momentanément aux habitans pour contribuer à la défense commune.

Indépendamment de plusieurs observations importantes sur la géologie du pays, dont les formations présentent une analogie frappante avec celles du bassin de Paris, j'ai recueilli bon nombre d'observations curieuses sur les trois nations indigènes de ces parties australes.

Le gigantesque fantôme de ces fameux Patagons de sept à huit pieds de haut, décrit par les anciens voyageurs, s'est évanoui pour moi. J'ai vu là des hommes encore très-grands sans doute, comparativement aux autres races américaines, mais qui, pourtant, n'ont rien d'extraordinaire, même pour nous; car, sur plus de six cents individus observés, le plus grand nombre n'avait que cinq pieds onze pouces de France, et je crois pouvoir évaluer leur taille moyenne à cinq pieds quatre pouces. Peut-être la manière dont ils se drapent avec de grandes pièces de fourrure expliquerait-elle l'ancienne erreur. Dans tous les cas, nul doute que mes Patagons ne soient la nation qu'ont vue les premiers navigateurs; car eux-mêmes m'ont assuré qu'ils faisaient tous les ans des voyages aux côtes du sud, et qu'ils ne connaissaient, à la pointe de l'Amérique, d'autre nation que celle qui habite la Terre de Feu.

Qui le croirait? témoin de leurs cérémonies religieuses, j'ai retrouvé, chez plusieurs de ces hordes les plus sauvages, des images, grossières il est vrai, mais pourtant fidèles, des rites si poétiques des anciens Grecs. J'ai vu leur Pythie, au milieu des plaines, entourée d'un vaste cercle d'Indiens silencieux, leur interpréter, l'œil en feu, les oracles du Gualichu (génie du mal et du bien), et leur prophétiser des victoires. J'ai vu des purifications superstitieuses célébrer, dans chaque famille, l'instant marqué par la nature pour la puberté des jeunes Indiennes; j'ai, comme chez quelques autres peuples, vu massacrer, sur la tombe d'un Patagon, tous les animaux qui lui avaient appartenu pendant sa vie; brûler les vêtemens de toute sa famille; et sa veuve, barbouillée de noir, attendre, avec ses enfans dénués de tout, que quelques parens daignassent lui jeter les lambeaux qui doivent la couvrir : faits qui, tous, avec beaucoup d'autres, ne paraîtront sans doute pas indifférens aux moralistes et aux philosophes, jaloux de recueillir, sur toute la surface du globe, les traits distinctifs de l'humanité, sous quelque forme qu'ils se présentent.

Revenu pour la seconde fois à Buenos-Ayres, je retrouvai le pays dans l'anarchie la plus complète; et l'impossibilité bien reconnue de gagner le Chili par le continent, me détermina à m'y rendre en doublant le Cap Horn. A peine arrivé au Chili, au commencement de 1830, la guerre civile, non moins animée qu'à Buenos-Ayres, me fit prendre le parti de tenter un voyage dans la Bolivia (ancien Haut-Pérou), où tout devait me faire espérer, de la part du gouvernement, une bonne réception et des moyens de poursuivre mes voyages.

Cobija, le port actuel de Bolivia, m'offrit l'aspect imposant des chaînes volcaniques dont il se couronne; puis je débarquai à Arica, république du Pérou, où je commençai mes voyages par terre.

J'observai d'abord le versant occidental des Andes. La suite d'un sol aride, sablonneux, ne m'y offrit que de la géologie. La nature, en ces lieux, n'a rien fait pour embellir les vallées : tout y est l'ouvrage de l'art; et si, parmi ces déserts de sable, l'œil se repose, par intervalles, sur un terrain planté d'oliviers, de figuiers, de grenadiers et de bananiers, l'éclat de cette végétation factice n'est dû qu'à l'action combinée de mille canaux qui, à des jours et à des heures fixes, viennent lui donner ou lui rendre la vie. Telle est toute la partie du Pérou située à l'ouest des Andes.

Je gravis ensuite, par des ravins affreux, le sommet des Andes. Là, bien loin de rencontrer une seule crête ressemblant à celles que représentent les cartes, je me trouvai sur un immense plateau où s'élèvent, de distance en distance, des montagnes volcaniques qui n'affectent aucune direction suivie. Là, partout, une nature aride, une sécheresse affreuse et une raréfaction de l'air, telle que je m'en sentis très-douloureusement affecté.

J'arrivai sur le versant opposé du plateau, que marquait une chaîne intermédiaire entre le plateau particulier des Andes et le plateau général des Cordillères. Une vue admirable se développait là de toutes parts à mes yeux : à l'ouest et au sud-ouest, les sommets imposans du plateau des Andes; au nord-est, la Cordillère orientale, plus haute encore et plus continue; et des pointes déchirées, couvertes de neige, semblant s'humilier devant l'Ilimani et le Sorata, ces géans des Alpes américaines, qui dominent de leurs fronts orgueilleux la région des hivers éternels.

Je descendis ensuite sur un autre plateau qui est encore à près de douze mille pieds au dessus du niveau de la mer. Ce plateau sépare les Andes de la Cordillère que j'appelle orientale. L'espace compris entre ces deux chaînes principales peut être de trente lieues, et conserve le même aspect. C'est sur cet immense plateau, fort étendu au nord et au sud, que se trouvent les plus nombreuses populations de Bolivia et du Pérou; ce qui tient, sans doute, au grand nombre de llamas et d'alpacas qu'il nourrit. C'est aussi sur ce plateau remarquable que s'étend l'immense lac de Titicaca, si fameux par les anciens temples du soleil et de la lune, ouvrage des Incas, dans les îles dont il est semé. Plus tard, j'ai parcouru, dans tout leur développement, les rives escarpées de ce même lac, si riches en souvenirs de l'histoire ancienne du Pérou.

Ce plateau, et surtout les environs de la Paz, furent pendant quelque temps le théâtre de mes recherches. J'ai corrigé, sur le gisement de cette ville, une grave erreur consacrée par toutes les cartes, sans même en excepter celles de Brué, bien qu'assurément les moins fautives pour l'Amérique. La Paz n'est pas située sur le versant oriental de la chaine, mais dans un immense ravin du sud-ouest de la Cordillère, sur le grand plateau.

Au commencement de juillet 1830, toujours marchant à l'est, je gravis le sommet de la Cordillère orientale; et là s'offrirent à mes yeux, d'un côté les montagnes arides du grand plateau, où le ciel, pendant neuf mois de l'année, garde invariablement la même pureté; de l'autre, des nuages amoncelés, toujours se maintenant à quelques mille pieds au dessous du lieu de mon observation, et qu'on prendrait pour les flots d'une mer en furie, quand ils se heurtent contre les pointes abruptes des montagnes; pénétrés d'ailleurs, de loin en loin, par les points culminans de quelques pics qui figurent assez bien des îles : mais que ces nuages viennent à laisser entre eux quelques intervalles, l'œil alors tout d'un coup plonge dans une profondeur immense sur les pics couverts de bois qui couronnent les chaines parallèles. Il est plus facile de sentir que de rendre la sublimité d'un tel spectacle.

Ces nuages, de plus, déterminent une zone distincte, et signalent, pour les parties inférieures, le commencement d'une végétation comparable, à tous égards, à la végétation la plus riche et la plus variée de la zone tropicale.

Je m'avançai jusqu'aux montagnes déchirées qui forment le versant oriental de cette chaîne, descendant alternativement du lit des rivières au sommet des chaînes; et, dans ce long et pénible voyage, j'ai reconnu qu'aucun des immenses et nombreux torrens de ce versant ne sont marqués sur les cartes, et qu'une confusion des plus grandes, ou des espaces entièrement vides, y tiennent le plus souvent lieu des accidens variés dont est rempli le pays entier. Ces lieux reproduisent, mais avec plus de luxe encore, la pompeuse végétation des environs de Rio de Janeiro; une humidité chaude y couvre de plantes magnifiques même les rochers les plus escarpés. Je remontai, près de Cochabamba, la même Cordillère, et suivis une longue série de montagnes arides dont la pente m'amena dans les belles plaines boisées où se trouve la ville de Santa Cruz de la Sierra. Cet intervalle de cent vingt lieues est aussi peu connu que le reste. J'ai passé de grandes rivières qui n'existent pas sur les cartes, et les systèmes de versans m'y paraissent surtout des plus faux.

J'étais déjà à trois cents lieues de la mer; mais, voulant connaître aussi les lieux peuplés seulement par les indigènes, je résolus de pénétrer plus avant dans l'intérieur des terres habitées; et, à la fin de la saison des pluies, qui interrompt toute communication, je repris ma marche vers l'est, en traversant une forêt dont l'épais feuillage couvre une étendue de plus de soixante lieues de largeur, est et ouest, et dans laquelle on chercherait vainement d'autres hôtes que les jaguars ou tigres d'Amérique. J'arrivai ainsi dans la province de Chiquitos, que je parcourus en tous sens, jusqu'à la rivière du Paraguay et à la ville de Mato-Grosso du Brésil.

La province de Chiquitos a plus de douze mille lieues de superficie. J'y ai trouvé, sinon dans toute sa splendeur passée, du moins encore intact dans ses formes et avec tous ses caractères primitifs, le gouvernement qu'y avaient jadis établi les jésuites, gouvernement encore inconnu et bien mal apprécié, malgré tous les écrits dont il a été l'objet, et qui sut, par une patience dont il serait difficile de se faire une idée, réunir et rallier en dix villages, sous les mêmes lois et sous l'empire d'un idiome identique, dix-sept nations bien distinctes, parlant chacune une langue différente.

Les Chiquitos, chrétiens seulement de nom, ont conservé la plupart de leurs anciennes superstitions. Il est curieux d'en voir les souvenirs se mêler, le plus innocemment du monde, aux cérémonies les plus austères du culte catholique.

J'ai été frappé du contraste de gaîté et d'insouciance qui les distingue des taciturnes habitans du grand Chaco, non moins que de l'extrême bizarrerie de quelques-uns de leurs jeux nationaux, et entre autres, d'une espèce de jeu de paume qui s'exécute avec la tête, sans le secours des mains.

Une singularité des plus piquantes, et caractéristique d'une des langues du pays, c'est que la plupart des substantifs se désignent par un mot différent, en raison du sexe de la personne qui parle.

Au milieu de ces vastes et sombres forêts, qui séparent les immenses provinces de Chiquitos et de Moxos, dans un vaste territoire marqué comme inconnu sur nos meilleures cartes, coule une rivière également ignorée, quoique navigable, et dont les bords, enrichis d'une végétation aussi active que brillante, sont habités par une nation de celles que nous appelons sauvages, nation aussi inconnue en Europe que le sol qu'elle foule, mais qui n'en pourrait pas moins servir de modèle à beaucoup de peuples civilisés. Ce sont mes chers Guarayos, réalisant en effet, en Amérique, par une hospitalité franche et loyale, par les mœurs simples des temps primitifs, le rêve poétique de l'âge d'or. Chez ces hommes de la nature, que l'envie ne tourmente jamais, le vol non plus n'a pas pénétré; le vol, cette plaie morale des civilisations les plus grossières comme les plus parfaites; le vol, regardé presque comme une vertu par leurs plus proches voisins, les Chiquitos; et, au milieu même des missions, où la corruption des mœurs est à son comble, on aime à retrouver chez leurs femmes une pudeur, une conduite exempte de reproches. Là, j'ai vu de respectables vieillards à longue barbe, caractère singulier parmi les races américaines, qui sont généralement imberbes; vrais patriarches du désert, vêtus d'une longue robe, faite de l'écorce des arbres de leurs forêts. Bien différent des serviles néophytes des missions des jésuites, qui ne parlent que le front baissé vers la terre et les bras croisés sur la poitrine, le Guarayo, fier de la liberté dont il jouit, marche la tête haute, se présente avec assurance, et, tout en vous traitant comme son égal, se regarde comme bien supérieur aux autres Indiens, qu'il méprise parce qu'ils sont voleurs! Aussi prévenans que fiers, les chefs de cette noble nation venaient tous les jours interroger mes vœux pour les prévenir.

J'ai vu toutes leurs cérémonies religieuses; je les ai entendus, dans leurs hymnes solennelles enrichies d'images riantes et gracieuses, inviter les oiseaux d'alentour à venir égayer le feuillage, et prier les fleurs de s'épanouir, pour fêter avec plus d'éclat le *tamoi* (le grand-père), leur dieu bienfaisant, qu'ils adorent sans le craindre, parce qu'il préside à l'abondance des récoltes sans jamais punir les cultivateurs.

Dans l'immense province de Moxos, au nord-est du Haut-Pérou, plus de collines granitiques, plus de grès comme dans Chiquitos; mais bien des terrains extrêmement plats, en partie inondés par un dédale de rivières. Là vivent, divisés en dix nations distinctes et parlant des langues diverses, des peuples, tous navigateurs, qui connaissent parfaitement les moindres détours de leurs canaux naturels, journellement parcourus d'eux sur de longues pirogues formées d'un seul tronc d'arbre creusé par le fer et par le feu ; je les ai souvent employées dans mes reconnaissances de la province entière, et je leur dois les matériaux d'une refonte intégrale des cartes de cette partie du sol américain.

De Moxos, qui conserve la température chaude et humide de sa latitude, je voulus remonter au sommet de la Cordillère orientale, afin de parcourir successivement, jusqu'aux neiges, les différentes zones d'habitation des plantes et des animaux. Je remontai alors le Rio Chaparé, jusqu'au pied des derniers contreforts des Andes, où vivent les Yuracarès. Là, au sein des forêts les plus belles du monde, où, à la hauteur de deux ou trois cents pieds au dessus du sol, les rameaux d'arbres immenses viennent s'enlacer en voûtes de verdure impénétrable aux rayons du soleil, au dessus de palmiers gigantesques eux-mêmes, protégeant à leur tour une végétation des plus élégantes et des plus variées ; là, parmi ces tableaux de l'aspect le plus majestueux, l'homme sauvage s'est cru l'être le plus heureux et le plus privilégié ; ses idées ont grandi avec la nature. Les Yuracarès, en effet, possèdent une histoire sacrée assez étendue et remplie des idées les plus originales sur la création du monde et sur l'origine des nations, le tout mêlé de fictions les plus gracieuses, souvent analogues à celles du riant polythéisme des Grecs.

Ainsi, par exemple, une jeune fille parvenue à l'âge des passions, rêve seule au sein des vastes forêts ; elle s'y plaint à l'écho des bois du malheur de sa solitude. Son œil s'y fixe avec attendrissement sur un bel arbre chargé de fleurs purpurines. S'il était homme, elle l'aimerait.... La jeune fille pleure, soupire, attend, espère.... Elle espère, et ce n'est pas en vain.... L'amour lui devait un prodige : l'arbre devint homme ; il devint homme, et la jeune fille est heureuse.

Ces Yuracarès, doués d'une imagination si exaltée, n'ont pas moins d'orgueil que d'exaltation. Ils menacent le ciel de leurs flèches quand il tonne, bravant ainsi jusqu'à la divinité.

Ma curiosité était encore bien loin d'être satisfaite ; et, des lieux que je viens de décrire, on m'eût vu m'élever, bientôt après, de ravin en ravin, jusqu'à Cochabamba, passant tour à tour d'une zone torride à une zone tempérée, et de cette dernière à celle des neiges. Je ne tardai pas à revenir à Moxos, me frayant un chemin sur un autre point du versant de la Cordillère orientale, dans le but de vérifier mes premières observations et de reconnaître le point de partage du grand versant du Rio-Beni et du Mamoré, fait important pour la géographie.

De Moxos je revins à Santa-Cruz, et de Santa-Cruz je passai à Chuquisaca, capitale de Bolivia, distante de cette ville de cent trente-six lieues.

Je revins ensuite à la Paz après avoir visité Potosi, lieu dont la richesse est proverbiale; et de la Paz enfin, repassant pour la dernière fois la Cordillère des Andes, après avoir exploré trois ans toutes les parties de la république de Bolivia, je me trouvai sur la côte du Pérou, où je m'embarquai le 25 juillet 1833 pour la France, en passant par les ports d'Arequipa, de Lima et du Chili.

Dans cette absence de huit années, j'ai parcouru quatorze mille sept cent quatre-vingts lieues, y compris mes voyages par terre, sur les rivières et par mer, et j'ai vu l'Amérique méridionale en sens divers, du 11e au 43e degré de latitude australe.... (1).

M. Briquet lit un rapport sur l'album de Maillezais, qu'il a formé de concert avec MM. Arnauld et Baugier, et jette un coup d'œil historique sur ce célèbre monastère du Bas-Poitou.

Messieurs, les fouilles que nous avons entreprises à Maillezais ne sont point achevées. Tous les débris de la cathédrale ne sont point dessinés. Le plan du terrain fouillé ne nous est encore parvenu que rapporté à une échelle trop resserrée pour le développement des détails d'architecture. Le temps nous a manqué pour mettre la dernière main à l'œuvre que nous avons commencée. Je vais donc, au nom de mes deux collaborateurs, MM. Charles Arnauld et Baugier, vous présenter seulement un rapide aperçu de l'histoire de l'abbaye de Maillezais, ce qui servira à peu près de texte explicatif aux feuilles de notre album.

L'île de Maillezais est située dans le Bas-Poitou (département de la Vendée), entre l'Autise et la Sèvre. Cette île, autrefois couverte d'épaisses forêts, est aujourd'hui entièrement défrichée et d'une rare fertilité. Sa plus grande longueur est de 4,000 toises. A l'extrémité ouest de l'île, et sur un terrain élevé, on voit les ruines de l'abbaye; ce monastère était tout à la fois une maison religieuse et un lieu fortifié. L'église avait au moins 40 toises de long. L'architecture de la nef et des deux tours du nord-ouest avait seule conservé son cachet d'an-

(1) Ici se trouvaient d'amples détails sur la précieuse collection formée par M. Alcide d'Orbigny, dans l'Amérique méridionale. On a cru que ces détails, reproduits dans le prospectus du grand ouvrage du voyageur, pouvaient être supprimés sans inconvénient.

tiquité. Le chœur et les chapelles appartenaient au style ogival le plus pur.

Vous trouverez dans notre album : 1° le plan de l'église avec l'indication des tombeaux, du puits et de la fonderie des cloches que nous avons découverts dans son enceinte ; 2° des pierres tumulaires dessinées, entre autres celle de Goderan, quatrième abbé de Maillezais et évêque de Saintes, mort le 6 août 1074. Nous avons trouvé dans son tombeau une inscription sur plaque de plomb, l'extrémité de son bâton pastoral en argent et sa bague abbatiale en or. C'est l'abbé Goderan qui excita le moine Pierre à écrire la chronique de Maillezais, ouvrage qui nous a été conservé par le P. Labbe, les Bollandistes et Mabillon ; 3° plusieurs vues de la partie nord de l'église, du château, du palais de l'évêque, de la geôlerie, et du caveau où Constant d'Aubigné faisait battre fausse monnaie ; 4° une foule de débris dont la découverte est due à nos fouilles, et qui, je pense, doivent fournir une série de sculptures depuis le onzième siècle jusqu'au quinzième. Vous remarquerez, Messieurs, un chapiteau orné d'entrelacs, trouvé au centre d'un énorme pilier dans lequel il avait été jeté comme une pierre brute de maçonnerie, et l'intérieur d'un tombeau qui remonte à une haute antiquité. Dans ce tombeau nous avons trouvé deux vases curieux, dont l'un en terre, percé d'un trou latéral, était rempli de charbon, et l'autre, en étain, avait un couvercle de même matière.

L'abbaye de Maillezais fut fondée à Saint-Pierre-le-Vieux avant 990, par Emma, duchesse d'Aquitaine, et son époux Guillaume-Fier-à-Bras. L'église de Saint-Pierre a été détruite et présente peu d'intérêt; cependant elle est dessinée dans notre album. Le duc Guillaume mourut en 994. Son fils donna aux moines toute l'île de Maillezais. Il fit raser le château qui avait été antérieurement bâti pour protéger l'île contre les incursions des Normands, et il en destina l'emplacement à la construction d'un nouveau monastère. Cet édifice, bien différent de l'ancien qui n'était que de bois, fut remarquable par l'étendue des bâtimens. Il fut brûlé en 1082.

La paroisse de Lié doit son origine à un moine italien, au commencement du XI<sup>e</sup> siècle. Ce moine guérit d'une maladie violente le duc d'Aquitaine, Guillaume V, et demanda pour récompense la permission de bâtir une chapelle et une cellule dans la forêt de Maillezais. Cette permission lui fut accordée, et il fit construire la chapelle de Notre-Dame-de-Lié. Une feuille de notre album est consacrée à cette église.

Vers 1225, Geoffroy de Lusignan détruisit l'abbaye et dispersa les moines. Quelques années après, il répara tous les dommages qu'il avait causés à ce monastère.

L'abbaye de Maillezais fut, plus tard, érigée en évêché. Le premier évêque, Geoffroy de Ponncrell, fut sacré le 29 novembre 1317. Cependant la mer, qui dans ces temps reculés se brisait contre les murs de l'abbaye, s'était retirée et avait formé des marais dont les exhalaisons viciaient l'air et rendaient Maillezais inhabitable; le bourg était devenu désert, les évêques n'y résidaient plus. L'église avait été détruite pendant nos dissensions civiles; le monastère, ruiné par le feu et les boulets, n'offrait plus d'asile aux moines. Le siége épiscopal fut, par ces causes, d'abord transféré à Fontenay-le-Comte, par bulle d'Urbain VIII, en date du mois de janvier 1631. Louis XIV fit changer cette décision, et l'évêché fut définitivement transféré à la Rochelle par bulle d'Innocent X, en date du 14 mars 1648.

Le vandalisme a achevé la destruction de l'abbaye; il a brisé les ogives et les pierres, abaissé les tours, anéanti les flèches: des bâtimens entiers ont disparu.

Il existe au milieu du bourg de Maillezais une église évidemment construite à la fin du XIe siècle, d'abord sous l'invocation de saint Rigomer, puis sous l'invocation de saint Nicolas : les détails d'architecture de la façade sont curieux; ils sont reproduits avec soin dans quelques feuilles de notre album.

La notice que je viens de lire, Messieurs, est bien incomplète. Mais nous n'avons pu nous décider à vous présenter une chronique de Maillezais, et nos idées sur tel ou tel point d'histoire ou d'architecture, avant d'avoir recueilli le plus grand nombre des documens encore enfouis sous le sol de l'abbaye.

Nous ne devons pas oublier les quelques monnaies que nous avons découvertes.

Vous remarquerez, Messieurs, que la partie à droite de la sortie était seule debout, et que pour mettre le pavé à nu, il a fallu remuer 400 toises carrées de terre, fouiller à six pieds au dessous du pavé pour découvrir les tombeaux. Le puits trouvé dans l'église a été fouillé à la profondeur de 32 pieds.

On passe à la suite de la discussion des propositions. M. le président fait lecture de la résolution adoptée par la sixième section, et relative à la suppression des tours, pour les enfans trouvés, dans les hospices.

Suit la formule de cette résolution :

1° Le Congrès déclare que la suppression des tours d'arrondissement a produit des effets désastreux dans les localités où elle a eu lieu ;

2° Il émet le vœu que le gouvernement procède à une enquête, relativement aux questions qui se rattachent aux enfans trouvés ;

3° Il émet également le vœu que les communes soient appelées à contribuer aux dépenses relatives aux enfans trouvés ;

4° Enfin, il émet aussi le vœu que des salles d'asile soient établies en grand nombre.

M. Nicias Gaillard croit qu'il faut diviser la proposition, qui se compose de plusieurs parties distinctes.

M. Boncenne. « La discussion à la section, avant la résolution adoptée, a été très-longue. Plusieurs membres du Congrès, notamment MM. Guerry-Champneuf et Guépin, étaient, comme moi, de l'avis de l'ajournement. On aurait cru qu'il devait être mis aux voix le premier ; point du tout : la majorité donne la priorité à la question principale, et alors on décide que la suppression des tours a eu un mauvais résultat. Puis la question principale ainsi décidée, on revient à l'ajournement, en demandant une enquête sur un point de fait qu'on avait avant déclaré constant. Ensuite, devant la section, et cette opinion a été appuyée, j'ai demandé le concours des communes pour le paiement des frais qu'occasionent les enfans trouvés et la création de salles d'asile. J'ai aussi insisté sur un échange d'enfans trouvés entre arrondissemens. Si on veut ici donner la priorité au fait principal, il y aura une longue discussion. C'est ce qui fait que je demande le renvoi à demain. »

M. Nicias Gaillard. « La dernière question, relative à l'échange des enfans, a été rejetée par la section. Il est donc inutile d'en entretenir le Congrès. »

M. Lelong fils. « Si on voulait demander un simple renvoi à demain, il était inutile d'entrer dans tous les détails qui vous ont été donnés. »

M. Brochain rend compte de ce qui a été décidé par la section. « En suivant l'ordre qu'on a indiqué, dit-il, elle a suivi un mode rationnel. Je m'étonne de la manière avec laquelle on a critiqué l'ordre suivi dans la délibération. »

La continuation de la discussion sur ce point est renvoyée à demain.

M. le président annonce que les membres du bureau du Congrès et des bureaux des sections se réuniront ce soir, à huit heures, pour discuter des questions d'un intérêt général pour le Congrès, et qui ne rentrent dans les attributions d'aucune de ses sections.

La séance est levée.

### SÉANCE DU LUNDI 15 SEPTEMBRE 1834.

Présidence de M. DE CAUMONT (de Caen).

MM. Boubée, de Brébisson et Babault de Chaumont, secrétaires de sections, rendent compte de ce qui s'est passé, le matin, dans leurs sections respectives.

M. Babault de Chaumont a notamment fait connaître que M. Lair ayant prié la 2e section d'accepter une médaille en argent de la société d'agriculture et de commerce de Caen, pour en faire l'hommage à un agriculteur distingué, la section a cru qu'elle devait être offerte à M. Bobin, membre du Congrès, tant à raison des bons exemples en agriculture qu'il a donnés sur sa ferme de la Milletrie, que comme témoignage de gratitude, à raison de l'essai d'instrumens aratoires que le Congrès vient de faire sur cette même ferme.

La proposition de la 2e section étant approuvée, M. le président remet la médaille à M. Bobin, qui remercie l'assemblée de ce témoignage honorable.

M. Lair présente ensuite à M. Boncenne, premier vice-président du Congrès et président de la Société académique de Poitiers, une médaille d'argent de l'académie de Caen, et le prie d'en faire la remise à un littérateur distingué.

M. Boncenne offre cette médaille à Mlle Elise Moreau (de Coulonges).

MM. Lucien Gaillard, de la Saussaye, F. Chatelain et Foucart, secrétaires de sections, énumèrent les travaux de ce jour dans leurs sections respectives.

M. le secrétaire général donne l'indication de plusieurs ouvrages dont on fait hommage au Congrès.

M. de Caumont, président, rend compte de ce qui a été arrêté à l'unanimité, hier au soir, dans la réunion du bureau du Congrès et des bureaux des sections, pour la fixation du lieu où se tiendra la 3e session du Congrès, de l'époque de son ouverture et les dispositions accessoires, ainsi que pour l'impression du compte-rendu de la présente session et l'apurement des comptes.

Par suite de ce rapport, l'arrêté suivant est mis aux voix et adopté.

Le Congrès scientifique de France arrête ce qui suit :

Article premier. Conformément à l'arrêté qu'il a pris à Caen, le 24 juillet 1833, portant qu'il tiendra chaque année une session dans une des principales villes du royaume, et successivement d'une ville dans une autre, la troisième session du Congrès aura lieu dans la ville de Douai, département du Nord.

Art. II. Cette troisième session du Congrès scientifique de France s'ouvrira du 5 au 10 septembre 1835.

Art. III. M. de Givenchy, député du Congrès provincial de Douai, est prié de vouloir bien accepter les fonctions de secrétaire général de la troisième session du Congrès scientifique de France.

Art. IV. M. le secrétaire général de la troisième session du Congrès est chargé de prendre toutes les mesures convenables, pour assurer la tenue de cette session. Il est invité notamment à s'entendre avec la société centrale académique de Douai, à indiquer des secrétaires provisoires de sections, à rédiger et à distribuer les lettres de convocation ; à former un comité préparatoire dont il prendra l'avis pour la rédaction d'un règlement provisoire, pour la division en sections, et pour arrêter les questions à soumettre à la décision de cette troisième session du Congrès, outre celles qui pourront rester à décider, la présente session terminée, et celles qui seraient rédigées par les Congrès provinciaux.

Art. V. Il sera immédiatement imprimé, à un grand nombre d'exemplaires, un compte rendu détaillé des séances de la deuxième session du Congrès et des séances de ses sections, pour en être adressé un exemplaire à chacun des membres qui y ont assisté ou adhéré, et aux sociétés savantes qui se sont mises ou qui se mettront en communication avec le Congrès.

Art. VI. La rédaction du compte rendu mentionné ci-dessus est confiée à une commission composée du secrétaire général, et des membres du bureau du Congrès et des bureaux de ses sections, en résidence à Poitiers.

La même commission est chargée de l'exécution des mesures arrêtées pour cette session du Congrès, et de l'apurement des comptes. L'excédant des recettes sera reporté à la troisième session du Congrès à Douai.

M. Foucart lit un fragment de la relation d'un voyage de M. Théodore Pavie ( d'Angers ) dans l'Amérique méridionale.

Tandis que les sages républiques de l'Amérique du nord, fidèles, malgré quelques faibles secousses, au lien de leur union, grandissent avec une incroyable rapidité, en richesses, en commerce, en population ; tandis que leurs déserts, dont le silence et la solitude seront peut-être regrettés du poète, se changent rapidement en florissantes habitations ; tandis que généreuses et hospitalières, ces belles provinces ouvrent à l'envi un asile de paix et de liberté aux industries de tous pays, aux émigrans de tous climats, il existe, à l'extrémité de l'Amérique méridionale, de chétives républiques, fières et haineuses, jalouses de tout ce qui est étranger, appauvries et s'appauvrissant encore de jour en jour, heureuses d'une apathique oisiveté, comme si l'effort inouï qu'il leur a fallu faire pour chasser l'Espagnol de leurs rivages avait épuisé toute leur énergie physique et morale. A peine libres, elles s'ennuyèrent d'être unies ; le congrès général des douze provinces, s'occupant de l'organisation et des intérêts universels du pays, gênait les vues ambitieuses de ces généraux, fatigués de la paix. En séparant, en isolant les unes des autres ces républiques naissantes, c'était fonder autant de dictatures auxquelles chacun d'eux se crut le droit d'aspirer. Le parti de l'Union, deux fois vainqueur dans ces trop célèbres batailles qui ensanglantèrent les plaines de Cordova, succomba enfin : et du jour où le pouvoir et la force passèrent entre les mains de ces soldats parvenus qui tournèrent contre la patrie ces hordes de *Gauchos* qui s'étaient illustrés pour elle, chaque province, comme au temps de la féodalité, devint rivale et ennemie de sa voisine ; et ce ne fut plus, dans toute l'étendue de ces vastes républiques, qu'un horrible brigandage, de perpétuelles dissensions, et de ces haines envenimées qui prennent si vite racine chez ces descendans des Espagnols, dont le caractère est exagéré encore par un climat brûlant.

La richesse de ces contrées ne consiste guère, dans la partie méridionale du moins, que dans d'immenses troupeaux errant en liberté, quoique portant tous la marque d'un maître, dans ces plaines connues sous le nom de *Pampa*, dont on ignore les bornes, et qui vont se perdre jusque dans les déserts de l'Indien indépendant de la Patagonie. Le *Gaucho*, homme des campagnes, n'a pour toute occupation que le soin de ces troupeaux : il passe sa vie à cheval, dort sur les couvertures dont il compose l'équipement de sa monture, et vit, du reste, comme l'Indien, à cela près qu'au lieu d'égorger un cheval pour boire son sang et dévorer sa chair palpitante, il fait rôtir au feu de son bivouac le morceau de bœuf qui compose sa nourriture presque exclusive. Le *Gaucho* est sobre, infatigable; s'il part pour une longue route, il pend à sa selle une tranche de viande séchée au soleil : peu lui importe le pain, qui est pour lui un objet de luxe dans plus d'une province; toutes ses fatigues seront oubliées pourvu qu'il puisse, au campement du soir, accompagner sa cigarette du *maté* favori, qu'il hume avec tant de délices; breuvage particulier à ces climats, et qu'on pourrait appeler l'opium de l'Amérique. La vie errante du Gaucho, toujours armé, ressemble en plusieurs points à celle de l'Arabe; mais il n'a pas, comme celui-ci, cette tendresse touchante pour le cheval, compagnon de ses fatigues; il déchire ses flancs à coups d'éperons, dont les molettes ont jusqu'à trois pouces de diamètre; et quand la pauvre bête toute sanglante tombe de lassitude, il l'abandonne, ou daigne parfois l'achever d'un coup de couteau.

Pour de pareils hommes, la guerre est un jeu, presque un besoin; et c'est toujours avec avidité qu'ils saisissent l'occasion de se réunir à un chef, souvent sorti du milieu d'eux, pour se précipiter sur les villes, piller, saccager, enlever les troupeaux. On pourra facilement se figurer quel carnage fait dans un jour une troupe de ces bandits affamés, quand on saura que le plus grand bonheur du Gaucho en campagne est de choisir, dans un bœuf, un morceau privilégié qu'ils font rôtir avec le cuir, quitte à abandonner le reste aux vautours et aux condors, dont les nombreuses volées suivent à la piste ces armées destructives.

Les dissensions civiles avaient donc déjà singulièrement appauvri la contrée, quand survint en 1831 une sécheresse désolante; et la seule province de Buénos-Ayres, arrosée de ruisseaux trop faibles, perdit à cette époque environ deux millions de têtes de bétail, bœufs et chevaux. Que l'on joigne à cela les déprédations des Indiens, qui, dans les provinces de Santa-Fé, Cordova, San-Luis et Mendoza, s'avancent insolemment jusqu'aux portes des villes, confians qu'ils sont dans l'affaiblissement d'un peuple rongé de haines intestines; et non contens d'enlever les troupeaux, d'incendier les maisons, emmènent en esclavage les enfans et les femmes des Gauchos, auxquels ils ne font jamais de quartier : qu'on joigne à cela le peu de secours que peuvent se prêter entre elles ces habitations disseminées dans la plaine, et distantes parfois de plus de trente lieues l'une de l'autre, et l'on aura l'idée du déplorable aspect qu'offraient, il y a un an, les républiques de la Plata. Là où vingt mille bœufs avaient coutume de se réunir chaque soir dans un lieu fixé par leur seul instinct, à peine avons-nous rencontré de faibles troupeaux de trois à quatre cents têtes; et c'était pourtant un joli spectacle de voir au soleil levant toute la troupe s'agiter, et suivant un à un quelque vaillant taureau qui est leur chef, tous ces animaux se diriger gravement, dans l'ordre d'une marche solennelle, vers la source où ils vont se désaltérer, décrivant ainsi une ligne immense, à perte de vue, ondulant avec les collines, et traversée çà et là par quelques chevreuils bondissant sur l'herbe étincelante de rosée, ou par une bande d'autruches en plein galop, rasant la terre de leurs courtes ailes.

La distance qui sépare Buénos-Ayres de Cordova est de 180 lieues, d'après le calcul souvent inexact des postes. Une grande partie de cette route, notamment sur le territoire de Santa-Fé, marque la dernière ligne des habitations sur la limite du pays occupé par les Indiens. Ces maisons sont entourées, pour toute défense, d'un petit fossé et d'une haie très-épaise de cactus et d'agaves. Presque toutes ces cabanes portent encore la trace des dévastations commises par les Sauvages. Ce sont des orangers coupés au ras de terre, des toits brûlés et croulans, des habitations abandonnées que signale encore le solitaire *ambon* au feuillage opaque, à la tête arrondie, seul arbre qui croisse spontanément dans la partie des Pampas voisine de la Plata ; l'ambon s'aperçoit à une distance incroyable dans cette solitude unie comme l'océan calmé, et sa vue fait souvent palpiter de joie le voyageur mourant de lassitude, impatient d'aller dormir, pendant les chaleurs du jour, sous son ombre consolante.

A ces plaines mornes et tristes succèdent peu à peu sur les bords de la rivière nommée Rio-Tercero, de jolies touffes de caroubiers qui se groupent en forêts, et finissent par croiser leurs rameaux épineux, à l'abri desquels pousse, à moitié caché par l'épaisseur des herbes, le précieux cactus à cochenille. Souvent la nuit, assis à la porte d'une cabane, au bord de cette rivière dont les eaux dorées comme celles de la Loire serpentaient à nos pieds, nous entendions le rugissement du jaguar se perdre sous les voûtes des bois, jusqu'à l'heure où les perruches matinales commençaient à animer la solitude de leurs innombrables voix.

C'est donc du milieu de ces éclaircies, à travers la forêt, qu'on découvre de plus de vingt lieues les sommets azurés de la Sierra de Cordova. Il faut avoir parcouru pendant dix jours ces vastes pays presque déserts, où la présence d'un cavalier éveille moins un sentiment de consolante sympathie qu'un sujet de frayeur; il faut avoir fatigué son regard d'un ciel toujours brûlant à une terre aride et muette, pour comprendre quel inexprimable bonheur fait naître dans l'âme le murmure vivant d'une population groupée ainsi au milieu d'une immensité silencieuse, où l'homme, il est vrai, jette çà et là des traces de sa présence, mais qu'il n'a pas su encore, par son industrie, conquérir sur la solitude.

La *Cordoue* d'Amérique n'a peut être en soi rien de bien remarquable; mais sa position pittoresque au fond d'une vallée, sur le bord d'une rivière singulièrement limpide, cette chaîne de montagnes auxquelles elle est adossée, et qui fait, par ses teintes foncées d'un bel azur, ressortir les murs blancs de ses édifices; ses clochers nombreux, les tours de ses couvens, de son collége fondé par les jésuites au temps de leur puissance, monumens pour la plupart empreints de je ne sais quelle réminiscence de la sévère architecture de l'Espagne; les arceaux des monastères découpés par les touffes opaques des cyprès, et les rameaux flexibles de l'olivier; ces tourelles de toutes formes dont les cloches s'ébattent à la chute du jour en joyeuses volées; le costume pittoresque de ces habitans, et ces longues files de chariots qui gravissent lentement la colline aux cris des conducteurs hurlant, sifflant, aiguillonnant ces lourds attelages, et plus que tout cela peut-être, son ciel d'une si éclatante pureté, la firent paraître à nos yeux comme un tableau magique. Cette sensation de plaisir se communiqua comme par un mouvement électrique à nos gens plongés depuis long-temps dans le silence; et le postillon, élevant sa ceinture où brillait un poignard à tête d'argent, appuyait une main sur la garde de son sabre sans gaîne, et de l'autre il nous montrait en poussant un bruyant *hurrha*, cette ville désirée, que le soleil, à moitié échancré par la cime des montagnes, éclairait amoureusement d'un dernier rayon.

Il y a au milieu de la ville une belle place spacieuse, rendez-vous habituel de toute la population oisive des faubourgs et des campagnes. Quand sonne l'*Angelus*, au premier coup de cloche parti du dôme de la cathédrale, cette foule bruyante se tait tout-à-coup; ce silence est si brusque, toutes ces têtes se découvrent d'un mouvement si précis, soldats et paysans, que les animaux eux-mêmes s'arrêtent; et quel que soit le degré d'intelligence de ce peuple plus superstitieux que croyant, de ces cavaliers au regard farouche, qui assassinent un voyageur pour une pièce d'or, et se courbent devant une croix, il n'en est pas moins vrai qu'il y a dans cette scène de l'*Angelus* une profonde manifestation du sentiment religieux. Ainsi ces hommes errans du pied des Andes aux rives de la Plata, disséminés à travers un désert où l'Indien les harcèle, les poursuit, les attaque sans cesse, dont ils partagent la vie aventureuse et les tristes contrées; ces hommes, dis-je, privés pendant des années entières de la vue de tout ce qui peut leur rappeler le culte, en conservent, malgré leur grossière ignorance, l'inaltérable instinct, et ils sentent alors, au son de cette cloche qui les appelle à la prière, s'éveiller brusquement en eux le souvenir assoupi de ces croyances qui, à leurs propres yeux, les élèvent si haut au dessus du Sauvage.

Mais le soir, un jour de fête surtout, cette place est animée : deux rangées de chariots habités par les familles des Gauchos venus à la ville vendre quelques provisions, forment une rue principale éclairée par un fanal pendu à la pointe d'un aiguillon ; et jusque bien avant dans la nuit, l'habitant des campagnes vient y causer et flaner, à cheval, bien entendu : car qui se refuserait ce luxe, dans un pays où le pauvre lui-même ne va pas mendier à pied ? Ces lumières, balancées par le vent du soir, illuminent çà et là un Gaucho de *Jucuman*, à longue barbe pointue, au bonnet rouge orné de rubans verts, la lance au poing; un cavalier de l'armée en poncho bleu ; une femme assise au fond d'un chariot, le grand schall jeté sur les épaules comme une mantille, et qui endort un petit enfant sur son sein, en accompagnant sur sa guitare une de ces interminables chansons nommées *villatiras*, que le chanteur improvise et allonge au gré de son caprice.

Cette indolente population paraît calme et heureuse; peu à peu le bruit s'éteint, et dans le silence des ténèbres, cette ville étrange a l'air de se renfermer pour sommeiller dans sa ceinture d'oliviers et d'orangers; tout est repos autour d'elle; la plaine l'entoure comme les flots de la mer baignant les rives d'une île. Qui eût pu penser alors qu'une révolution allait éclater bientôt, et qu'un orage se formait sur un ciel si pur!

Les Indiens avaient commis tant de brigandages dans les provinces du sud, il y avait tant d'habitations ravagées, tant d'orphelins pleurant leur père, tant d'esclaves à reprendre sur les Sauvages, qu'on se décida enfin à ordonner une expédition. Trois corps d'armée partis, l'un de Buénos-Ayres, l'autre de Cordova, le troisième du pied de la Cordilière, devaient, en marchant sur un point fixé, chasser l'ennemi devant eux, jusqu'à ce que les trois divisions réunies pussent agir simultanément contre les masses plus redoutables qu'on devait rencontrer en pénétrant dans le sud. Les choses allèrent bien pendant quelque temps. Les Indiens, qui au nombre de trois cents, armés de lances et de sabres, avaient mis en déroute plus de six cents habitans de Cordova, dont une partie fantassins et soutenus de plusieurs pièces de canons, ces Indiens tant redoutés avaient enfin été battus, et réduits à manger leurs chevaux de combat. Les deux fils du cacique étaient morts dans l'action, et l'on avait ramené deux convois de femmes, l'un d'esclaves repris sur l'ennemi et rendues enfin à leur famille, l'autre de femmes d'Indiens que l'on distribuait en qualité de domestiques aux habitans de la province, en indemnité de ce qu'ils avaient eu à souffrir de la part des Sauvages. Mais tandis que le commandant des forces de Cordova songeait à venger plus complètement ses quatre-vingts soldats dont les ossemens blanchirent sans sépulture, pendant quatre mois, à une lieue d'un village détruit, on tramait contre lui, à Cordova, une conspiration d'autant plus atroce, qu'au lieu de lui expédier les secours indispensables dans une campagne de ce genre, on les employait à former une armée pour le renverser. Se voyant abandonné, loin de toute ressource, il laissa peu à peu ses troupes déserter et se rendre à la ville par bandes de vingt à trente, pillant sur les grands chemins, et lui-même arriva furtivement avec son escorte, au grand scandale de la population entière, frustrée une fois encore de l'espoir de voir mettre un terme aux courses des Indiens.

Alors le gouverneur convoqua aux armes l'arrière-ban de ses guerriers : c'était un habitant des montagnes plus porté à rejoindre les rebelles et se rendant à regret vers la caserne, monté sur un petit cheval à longs crins, et portant pour armure la longue lance de roseau, ornée de plumes d'autruche, le lazo et les boules terribles empruntées aux Patagons, arme dont le *Gaucho* se sert avec tant d'adresse, qu'il peut, selon leur poids et leur grosseur, renverser un cheval sauvage, démonter un cavalier, arrêter un chevreuil; c'était un boucher avec son large coutelas, galopant à travers les rues, sa carabine en sautoir; c'était un jeune officier, saluant les dames au balcon, caracolant sur un beau cheval chilien, recouvert d'une riche peau de tigre. De toutes parts arrivaient des combattans; mais chaque nuit, aussi, de jeunes étourdis désertaient la ville pour aller grossir les rangs des rebelles et partager la vie aventureuse du soldat des Pampas.

Mais il fallait renoncer aux promenades du soir dans les collines autour de la ville; à peine pouvait-on sans crainte aller passer quelques heures de rêverie au bord de ce magnifique bassin, creusé par l'ordre des vice-rois d'Espagne, dont le chiffre royal apparaît encore çà et là avec les armes de ces jeunes républiques. Cette promenade, aujourd'hui délaissée, ne voit plus les dames de Cordova s'asseoir à l'ombre des grands saules; mais souvent les jeunes filles des campagnes, au teint hâlé, aux longs cheveux flottans, aux yeux noirs, viennent y puiser de l'eau; elles se rassemblent en rond, et commencent en chantant ces danses bizarres, espèces de fandango, où le claquement des doigts remplace la castagnette; puis, posant sur leurs têtes des amphores semblables à celles des anciens, les voilà qui s'en vont, comme la Lazzara du poète, à travers les sentiers de la colline, disparaissant avec leurs robes blanches au milieu des buissons de cactus aux fleurs rouges.

C'est une fatale occurrence pour le voyageur d'être tout-à-coup arrêté par les révolutions : indifférent aux deux partis, de quelque côté que se déclare la victoire, il entendra s'élever en lui le cri de l'humanité outragée; et, dans cette occasion, nous ne pouvions nous empêcher de regarder en pitié ces peuples déjà trop à l'étroit dans des régions si vastes, presque désertes, où la moitié de l'Europe trouverait place, et dont la population décroissante ne s'élève qu'à peine au chiffre de celle de notre capitale.

Ce qui était plus triste encore, c'était l'apathie des habitans, effrayés sans doute, mais tellement subjugués par l'habitude de ces éternelles dissensions, qu'ils attendaient l'issue des choses comme s'il se fût agi d'une cause étrangère. Ces paisibles bourgeois se communiquaient leurs appréhensions entre deux parties de cartes; et si l'on voyait par hasard s'avancer de la caserne un officier porteur d'un ordre suprême en vertu duquel il faut livrer *gratis* à l'armée les objets d'équipement dont elle a besoin, tout-à-coup la ville devenait déserte, les magasins se fermaient tous à la fois, le marchand ennuyé n'était plus au seuil de sa porte, fumant le cigare. On eût dit que la ville entière avait avancé ou retardé l'heure de la sieste.

Cependant la crise approchait. Un soir on vit arriver au grand galop, le sabre au poing, un soldat de l'escorte envoyée en reconnaissance; sa cuirasse de fer se perdait dans les plis de son poncho bleu; sa carabine noircie par la poudre, le sang qui coulait des flancs de son cheval, annonçaient assez que l'ennemi était aux portes. Le capitaine de l'escorte, surpris par les rebelles, qu'on désignait sous le nom de *montoneros*, avait été blessé d'un coup de feu, puis renversé par les boules, et poignardé, sans doute, comme première victime de cette lutte acharnée. A ce récit, il y eut une stupeur générale, surtout à l'hôtel du ministre, dont le cabriolet était en permanence, prêt à l'emporter à tout événement.

On s'exagéra les forces des montoneros ; les autorités se retirèrent au champ de bataille de la *Tablada*, où le gouverneur tenait son camp. Nous l'avions visité quelques jours auparavant, ce champ de la *Tablada*, où le terrible général Quiroga fut si complètement battu ; et les pieds de nos chevaux heurtaient çà et là quelques ossemens des guerriers morts depuis plusieurs années, et que l'apathie des habitans laissait sans sépulture, prévoyant, sans doute, que d'autres s'y mêleraient encore avant qu'une paix générale permît de les rendre tous à la terre.

On voulut envoyer une députation au devant des rebelles, traiter avec eux, sans connaître ni leurs forces, ni leurs intentions ; c'était s'avouer vaincu. Mais il fallait une voiture pour conduire dignement ces députés ; et où en trouver une dans tout Cordova? et un attelage, où le prendre, quand les huit cents chevaux du gouverneur avaient été enlevés dans une nuit, avec tous ceux qui appartenaient aux postes de la ville? Cet incident changea la face des choses. Le commandant laissa le maintien de l'ordre public aux bourgeois, trop craintifs pour le troubler, et se retira à son camp avec toute son armée. Ces places, la veille pleines de soldats, aujourd'hui si calmes, ne retentissaient plus du bruit des clairons, du galop des cavaliers ; et le grand étendard bleu et blanc des républiques de la Plata ne voyait passer sous son ombre que la paisible sentinelle des gardes civiques. Çà et là, un passant affairé jetait un regard furtif à travers ces rues qui toutes vont aboutir à la plaine.

La nuit était obscure ; la cathédrale, illuminée pendant toute l'octave de la Fête-Dieu, dessinait en traits de flammes les ciselures assez remarquables de son dôme, ses clochetons carrés ; et cette lumière éclatante au fond de la vallée, surgissant du milieu d'une ville endormie, semblait un phare vers lequel se dirigent deux vaisseaux ennemis : car vers le nord, le cri long-temps répété des sentinelles, le roulement du tambour, annonçaient que le soldat de la *Tablada* veillait à ses feux ; vers le sud, plus près encore de la ville, une lueur rougeâtre, tremblant à l'horizon, dessinait distinctement une ligne de bivouacs ; le hennissement d'un cheval, le son de la trompette arrivaient parfois à nos oreilles, apportés par la brise, et les hurlemens des chiens sauvages, qui suivent la marche des armées, jetaient quelque chose de sinistre sur le camp des montoneros.

Au point du jour, un brouillard épais voilait l'horizon. Quand les aspérités des rocs déchiraient, dans leur vol, ces vapeurs du matin glissant à la surface de la Pampa, on distinguait les vêtemens rouges de ces fameux *colorados*, descendant un à un la colline, pour se former en bataille derrière la ville.

Ces vieux soldats, nommés *colorados*, *les rouges*, de la couleur de leur *poncho*, de leur bonnet, de leur *chilipa*, ample pièce de drap dont ils se ceignent les reins, à peu près comme les Albanais; ces colorados habitent la frontière des Indiens, avec lesquels ils sont toujours en guerre : c'est une espèce de corps franc, dont les membres ont fait les guerres du Chili et du Pérou contre les Espagnols, ont pris part à toutes les dissensions civiles, et sont devenus la terreur des gardes nationales et civiques. Jamais on ne vit un *colorado* blessé par une arme blanche. Le général Quiroga, qui s'est toujours servi de cette troupe choisie avec tant d'avantages, nous a dit lui-même les avoir tous dressés de sa main, en les chargeant d'estoc et de taille, jusqu'à ce qu'il ne fût plus possible de les toucher. C'était un joli coup d'œil de voir ces *ponchos* rouges sortir peu à peu des brouillards, et se grouper autour de leurs chefs. Quelques officiers de *montoneros* s'avancèrent au petit galop sur la place; toutes les maisons étaient barricadées, mais on regardait aux fenêtres. Le commandant Morisaire vint au devant du cornette qui portait un drapeau blanc, et lui remit une douzaine de lances et de carabines rouillées : la ville était rendue. Alors l'escadron rouge se précipita ventre à terre du haut de la colline, se rangea en ordre de bataille, et, tirant leurs sabres, les colorados saluèrent Cordova d'un cri sauvage emprunté aux Indiens : cri effrayant comme le rugissement de l'hyène, qu'ils accompagnèrent de la devise trop connue de *vive le général Quiroga!* A ce nom, plus d'un habitant de Cordova se rappela les exactions, les coups de fouet, et tant de braves officiers fusillés là, sur cette même place.

La halte fut courte; on reconnut parmi les Gauchos quelques jeunes gens de la ville, et l'on vit avec joie que les rebelles passaient sans songer à piller. Il y avait, parmi eux, des enfans de 15 à 16 ans, fiers de commencer leur carrière de brigandage sous de pareils maîtres.

Le gouverneur restait toujours à son camp; et du haut de la colline, où brillaient au soleil les lances et les carabines de ses quinze cents soldats, il pouvait suivre à loisir les mouvemens des 600 montoneros, rangés le long de la rivière. Mais là, ils s'arrêtèrent; chaque soldat descendit, se coucha à plat ventre sur le sable, alluma un cigare, puis fit tranquillement la sieste à l'ombre de son cheval. Il y avait dans ces hommes, ainsi couchés en face de l'ennemi, quelque chose du tigre guettant sa proie, du crocodile se vautrant sur les grèves, et suivant de l'œil la pirogue qui dérive.

De toutes parts, les toits des maisons, les clochers des couvens, étaient garnis de spectateurs. Pauvre peuple insouciant, il oubliait qu'il était le prix pour lequel on se battait, et qu'il paierait tôt ou tard les frais de ce sanglant spectacle !

L'action fut courte. A la voix de la trompette, les colorados, comme les morts au jour du jugement, s'éveillèrent et s'élancèrent à leurs rangs. Les escadrons serrés traversent la rivière peu profonde, et s'en vont à l'arme blanche attaquer, dans une redoutable position, un ennemi trois fois plus nombreux. Ce combat ne ressemblait point à ce qu'il serait chez nous : on entendait çà et là quelques coups de fusil, auxquels répondait la carabine des cavaliers ; la seule pièce d'artillerie qu'il y eût, pièce de 2, traînée par des bœufs et servie par de grotesques canonniers sans souliers ni pantalons, grondait de temps en temps, à de longs intervalles, mais toujours sans effet. C'était plutôt l'aspect d'un combat à l'époque où l'arquebuse commençait à lutter contre la forte lance et la masse des chevaliers ; on se battait corps à corps ; et l'infanterie, cachée derrière les dragons de peur qu'elle ne désertât, devenait complètement inutile.

Quoi qu'il en soit, les montoneros descendirent la colline et repassèrent la rivière aussi vite qu'ils l'avaient franchie ; les *rouges*, seuls, se retirèrent en bon ordre, au pas, lâchant çà et là quelques coups de carabine, mais hors de portée, car on ne s'acharnait pas à les suivre. Mais le reste de l'armée, composée de postillons, de bandits, de jeunes gens enlevés de force ou croyant courir au pillage ; ceux-là, serrés de près, harcelés, se précipitèrent pêle-mêle dans les rues. Jamais, même dans les courses de Windsor, je n'ai vu chevaux galoper si vite : la tête penchée jusque sur la crinière, pour présenter moins de prise à la lance, les rênes dans leur bouche, le sabre d'une main, dont ils se servaient plus pour frapper le coursier que pour se défendre, les fuyards déchiraient le flanc des chevaux à grands coups d'éperons, se heurtaient, se croisaient, et frappant au hasard l'une contre l'autre les lames de leurs poignards, en faisaient jaillir mille étincelles ; puis, peu à peu, toute cette horde de brigands, balayée par des forces supérieures, se perdit dans l'immensité de la plaine, comme une troupe de loups affamés, pillant tout sous leurs pas.

L'armée victorieuse se rangea à son tour sur la place. Les cavaliers, fiers d'avoir mis en fuite de si redoutables ennemis, se livraient avec mille fanfaronnades à l'expression de leur joie ; mais quand vint l'infanterie, on vit paraître à sa suite la musique montée sur des chevaux efflanqués, habillée de rouge comme une troupe de saltimbanques, et jouant, de la manière la plus discordante, un air emprunté peut-être à Rossini, mais que la frayeur des exécutans rendait méconnaissable.

La ville fut obligée de payer une contribution forcée pour récompenser les vainqueurs. La tranquillité intérieure ne fut plus troublée. L'armée se retira cette nuit-là encore à son camp, car les montoneros avaient promis de revenir le lendemain ; mais ils ne rentrèrent point. Et cette guerre, transportée dans les montagnes de Cordova, devint une suite d'escarmouches, de vengeances, de trahisons, dont le souvenir fait frémir, long-temps après, celui qui en fut témoin, ou en entendit le récit sur les lieux mêmes.

Parmi les rebelles, il y avait entre autres deux jeunes gens, dont un, arrivé récemment d'Europe, ne s'était jeté dans la révolution que par les conseils de son ami ; pris les armes à la main, après une belle défense, il reçut, aux yeux de toute l'armée, 500 coups de bride de cheval, et traîné mourant, à la suite des troupes, dans les montagnes alors couvertes de neige dans plus d'un endroit, il expira au milieu des plus horribles douleurs. Son ami, surpris par trahison, fut condamné à mort. L'armée s'y refusa, tant il était adoré des soldats ; mais le gouverneur voulait sa vengeance, et il le fit fusiller à huis-clos par quatre cuirassiers de sa garde.

Telle fut cette déplorable révolution. Quand de toutes parts il y a progrès sur la surface du globe, quel rang peuvent occuper ces républiques, qui, à force d'ignorance et de préjugés, se complaisent dans leurs malheurs et se croient encore les premières nations du monde ? Il y a cependant, dans une partie saine et éclairée de la population, les élémens d'un avancement progressif ; mais la tyrannie et l'oppression étouffent ces germes de civilisation, et le Gaucho se dit libre, lui qui fait consister la liberté dans le vagabondage de l'Indien.

Ce récit est une esquisse pâle et rapide d'un des plus sérieux événemens dont nous ayons été témoins pendant deux années de voyage dans l'Amérique méridionale. Mais il est temps de s'arrêter : on reproche au voyageur de trop s'abandonner au plaisir de conter. Tout en priant cette honorable assemblée de vouloir bien agréer mes excuses pour le temps précieux que je lui ai dérobé, je serais heureux et fier de penser qu'elle pourrait recevoir avec quelque indulgence l'hommage des travaux qui m'occuperont bientôt, en résumant les sensations de ce long voyage.

M. le président annonce que l'ordre du jour est la suite de

la discussion sur la suppression des tours placés à l'entrée des hospices, pour recueillir les enfans abandonnés.

M. Bouriaud prend la parole et propose une nouvelle rédaction de la proposition adoptée par la 6e section. Elle serait ainsi formulée :

Attendu qu'il paraît résulter des renseignemens fournis au Congrès que, dans certaines localités, la suppression des tours a été nuisible aux enfans trouvés et abandonnés, le Congrès émet le vœu, etc.

(Le surplus comme dans la proposition.)

Plusieurs membres réclament la parole ; mais la clôture de la discussion étant demandée, elle est mise aux voix et prononcée.

Ensuite la proposition, avec la modification ci-dessus, est aussi mise aux voix et adoptée.

On passe à l'examen d'une autre proposition approuvée par la 6e section et ainsi conçue :

Le Congrès émet le vœu que l'article 331 du Code civil soit modifié en ce sens, que les enfans nés d'un oncle et de sa nièce, d'une tante et de son neveu, d'un beau-frère et de sa belle-sœur, puissent être légitimés par mariage subséquent.

M. Grellaud développe les motifs de sa proposition.

M. Abel Pervinquière prend la parole, mais la clôture étant demandée de toutes parts, elle est prononcée. La proposition est ensuite mise aux voix et adoptée.

Vient une proposition de la cinquième section et ainsi formulée :

Le Congrès émet le vœu, 1° que M. le ministre de l'instruction publique fasse faire, chaque année, un catalogue exact des ouvrages et des dissertations les plus remarquables qui sont publiés par les jurisconsultes allemands, et adresse un exemplaire de ce catalogue aux écoles de droit et aux principales bibliothèques de France ;

2° Que par les soins de ce même ministre, il soit établi à Paris un dépôt de ces ouvrages, afin qu'on puisse se les procurer facilement ;

3° Que sous les auspices et la direction d'un jurisconsulte éclairé, on traduise, aux frais du gouvernement, ceux de ces ouvrages écrits en langue allemande, qui seront d'une haute importance et d'une utilité reconnue.

La proposition est mise aux voix et adoptée sans discussion.

Autre proposition venant de la 6e section.

Le Congrès invite le gouvernement à faire dresser, pour les notaires, un tarif général et uniforme, ainsi qu'il a été fait pour les avoués et les huissiers, en 1807.

Adopté sans discussion.

Autre proposition faite par M. Foucart, et adoptée par la sixième section.

Le Congrès sollicite l'abrogation du décret du 20 février 1809, en ce qu'il attribue à l'État la propriété des manuscrits qui existent dans les bibliothèques des départemens, des communes, et des autres établissemens publics.

M. Guerry-Champneuf. « Le décret de 1809 est tombé en désuétude. Il faut passer à l'ordre du jour. »

M. Foucart. « Les questions de désuétude sont difficiles. Il vaut mieux demander l'abrogation du décret. »

La proposition, mise aux voix, est adoptée.

Autre proposition venant de la cinquième section.

Le Congrès exprime le vœu qu'il soit établi, dans chaque chef-lieu d'académie qui possède une faculté de droit ou de médecine, des chaires de lettres ou de sciences.

M. Nau de la Sauvagère. « Il faut substituer le mot *facultés* au lieu du mot *chaires.* »

M. Boubée. « Il ne faut pas trop demander, c'est le moyen d'obtenir plus facilement. »

M. Nau de la Sauvagère. « Il y avait autrefois à Poitiers une faculté de lettres, il faudrait la rétablir. »

M. de la Fontenelle. « Poitiers devrait être traité comme Caen, et avoir une faculté de lettres, supprimée mal à propos, et une faculté de sciences. »

M. Hippeau. « On avait demandé d'abord des facultés, et à la section on a substitué des chaires. »

Le mot *chaires* est remplacé, dans la proposition, par le mot *facultés*, et la proposition ainsi amendée est mise aux voix et adoptée.

Autre proposition venant de la cinquième section.

Le Congrès émet le vœu que le gouvernement présente le plus tôt possible la loi qui doit régler la liberté de l'enseignement.

Adopté sans discussion.

Autre proposition faite par M. de Ste-Hermine fils, et venant de la même section.

Le Congrès émet le vœu que les départemens aient désormais une plus large part dans la distribution des fonds qui sont accordés chaque année au gouvernement, pour encourager les sciences, les arts et les lettres. Il pense qu'il faut activement favoriser le mouvement intellectuel qui se manifeste sur tous les points de la France, et seconder ainsi l'établissement de nouveaux centres de civilisation, destinés à détruire les fâcheux effets du monopole, que la capitale a long-temps exercé sous ce rapport.

M. de la Liborlière propose de retrancher la seconde partie de la proposition, qui n'est qu'un développement inutile.

M. Isidore Le Brun est du même avis.

M. de Sainte-Hermine fils croit que la proposition doit demeurer en son entier.

On demande la division. La première partie de la proposition est adoptée, la seconde est rejetée.

Autre proposition de M. Verger (de Nantes), adoptée par la sixième section, et ainsi formulée :

Le Congrès, sans entrer dans l'examen des moyens d'exécution, émet le vœu 1° que des travaux soient incessamment entrepris, soit pour améliorer le cours de la Loire, soit pour créer un canal latéral, soit enfin pour établir un chemin de fer entre Nantes et Orléans ;

2° Si ces grands travaux ne pouvaient avoir lieu, il émet le vœu que des études soient faites sur la canalisation du Loir, dont la ligne pourrait être poussée à petite distance de Rambouillet, où un chemin de fer viendrait réunir ce canal à Paris.

Un membre. « C'est une proposition d'intérêt local, il faut la rejeter. »

M. Verger. « Le vœu relatif au chemin de fer de Poitiers à Nantes a bien été adopté. La navigation de la Loire est d'un bien plus grand intérêt. »

M. de la Fontenelle. « Rien n'empêche que le Congrès s'occupe de points d'un intérêt local. Du reste, l'amélioration de la navigation de la Loire, ou la création d'un canal latéral, intéresse un grand nombre de départemens. »

M. Chatelain. « Il faut rejeter la seconde partie de la proposition. »

M. Verger. « Je l'avais établie pour le cas où le gouvernement ne mettrait pas le premier projet à exécution. »

Cette seconde partie étant supprimée, la première est mise aux voix et adoptée.

Autre proposition faite par M. de la Fontenelle, et renvoyée à l'assemblée générale par la quatrième section.

Le Congrès émet le vœu qu'il soit formé, dans chaque département, une commission choisie par le gouvernement, parmi les membres des sociétés savantes, pour former un vocabulaire de tous les mots non français ou surannés, employés par le peuple dans cette contrée. Il serait de ces vocabulaires particuliers fait un vocabulaire général, qu'on imprimerait aux frais du gouvernement, et dans lequel on joindrait à chaque mot l'indication du pays où il est en usage.

Un membre semble douter de l'importance de ce travail.

M. Cardin. « Le vocabulaire demandé serait d'une grande utilité. C'est surtout par les idiomes qu'on peut remonter à l'origine des peuples. »

La proposition est adoptée.

Autre proposition faite par M. le baron Chaudruc de Crazannes, venant de la quatrième section, et que le Congrès a adoptée sans discussion dans les termes suivans :

Le Congrès sollicite de M. le ministre de l'instruction publique, une décision pour ordonner l'impression, soit en entier, soit par extrait, soit par analyse, des mémoires sur les antiquités nationales adressés à l'académie des inscriptions et belles-lettres, notamment depuis 1819, et le concours annuel pour les trois médailles.

On passe à une proposition de M. Aristide Laubier (de Melle), amendée par M. Nicias Gaillard, et renvoyée par la deuxième section. Elle est ainsi conçue :

Le Congrès, reconnaissant que l'organisation actuelle des gardes champêtres s'oppose à ce qu'ils puissent rendre tous les services que cette institution semblait promettre, émet le vœu qu'il y ait un garde champêtre pour chaque commune ; qu'il reçoive un traitement plus élevé ; qu'il y ait, au chef-lieu de chaque canton, un brigadier sous les ordres et la surveillance duquel soient placés tous les gardes champêtres du canton ; et que les brigadiers des divers cantons soient eux-mêmes aux ordres et sous la surveillance du lieutenant de gendarmerie de l'arrondissement.

Adopté.

Autre proposition, venant de la deuxième section, qui est adoptée sans discussion, avec la formule ci-après :

Le Congrès déclare que le reproche fait au nouveau mode de culture, ayant pour base les prairies artificielles, de diminuer la masse relative et surtout la qualité des céréales, est mal fondé. Si on a pu observer des faits contraires à cette résolution, ils résulteraient d'une pratique vicieuse.

On vient à une autre proposition à soumettre à cette séance. Elle est de M. le marquis Le Ver, et elle vient de la quatrième section à l'assemblée générale, non pour recevoir une décision, mais pour être renvoyée à la prochaine session du Congrès ; ce parti est adopté.

La seconde session du Congrès propose à la troisième session de rechercher et même de fixer, s'il est possible, la position du *Portus Itius*. L'auteur de la proposition aurait voulu la restreindre entre Boulogne et Wissant, mais le Congrès l'a étendue d'une manière générale.

On adopte sans discussion une dernière proposition relative aux collections de médailles, renvoyée par la quatrième section ; elle est ainsi conçue :

Le Congrès émet le vœu que ceux qui forment des collections de médailles ou d'autres objets se rattachant aux antiquités ou à l'histoire, se fixent sur une spécialité, soit pour l'espèce, soit pour l'époque, soit pour le pays ; des collections de cette dernière espèce présentant toujours plus d'intérêt pour la science, que des collections générales qui ne peuvent être que très-incomplètes.

M. Bouriaud, trésorier du Congrès, rappelle à l'assemblée que son entrée en séance a été marquée par un acte de bienfaisance. Une quête a été faite dans le Congrès pour de malheureux ouvriers blessés en tombant d'un échafaud, et il s'agit de faire la distribution de ces secours, qui doivent être proportionnés à la position de ces ouvriers, plus ou moins grièvement blessés, pères de famille ou célibataires. En conséquence, il propose une répartition qui est adoptée par le Congrès.

Une élégie de Mlle Moreau (de Coulonges), adressée à M. de Lamartine, sur la mort de sa fille, est lue par M. de Sainte-Hermine fils.

M. Jullien lit la réponse de M. de Lamartine à Mlle Moreau.

M. Jullien fait ensuite lecture d'une pièce de vers dont il est l'auteur, intitulée *De l'Influence des Femmes*, et extraite d'un poême inédit sur *les Malheurs de la Vertu et du Génie.*

## SÉANCE DU MARDI 16 SEPTEMBRE 1834.

Présidence de M. DE CAUMONT (de Caen).

On entend le compte des travaux du matin, dans les sections, qui est rendu par MM. Boubée, de Brébisson, Babault de Chaumont, Hunault de la Peltrie, de la Saussaye, F. Chatelain et Isidore Le Brun, secrétaires.

M. Grille de Beuzelin fait un rapport sur l'ouvrage de M. de la Saussaye, relatif à la Sologne.

Il est fait hommage au Congrès de plusieurs ouvrages qui sont déposés sur le bureau.

L'ordre du jour appelle la discussion de plusieurs propositions.

Première proposition venant de la troisième section, et ainsi formulée :

Le Congrès émet le vœu de voir au plus tôt, et attendu l'urgence, le gouvernement procéder à une organisation qui embrasse à la fois l'enseignement et l'exercice de la médecine et de la pharmacie.

Adopté sans discussion.

Deuxième proposition adoptée par la cinquième section :

Le Congrès engage les membres des Congrès et tous les membres des sociétés savantes et littéraires, à vouloir bien transmettre au prochain Congrès une indication précise des sociétés de ce genre qui existent dans leurs départemens respectifs, du nombre des membres dont elles se composent, de la nature de leurs travaux, et des mémoires ou comptes rendus qu'elles publient.

Adopté.

Troisième proposition faite par M. Cardin et adoptée par la cinquième section :

Le Congrès invite le gouvernement à faire rédiger, sous la direction de l'Institut, un dictionnaire historique de la langue française, indiquant, par des citations tirées des manuscrits des divers siècles, l'altération de sens et de forme des expressions, et déterminer ainsi le caractère inhérent à la langue française, et celui que lui a pu imprimer plus tard l'influence de la littérature ancienne et étrangère.

Adopté.

Quatrième proposition renvoyée à l'assemblée générale par la quatrième section ; elle est ainsi conçue :

Le Congrès émet le vœu qu'une commission, composée de quatre membres de la société des antiquaires de l'Ouest et quatre membres de la société académique d'agriculture, belles-lettres, sciences et arts de Poitiers, soit chargée de s'entendre avec M. le conservateur des monumens historiques du département de la Vienne, pour rendre au temple St-Jean sa forme primitive, et faire disparaître les constructions modernes qui détruisent le caractère architectural de ce précieux monument.

Adopté.

Cinquième proposition faite par sir J. Spencer Smith et renvoyée par la quatrième section ; elle est formulée comme il suit :

Le Congrès invite les savans à déterminer, d'une manière précise, le lieu où s'est livrée la mémorable bataille de 732, gagnée par les Francks, aux ordres de Charles-Martel, sur les Sarrasins, commandés par Abdérame.

Le Congrès renvoie cette proposition à la prochaine session.

Sixième proposition faite par M. Deloynes et venant de la sixième section :

Le Congrès, considérant combien il importe de favoriser les idées d'ordre et d'économie, et les moyens de bien-être individuel, émet le vœu que les caisses d'épargnes et les banques de prévoyance soient propagées dans toute la France, et que le gouvernement, par des publications réitérées, fasse sentir aux classes laborieuses tous les avantages qu'elles en peuvent retirer.

Adopté.

Septième et dernière proposition faite par M. Abel Pervinquière et adoptée par la section :

Le Congrès invite le gouvernement à hâter, le plus possible, l'impression et la publication de la copie du manuscrit des *Assises de Jérusalem*, retrouvée en 1829, et surtout du second volume de ce manuscrit, contenant *la cour des bourgeois*.

Adopté sans discussion.

M. Boubée fait une communication sur les probabilités de succès qu'offrirait l'ouverture d'un puits artésien à Poitiers. Il entre à ce sujet dans des détails géologiques d'un grand intérêt.

Le savant géologue fait observer qu'en principe, et pour avoir, dans une semblable opération, espérance de réussir, il faut 1° que le terrain qu'on se propose de sonder soit formé de couches assez compactes pour contenir les nappes d'eau qui peuvent couler au dessous d'elles ; 2° que pour que ces mêmes nappes donnent des sources jaillissantes, il faut qu'il se trouve, à quelque distance du lieu du sondage, des plateaux ou des montagnes plus élevées que ce lieu lui-même, d'où les courans souterrains puissent tirer leur origine. Appliquant ces principes au sol de Poitiers, il remarque, d'après ses observations géologiques, que les bancs de calcaire jurassique qui se présentent partout aux environs de cette ville, reposent sur un terrain primitif de *granit* et de protogyne, qu'une nappe d'eau serait parfaitement retenue entre ces terrains primitifs et les bancs calcaires, que même ces derniers pourraient donner un écoulement à quelques sources entre leurs diverses stratifications : d'où il conclut qu'un puits artésien à source jaillissante peut être entrepris à Poitiers avec chance de succès ; que le forage serait assez facile, puisque l'on ne rencontrerait pas de terrains argileux dans lesquels les instrumens pénètrent difficilement ; qu'enfin le sondage aurait probablement peu de profondeur, puisqu'on arriverait bientôt aux terrains primitifs ; que toutefois il faudrait creuser le puits le plus loin possible de la rivière, parce qu'entre les couches de calcaire il pourrait se trouver une fissure qui donnerait beaucoup plus bas un écoulement à la source obtenue, inconvénient qui a rendu à la Rochelle tous les essais infructueux.

M. Boubée en terminant, et pour engager la ville de Poitiers à tenter une opération aussi utile, a cité l'exemple de Tours, où l'on a obtenu des sources jaillissantes très-abondantes : ces sources rejettent des graines et des débris de plantes qui constatent leur origine, et qui prouvent que bien loin de venir des collines voisines de la ville, elles descendent de montagnes qui en sont à plus de 30 lieues, ce qui ferait espérer que les montagnes du Limousin pourraient à notre égard produire les mêmes effets et nous rendre le même service.

M. le président annonce que Mlle Elise Moreau, touchée de la remise qui lui a été faite d'une médaille, a composé une ode sur le Congrès, qu'elle désire lui faire connaître.

M. David de Thiais donne lecture de cette pièce de vers.

On demande l'impression; mais cette question est renvoyée à la commission chargée de la rédaction du compte-rendu.

M. le docteur Hunault de la Peltrie fait ensuite une quête en faveur des prisonniers.

M. l'abbé Auber lit une pièce de vers qu'il a composée à l'occasion du Congrès. Cette pièce est généralement applaudie.

M. de Givenchy, nommé pour remplir les fonctions de secrétaire général du Congrès à sa troisième session, prononce un discours.

M. Jullien (de Paris), second vice-président du Congrès, prend la parole en ces termes :

Messieurs, il n'y a pas dix jours encore, la plupart des membres qui composent cette assemblée étaient entièrement étrangers les uns aux autres; ils semblaient destinés à ne devoir jamais se connaître. Aujourd'hui, un lien de confraternité les unit : plusieurs d'entre eux ont même contracté, sous les doubles auspices du patriotisme et de la science qui ont inspiré et dirigé nos travaux, des relations durables qui produiront d'utiles résultats.

Tel est l'un des avantages de l'institution que l'honorable et modeste savant, appelé par vos suffrages à l'honneur de vous présider, a eu l'heureuse idée d'importer en France. Elle est un germe fécond dont nous voyons déjà les premiers développemens; elle nous promet, pour un long avenir, des récoltes annuelles, de plus en plus abondantes, de perfectionnemens en tout genre et de vues de bien public, recueillis et répandus sur les divers points de notre territoire par le concours des hommes généreux et éclairés dont le cœur palpite pour la patrie et l'humanité, dont l'esprit ardent et actif veut faire servir les expériences et les facultés de chacun des membres de la grande famille humaine au bien-être de tous.

Ainsi, nous resserrons les liens de l'unité française, en aidant à détruire les graves inconvéniens d'une centralisation exclusive qui semblait absorber la France entière dans sa capitale. Ainsi, nous appelons chacun de nos départemens à recueillir tour à tour les bienfaits des inventions, des idées utiles, des améliorations progressives qui doivent faire disparaître peu à peu de notre civilisation, trop souvent encore brillante et menteuse, les dernières traces de l'ancienne barbarie. Des centres mobiles et momentanés d'activité intellectuelle s'établissent, tous les ans, dans quelques-unes de nos villes de province, et les font sortir de l'état d'apathie et de marasme où elles restaient depuis trop long-temps plongées.

La première pensée de l'union en un grand faisceau de toutes les connaissances humaines, produite au jour par l'immortel Bacon, le père de la philosophie moderne, fut réalisée, à la fin du dernier siècle, dans le magnifique ouvrage qui ne sera pas son moindre titre de gloire.

Mais l'Encyclopédie était une œuvre stationnaire, un monument destiné à faire connaître l'état général des sciences et des arts, à l'époque où il était élevé : il devait éclairer, guider et stimuler le zèle des savans laborieux qui voudraient étendre leur empire.

Depuis, des Encyclopédies, pour ainsi dire progressives et périodiques, ont propagé et popularisé cet enseignement des hautes sciences qui n'était pas encore descendu dans les classes moyennes de la société. Ces Encyclopédies circulantes ont multiplié les canaux qui ont distribué la lumière sur tous les points et qui l'ont rendue accessible à toutes les intelligences.

Il restait encore à multiplier les foyers et les centres d'action de cette lumière ainsi répandue; et tel est le principal effet que doivent produire les Congrès scientifiques. Ces Congrès secoueront, par une sorte de commotion électrique, la mollesse, l'apathie et l'égoïsme, qui sont les plus grands obstacles à toute espèce d'action collective des masses, et ils deviendront, pour les sociétés éparses et isolées, ce que chacune de ces associations elles-mêmes a été pour les individus, de nouveaux centres d'action et de force qui feront sentir partout leur bienfaisante influence.

Messieurs, cette institution est encore à son berceau; elle a besoin d'être régularisée et perfectionnée pour mettre de plus en plus en circulation et en valeur les trois grandes sources de nos richesses : le temps, les hommes et l'argent, ou les capitaux qu'il représente et qu'il sert à mobiliser. Ces trois élémens de la civilisation n'ont besoin que d'être mieux employés pour élever notre patrie au plus haut degré de prospérité.

Par une meilleure administration du *temps* et de la vie, nous obtiendrons facilement, dans un petit nombre d'années, ce qui n'aurait pu être obtenu qu'après plusieurs siècles par la marche lente et paresseuse de la routine.

Une meilleure administration des *hommes* saura tirer parti de toutes les capacités réelles, en leur assignant toujours la sphère où elles pourront faire le plus de bien. Elle saura choisir avec discernement les hommes pour les places auxquelles ils conviennent, et non les places pour les hommes qui aspirent à les occuper, sans y être propres.

Enfin, un emploi judicieux et économique de tous les trésors que produit la *terre*, fécondée par le travail de l'homme, centuplera notre puissance productive, et réalisera, pour les sociétés humaines, une ère nouvelle d'aisance et de bonheur qu'il nous est seulement permis d'entrevoir.

Notre apparition fugitive dans vos contrées, Messieurs, contribuera, nous osons l'espérer, à y faire germer quelques innovations salutaires. L'agriculture, l'industrie, l'instruction primaire et publique, les entreprises utiles et quelques parties de l'administration recevront peut-être une plus forte impulsion et une direction mieux entendue, qui seront dues en partie aux discussions soulevées dans ce Congrès. Les opinions qu'il a manifestées sous la simple forme de vœux, recevront, par la publicité, une plus grande puissance de fécondité et de propagation qui vaincra, dans les différentes branches des sciences et des arts, et surtout dans l'agriculture, les obstacles toujours renaissans que la routine oppose à l'adoption des perfectionnemens.

Plus tard, peut-être, encouragé par nos exemples, et réalisant par des *faits* ce que nous aurons préparé par des *idées*, un INSTITUT NOMADE, une *société ambulante de savans et d'artistes* (le projet en fut conçu et proposé par un savant, feu SIAUVE, dont le nom est souvent cité dans ce pays où il a exploré soigneusement les *antiquités du Poitou*), « parcourra successivement toutes les parties du territoire français, décrivant les sites, examinant et analysant les productions de la nature, soumettant au creuset de l'expérience les procédés de l'industrie, établissant sur des bases rationnelles les opérations de l'économie rurale, répandant l'instruction dans les campagnes, y détruisant, par la persuasion, les préjugés nuisibles aux progrès des arts, laissant dans tous les lieux des traces sensibles et des monumens durables de ses travaux (1). »

Cette association nomade de voyageurs observateurs, de travailleurs intelligens, de *savans pratiques*, devra recueillir des renseignemens sur les productions du sol et de l'industrie dans chaque canton, sur les

(1) Voyez REVUE ENCYCLOPÉDIQUE, mars 1820, *Projet d'Institut nomade*, par C. L. CADET DE GASSICOURT.

méthodes employées pour la culture des terres, sur la salubrité ou l'insalubrité du climat, sur les moyens propres à détruire l'effet des émanations dangereuses, sur les canaux et les chemins à ouvrir, soit pour rendre à l'agriculture des marécages et d'autres terrains abandonnés, soit pour donner plus d'activité au commerce ; sur la manière de construire les habitations rurales et les bâtimens d'exploitation, sur les différentes branches de l'économie rurale, domestique et publique, sur les fouilles anciennes et modernes, sur les mines, les carrières, les usines, les ateliers de confection, sur les manufactures en général, sur les monumens, sur les sites remarquables, sur les idiomes dont l'analogie avec les langues mères pourrait éclaircir des faits historiques, et particulièrement les émigrations des peuples.

Un tableau statistique et progressif, à peu près complet, de nos départemens rapprochés et comparés, appelés à se mieux connaître et à s'instruire mutuellement, sera en quelque sorte la grande carte topographique d'après laquelle on pourra dresser et exécuter ce plan de campagne et cette suite d'opérations et de conquêtes au profit de la civilisation.

Tel est, Messieurs, le but commun de nos efforts et de nos travaux : la propagation de plus en plus rapide et générale des lumières appliquées à l'amélioration de notre état social et à l'adoucissement du sort des classes pauvres et laborieuses; l'augmentation de nos richesses territoriales et industrielles; une instruction spéciale et pratique, propre à former de bons administrateurs et de véritables *hommes d'état*, c'est-à-dire des hommes constamment animés de vues de bien public et d'avenir.

Messieurs, j'ai cru pouvoir vous rappeler, au moment de notre séparation, les principaux sujets qui, après avoir occupé nos séances particulières et générales des sections et du Congrès, continueront à fixer nos méditations au sein de nos foyers, et nous occuperont encore, lorsque nous nous réunirons, en 1835, pour nous communiquer les résultats des nouvelles observations que chacun de nous aura pu recueillir et mûrir dans le cours de l'année.

En terminant ce discours où je crains, Messieurs, d'avoir abusé de votre attention bienveillante, il me reste à vous exprimer le sentiment profond de gratitude que tous les membres du Congrès, étrangers à ce département, doivent aux habitans de cette ville qui nous ont accueillis avec la plus franche cordialité. La plupart d'entre vous ont consenti à s'arracher, pendant plusieurs jours de suite, à leurs familles et à leurs affaires, pour s'associer à nos travaux, pour venir chaque soir embellir par leur présence, animer par leurs entretiens la table commune et hospitalière où, tout en nous reposant de nos laborieuses discussions, nous aimions quelquefois à les reprendre et à les continuer sous la forme de conversations familières qui leur donnaient un nouveau degré d'intérêt.

Nous devons aussi un hommage de respectueuse reconnaissance aux dames de Poitiers, qui ont bien voulu assister à quelques-unes de nos séances et nous encourager par leur précieuse approbation. Elles ont senti que les FEMMES, *institutrices de notre enfance, inspiratrices de notre jeunesse, nos compagnes fidèles et dévouées dans l'âge mûr, consolatrices de nos peines dans la vieillesse,* doivent toujours porter un vif intérêt aux travaux des hommes, et qu'il leur appartient surtout d'occuper une place marquée et de prêter une oreille attentive dans une assemblée consacrée au progrès social, à l'avancement et à l'amélioration de l'humanité dont leur sexe est et sera toujours le plus bel ornement.

Nous devons, en particulier, des remercîmens bien sincères à notre honorable secrétaire général, qui, après avoir éclairé de ses lumières et de son utile coopération le premier Congrès réuni à Caen, s'est occupé avec zèle des travaux préliminaires de notre seconde session. Le même zèle actif et éclairé d'un de nos honorables et illustres confrères qui va tout disposer dans le Nord pour la troisième réunion du Congrès scientifique, nous est un sûr garant qu'elle sera plus nombreuse encore et plus fructueuse que les précédentes.

M. de la Fontenelle, secrétaire général de cette session, s'exprime ensuite dans les termes suivans :

Messieurs, les travaux de la seconde session du Congrès scientifique de France touchent à leur terme. Encore quelques instans, et cette réunion littéraire, scientifique et agricole, qui avait attiré tant d'étrangers dans nos murs, aura cessé d'exister. Mais telle est la destinée humaine; et si tout pour nous, dans ce monde, a une durée éphémère, le souvenir, faible compensation il est vrai, au moins demeure. L'homme même isolé, si l'égoïsme n'a pas dominé son être, laisse une trace heureuse de son existence sur cette terre de passage. Malheur à celui qui, dans sa sphère, ne paie pas son tribut d'utilité à ses semblables! Malheur surtout à toute agglomération d'hommes qui, ne répondant pas à l'attente qu'on aurait d'elle, n'agirait pas pour l'avantage de l'espèce humaine lorsqu'elle en avait la mission, et n'attacherait pas à son nom quelque création utile, quelque bienfait!

Pour la réunion qui va bientôt se dissoudre, nous n'avons point à craindre une pareille imputation. Nous croyons, en effet, que le

Congrès de Poitiers sera indiqué par ses travaux pour mettre en progrès les différentes branches de la littérature, des sciences et des arts. Il serait trop long de faire ici une énumération, fastidieuse surtout pour ceux à qui elle s'adresserait, du nombre prodigieux de points traités dans nos six sections et dans nos réunions générales. C'est le résultat du désir de bien faire, d'une bonne distribution du travail et d'une organisation qui ne laisse pas que d'être assez ingénieuse, puisque l'action des spécialités dans les divisions revient à un centre commun, qui est la généralité. Contentons-nous de dire que, relativement à la réunion de Caen, nous nous trouvons en progrès. Qu'on consulte nos travaux, qu'on jette un coup d'œil sur la liste des travailleurs, et on aura aisément la preuve de cette assertion. Mais pour une institution qui commence, c'est une condition de grandir en marchant: rester stationnaire, c'est périr. Aussi la session prochaine, n'en doutons pas, sera bien plus nombreuse, et aura encore des résultats plus grands. Douai, la capitale judiciaire de la Flandre et de l'Artois, est une ville placée au milieu d'une terre scientifique, vaste champ de pratique de la meilleure agriculture, siége de nombreuses et riches fabriques, et surtout atelier d'exploitation de ce véritable trésor qu'on va chercher dans les entrailles de la terre, de ce combustible minéral, destiné à alimenter la vapeur, puissance qui doit changer la face du monde industriel. La position de l'antique cité du parlement de Flandre y fera affluer les hommes du nord de la France, et attirera là les hommes de l'est du royaume. Pour prendre part à nos travaux, les Anglais n'auront qu'à passer le détroit, les Belges y seront presque chez eux, et les Allemands, pour quelques provinces du moins, n'auront qu'un court trajet à faire. Notre réunion est fixée au commencement de septembre de l'année prochaine, et le Congrès du royaume des Pays-Bas doit avoir lieu à Bruxelles, dans le courant du mois d'août (1). Ces deux réunions scientifiques, dans deux Etats différens, à 30 lieues seulement de distance l'une de l'autre, et dont la terminaison de l'une ne sera séparée de l'ouverture de l'autre que par un intervalle de peu de jours, offriront une coïncidence à la fois remarquable et heureuse. Deux nations, qui n'en formaient qu'une seule, il y a quelques années, se trouveront ainsi, pour quelques semaines, dans une sorte de communauté de travaux pour la science, et l'on sent qu'une pareille position ne peut donner que des résultats satisfaisans.

(1) Pendant l'impression du compte-rendu du Congrès, les savans belges qui avaient le projet de se réunir en Congrès national à Bruxelles, ont ajourné ce projet, à raison de la proximité de Douai, point susceptible de réunir également et les savans belges et les savans français.

Après avoir indiqué ce qu'on doit raisonnablement attendre de la fixation de notre prochaine réunion en Flandre, je ne puis résister au désir de vous dire quelques mots relativement à l'importance de deux autres points sur lesquels le Congrès ne tardera pas sans doute à se réunir aussi. Je veux parler de Toulouse, la capitale de la France méridionale, et de Strasbourg. De cette dernière ville nous tendrons surtout la main à l'antique Germanie, dont les habitans sont aujourd'hui si renommés par la profondeur de leurs études. En effet, on doit le dire, au temps où nous vivons, l'Allemagne est la véritable terre de la science en Europe.

L'avenir de l'institution fondée à Caen, consolidée à Poitiers, est donc tout brillant de lumières. C'est une association, et l'association est le moyen le plus énergique de tirer parti des forces humaines. C'est un centre d'action où chacun apporte le tribut de sa capacité, de son savoir et de son travail. Ce centre d'action, déplacé d'année en année, est l'opposé de cette centralisation immobile dont Paris exerce depuis tant d'années le privilége sur le reste de la France. Par ce système, les provinces seront mises en contact les unes avec les autres; et des hommes qui, sans cette institution, ne se seraient jamais rencontrés pour la plupart, établiront ainsi des relations qui ne pourront qu'être de la plus grande utilité, pour la solution des questions sociales et scientifiques. Nous le sentons tous, nous membres de cette session, qui venons de vivre dix jours ensemble d'une vie si pleine, si active et pourtant si attrayante. Vous le redirez dans vos provinces, savans et littérateurs de Paris, de la Flandre, de l'Artois, de la Normandie, de la Bretagne, de l'Anjou, de la Saintonge et de l'Angoumois, ainsi que vous hommes de notre terre de Poitou. Vos récits inspireront à ceux qui ne connaissent pas nos réunions un vif désir d'y prendre part à l'avenir.

Messieurs, une tâche bien importante, un emploi bien surchargé de travaux, m'avait été confié par le Congrès de Caen : de plus, je succédais au jeune savant à qui vous avez rendu un témoignage si honorable, en l'appelant, parmi tant de personnages distingués, à l'honneur de vous présider; et ma position en devenait dès-lors plus difficile. J'ai, de tout mon pouvoir, essayé de m'élever à la hauteur de la position qui m'avait été assignée, et s'il ne m'a pas été donné de l'atteindre, vous me tiendrez compte, j'ose l'espérer, de mon zèle et de mon amour de la science et du progrès. J'ai, de mon côté, à vous remercier d'avoir répondu à l'appel de ma faible voix, en venant donner tant d'éclat à cette assemblée, et des preuves de confiance dont tant de vous ont bien voulu m'honorer.....

Il est reconnu que la quête pour les prisonniers s'élève à 120 fr., et cette somme est déposée entre les mains de M. le trésorier pour qu'il en fasse la remise à la commission administrative des prisons.

M. de Caumont, président, termine la séance et la session par le discours suivant :

Messieurs, celui que vous avez appelé à présider vos réunions générales éprouve le besoin de vous offrir l'expression de sa gratitude, et de vous remercier de l'indulgence que chacun de vous a bien voulu lui accorder.

La seconde session du Congrès scientifique de France a justifié l'espoir que le monde savant en avait conçu. Les hommes les plus éclairés sont venus de St-Omer, de Lille, de Paris, de la Normandie, de l'Orléanais, de la Bretagne, de la Vendée, de l'Anjou, de la Saintonge, se réunir aux studieux Poitevins qui les avaient appelés; et, pendant dix jours, chacun de vous s'est livré avec un zèle infatigable aux travaux littéraires et scientifiques qui ont fait l'objet de la réunion.

Vous avez réparti, comme l'année dernière, vos membres dans six sections; toutes ces sections ont produit des mémoires remarquables, toutes se sont livrées à des discussions approfondies, qui jetteront un nouveau jour sur les points les plus obscurs de la science.

Dans la section d'histoire naturelle, l'exposé d'une nouvelle nomenclature chimique, celui des différens systèmes émis sur les déluges et les aérolithes, et les savantes communications des personnes qui ont pris une part active aux travaux, ont vivement intéressé l'assemblée.

La section d'agriculture, présidée par mon savant compatriote M. Lair, a résolu plusieurs questions importantes; et l'essai de charrues, fait en votre présence chez M. Bobin, à la Milleterie, a produit l'impression la plus heureuse sur les agriculteurs, en même temps qu'il a fixé leurs idées sur la valeur des instrumens nouveaux de labourage.

Les travaux des autres sections n'ont été ni moins utiles ni moins remarquables.

De graves discussions se sont élevées dans la section des sciences morales et de législation; elles ont donné lieu à des propositions importantes qui ont pour la plupart reçu votre sanction.

Votre cinquième section a signalé les progrès de la décadence dans les arts et les lettres; elle a blâmé hautement cette littérature monstrueuse, dans laquelle les sentimens généreux, les charmes de la pudeur, les combats sublimes de la vertu, source éternelle de grandes pensées, ont fait place aux peintures les plus obscènes, aux crimes les plus atroces, aux passions les plus désordonnées.

Cette courageuse improbation trouvera de la sympathie dans toutes les âmes généreuses : elle aura du retentissement en France.

Puisque j'ai rappelé une des motions les plus importantes de la cinquième section, permettez-moi, Messieurs, de reproduire quelques idées exprimées tout récemment par un de mes compatriotes, M. Cabrié, censeur du collége royal de Caen, sur les causes de la décadence que nous déplorons dans les arts et dans les lettres :

« Nous vivons à une époque de transition où l'absence du principe » religieux a laissé dans les âmes un vide immense que toutes les » institutions humaines ne sauraient combler. Notre société actuelle, » sans croyances, a reporté toutes ses affections sur ce que nous » appelons le *bien-être*, et il est à craindre qu'accoutumé à ne s'oc- » cuper que de ce qui tombe sous les sens, qu'abandonnant toutes » les études qui élèvent l'âme et la dirigent dans la connaissance » du beau et du bon, l'homme ne finisse par s'abîmer dans le ma- » térialisme.

» L'auteur, l'artiste qui a perdu le sentiment du beau moral, ne » vivant plus que de la vie des sens, arrivera parfois à l'expression de » la beauté physique ; mais à la perfection de la beauté morale, jamais. » Il faut sentir en soi un principe immortel pour donner l'immortalité » à ses productions.

» L'industrie est la gloire de notre siècle; personne plus que nous » n'en admire les prodiges et n'apprécie mieux l'importance de leurs » résultats ; mais nous pensons que ce qui touche aux intérêts maté- » riels ne doit point absorber toutes les intelligences ; cette tendance » exclusive serait dangereuse.

» En effet, du moment que le sentiment de l'utile est le seul mo- » bile qui dirige toutes les pensées d'une nation, les principes les plus » sacrés fléchissent devant l'intérêt personnel. Les vérités morales, » fortement attaquées et faiblement défendues, chancellent ; la litté- » rature pâlit ; les arts, qui embellissent la vie, disparaissent ; et » l'égoïsme, cette lèpre des nations civilisées, lève la tête et règne » en souverain sur un peuple incapable d'avoir une idée généreuse. »

Il faut l'espérer, Messieurs, une réaction morale aura lieu prochainement dans les esprits, et la société se dégagera peu à peu de cette atmosphère matérielle qui pèse de tout son poids sur notre époque; nous pouvons même le dire, cette réaction est commencée ; elle a éclaté dans le sein du Congrès.

Pour revenir aux travaux qui nous ont occupés depuis dix jours, les résultats du Congrès sont d'une importance qu'on ne saurait méconnaître. D'une part, un plus grand développement de cette vaste association formée en dehors de l'action centrale de la capitale ; de l'autre, une foule de questions d'intérêt général, soit pour les sciences, soit pour les lettres, soit pour les arts, posées avec netteté, discutées avec indépendance, et résolues avec conviction ; tels sont les résultats de la seconde session du Congrès scientifique de France.

Aujourd'hui, Messieurs, il me paraît démontré que la pensée de faire un appel à tout ce que le royaume renferme d'hommes amis de la science, était une idée heureuse, une idée *essentiellement progressive.* Elle a paru bonne dès l'origine, puisque depuis l'année dernière plusieurs assemblées se sont formées en congrès; l'avenir de ces réunions est maintenant incalculable.

Ces congrès me paraissent nécessaires, indispensables même, à l'époque où nous sommes arrivés. En effet, Messieurs, les diverses sociétés académiques du royaume ne possèdent pas tous les moyens d'action dont elles auraient besoin, ni toute l'influence qu'elles pourraient exercer. La plupart agissent dans des cercles trop bornés, et leurs travaux n'ont point l'ensemble et l'unité qui seraient désirables, parce qu'elles travaillent isolément et sans avoir de plan arrêté. D'un autre côté, les sociétés savantes fondées à Paris n'ont guère plus d'influence que les autres. Elles se sont épuisées en vains efforts pour donner l'impulsion dans les provinces. Il n'appartient qu'aux congrès, à ces réunions solennelles composées des députés de toute la France académique, de tracer la marche que doivent suivre les sociétés des départemens, de s'occuper franchement et utilement des besoins généraux de la science. Ces assemblées à centre mobile iront successivement féconder et mettre en lumière les talens oubliés dans nos provinces. Par elles chaque ville importante deviendra un foyer d'activité intellectuelle, une métropole scientifique dont le ressort comprendra plusieurs départemens.

Il est probable, Messieurs, que par la suite certaines provinces auront des congrès périodiques, et nous ne pouvons qu'applaudir au zèle qui se manifeste déjà sur plusieurs points de la France. Il faudrait cependant que les congrès généraux et les congrès provinciaux suivissent une marche uniforme ; que ceux-ci cherchassent à faire l'application des mesures recommandées par les congrès nationaux, sauf à les modifier selon les besoins des localités ; que les congrès provinciaux éclairassent de leurs renseignemens et de leurs vœux les assemblées générales ; en un mot, qu'il y eût unité de vues et d'action entre les congrès généraux et les congrès provinciaux.

S'il en était autrement, si nous ne pouvions obtenir cette unité de vues, l'établissement des congrès provinciaux ne produirait point les résultats que nous nous sommes proposés ; ils pourraient même devenir nuisibles.

Il me reste un devoir à remplir au nom du Congrès, envers les personnes qui ont bien voulu donner leurs soins au développement de l'institution. Votre secrétaire général, M. de la Fontenelle, un des premiers archéologues de France, si honorablement connu par ses travaux historiques, a préparé, avec un zèle infatigable, la seconde session du Congrès scientifique ; qu'il reçoive ici, avec les honorables membres de l'assemblée qui l'ont secondé, l'expression de notre reconnaissance et de notre satisfaction.

Je dois aussi remercier, au nom du Congrès, la Société Académique de Poitiers, et le savant jurisconsulte qui la dirige. Ce sont les travaux de cette Académie et la réputation si justement acquise de ses membres, de son président et de son secrétaire, qui ont fait de Poitiers un des centres littéraires et scientifiques les plus remarquables de France. Nous sommes venus dans cette cité vraiment académique demander l'hospitalité ; elle nous a été donnée avec une générosité, une effusion dont nous conserverons un durable souvenir.

Permettez-moi, Messieurs, d'offrir encore l'expression de notre reconnaissance à M. le maire de Poitiers, qui s'est empressé de mettre à la disposition du Congrès la belle salle où nous tenons nos séances générales ; à M. le préfet de la Vienne, qui a applaudi l'un des premiers à la décision que vous aviez prise de vous réunir dans son département, et qui, forcé de s'éloigner de Poitiers, m'a chargé de vous exprimer ses regrets de n'avoir pu assister plus fréquemment à vos savantes discussions.

Nous allons nous séparer, Messieurs, et cette séparation, si j'en juge par les sentimens que j'éprouve moi-même, n'aura pas lieu sans regret ni sans émotion. Puissent les honorables souvenirs que chacun de nous emportera de cette enceinte, l'engager à se rendre à Douai l'année prochaine, pour la troisième session du Congrès scientifique de France.

C'est là, Messieurs, que, réunis pour travailler consciencieusement, *comme des hommes de province*, au progrès de la science et au perfectionnement de l'institution des congrès, nous pourrons nous donner de nouvelles preuves de la bienveillante confraternité qui nous a si constamment animés durant le cours de la session.

Je déclare au nom de l'assemblée que la seconde session du Congrès scientifique de France est terminée, et que la troisième session s'ouvrira à Douai, en septembre 1835.

*Le Président du Congrès*,
DE CAUMONT (*de Caen*).

*Le Secrétaire général du Congrès*,
DE LA FONTENELLE (*de Poitiers*).

*Les Vice-Présidens*,
BONCENNE (*de Poitiers*).
JULLIEN (*de Paris*).

# APPENDICE.

## MÉMOIRES ET PIÈCES DÉTACHÉES.

I. *Notice sur les mines de houille du bassin de la Vendée et sur les données géologiques qui s'y rattachent ;* par M. Mercier, directeur des exploitations houillères de Faymoreau (Vendée).

*Constitution géologique de la contrée.* — La partie N. E. de l'arrondissement de Fontenay, dans laquelle se trouve le bassin houiller de la Vendée, offre une grande variété de roches qui présentent beaucoup d'intérêt, tant sous le rapport de la géologie que sous celui du parti qu'en pourrait tirer l'industrie.

*Granite. — Gneiss. — Filon d'antimoine sulfuré.* — Nous allons les énumérer succinctement dans leur ordre de superposition. Au nord, dans les environs de Moncoutant, de Menomblet, de Saint-Pierre-du-Chemin et de l'Absie (Deux-Sèvres), se trouve un granite ancien, à cristaux de moyenne grosseur, composé, en proportions à peu près égales, de quartz grisâtre, de feldspath blanc ou rose et de mica noir. Ce granite se prête à la taille et fournit de belles pierres d'appareil. Près de Pouzauges, de la Châtaigneraie et de l'Absie, la proportion de mica augmentant, le granite prend une texture scissile et passe à un gneiss composé des mêmes élémens, qui se divise en grands fragmens aplatis dont on garnit les âtres des cheminées. C'est de Saint-Pierre-du-Chemin que l'on fait venir les plus beaux échantillons. Plus au sud, le gneiss passe aux schistes siliceux et talqueux de couleur grise ou verdâtre. Au nord de Pouzauges, on voit à la Ramée, commune du Boupère, un filon d'antimoine sulfuré, exploité à diverses reprises, et abandonné définitivement en 1813. Le filon, dirigé de l'ouest-nord-ouest à l'est-nord-est, plonge sous 45° environ au nord-nord-est. Il coupe la stratification des roches de schiste et de gneiss qu'il traverse et affleure au jour, en plusieurs points assez distans. Le filon est encaissé entre deux salbandes de quartz blanc ou grisâtre. Le centre est occupé par une roche schisteuse grise qui semble envelopper des rognons d'antimoine sulfuré ; dans quelques endroits le minerai paraît plus massif et séparé seulement par de minces cloisons du même schiste. Ce gîte métallifère paraît avoir été l'objet d'une exploitation assez active, à en juger par la grande quantité de déblais qui se remarquent auprès des quatre puits encore existans, et par les scories qui avoisinent l'emplacement des fourneaux de fusion. Il est présumable que ce filon n'est pas unique dans la contrée, et que des recherches un peu suivies en feraient reconnaître d'autres. Plusieurs paysans des environs possèdent de beaux échantillons d'antimoine sulfuré qu'ils prétendent avoir rencontrés en labourant.

*Kaolin.* — Entre l'Absie et le Busseau, on trouve, alternant avec les schistes, un gneiss passant à un granite binaire, pegmatite, à grains de quartz gris et de feldspath rose très-volumineux. Cette roche se rencontre principalement dans une lande qui existe entre le moulin à vent de la Réortière et le bois du Busseau ; près de Scillé, dans le bois de la Vazonnière, cette roche granitoïde présente plus d'étendue. Là le feldspath domine ; il est de couleur blanche ou légèrement verdâtre, et, par sa décomposition, il passe à un véritable kaolin. Une fouille de plusieurs mètres de profondeur a fait reconnaître que ce banc a une grande puissance et serait d'une exploitation facile. Le kaolin est séparé facilement par un simple lavage du quartz, qui ne se trouve que dans la proportion d'un quart dans la composition de la roche.

*Schistes de transition.* — Les roches de schiste talqueux verdâtre et argileux, d'un gris foncé, présentent fréquemment des couches puissantes de quartz hyalin qui font saillie, notamment entre Loge-Fougereuse et la Châtaigneraie et près du Buignon.

Ces mêmes roches, aux environs de Bourbon-Vendée, surtout auprès du village de la Termelière, offrent des couches subordonnées d'un minerai de fer hydroxidé hématite très-riche. Ces couches sont extrêmement puissantes. Le minerai est tellement abondant qu'il a été employé à la construction de plusieurs maisons des villages de la Termelière et de la Chauvière. Il forme deux variétés, l'une massive, hématite compacte, l'autre schistoïde. Les bancs de minerai affectent, au surplus, la même direction que les roches de schiste talqueux auxquelles ils sont subordonnés.

*Marbres.* — Aux environs d'Ardin (Deux-Sèvres), et notamment près Périgné, aux lieux dits la Marbrière et le Cimetière-aux-Chiens, les schistes renferment, en couches subordonnées, des couches puissantes de calcaire marbre et de poudingues. Le calcaire présente trois variétés : l'une, et c'est la plus abondante, est de couleur gris foncé, parsemé de veines de chaux carbonatée spathique blanche. Les deux autres variétés sont d'un blanc sale et d'un rose pâle. Cette dernière variété présente fréquemment des veinules de talc chloriteux qui s'opposent à ce qu'on le travaille facilement. Quelques coquilles du genre *productus* ont été remarquées dans la variété rose, et des madrépores dans la variété grise.

*Poudingues.*— Les poudingues sont composés de galets de quartz, réunis par un ciment siliceux, qui offre une extrême ténacité. Cette propriété l'a fait employer pour le pavage de la ville de Niort.

Les roches de schistes passent parfois à un grès schisteux, à grains fins. Toutes ces roches se dirigent généralement du nord-ouest au sud-est, et plongent sous des angles très-variables au nord-est.

*Bassin houiller.*— Le bassin houiller de la Vendée repose à stratification transgressive sur les schistes de transition. On remarque fréquemment qu'aux approches du terrain houiller, les roches schisteuses offrent des feuillets contournés et prennent une teinte rougeâtre.

*Etendue du bassin.*— Ce bassin houiller, situé à deux myriamètres au nord-ouest de Fontenay, forme une zone de deux myriamètres et demi de longueur sur une largeur de 12 à 1,500 mètres, dirigée du sud-est au nord-ouest.

*Sept couches de houille.*—Sept couches de houille bien distinctes ont été reconnues par les travaux exécutés jusqu'à ce jour. Elles sont parallèles à la direction générale du bassin, et, par suite de la forme arquée qu'affecte celui-ci, elles affleurent sur ses deux versans opposés, où elles présentent des inclinaisons inverses. Leur puissance varie de cinq décimètres à trois mètres; et les travaux considérables, exécutés à d'assez grandes distances, sur plusieurs de ces couches, ont fait reconnaître qu'elles sont constantes dans leur allure, et peu sujettes aux dérangemens fréquens que présentent ailleurs les couches de combustible minéral.

L'inclinaison des couches de houille qui est assez grande (de 50 à 70°) fait présumer qu'elles atteignent une grande profondeur, ce qui dédommagerait du peu de largeur du terrain houiller.

*Qualité de la houille.*—La houille de toutes les couches est de l'espèce dite schisteuse, passant parfois à la variété compacte. Elle est très-bitumineuse, homogène et peu chargée de pyrites. Elle produit de bon coke dont la teneur en cendres varie de 4 à 8 pour 0/0. Des expériences comparatives, faites à Niort en présence de M. l'ingénieur en chef des mines Furgaud, ont prouvé que la houille de la Vendée peut soutenir la concurrence des houilles étrangères, sous le rapport de la qualité.

*Grès psammitiques, poudingues et argiles schisteuses.*— Les couches de combustible sont séparées par des bancs d'épaisseurs variables de psammites, de poudingues et d'argiles schisteuses, passant fréquemment au fer carbonaté lithoïde et de schiste bitumineux combustible, contenant, en assez grande abondance, des rognons de fer lithoïde.

*Limites du bassin.* — Le bassin houiller semble commencer à St-Laurs (Deux-Sèvres). Il se suit sans interruption jusqu'à la Cressonnière, commune d'Antigny (Vendée). Mais à partir de Puyrinsant, près du ruisseau de la Mère, il est recouvert par une formation de calcaire magnésien, appartenant aux assises inférieures du calcaire du Jura que MM. de Cressac et Manès rapportent à l'étage inférieur du lias.

Le bassin houiller est sillonné par de nombreuses vallées, qui permettent d'attaquer les couches de houille par des galeries partant du jour. Les bords de la Vendée, de la Mère et des ruisseaux qui y affluent, présentent de nombreux escarpemens, dont une partie a été utilisée pour des travaux de ce genre.

*Trois concessions.*— Trois concessions, sous le nom de Faymoreau, la Bouffrie et Puyrinsant, ont été accordées sur ce bassin; la première à MM. Moller et compagnie, et les deux autres à MM. de Cressac, de la Fontenelle et compagnie.

*Description des travaux.* — Dans la concession de Faymoreau, deux puits de 40 et 50 mètres de profondeur ont été foncés sur la lisière du versant nord du bassin; ces puits ont traversé les trois couches inférieures. Les galeries d'allongement poussées sur la direction de ces couches, présentent un développement de plus de 2,000 mètres, et, sur toute cette étendue, les dérangemens qu'ont éprouvés les couches sont à peine appréciables.

Les travaux du puits de Faymoreau, qui ont eu plus spécialement pour objet la couche n° 3, sont asséchés à un niveau de 26 mètres, par une galerie d'écoulement de 270 mètres, menée à travers bancs dans un grès, et un poudingue extrêmement tenace et dur. Ce travail, qui a été exécuté en vingt-deux mois, assèchera les deux puits de la Blanchardière et de Faymoreau.

Il existe dans la concession de Faymoreau trois galeries partant du jour, prises tant dans la vallée de la Vendée que sur le bord des ruisseaux qui y affluent. Ces galeries, menées sur les couches n^os 1, 3 et 4, ont une longueur moyenne de 70 à 80 mètres.

La concession de la Bouffrie ne présente que deux puits foncés sur les couches n^os 3 et 5, et deux bouts de galerie partant du jour sur la couche n° 2. Tous ces travaux sont exécutés sur le versant sud du bassin, à l'opposite de ceux de la concession Faymoreau, et en partie sur les mêmes couches qui, plongeant à la Bouffrie vers l'est, plongent à l'ouest dans les travaux de Faymoreau.

La concession de Puyrinsant accordée depuis quelques mois seulement, n'a pu encore donner lieu à des travaux réguliers.

Tous les puits et galeries sont solidement toisés, à l'exception de la galerie d'écoulement dite des Dorderies, qui ayant été percée dans un rocher excessivement dur, sur un espace de plus de 200 mètres, n'a pas besoin de support.

Les bois employés dans les travaux proviennent de la forêt de Vouvant, et leur prix n'est pas élevé. Ce sont des rondins de chêne écorcés sur pied que l'on emploie de préférence. Leur durée varie de deux à six ans, suivant le plus ou moins d'humidité des travaux où ils sont appliqués.

*Galerie d'écoulement.*—L'extraction a eu lieu jusqu'ici dans les puits, par le moyen de treuils à bras. Le puits de Faymoreau était desservi par une machine à molettes à deux colliers que le percement de la galerie d'écoulement vient de rendre inutile. Le roulage s'est effectué jusqu'ici par brouettes de la contenance d'un hectolitre, et au moyen de chariots roulans sur des liteaux de bois, contenant cinq hectolitres de houille. Un homme et un enfant le roulent. On a le projet d'établir un petit chemin de fer dans le genre de ceux des mines des bords de la Loire, pour effectuer le roulage de la houille avec plus de facilité.

*Coupe du terrain houiller.* — Voici la succession de roches que présente une coupe du terrain houiller, prise de la Blanchardière, village situé à la limite nord du bassin à la Bouffrie, située sur le versant sud.

A partir du schiste talqueux verdâtre sur lequel repose la formation, et qui a été rencontré dans le fonds du puits de la Blanchardière, on voit :

1° Un banc de grès noirâtre à petits grains, parsemé de pyrites et extrêmement sicileux, d'une épaisseur de. . . . . . . . 0 m. 30

2. Une couche d'argile schisteuse grise, présentant peu d'empreintes végétales. . . . . . . . . . . . . . . . . . . . . . 0 30

3. Une couche de houille (n° 1.) . . . . . . . . . . . 0 60

4. Un schiste bitumineux à feuillets contournés, contenant, à la partie supérieure, une grande quantité d'une substance charbonneuse pulvérulente d'un noir brun, excessivement légère et friable, qui jouit de la propriété de décolorer les liquides. A la partie inférieure, le schiste bitumineux contient des rognons nombreux de fer carbonaté lithoïde, de forme ovoïde ou en sphéroïdes comprimés en couches concentriques dont la dureté décroît du centre à la circonférence. La pesanteur spécifique du minerai est 3,34. Le schiste bitumineux brûle lui-même avec une flamme vive, et il est parsemé de veinules de

houille; puissance. . . . . . . . . . . . . . . . . . . . . . 27 m. »»

5. Un banc de grès, gris noirâtre, à grains moyens, contenant quelques rares empreintes de fougères. Ce sont les seules qu'on ait trouvées dans les travaux. . . . . . . . . . . . . . . . 2 »»

6. Houille à cloisons de schiste bitumineux (couche nº 2.) . 0 60

7. Banc de grès, semblable au nº 5, d'une consistance variable, imprégné de caoutchouc minéral qui, parfois, semble en former le ciment, et se trouve le plus souvent en feuilles plus ou moins épaisses dans les fissures de la roche. . . . . . . . . . . . . . 2 50

8. Houille schisteuse et lamelleuse, passant quelquefois à la variété compacte. Dans ce dernier état, elle contient plus de bitume, a moins d'éclat, et est d'un noir moins intense. C'est sur cette couche qu'ont eu lieu les travaux les plus importans; sa puissance varie de 2 à 3 mètres. C'est la couche nº 3. . . . . . . . . . . . . . . 2 »»

9. Argile schisteuse, grise ou noire, avec empreintes de roseaux et de bambous, passant fréquemment au minerai de fer carbonaté lithoïde dont elle contient souvent de très-gros blocs arrondis. 1 30

10. Grès et poudingues à ciment feldspathique, de couleur jaunâtre, se désagrégeant facilement. . . . . . . . . . . . 90 »»

11. Argile schisteuse semblable au nº 9. . . . . . . 2 »»

12. Houille, quatrième couche, suivie dans la galerie dite de Buton, nº 2. . . . . . . . . . . . . . . . . . . . . 0 60

13. Argile schisteuse, pétrie d'empreintes appartenant toutes à la famille des bambous, passant au fer lithoïde comme le nº 9. . 0 70

14. Grès micacé jaunâtre. . . . . . . . . . . . 90 »»

15. Argile schisteuse à empreintes. . . . . . . . . 1 »»

16. Houille (couche nº 5). . . . . . . . . . . . . 0 90

17. Argile schisteuse grise et fer lithoïde en rognons. . . 1 »»

18. Grès et poudingues, comme le nº 10. . . . . . . 40 »»

19. Argile schisteuse passant au fer carbonaté lithoïde. . . 0 50

20. Houille (couche nº 6). . . . . . . . . . . 1 70

21. Argile schisteuse passant au fer lithoïde. . . . . 1 50

22. Grès à grains moyens et à grains fins de couleur jaunâtre. . . . . . . . . . . . . . . . . . . . . 35 »»

23. Argile schisteuse à empreintes indéterminables. . . 1 »»

24. Houille (7e couche). . . . . . . . . . . . 0 60

25. Grès et poudingues à petits galets. . . . . . . 350 »»

Ce dernier grès se prolonge jusqu'à la rencontre de l'argile schisteuse du toit de la septième couche, qui reparaît sur l'autre versant du bassin avec une inclinaison inverse, et l'on retrouve successivement dans un ordre opposé les mêmes roches que nous venons d'énumérer, jusqu'à la rencontre du terrain de schiste talqueux de transition.

Indépendamment des travaux les plus importans qui ont été relatés ci-dessus, il a été exécuté, en plusieurs localités assez distantes les unes des autres, de nombreuses tranchées et de petits puits de peu de profondeur qui ont complété les notions que les premiers avaient données sur la structure du bassin houiller.

*Tuilerie.* — Les couches d'argiles schisteuses sont fréquemment altérées près de la surface du sol, et produisent d'excellens matériaux pour la confection de tuiles et briques. Quelques-unes de ces argiles sont très-réfractaires. On les emploie dans une tuilerie chauffée à la houille que MM. les concessionnaires ont fait construire à proximité des puits de la Blanchardière et de Faymoreau.

La contenance du four est de 26 milliers de briques, tuiles ou carreaux; chaque fournée consomme de 70 à 80 hectolitres de houille de qualité inférieure, et on fait cuire simultanément de 30 à 40 hectolitres de pierre calcaire (oolite supérieure) prise aux environs de Coulonges, et qui est conduite à l'usine en retour de la houille expédiée. Les matériaux sont de bonne qualité et supérieurs à ce qui se fabrique dans le pays.

*Assises supérieures du lias et oolite.* — Au sud du bassin houiller, on rencontre, dans la plaine de Foussais, un calcaire marneux compacte, contenant des gryphées, des ammonites et des bélemnites, qui repose sur les schistes de transition, et est lui-même recouvert par les deux étages de calcaire oolitique.

*Formation jaspo-ferrugineuse.* — Une formation argilo-jaspoïde recouvre parfois le calcaire et repose le plus fréquemment sur les roches de transition; elle contient, à partir de la superficie :

1° Une argile jaspoïde jaunâtre ou brune et rougeâtre, contenant alternativement des modules de jaspe arrondis et plus ou moins volumineux, du minerai de fer granuleux (fer hydraté globuliforme) et des grains de manganèse oxidé noir, et parfois du plomb sulfuré en rognons toujours peu considérables;

2° Des bancs continus d'une puissance de 3 à 4 décimètres d'un minerai de fer hydraté composé de feuillets minces appliqués les uns aux autres, ou un poudingue argilo-ferrugineux ou silicéo-ferrugineux composé de grains plus ou moins volumineux de fer hydraté réunis par un ciment siliceux ou argileux. Ces poudingues forment des bancs continus de plus d'un mètre de puissance, dirigés comme les dépôts d'argile qui les contiennent, et d'une inclinaison de 45° environ au sud;

3° *Argile smectique.* — Une argile smectique blanche, en bancs d'un mètre d'épaisseur, avec modules de jaspe assez volumineux et de couleur blanche ou jaune.

Cette formation jaspoïde forme une zone continue dirigée presque parallèlement au terrain houiller et au sud de celui-ci; elle repose alternativement sur le calcaire jurassique et sur les roches de transition, et semble s'être moulée sur ces divers terrains, et avoir suivi les accidens qui préexistaient à son dépôt qui paraît être récent. Cette zone se remarque au Mazeau près Saint-Michel-le-Clouq, à Maigre-Souris, à Foussais, à la Vergne-des-Loges, au Moulin-de-la-Roche, à la Roussière, à Magné près Coulonges, et se prolonge jusqu'à Cours près Champdeniers (Deux-Sèvres). Elle présente en quelques endroits une largeur de plus d'un kilomètre, mais le minerai de fer n'y est pas également répandu, et les dépôts les plus riches sont aux environs des endroits qui viennent d'être cités. Une seconde zone, parallèle à la première, se montre au nord du bassin houiller, mais elle est plus discontinue et n'offre que des dépôts isolés près de la Chapelle-aux-Lys, à la Grimaudière près le Busseau, et à la Jollière près la Chapelle-Thireuil. Ces dépôts reposent presque toujours sur le terrain de transition. C'est à la Jollière qu'on exploite l'argile smectique pour la préparation des draps et étoffes qui se fabriquent dans le Bocage. Le dépôt des Veaux, près le Chapelle-Thireuil, offre des rognons de fer hématite très-riches et très-volumineux.

C'est dans l'argile du terrain argilo-jaspoïde près le Mazeau, à une demi-lieue au nord de Fontenay, qu'ont été rencontrés quelques rognons de galène à larges facettes, qui donnèrent lieu, il y a quelques années, à des travaux de recherche infructueux. Ces rognons, recouverts parfois d'une couche mince de plomb phosphaté, étaient disséminés, sans aucun ordre, dans l'argile jaunâtre, et à peu de profondeur on rencontra le schiste de transition. Ces fouilles ont fait reconnaître un banc de minerai de fer hydraté de 0 m. 30 de puissance, encaissé lui-même dans l'argile rougeâtre, dirigé du nord-ouest au sud-est, et plongeant sous 45° environ au sud-ouest.

La formation calcaire est très-étendue; et, indépendamment de la plaine de Fontenay, qu'elle constitue entièrement, elle forme des dépôts isolés en plusieurs localités. Le plus important de ces dépôts est celui de la plaine de Chantonnay, qui, recouvrant le terrain houiller de ce dernier endroit et celui de Puyrinsant près Vouvant, occupe une étendue en longueur de plus de trois myriamètres dans la direction du S.-O. au nord-est, et de 6 à 7 kilomètres de largeur.

D'autres petits dépôts isolés se trouvent encore à la Clavière, commune de Mervant, à la Chapelle-Thireuil et à Secondigny.

Les deux premiers bassins, à leur superposition au terrain de transition, présentent une assise de calcaire marneux gris, d'un mètre ou 1 m. 50 de puissance, pétrie de coquilles appartenant aux bélemnites, ammonites et gryphées. Ces dernières sont le plus souvent d'une conservation parfaite, et ont jusqu'à 8 ou 9 pouces de diamètre. Ce banc repose lui-même sur un calcaire magnésien jaunâtre, rugueux et cellulaire, et il est recouvert par une couche de marne grise, dans laquelle se trouve une quantité énorme de bélemnites et d'ammonites. Ces trois roches constituent la totalité des trois petits dépôts de la Clavière, de la Chapelle-Thireuil et de Secondigny. Dans cette dernière localité, le calcaire marneux est exploité pour le service d'un four à chaux et à tuiles, et produit de bonne chaux hydraulique.

Ces diverses roches sont rapportées, par quelques géologues, à l'étage supérieur du lias ou dans l'assise inférieure de l'oolite.

Dans le bassin de Chantonnay et celui de Fontenay, elles sont recouvertes par un calcaire blanc oolitique, contenant parfois des grains de plomb sulfuré et peu de fossiles.

Dans quelques localités, notamment entre Chantonnay et Ste-Hermine, on trouve, au dessous de l'oolite, une marne noirâtre schisteuse, fétide, et se désagrégeant facilement à l'air. Cette marne contient beaucoup de pyrites le plus souvent décomposées, et quelques ammonites pyritisées, d'un très-petit diamètre.

Souvent on remarque au dessus du calcaire oolitique un banc de 0 m. 30 à 0 m. 40 d'un grès calcaire, à grains de quartz très-fins, noyés dans un ciment calcaire. Celui-ci est recouvert par une seconde assise de calcaire oolitique à tissu lâche et crayeux; et c'est sur ce dernier que se rencontre parfois la formation argilo-jaspoïde qui vient d'être décrite, et qui repose plus fréquemment sur les schistes de transition.

Nous ne nous étendrons pas davantage, dans cet aperçu, sur les roches de la contrée qui se trouvent à un rayon un peu éloigné du bassin houiller, mais nous ne passerons pas sous silence les grès de l'Hermenaut et de St-Cyr des Gâts. Ce grès, reposant toujours sur les roches de transition, se rencontre en bancs à peu près horizontaux, comme tous les calcaires, et d'une puissance de plusieurs mètres. Il est composé de grains de quartz dont la grosseur varie de celle d'un œuf à celle d'un pois, empâté par un ciment de baryte sulfatée blanche ou rose, et quelquefois de feldspath, ce qui lui donne beaucoup de ressemblance avec un psammite du terrain houiller de la Vendée, qui, contient accidentellement de la baryte sulfatée blanche ou rose. Ce grès, qui se débite en blocs de 2 ou 3 pieds cubes, sert à confectionner des meules de moulin, formées de plusieurs blocs taillés et réunis par une armature de fer.

D'après ce qui vient d'être exposé, il est facile de juger de l'importance des exploitations houillères de la Vendée.

La houille est abondante; elle produit un coke de bonne qualité, qui est employé à la forge de la Meilleraie, pour la seconde fusion des fontes dans un fourneau à la Vilkinson. Le fer carbonaté lithoïde se trouve en grande quantité dans les schistes du toit des couches, et pourrait être exploité simultanément avec la houille et par les mêmes travaux. Ce minerai mélangé en proportions convenables avec les minerais hydratés du terrain argilo-jaspoïde, il n'est pas douteux qu'il ne pût alimenter plusieurs hauts-fourneaux. De petites fouilles faites à Magné, sur un gîte de ce dernier minerai, ont donné la presque certitude qu'il est assez abondant pour alimenter à lui seul une usine. Les argiles réfractaires sont communes dans le terrain houiller, et le calcaire de Foussais, de la Chapelle-Thireuil et de Beugné-St-Maixent fournirait la castine. Tous les élémens nécessaires à une usine à fer se trouvent donc réunis à peu de distance, et, pour ainsi dire, dans la même localité.

Les cours d'eau peu considérables ne pourraient faire mouvoir la soufflerie, et l'on serait obligé d'avoir recours à une machine à vapeur.

La carrière de kaolin de Scillé pourrait fournir de matière une fabrique de porcelaine ou de poteries fines, cuites à la houille. L'imperfection des produits de ce genre d'industrie, dans la contrée, assurerait un débit prompt et facile.

Les sables amoncelés dans les vallées du terrain houiller suffiraient pour alimenter une verrerie. La soude de varech, fabriquée sur les côtes du département, fournirait un fondant peu coûteux.

Une seule chose s'oppose au développement des richesses minérales de cette partie du département de la Vendée, ce sont de bonnes routes; mais le gouvernement semble avoir senti toute l'importance qu'elle offre, et prend des mesures pour créer de bonnes voies de communication.

---

# Vue de la Caverne à OSSEMENS de PONS (Charente-Inférieure), avec des explications.

(VOIR AU TEXTE, PAGE 80.)

A l'O. N. O. de Pons coule un [illegible] que je crois affluent de la.................. Son étroit vallon est bordé, sur la rive droite, de quelques bancs horizontaux d'une craie exploitée pour la bâtisse ; la pierre est belle et bonne ; cette ligne de rochers est coupée à pic du côté du vallon. A demi-lieue de Pons, le vallon se divise en plusieurs bras inégaux, et le terrain très-ondulé se compose d'humbles mamelons aux pentes ordinairement très-prolongées par de petites plaines et des bassins de verdure que traverse quelquefois un filet d'eau. C'est sur un des mamelons en question, et près du lieu de........... que gisent les ossemens.

Coupe (nº 1.)

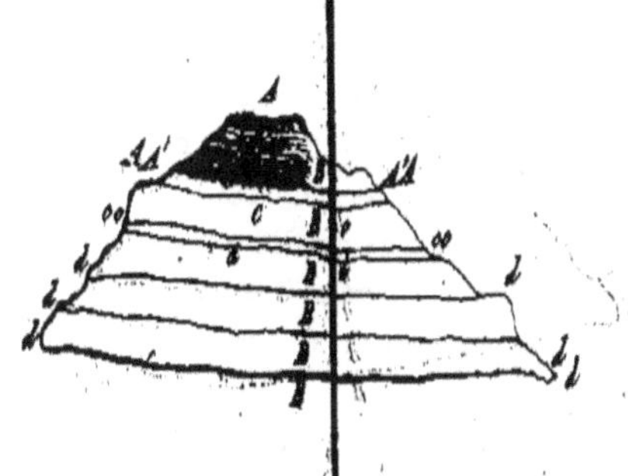


Plan nº 2.

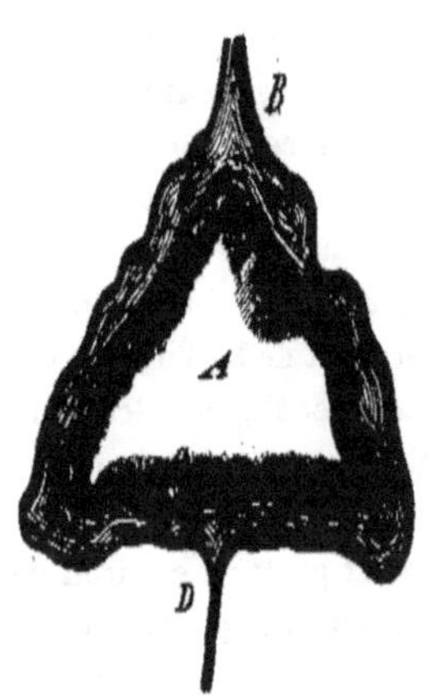


Nº 1er.

A. Trou ou bassin irrégulier où les ossemens se trouvent déposés, mêlés à des sables, des sablons, des argiles, des cailloux, de la craie, etc.

AA. Fente partant de la surface remplie de terre et sable.

B. Banc de craie blanche et grise, dureté moyenne, fournissant de très-bonne pierre à bâtir, exploitée [illegible] et autour du lieu même où se trouvent les ossemens.

CC. Lit continu, épais de six pouces, d'un silex grès ayant l'aspect du grès.

DD. Lits interrompus de grès rognons de silex noir ou brun avec la croûte blanche.

Nº 2.

A. Dépôt des ossemens.

→→ Cours des eaux. ←←

On voit que pour se rendre au vallon ci-dessus désigné et de là à la vallée de la Seugard, les eaux, en venant au point B heurter les sommités, ont dû se diviser et tourner pour se réunir ensuite au point D. Dans ce cas, si les ossemens eussent eu leur légèreté actuelle, ils auraient dû suivre les courans et ne pas s'arrêter en A ; ils n'y seraient même pas parvenus : mais probablement ils étaient déjà déposés quand les eaux ont descendu au niveau qui dut amener leur séparation en B.

Lith. de [illegible], à Poitiers.

III. *Aperçu statistique de la végétation du département de la Vienne*; par M. Delastre, sous-préfet de Loudun, membre de plusieurs Sociétés savantes.

Messieurs, des explorations réitérées dans les diverses parties du département de la Vienne m'ont mis à même d'y former, depuis vingt ans, une de ces collections locales, sinon complète, du moins très-nombreuse, et offrant un vaste champ aux observations sur les caractères spécifiques des végétaux (1).

Peut-être n'eût-il pas été indigne de votre attention de vous soumettre ici quelques-unes de celles auxquelles a donné lieu la comparaison entre eux de plusieurs individus de mêmes espèces, produites par des localités disparates, et de vous faire remarquer, à ce sujet, combien la nature se joue facilement des efforts que nous faisons pour l'encadrer dans nos règles absolues. Mais chacun sait aujourd'hui jusqu'à quel point telle plante, née dans un sol fertile ou dans une prairie riche en humus, peut présenter, dans ses différens âges, des caractères éloignés de ceux qu'offrirait la même plante venue dans un sable maigre et sans substance ou sur la crête aride d'un coteau. De semblables remarques frappent tous ceux qui se livrent à l'observation de la nature. J'aurai donc soin, dans ce faible aperçu de la végétation du département de la Vienne, de ne m'écarter que le moins possible des considérations générales qui seules peuvent mériter votre intérêt, car il ne saurait entrer dans mes vues de m'occuper ici de questions de nomenclature.

On peut porter à environ douze cents le nombre des plantes de notre département qui produisent des fleurs à sexes distincts, de la fécondation desquelles résultent de véritables semences, et qu'on désigne sous le nom de PHANÉROGAMES. Ce nombre n'est pas susceptible de variation sensible.

Parmi les végétaux d'une organisation moins complète, dont la reproduction a lieu par le moyen de gongyles rudimentaires, sans que l'observation ait permis d'y reconnaître d'inflorescence à sexes distincts, et que par cette raison on a appelés CRYPTOGAMES, quinze cents espèces environ ont été recueillies dans mes cartons, ou dessinés par moi, lorsque leur contexture ou la ténuité de leurs parties ne permettait pas de les conserver en nature. Ce nombre doit être de beaucoup inférieur au chiffre réel des espèces qui croissent dans la Vienne.

En effet, si l'on fait attention aux petites dimensions de la plupart

(1) L'auteur de ce mémoire a fait hommage à l'école secondaire de médecine de Poitiers, d'un double de la collection des plantes phanérogames du département.

de ces végétaux, aux conditions dans lesquelles ils se développent le plus favorablement, et au court espace de temps suffisant à beaucoup d'entre eux pour parcourir toutes les phases de leur existence rapide, on ne sera pas surpris de ce qu'ils échappent aussi souvent aux recherches et aux observations des naturalistes. Les bois ombragés et humides, éloignés de la fréquentation de l'homme et des animaux domestiques, en produisent que le hasard seul fait le plus souvent découvrir. Ajoutez encore à ces difficultés que l'époque de l'année à laquelle il faut les rechercher, la fin de l'automne, l'hiver et les premiers jours du printemps, sont des saisons qui ne permettent guère de se livrer avec sécurité à des courses très-éloignées. Je ne crois donc pas m'écarter de la réalité en évaluant à 300 au moins le nombre des cryptogames qui ont échappé à mes recherches, et en portant à 3,000 le chiffre total des plantes qui croissent naturellement dans notre département.

Son organisation géologique y favorise au surplus le développement de la plupart des espèces naturelles aux départemens voisins : ainsi, tandis que la végétation plus particulière aux terrains primitifs du Limousin, s'avance au sud-est du Haut-Poitou jusqu'à Plaisance, l'Ile-Jourdain et Availles; au nord-est, le versant de la Vienne, dont les tufs calcaires constituent le fonds poreux, présente au botaniste la plupart des plantes du bassin de la Loire. Entre ces deux zones extrêmes, le calcaire compacte et grossier qui occupe la portion centrale de notre département se couvre d'une végétation tout-à-fait analogue à celle de l'Indre, et d'une portion de la Charente et des Deux-Sèvres, dont le plus grand nombre des roches appartiennent aussi aux formations secondaires. Enfin, la situation géographique du département de la Vienne correspondant à peu près à la limite en-deçà de laquelle le *maïs* est encore cultivé avec un certain avantage, on ne doit pas être surpris de voir figurer dans le catalogue de sa flore un grand nombre de plantes particulières à des localités plus méridionales; car la végétation du Haut-Poitou est toute de transition, soit qu'on la considère sous le point de vue géographique, soit qu'on l'envisage dans ses rapports avec la constitution géologique du pays.

L'une des deux grandes sections des plantes PHANÉROGAMES, celle des DICOTYLÉDONÉES, qui comprend toutes les espèces développant, lors de leur germination, deux ou trois lobes séminaux, renferme un trop grand nombre de familles pour que j'entreprenne de les passer ici en revue. Il me suffira de vous indiquer succinctement quelques-unes des espèces que notre situation, un peu centrale, semblait devoir exclure de nos environs.

C'est l'Yeuse ( *Quercus ilex*, L.) au feuillage sombre et persistant ; ce sont le Filaria et l'Alaterne, si souvent confondus par les pépiniéristes, plus trompeurs encore qu'ignorans (*Phillyria media*, *Rhamnus alaternus*, L.), dont les rameaux toujours verts pointent entre les rochers pittoresques du Portau, de la Roche ou de Passelourdain ; l'Erable de Montpellier ( *Acer Monspessulanus* ) s'y propage partout ; le Micocoulier (*Celtis australis*), émigré comme lui des provinces méridionales, y projette ses branches souples et vigoureuses, honteux de voir son bois précieux pour les arts, grossir périodiquement les fagots du barbare bûcheron de St-Benoît.

Le Chêne cerris ( *Quercus Cerris* ) se distingue par l'élégance de son feuillage et sa cupule hérissée de longs appendices entrelacés. Il est commun dans le taillis de Nué, près Loudun ; et l'orme à fleurs éparses ( *Ulmus effusa*, Wild. ) se trouve, sur les promenades de cette ville, mêlé à l'ormeau de nos campagnes.

La Centaurée chondrille ( *Centaurea crupina* ) du Piémont ; le Lin roide ( *Linum strictum* ), la Glaucie hybride ( *Chelidonium hybridum*, L. ) de la Provence et du Languedoc, se plaisent sur les coteaux de la Grotte-à-Calvin, ou dans les vignes de Neuville et d'Étables. Elles s'y trouvent quelquefois en compagnie de l'Aneth fétide ( *Anithum graveolens* ), plus commun cependant aux environs de Flée. La Crucianelle à feuilles étroites ( *Crucianella angustifolia* ), la Coriandre à deux bosses ( *Coriandrum testiculatum* ) ont retrouvé dans nos terrains calcaires l'heureuse température de Nice et du Piémont ; et le Géranium tubéreux ( *Geranium tuberosum* ) de Chypre et d'Italie, dont la flore de Marseille semblait pouvoir seule se glorifier en France, se rencontre auprès de Poitiers, dans quelques champs qui avoisinent la promenade du Cours.

Le Polychnème des champs ( *Polychnemum arvense* ), la Germaudrée des montagnes ( *Teucrium montanum* ), la Linaire de Pélissier ( *Linaria Pelisseriana* ), la Digitale jaune ( *Digitalis lutea* ), la Drépanie barbue ( *Drepania barbata*, Desf. Fl. Atl. ) dont l'horticulture s'est emparée comme fleur d'ornement, habitent nos expositions chaudes, où se retrouvent encore l'Echinope à tête ronde ( *Echinops spherocephalus* ), le Xéranthème cylindrique ( *Xeranthemum cylindricum*, Rich. ), la Lépidie des rocailles ( *Lepidium petrœum*, L. ), et la Rue fétide ( *Ruta graveolens* ) naturalisée dans les rochers du pourtour de la ville.

La Lampourde glouteron ( *Xanthium strumarium* ), le Sisymbre à siliques rudes ( *Sisymbrium asperum* ), le Lupin à feuilles étroites ( *Lupinus angustifolius* ), figurent aussi parmi nos richesses végétales. La Consoude tubéreuse ( *Symphitum tuberosum* ) se trouve abondamment à Bonneuil-Matours et sur la rive droite de la Vienne en descendant vers Châtellerault. La Mauve de Nice ( *Malva Nicœnsis*, All., Fl. Ped. ) y est assez répandue, mais bien moins qu'auprès de Saint-Jean-de-Sauves. Le Boucage dioique ( *Pimpinella dioica*, L. ), la Sabline cendrée de la haute Provence ( *Arenaria ruscifolia*, *Requien Catal.*) couvrent les collines des environs de Lussac. Le Lin fragile ( *Linum usitatissimum, fragile* ), race dégénérée du lin cultivé, se trouve abondant au bord des brandes de Frolles, et l'OEillet sauvage ( *Dianthus sylvestris*, Jacquin. ) décore de ses larges fleurs empourprées les rochers du Pré-l'Evêque et de la Mérigotte, tandis que les pelouses sèches des environs de Moulinet, de Saint-Georges et d'Étables, étalent au loin les épis purpurins de l'Astragale de Montpellier. Enfin, aux environs de Moncontour et de Loudun, on rencontre quelquefois l'Ecballion élastique ( *Momordica elaterium*, L. ), qui infeste les abords de Thouars, et, semblable à une petite pièce d'artillerie chargée à mitraille, lance au loin, à l'époque de la maturité de son fruit, les graines qui s'en échappent avec force au moment où il se détache du pédoncule.

La végétation des Pyrénées et de l'Auvergne fournit aussi quelques espèces à la flore de la Vienne. L'Hellébore pigamon ( *Isopyrum thalictroides*, L. ) se complaît aux taillis ombragés de Ligugé et de Vouneuil-sous-Biard. La Dentaire à bulbilles ( *Dentaria bulbifera* ) se rencontre, quoique rare, sur le versant nord du parc de Montreuil-Bonnin. M. le docteur Vernial l'a trouvée aussi au bois des Ages, près Civray. Le Séséli annuel ( *Seseli annuum*, L. ) peuple abondamment les taillis du Beau-Pin et de Jérusalem près Angliers : un échantillon de la Linaire des Pyrénées ( *Linaria Pyrenaica*, Lamk. ) a même été recueilli par M. Ch. Desilles auprès de cette ancienne sénatorerie ; mais c'est vainement que depuis nous y avons cherché ensemble cette rare espèce : nous n'avons pas pu l'y retrouver.

La Campanule étalée ( *Campanula patula* ) se produit dans quelques terrains granitiques à l'est du département, ainsi que les Corydales vrillée et bulbeuse ( *Fumaria claviculata* et *F. bulbosa*, L. ), et le Millepertuis linéaire ( *Hypericum linearifolium*, Valh. Symb. ) L'Alysson des montagnes ( *Alyssum montanum* ) est assez commun aux alentours de Lussac ; l'Ononide à petites fleurs ( *Ononis columnœ*, Allion. ), et l'Ononide striée ( *Ononis striata*, Gouan. ) des collines du midi, se rencontrent fréquemment au sud de nos coteaux calcaires; la Scabieuse des bois ( *Scabiosa sylvatica* ) et l'Aconit tue-loup ( *Aconitum lycoctonum* ), plus rarement et dans des localités plus fraîches.

Le Rosier toujours vert (*Rosa semper-virens*) croît sauvage aux environs de l'Ile-Jourdain. J'en ai trouvé une autre espèce, qui a quelques-uns des caractères du Rosier de tous les mois (*Rosa semper-florens, simplex*), dans la forêt de Lussac et aux environs de Châtellerault.

Je ne dois pas omettre non plus le Rosier à longs styles (*Rosa stylosa*) et le Trèfle à petite feuille (*Trifolium mycrophyllum*), découverts et publiés par Desvaux, bien que l'un et l'autre aient constamment échappé aux nombreuses recherches que j'en ai faites après lui, dans les localités mêmes qu'il m'avait indiquées.

Enfin, la Chlore à feuilles sessiles (*Chlora sessilifolia*, Desvaux, *Mém. Soc. Phys.*) des marais de Lencloître et de la Palu, la Centaurée hybride (*Centaurea hybrida*, All. Fl. Ped., n° 593) qui n'avait encore été trouvée qu'à Turin, et que j'ai recueillie entre Neuville et Cissé, en même temps que les Gaillets glauque et cendré (*Galium glaucum* et *Galium cinerum*, L.); le Réséda faux-sésame (*Reseda sesamoïdes*) de nos landes sablonneuses, et l'Hélianthème en ombelle (*Helianthemum umbellatum*) de Montmorillon, complètent, avec deux Cirses curieux, croissant, l'un dans les marais de la Dive, l'autre aux environs de Valette, près Châtellerault, le tableau résumé des espèces les plus remarquables parmi les neuf cents que renferme la section des PHANÉROGAMES DICOTYLÉDONÉES.

Trois cents autres environ viennent se ranger dans celle des MONOCOTYLÉDONÉES, c'est-à-dire des plantes qui, se développant lors de leur germination avec un seul lobe séminal, présentent plus tard dans le parallélisme des nervures de leurs feuilles un caractère assez constant pour les distinguer suffisamment, sans qu'il soit besoin de se livrer à l'étude plus intime de leur tissu organique. Les principales familles de cette section, sont les *Graminées*, les *Cypéracées*, les *Liliacées*, et les *Orchidées*. Elles conservent comparativement entre elles, eu égard au nombre relatif de leurs espèces, les mêmes rapports qui se rencontrent dans les flores du centre de la France; mais quelques-unes méritent une mention particulière à raison de la singularité de leur naturalisation chez nous.

La première et l'une des plus remarquables est le Polypogon de Montpellier (*Alopecurus Monspeliensis*), commun sur les côtes de la Méditerranée et de l'Océan, que j'avais souvent remarqué dans les salines de l'ouest, et que j'ai été bien étonné de retrouver dans l'écoulement de la fontaine minérale d'Availles-Limousine, située presque sur la limite nord du département de la Charente. Quatre autres graminées du midi de la France se rencontrent encore dans la Vienne;

ce sont la Mélique ciliée ( *Melica ciliata* ), l'Echinaire en tête ( *Echinaria capitata*, Desf. Atl. ), l'Egilope allongé ( *Ægilops triuncialis*) de la butte de Saint-Genest de Lencloître, et l'Avoine à longue feuille ( *Avena longifolia* ), belle espèce découverte par Thore, dans les landes de la Guienne, et que je croyais inconnue encore, lorsque je la recueillis pour la première fois dans les vastes bruyères qui s'étendent entre Adriers et Moulisme, arrondissement de Montmorillon. On pourrait ajouter encore l'Avoine améthiste ( *Avena amethistina*, Decand. ), si cette espèce signalée par l'auteur de la Flore française était bien certainement autre chose qu'une race glabre de l'Avoine pubescente ( *Avena pubescens*, L. ). Elle est très-répandue dans les bois de Langerie, près la Mothe-Champdeniers, et aux environs de la Ville-Mal-Nommée.

Les touffes serrées du Carex bas ( *Carex humilis*, Leyss, Fl. Hall. ) se pressent en grand nombre sur les coteaux qui avoisinent la forêt de Lussac. Le Carex des sables ( *Carex arenaria* ), aux longues racines rampantes, se trouve aux Pilouins, près Saint-Christophe, où on les emploie à faire des balais. Le Carex à épi radical ( *Carex gynobasis*, Vill. Dauph. ), naturel aussi à la Provence et au Languedoc, est commun dans les taillis calcaires de Saint-Benoît. La Fritillaire pintade ( *Fritillaria meleagris* ) abonde dans nos prés marécageux. La Scille pritanière ( *Scilla verna*, Huds. *Sc. umbellala*, Ram. Bull. Phil. ) peuple les bois du Palais de Croutelle. L'Ail des Alpes ( *Allium Alpinum* ), variété de la *civette* des jardins, connue ici sous le nom d'*appétits*, habite les crevasses humides des granites de l'Ile-Jourdain; et le Jonc maritime ( *Juncus maritimus* ), si commun dans les marais saumâtres de la Charente-Inférieure, couvre de ses souches traçantes certaines parties des marais de la Briande, entre la Cabane-Brûlée et Anvaux, canton de Moncontour. Comment cette espèce a-t-elle pu s'acclimater à une aussi grande distance des bords de la mer, dont elle ne s'écarte pas ordinairement? C'est une de ces particularités qu'il serait, sans doute, bien difficile d'expliquer.

Parmi les *Orchidées* dont un nombre considérable d'espèces se trouvent à très-peu de distance de la ville même de Poitiers, l'Ophrys fausse-araignée, aux sépales blancs marqués d'une raie verte ( *Ophrys arachnites*, Hoffm.); la Néottie nid-d'oiseau ( *Neottia nidus-avis*, Rich.), l'Epipactide en glaive ( *Epipactis ensifolia*, Wild.), et le Limodore avorté ( *Limodorum abortivum*, Swartz ) méritent seuls une mention particulière. — Les autres plantes du département de la Vienne appartiennent en général à ces genres et à ces espèces vulgaires, qui se retrouvent en majorité dans presque toutes les parties de la France et forment, à proprement parler, le fond de chacune de nos flores locales.

Il reste maintenant cette autre grande division des végétaux dont l'inflorescence est toujours obscure, alors même qu'elle semble se manifester à l'extérieur par quelques-uns des caractères particuliers aux PHANÉROGAMES. Les *Fougères*, au nombre de trente environ ; les *Mousses* et les *Hépatiques* qui, réunies, ne fournissent guère que cent cinquante espèces, ne présentent point chez nous cette richesse numérique, qui distingue les provinces de l'Anjou, de la Bretagne et de la Normandie. L'Adianthe capillaire (*Adianthum capillus Veneris*), la Doradille du Nord (*Asplenium septentrionale*), et l'Osmonde royale (*Osmunda regalis*), qui, majestueuse comme une fougère des tropiques, fait l'ornement des rives de la Vienne, entre Availles et l'Ile-Jourdain; les Hypnes doré et de Vaucluse (*Hypnum Chrysophyllum* et *H. Vallis-Clausæ*, Brid. Musc.), non plus que quelques autres mousses assez remarquables, ne sauraient sortir notre département de la ligne commune des localités trop arides pour être favorables à la multiplication de ces plantes, dont le tissu plus ou moins hygrométrique ne se développe avec succès qu'au milieu d'une atmosphère plus humide, et dans un pays plus couvert que le nôtre.

Que si nous descendons encore l'échelle des végétaux à organisation incomplète, les genres *Lécidée*, *Parmélie*, *Collème* et *Cénomyce*, appartenant au groupe des *Lichens*, nous relèveront un peu de la pénurie d'espèces que je viens de vous signaler dans les précédentes familles. Les Cénomyces surtout, dont la forêt de Châtellerault produit un si grand nombre, s'y présentent sous des combinaisons de formes, d'aspects et de nuances si diverses, qu'après les avoir comparées avec attention les unes aux autres, on demeure indécis de savoir si toutes ces gracieuses productions à entonnoirs, à ramifications multiformes, à fructifications passant du rose au noir par les nuances du carmin le plus vif, sont autre chose qu'un jeu brillant de la nature, qui semble s'être complu à exercer sur une même espèce toute sa puissance de variété. — Le nombre total des lichens de la Vienne est d'environ deux cent vingt : beaucoup peuvent être employés pour la teinture ou comme médicamentaires.

Les *Hypoxylées*, quoique nombreuses, ne peuvent figurer ici que pour mémoire. L'exiguité de la plupart d'entre elles, l'obscurité de leurs caractères, presque toujours difficiles à bien déterminer, justifient suffisamment cette omission de détails. J'en possède plus de cent vingt, et ma collection est encore loin d'être complète sur ce point.

La grande section des *Champignons* renferme à elle seule près de mille espèces, et se subdivise en groupes naturels assez nombreux.

Le Clathre rouge (*Clathrus ruber*, Micheli) se distingue à ses branches de corail qui s'anastomosent en losanges flexueuses. Il se complaît dans quelques sables légers des environs de Loudun; il y est cependant moins répandu que le Satyre obscène (*Phallus impudicus*), dont le chapeau distille, ainsi que le Clathre, une mucosité verdâtre, d'une odeur repoussante. Certains champs sont quelquefois couverts de ce *Satyre*, comme s'il y avait été semé à dessein. On le trouve aussi près de Clervault et de Lencloître.

Le genre *Agaric*, si nombreux et si difficile à étudier, offre à l'art culinaire une vingtaine d'espèces alimentaires de saveurs variées; mais on ne consomme guère dans le pays que les plus communes, savoir: l'Agaric de couche (*Agaricus edulis*, Bull. *Ag. campestris*, L.), qui se vend sous le nom de *Champignon rose*; le Mousseron à odeur de farine (*Ag. Prunulus*, Fr.); le faux Mousseron (*Ag. Oreades*, Fr.); l'Agaric élevé (*Ag. Procerus*, Fr.), plus connu ici sous le nom de *Cluseau*; l'Agaric du Panicault, vulgairement nommé *Orgouane*; et l'Oronge, fatale à l'empereur Claude (*Ag. Cæsareus*, Fr.), la plus exquise de toutes les espèces de ce genre.

On emploie également pour l'usage de la cuisine plusieurs *Bolets*, qu'on désigne indifféremment sous le nom générique de *Ceps*; mais on a grand soin de rejeter les tubes qui en garnissent la surface inférieure, et qui se détachent facilement. Rien ne justifie cette précaution maladroite; car, préparés à l'état frais, ces tubes offrent une nourriture saine et plus agréable au goût que la chair qu'ils tapissent, et qu'il convient de conserver pour l'hiver, desséchée en chapelets et tenue à l'abri de toute humidité. — Les *Polypores*, généralement coriaces ou ligneux, dont les tubes sont inséparables de la substance du chapeau, présentent peu d'espèces comestibles. Une d'elles, rare et très-petite, le Polypore protée (*Polyporus multiformis*, N.), de la forêt de Châtellerault, appartient au groupe des *Guêpiers* (*Favolus*, Beauv.), et a été adoptée par le docteur Persoon dans sa correspondance avec moi (26 décembre 1825.)

Les *Hydnes* hérisson, corail et sinué, sont encore des alimens agréables qui ne contiennent aucun principe malfaisant. Trois espèces de ce genre, nouvelles, mais qui ne sont pas comestibles, se rencontrent assez fréquemment aux environs de Châtellerault. Communiquées à Persoon, il les a publiées dans la deuxième section de sa Mycologie Européenne. Ce sont: l'Hydne à grosses dents, qui ne se rencontre que sur les troncs morts et les souches cariées du chêne; l'Hydne odorant qui croît sur la terre des bosquets et se trahit au loin par la forte odeur de *trigonelle* qu'il exhale ; et l'Hydne bicolore, qui se distingue à son thalle, plaqué d'abord, puis réfléchi, tomenteux, d'un jaune pâle marqué de zones. Ses aiguillons très-réguliers, et allongés en pointe cylindrique, sont quelquefois incisés au sommet : leur couleur primitive de *chair foncée* passe plus tard à celle de *rouille* ou d'*orangé*. Il se trouve sur les branches de chêne tombées à terre.

Plusieurs *Clavaires* pourraient, sans inconvénient, être mangées de même que les hydnes; mais elles ont, en général, une certaine amertume qui leur est propre, et qui ne plaît pas à tous les goûts.

La petite section des *Helvelles vraies* a le privilége au contraire de fournir bon nombre d'espèces délicates et généralement recherchées. La Morille comestible (*Morchella esculenta*, Fries); la Morille à moitié libre (*Morch. semi-libera*, Fr.), et une espèce d'Automne que je n'ai pu encore étudier vivante; l'Helvelle mître (*Helvella mitra*, Fr.), et l'Helvelle élastique (*Helv. elastica*, Fr.), à laquelle on ne peut reprocher que ses proportions un peu grêles, se recommandent aux gourmets par la finesse de leur goût. L'Helvelle nonette (*Helvella monachella*, Fr.), espèce omise dans toutes les flores de France, et qui est assez commune parmi les pelouses sablonneuses d'Angliers, mérite à tous égards de figurer sur la même ligne. Elle se reconnaît à son stipe creux, lisse, d'un beau blanc d'ivoire, ombragé par un capuchon brun-noirâtre, à plis gracieusement contournés. Cette espèce, commune en Italie, paraît dès les premiers jours du printemps. Elle se vend à Loudun, mêlée au Verpa doigtier (*Verpa digitaliformis*, Pers.), qui est cependant moins recherché.

Parmi les *Pézizes* assez nombreuses que j'ai recueillies, je ne mentionnerai ici que quatre espèces curieuses : la Pézize à bouche étroite (*Pez. stenostoma*, Fries); la Pézize à bouquets (*Pez. sertulosa*, Pers. Corresp.); la Pézize rosâtre (*Pez. roseola*, Fries), et la Pézize écarlate (*Pez. coccinea*, Jacq. Austr.), que sa couleur éclatante et sa forme moins irrégulière distinguent suffisamment de la Pézize orangée (*Pez. aurantia*, Fl. Dan.), et de la Pézize en limaçon (*Pez. cochleata*, *umbrina*, Fries.)

On trouve dans la Vienne deux espèces de Truffes : l'une petite, qui reste constamment d'un blanc jaunâtre, et dépasse rarement le volume d'une noisette. Je l'ai recueillie plusieurs fois sur quelques coteaux *ombragés* des environs de St-Benoît, dans le voisinage de la Truffe comestible (*Tuber cibarium*). Elle y est cependant plus rare encore que cette dernière espèce, qui, depuis 1821, fait l'objet d'une exportation assez considérable pour notre département. Couhé, Civray, Chauvigny fournissent les plus renommées par la délicatesse de leur parfum. Il s'en expédie beaucoup à Paris sous le nom emprunté de *Truffes de Périgord*; mais nulle part on n'en fait annuellement une récolte plus abondante qu'aux environs de Loudun, dans le pays situé entre cette dernière ville, Chinon et Richelieu (1).

Les *Lycoperdacées* offrent plus d'intérêt par les diverses transformations qu'elles éprouvent avant de parvenir à leur état parfait de développement, que par l'utilité dont elles peuvent être en économie domestique. Elles affectent, en général, les formes les plus variées, et sont revêtues parfois de couleurs très-éclatantes. La Vesse-loup violette (*Lycoperdon violaceum*, N.), et la Stémonite dictydie (*Stemonitis*

(1) L'extension remarquable imprimée en France, depuis environ une vingtaine d'années, à la consommation de la truffe, avait engagé plusieurs propriétaires du Loudunais à essayer d'en propager la production Leurs tentatives ont été couronnées d'un plein succès.

On savait déjà que les truffes ne se rencontrent que dans les terrains graveleux de formation calcaire; qu'elles préfèrent surtout un sol chaud et aride où la végétation soit peu active, et que leurs propagules ne se développent bien que dans le voisinage des racines les plus déliées de certains arbres, tels que le *chêne*, le *charme*, et le *noisetier*. On avait remarqué aussi qu'à mesure que ces arbres devenaient plus robustes, la récolte des truffes allait en décroissant, et qu'elle était à peu près nulle lorsque le taillis plus fort pouvait être mis en coupe réglée. On fut donc conduit tout naturellement à essayer des semis de *chêne* dans les terrains les plus favorables à la production de ce précieux tubercule.

Ceux désignés dans le pays, sous le nom de *galluches*, y sont tous plus ou moins propres. Le sol, formé de quelques pouces d'une terre argilo-ferrugineuse à peu près stérile, contient toujours en grande quantité des fragmens roulés de calcaire compacte et des sables fins mélangés calcaires et quartzeux. Ils recouvrent un banc puissant de calcaire argilo-marneux à pâte compacte et sonore, qui se fendille naturellement en feuillets délités de peu d'épaisseur. Ce calcaire a quelques rapports avec celui que l'on exploite pour la lithographie.

Un sol aussi malgre, qui sur 1000 parties en contient environ 500 de calcaire, 325 d'argile et de fer, 150 de sable quartzeux, et 25 tout au plus de terre végétale proprement dite, n'offrait que peu de chances de réussite aux semis qui y étaient tentés. On s'inquiéta peu néanmoins de ces difficultés, puisque tout faisait présumer avec raison que le cultivateur se trouverait largement indemnisé par le produit des truffes, qui ne nécessitent aucuns frais d'exploitation, du retard qu'il pourrait éprouver dans l'aménagement de ses taillis

Ces prévisions se sont complètement réalisées, et aujourd'hui certains propriétaires font des semis réglés de chêne, calculés de façon à en avoir chaque année quelques portions à exploiter comme *truffières* Il faut ordinairement de 6 à 10 ans pour qu'une *truffière* soit en rapport. Elle conserve sa fertilité durant 20, 30 années, suivant que le chêne prospère plus ou moins Lorsque ses touffes ont acquis une certaine vigueur, et que leurs rameaux entrecroisés ne permettent plus au sol ombragé de recevoir l'influence fécondante du soleil et des variations successives de l'atmosphère, alors le foyer s'éteint peu à peu, mais le pays y a gagne de voir convertir en bosquets multipliés des plaines désolées, jusque-là complètement improductives.

*dictydioides*, N.) sont assez communes autour de Châtellerault. La dernière surtout, appartenant à la tribu des *Trichiacées*, se rencontre fréquemment sur les *Prêles* et autres herbes mortes exposées à l'humidité.

Les *Mucédinées* aux ramifications élégantes et légères, nous conduisent insensiblement jusqu'aux limites les plus délicates de la végétation ; à ces êtres dont il faut saisir instantanément l'existence, qu'un léger souffle anéantit, qu'un rayon de lumière dévore. — Et cependant avec ces élémens fugaces dont l'affaissement laisse à peine sur le porte-objet du microscope quelques débris perceptibles à l'œil armé de l'observateur, la nature, inépuisable dans sa fécondité, a pu former une immense quantité d'espèces reconnaissables à des caractères constans ! J'en ai observé et dessiné près de trois cents, dont plusieurs n'ont point encore été décrites.

Nous venons, Messieurs, de faire ensemble une longue excursion dans le département de la Vienne : nous en avons exploré successivement les expositions et les terrains variés. Chacun d'eux figure pour quelque rareté dans le tableau que je viens de dérouler devant vous. Nous avons même été minutieux dans nos recherches. Nous avons recueilli, parmi quelques rocailles ombragées et humides, les fougères, les mousses et les hépatiques habitantes des lieux frais. Les roches de toute nature, le tronc rugueux des vieux arbres, la surface stérile de quelques landes argileuses, et jusqu'au sol improductif que recouvre un sable mobile, nous ont offert les gracieuses variétés de leurs lichens-protées. Nous avons récolté sur la pelouse des coteaux et dans les bosquets ombragés des taillis, ces champignons savoureux, délices du gastronome, qu'on ne redouterait plus autant si l'on daignait prendre le plaisir de les observer davantage. Les bois morts se sont couverts pour nous de nombreuses hypoxylées et d'élégantes trichies ; enfin les détritus de végétaux, les champignons décomposés, en un mot, tous les corps fermentescibles ont étalé sous nos yeux une foule de mucédinées dont le microscope seul a pu nous faire saisir la délicate organisation.

Nous aurons encore recours à ce précieux auxiliaire pour étudier avec fruit ces végétations aquatiques qui peuplent les bassins de nos fontaines, s'allongent en touffes onduleuses dans les eaux rapides des courans ou tapissent le fond tranquille des rivières profondes. — Mais ici, Messieurs, combien je dois regretter, pour vous, l'absence de mon savant ami Bory de Saint-Vincent, qui depuis près de quarante ans se livre à des observations suivies sur l'ensemble de ces singulières productions. Bien mieux que moi, il vous eût initiés aux mystérieuses amours des *Hydrophytes*. Il vous eût dit, sans fatiguer votre attention charmée par la richesse de son imagination, l'organisation intime des *Ulves* aux frondes membraneuses, et des *Céramiaires* dont les filamens articulés produisent extérieurement leurs gemmes distinctes. Il eût décrit ses jolies *Audouinelles* aux touffes violacées, et la Céramie du Poitou (*Ceramium Pictaviense*, N.) que j'ai découverte au bas des chaussées de nos moulins, où elle est malheureusement trop rare, et qui se développe inaperçue au milieu du fracas de leurs cascades (1).

Ses *Chaodinées*, caractérisées par le mucus albumineux dont elles sont revêtues, vous auraient montré tous les degrés successifs de leur organisation progressive, depuis le chaos rudimentaire jusqu'à ces genres plus compliqués dont les ramules ciliformes semblent ne plus appartenir aux filamens principaux qui les ont produits. *La Thorée*, arrachée aux eaux profondes, eût allongé devant vous ses obscures guirlandes, hérissées de soies molles et touffues, qui passent par la dessiccation au violet le plus vif. Les *Draparnaldies* auraient dessiné leurs flocons légers et les faisceaux verdoyans de ces ramifications diaphanes qui leur donnent l'aspect d'une mousse soyeuse flottant avec grâce dans les eaux pures. Vous auriez vu les *Batrachospermes* plus sombres, attachés au fond des ruisseaux rapides, agiter les touffes légères de leurs chapelets glissans, et s'échapper comme par magie de la main qui veut les saisir.

Quelque regret que j'éprouve de passer sous silence toutes les merveilles de ce monde nouveau, dont la découverte est due à l'art puissant des *Sellique*, des *Frécourt* et des *Chevalier*, je négligerai cependant les nombreuses conferves à filamens articulés, dont le tube intérieur renferme des fructifications constamment inertes, pour arriver à cette singulière famille des *Arthrodiées*, qui placée sur la limite du règne végétal et du règne animal, semble participer et participe en effet de la nature de l'un et de l'autre.

Les *Fragillaires*, les *Oscillariées* surtout, dont la végétation progressive est si rapide, se livrent à des mouvemens spontanés, peu sensibles, il est vrai, dans certaines espèces, mais sur la réalité desquels tous les naturalistes sont à peu près d'accord, aussi bien que sur leur animalité.

Les *Conjugées*, aux filamens allongés et soyeux, se développent par masses, mais libres et simples dans les eaux douces; puis à une époque

(1) Cette espèce étant la seule du genre *Céramie* trouvée encore dans les eaux douces, j'en donne ci-après une figure grossie au microscope composé, par une lentille de trois lignes de foyer.

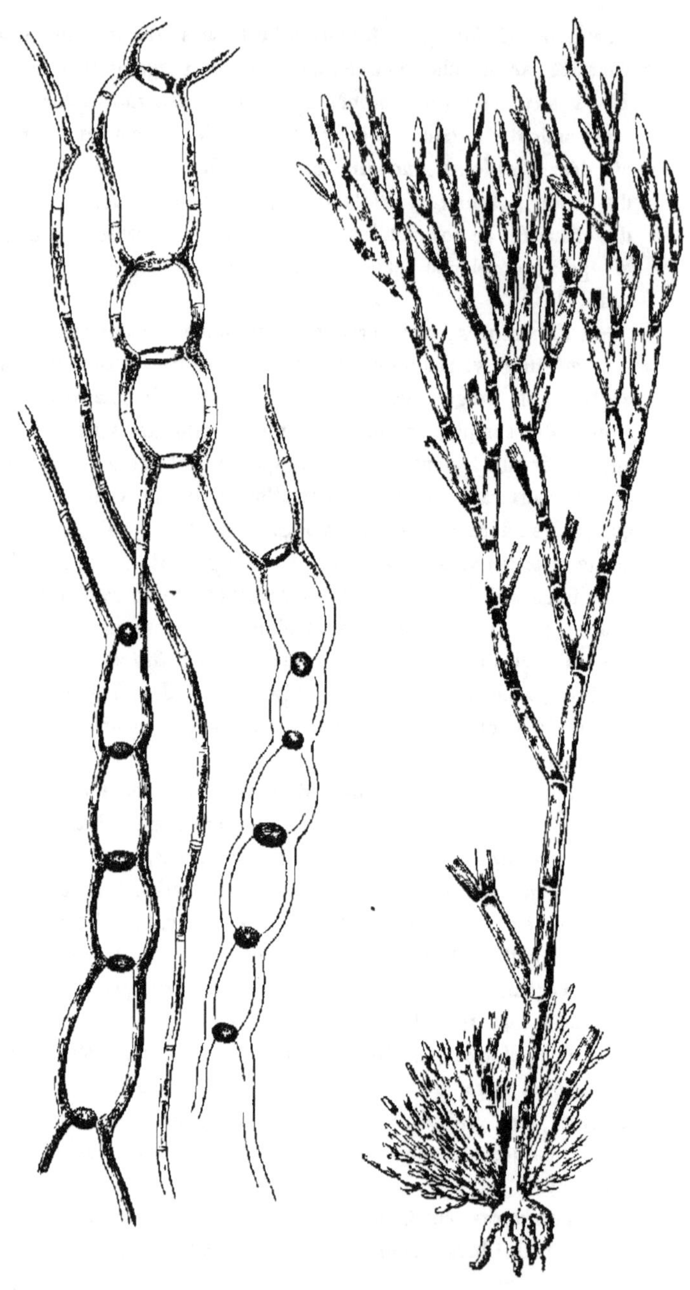

FIG. 1.

Zygnème délié. D.

Zygnema exile.

Eaux stagnantes; printemps.

FIG. 2.

Céramie du Poitou. D.

Ceramium pictaviense.

Chaussées des Moulins; été.

plus avancée de leur existence, elles se recherchent, s'enlacent, et se soudent l'une à l'autre dans un accouplement véritable, qui présente à peu près l'ensemble des caractères positifs de la fécondation animale. Ce sont les *Salmacides*, aux spirales diversement arrondies; les *Tendaridées* aux étoiles géminées, et les *Zygnèmes* dont la fructification se développe au point même qui unit les deux filamens accouplés. Le Zygnème délié (*Zygnema exile* (1), N.) est une espèce très-élégante du département de la Vienne, et qui n'a pas encore été publiée. Je l'ai figurée ici, avec la Céramie du Poitou, mais grossie au microscope, à une lentille d'une ligne.

Enfin la tribu des *Zoocarpées* renferme plusieurs espèces qui présentent le phénomène remarquable « de l'état purement végétal et de » l'état entièrement animal, se succédant l'un à l'autre dans le même » être. » Les filamens confervoïdes de ces productions ambiguës renferment, au lieu de gemmes, des *Zoocarpes*, véritables animalcules, qui, après avoir brisé le tube qui les contient et s'être choisi un site favorable à leur développement, renoncent à tout mouvement, se fixent par une de leurs extrémités, et s'allongent à leur tour en filamens végétaux, lorsque la nature leur en indique l'époque.

Comme il ne m'a point été donné de saisir l'instant précis auquel s'opère cette espèce de métamorphose, je me bornerai au simple exposé d'aussi curieuses observations. — D'ailleurs, Messieurs, en me laissant aller au plaisir de vous les retracer avec plus de détail, je me verrais entraîné insensiblement hors du cercle dans lequel je me suis circonscrit, en vous annonçant un *aperçu de la végétation du département de la Vienne*. Puissiez-vous ne pas trouver que j'aurais dû le restreindre davantage encore!

(1) J'ai conservé au genre Zygnème le nom que Bory de St-Vincent lui a assigné dès 1822, dans le premier volume du *Dictionnaire classique d'histoire naturelle*, c'est-à-dire trois ans avant la publication du *Systema Algarum* d'Agardh. La nomenclature de ce savant algologue ne saurait être adoptée pour le genre qui nous occupe ici. En effet, il a donné au genre *Zygnema* déjà publié, le nom postérieur de *Mougeotia*, pour établir sous ce nom consacré de Zygnème, deux autres espèces de Conjugées, les Salmacides et les Tendaridées, dont l'organisation est très-distincte. Dans ces deux derniers genres, les fructifications (*gongyles*) se développent solitaires dans chacun des articles; dans le genre Zygnème, au contraire, elles sont toujours situées en dehors des articles, au point de jonction des deux filamens accouplés.

## Explication des Figures.

Fig. 1. Zygnème délié, D. (*Zygnema exile*). Cette espèce dont les filamens, d'un vert jaunâtre, sont de moitié plus grêles que ceux du Zygnème coudé (*Conferva genuflexa*, *Roth*), et légèrement arqués entre chaque stygmate d'accouplement, forme dans les eaux stagnantes des landes argileuses, aux environs de Châtellerault, des chaînes assez régulières, à anneaux toujours arrondis. Elle diffère du Zygnème coudé, avec lequel on pourrait la confondre, en ce qu'elle ne se coude jamais en angle au point d'union, et que ses articles sont beaucoup plus allongés, comparativement au diamètre du tube. *Au printemps.*

Fig. 2. Céramie du Poitou, D. (*Ceramiun Pictaviense.*) Touffes arrondies très-rameuses, de huit à quinze millimètres de hauteur. Filamens dichotomes, brillans, d'un brun roussâtre clair; articles parfois très-allongés, les inférieurs atteignant jusqu'à quinze fois le diamètre du tube; articulations marquées par une ligne transparente vivement tranchée entre chaque article. — Sur les fontinales, au bas des chaussées des moulins, autour de Poitiers. *Eté. Très-rare.*

IV. *Tableau de Botanique à pièces mobiles*; par M. PALUSTRE, docteur-médecin à Niort (1).

L'auteur de ce travail, dans les vues de mieux graver dans sa mémoire la disposition raisonnée des *familles naturelles* des plantes dans chacune des 16 *classes* de la méthode de l'illustre professeur de Jussieu, et celle des *genres* dans chacune de ces familles, a conçu l'idée de représenter cette méthode sous la forme d'un *jardin artificiel* ou mécanique, disposé de manière que l'œil puisse embrasser tout à la fois l'ensemble et tous les détails de la méthode. C'est un grand cadre, une sorte de *jeu de botanique*, où sont méthodiquement établis les noms des trois *grandes divisions principales* des végétaux, des classes qui les sous-divisent, des *familles*, des sections ou *sous-familles* et des *genres*, et de la même manière que ces différens groupes le sont dans un jardin consacré à leur étude; mais dont toutes les parties peuvent être à volonté transportées d'un point à un autre, de sorte qu'on y peut faire avec la plus grande facilité tous les changemens, toutes les mutations que nécessite la marche progressive de la science.

Pour ce qui est du matériel, ce tableau se compose de huit planchettes de 30 pouces de longueur sur 12 de largeur, et percées chacune de 288 trous, disposés sur 16 rangées, et en tout 2,304. Ces trous sont destinés à recevoir autant de petites quilles, différant de hauteur suivant la nature des groupes auxquels ils sont affectés, et ayant un épaulement à leur base et une olive fissurée à leur tête. Ces quilles soutiennent ainsi, à des élévations diverses, des cartes de dimensions et de couleurs différentes. Une même couleur est uniformément affectée à chaque ordre de divisions ou sous-divisions de la méthode.

Les cartes portent sur une de leurs faces les noms adoptés par M. de Jussieu pour désigner tant les trois *grandes divisions* du règne végétal (les acotylédones, les monocotylédones, et les dicotylédones), que les *classes*, les *familles*, les *sous-familles* et les *genres*. L'auteur, tout en ne s'écartant point de la nomenclature adoptée par M. de Jussieu pour les familles, a cru utile néanmoins d'y joindre des synonymes empruntés à Tournefort, à Robert Brown, à de Candolle et à quelques autres botanistes célèbres.

Il est à remarquer que M. le docteur Palustre, en employant des couleurs différentes pour distinguer les divers ordres de groupes de la méthode naturelle : le *vert* pour les trois divisions principales, le *rouge* pour les classes, le *jaune* pour les familles, le *bleu* pour les sous-familles, et le *blanc* pour les genres, a affecté exclusivement à

(1) Voyez page 78.

tout ce qu'il a emprunté à de M. Candolle la couleur *rose*, au revers des trois premières couleurs, afin d'y attacher une marque bien distincte et bien tranchée.

On ne peut se dissimuler que le travail ingénieux de M. Palustre ne présente des avantages réels : d'abord, par son moyen, on embrasse d'un coup d'œil l'ensemble et tous les détails de classification que peut présenter le jardin de botanique qui a été planté avec le plus de soin d'après la méthode de M. de Jussieu, et dans la plantation duquel on a eu le plus d'égard aux rapports essentiels et aux affinités d'après lesquels les *familles* sont disposées dans chaque classe, et les *genres* dans chaque famille. En second lieu, en raison de ce que toutes les pièces de ce tableau sont mobiles, on peut, en en variant le placement, représenter de même, et rendre pour ainsi dire palpables, plusieurs autres modes de classification des familles naturelles fort intéressans, et où elles sont peut-être plus faciles à étudier : telles sont les classifications de MM. Deslongchamps et Marquis, et de M. de Candolle.

Ce tableau ne peut être que d'une grande utilité, soit dans les maisons d'éducation où l'on voudrait donner des notions générales de botanique, soit pour les personnes qui, désirant se livrer à l'étude philosophique des végétaux, n'auraient pas à leur disposition de jardin où ils seraient disposés par familles naturelles. On ne saurait avoir un guide plus commode pour planter un jardin de botanique avec une sorte de symétrie tout à la fois élégante et propre à faciliter l'étude.

---

## V. *Recherches, en France, sur les poissons de l'Océan, pendant les années* 1832 *et* 1833 ; par M. de la Pylaie (de Fougères).

Lorsque j'annonçai au célèbre Cuvier, en 1830, mon départ de Paris, pour continuer mes recherches sur les algues de l'Océan, il eut la bonté de me rappeler ce qu'il avait dit d'avantageux, dans son grand Traité des Poissons, de mon travail sur ceux de l'île de Terre-Neuve, qui formait mon début en ichtyologie. Dans ces contrées lointaines, où tout devenait nouveau pour moi, je sentis que le botaniste ne devait pas se refuser à l'étude des autres productions de la nature : je savais observer, décrire, dessiner, et, fort du désir de servir la science en général, je m'occupai des diverses branches de l'histoire naturelle. L'examen des poissons que m'y présenta l'Océan Atlantique, me rendit ensuite curieux de connaître les espèces de nos côtes, et je commençai par celles du département du Finistère ; mais je n'y séjournai pas assez sur le littoral pour obtenir un résultat aussi complet que je l'avais espéré. Je revins même à Paris; et témoignant à mon illustre maître combien le genre des Raies m'offrait de difficultés, d'incertitudes, pour déterminer les espèces, en fixer les limites : « Je serais étonné du contraire, me répondit-il; il y a long-temps que je travaille ce genre, et, à l'exception d'un certain nombre d'individus, je n'ose rien statuer encore sur les autres. Je vous en prie, étudiez-les pour vous et pour moi. » Je vins à l'île de Noirmoutier; et là, trouvant chez M. Piet l'ouvrage de Lacépède sur les poissons, celui de Bloch également, je vis que tout était à faire dans cette branche si importante de l'histoire naturelle. En effet, cette partie de la science exige surtout qu'on soit sur les lieux, qu'on prenne, en quelque sorte, la nature sur le fait, car les couleurs de la plupart des poissons s'altèrent plus tôt encore que les plantes ne se flétrissent.... Et ces savans habitaient Paris. Chez Lacépède, on voit que l'auteur cherche à couvrir, par des fleurs de rhétorique, le manque de caractères pour la plupart des espèces : on trouve la même insuffisance chez Bloch; joignez à cela des descriptions souvent faites sur des poissons empaillés, ou conservés dans l'esprit de vin... Alors il ne peut régner qu'un vague trop fréquent pour les formes des lèvres, de la partie supérieure du museau, antérieurement : toutes leurs couleurs s'altèrent immédiatement aussi par l'alkool. Voilà ce que j'ai reconnu de suite, et pour ces ouvrages et pour les espèces que j'ai voulu conserver moi-même dans des flacons. J'ai alors senti la nécessité de m'établir sur la côte, d'y épier l'arrivée des bateaux de pêche, pour me procurer les poissons qui m'intéressaient, les dessiner et les décrire au sortir de la mer. Quant aux détails qui concernent ces poissons, il m'a fallu me mêler parmi les pêcheurs, même leur payer bouteille au cabaret; et là, enfin, j'obtenais, au milieu de la fumée des pipes, le complément des détails concernant chaque espèce.

Je ne dois pas omettre de donner ici la série des questions que j'adressais à ces marins, parce qu'elle servira de base, en pareil cas, aux autres naturalistes : Ce poisson est-il rare? Quelle est sa grandeur ordinaire? N'est-il particulier qu'à cette côte, ou l'avez-vous aussi rencontré sur celles d'Angleterre, d'Espagne, dans la Méditerranée? Se tient-il à de grandes profondeurs? sur un fonds de roche, ou de vase, ou de sable? Aime-t-il les courans, ou les mers paisibles? Reste-t-il dans le pays et en prend-on toute l'année, ou bien disparaît-il à certaines époques; est-ce en été ou en hiver? Y a-t-il une saison connue pour son frai? Croît-il promptement? Ses couleurs sont-elles les mêmes dans tous les âges et dans tous les individus? Vivent-ils par troupes ou isolés? Quels sont leurs ennemis? Nage-t-il avec vitesse ou d'une manière particulière? Dans quelle contrée en pêche-t-on davantage? etc. C'est à l'aide de ces divers renseignemens que je complétais mon travail par l'histoire de l'individu. Comme les figures ne sont pas exécutées, chez les auteurs, avec toute l'exactitude qu'exige surtout un type d'espèce, je n'ai que trop rarement trouvé mes dessins identiques avec ceux des ouvrages cités : ou bien encore si ces derniers ont été rendus aussi fidèlement que les miens, la différence ne proviendrait-elle pas d'une altération de forme dans le poisson par tant de causes qui peuvent les modifier, telles que les climats, l'âge, la qualité ou l'abondance des alimens; la fécondation par des espèces congénères, ou par le mélange de la laitance dans la masse des eaux? Il résulte de cette non-conformité que j'ai mieux aimé établir, comme variétés ou espèces distinctes, beaucoup de poissons que j'avais sous les yeux, plutôt que de les présenter comme constituant l'espèce elle-même, mais signalée d'une manière insuffisante par les auteurs. A ce sujet, les ichtyologistes statueront ensuite comme bon leur semblera, dans l'intérêt de la science.

Comme un traité des poissons de la mer qui baigne les côtes de France nous manque encore, je présente le résultat de mes recherches comme formant le commencement de cet ouvrage. Pour le rendre complet, il faudrait plus de recherches, plus de temps que je n'ai pu lui en consacrer jusqu'à présent : néanmoins, j'ai été assez heureux pour connaître, à un très-petit nombre près, tous les poissons que nos pêcheurs ont l'habitude de prendre, et beaucoup d'autres qu'ils ne rencontrent qu'accidentellement. Comme leur ensemble, en le réduisant au simple état de prodrome, deviendrait trop long pour faire partie des mémoires du Congrès, je me bornerai à n'en donner ici que le sommaire. Je ferai observer que c'est seulement pendant les années 1832 et 1833, c'est-à-dire pendant mon séjour à Noirmoutier, à l'Ile-Dieu et aux Sables-d'Olonne, que j'ai observé tous ceux de l'Océan que j'ai décrits et dessinés. La collection totale se monte à espèces, réparties en genres : nous les classons ici d'après Lacépède.

Dans la première tribu, celle des poissons cartilagineux, nous avons observé près de 40 individus, dont trois appartiennent au genre Pétromyze, dont les espèces sont, en quelque sorte, de véritables serpens, dont la nature a façonné les organes respiratoires de manière à les approprier au liquide dans lequel elles doivent passer leur vie. J'ai vu la belle Lamproie de la Loire, et deux petites espèces dans le Nanson, à Fougères, département d'Ille-et-Vilaine, qui sont le Lamprion, et l'autre que j'ai nommée *P. anomalum*, d'après la différence dans la structure de sa bouche. Une telle différence entre ces deux petites espèces édentées, à laquelle nous joindrons surtout celle de la Lamproie fluviatile, pourvue de dents nombreuses, et dont la bouche ne nous offre qu'une fente longitudinale quand elle est close, constitue un sous-genre, pour chacun de ces poissons.

Nous passons brusquement aux Squales, espèces qui n'ont de rapports avec les Lamproies que par leur système respiratoire et leurs os cartilagineux. Je ne regrette point de n'avoir pas rencontré le Requin sur nos côtes de l'Océan; sa présence y serait un nouveau danger pour l'espèce humaine : mais j'y ai observé les *Spinax acanthias;* une autre *Spinax* peut-être, que j'ai nommée *vitulinus*, par la conformation de sa tête, qui rappelle un mufle de veau; puis les *Mustelus vulgaris*, *Scyllium catulus*, *Atlanticum* : j'ai trouvé cette dernière trop différente de l'espèce figurée dans l'Encyclopédie pour la rattacher à celle des auteurs. Il en a été de même pour le *Scymnus*, que j'ai nommé *Aquitanensis*, et que les pêcheurs nomment la Senille ou Chenille, à l'Ile-Dieu. On ne le prend que très-rarement dans ces parages.

Comme le nom de Squalraie nous signale déjà les affinités qui existent entre cette forme anomale des Squales et les Raies, j'ai préféré ce nom à celui de Squatine, par lequel on désigne l'Ange-de-mer, l'Angelot ou Mordacle, car ce poisson est connu sous ces trois noms. J'ai eu le plaisir d'en découvrir une nouvelle espèce, que j'ai nommée *cervicata*, pour la distinguer de l'ordinaire qui est acéphale, *Squalraia acephala*, N. A l'exception de ces derniers poissons, il y a tant d'affinités entre les autres que rigoureusement les genres nouveaux ne sont que des sous-genres, tel qu'on doit le considérer en histoire naturelle.

En établissant la Torpille avant les autres Raies, on forme le passage naturel du groupe des Squales avec ces autres poissons. L'Océan m'a présenté l'espèce ordinaire sur nos côtes occidentales, que j'ai nommée *orbicularis*, d'après la conformation que son corps reçoit de ses deux nageoires pectorales : et par là je distingue ce poisson d'une autre espèce que j'ai rencontrée aux Sables-d'Olonne, et que j'ai appelée *elliptica*, d'après la structure de l'ensemble des mêmes parties.

Les Raies, proprement dites, sont l'écueil du naturaliste par la variation presque individuelle qui existe dans les parties que nous prenons pour base de leur distinction réciproque, parmi certaines espèces extrêmement voisines, telles que les Raies bouclées ou épineuses : je livre volontiers cette mine inépuisable de petites différences aux faiseurs d'espèces, au préjudice de la science. Il en est ici comme en botanique, parmi les rosiers, les chênes, les géraniums, etc., où toutes ces plantes se diversifient à l'infini, quand on les cultive réunies ensemble : chaque individu cesse d'être identique avec son analogue.

Parmi les grandes espèces, celles qu'on nomme Pocheteaux à l'Ile-Dieu, aux Sables-d'Olonne, j'ai trouvé des distinctions bien caractéristiques dans la longueur des cylindres sexuels, joints aux formes du corps : c'est ainsi que j'ai les *Rajabutis macro* et *micro-phalla*. Neuf autres espèces complètent ce genre ; ce sont les *R. rubus*, *R. triptera ; polyacantha*, *variegata*, *tigrina*, *monilifera*, *florigera*, *melampseca*, *mosaïca*, *undulata*. Je me suis procuré ensuite le *Myliobatis aquila* et le *Trygon pastinaca*.

Tandis que les Raies ont la bouche si petite, la Baudroie, *Batrachus piscatorius*, nous en présente une dont la vaste capacité occupe plus des deux tiers de l'étendue du poisson. Je ne sais si c'est de ce qu'elle s'ouvre comme un gouffre (*vorago*) devant les petits poissons dont la Baudroie forme sa nourriture, ou bien de la voracité qu'on lui suppose, que la Baudroie porte le nom de Cabot-vorage à l'Ile-Dieu : il vit comme les Raies à plat au fond des mers paisibles.

Le Poisson-lune, *Cephalus Mola*, plus bizarre, est encore plat comme le précédent, mais il est comprimé au lieu d'être déprimé ; il a la bouche extrêmement petite et nage comme en se balançant de droite à gauche d'une manière vague, ayant son corps dans une position perpendiculaire. Il est assez souvent rejeté à la côte. Ici manque le genre Ostracion ou Coffre, dont la Méditerranée possède quelques espèces.

Il ne nous reste plus, des grands poissons cartilagineux, que l'Esturgeon, dont la Loire, la Garonne, la Seine, même la rade de Brest, sont les lieux où on en prend le plus grand nombre ; jadis il était considéré comme poisson royal. Aux environs des Sables-d'Olonne, on en prit un, l'an dernier, qui avait naturellement le museau bifide, selon les pêcheurs : ils l'appellent le Créac.

Parmi les petites espèces qui complètent cette classe, nous avons encore les Syngnathes proprement dits, *Syng. Acus, Pelagicus* Linn. ou *Aciculus* Dlp., *S. Rondeletii*, *Ophidion*, auxquels il faut ajouter l'Hippocampe, *Hippocampus*, dont l'espèce de l'Océan, *H. atrichus*, N., est distincte d'une autre, *H. Jubatus*, ainsi nommé d'après des filamens qui composent, le long de son cou, une espèce de crinière peu fournie. J'ai formé le genre Aptocycle, *Aptocyclus*, pour deux poissons : l'un *A. ventricosus* affine du *Cyclogasterus ventricosus* de Pallas, et le second *A. Ostracioides* N., ou Coffret, nouvelle espèce encore, très-bien caractérisée. Je n'ai point rencontré encore le Lépadogastre de Gouan, poisson qui ne paraît pas sortir du bassin de la Méditerranée.

Là se termine la tribu des poissons cartilagineux ; celle des P. osseux qui va suivre se subdivise en quatre classes : les apodes, les jugulaires, les thoracins et les abdominaux. Le nombre des espèces que j'ai observées se monte à 70, qui se trouvent réparties en 40 genres : à ces espèces se rattachent une dizaine de variétés.

Nous placerons en tête de cette tribu un petit poisson analogue aux Murènes par sa forme et que je ne rapporte qu'avec incertitude au genre *Lepidopus* ; par l'absence de ses catopes ce serait plutôt un Liptocéphale, ou bien un Sphagébranche de Bloch, se rattachant à ces derniers par des pectorales rudimentaires. Il vit autour de l'île de Noirmoutier, dans les anses où la mer est paisible, parmi les herbages sous les pierres.

Parmi les autres poissons apodes de cette tribu, nous n'avons sur notre côte de l'Océan et dans les eaux douces que les Murènes ou Anguilles. Le Congre, *Murena Conger*, nous a présenté une variété parsemée de taches blanches, et le Congre de roche ou Congre noir, l'une et l'autre n'ont pas été mentionnées par les ichtyologistes. L'Anguille ordinaire variant dans ses formes, se trouve à grosse tête, à museau pointu, ou en forme de bec de canard, enfin à plus large queue que dans l'état ordinaire : ce sont mes variétés *Mucrocephala*, *Oxycephala*, *Ornithorincha*, *Platyura*, également nouvelles pour la science. On doit peut-être rapporter aux Murènes un petit poisson anguilliforme, diaphane, dont la tête porte une tache noire en fer à cheval ; c'est mon *Mur. Hippocrepis*, très-commun dans certains réservoirs des salines, à l'île de Noirmoutier.

Ici se borne le groupe des poissons serpentiformes ; mais la Méditerranée possède les genres Ophisure, Ophidie stomatée, que repousse sans doute la température trop fraîche de notre Océan.

Nous plaçons après les Murènes le Lançon, *Ammodytes Tobianus*, qui a comme ces autres poissons l'habitude de s'enterrer, soit dans le sable ou dans la vase molle, au fond des eaux ; il a en outre les yeux voilés par une membrane, comme l'anguille. Je crois devoir séparer de l'espèce ordinaire mon *Am. Pictavus*, qui s'en distingue par l'absence de dents, par le nombre des rayons de ses nageoires et par la couleur de quelques parties de son corps.

Dans l'ordre second, qui comprend les Jugulaires, le Callionyme-lyre, l'Uranoscope manque encore à nos rivages occidentaux ; mais nous avons la Vive, *Trachinus draco*, dont l'aiguillon operculaire, revêtu d'une peau rétractile et muni d'une raînure longitudinale, porte au fond de la blessure une sérosité sécrétée par une espèce de glande qu'on observe à la base de cette arme si douloureuse. Les auteurs n'avaient pas fait cette observation.

Ce genre n'a qu'une espèce, comme si la nature n'eût pas voulu multiplier un être qui doit être aussi redoutable à ses coordinaux qu'à nos pêcheurs; mais le genre des Gades qui suit celui-ci, abonde en espèces dont une d'elles est même devenue d'un haut intérêt pour l'homme : c'est la Morue, dont la pêche alimente en partie la population de divers états de l'Europe. L'espèce prototype, *G. Morrhua vulgaris*, ne paraît ici sur nos côtes qu'accidentellement; on en prend 5 à 6 au plus, par année, à l'île-Dieu, à Noirmoutier, etc. J'en ai observé une variété que j'ai nommée *Callarina* ou Callarienne par son analogie avec le Gade *callarius*, qui se tient sous des latitudes plus élevées. Le Tacaud ou *Gad. barbatus* m'a présenté une variété que j'ai nommée *Zonatus*; le Merlan commun, le Lieu ou *Gad. polsachius*; le *Gad. carbonarius* ou Merlan colin, la Julienne ou G. *molva*, telles sont les quatre espèces qui composent le sous-genre *Merlan* : on isole encore des Gades prototypes la Merlue, le Capelan, érigés aussi ou sous-genres particuliers. M. Cuvier a établi les Lotes comme genre bien distinct, ayant au lieu d'une première dorsale, une espèce de crinière formée d'une série de petits filamens charnus : nous avons dans ce genre le *Must. rubens*, qu'on appelle la Loche rouge à l'Ile-Dieu, avec sa variété à front élevé, et une autre espèce que j'ai nommée Mustelle à cinq barbillons, *M. quinquecirrha.*

Ces poissons forment le passage des Gades aux *Blennins*, dont je n'ai encore rencontré que quatre espèces, dont une forme ma variété *bitentacularis* du *Blin. gattorugine* de Linnée ; les trois autres sont les *Bl. gunellus*, *Pictavus* et *Pieti*, nouvelles espèces pour l'ichtyologie. J'ai consacré la dernière à M. Piet, de Noirmoutier, naturaliste et littérateur, auteur d'une précieuse statistique de l'île où il a fixé sa résidence.

J'ai formé le genre *Pterozygus* pour un poisson nouveau que j'ai consacré à la mémoire de M. de Bièvre, mon compagnon de recherches pendant 14 ans, et auquel la science doit des dessins du plus grand mérite. Le *Pterozygus Bievrii* est une espèce de loche qui présente le singulier caractère d'avoir ses nageoires pectorales et thoracines réunies par paires : je l'ai observée à l'île-Dieu.

La famille des Gobioïdes nous offre encore le *Cottus Scorpio* ou Crapaud de mer, dont j'ai désigné la variété des côtes du Poitou par le nom de *Lævigatus*, c'est-à-dire à peau lisse, caractère qui la distingue du *C. scorpio* Lin., dont la peau se trouve parsemée de petites verrues, joint à d'autres plus essentiels. Peut-être faudra-t-il l'ériger en espèce particulière. Dans le genre Goujon, *Gobius*, proprement dit, j'ai rencontré le *Variabilis* N., appelé Cabot des Chasses, à l'Ile-Dieu; le G. *Aphia*, Lin., désigné sous le nom de Cabot-Loche par les mêmes pêcheurs. J'ai observé une autre espèce plus petite que l'état ordinaire du *Coltus scorpio*, que j'ai nommée *G. nigricans*: il habite aussi les rochers de la côte. L'*Anarrichas lupus* ou Loup marin se rencontre quelquefois sur la côte septentrionale de la Bretagne armoricaine.

Ici se termine notre groupe des Gobioïdes : ce sont des poissons dont la Méditerranée possède plusieurs espèces qui me sont inconnues. Les auteurs en signalent encore d'autres de l'Océan que je n'ai pas rencontrés jusqu'à présent.

La famille des Scombéroïdes m'a présenté les quatre genres suivans, dont la compose le savant Cuvier : 1° le Maquereau qui en forme le type ; 2° le Germon, érigé en genre particulier par ce même auteur, et dont j'ai cru devoir distinguer mon espèce par le nom d'*Atlanticus*, de celle connue des naturalistes; il en a été ainsi du Thon, lequel me paraissant distinct de celui de la Méditerranée, a reçu le nom d'*Oceanicus* N. Les habitans de l'Ile-Dieu l'appellent Thazard. Dans la même île, on connaît le *Carax trachurus* ou Maquereau bâtard sous le nom de Chichard, Chicharou et Kerelle. Les quatrième et cinquième genres enfin forment une tribu distincte : c'est, 1° l'Epirioche, *Gasterosterus aculeatus* Linn., qui vit à l'île de Noirmoutier dans les eaux douces et saumâtres; il est très-commun : j'y ai aussi rencontré l'Epinochette, ou *Gasterosterus pungitius* des auteurs ; 2° le Gastré, *Spinacia vulgaris*, se trouve quelquefois autour de l'Ile-Dieu : ce singulier poisson nous offre des rapports marqués avec l'Orphie, et surtout avec l'Aulustome chinois.

Le genre bizarre du *Zeus faber* constitue à lui seul la cinquième et dernière tribu des Scombéroïdes.

La tribu des Trigles ou Grondins présente ici la Lyre, *Trigla lyra*, ou le Gronau, que l'on vend sous le nom de Cardinal à la poissonnerie des Sables-d'Olonne : j'ai observé une autre espèce que j'ai nommée *T. megalophtalma*, d'après la grosseur bien remarquable de ses yeux. J'ai encore vu journellement deux autres Trigles que je n'ai pas eu le temps d'étudier ni de dessiner. Le genre *Cottus*, Chabot, dont nous avons parlé ci-dessus, complète le groupe dans l'ordre naturel établi par Cuvier.

Nous n'avons de la famille des Labroïdes que les deux genres *Labrus* et *Crenilabrus* ; ce sont des poissons parmi lesquels les espèces m'ont paru fort difficiles à déterminer. Dans le premier genre, j'ai été réduit à considérer comme espèces le *L. nebulosus* : le *L. vetula* ou la

Vieille nous offre une infinité de variétés dans ses couleurs, quelquefois extrêmement remarquables; mais une autre espèce l'emporte encore sur celle-ci, c'est le Cocu, *Labr. lineatus* de Pennant : je considère ce poisson comme le plus joli de toute la côte de l'Océan que j'ai explorée. Je présume que les pêcheurs de l'Ile-Dieu lui ont donné ce nom de Cocu à cause des grands espaces d'un beau jaune doré dont ses écailles sont colorées. Il n'est pas estimé, et quand on ne le jette pas à la mer, c'est afin que sa chair serve d'appât pour amorcer les hameçons.

Ne pouvant rapporter aux espèces déterminées les trois Crénilabres que j'ai rencontrés dans les mêmes parages, je les ai nommés *C. Phenodontus*, ou à grande dent, *C. marmoratus*, et la dernière espèce *Oxycephalus* : ce dernier, plus commun autour des rochers de la côte que les deux précédens, n'a pas de tache noire sur la queue; son museau est plus pointu lorsqu'on le voit de profil.

La famille des Perches, subdivisée par l'auteur que nous venons de citer, en Perches prototypes et Persèques, renferme ici dans la première tribu les genres *Payrus*, *Sargus*, *Aurata* et *Boops*; j'ai préféré pour celui-ci le nom d'*Exocallus*, tant l'extérieur de ce poisson est remarquable par sa beauté. J'ai ajouté au genre *Sargus* une nouvelle espèce que je nomme *Pulchellus*, qu'on appelle Sargate à l'Ile-Dieu. Le Sargue-Canthère y est commun, et porte le nom de Mange-Gouesmon. Les pêcheurs du même lieu appellent Casse-Burgo le *Payrus-Payel* ou *vulgaris*, près lequel je place génériquement, mais avec doute, la Bésugne, Pagr., *Rubens*, N., qu'on vend en Basse-Bretagne, sous le nom de Ruscain, d'après sa chair rouge. J'ai observé plusieurs variétés de la Rascasse ordinaire, parmi les rochers de l'Ile-Dieu et de Noirmoutier. Elles me restent à décrire et à dessiner.

Le Boops, ainsi nommé parce que ses grands yeux rappellent, mais assez imparfaitement, ceux du bœuf, est rare dans la mer qui baigne le Poitou; j'en ai vu quelques-uns cependant en 1833; Cuvier le nomme *B. vulgaris*; mais les brillantes couleurs dont il est orné et qui changent selon les aspects, m'ont déterminé à lui donner le nom d'*Exocallus insignis*. A l'Ile-Dieu, il porte le nom de Bogue, dérivé de Boops. Il est fort connu dans l'Adriatique et la Méditerranée.

Dans la tribu des Persèques, nous voyons l'*Atherina Hepsetus*, ou le Joel, connu sous le nom de Prêtre, le long de la côte poitevine et à Nantes; le *Mugil Cephalus*; les *Perca labrax*, *olonnensis* et *inermis*, nouvelles espèces; l'*Argyrosomus procerus*, nouveau genre que j'ai formé avec le *Sciæna aquila*, Cuv., et auquel j'associe une nouvelle espèce l'*Arg. sparoides*, de la baie de Bourg-Neuf. Je n'ai observé du genre *Mullus* ou Surmulet, que l'espèce nommée *Mullus ruber*; celle-ci a double titre pour recevoir cette qualification, puisque sa chair est rouge, même après avoir été dépouillée de ses écailles. Cuvier termine cette section par la Vive, *Trachinus*.

Il nous reste à mentionner les Malacoptérygiens abdominaux, dont l'ensemble compose quatre familles : la première, celle des Salmonées, dont je n'ai pas encore étudié les espèces des trois genres qui la composent. Dans la seconde tribu, qui renferme les Clupées, j'ai dessiné avec la plus grande exactitude la *Clupea Sprattus*, notre Sardine ordinaire, dont personne n'a encore signalé la structure particulière du thorax : j'ai analysé une autre espèce qui constitue la variété *Elongata*, N., du *Clupea Alosa*; le corps de ce poisson est beaucoup plus allongé que dans l'Alose ordinaire. L'Anchois, *Engraulis encrasicholus*, arrive avec les légions de Sardines, sur la côte du Poitou ; il paraît que ceux qu'on prend particulièrement aux environs de Bayonne, sont plus gros que ceux de la Méditerranée et moins délicats. Nous plaçons à la suite de ceux-ci la Jacquine, Apteroga-terus, N., poisson unique encore en ce nouveau genre, mais qui a des rapports marqués avec le Pristigaster des côtes de l'Amérique; il ne paraît que dans la belle saison sur la côte de Noirmoutier, où je l'ai observé en 1832. J'ai distingué cette espèce par le nom de *Rostellatus*, d'après la forme de son museau, en lui conservant le nom de Jacquine sous lequel elle est connue dans le pays.

La famille des Esoces n'a ici que le seul genre Belone, Cuv. ou Orphie ; ce sont des poissons serpentiformes, dont toutes les mers renferment quelques espèces appartenant à ce genre ; quelques-unes atteignent jusqu'à huit pieds de longueur et font des morsures venimeuses. Leurs os deviennent, par la cuisson, d'une couleur de vert-de-gris. Le *Belone vulgaris* est fort commun, au commencement de la belle saison, autour de l'Ile-Dieu, de Noirmoutier et le long de la côte des Sables-d'Olonne. La Méditerranée en possède une espèce particulière.

Il ne nous reste plus de ces Malacoptérygiens abdominaux, que la famille des Cyprins dont je n'ai pas encore étudié les espèces à l'exception du *Leuciscus Chub*, de Pennant, ou Chevanne, qui constitue ici notre variété *Pictava*; ce poisson porte le nom de Chavenau à Napoléon-Vendée ; le *Leucisc. vulgaris*, dont le corps est moins large que celui du précédent, etc.; une troisième espèce, *Leucisc. obtusus*, N., petit poisson également des eaux douces de la même contrée, connu sous le nom d'Able ou petit Verdon sans taches. J'ajoute à ces espèces le *Gobio Phoxinoides*, ou Goujon véronette, très-abondant dans l'You et quelques autres rivières de la Vendée, et au genre *Cobitis* les variétés

*Parisiensis* et *Pictava* de l'espèce ordinaire *Cobitis'Barbatula*, si répandue dans les rivières, et connue sous le nom de Loche franche. Nous terminerons cet exposé, trop restreint, par les poissons plats, qui forment la famille des PLEURONECTES; elle se réduit aux trois genres suivans :

1o Les Plies, dont l'espèce commune, *Platessa vulgaris*, nous présente souvent des variétés fort remarquables: j'ajoute à celle-ci une nouvelle espèce que je nomme *P. nebulosa*; celle-ci est l'espèce la plus commune à Noirmoutier; 2o les Soles, dont la tête se trouve plus ou moins pointue, dans l'espèce ordinaire ou *Solea communis*; j'augmente encore ce genre du *S. cuneata* ou Sole Setau, espèce médiocre, mais parfaitement caractérisée : elle est très-commune aux Sables-d'Olonne dans les anses sablonneuses. Le genre Turbot, *Thombus*, présente ici, outre le *Maximus*, la Barbue, *Rh. barbatus*; le Turbot poulette de mer, *R. Gallinula*, que je considère comme une espèce nouvelle, et le Turbot à mille taches, qui n'est qu'une variété du *R. maximus*; ce dernier n'est pas rare à Noirmoutier, dans les anses qui avoisinent le rocher du Cobe, et nous offre des caractères qui le distinguent du Turbot Targeur.

J'oublie de consigner ici le *Lampeis guttatus*, qu'on nomme Cardinal en raison de sa couleur rouge, sur quelques parties de la côte de l'Océan. On en prit un en 1751 dans le voisinage de St-Brieux en Bretagne, et celui du musée de Caen provient aussi sans doute des côtes de la Normandie. On rencontre aussi parfois le Cycloptère lamps rejeté sur les rochers des départemens du Finistère et des Côtes-du-Nord ; les pêcheurs le nomment le Grâcieux-Seigneur; sa peau est brune ou noirâtre et sa chair fade et huileuse. Tel est le précis sur mes travaux ichtyologiques; tous ces poissons sont dessinés avec l'exactitude d'un dessinateur-naturaliste, et peuvent ainsi devenir des bases plus certaines pour la détermination des espèces, que la généralité des figures publiées par les auteurs, jusqu'à l'époque où Cuvier a commencé son savant ouvrage sur cette branche de l'histoire naturelle.

---

VI. *Perfectionnement de la vinification*, par M. ELIE DRU (de Parthenay).

Je soumets à l'investigation des membres du Congrès scientifique un aperçu sur les moyens les plus simples et les moins coûteux de protéger et améliorer, d'une manière surprenante, la cuvaison des vins rouges, tout en préservant la vendange des causes d'acidité qu'elle développe assez ordinairement par un travail à l'air libre, généralement reconnu être le plus préjudiciable à cette opération, par les temps chauds, et lorsque, surtout, l'atmosphère se trouve surchargée d'électricité.

*Manière d'opérer.* — Quelque minime que soit la capacité d'un tonneau de cuvage, ne le remplissez jamais en totalité ; laissez toujours, après y avoir introduit la vendange, le cinquième de sa hauteur libre, c'est-à-dire de franc bord ; fixez solidement dans le pourtour intérieur, et au milieu de chaque douve de la membrure du tonneau, et à deux pouces au dessus du mélange introduit, un rang de clous à crochets, ayant l urs pointes ou courbures tournées en dessous (1).

Couvrez cette surface d'une très-légère couche de paille longue et disposée de manière à ce que les brins se croisent le mieux possible, et que son épaisseur n'excède pas 4 à 5 lignes.

Étendez par-dessus un réseau constitué en petite corde bien câblée, d'une grosseur d'environ 6 à 7 lignes de circonférence, et ayant ses mailles de six pouces d'ouverture (*ce réseau doit former un carré d'un diamètre égal à celui du tonneau*). Retournez, en posant ce réseau, les quatre coins en dessous pour le fortifier ; faites-le bien tirer dans tous les sens, en l'accrochant à chacun des clous correspondans aux mailles : recouvrez ensuite l'ouverture du vaisseau par un carré de toile forte, peu serrée, et de grandeur convenable à laisser un assez grand passement autour de l'orifice du vase (tel qu'un drap de lit).

Maintenez cette toile parfaitement tendue au moyen d'une corde qui en embrassant la circonférence du tonneau, la retienne ainsi à l'aide d'un tourniquet, ou différemment ; clouez tout simplement la toile avec 15 à 20 pointes un peu longues, afin d'avoir la facilité de les retirer à volonté sans endommager le tissu, soit pour opérer, après le décuvage du premier vin, le brassage de la râpe avec l'eau destinée au second vin ou piquette, ou l'enlever entièrement après cette dernière opération terminée, lorsqu'on ne veut pas soumettre au pressurage ce résidu pour en incorporer le produit à la première liqueur obtenue.

Le tout ainsi disposé, semez par-dessus cette toile une couche d'environ 3 à 4 pouces d'épaisseur de balle, vulgairement appelée ventin, provenant de paille nouvellement battue ; ce corps léger et non conducteur du calorique, tout en préservant le moût en travail des transitions thermométriques, favorise d'ailleurs l'écoulement le plus

(1) Ces clous doivent avoir deux pouces de longueur, et le collet renforcé de manière à ce qu'ils puissent pénétrer de six à huit lignes dans le bois, et laisser une saillie ou passement d'environ quinze à seize lignes à leur tête.

libre au gaz carbonique produit dans l'opération, et cela, sans diffusion des principes essentiels qui se condensent presqu'en totalité dans le vide laissé au tonneau et à très-peu de distance de la surface du liquide, ainsi qu'on peut s'en convaincre en opérant ces expériences en vases de verre (1).

*Effets.* — Si la température locale est de 10 à 12 degrés R., je le suppose, et le raisin dans un état de maturité convenable, dès le trois ou quatrième jour, par l'effet du gonflement du moût, une portion du liquide surnagera le pourtour du réseau qui devenant, par cette immersion, aussi raide qu'un treillis en fil de fer, opposera un obstacle insurmontable à toute élévation de la vendange : un bruissement interne commencera à se faire entendre avec une intensité croissante jusqu'au huit ou neuvième jour; passé ce période du travail, la plus grande décomposition du principe sucré se trouvant accomplie, alors ce bruit et la chaleur du mélange prennent du décroît; la liqueur surpassant le réseau, éprouve aussi de l'abaissement par l'échappement d'une surabondance de gaz logé particulièrement dans la couche inférieure des pellicules du raisin, qui, se trouvant moins comprimée par l'effet d'une collision moins forte, dépose sur le réseau la plus grande partie des corps visqueux et terreux, qui ne pouvant plus se recombiner au liquide, lui procurent une coloration et une transparence bien plus parfaites lors du décuvage que l'opérant peut exécuter dès le 10 à 12e jour, si le tonneau est d'une contenance un peu considérable, sans avoir à redouter aucun des dangers qui avant l'obligeaient d'avancer ou retarder l'opération, suivant que le concours des circonstances influentes le rendait indispensable.

Je puis donc assurer que le vin ainsi traité se distingue, d'une manière très-prononcée, par tous les avantages mentionnés, de celui qui a fermenté à l'air libre sous un fardeau de vendange parfois brûlante, acide, desséchée et décolorée, au détriment de la quantité, qualité et couleur de la liqueur, qui ne conserve souvent que l'âpreur de la grappe et le germe de presque toutes les altérations qu'assez ordinairement elle subit dans la suite. Tandis que par mon moyen, après le décuvage opéré, le marc ou fardeau des corps solides n'aura contracté aucune impression d'acide, produira, en ajoutant à deux à trois fois l'eau convenable au demi-vin, dans la proportion ordinaire du 5 au 6e de la totalité de la première liqueur retirée, une seconde boisson,

(1) Je ferai remarquer, comme une chose très-essentielle pour faciliter cet arrangement, qu'il convient de soutirer du tonneau un dixième environ du liquide, que l'on rejette ensuite par-dessus le filet et la paille; par ce moyen, la pose de cette légère cloison est beaucoup plutôt opérée et avec infiniment moins de peines

d'autant plus saine et profitable, qu'elle pourra se conserver sans nul inconvénient jusqu'au temps des moissons (1).

Je dois répéter, en concluant, que tous les faits que je viens d'énoncer m'étant confirmés par l'expérience et une suite d'études depuis plus de trente ans, sur la marche et les phénomènes qui produisent et accompagnent l'étonnant travail de la fermentation spiritueuse, je crains peu les détracteurs : cependant s'il s'en trouvait, je les invite à éprouver avant de censurer ; ce préalable accompli, j'ai l'intime certitude que, détrompés sur leurs préventions, ils s'empresseront, dans l'intérêt de cette branche précieuse de nos ressources agricoles, à concourir à la propagation d'un procédé dont l'emploi peut devenir un jour d'une conséquence immense, et telle, qu'il peut augmenter considérablement les produits de nos vignobles, indépendamment de la faveur si désirée que peut donner à nos débouchés la meilleure conservation qu'en obtiendront nos vins.

J'ajouterai encore, à l'appui de ce qui précède, ce qui vient récemment de m'être confirmé par deux propriétaires de vignes de ces contrées, MM. Métayer, de Vouzaille, membre du comice agricole de Mirebeau, et Jamet, propriétaire-cultivateur, au village de Ligné, qui pratiquent ma méthode, le premier depuis deux ans, et le second seulement depuis l'an dernier : qu'ils ont reconnu une telle différence dans la qualité de leur vin ainsi traité, que de leurs voisins, assez experts en dégustation, n'ont pu croire qu'il fût de l'année, par le moelleux et la belle coloration qui le distinguait, n'ayant éprouvé nulle atteinte du temps défavorable qui règne depuis la mi-juillet dernier, et qui a eu lieu lors de la cuvaison ; accidens qui occasionent, ainsi que je l'avais prévu, les conséquences énormes que je viens de mentionner, et dont la cause a son principe dans l'excès de gaz carbonique que ceux de ces vins traités à découvert ont perdu par une fermentation trop prolongée et trop tumultueuse, par une température trop élevée, eu égard aussi au manque d'un peu de sucre dont se trouvaient privés les moûts de la dernière récolte qui marquaient à peine 9° 3/4 de densité au gleuco-œnomètre de Cadet-Devaux. J'ajouterai encore que tous ces avantages sont si démontrés par la véracité des faits avancés, que déjà je suis chargé par diverses personnes qui ont eu part au vin des tonneaux que j'ai fait disposer, de retenir pour elles la presque totalité, quelle qu'elle soit, de la récolte du sieur Jamet.

(1) J'ai démontré dans un mémoire qui a le même titre que cette notice, lequel a obtenu le prix au concours ouvert par la société d'agriculture du département du Gers, en 1810, et depuis consigné dans les *Annales de l'Agriculture française*, 2me série, tom. XXIII, les principaux faits que j'avance ici

D'après toutes ces considérations, je me plais à penser que les membres du Congrès, appréciant, dans la circonstance, de quel poids peut être leur décision pour la propagation d'une innovation qui comporte tant d'avantages réunis, s'empresseront de concourir, par leur approbation, aux vues du bien public qui m'ont constamment dirigé dans mes longs travaux pour parvenir à enrichir la science de l'œnologie des avantages dont elle était susceptible.

---

VII. *Communication faite à la 4e section du Congrès, sur la Société établie pour la conservation et la description des monumens historiques*, *par* M. DE CAUMONT (de Caen).

Messieurs, malgré tous les efforts des hommes éclairés et amis des arts, le vandalisme continue et exerce ses ravages, et de tous côtés l'affligeant spectacle de la destruction vient frapper les regards.

Il ne faut pas le dissimuler, l'époque actuelle exige la réunion de tous les efforts individuels pour réagir contre le vandalisme; ce n'est point seulement à quelques hommes influens à prendre nos anciens édifices sous leur protection, c'est à toute la population éclairée de la France à s'opposer aux destructions qui désolent nos provinces.

Dans cette conviction, nous nous sommes entendus avec les antiquaires les plus instruits des diverses parties de la France pour la création d'une nouvelle société qui prend le titre de *Société française pour la conservation et la description des monumens historique*.

La Société a déjà nommé un certain nombre d'inspecteurs chargés de constater, chaque année, dans leur ressort, l'état des monumens les plus remarquables, et de faire connaître au conseil de la Société le résultat de leur examen, afin que l'on prenne les mesures qui seront jugées nécessaires pour la conservation de ces mêmes monumens.

Comme il est nécessaire, avant tout, de bien connaître la statistique monumentale de la France, la Société publie un bulletin (1) dans lequel les monumens du royaume seront successivement décrits et classés chronologiquement; les hommes de France les plus versés dans

(1) L'abonnement au *Bulletin monumental* est de 15 fr. pour huit numéros, *francs de port*. On s'abonne, à Paris, chez M. Lance, libraire, rue du Bouloy, no 7, dépositaire du *Cours d'antiquités* de M. de Caumont, qui reçoit tout ce qui concerne la rédaction du *Bulletin*.

la connaissance des monumens ont promis de prendre part à la rédaction de ce recueil.

Pour mieux vous faire comprendre l'importance et le but des travaux de la Société, je vous demande la permission de vous lire le règlement qui sert de base à son organisation.

*Règlement constitutif de la Société française pour la conservation et la description des monumens historiques.*

I. Une Société est établie pour la conservation et la description des monumens du royaume; elle prend le nom de *Société française pour la conservation et la description des monumens historiques.*

II. La Société se propose de faire le dénombrement complet des monumens français, de les décrire, de les classer dans un ordre chronologique, et de publier des statistiques monumentales de chaque département dans un bulletin périodique.

Elle fera tous ses efforts, 1° pour empêcher la destruction des anciens édifices, et les dégradations qui résultent de restaurations mal entendues; 2° pour obtenir le dénombrement et la conservation de pièces manuscrites déposées dans les archives.

III. La Société fera près du gouvernement les démarches qu'elle jugera convenable pour arriver à ce but, et provoquera la création de musées d'antiquités dans les chefs-lieux de département.

IV. La Société étend ses soins à toutes les parties de la France, sans acception de localité; mais le chef-lieu de l'administration qui la dirige est fixé dans la ville de Caen.

V. Chaque membre paie une cotisation annuelle, dont le *minimum* est de 10 fr., et le *maximum* de 100 fr. Le nombre des membres est illimité. Pour faire partie de la Société, il faut avoir donné son adhésion aux statuts, avoir déclaré quel chiffre on adopte pour la cotisation annuelle, et avoir été nommé dans une séance du conseil.

VI. Les ministres d'état, l'inspecteur général des monumens nommé par le gouvernement, les membres du conseil supérieur des bâtimens, ceux de la deuxième classe de l'Institut, les préfets, les évêques et les recteurs d'académies sont de droit membres de la Société.

VII. L'administration est confiée à des officiers et à un conseil administratif.

VIII. Les principaux fonctionnaires sont, 1° un directeur général, inspecteur pour toute la France; 2° 20 inspecteurs divisionnaires; 3° 86 inspecteurs de département; 4° un trésorier en chef.

IX. Les officiers ci-dessus désignés sont nommés pour cinq ans, à la majorité absolue des suffrages. Ils peuvent être réélus.

X. Le directeur remplit les fonctions d'inspecteur général de la Société et dirige les travaux sur tous les points de la France; il s'entend avec l'autorité supérieure pour obtenir l'assistance dont la Société peut avoir besoin. Il a droit à une indemnité pour ses frais de bureau et d'inspection.

XI. Les inspecteurs divisionnaires font annuellement des tournées dans leurs ressorts respectifs. Ils adressent au directeur, qui en donne communication au conseil, un rapport sur l'état des monumens par eux visités. Ils sont chargés de diriger les travaux des inspecteurs de département, et de veiller à l'exécution des mesures qui auront été prescrites. Ils ne peuvent obtenir d'indemnité qu'autant que le conseil l'a jugé indispensable.

XII. Les inspecteurs de département remplissent dans leurs arrondissemens les mêmes fonctions que l'inspecteur divisionnaire. Ils sont spécialement chargés de donner des conseils aux architectes auxquels la restauration de quelque ancien édifice a été confiée, et de dresser le catalogue de ceux qui existent dans leur département.

XIII. Le trésorier en chef est chargé de recevoir les cotisations; il est secondé par les inspecteurs; il solde les dépenses arrêtées par le conseil, et présente chaque année l'état des recettes.

XIV. Le conseil général se compose du directeur, des 20 inspecteurs divisionnaires, de 10 inspecteurs de département choisis par les inspecteurs divisionnaires, et de 20 membres ordinaires, dont 10 au moins devront être pris parmi les membres résidant dans le département du chef-lieu. Les 10 inspecteurs de département et les 20 membres ordinaires sont renouvelés tous les deux ans, et immédiatement rééligibles.

XV. Le conseil général tient chaque année une session, dans laquelle tout ce qui intéresse la Société est mis en discussion. On s'occupe principalement, dans cette réunion, des mesures à prendre pour la conservation des édifices, des publications à faire dans l'année, et de l'emploi des fonds.

XVI. Le directeur et les 10 membres du conseil général résidant dans le département du chef-lieu, forment, avec le trésorier en chef de la Société, le conseil permanent chargé de l'expédition des affaires courantes. Il se réunit au moins une fois par mois. Les membres du conseil général qui, vu leur éloignement, ne peuvent prendre part à ses délibérations, sont invités à exprimer leur opinion par écrit.

XVII. Le résultat de toutes les réunions du conseil général et du

Chaire au Diable, à Jublains, (Mayenne.)

conseil permanent est consigné dans des procès-verbaux qui sont transcrits sur un registre particulier.

XVIII. Chaque année deux membres du conseil, désignés par le directeur, sont chargés de tenir la plume dans les réunions, et de remplir les fonctions de secrétaire.

XIX. Le conseil nomme aussi chaque année une commission de trois membres au moins qui fait un rapport sur les travaux de la Société.

Article transitoire. — Le conseil permanent sera immédiatement choisi par les membres actuels de la Société. Les membres de ce conseil, réunis aux inspecteurs divisionnaires par eux désignés, compléteront l'organisation des fonctionnaires et du conseil général.

Il ne me reste plus, a continué M. de Caumont, qu'à vous faire connaître l'esprit qui anime les membres de la compagnie. En nous réunissant pour former une Société dont le nom définit si clairement le but, nous nous sommes voués à une œuvre de patriotisme et de désintéressement; nous nous sommes associés dans l'intention de faire un appel à tout ce que la France renferme de personnes éclairées, amies des arts et de la gloire nationale, et de stimuler le zèle de tous les hommes de *bonne volonté*.

Il n'est jamais venu dans notre esprit d'établir de monopole en faveur de telle ou telle ville, de telle ou telle province, de telle ou telle localité; nous nous sommes constitués pour veiller à la conservation des monumens de toute la France.

Ainsi, nous avons pensé que, pour atteindre le but que nous nous sommes proposé, il fallait partout intéresser les localités elles-mêmes à la conservation de leurs monumens. Pour arriver à ce résultat, trois choses nous ont paru devoir être spécialement recommandées :

1° La formation de collections d'antiquités dans tous les chefs-lieux de département et d ns les villes qui présenteraient quelques ressources pour de pareils établissemens ;

2° La création de commissions archéologiques dans ces mêmes lieux ;

3° La rédaction pour chaque département, ou même pour chaque arrondissement, de catalogues indiquant les monumens historiques qui s'y trouvent, et leur ancienneté relative.

En effet, on ne saurait trop encourager la création des musées destinés à recevoir les fragmens d'architecture et les autres objets que le hasard fait découvrir chaque jour.

Si de pareils dépôts avaient été formés dans les chefs-lieux de département, nous n'aurions pas à regretter aujourd'hui la perte de tant de morceaux précieux, qui n'ont été égarés ou détruits que dans l'impossibilité où l'on se trouvait de les déposer dans un local convenable.

Les commissions d'antiquités ne sont pas moins utiles que les musées ; c'est à elles de réunir et de classer les objets qui forment ces collections. On peut dire que l'existence des commissions archéologiques est une condition nécessaire de l'accroissement des musées ; et réciproquement que l'existence des musées est nécessaire pour rendre durables les commissions archéologiques.

Les démarches que nous avons déjà faites dans ce triple but, n'ont pas été infructueuses. Il y a lieu d'espérer que bientôt on obtiendra des renseignemens précis sur la statistique monumentale de chaque département, et que nous réussirons avec le temps à établir partout des commissions et des musées d'antiquités. Nous croyons même que plusieurs villes où résident nos inspecteurs divisionnaires pourront devenir des chefs-lieux de Sociétés d'antiquaires, établies sur les mêmes bases que la Société des antiquaires de Normandie, du Midi, de l'Ouest et de la Morinie.

Lorsque nous aurons obtenu ce beau résultat, nous aurons fait beaucoup déjà pour la conservation et la description des monumens historiques de France, et nous pourrons nous flatter d'avoir accompli la partie la plus importante de l'œuvre que nous avons entreprise dans l'intérêt du pays.

Pour l'accomplissement de cette œuvre, nous avons besoin de la coopération de tous les archéologues de France, et je viens réclamer celle des membres de la 3me section du Congrès scientifique. J'ose espérer qu'ils accueilleront avec intérêt la communication que j'ai l'honneur de leur faire aujourd'hui, au nom de la Société pour la conservation des monumens historiques.

---

VIII. *La Chaire-au-Diable*, par M. VERGER (de Nantes).

L'abbé Lebeuf, que nous citons toujours avec plaisir, dit, dans un passage sur Jublains : « Aux environs, se voit un bloc de pierre, élevé » sur un petit tertre, dans une commune plantée de vieux hêtres : » ce bloc est taillé en forme de fauteuil, et sur le marche-pied est » l'empreinte de deux pieds en griffes. Les habitans du lieu l'appellent » la *Chaire-au-Diable.* Il serait plaisant que cette chaire au diable » eût donné le nom de *Diablintes* aux habitans de ce canton, comme » il le serait que cette expression, *ils travaillent comme des diables,*

» tirât son origine du village de Jublains, dont les habitans passent » pour les plus laborieux du pays du Maine. »

Renouard parle de la Chaire-au-Diable en ces termes :

« Dans la commune d'Avon, sur le chemin de Jublains à Mayenne, » en arrivant à la chaussée qui traverse l'étang de la Forge, on voit » une table de 6 mètres 50 centimètres de longueur sur 3 mètres 25 » centimètres de largeur. Elle est gisante à terre : ses supports ont » disparu. On a gravé assez profondément sur cette table de pierre » une figure grossière d'homme avec des griffes. On croit dans le pays » que c'est la figure du diable. »

En lisant ces deux descriptions de la Chaire-au-Diable, nous avons pensé que leurs auteurs n'avaient pas vu ce monument. L'abbé Lebeuf parle d'un bloc de pierre, et Renouard d'une table de 6 mètres 50 centimètres de longueur. A coup sûr cela ne peut s'appliquer à ce que nous avons vu, et il y en aurait une autre dont on n'a pas connaissance dans le pays. L'abbé Lebeuf parle d'une petite commune plantée de vieux hêtres. Nous pensons qu'il y a ici une erreur de sens ou d'impression ; car cette commune ( celle d'Avon ) ne paraît pas avoir été plantée spécialement en hêtres. *Commune* devrait peut être s'entendre du lieu où gît cette pierre, lieu qui est ce qu'on appelle un *commun*, un *terrain vague*, et fréquemment dans le pays un *pâtis* ou *pâtureau*. Il pouvait s'y trouver quelques hêtres, qui auront été abattus; car on n'en voit pas un seul près de la pierre.

Nous n'avons point remarqué de figure d'homme, ni de griffes sur le marche-pied.

Nous allons donner une troisième description de cette pierre. Nous nous flattons qu'elle aura le mérite de l'exactitude. Nous y joignons un dessin, pris sur le lieu même, qui aidera à comprendre ce que nous avons à en dire.

Sur le bord de la route de Mayenne à Jublains et à environ 2 mille mètres de ce bourg, après avoir passé la chaussée qui traverse l'étang d'Avon, on voit sur la gauche une grosse pierre appelée la *Chaire-au-Diable*. Elle est à peu près à égale distance de la route et de la ferme à laquelle elle a donné son nom, c'est-à-dire à 40 ou 50 pas de l'une et de l'autre.

Cette pierre en granit grossier est gisante sur le sol, ou plutôt sur d'autres roches de même nature qui se trouvent en cet endroit en assez grande quantité. Presque toutes sont au niveau du sol. La Chaire-au-Diable s'élève au dessus à environ 1 mètre de hauteur. Elle a 5 mètres de circonférence au dessus du rebord qui lui forme une espèce de socle ou de base. Sa forme est presque ronde, sauf du côté N.-E. où nous l'avons dessinée ; cette face est presque droite sur une longueur de deux mètres.

La chaire n'est pas placée horizontalement, elle est inclinée du sud au nord. Cette position indiquerait-elle qu'elle a été remuée?

Sur son sommet, dont les rebords sont irréguliers, se trouve creusé circulairement le prétendu siége. Son diamètre est de 50 centimètres; la profondeur de 10 à 12 cent.

De deux côtés se trouvent deux enfoncemens, formés, dit-on, par le diable, lorsqu'il appuya ses membres nerveux sur la chaire. Près du bord et au fond du siége se voit l'empreinte d'une griffe à cinq doigts. Dans les deux récits précédens il est question de deux griffes. Nous n'en avons vu qu'une; encore eûmes-nous de la peine à l'apercevoir, parce qu'elle était recouverte de sable et de boue. Pour s'assurer s'il y en a deux, il sera nécessaire de faire nettoyer cette pierre.

Nous n'avons remarqué autour aucune trace d'ancienne construction ni d'autres pierres détachées. Elle est tout près d'une haie servant de clôture à un champ ; sur cette haie sont deux poiriers ; ce sont les arbres les plus voisins de la Chaire-au-Diable.

Voici ce qu'on nous a appris sur l'origine de ce nom, qui remonte, à ce qu'il paraît, à une époque assez éloignée.

Des ouvriers essayaient depuis long-temps de construire une chaussée pour traverser les étangs d'Avon et en retenir les eaux; mais leur ouvrage n'avançait point, car chaque nuit voyait s'abîmer sous les eaux le travail du jour précédent. Les ouvriers désespérés allaient abandonner leur entreprise, quand tout-à-coup le diable leur apparut, et leur dit qu'il mettrait fin à leurs peines, s'ils consentaient à ce qu'il s'emparât du premier individu qui passerait sur la chaussée dès qu'elle serait finie. Fatigués de tant de travaux inutiles qu'ils avaient faits, les ouvriers ne considérèrent que le plaisir de sortir d'embarras, et le marché fut conclu. L'histoire ne dit pas quels gages furent donnés, quelles arrhes furent reçues; toujours arriva-t-il que la chaussée se termina avec une merveilleuse facilité et comme si le terrain eût été des plus solides.

Ce fut alors que les ouvriers pensèrent sérieusement à la promesse qu'ils avaient faite au diable. Livrer un homme, c'était en même temps livrer son âme aux tourmens éternels. On délibéra, et dans ce petit conciliabule on prit une résolution que ne désavoueraient point nos diplomates. On se reporta non à l'esprit, mais aux termes de la convention. On avait stipulé qu'on livrerait le premier individu, et non le premier homme; et nos ouvriers de rire et de battre des mains à l'ingénieuse idée de celui qui avait trouvé cette petite escobarderie. A malice, malice et demie, dirent-ils. Et ils s'emparèrent d'un chat, qu'ils placèrent à l'un des bouts de la chaussée, et là, à coups de fouet, ils l'obligèrent à fuir à l'autre extrémité. Le diable était là, attendant sa victime. On imagine quel dut être son désappointement, à la vue du pauvre animal qu'on exposait à sa fureur. Il l'emporta cependant, aimant mieux, sans doute, tourmenter un chat, que de n'avoir rien à faire. Il vint se reposer sur la fameuse pierre, où il laissa l'empreinte d'une partie de son corps. C'est apparemment en quittant cette station qu'il imprima cette griffe sur le siége; car dans sa colère les mouvemens devaient être brusques et vigoureux, comme un démon est capable d'en faire.

Récemment cette pierre a été endommagée à l'un de ses bords supérieurs. Il est à désirer qu'on la respecte, si ce n'est par la crainte de déplaire à monseigneur le diable, au moins pour ne pas nuire au plaisir des voyageurs, et par respect pour une antiquité remarquable. Le pays, au reste, y est intéressé; car il existe des amateurs de toute espèce de curiosités, et on ne peut que gagner à attirer les étrangers chez soi.

Comme nous l'avons dit, dans notre notice sur Jublains, cette pierre est probablement un autel druidique, bien qu'elle n'affecte pas la forme ordinaire des *peulvens* et des *dolmens* que l'on voit ailleurs. Elle n'eût pas conservé un renom pareil à celui qu'elle a, si son origine n'était très-ancienne, et si elle n'eût été consacrée jadis à quelque culte. De là le merveilleux attaché à son histoire.

Il sera intéressant de la comparer aux trois autres pierres du même genre qu'on nous a dit exister dans les environs. L'art de l'ouvrier se fait à peine remarquer sur celle-ci; car, à l'exception du siége ou bassin creusé sur le haut, et de la griffe, qui, probablement, a été ajoutée à une époque peu reculée, cette pierre paraît avoir une forme donnée par la nature. Nous sommes d'autant plus porté à le penser, que nous en avons vu plusieurs autres d'une conformation presque semblable, près d'une ferme située dans une vallée en face de la forteresse romaine de Jublains (1).

Nous ne pouvons que confirmer ce que dit l'abbé Lebeuf concernant les travailleurs de Jublains. Ils ont conservé leur antique renommée. *Ils travaillent toujours comme des diables*. Nous avons été à même d'en juger par ce qu'on nous en a dit et par les ouvriers que nous avons occupés pour exécuter nos fouilles.

(3) M. Verger a publié une *Notice sur Jublains*.

---

IX. *Ode au Congrès scientifique de Poitiers;* par M. Eusèbe Castaigne, bibliothécaire à Angoulême (1).

Union et force!

I.

Oh! fiers de leurs droits d'aînesse,
Comme les fils de Lutèce
Souriront d'un froid mépris
A vos grands combats d'athlètes!
Vous, savans, et vous, poètes,
Qui joutez — loin de Paris! —

Si l'orient se colore,
Si quelque brillante aurore
Annonce au monde un réveil,
Ce serait, — à les entendre, —
Audace à vous de prétendre
A votre place au soleil:

Et la science est un fleuve,
Qui de ses ondes abreuve
Les murs des vastes cités,
Et, dans sa course superbe,
Dédaigne d'arroser l'herbe
De vos quais infréquentés;

Et, quand un filet bien mince
A peine, dans la province,
Baigne le pied des roseaux,
Dans la ville aux mille rues,
L'inondant de fortes crues,
Le torrent roule ses eaux....

II.

— Mais, devant leur capitale,
Depuis quelle heure fatale
Faut-il ployer les genoux?
Depuis quand l'Être des êtres,
Si prodigue à nos ancêtres,
Est-il avare pour nous?

Quoi! nous, fils d'Adam et d'Ève,
Notre force n'est qu'un rêve!

(1) Lu en séance publique du Congrès scientifique, du 9 sept. 1834.

L'on nous volerait nos parts
De l'universel domaine !
Et de la famille humaine
Nous serions les vils bâtards !

— Que Paris vante ses places,
Où ses grandes populaces
Se croisent avec orgueil,
Et sur ses membres s'allongent,
Et jusqu'à son cœur le rongent,
Comme les vers du cercueil !

A lui les plumes vénales,
Et les trames infernales
Des journaux sales et laids,
Et la turbulente émeute,
Aboyant comme une meute,
Qui rôde autour des palais !

— Mais à nous les solitudes !
A nous les fortes études !
A nous les monts et les bois,
Où, loin des profanes routes,
L'âme aux immortelles voûtes
Élève ses mille voix !.....

III.

— C'est ainsi qu'on vit naguère
La province entrer en guerre,
En poussant le cri d'effroi ;
Et que, par la Normandie,
Mainte lance fut brandie,
Dans un immortel tournoi.

Révolte non meurtrière,
N'arborant que la bannière
Du génie indépendant !
Rébellion d'espérance,
Qui part du nord de la France,
Et soulève l'occident.

IV.

— A notre tour, fortes villes !
Brisons des liens serviles,
Bravons de nobles hasards !

Oh ! c'est une belle fête !
Nous allons à la conquête
Du savoir et des beaux-arts.

Tours ! la Sybaris française,
Toi qu'un fleuve amoureux baise !
Blois ! penché sur le coteau
Qu'un soleil si clair anime,
Mais que rembrunit le crime
Perpétré dans ton château !

Vous, Angers, la ville noire !
Nantes, Sidon de la Loire !
Et vous, qu'à peine on conçoit,
Fières cités de Vendée !
Dont la vieille foi gardée
Luit comme une bague au doigt !

Rochefort et la Rochelle !
Comme Tyr jadis si belle,
Assises aux bords des eaux !
Toi, Bordeaux ! berceau d'Ausone,
Toi, qui fais sur la Garonne
Croiser tes mille vaisseaux !

Limoges ! Vésone et Saintes !
Qui, dans vos nobles enceintes,
Cachez d'augustes débris ;
Et toi, ma haute Angoulême !
Dont l'air subtil est l'emblème
De tes frivoles esprits !

V.

C'est Poitiers qui vous appelle !
— Ce n'est pas ville nouvelle,
Aux palais plats, aux murs blancs ;
C'est la ville aux noirs portiques,
Aux larges pierres celtiques,
Aux murs fendus et croulans.

Ce n'est point ville fardée,
De peintures placardée ;
C'est la vieille ville encor,
Toute en souvenirs féconde,

La cité de Radégonde,
La cité d'Aliénor.

Là, toujours brilla l'école
Des émules de Barthole;
Là, chantaient les troubadours;
Là, l'ancienne courtoisie,
Des fleurs de la poésie,
Charmait l'ennui des Grands-Jours.

— Mais, de ces remparts antiques,
Où brillaient les mœurs gothiques,
Part un appel aux progrès;
Et c'est là que la science
Forme sa sainte-alliance,
Et convoque son Congrès!

VI.

— Or, venez, troupe savante,
Vous, dont l'Occident se vante!
Venez, aigles du barreau!
Et vous, enfans d'Esculape,
Déployant comme une nappe
Tous les lobes du cerveau!

Vous, dont l'œil cherche la trame
Qui joint les fibres à l'âme!
Vous, non moins audacieux,
Newtons, armés de l'équerre!
Vous, qui fouillez dans la terre!
Vous, qui fouillez dans les cieux!

Et vous, sombres antiquaires,
Qui des pères de nos pères
Nous léguez le souvenir!
Et vous, ô divins poètes,
Dont les âmes de prophètes
Prennent vol dans l'avenir!

Venez! — une ère nouvelle
Devant nos pas se révèle,
Où chacun aura ses droits!
Et, vers le ciel envolées,
Toutes les voix rassemblées
Crieront d'une seule voix:

— « Soleil de l'intelligence,
» Suis ton cours! avance! avance!
» Sur chaque plage à son tour,
» Sème ta clarté féconde!
» Dans tous les recoins du monde,
» Il est temps — qu'il fasse jour!.... »

---

X. *Le Congrès scientifique de Poitiers*, Poëme; par M. l'abbé Auber (de Poitiers) (1).

Manibus date lilia plenis.
(Virg.)

I.

L'insecte qui s'élance aux voûtes éternelles,
Dédaigneux de ses fers qu'a brisés le printemps,
Flotte au milieu des airs sur ses mobiles ailes,
Et se rit du tombeau qui retint ses élans.
Qu'importe à ses beaux jours la dépouille grossière
Délaissée à jamais pour de vives couleurs!
Vivre, se balancer dans des flots de lumière;
Épuiser le nectar au calice des fleurs;
Goûter avec amour le secret de la vie;
Étaler aux regards l'émeraude et l'azur;
Aux caprices des vents jouer sous un ciel pur;
Voltiger, essayant au gré de son envie
Le soleil de la plaine ou l'ombre du coteau:
De quels dons enchanteurs sa naissance est suivie!...
J'admire le destin d'un humble vermisseau;
Mais ce volage amant de la saison nouvelle
Me plairait beaucoup moins dans ses jeunes essors,
Si mes yeux ne voyaient en ses nobles efforts
Des efforts du génie une image fidèle.

II

Tel d'avance illustrant les champs de l'avenir,
Vers les cieux étonnés tu pris un vol superbe,
Toi dont la ville de Malherbe (2)
Ornera le beau nom d'un si beau souvenir.

(1) Lu en séance générale du Congrès, du 16 sept 1834.
(2) M. de Caumont, de Caen, président du Congrès.

De ces bords qu'ici même embellit ta pensée,
Tu regardais la France, impuissante et glacée,
Et n'osant à Lutèce opposer sa fierté.
Puis bientôt s'échappa l'éloquente parole :
« Quoi! le savoir est donc comme l'onde frivole
» D'un imaginaire Pactole
» Où boira seulement une altière cité!...
» Armorique, Poitou, Saintonge, Occitanie,
» Savante et si chère Neustrie,
» France enfin! voilà tes beaux jours :
» Jetons-leur le gant du génie,
» Puisqu'ils le relèvent toujours. »
Tout-à-coup répétés de rivage en rivage
Mille cris de ton cœur propagèrent l'émoi,
Et le monde savant s'est élancé vers toi,
Comme les preux du moyen âge
Se pressèrent jadis autour de Godefroy.

III.

Salut, radieuse Pléiade!
Astre à l'éclat consolateur!
Ligue sainte! heureuse croisade
D'un essaim régénérateur!
Sans vous dans les rangs des esclaves,
Cédant au poids de ses entraves,
Le savoir gémirait encor;
Sans vous la Gaule poétique
Dans son ornière didactique
Se traînerait sans nul essor.

Mais à peine le cri d'alarmes
Vous appelle aux savans exploits,
Soudain vous retrempez vos armes,
Vous remontez sur le pavois...
Les arts vous ouvrant la barrière,
D'une auréole de lumière
Illustrent le front des rivaux;
Vos combats ne sont que des fêtes,
Et la gloire de vos conquêtes
Ne ternit jamais vos drapeaux.

Hélas! au sein de la patrie
Qui pleure nos dissensions,

Trop souvent notre âme est nourrie
Des plus vaines illusions.
Ici, par un plus digne exemple,
Notre enceinte devient le temple
De la concorde et de la paix ;
Ici point de luttes amères,
Nos disputes sont littéraires
Et nous succombons sans regrets.

Courage donc ! l'œuvre agrandie
Vogue aux plages de l'avenir :
Pas même la hideuse envie
N'en ternira le souvenir.
Ivre d'amour et d'espérance,
A vos portes la Jeune France
Veille près de la Vérité,
Et, d'un juste orgueil couronnée,
Va compter d'année en année
Vos droits à l'immortalité.

IV.

Eh quoi ! vous imitez la douce Providence,
Vous fécondez le champ du pauvre laboureur (1),
Vous recueillez la tendre enfance
Qu'une mère coupable exila de son cœur (2) ;
Vous forcez l'avarice à nourrir l'indigence (3),
Et l'outrageuse insouciance
Serait le prix de tant d'ardeur !...

V.

Et puis vous l'avez dit, et les échos du monde
Vont répétant au loin votre arrêt solennel :
Vous n'avez pas voulu que le satyre immonde
Insultât au génie en souillant son autel.
Prostituant Melpomène et Thalie (4),
Cent fois Paris l'a vu sur la scène avilie

(1) *Section d'agriculture*. Recherches sur les engrais du sol

(2) *Section des sciences morales*. Rétablissement des tours pour les enfans abandonnés.

(3) *Section des sciences morales* Vœu emis de conserver la taxe du pain dans l'intérêt du pauvre.

(4) *Section de littérature et des beaux-arts*. Le Congrès a émis le vœu de voir cesser le désordre moral des théâtres, des romans et de la lithographie.

Effrayer tous les yeux de lubriques horreurs,
Imprimer sa démence au front de nos auteurs,
Et, profanant du Dieu le sacré diadème,
Humilier le poète lui-même
A l'aspect dégoûtant de ses sales erreurs...
Faisant de toute honte un infâme mélange,
De l'art divin de Michel-Ange
Le monstre impie a fait le plus grossier des arts;
Il a trempé son pinceau dans la fange
Et forcé la pudeur à voiler ses regards!
Eh bien! nous les vengeons, ces vierges éplorées
Dont le céleste appui guide et soutient nos pas,
Et partout on va dire aux muses égarées :
La gloire ne peut être où la vertu n'est pas!

VI.

Et vous, froids monumens plus malheureux encore (1),
Que le temps a noircis, que le lierre décore,
Nobles représentans d'un sublime passé,
Riez-vous maintenant du barbare insensé
Dont la main dispersait vos augustes reliques.
Vieux murs! temples sacrés! clochers! voûtes gothiques!
Un concile a frappé d'absurdes ennemis,
Et son docte anathème a sauvé vos débris!

VII.

Oh! si j'osais d'un riant épisode (2)
Animer le récit de merveilleux travaux,
Audacieux rival d'Ovide et d'Hésiode
Je chanterais ces preux qui par monts et par vaux,
Dignement inspirés de Cybèle et de Flore,
Allaient, sous un soleil dont leur front brûle encore,
Interroger les flancs du rocher sourcilleux,
Arrachaient la fougère à sa grotte sauvage,
Trouvaient la mère-ogive en un roc caverneux (3),
Saluaient en passant l'église du village
Et prenaient de plus belle un élan généreux.
Je ne t'oublîrais pas, ô table hospitalière

(1) *Section d'archéologie.* Mesures adoptées pour la conservation des monumens.
(2) Promenade géologique du 11 septembre.
(3) Allusion à une discussion de la section d'archéologie.

Où, lasse de courir, la troupe aventurière
Puisait dans le trésor d'un immense appétit
Des forces pour le corps et d'autres pour l'esprit (1).
Je dirais les flots purs de ce vin délectable,
Vénérable fossile enclavé dans le sable,
Qu'une main si propice à leurs nobles travaux
Exhuma tout-à-coup aux yeux de nos héros.
Je dirais le castel et son antique histoire,
Ses arcades, ses ponts, ses masses de granit,
Et ses hôtes surtout dont la douce mémoire
Restera dans le cœur de plus d'un érudit.
Puis, mesurant toujours la carrière infinie,
Infatigable bataillon,
Vous les verriez franchir les bois et la prairie,
Explorer tous les coins, niveler maint sillon,
Assiéger en passant, impétueux et brave,
De Mauroc étonné le paisible château (2),
Et prouver en faisant des fouilles dans la cave
Qu'au séminaire au moins on ne boit pas de l'eau.
Enfin, bornant ici leurs rapides conquêtes,
Je dirais le laurier qui couronna leurs têtes,
Et comment tant de preux revinrent parmi vous
Tout chargés de sueur, de gloire.... et de cailloux.

VIII.

Mais à d'autres que moi l'éclatante épopée...
D'une esquisse légère à ma plume échappée
Je tremble que les traits n'accusent mon pinceau.
Je reviens donc à vous, à vous dont le flambeau
De rivages lointains nous porta sa lumière,
A vous qu'avec moi-même un même ciel éclaire,
A vous tous qu'ont unis et l'esprit et le cœur,
Et qui vîntes fixer sous la même bannière
Ce courage innocent, cette douce valeur
Qui ne séparent point le vaincu du vainqueur.
Oui, le Poitou déjà murmurait vos louanges
Quand vos glorieuses phalanges
Tournaient vers nos vieux murs un regard généreux;

(1) On déjeuna chez M. Laurence, à Ligugé.

(2) Mauroc est la maison de campagne du séminaire de Poitiers, où les voyageurs se rafraîchirent.

Et la fidèle Aquitanie
Pourra dire, en parlant des fils de la Neustrie,
Si nos cœurs et nos bras s'élargirent pour eux !

IX.

Oh ! si vous reveniez !... Si l'automne nouvelle
Nous rapportait ce feu que votre âme recèle,
Et ces riches moissons que des efforts nouveaux
Font éclore déjà... Mais non !... Que la science
Comme un fleuve fécond se déborde et s'avance,
Qu'elle porte à chacun, par ses mille canaux,
Le tribut immortel de ses limpides eaux.
Ne faut-il pas enfin que, reine de ce monde,
Elle parcoure aussi l'empire qu'elle fonde ?
Faut-il qu'en évitant de plaire et de charmer,
Elle ravisse l'homme au bonheur de l'aimer ?
Restreignant dans Paris son obscur sanctuaire,
Trop long-temps elle a fui les regards du vulgaire.
Un autre âge commence et lui rend son essor.
Voyez quel éclat pur embellit sa couronne ;
Quel cortége empressé la suit et l'environne :
Sur son front le génie étend sa palme d'or ;
Près d'elle la nature épanchant son trésor,
De son triple royaume explique le mystère ;
D'un regard tour à tour plus doux ou plus sévère,
L'histoire indique à tous ses utiles leçons ;
L'humanité sourit aux annales d'Hygie ;
Les arts, frères heureux, la noble poésie
Sur le char triomphal entrelacent des fleurs ;
Et pour calmer enfin de trop longues douleurs,
La Foi donnant la main à la Philosophie,
Trace aux peuples nouveaux le chemin de la vie.

X.

Le voilà ce grand cirque où nous devons marcher !
La déesse arrachée à la cité du prince
Rajeunira bientôt de province en province
Le vieil amour des arts qui doit nous rapprocher.
Allez ! et puisqu'ici la science et la gloire
En de communs liens nous avaient réunis,
Jurons d'en garder la mémoire :
Que ce soit pour toujours que nous soyons amis !

Et quand l'heureuse Flandre, à son tour honorée,
Ouvrira le tournoi dans sa ville parée
D'illustres souvenirs, d'inflexibles remparts,
Nous, déployant encor les mêmes étendards,
Nous irons demander à la rive Scarpienne
De répondre à l'amour du Clain et de la Vienne.
Qu'ainsi notre union s'éternise à jamais!
La science doit être une chevalerie.
Restons, restons enfans d'une même patrie
Et frères du même Congrès!

---

XI. *L'Indécision du siècle,* Poésie; par M. Alph. Leflaguais (de Caen).

I.

Dormons, dormons, disais-je à la voix de mon âme,
L'ombre se répand sur les monts.
Craignons de consumer la poétique flamme,
De nos douleurs dernier dictame;
L'écho du ciel se tait... dormons!

Dormons, puisque la terre est stérile et glacée;
Voilons-nous du saule pleureur!
Dormons, puisqu'en ce siècle une grande pensée
Meurt comme une étoile éclipsée
Par les nuages de l'erreur!

L'homme, imprudent et fier, a perdu ses croyances,
Il nie et les cieux et l'amour;
Et, lassé désormais de saintes prévoyances,
Mais chargé de vaines sciences,
Son esprit vit au jour le jour.

Cependant quelquefois il se reprend encore
A cette branche où l'avenir
En pétales d'azur doit soudain faire éclore
Les fleurs de l'éternelle aurore....
Mais il ne peut s'y soutenir!

La raison, par momens il en fait son étude,
Et ne sait pas où la trouver!
Sur ses rêves divers plane l'incertitude;

Dans une vaste solitude
Il a couru sans arriver.

Son impuissant labeur est un cruel supplice,
Tous ses pas sont irréguliers ;
Indécis où bâtir son nouvel édifice,
Il en trace le frontispice
Avant la base et les piliers.

Après avoir marché de mensonge en mensonge,
Au bord de l'abîme il s'assied,
Sans voir que cette mer où son rêve se plonge
Demande au rocher qu'elle ronge
S'il y devait poser son pied !

Et là, sans port, sans nef, sans boussole et sans phare,
Riant d'un rire convulsif,
Il ne soupçonne pas quel vertige s'empare
De son frêle esprit qui s'égare
Dans un air sombre et corrosif.

Il a beau rassurer sa raison éperdue ;
En-deçà, par-delà les jours,
Il a beau s'élancer dans la double étendue ;
Son intelligence perdue
Toujours monte, ou tombe toujours !

Oui, voilà le rivage où maintenant s'arrête
L'homme d'hier et d'aujourd'hui.
Comme un poids importun sa main soutient sa tête ;
Il a pour repos la tempête,
Il a le vide pour appui !

II.

Triste indécision de l'âme nuageuse !
Chaos aride et prolongé !
Que faire des lambeaux d'une vie orageuse
Traînés dans la route fangeuse
Où les siècles n'ont rien changé ?

Il faut les recueillir pour y jeter le germe
D'une renaissance à l'espoir.
Au doute vagabond la tombe met un terme,
Il faut aborder de pied ferme
Ce seuil que l'on n'ose entrevoir.

Mais, mon Dieu, c'est en vain qu'un rayon d'espérance
Jaillirait de ton saint flambeau.
Le siècle que fascine une vague apparence
Entend avec indifférence
Les enseignemens du tombeau.

Dormons, voici la nuit; la poésie est morte,
Si cette vierge peut mourir!
Chaque hymne est un vain son que la tempête emporte.
Du temple saint fermons la porte,
Dieu, s'il veut, viendra la rouvrir!

Dormons, puisque la terre a trop bu d'ambroisie;
Étreinte par l'ange du mal,
Puisqu'elle n'entend plus prière et poésie,
Laissons-la dans l'apostasie
Achever son rêve infernal.

Eh! pourquoi tourmenter la cithare divine?
Peut-elle émouvoir des cœurs sourds?
L'homme a fait de son âme une froide ruine
Où l'erreur étend sa racine
Comme la mousse aux vieilles tours.

Eh bien! qu'il soit plongé dans son infâme orgie,
Qu'il boive la lie et le fiel!
Trop long-temps doit durer sa morne léthargie;
Laissons remonter l'élégie
Dans les solitudes du ciel!

Voilà ce que disait le sévère poète
Attristé de chanter en vain.
Sa harpe, il la brisait l'inutile prophète.
Comme un Hector dans sa défaite
Rompt le fer qu'il croyait divin.

III.

Mais faut-il donc ainsi quitter à l'agonie
L'homme dans la honte abattu?
Faisons parler plus haut la savante harmonie;
Il est encor pour le génie
Des jours de force et de vertu!

L'homme ne peut sans fin demeurer dans le doute,
L'incertitude est une mort.

Réveillons dans son âme une voix qu'il écoute,
Des cieux il reprendra la route
Si l'aigle lui dit : Viens au port !

Cette indécision qui dévaste la vie
Ne peut se prolonger d'un jour.
Cet état douloureux tient la gloire asservie ;
L'âme harmonieuse et ravie
A besoin d'un céleste amour !

Resterez-vous encore à lutter sur l'abîme,
Heurtant plus d'un funeste écueil ?
Et toujours dévorés par une flamme intime,
Irez-vous appeler sublime
Ce que grandira votre orgueil ?

Aventureux Harolds qui bravez l'anathème,
L'ancre vaut mieux que l'aviron,
L'amour du Dieu de paix vaut mieux que le blasphème ;
N'outragez plus son diadème
Dont votre gloire est un fleuron !

Vous avez dans vos mains un livre dont les pages
Sont l'oracle de l'avenir ;
Il est plus lumineux que l'étoile des mages,
Plus savant que l'esprit des sages :
Il console et fait rajeunir.

Oh ! prenez et lisez ! c'est un fanal propice
Avant le naufrage du cœur.
Puis vous allumerez l'encens du sacrifice,
Et vous direz avec délice :
Fils de Dieu, vous êtes vainqueur !

Un livre aussi complet que le saint Évangile,
Où l'on trouve la charité,
La réprobation de toute loi servile,
L'égalité douce et tranquille,
L'espérance et la liberté ;

Un livre où l'on apprend l'amour et la concorde,
Les vertus de tous les instans,
Où tant de poésie à flots divins déborde,
Ce livre suffit, il s'accorde
Avec tous les besoins du temps !

On sent en le lisant que son horizon change,
Au doute amer on dit adieu;
Il fait passer dans l'âme un baume sans mélange,
Et l'on croirait la voix d'un ange
Si ce n'était la voix d'un Dieu!

IV.

O voyageurs! rentrez sous le sacré portique,
Bientôt finiront vos douleurs!
Vous aurez retrouvé votre croyance antique,
Retrouvé l'élan poétique,
Si vos yeux retrouvent des pleurs!

Vous aurez rattaché les fils de la pensée
Rompus dans un rêve agité;
Votre âme trop long-temps par le doute froissée,
Sur l'océan des temps fixée,
Vivra pour l'immortalité!

V.

Le monde progressif a subi chaque phase
D'un destin sombre et périlleux:
Le temple social sur sa nouvelle base,
Sans craindre aucun poids qui l'écrase,
S'élève, immense et merveilleux!

Oh! puissent les mortels, unis comme des frères,
Achever un si beau travail!
Oubliant les longs jours où leurs nefs téméraires
Voyaient les élémens contraires
Briser leur faible gouvernail!

Mais surtout que la Croix rayonne sur le faîte
Du monument qu'il faut finir!
De l'Univers jadis elle a fait la conquête,
Et c'est pour elle que s'apprête
L'auréole de l'avenir!

Tout pense, tout fermente et tout se régénère,
Voyez marcher l'humanité.
Elle va dépouiller son manteau de misère,
Et commencer sa nouvelle ère
De paix et de fraternité!

Quelque chose de grand se féconde et s'enfante,
Entendez-vous ces bruits lointains ?
Le germe éclôt déjà sous la zone échauffante,
Et l'humanité triomphante
S'éveille à de nouveaux destins !

---

XII. *Le Chat et les Souris*, ou *le gros voleur surveillant les petits*, Fable ; par M. Doussin, bibliothécaire à Poitiers.

J'ai lu qu'en un certain logis,
Un chat, de tous les chats le plus impitoyable,
Surprit, nuitamment, des souris
Qui, maraudant sous une table,
Faisaient un repas délectable,
Croyant au loin le Rominagrobis.
Je vous y prends, mesdemoiselles,
Leur dit, en grommelant, notre chat courroucé,
Roulant ses terribles prunelles,
Le dos en voûte et le poil hérissé :
C'est donc ainsi qu'en mon absence,
Sans vous gêner faisant bombance,
Vous venez vivre à nos dépens :
De père en fils, depuis mille ans,
De ce logis nous sommes intendans,
Et de l'office avons la surveillance ;
Que deviendraient nos chers enfans,
Si je souffrais, vile canaille,
Que vous fissiez ici ripaille ?
Je dois punir...... Ah ! suspendez, seigneur,
S'écrie une souris qui devint orateur,
Car il en est aussi parmi les bêtes,
Chaque espèce a ses bonnes têtes;
Ah ! suspendez votre courroux !...
Avant de nous punir, de grâce écoutez-nous :
Celui qui nous mit sur la terre,
Nous défendit d'être jaloux,
Et nous vivons sans vous faire la guerre,
Pourquoi donc nous la faites-vous ?
Sire intendant, soit dit sans vous déplaire,
Vous prenez sur la table et nous quêtons dessous.

C'était raisonner à merveille;
Grippe-souris tout bas en convenait;
Mais ayant fait la sourde oreille,
Il prit la raisonneuse et la croqua tout net.

---

XIII. *Sur l'Influence des Femmes*, Poésie; par M. M.-A. JULLIEN (de Paris) (1).

O FEMMES! votre empire est si noble et si doux!
Au sein de vos foyers, au cœur de vos époux,
Sur vos enfans dont l'âme encor flexible et tendre
Sait lire dans vos yeux, par instinct sait comprendre
Un regard, un sourire, un geste, un mouvement
Qui de l'âme trahit le secret sentiment;
Dans le monde où s'étend le pouvoir de vos charmes,
Où chacun à l'envi vient vous rendre les armes;
Partout, dans la famille et la société,
La loi de la nature et de l'humanité
Vous appelle à régner. Divinités mortelles!
Si les hommes souvent sont des anges rebelles,
La faute en est à vous. Votre touchante voix
Sur les cœurs les plus durs conserve encor ses droits.
Sachez donc, d'une main délicate et légère,
De la vie adoucir la coupe trop amère,
En y versant le miel, les sucs délicieux,
Le dictame embaumé, les parfums précieux
Que la faveur céleste incessamment dépose
Dans vos yeux enchanteurs, sur vos lèvres de rose,
Dans ces brillans éclairs, ces sourires divins
Qui, des plus tristes jours, nous font des jours sereins.
FEMMES! sachez porter un sceptre légitime,
Accomplir noblement votre tâche sublime!
Sachez vous pénétrer de votre dignité,
Être au milieu de nous des anges de bonté,
Des ministres de paix, d'amour, de bienfaisance;
Et sur la terre enfin, seconde Providence,
Que votre sexe, orné de ses attraits puissans,
Dans un monde où partout sont des sentiers glissans,

(1) Ces vers, lus en séance générale du Congrès, sont extraits d'un petit poëme inédit sur les *Malheurs de la vertu et du génie.*

Nous conduise au bonheur par la route fleurie
Des vertus, de l'amour, de la philosophie (1) !

---

## XIV. *Opinion sur la législation de l'impôt des boissons*, par M. GIRARD DE LA CANTRIE ( de Nantes ) (2).

J'analyse ici un mémoire que j'ai présenté à la 6me section du Congrès, pour exprimer une opinion sur l'impôt des boissons. Laissant à la discussion le soin de considérer la question sous l'aspect de l'agriculture et celui du commerce, je m'appliquerai à reproduire les griefs, tant de fois énumérés dans les journaux et à la chambre des députés, contre le mode actuel.

Les propriétaires sont les premiers plaignans ; ils disent que les droits de toute espèce qui grèvent les vins qui, par l'effet du déplacement, sont mis sous la main de la régie, sont tellement élevés, qu'ils dépassent de beaucoup la valeur des vins ordinaires et communs.

Les négocians sont soumis à une inquisition intolérable, et ils réclament une pleine liberté.

Les débitans, premiers percepteurs du droit de détail, ce qu'ils comprennent assez mal, se révoltent contre la violation légale des parties les plus secrètes de leur domicile, contre l'obligation de déclarer le prix de tous les vaisseaux mis en vente, et la fixation quelquefois arbitraire des employés, qui soupçonnent, à tort ou à raison, leur véracité.

Les habitués des cabarets, soit ceux qui y cherchent le grossier mais unique plaisir qui soit à leur portée, soit ceux, plus intéressans, qui y viennent prendre litre à litre la boisson nécessaire au repas de leur famille, disent que le droit exorbitant qu'ils paient se compose de 10 pour cent de al valeur réelle du vin, de dix pour cent du prix du transport, et de dix pour cent des droits d'entrée et d'octroi, déjà payés aux barrières.

(1) La commission de rédaction a pensé que la pièce de vers adressée au Congrès par Mlle Élise Moreau ( de Coulonges ) ne devait pas être imprimée dans le compte-rendu, à cause des louanges exagérées contenues dans cette pièce. — A cette occasion on croit devoir mentionner ici qu'une demande de suppressions partielles, faite par les membres du Congrès dont il est question dans le discours de clôture, n'a pas été accueillie.

(2) L'auteur du mémoire, aujourd'hui en retraite, a été directeur de département dans l'administration des contributions indirectes, c'est donc un homme tout-à-fait spécial pour la matière. Malheureusement le temps a manqué pour discuter sa proposition, sur laquelle on appelle l'attention publique

*( Note du secrétaire général du Congrès. )*

Les malheureux de toutes les classes de la société gémissent en vain depuis long-temps de voir que les piquettes, ces boissons qui contiennent 10 parties d'eau sur vingt, payent un droit égal à celui qui frappe les vins de luxe. Enfin, toute la France se dit tyrannisée par les mesures conservatrices du droit, chaîne immense qui couvre le pays, et à laquelle on ne peut se soustraire qu'en bravant les saisies, les amendes et les transactions.

Le contentieux est signalé comme une plaie funeste.

Les abonnemens avec les débitans de boissons n'ont un point juste de départ que dans l'année qui suit celle où les exercices ont été en vigueur; à mesure qu'on s'en éloigne, ils deviennent le résultat de discussions sans base, et ne sont plus contractés qu'au désavantage de l'une des parties contractantes.

Le droit sur les eaux-de-vie n'est que la représentation de celui des vins, et l'exercice des bouilleurs est illusoire.

Les terrains complantés en vignes représentent un espace d'environ 1 million 800,000 hectares. Le terme moyen du produit par hectare est de 24 hectolitres;

Le produit de l'année commune, de 43 millions 200 mille hectolitres, dont la valeur est de 300 millions de francs.

Ainsi, le prix moyen de l'hectolitre est de 6 fr. 90 c.

Les droits du trésor et des octrois sont en ce moment de.........., et 15 millions d'hectolitres supportent seuls cet énorme fardeau.

Cependant, comme le terme moyen des récoltes est de 43 millions 200 mille hectolitres, et, plus probablement, de 45 ou 50 millions, on demande pourquoi et comment plus des deux tiers échappent à l'impôt.

La réponse est simple, le mal est dans le vice de la loi. Les déplacemens seuls des boissons les placent sous la main de la régie; tout ce qui se consomme sur place ne paie rien, et la fraude fait le reste.

L'auteur du mémoire déclare qu'il n'y a qu'un remède à ce mal : des inventaires préparatoires.

Les piquettes paient comme des vins de luxe. On s'est en vain élevé contre cette monstruosité; on ne peut la combattre que par une classification des vignobles et des inventaires.

Les droits actuels, sauf celui de 10 p. 0/0, sont invariables, quelles que soient l'abondance des récoltes, la qualité des vins et leur valeur dans le commerce : grave imperfection de la loi, qu'on ne peut faire disparaître que par des inventaires et le vote annuel du tarif par les chambres dans les premiers mois de l'année suivante.

Les eaux-de-vie, qui sont censées représenter telle ou telle quantité de vin, payent invariablement un droit fixe de 55 par hectolitre d'alcool; s'il y a surcroît de taxe, quel en est le motif? Est-ce le combustible et la main-d'œuvre que l'on frappe aussi d'un droit? Cet impôt est-il raisonnable? Non, sans doute. Quel est le remède? Encore une fois, un inventaire des vins, cidres et poirés.

Mais l'inventaire, lorsqu'il fut compris et exécuté, de 1804 à 1808, et le mode d'impôt qui en fut la conséquence, n'avaient-ils pas de graves inconvéniens, puisqu'il a fallu les abandonner? Sans doute; et voici les principaux :

Les propriétaires ou vignerons inventoriés ne pouvaient point être déchargés de leur responsabilité par leurs ventes successives aux marchands en gros et bouilleurs; il fallait que, quel que fût leur acheteur, ils représentassent la quittance du droit d'inventaire. — Les registres de perception de ce droit étaient confiés à un buraliste pour 5, 6 et 7 communes : ces registres, mal écrits, mal tenus, offraient une telle confusion de noms et prénoms, qu'en cas d'adirement des quittances, il était fort difficile d'établir la dette réelle ou la libération de l'inventorié : de là, ce grave inconvénient que les redevables payaient deux fois, ou ne payaient point du tout. — La régie à peine constituée et n'ayant qu'un fort petit nombre d'employés improvisés, les inventaires étaient faits par des hommes du pays, pris parmi les plus mal aisés, et que l'on ne payait pas mieux qu'un journalier qu'on emploie aux travaux les plus communs; de là, la défiance des propriétaires et des vignerons, et leur répugnance pour leurs opérations.

Il a paru à l'auteur du mémoire que les difficultés qui se présentaient en 1804 ne peuvent plus exister en 1834, après 30 années d'expérience, et avec un personnel habile et justement estimé; que l'adjonction aux employés de commissaires ou agens municipaux, ainsi que du contrôleur et des surnuméraires des contributions directes, rendrait l'opération des inventaires prompte et satisfaisante; enfin, que la multiplicité des buralistes, et l'adoption de comptes ouverts aux inventoriés, triompheraient de toutes les répugnances.

M. de la Cantrie propose donc à l'examen du Congrès les propositions suivantes :

1° La liberté, sans exception, de la circulation des vins, cidres, poirés et spiritueux;

2° La suppression de tous droits d'entrée ;

3° La liberté du commerce de gros et des distilleries;

4° L'affranchissement des râpés et piquettes ;

5° La suppression de tous les droits sur les eaux-de-vie, hors celles provenant du sucre et des substances farineuses, qui seraient soumises à une loi spéciale ;

6° Une classification des cantons vignobles, basée sur le prix des vins dans le commerce ;

7° Des inventaires généraux suivis d'un récolement annuel ;

8° L'établissement d'un droit d'inventaire proportionnel à la classe et voté chaque année par les chambres ;

9° La libération des inventoriés, pour les ventes au commerce en gros ou aux distilleries, à la condition que les marchands en gros et bouilleurs se soumettront à payer le droit d'inventaire pour toutes les boissons reçues depuis 3 mois révolus, savoir : une partie comptant, et le reste en obligations à termes ;

10° Pour l'exercice de ces professions de marchands en gros et de bouilleurs, l'assujétissement à un droit de licence fixe et annuel;

11° Pour la profession de débitant de boissons, l'obligation d'avoir payé le droit d'inventaire, obligation seulement à la charge des vendeurs ; le paiement d'une licence trimestrielle déterminée par une loi : cette licence, représentative d'un minimum de quantités vendues, et par exception, pour tous les débitans qui croiraient ne devoir pas atteindre à ce minimum, des exercices à l'hectolitre, avec le paiement du droit proportionnel à celui d'inventaire qui aurait servi à établir celui des licences ;

12° Pour l'exercice des distilleries et substances farineuses, le mode actuellement en usage.

L'auteur du mémoire attire l'attention du Congrès sur la taxe actuelle de la bière; il voudrait qu'elle servît de point de départ pour fixer le tarif du droit des vins, cidres et poirés, afin qu'il y eût une égalité relative entre l'impôt assis sur toutes les boissons de la France.

Il finit par quelques observations. Le droit qui frappe une denrée dont la quantité et la valeur varient de l'abondance à la disette, et du prix le plus élevé à la plus vile valeur, doit être voté tous les ans, et mis en rapport avec les benéfices des producteurs et les facultés des consommateurs. Le trésor n'y peut rien perdre, puisque la somme exigée par les besoins de l'État est divisible par les qualités des matières assujéties.

Il indique, comme moyen de se procurer un plus grand nombre de buralistes qu'on ne l'a pu faire juqu'ici, la mesure indispensable de reprendre tous les débits de tabacs pour en faire la base d'un traitement à ces nouveaux préposés.

Il s'étend sur les moyens d'exécution des inventaires simultanés, et recommande surtout l'adjonction d'agens municipaux, comme propre à vaincre la défiance des vignerons.

A l'égard de la responsabilité des inventoriés, il prétend qu'elle serait moindre que celle qui pèse en ce moment sur eux par le système des acquits-à-caution; elle serait même beaucoup moindre, puisque, dans le cas de non rapport de l'acquit-à-caution déchargé, et après un délai déterminé, ils sont aujourd'hui passibles du double droit.

Quant au mode de paiement du commerce en gros et des bouilleurs en obligations à termes, il observe que c'est celui des douanes pour les denrées coloniales et les sels, et que le commerce des vins est, sauf un petit nombre d'exceptions, réparti entre un bien plus grand nombre de spéculateurs.

La question des débitans de boissons lui paraît grave. Si les cabarets n'étaient institués que pour que chaque famille, trop peu aisée pour faire l'achat d'un hectolitre de vin, y vînt prendre, à l'heure de son repas, le litre ou le demi-litre, il serait d'avis de les affranchir de tout droit; mais si l'on persiste à y voir des lieux d'excès et de débauche, il doit souffrir qu'un impôt en soit la conséquence.

# PROPOSITIONS

## ADOPTÉES PAR LE CONGRÈS,

### CLASSÉES MÉTHODIQUEMENT (1).

#### PREMIÈRE SECTION.

I. Le *Congrès*, vu le besoin d'avoir, sur un grand nombre de points, des moyennes thermométriques et barométriques, et des observations météorologiques certaines, émet le vœu que le ministre de l'intérieur choisisse quelques postes télégraphiques, dans les lieux où on possède le moins d'observations semblables, pour y établir un baromètre, un thermomètre, un électromètre, un hydromètre, et un registre consacré aux indications journalières de ces instrumens, que les employés de ces télégraphes seraient chargés d'annoter avec un soin tout particulier, et d'après les instructions précises qui leur seraient données à cet effet.

II. Le *Congrès* engage les naturalistes qui se rendront aux prochaines sessions du Congrès, ou qui y adhéreront, à mettre sous les yeux des membres de la section d'histoire naturelle les objets nouveaux qu'ils auront découverts en France, ou les espèces rares non indiquées dans les lieux où ils les auraient recueillies, afin que l'on puisse consigner ensuite, dans les procès-verbaux des séances, les listes de ces découvertes, après un sérieux examen.

(1) Malgré l'avantage qu'il y aurait de conserver de l'uniformité, en se conformant au mode de rédaction adopté dans le compte-rendu de la première session, on a cru devoir faire parler en quelque sorte le Congrès Avec ce dernier mode, l'expression *le Congrès* revient à la tête de chaque proposition, ce qui est un inconvenient, mais la proposition est établie d'une manière bien plus claire.

III. Le *Congrès* invite le gouvernement à imposer aux exploitans des houillères, comme conditions de leurs concessions, l'obligation de recueillir avec un soin spécial et de communiquer les résultats de leurs travaux et de leurs sondages, en tout ce qui peut concourir à la connaissance plus parfaite des gisemens de houilles et du terrain carbonifère en général.

DEUXIÈME SECTION.

IV. Le *Congrès* déclare que le reproche fait au nouveau mode de culture, ayant pour base les prairies artificielles, de diminuer la masse relative et surtout la qualité des céréales, est mal fondé; si on a pu observer des faits contraires à cette résolution, ils résultent d'une pratique vicieuse.

V. Le *Congrès* considère qu'il est d'un haut intérêt pour l'agriculture d'inviter les sociétés agricoles de France à proposer un prix à l'inventeur d'un araire sans avant-train, d'un prix modéré (de 18 à 30 fr.), d'une construction solide, simple et facile, réunissant aux avantages des autres instrumens aratoires, pour le bon ameublissement des terres, celui de convenir à tous les sols, en changeant seulement la dimension des parties.

VI. Le *Congrès*, attendu que le sel est un amendement utile pour la terre, et que l'emploi du sel est utile pour la nourriture des bestiaux, invite le gouvernement à mettre, exempte d'impôts, une certaine quantité de sel à la disposition des sociétés et comices agricoles, pour faire des expériences comparatives sur l'emploi de cette substance comme amendement.

VII. Le *Congrès* émet le vœu que les baux à longs termes, de 15 à 20 ans, soient généralement admis et encouragés par le gouvernement.

VIII. Le *Congrès* exprime le vœu qu'un projet de code rural soit soumis, le plus prochainement possible, à la délibération des chambres.

### TROISIÈME SECTION.

IX. Le *Congrès* émet le vœu que tous les faits et documens qui peuvent conduire à la solution de la question relative au magnétisme animal, soient recueillis par les sociétés savantes et médicales, par les savans et par les médecins.

X. Le *Congrès* émet le vœu de voir au plus tôt, et attendu l'urgence, le gouvernement procéder à une organisation qui embrasse à la fois l'enseignement et l'exercice de la médecine et de la pharmacie.

### QUATRIÈME SECTION.

XI. Le *Congrès* émet le vœu qu'il soit formé, en France, sur les points les plus importans, des sociétés archéologiques spéciales et indépendantes.

XII. Le *Congrès* supplie le gouvernement de faire rechercher et acheter à l'amiable les monumens d'architecture importans pour l'art et pour l'histoire, qui sont entre les mains des particuliers.

Il est également supplié d'ordonner qu'aucune réparation ne puisse être faite aux monumens antiques appartenant, soit à l'Etat, soit aux départemens, soit aux communes, soit aux particuliers, qu'aucune destination nouvelle ne puisse leur être donnée, qu'aucun d'eux ne puisse être détruit, sans que les ministres dans les départemens desquels se trouvent ces monumens n'aient pris l'avis, 1° des sociétés savantes du pays, s'il en existe; 2° de la société autorisée par le gouvernement pour la conservation des monumens anciens; 3° et des inspecteurs généraux des monumens.

XIII. Le *Congrès* émet le vœu que ceux qui forment des collections de médailles ou d'autres objets se rattachant aux antiquités ou à l'histoire, se fixent sur une spécialité, soit pour le genre, soit pour l'époque, soit pour le pays; des collections de cette dernière espèce présentant toujours plus d'intérêt pour la science que des collections générales qui ne peuvent être que très-incomplètes.

XIV. Le *Congrès* sollicite de M. le ministre de l'instruction publique une décision pour ordonner l'impression, soit en entier, soit par extrait, soit par analyse, des mémoires sur les antiquités nationales, adressés à l'académie des inscriptions et belles-lettres, notamment depuis 1819, et le concours annuel pour les trois médailles.

XV. Le *Congrès* émet le vœu qu'une commission, composée de quatre membres de la société des antiquaires de l'ouest, et de quatre membres de la société académique d'agriculture, belles-lettres, sciences et arts de Poitiers, soit chargée de s'entendre avec M. le conservateur des monumens historiques du département de la Vienne, pour rendre au temple St-Jean de Poitiers sa forme primitive, et faire disparaître les constructions modernes qui détruisent le caractère architectural de ce précieux monument.

XVI. *La seconde session du Congrès* propose à la troisième session de rechercher, et même de fixer, s'il est possible, la position du *Portus Itius*; l'auteur de la proposition (M. le marquis Le Ver) aurait voulu la restreindre à Boulogne et Wissant, mais le Congrès l'a étendue d'une manière générale.

XVII. Le *Congrès* invite les savans à rechercher, d'une manière précise, le lieu où s'est livrée la mémorable bataille de 732, gagnée par les Franks, aux ordres de Charles-Martel, sur les Sarrasins, commandés par Abdérame. Cette question, pour sa solution, est renvoyée à la prochaine session du Congrès.

## CINQUIÈME SECTION.

XVIII. Le *Congrès* émet le vœu que le gouvernement présente, le plus tôt possible, la loi qui doit régler la liberté de l'enseignement.

XIX. Le *Congrès* exprime le vœu qu'il soit établi, dans chaque chef-lieu d'académie qui possède une faculté de droit ou de médecine, des facultés de lettres et de sciences.

XX. Le *Congrès* engage ses membres et tous les membres des sociétés savantes et littéraires, à vouloir bien transmettre au prochain Congrès une indication précise des sociétés de ce genre qui existent dans leurs départemens respectifs, du nombre des membres dont elles se composent, de la nature de leurs travaux et des mémoires ou comptes rendus qu'elles publient.

XXI. Le *Congrès* émet le vœu de voir supprimer l'Académie de France à Rome, comme n'ayant plus le degré d'utilité qui a présidé à sa création. Il verrait avec satisfaction que la pension quinquennale qui est accordée par le gouvernement aux lauréats leur fût intégralement conservée, et que la facilité leur fût laissée d'aller visiter sans entraves les lieux vers lesquels les appelle l'instinct de leur génie.

XXII. Le *Congrès* croit devoir exprimer le profond dégoût que lui inspire l'immoralité qui flétrit un grand nombre de productions littéraires de notre époque. Il émet le vœu qu'à l'avenir les écrivains, quelle que soit l'école à laquelle ils appartiennent, ne s'écartent jamais des règles imposées par le goût et par le sentiment instinctif des convenances. Il appelle à concourir à la prompte réalisation de cette réforme, si nécessaire, tous les hommes qui pensent que la mission des arts doit être de travailler toujours à moraliser l'humanité.

XXIII. Le *Congrès* émet le vœu que l'enseignement de la technologie soit plus étendu.

XXIV. Le *Congrès* exprime le vœu que les enfans ne puissent être admis dans les colléges de l'université, pour y étudier les langues anciennes et suivre l'enseignement secondaire, qu'après un examen constatant qu'ils possèdent les connaissances qui se donnent dans les écoles primaires du degré supérieur.

XXV. Le *Congrès* invite le gouvernement à faire rédiger, sous la direction de l'Institut, un dictionnaire historique de la langue française, indiquant, par des citations tirées des manuscrits des divers siècles, l'altération de sens et de forme des expressions, et déterminer ainsi le caractère inhérent à la langue française et celui que lui a pu imprimer plus tard l'influence de la littérature ancienne et étrangère (1).

XXVI. Le *Congrès* émet le vœu qu'il soit formé, dans chaque département, une commission choisie par le gouvernement parmi les membres des sociétés savantes, pour former un vocabulaire de tous les mots non français ou surannés employés par le peuple dans cette contrée. Il serait, de ces vocabulaires particuliers, fait un vocabulaire général, qu'on imprimerait aux frais de l'Etat, et dans lequel on joindrait, à chaque mot, l'indication du pays où il est en usage.

XXVII. Le *Congrès* émet le vœu, 1° que M. le ministre de l'instruction publique fasse faire, chaque année, un catalogue exact des ouvrages et des dissertations les plus remarquables qui sont publiés par les jurisconsultes allemands, et adresse un exemplaire de ce catalogue aux écoles de droit et aux principales bibliothèques de France;

2° Que, par les soins de ce même ministre, il soit établi à Paris un dépôt de ces ouvrages, afin qu'on puisse se les procurer facilement;

3° Que, sous les auspices et la direction d'un jurisconsulte éclairé, on traduise, aux frais du gouvernement, ceux de ces ouvrages écrits en langue allemande qui seront d'une haute importance et d'une utilité reconnue.

## SIXIÈME SECTION.

XXVIII. Le *Congrès* émet le vœu que l'article 331 du Code civil soit modifié en ce sens, que les enfans nés d'un oncle et de sa nièce, d'un beau-frère et d'une belle-sœur, puissent être légitimés par mariage subséquent.

XXIX. Le *Congrès* émet l'opinion suivante : L'emploi des troupes pour les travaux publics, et notamment pour les travaux des routes, offre plus d'avantages que d'inconvéniens.

(1) Ce vœu a été admis par l'Institut; et depuis, lors de la discussion du budget à la chambre des députés, on a senti la nécessité de rédiger le dictionnaire dont la première idée est due à M. Cardin. (*Note du secrétaire général du Congrès.*)

XXX. Le *Congrès* approuve la formation en France d'un corps spécial de travailleurs volontaires, tirés de l'armée et enrégimentés; il serait composé des divers corps d'état qui peuvent coopérer à des grands travaux publics.

XXXI. Le *Congrès*, attendu qu'il paraît résulter des renseignemens fournis, que dans certaines localités la suppression des tours a été nuisible aux enfans trouvés et abandonnés, émet le vœu, 1° que le gouvernement procède à une enquête, relativement aux questions qui se rattachent aux enfans trouvés;

2° Il émet également le vœu que les communes soient appelées à contribuer aux dépenses des enfans trouvés;

3° Enfin, il émet aussi le vœu que des salles d'asile soient établies en grand nombre.

XXXII. Le *Congrès* émet le vœu que le gouvernement fasse recueillir tous les documens susceptibles d'arriver à la solution de la question relative à la taxation du pain.

XXXIII. Le *Congrès* émet le vœu que la taxe de la viande de boucherie soit supprimée.

XXXIV. Le *Congrès* invite M. le garde des sceaux à enjoindre, par l'entremise des procureurs généraux, à tous les juges de paix du royaume, de rechercher, dans les différentes communes de leurs cantons, au moyen d'enquêtes ou autrement, les usages locaux auxquels le Code civil se réfère.

Les procès-verbaux des juges de paix de chaque ressort de cour royale, ainsi que copie certifiée des documens écrits qu'ils pourraient recueillir, seraient renvoyés à une commission de cinq jurisconsultes, choisis dans la ville où siége la cour, pour mettre les matériaux en ordre et dresser un tableau fidèle des usages constatés.

Ces tableaux, ainsi dressés, seraient ensuite résumés dans un seul et même volume, et imprimés aux frais du gouvernement.

XXXV. Le *Congrès* invite le gouvernement à faire dresser, pour les notaires, un tarif général et uniforme, ainsi qu'il a été fait pour les avoués et les huissiers, en 1807.

XXXVI. Le *Congrès*, reconnaissant que l'organisation actuelle des gardes champêtres s'oppose à ce qu'ils puissent rendre tous les services que cette institution semblait promettre, notamment à l'agriculture, émet le vœu qu'il y ait un garde champêtre pour chaque commune; qu'il reçoive un traitement plus élevé ; qu'il y ait, au chef-lieu de chaque canton, un brigadier, sous les ordres et la surveillance duquel seraient placés tous les gardes champêtres du canton, et que les brigadiers des divers cantons soient eux-mêmes aux ordres et sous la surveillance du lieutenant de gendarmerie de l'arrondissement.

XXXVII. Le *Congrès*, considérant combien il importe de favoriser les idées d'ordre et d'économie et les moyens de bien-être individuel, émet le vœu que les caisses d'épargne et les banques de prévoyance soient propagées dans toute la France, et que le gouvernement, par des publications réitérées, fasse sentir aux classes laborieuses tous les avantages qu'elles en peuvent retirer.

XXXVIII. Le *Congrès* émet le vœu que les départemens aient désormais une plus large part dans la distribution des fonds qui sont accordés, chaque année, par le gouvernement, pour encourager les sciences, les arts et les lettres.

XXXIX. Le *Congrès* sollicite l'abrogation du décret du 20 février 1809, en ce qu'il attribue à l'Etat la propriété des manuscrits qui existent dans les bibliothèques des départemens, des communes, et des autres établissemens publics.

XL. Le *Congrès*, sans entrer dans les moyens d'exécution, émet le vœu que des travaux soient incessamment entrepris, soit pour améliorer le cours de la Loire, soit pour créer un canal latéral, soit enfin pour établir un chemin de fer entre Nantes et Orléans.

XLI. Le *Congrès* recommande aux conseils généraux et aux conseils d'arrondissement de la Loire-Inférieure, de Maine-et-Loire, de la Vendée, des Deux-Sèvres et de la Vienne, aux économistes, aux ingénieurs, et à tous les habitans que cette entreprise peut intéresser, l'étude d'un chemin de fer de Nantes à Poitiers.

XLII. Le *Congrès* invite le gouvernement à hâter, le plus possible, l'impression et la publication de la copie du manuscrit des *Assises de Jérusalem*, retrouvée en 1829, et surtout du second volume de ce manuscrit contenant *la Cour des bourgeois*.

---

# PROPOSITIONS

## ADOPTÉES PAR LES SECTIONS,

### ET NON SOUMISES A L'ASSEMBLÉE GÉNÉRALE,

### CLASSÉES MÉTHODIQUEMENT (1).

#### PREMIÈRE SECTION.

*NEANT.*

#### DEUXIÈME SECTION.

I. Appeler l'attention du gouvernement et des amis de l'humanité sur la situation actuelle des établissemens connus sous le nom de Monts-de-Piété, et sur la nécessité d'extirper les nombreux abus qui corrompent cette institution.

II. Considérant que le projet de M. Bouriaud et celui de M. de Marsilly (2), ayant pour objet la diminution du taux de l'intérêt de l'argent, dans l'intérêt de l'agriculture et du commerce, contiennent des vues utiles qui appellent de sérieuses méditations avant d'être adoptées, il convient de recommander ces deux projets à l'attention du gouvernement, des Sociétés agricoles et industrielles de France, et du prochain Congrès.

#### TROISIÈME SECTION.

III. *Question.* Combien de temps peut vivre le fœtus après la mort de sa mère? *Réponse.* La question ne peut être résolue d'une manière absolue; seulement il est constant que la vie du fœtus peut se prolonger après la mort de la mère, mais d'une manière variable et qui ne saurait être précisée.

(1) On s'est servi d'une autre formule pour ces propositions, attendu qu'elles n'ont pas reçu leur complement par l'approbation du Congrès.

(2) Voir ces projets développés, p. 124 et 125.

IV. Il peut exister des lésions de fonctions sans lésions appréciables d'organes.

V. La véritable vaccine préserve le plus souvent de la variole ; mais, dans quelques cas rares, les individus vaccinés peuvent être atteints par la variole.

VI. Les mots *fièvre putride*, *fièvre maligne*, ne doivent pas être pris à la lettre. Ces dénominations, inventées par les anciens, ainsi que celles adoptées par les écoles modernes, ne sont nullement l'expression fidèle des caractères de ces maladies, dans lesquelles s'observent également des lésions des tissus organiques, des altérations dans les fluides et dans le système nerveux.

VII. Les institutions sociales et politiques, les constitutions physiques et médicales, par un concours funeste et simultané, ont eu leur part d'influence dans la multiplication incontestable des suicides en France. Quant aux moyens préventifs, on peut indiquer : 1° un bon système d'éducation ; 2° quelques dispositions pénales ; 3° l'établissement de maisons d'asile.

VIII. Inviter tous les médecins, savans, et observateurs quelconques, à fournir au Congrès prochain tous les matériaux qu'ils possèdent sur les constitutions physiques et médicales de leurs localités, avant, pendant et depuis l'invasion du choléra-morbus.

IX. Recommander à l'examen de la prochaine session du Congrès la question suivante : La vie est-elle de nature différente dans chacun des êtres qui sont compris dans le mot *monde*, ou bien est-elle semblable, et seulement distribuée en plus ou en moins ?

X. Recommander au futur Congrès d'inviter les médecins, et tous ceux qui s'occupent d'études physiologiques, à rechercher et à signaler les avantages que l'on pourrait retirer de la phrénologie, pour le perfectionnement de l'éducation.

XI. Recommander à l'examen du futur Congrès la question suivante : La maladie de *Pott*, par ses terminaisons telles quelles, ne laisse-t-elle pas, chez les individus qui en ont été atteints, des infirmités assez graves, des troubles, des perturbations, des perversions organiques et fonctionnelles, assez profondes pour que cette maladie ait droit d'être considérée comme une cause d'exemption spéciale de tout service militaire quelconque, et par conséquent d'être inscrite comme telle dans nos cadres médico-légaux, où elle n'existe en ce moment qu'implicitement ?

## QUATRIÈME SECTION.

XII. Mettre au concours une histoire de la province, relatant avec fidélité et impartialité les principaux événemens, les mœurs et usages, les monumens; suivie d'un précis sur l'histoire naturelle du pays : cet ouvrage devrait être rédigé de manière à être mis entre les mains des jeunes gens, pendant les dernières années de leurs humanités. Les sociétés savantes de France sont appelées à exécuter ce travail, qui formera le complément indispensable de l'éducation locale.

XIII. Inviter les sociétés savantes à ne point s'arrêter, dans la publication des médailles, au XIII^e siècle, mais de la continuer jusqu'aux temps modernes, et d'y faire entrer la description des jetons, méreaux, monnaies de cuir et de métal.

Il est à désirer que la deuxième session du Congrès invite les sociétés savantes et les numismates isolés à ne point se borner à décrire les médailles qui parviendraient à leur connaissance, *parce qu'elles existent matériellement*, mais à rechercher dans les archives et dans les documens historiques qui seraient à leur portée les médailles et les monnaies dont l'existence y est constatée, bien qu'on n'ait pas pu parvenir à en retrouver des *pièces matérielles* (1).

En résumé, on désire la rédaction d'une histoire monétaire qui ne soit plus basée seulement sur les pièces existantes matériellement, mais que ces mêmes pièces soient considérées comme de simples preuves des faits constatés par des documens. Par ce moyen, les monumens numismatiques ne seront plus les seuls élémens de l'histoire monétaire, et serviraient de preuves matérielles aux faits déjà constatés.

XIV. Émettre le vœu que l'Université mette entre les mains des élèves de seconde et de rhétorique un manuel élémentaire d'archéologie, pour les familiariser avec cette science et leur en inspirer le goût.

XV. En adoptant un des vœux émis par la première session du Congrès, tendant à demander la formation de musées d'antiquités nationales, dans les chefs-lieux de département, il convient de s'élever contre le projet d'ôter aux grandes villes, chefs-lieux d'arrondissement, le droit de former des musées ou de conserver ceux qu'elles auraient établis.

XVI. Provoquer la création d'archivistes départementaux et municipaux; ces archivistes rédigeraient des catalogues exacts dont les doubles seraient envoyés à Paris; une commission centrale en ferait le dépouillement et en publierait les résultats. Les archivistes départementaux seraient obligés de faire des cours publics de *diplomatique*.

XVII. A cause de la difficulté que présente l'origine de l'ogive et du

(1) Voir, à la p. 193, un exemple donné pour mieux faire connaître la pensée qui a présidé à la rédaction de la proposition.

style ogival, inviter les antiquaires à relever tous les monumens qui peuvent aider à la solution de la question, et à indiquer exactement quelle était la place de l'ogive dans les édifices où elle aura été observée. Ces documens seraient apportés à la prochaine session du Congrès, qui se trouverait peut-être en position d'émettre une opinion en pleine connaissance de cause.

XVIII. Renvoyer au prochain Congrès la proposition suivante : Déterminer à quelle époque a cessé l'emploi des cordons de grandes briques et des tuiles à rebord dans la construction des édifices des Gaules.

## CINQUIÈME SECTION.

XIX. Le *Congrès* renvoie à l'examen de la prochaine session du Congrès la question suivante : Quel est le meilleur mode de propager les beaux-arts ?

XX. Le *Congrès* émet le vœu, pour la propagation du goût, pour le progrès des études archéologiques et dans l'intérêt des artistes, que ceux-ci se livrent, de plus en plus, à des investigations dans les départemens.

## SIXIÈME SECTION.

XXI. Recommander au gouvernement, à la prochaine session du Congrès, et à toutes les personnes qui s'occupent de législation et de littérature, l'étude des questions relatives à la propriété littéraire.

XXII. Renvoyer au prochain Congrès, sans rien préjuger sur le fond, la proposition faite d'abroger la loi du 28 avril 1816, qui fait des charges de notaires, avoués, et autres officiers ministériels, une propriété mobilière, transmissible moyennant un prix, sauf à déterminer des mesures transitoires, pour ménager les droits acquis sous l'empire de la loi abrogée.

XXIII. Exprimer le vœu que l'article 155 du Code d'instruction criminelle, qui prescrit aux greffiers des tribunaux de simple police de *tenir note* des dépositions orales des témoins, et que l'article 189 du même Code rend applicable aux tribunaux de police correctionnelle, soit modifié en ce sens que les présidens des tribunaux correctionnels *soient tenus* de dicter eux-mêmes aux greffiers les dépositions des témoins, dans toutes les affaires susceptibles d'appel.

XXIV. Sur la question posée ainsi par le programme : *Dans l'etat actuel de nos mœurs* ( il fallait ajouter *et de notre legislation* ) *y a-t-il lieu de maintenir la légitimation par mariage subséquent*, *non admise dans la législation anglaise?* Il y a lieu de répondre ce qui suit : Aucune objection ne peut s'élever contre la légitimation par mariage subséquent, admise par nos lois. Aussi n'est-ce point à elle que s'adressent les reproches des jurisconsultes anglais, mais bien à la légitimation telle qu'elle était établie par le droit romain et par le droit canonique. D'après ces lois, on pouvait légitimer un enfant naturel long-temps après le mariage, ce qui donnait lieu à des abus que signale Blakstone. La sagesse de nos modernes législateurs a purgé l'institution des abus auxquels elle pouvait donner lieu. Il ne nous reste que le bien qu'elle peut produire (1).

XXV. Il y a lieu de blâmer, comme fausses et dangereuses pour la société, les doctrines appartenant à ce qu'on appelle la *nouvelle science de l'homme*, et qui tendent à établir *la nécessité des actes* et *le défaut du libre arbitre dans l'homme*, et à faire considérer que *le remords n'est que le résultat des préjugés* (2).

## DEUXIÈME ET SIXIÈME SECTIONS RÉUNIES.

XXVI. Appeler l'attention du gouvernement et les méditations du futur Congrès sur les deux projets de loi relatifs aux chemins vicinaux, présentés par MM. de Godefroy (de Lille) et Fradin (de Poitiers) (3).

(1) Cette solution résulte de l'assentiment donné par la section à cette réponse, formulée par M Nicias Gaillard.

(2) Cette proposition résulte du blâme formellement exprimé par la section, à l'encontre des doctrines exposées dans le mémoire.

(3) Ces projets se trouvent analysés, p 103, 104 et 105.

# CATALOGUE

## DES OUVRAGES OFFERTS AU CONGRÈS (1).

1° Élémens de Droit Public et Administratif, ou Exposition méthodique des principes du droit public positif, avec l'indication des lois à l'appui ; suivis d'un Appendice contenant le texte des principales lois du droit public ; par M. *E. Foucart.* Poitiers. Saurin. 1834. (T. 1er et appendice.) In-8°.

2. Le Livre de l'Homme de bien, ou le Testament du docteur Cramer, suivi de la Visite de Gustave ; par M. *Ed. Richer.* Nantes. 1832. In-8°.

3. Étrennes à la Jeunesse, par M. *F. Chatelain.* Paris. 1833. In-16.

4. Lettre à la Nation anglaise sur l'union des peuples et la civilisation comparée, sur l'instrument économique du temps, appelé *Biomètre* ou montre morale ; suivie de quelques poésies et d'un discours en vers sur les principaux savans, littérateurs, poètes et artistes qu'a produits l'Angleterre ; par M. *M.-A. Jullien* (de Paris). Londres. 1833. In-8.

5. Essai sur la Statistique industrielle de la ville d'Angers, par M. *Vincent.* Angers. 1834. In-16.

6. Enquête sur les fers. 1829. In-4.

7. Enquête sur les houilles. 1833. In-4.

8. Opinion de M. Christophe (sur les prohibitions et la liberté du commerce, et autres questions d'économie politique) ; par M. *Boucher des Perthes.* Paris. 1831 à 1834. 4 vol. in-12.

9. Bulletin de la Société française de Statistique universelle, 1re et 2me année (1830 à 1832). Paris. 2 vol. in-4.

10. Journal des travaux de la même Société, 3me vol. (1er vol. de la nouvelle série) pour l'année 1833. Paris. In-fol.

11. Journal des travaux de l'Académie de l'industrie agricole, manu-

(1) Beaucoup d'ouvrages offerts au Congrès, en assemblée générale ou dans les sections, se sont égarés ; de sorte que tous les articles qu'on va indiquer ne se trouvent pas à la bibliothèque de Poitiers, et que d'autres livres offerts ne sont point inscrits dans ce catalogue. La création d'un archiviste, pour chaque session du Congrès, remédiera à cet inconvénient, pour les autres sessions

facturière et commerciale (1re, 2e et 3e années). 1831 à 1833. Paris. 3 vol. in-fol.

12. Recueil supplémentaire des mémoires de ladite Académie. 1er vol. 1832 à 1833. Paris. 1 vol. in-f.

13. Vrai système du Monde, précédé de la question de la longitude sur mer soumise aux Académies savantes de l'Europe, suivi d'un mémoire explicatif des phénomènes de l'aiguille aimantée, et solution de la question de longitude sur mer au moyen d'une sphère-pendule ; par M. *Demonville*. Paris. 1833. In-8.

14. Questions sur l'Astronomie, suivies de la proposition d'un nouveau système ; par M. *J.-P. Anquetil*. Paris. 1833. In-8.

15. Annuaire des cinq départemens de l'ancienne Normandie, pour l'année 1834, publié par l'Association Normande. In-8.

16. Étrennes coutançaises, ou Annuaire ecclésiastique et civil du diocèse de Coutances et des îles de la Manche, pour l'année 1834 ; par M. *l'abbé Piton-Desprez*. Coutances. 1834. In-16.

17. Flore de Terre-Neuve et des îles St-Pierre et Miquelon, par M. *de la Pylaie*. Paris. 1829. 1re et 2e livrais. in-f.

18. Essai sur l'Histoire naturelle de la Normandie, par M. *C.-G. Chesnon*. 1re partie. — Quadrupèdes et oiseaux. Bayeux. 1834. In-8.

19. Essai sur les combustions humaines, par M. *P.-A. Lair*. Caen. 1823. In-12.

20. Traité de la non-existence des fièvres essentielles, par M. *Quotard-Piorry*. Poitiers. 18... in-8.

21. Considérations sur la nature et le traitement du choléra-morbus, suivies d'une instruction sur les préceptes hygiéniques contre cette maladie ; par M. le chev. *de Kerckhove*, dit *de Kirckoff*. Anvers. 1833. In-8.

22. Mémoire sur le perfectionnement de la vinification, par M. *Elie Dru*. Paris. 1823. In-8.

23. Précis des travaux de la Société royale d'agriculture et de commerce de Caen, depuis son établissement en 1801 jusqu'en 1810 ; par M. *P.-A. Lair*, secrétaire perpétuel. Caen. 1827. In-8.

24. Lettre d'un relieur français aux principaux imprimeurs, libraires, relieurs et bibliophiles de l'Europe ; par M. *Lesné*. 1834. In-8.

25. Poésies politiques, par M. *M.-A Jullien* (de Paris). Paris. 1831. In-8.

26. Prométhéïdes, Revue du Salon de 1833, par M. *F. Chatelain*. Paris. 1833. In-8.

27. Lyre d'amour, suivie d'une biographie des poètes nés dans le département de la Charente ; par M. *E. Castaigne*. Angoulême. 1829. In-8.

28. La Bonne Ville, ou le Maire et le Jésuite, par M. *Isidore Lebrun*. Paris. 1826. 2 vol. in-12.

29. Elegant Extract from the most celebrated British prose writers and poets, by *D. O'Sullivan*. Paris. 1832. 2 vol. in-8.

30. Tableau statistique et politique des Deux-Canadas, par M. *Isidore Lebrun*. Paris. 1833. 1 vol. in-8.

31. Statistique de Maine-et-Loire, publiée, sous les auspices du conseil général du département, par la Société d'agriculture, sciences et arts d'Angers. — 1re partie : Statistique naturelle ; par M. *Desvaux*. Angers. 1834. 1 vol. in-8., avec atlas.

32. Revue Anglo-Française, destinée à recueillir toutes les données historiques et autres, se rattachant aux points de contact entre la France, l'Aquitaine et la Normandie, la Grande-Bretagne et l'Irlande, publiée à Poitiers sous la direction de M. *de la Fontenelle de Vaudoré*. (Tom. 1er et cahiers 5 et 6 formant la moitié du tome 2e.) Poitiers. Saurin. 1833 et 1834. In-8., avec lith. (1).

33. Histoire de la ville de Thérouane, ancienne capitale de la Morinie, et notices historiques sur Fouquembergues et Renti; par M. *Piers*. St-Omer. 1833. In-8.

34. Histoire de la ville de Bergues-St-Winoc. — Notices historiques sur Honschoote, Wormhoudt, Gravelines, Mardick, Bourbourg, Watten; par *le même*. St-Omer. 1833. In-8.

35. Essai sur l'origine de la ville de Blois, et sur ses accroissemens jusqu'au 10e siècle ; par M. *de la Saussaye*. Paris. 1832. In-8.

36. Mémoire sur l'antiquité des peuples de Bayeux, par M. *Mangon de la Lande*. Bayeux. 1832. In-8.

37. Collection de costumes pour servir à l'histoire de la Révolution française et de l'Empire ; par M. *Horace de Viel-Castel*. Paris. 1834. 3 liv. in-fol.

38. Congrès scientifique de France. Première session tenue à Caen en 1833. 1 vol. in-8. Rouen.

39. Mémoires de la Société des Antiquaires de Normandie, pour les années 1831, 1832 et 1833, avec atlas. In-8.

40. Mémoires de l'Académie royale des Sciences de Caen. 1825 et 1829. In-8.

41. Plan de l'embouchure de la Boutonne, par M. *Maquelez*. Une feuille.

42. Cathédrale d'Amiens, par M. *Renard*. Dessin lith.

(1) Le premier cahier de cette publication avait été offert au Congrès de Caen, et par erreur il n'a pas été mentionné dans le catalogue.

43. Tableau synoptique du règne végétal, d'après la méthode de M. de Jussieu, modifiée par M. Richard; par M. *d'Orbigny*. Une feuille.

44. Institut de France. — Rapport sur les résultats du voyage dans l'Amérique méridionale, de M. *Alcide d'Orbigny*, de 1826 à 1833. In-4.

45. Tableau de l'état du globe à ses différens âges, ou Résumé synoptique du cour sde géologie de M. *N. Boubée*, 4me édition. Une feuille.

46. Carte géologique du département de la Manche, dressée par M. *de Caumont*. Une feuille.

47. Revue de l'Ouest, janvier 1833; par M. *H. de Ste-Hermine*. In-8.

48. Cahiers manuscrits à l'usage des écoles primaires de l'arrondissement de Falaise (Calvados). — Histoire de Falaise et de son arrondissement, par M. *F. Galeron*. Cahier lith., in-8.

49. École théorique et pratique d'horlogerie et de mécanique à Mâcon (Saône-et-Loire). In-8.

50. La Nouvelle France, fragment d'un roman politique inédit; par M. *Bidaut*. Paris. In-8.

51. Revue élémentaire et progressive des sciences physiques et naturelles; par M. *N. Boubée*. Première liv. Paris. In-8.

52. Description d'un monument arabe du moyen-âge, conservé à Bayeux en Normandie; par M. *J. Spencer Smith*. Caen. 182... In-8.

53. Mémoire sur des Médailles romaines, par M. *Vergnaud-Romagnesi*. Orléans. In-8.

54. Notes archéologiques, recueillies dans un voyage d'Allemagne, pendant l'année 1833; par...... 1834. In-8.

55. Notice sur la cathédrale d'Angoulême, par M. *E. Castaigne*. Angoulême. 1834. In-8.

56. Observations pratiques sur la sensibilité des substances dures des dents; par M. *Duval*. Paris. 1833. In-8.

57. Notice historico-médicale sur les Normands, par *le même*. Paris. 1833. in-8.

58. Lettres sur les Antiquités romaines trouvées à Vaton, en 1834; par M. *F. Galeron*. Falaise. 1834. In-8.

59. Suger, par M. *Piers*. St-Omer. 1832. In-8.

60. Dissertation sur cette expression de Virgile : *Extremique hominum Morini*, Æneide, liv. VIII; par *le même*. In 8.

61. Société pour le patronage des jeunes libérés du département de la Seine. — Assemblée générale de cette Société....... In-8.

62. Vie de St Léger, évêque d'Autun, par M. *J. Babinet*. Poitiers. 1834. In-8.

63. Semoir-Hugues. In-8.

64. Rapport sur les travaux de la Société linnéenne de Normandie, par M. *de Caumont*. In-8.

65. Mémoire sur les Sculptures antiques trouvées à Orléans, en 1833; par M. *Vergnaud-Romagnesi*. In-8.

66. Moniteur des Villes et des Campagnes. Paris. In-8. (12 liv. de 1833 et 7 livrais. de 1834.)

67. Banque de prévoyance.—Compte rendu du 1er mai 1834. In-4.

68. Annales de la Société Académique de Nantes. — Juillet 1834. In-8.

69. Règlement constitutif de la Société Française pour la conservation des Monumens historiques. Caen. 1834. In-8.

70. Revue Normande, sous la direction de M. *de Caumont*. In 8., en cahiers.

71. Association Normande. — Réunions générales des 19 et 20 juillet 1833; — des 18 et 19 avril 1834. In-8.

72. De l'Influence de l'État social sur le Génie littéraire. Discours prononcé à Caen par M. *Cabrié*. Caen. 1834. In-8.

73. Deuxième Mémoire sur la géologie de l'arrondissement de Bayeux, par M. *de Caumont*. In-8.

74. Cours d'Antiquités Monumentales, professé à Caen, par M. *de Caumont*. Plusieurs cahiers in-4., avec atlas.

75. L'Arbre de la Liberté, ode, par M. *E. Castaigne*. Paris. 1832. In-8.

76. Ode sur le Congrès, par M. *l'abbé Auber*. Poitiers. 1834. In-8.

77. Statuts constitutifs de l'Institut historique. Paris. 1833. In-8.

78. Leçons de littérature anglaise, ancienne et moderne, par M. *O'Sullivan*. Paris. 1833. 2 vol. in-12.

79. Extrait de la Revue du Progrès social. Sixième livrais.—Instruction primaire. Paris. 1833. In-8.

80. Société royale d'agriculture et de commerce de Caen. Cinquième exposition des produits des arts du département du Calvados. In-8.

81. Extrait du Journal Grammatical de la langue française. Tom. 1er, nos 4 et 5. In-8.

82. Essai pratique sur l'emploi ou la manière de travailler l'acier, par M. *L. Damnêne* (ouvrier à Caen). *Souscription*. In-8.

83. Société Philharmonique du Calvados. Distribution des prix aux

élèves de l'École de chant. — Discours de M. *P.-A. Lair.* Caen. in-8.

84. Mémoire sur la culture des Melons, dans le département du Calvados; par M. *Montaigu.* In-8.

85. Catalogue des arbres, arbrisseaux et plantes cultivés dans les pépinières et serres des frères Audibert, à Tonette, près Tarascon (Bouches-du-Rhône). Cinquième partie. — Jeunes plantes de semis pour former des pépinières.

86. Tableau Encyclopédique des Connaissances humaines, d'après un nouveau système de classification; par M. *Jullien* (de Paris).

87. Tableau analytique d'un plan d'éducation pratique, par *le même.*

88. Idée abrégée de la méthode d'éducation de Pestalozzi, par *le même.*

89. Notice sur les Congrès Scientifiques, par *le même.*

90. Essai sur l'Emploi du Temps, à l'usage des jeunes gens, par *le même.* Ouvrage adopté par l'Université. Quatrième édition, 1 vol. in-8.

91. Biomètre, ou Mémorial horaire, instrument-livret, hygiénique et moral, destiné à faire mesurer et apprécier la vie, par les divers emplois de chaque intervalle de 24 heures; par *le même.*

92. La Mère de Famille, Journal mensuel, moral, religieux, littéraire, d'économie et d'hygiène domestiques, destiné à l'instruction et à l'amélioration des femmes; par Mme *J. Sirey*, née *de Lasteyrie du Saillant.* (Prem. ann.) 1 vol. in-8.

93. L'Édile Français, Journal des Travaux publics. (Plusieurs nos.)

94. Statuts de l'Institut historique établi à Paris.

95. Règlement de la Société de civilisation, fondée à Paris, par M. *de Moncey.*

96. Statistique des lettres et des sciences en France. Institutions et établissemens littéraires et scientifiques. Dictionnaire des hommes de lettres, des savans existans en France, leurs ouvrages, leur domicile actuel, etc.; par M. *Guyot de Fère.* 1 vol. in-8.

97. Journal de l'Institut historique. Prem. cah. sept. 1834.

98. Lettre à M. Armand Cassan, sous-préfet de Mantes, sur l'origine étymologique des noms de la ville de Mantes et de celle de Meulan; par M. *Éloi Johanneau.* In-8.

99. Lettre à M. Geland, curé de Montreuil-les-Pêches, sur la devise bretonne de M. de Quélen, archevêque de Paris; par *le même.*

100. Origines étymologiques. — Lettre à M. Jal, sur les étymologies des mots *arsenal* et *goudron*; par *le même.*

101. Sur le Fablet dou Dieu d'Amours, publié pour la première fois par M. Achille Jubinal ; par *le même*.

102. Précis géologique sur le bassin de calcaire tertiaire des environs de Dinan, par M. *de la Pylaie*.

103. Relation des réunions extraordinaires de la Société géologique de France, à Caen, en 1832. In-8.

104. Précis d'introduction au cours des sciences physiques de l'école royale de Bourbon-Vendée, par M. *A. Rivière*.

105. Collection des portraits des naturalistes français, publiée par M. *Jules Boilly*, extrait du Bulletin d'Histoire naturelle de France. (Huit portraits. Ce sont ceux de MM. Reboul, Ami Boué, de Montlosier, Requien, Marcel de Serres, Lecocq, Bouillet et Tournal.)

106. L'Écho du Monde Savant, journal hebdomadaire des nouvelles et discussions scientifiques. (Toute la collection, depuis le 1er avril 1834, époque de la création de cette publication.)

107. Notice sur les îles Crozet, situées dans l'hémisphère austral, par M. *de la Pylaie*. In-8. Rennes.

108. Programme d'un cours de botanique, suivi de la nomologie botanique, ou lois d'organisation végétale; par M. *Desvaux*. Deux. éd. in-8. Angers. 1832.

109. Opuscule sur les sciences physiques et naturelles, par *le même*. In-8. Angers. 1831.

110. Recherches sur les armures du moyen-âge, par M. *Allou*. In-8., avec lith.

111. Programme des cours de culture pratique professés à l'école normale-primaire de l'Académie de Paris, à Versailles, par M. *F. Philippar*. In-8.

112. Des chemins vicinaux, par le comte *Borgarelli d'Ison*. In-8.

113. L'Amant timide, comédie en un acte, en vers (époque et mœurs de 1785), par un auteur de 18 ans (M. *Châteauneuf*). In-8. Six. éd. Paris. 1834.

114. De l'Emploi de l'armée aux travaux d'utilité publique, par M. *Bonnin* (de Civray). In-8.

115. De l'Extinction de la Mendicité, par *le même*. in-8.

116. Observations sur le projet de réduction des tours d'exposition des enfans trouvés, et celui de leur concentration dans des maisons de dépôt; par M. *Cassany-Mazet*, vice-président de la commission administrative de l'hospice de Villeneuve-sur-Lot. In-8. Agen. 1834.

117. Congrès méridional, 1re session. 1834. 1 vol. grand in-8. Toulouse.

118. Notice sur Jublains, par M. *Verger*. In-8. Nantes. 1834.

# LISTE

## DES MEMBRES DE LA SECONDE SESSION DU CONGRÈS SCIENTIFIQUE DE FRANCE (1).

MM. I. LAURENCE aîné, ancien maire de la ville de Poitiers, membre de la Société acad. de la même ville, à Poitiers. (II.) P. 269.

II. F. L. BELLOT, avoué au tribunal de Civray (Vienne). (I, II, VI.)

III. BARBAULT DE LA MOTTE ✻, président de chambre à la Cour royale, membre de la Société acad., à Poitiers, *vice-pré-*

(1) On a suivi l'ordre des inscriptions. Les chiffres romains indiquent les sections dans lesquelles chaque membre s'est fait inscrire, et les chiffres arabes font connaître les pages du volume où il est question de lui. La marque *, placée à la suite d'un nom, indique que cet individu a fait prendre sa carte, mais qu'il n'a pu se rendre au Congrès.

C'est aussi le lieu de dire que bon nombre de membres du Congres y sont venus avec la mission d'y représenter des Sociétés savantes. *Le Congrès provincial de Douai.* MM. de Godefroy et de Givenchy. — *L'Academie de l'industrie agricole, manufacturiere et commerciale*, à Paris. M. F. Chatelain. — *La Société française de statistique universelle.* M. Jullien (de Paris). — *La Société des Antiquaires de la Morinie.* MM. de Givenchy et de Godefroy. — *La Societe d'agriculture de St-Omer.* M. de Givenchy. — *La Societe academique des sciences, arts et belles-lettres du Var.* M. F. Chatelain. — *La Société academique d'agriculture, sciences et arts d'Angers.* MM. Chanlouyneau, Devaux, Hawke et de la Pylaie — *La Société industrielle d'Angers.* M. Desvaux. — *La Société academique de Nantes.* MM. Guépin, Simon et Verger. — *L'Academie des sciences de Caen.* M. Lair. — *La Société d'agriculture et des arts* de la même ville. M. Lair. — *La Société philharmonique* de la même ville. M. Lair. — *La Société d'agriculture des Deux-Sèvres.* M. Jozeau père. — *La Société académique de Blois* MM. de la Saussaye et le comte de Vibraye. — *La Société académique d'Angoulême.* M. Castaigne. — *La Société académique de St-Quentin.* M. Mangon de la Lande. — *La Société académique d'Evreux.* M. Chevereaux — *Le Comice agricole de St-Savin* a été représenté par M. Auguste Fournet-Marsilly; celui de la *Trimouille*, par M. Hector Dubreuil; celui de *Mirebeau*, par MM. de Fouquet père et fils; celui de *Gençay*, par M. Nicolas, etc. Le secrétaire général et un grand nombre de membres du *Congrès méridional*, séant à Toulouse, la *Société libre des beaux-arts de Paris*, la *Société academique de Rochefort*, etc., ont aussi écrit pour se mettre en rapport avec la seconde session du Congrès scientifique de France.

*sident de la deuxième section à cette session du Congrès.* ( II, VI. ) P. 28, 85, 87, 92, 112, 127, 305, 398, 399.

IV. Le baron Demarçay ✱, maréchal de camp d'artillerie, député de la Vienne, membre du conseil général du même département, du conseil supérieur d'agriculture, correspondant de la Société centrale d'agriculture de Paris, etc., au château du Breuil, près Mirebeau ( Vienne ). ( II, V, VI. ) P. 90, 292, 293, 295, 296, 297, 301, 327, 328, 394, 395, 396, 399, 431, 432, 433, 434.

V. L'abbé Samoyault, vicaire-général du diocèse de Poitiers et supérieur du grand séminaire, à Poitiers. ( III, V. )

VI. L'abbé Piet, directeur du séminaire de Poitiers. ( II, VI. ) P. 418, 419.

VII. L'abbé Gaillard, aumônier de l'Hôpital-général, à Poitiers. ( I, III, VI. ) P. 37, 50, 51, 54, 308, 309, 310.

VIII. Coiteux-Labarterie, propriétaire, à Poitiers. ( I, IV, VI. )

IX. C. Le François Descourtils, propriétaire, au château de l'Audonnière, près Gençay ( Vienne ). ( II, V. )

X. Robin, artiste musicien, membre de la Société acad. de Poitiers, à Poitiers. ( IV, V. ) P. 229, 240, 246.

XI. Garreau ✱, conseiller à la Cour royale, membre de la Société acad., à Poitiers. ( I, II, IV, VI. )

XII. Lorillard d'Aubigny, artiste musicien, à Poitiers. ( IV, V. )

XIII. Omer Appercé, avocat à la Cour royale de Paris. ( VI. )

XIV. Lelong père, conseiller honoraire à la Cour royale, à Poitiers. ( VI. )

XV. Lelong fils, conseiller à la Cour royale de Poitiers, membre de la Société des antiquaires de l'Ouest. ( I, II, III, IV, V, VI. ) P. 88, 102, 108, 125, 398, 465.

XVI. Bourges, libraire et imprimeur-lithographe, à Poitiers. ( V. )

XVII. L'abbé Lacroix, curé de Montierneuf, à Poitiers. ( V. )

XVIII. LACROIX fils aîné, médecin-vétérinaire, membre de la Société acad., à Poitiers. (II, III.)

XIX. C. DELATRE, botaniste, membre de plusieurs sociétés savantes, sous-préfet à Loudun (Vienne). (I, VI.) P. 71, 73, 74, 75, 76, 509, 510, 511, 512, 513, 514, 515, 516, 517, 518, 519, 520, 521, 522, 523.

XX. LEGENTIL, substitut du procureur général près la Cour royale de Poitiers, membre de la Société acad. de la même ville et de diverses autres sociétés savantes. (I, IV, V, VI.) P. 43, 48.

XXI. DE LA FONTENELLE DE VAUDORÉ ✠, conseiller à la Cour royale de Poitiers, membre du conseil général des Deux-Sèvres, à Poitiers, *président de la quatrième section à la première session du Congrès tenue en* 1833, *secrétaire général pour la deuxième session.* (I, II, IV, V, VI.) P. 1, 2, 3, 4, 5, 6, 7, 9, 10, 11, 12, 13, 14, 15, 16, 17, 18, 24, 27, 50, 101, 118, 119, 164, 168, 169, 196, 197, 198, 199, 206, 221, 229, 387, 388, 389, 390, 399, 401, 404, 405, 406, 430, 436, 437, 438, 440, 442, 443, 444, 447, 449, 450, 451, 467, 468, 480, 481, 482, 491, 492, 493, 497, 498, 502, 584.

XXII. BOURIAUD, négociant, trésorier de la Société acad. de Poitiers, administrateur des hospices de la même ville, à Poitiers, *trésorier de cette session du Congrès.* (II, VI.) P. 6, 26, 27, 124, 125, 126, 316, 317, 318, 319, 320, 321, 389, 390, 407, 479, 483, 484, 495.

XXIII. ORILLARD, avocat, à Poitiers. (VI.)

XXIV. GUERRY-CHAMPNEUF ✠, ancien magistrat et ancien directeur des affaires criminelles et des grâces au ministère de la justice, avocat, à Poitiers, *vice-président de la 5e section à cette session du Congrès.* (V, VI.) P. 29, 217, 229, 234, 236, 237, 248, 249, 250, 251, 252, 253, 254, 255, 256, 259, 260, 266, 268, 269, 270, 301, 328, 329, 330, 331, 332, 333, 344, 345, 453, 454, 465, 480.

XXV. LEVIEIL DE LA MARSONNIÈRE, ancien professeur à l'école secondaire de médecine, docteur-médecin, à Poitiers, *président de la 3e section à cette session du Congrès.* (III.) P. 28,

29, 128, 129, 134, 136, 138, 147, 149, 151, 152, 159.

XXVI. Nicias Gaillard, avocat général à la Cour royale de Poitiers, membre de la Société acad. de la même ville et de la Société des antiquaires de l'Ouest, à Poitiers, *vice-président de la 6e section à cette session du Congrès.* (ii, iv, v, vi.) P. 30, 86, 88, 92, 93, 95, 97, 98, 99, 100, 119, 120, 121, 125, 126, 253, 254, 255, 256, 267, 271, 272, 273, 274, 275, 276, 277, 307, 316, 322, 324, 325, 328, 342, 354, 355, 356, 357, 358, 359, 360, 361, 362, 363, 364, 365, 366, 367, 368, 369, 370, 371, 372, 374, 375, 376, 377, 378, 379, 380, 381, 382, 383, 386, 420, 422, 440, 441, 465, 482, 483.

XXVII. L'Huillier-Duché, docteur-médecin, ancien professeur d'histoire naturelle, à Montmorillon (Vienne). (i, ii, iii.). P. 109, 122.

XXVIII. Bellin de la Liborlière ✻, ancien recteur de l'académie de Poitiers, membre de la Société acad. de la même ville, à Poitiers. (v.) P. 230, 259, 265, 481.

XXIX. Brochain, juge d'instruction au tribunal de Poitiers. (i, iv, v, vi.) P. 305, 306, 325, 326, 327, 465.

XXX. Lucien Gaillard, docteur-médecin, professeur à l'école secondaire de médecine de Poitiers, membre de la Société acad. de la même ville, à Poitiers, *secrétaire de la 3e section à cette session du Congrès.* (i, iii.) P. 4, 29, 128, 133, 134, 137, 146, 147, 148 159, 388, 389, 419, 430, 431, 441, 466.

XXXI. Lemercier, banquier, colonel de la garde nationale et administrateur des hospices, à Poitiers. (vi.) P. 344.

XXXII. Pl..se, chef d'institution, à Poitiers. (i, iv, v.)

XXXIII. Lecointre-Dauvillier, ancien banquier, propriétaire, à Poitiers. (ii, vi.)

XXXIV. Lecointre-Dupont, antiquaire, membre des Sociétés des antiquaires d'Écosse, de Morinie et de l'Ouest, à Alençon (Orne). (iv, v, vi.) P. 166, 167, 168, 169, 269.

XXXV. Dupont, propriétaire, à Poitiers. (i, ii, iii, iv, v, vi.)

XXXVI. Briquet, homme de lettres, membre de la Société

des antiquaires de l'Ouest, inspecteur des monumens historiques des Deux-Sèvres, à Niort (Deux-Sèvres). (IV, V, VI.) P. 194, 452, 462, 463, 464.

XXXVII. PALUSTRE, docteur-médecin, à Niort, membre de la Société de médecine de la même ville. (I, II, III.) P. 78, 79, 152, 154, 155, 523, 524.

XXXVIII. BABAULT DE CHAUMONT fils, juge au tribunal de première instance de Poitiers, de la Société acad. de la même ville, de la Société des antiquaires de l'Ouest, et de plusieurs autres sociétés savantes, à Poitiers, *secrétaire de la 2e section à cette session du Congrès.* (I, II, IV, V, VI.) P. 4, 28, 40, 42, 43, 83, 85, 86, 87, 88, 107, 108, 112, 114, 119, 127, 388, 397, 398, 400, 404, 419, 430, 438, 441, 466, 484.

XXXIX. MAUDUYT, conservateur du musée d'histoire naturelle de Poitiers, bibliothécaire-adjoint, membre de la Société acad. de la même ville, de la Société des antiquaires de l'Ouest, de la Société linnéenne de Normandie, et de plusieurs autres sociétés savantes. (I, II, V.) P. 33, 40, 48, 77, 81, 82, 452, 453.

XL. DE CAUMONT ✠, correspondant de l'Institut, etc., à Caen, *secrétaire général de la 1re session du Congrès, tenue à Caen en* 1833, *et président de cette session.* (I, II, IV, V, VI.) P. 3, 24, 27, 39, 69, 70, 82, 83, 163, 164, 171, 173, 175, 184, 218, 219, 220, 290, 387, 389, 400, 404, 407, 414, 422, 430, 434, 438, 439, 440, 441, 442, 444, 445, 447, 448, 466, 467, 478, 479, 484, 487, 494, 495, 497, 498, 538, 539, 540, 541, 542, 585, 586.

XLI. ISIDORE LE BRUN, homme de lettres, membre de diverses sociétés savantes, à Paris, *membre de la 1re session du Congrès, tenue en* 1833, *président de la 5e section et secrétaire de la 6e section, pour la deuxième session du Congrès.* (II, IV, V, VI.) P. 5, 29, 30, 51, 52, 53, 192, 193, 217, 218, 220, 221, 222, 223, 227, 229, 230, 233, 234, 235, 236, 237, 238, 239, 240, 246, 247, 255, 256, 257, 258, 263, 265, 266, 267, 268, 307, 344, 346, 347, 348, 349, 350, 351, 352, 386, 389, 399, 400, 403, 404, 419, 429, 441, 453, 454, 481, 484, 584.

XLII. Jolly, docteur-médecin, professeur à l'école secondaire de médecine de Poitiers, membre de la Société acad. de la même ville, à Poitiers. (iii.) P. 128, 144, 145, 146, 152, 411.

XLIII. Orillard, docteur-médecin, à Poitiers. (iii, vi.)

XLIV. Nau de la Sauvagère, avocat à la Cour royale, professeur à l'Athénée, à Paris. (ii, iv, vi.) P. 89, 265, 301, 353, 401, 402, 403, 404, 427, 428, 429, 430, 436, 437, 480.

XLV. Letard de la Bouralière, ancien capitaine d'infanterie, propriétaire, à Poitiers. (vi.)

XLVI. Lédier, propriétaire, à Poitiers. (ii.)

XLVII. Béra, procureur du roi au tribunal de première instance de Poitiers, membre de la Société acad. de la même ville. (v, vi.) P. 250, 291, 292, 344, 404, 405.

XLVIII. Barilleau, docteur en médecine, directeur et professeur de l'école secondaire de médecine de Poitiers. (iii, vi.) P. 135, 136, 137, 149, 151, 152, 154, 327, 344.

XLIX. Thibaudeau, inspecteur des poids et mesures du département de la Vienne, membre de la Société des antiquaires de l'Ouest, à Poitiers. (iv.). P. 207.

L. David de Thiais, avocat et littérateur, à Poitiers. (ii, v, vi.) P. 218, 221, 222, 225, 226, 230, 231, 236, 240, 246, 291, 322, 421, 428, 438, 439, 487.

LI. Lamoureux, docteur-médecin, à Poitiers. (i, ii, iii, iv, v, vi.)

LII. Pontois, avocat, à Poitiers, ancien conseiller de préfecture de la Vienne. (i, ii, iv, v, vi.). P. 344, 353.

LIII. Bert, notaire, à Poitiers. (vi.)

LIV. Rondier, membre du conseil général des Deux-Sèvres, juge d'instruction à Melle (Deux-Sèvres). (ii, iv, vi.)

LV. Carré, docteur-médecin, à Poitiers. (i, ii, iii.) P. 54.

LVI. Bas, docteur-médecin, à Poitiers. (i, ii, iii.) P. 136.

LVII. Baugier, membre de la Société des antiquaires de l'Ouest, propriétaire et dessinateur, à Niort (Deux-Sèvres). (iv, v, vi.) P. 194, 462, 463, 464.

LVIII. Gustave Laurence, propriétaire, à Niort. (iv, v, vi.)

LIX. Dupuis-Vaillant ✻, négociant, lieutenant-colonel de la garde nationale, trésorier de la Société des antiquaires de l'Ouest, à Poitiers. ( iv. ) P. 215, 446.

LX. Gaillard de la Dionnerie, ancien magistrat, avocat à Poitiers. ( i, vi. )

LXI Rouil de la Tour, membre de la Société d'agriculture de Civray ( Vienne ). ( ii, v. )

LXII. Chabot fils, avocat, à Poitiers. ( iv, v. )

LXIII. Rivière, professeur au collége de Bourbon-Vendée. ( i, iv. ) P. 33, 38, 39, 42, 43, 44, 48, 53, 54, 55, 56, 57, 58, 59, 60, 61, 62, 63, 66, 78, 81, 588.

LXIV. Daguin, avocat, ancien professeur au collége royal, secrétaire de la faculté de droit, à Poitiers. ( v, vi. )

LXV. Le baron Bourgnon de Layre ✻, conseiller à la Cour royale de Poitiers, membre de la Société acad. de la même ville et de la Société des antiquaires de l'Ouest. ( iv, vi. ) P. 102, 268, 304, 305, 353, 434.

LXVI. Masson, ingénieur des ponts et chaussées, à Poitiers. ( i, ii, vi. )

LXVII. Tulasne fils, propriétaire, à Poitiers. ( i, vi. )

LXVIII. Cardin, avocat, ancien magistrat, membre de la Société acad. de Poitiers, des Sociétés des antiquaires de l'Ouest, de Normandie et de Morinie, à Poitiers. ( iv, v, vi. ) P. 220, 221, 238, 246, 252, 263, 264, 265, 398, 399, 482, 485.

LXIX. Doussin-Delys, bibliothécaire, membre de la Société des antiquaires de l'Ouest, à Poitiers. ( iii, iv, v. ) P. 247, 561, 562.

LXX. De Chièvres, ancien magistrat, à Poitiers. ( iv, v, vi. )

LXXI. Lesourd-Vaillant, négociant, juge au tribunal de commerce de Poitiers. ( ii. )

LXXII. Pingault fils, docteur-médecin, à Poitiers. ( i, iii, vi. ) P. 132, 135, 137, 141.

LXXIII. Duchesne de St-Léger, propriétaire, à Mirande, près Poitiers. ( ii. )

LXXIV. Bonnet, docteur-médecin, à Poitiers. (III, VI.) P. 15, 152, 154.

LXXV. Prieur, docteur-médecin, à Poitiers. (III, VI.)

LXXVI. Ch. Arnault, membre de la Société des antiquaires de l'Ouest, à Niort (Deux-Sèvres). (II, IV, V, VI.) P. 194, 462, 463, 464.

LXXVII. Ph. Vaillant, membre de la Société académ. de Poitiers, négociant-filateur au Pin, près Poitiers. (II.)

LXXVIII. Chevallier-Rufigny, docteur-médecin, membre de la Société acad., à Poitiers. (III.)

LXXIX. Geoffroy, procureur du roi à Loches (Indre-et-Loire. (VI.)

LXXX. F. Chatelain, homme de lettres, membre de plusieurs sociétés savantes, à Paris, *secrétaire de la 5e section à cette session du Congrès.* (II, V, VI.) P. 5, 29, 88, 217, 218, 219, 220, 221, 223, 224, 226, 231, 232, 233, 258, 263, 265, 266, 388, 389, 400, 419, 422, 423, 424, 425, 426, 427, 428, 429, 430, 434, 438, 441, 466, 482, 484, 587.

LXXXI. Foucart, professeur de droit administratif à la faculté de Poitiers, membre des Sociétés acad. de Poitiers et des antiquaires de l'Ouest, à Poitiers, *secrétaire de la 6e section à cette session du Congrès.* (III, IV, V, VI.) P. 5, 30, 164, 165, 167, 175, 176, 236, 250, 251, 258, 260, 261, 262, 263, 267, 386, 388, 400, 420, 421, 430, 437, 438, 445, 446, 466, 468, 480; 582.

LXXXII. Bouchet, littérateur, à Paris. (IV, V, VI.)

LXXXIII. J. Babinet, ancien magistrat, membre des Sociétés acad. de Poitiers et des antiquaires de l'Ouest, à Lusignan (Vienne). (II, IV, VI.) P. 91, 106, 109, 187, 197, 216, 270, 277, 289, 352, 353, 586.

LXXXIV. Abel Pervinquière, bâtonnier de l'ordre des avocats, membre de la Société acad. de Poitiers et de la Société des antiquaires de l'Ouest. (I, II, IV, V, VI.) P. 199, 259, 263, 290, 291, 292, 352, 383, 384, 385, 386, 404, 405, 406, 407, 429, 430, 479, 486.

LXXXV. L'abbé Cousseau, directeur du grand-séminaire,

membre des Sociétés des antiquaires de l'Ouest et de la Morinie, à Poitiers. (IV, V, VI.) P. 37, 38, 39, 51, 68, 176, 177, 178, 179, 182, 183, 200, 201, 202, 203, 204, 255, 419.

LXXXVI. MANGON DE LA LANDE, directeur de l'enregistrement, président de la Société des antiquaires de l'Ouest, membre de plusieurs autres sociétés savantes, à Poitiers. (IV.) P. 173, 203, 204, 205, 206, 398, 419, 584.

LXXXVII. MÉNARD, professeur d'histoire au collége royal, membre de la Société des antiquaires de l'Ouest, à Poitiers. (IV, V.)

LXXXVIII. DE LA SAUSSAYE, membre de plusieurs Sociétés savantes, françaises et étrangères, inspecteur divisionnaire des monumens historiques, bibliothécaire honoraire, à Blois (Loir-et-Cher), *secrétaire de la 4e section de la 1re session du Congrès, tenue à Caen en 1833, et encore secrétaire de cette même section pour la présente session.* (I, II, IV, V, VI.) P. 5, 29, 160, 161, 193, 194, 198, 199, 201, 202, 215, 216, 388, 389, 400, 438, 441, 442, 443, 444, 445, 446, 447, 448, 449, 450, 451, 452, 466, 484, 584.

LXXXIX. Le comte DE VIBRAYE, géologue, membre de plusieurs sociétés savantes, au château de Chiverni (Loir-et-Cher). (I, II, IV, V, VI.) P. 417.

XC. DE TUSSEAU fils aîné, propriétaire, à Poitiers. (II.)

XCI. ARLIN, docteur-médecin, à Poitiers. (II, III, VI.) P. 135, 137, 138, 152.

XCII. PATTU DE ST-VINCENT, avocat et antiquaire, au château du Pin, près Mortagne (Orne). (IV, V, VI.) P. 161, 217, 218, 270, 289.

XCIII. FRADIN, juge de paix, à Poitiers, membre de la Société acad. de la même ville. (II, VI.) P. 89, 91, 92, 94, 95, 98, 102, 103, 104, 105, 109, 112, 121, 126, 127, 226, 233, 239, 406, 440.

XCIV. VANDRESANNE, payeur du trésor royal, à Poitiers. (VI.)

XCV. MACAIRE, président de chambre à la Cour royale de Poitiers. (VI.)

XCVI. L'abbé DE ROCHEMONTEIX, vicaire-général du diocèse de Poitiers. (I, III, IV, V, VI.) P. 41, 50, 51, 449.

XCVII. DE LA TOUCHE, membre du conseil général de Loir-et-Cher. (I, II.)

XCVIII. DUPLAISSET, avocat, à Poitiers. (V, VI.) P. 226, 230, 233, 236, 246, 439.

XCIX. DESVAUX, naturaliste, directeur du jardin botanique d'Angers, membre de plusieurs sociétés savantes, etc., à Angers (Maine-et-Loire), *président de la 1<sup>re</sup> section à cette session du Congrès.* (I, II, VI.) P. 28, 31, 32, 35, 36, 37, 38, 40, 42, 43, 48, 62, 68, 78, 79, 81, 84, 89, 100, 106, 109, 111, 112, 122, 220, 400, 411, 441, 584, 588.

C. BONCENNE, doyen de la faculté de droit, président de la Société académique, etc., à Poitiers, *premier vice-président et président de la 6<sup>e</sup> section à cette session du Congrès.* (IV, V, VI.) P. 18, 19, 20, 21, 22, 23, 24, 27, 30, 99, 101, 102, 224, 226, 267, 268, 271, 291, 299, 307, 310, 311, 312, 313, 314, 315, 316, 329, 343, 344, 353, 384, 386, 400, 404, 405, 422, 428, 430, 431, 438, 440, 465, 466, 497, 498.

CI. BÉRANGER, homme de lettres et ancien ouvrier, à Paris. (II, VI.) P. 88, 89, 101, 269, 270, 291, 297, 298, 299, 300, 301, 307, 342, 353, 389.

CII. GUÉPIN, docteur-médecin, membre de plusieurs sociétés savantes, à Nantes (Loire-Inférieure), *vice-président de la 3<sup>e</sup> section à cette session du Congrès.* (I, II, III, VI.) P. 24, 29, 37, 88, 90, 93, 94, 111, 128, 135, 140, 157, 158, 159, 171, 172, 173, 267, 268, 269, 306, 307, 308, 322, 323, 324, 387, 388, 396, 397, 398, 411, 427, 428, 429, 431, 436, 437, 438, 440, 465.

CIII. HAWKE (de l'île de Wight), professeur de langue anglaise, à Angers (Maine-et-Loire). (I, II, V, VI.)

CIV. MAINARD père, directeur de l'école normale primaire, à Poitiers. (V.) P. 256.

CV. CAUVIN, membre de plusieurs sociétés savantes, au Mans (Sarte). (I, IV.) P. 24, 68, 85, 160.

CVI. Madame CAUVIN, naturaliste, au Mans (Sarthe). (I.) P. 70, 71, 72.

CVII. J. JOZEAU père, secrétaire perpétuel de la Société d'agriculture des Deux-Sèvres, membre de plusieurs autres sociétés savantes, à Niort (Deux-Sèvres), *secrétaire de la 2e section a cette session du Congrès.* (I, II.) P. 4, 28, 85, 108, 109, 112, 121, 122, 127, 389, 430.

CVIII. TRIPART, notaire, à Poitiers. (VI.)

CIX. DE FOUQUET père, propriétaire-agriculteur, député du comice agricole de Mirebeau, à Mirebeau (Vienne). (II.) P. 108.

CX. DE FOUQUET fils, propriétaire-agriculteur, député du comice agricole de Mirebeau, à Mirebeau (Vienne). (II.)

CXI. COLLINET, pharmacien, à Poitiers. (III, V, VI.) P. 136, 155.

CXII. HECTOR DUBREUIL, propriétaire-agriculteur, député du comice agricole de la Trimouille, à la Trimouille (Vienne). (I, II, IV, V, VI.)

CXIII. V. DE SCOURIONS DE BOISMORAND, antiquaire, membre de plusieurs sociétés savantes, au château de Boismorand, près St-Savin (Vienne). (IV, V, VI.) P. 445.

CXIV. MASSIOU, antiquaire, membre de plusieurs sociétés savantes, procureur du roi aux Sables-d'Olonne (Vendée). (IV, V, VI.) P. 216.

CXV. A. MAZURE, professeur de philosophie au collége royal, bibliothécaire-adjoint, membre de plusieurs sociétés savantes, à Poitiers, *secrétaire de la 5e section à cette session du Congrès.* (IV, V, VI.) P. 5, 29, 217, 224, 266.

CXVI. E. CASTAIGNE, antiquaire, membre de plusieurs sociétés savantes, bibliothécaire, à Angoulême (Charente). (IV, V.) P. 165, 184, 238, 388, 451, 546, 547, 548, 549, 550, 583, 585.

CXVII. THÉODORE PAVIE, littérateur-voyageur, à Angers (Maine-et-Loire). (IV, V, VI.) P. 246, 441, 468, 469, 470, 471, 473, 474, 475, 476, 477, 478.

CXVIII. M. A. JULLIEN ✠, de Paris, fondateur de la *Revue*

*Encyclopédique*, membre de plusieurs sociétés savantes, à Paris, *2e vice-président de la 1re session du Congrès, tenue à Caen en 1833, et à la présente session.* (I, V, VI.) P. 24, 27, 86, 101, 102, 122, 125, 156, 217, 224, 230, 231, 236, 240, 246, 248, 266, 291, 354, 421, 430, 434, 435, 439, 484, 487, 488, 489, 490, 491, 498, 562, 563, 582, 587.

CXIX. Nérée Boubée, géologue, membre de plusieurs sociétés savantes, directeur de l'*Écho du Monde Savant*, à Paris, *secrétaire de la 1re section à cette session du Congrès.* (I.). P. 4, 28, 31, 32, 33, 34, 35, 36, 37, 39, 40, 41, 42, 43, 44, 48, 49, 50, 51, 62, 67, 68, 388, 389, 400, 414, 415, 416, 417, 418, 419, 430, 438, 441, 466, 484, 486, 487, 585, 588.

CXX. Chevereaux, littérateur, à Evreux (Eure), député de la Société académique de la même ville. (II, IV.)

CXXI. Grellaud, professeur de droit, à Poitiers. (III, V, VI.) P. 218, 258, 259, 268, 269, 383, 384, 406, 479.

CXXII. Choisnard, ancien professeur de mathématiques, à Poitiers. (I, V.) P. 221.

CXXIII. Bonnet, avocat, à Poitiers. (VI.)

CXXIV. Le général Dubourg ✠, membre de plusieurs sociétés savantes, à Paris. (I, II, VI.) P. 88, 89, 92, 93, 95, 102, 103, 105, 123, 270, 271, 289, 293, 299, 301, 302, 353, 398, 420, 427, 428, 437.

CXXV. Grille de Beuzelin, antiquaire et dessinateur, à Paris. (IV, V, VI.) P. 160, 161, 163, 164, 169, 198, 200, 207, 233, 246, 265, 266, 427, 428, 429, 448, 484.

CXXVI. Édouard de Cossette, ancien officier de cavalerie, propriétaire à Montreuil-sur-Mer (Pas-de-Calais). (II, IV, VI.)

CXXVII. Le marquis Le Ver ✠, antiquaire, membre de plusieurs sociétés savantes, du conseil de la Société pour l'Histoire de France, inspecteur divisionnaire des monumens historiques, au château de Roquefort, près Yvetot (Seine-Inférieure). (IV, VI.) P. 188, 206, 483.

CXXVIII. Tharreau, avocat, à Poitiers. (IV, V.)

CXXIX. P.-H. Nicolas, propriétaire-cultivateur, député du Comice agricole de Gençay (Vienne). (II, VI.)

CXXX. Ch. de Chergé, membre de la Société des antiquaires de l'Ouest, à Charoux (Vienne). (iv, v.)

CXXXI. Deloyne, avocat, à Poitiers. (vi.) P. 353, 454, 485, 486.

CXXXII. Thiaudière, docteur-médecin, à Gençay (Vienne). (iii, vi.) P. 96, 134, 138, 148, 151, 152, 153, 155, 293, 295, 400, 411.

CXXXIII. Roy, docteur-médecin, à Melle (Deux-Sèvres). (ii, iii, vi.) P. 108, 131, 132, 136, 411.

CXXXIV. Regnault, maire de la ville de Poitiers. (vi.)

CXXXV. P.-A. Lair ❋, conseiller de préfecture du département du Calvados, secrétaire perpétuel de la Société d'agriculture et du commerce de Caen, membre de plusieurs autres sociétés savantes, à Caen (Calvados), *président de la 2e section à la 1re et à la 2e session du Congrès*. (i, ii, iv, v, vi.) P. 24, 28, 85, 88, 98, 106, 110, 113, 114, 119, 121, 122, 126, 127, 267, 389, 407, 411, 466, 583, 586.

CXXXVI. Auguis, député des Deux-Sèvres, membre de la Société des antiquaires de France, à Melle (Deux-Sèvres), *président de la 4e section à cette session du Congrès*. (i, ii, iv, v, 6.) P. 29, 86, 95, 96, 126, 160, 161, 164, 166, 171, 174, 184, 185, 186, 188, 194. 202, 204, 206, 207, 216, 220, 239, 436, 437.

CXXXVII. Hunault de la Peltrie, docteur-médecin, à Angers (Maine-et-Loire), *vice-président des 3e et 6e sections à la 1re session du Congrès, tenue à Caen, en* 1833, *et secrétaire de la 3e section à la présente session*. (i, iii, vi.) P. 4, 29, 41, 47, 48, 51, 128, 132, 136, 138, 141, 148, 149, 150, 155, 156, 159, 308, 400, 438, 484, 487.

CXXXVIII. De la Pylaie, naturaliste et antiquaire, membre de plusieurs sociétés savantes, à Fougères (Ille-et-Vilaine), *vice-président de la 1re section et secrétaire de la 4e section à cette session du Congrès*. (i, ii, iv, v.) P. 5, 28, 29, 31, 41, 48, 50, 51, 68, 79, 80, 81, 82, 83, 84, 91, 92, 98, 99, 110, 160, 162, 163, 169, 170, 171, 174, 175, 183, 184, 185, 186,

187, 188, 189, 190, 191, 216, 419, 430, 524, 525, 526, 527, 528, 529, 530, 531, 532, 533, 534, 583, 588.

CXXXIX. Garnier, membre de la Société des antiquaires de l'Ouest, président du tribunal de Melle (Deux-Sèvres). (II, IV, VI) P. 277, 278, 279, 280, 281, 282, 283, 284, 285, 286, 287, 288, 289, 353.

CXL. Boynet de la Frémaudière, docteur-médecin, à Poitiers. (III.) P. 141, 155.

CXLI. De Godefroy ✠, ancien sous-préfet, député du Congrès provincial de Douai et de la Société des antiquaires de la Morinie, à Lille (Nord). (IV, V, VI.) P. 101, 102, 103, 104, 105, 173, 185, 186, 187, 191, 192, 193, 194, 221, 366, 384, 434, 435, 451.

CXLII. L. de Givenchy, secrétaire perpétuel de la Société des antiquaires de la Morinie, député de cette Société et du Congrès provincial de Douai, membre de plusieurs sociétés savantes, à St-Omer (Pas-de-Calais), *membre de la 1re session du Congrès tenue à Caen, et vice-président de la 4e section à la présente session, secrétaire général désigné pour la 3e session qui tiendra à Douai, en* 1835. (III, IV, V, VI.) P. 24, 29, 35, 36, 96, 97, 106, 175, 185, 187, 191, 192, 193, 194, 206, 207, 216, 420, 467, 491.

CXLIII. Verger, propriétaire-cultivateur, membre de plusieurs sociétés savantes, à Nantes (Loire-Inférieure). (II, IV, VI.) P. 87, 88, 95, 110, 111, 173, 202, 206, 216, 227, 228, 229, 389, 390, 391, 392, 393, 397, 481, 482, 542, 543, 544, 545, 546, 588.

CXLIV. Simon, rédacteur en chef du *Breton*, membre de plusieurs sociétés savantes, à Nantes (Loire-Inférieure). (II, III, V, VI.) P. 88, 91, 129 223, 224, 235, 236, 246, 271, 293, 294, 295, 321, 322, 400, 407, 408, 409, 410, 411, 433, 453, 454.

CXLV. Rédet, ancien élève de l'école des Chartes, membre de plusieurs sociétés savantes, archiviste du département de la Vienne, à Poitiers. (IV.) P. 211, 212, 213, 214, 215.

CXLVI. De Brébisson, naturaliste, membre de plusieurs sociétés savantes, à Falaise (Calvados), *membre de la 1re session du Congrès tenue à Caen, en 1833, et secrétaire de la 1re section a la présente session.* ( I, II, IV, V, VI. ) P. 4, 28, 31, 70, 71, 72, 7 , 74, 75, 76, 77, 78, 84, 389, 400, 430, 438, 441, 452, 453, 466, 484.

CXLVII. Flameng, contrôleur des contributions indirectes, à Poitiers. (I, VI. )

CXLVIII. Mairet, chef de bataillon du génie, membre de la Société académique, à Poitiers. ( I, IV, V, VI. )

CXLIX. Cherade de Montbron, membre de la Société des antiquaires de l'Ouest, à Migné, près Poitiers. (IV, V.)

CL. Moreau, conservateur des monumens historiques de la Charente-Inférieure, membre de la Société des antiquaires de l'Ouest, bibliothécaire, à Saintes (Charente-Inférieure). ( I, II, IV, V. ) P. 39, 166.

CLI. Bobin, propriétaire-cultivateur, et négociant-minotier, à Poitiers. ( II. ) P. 85, 86, 108, 112, 113, 114, 115, 116, 117, 118, 466, 495.

CLII. Du Rousseau de Fayolle ✠, membre de la Société académique de Poitiers, propriétaire-cultivateur, à Coulombiers, près Poitiers. ( II,) P. 108, 118, 119.

CLIII. Le vicomte de Lastic-St-Jal, littérateur, à Niort (Deux-Sèvres). (II, IV, V, VI.) P. 188, 247, 257, 302, 303, 304.

CLIV. Garran de Balzan, conseiller à la Cour royale de Poitiers, membre de la Société académique de Poitiers et de la Société des antiquaires de l'Ouest, à Poitiers. ( IV, VI. )

CLV. Félix Garan, minéralogiste, à St-Maixent ( Deux-Sèvres ). ( I, II, VI. ) P. 43, 54, 63, 64, 65, 66.

CLVI. Le comte Hélie de Ste-Hermine, propriétaire, à Niort ( Deux-Sèvres ). ( II. )

CLVII. H. de Ste-Hermine fils, membre de plusieurs sociétés savantes, directeur de la *Revue de l'Ouest*, à Niort ( Deux-Sèvres ). ( IV, V, VI. ) P. 236, 248, 257, 258, 439, 440, 481, 484, 585.

CLVIII. Saurin aîné, imprimeur, à Poitiers. ( V. )

CLIX. Saurin jeune, imprimeur, à Poitiers. (V.)

CLX. Fournet-Marsilly, député du Comice agricole de

St-Savin, propriétaire-cultivateur, à Maillé (Vienne). ( II, VI. ) P. 108, 124, 125, 126.

CLXI. Le comte Borgarelli d'Ison ✠, colonel en non activité, *membre de la 1re session du Congrès*, à Caen ( Calvados ) *. P. 92, 93, 588.

CLXII Wakefield, ancien membre de la Chambre des Communes d'Angleterre, à Blois ( Loir-et-Cher ). (IV, VI. ) P. 333, 334, 335, 336, 337, 338, 339, 340, 341, 342.

CLXIII. Quotard-Piorry, docteur-médecin, à Poitiers. (III.) P. 138, 140, 150, 151, 154, 583.

CLXIV. Pourtalès, ancien négociant, à Neuchatel (Suisse). ( II. )

CLXV. Rey ✠, membre des Sociétés des antiquaires de France, de Normandie, de Morinie et de l'Ouest, ancien membre du conseil supérieur du commerce, négociant-manufacturier, à Paris. ( I, IV, VI. )

CLXVI. Boilleau, antiquaire, à Blois (Loir-et-Cher). (IV.)

CLXVII. Chabot, docteur-médecin, à Poitiers. ( III, VI. ) P. 152.

CLXVIII. Abribat, docteur-médecin, secrétaire de l'Académie de Poitiers. ( III, V. )

CLXIX. De la Sayette fils, propriétaire, à Poitiers (Vienne). ( IV, V. )

CLXX. Grimaud, pharmacien, à Poitiers. ( II, III. )

CLXXI. Jules Bagot, propriétaire, au château de Blanchecoudre, près Bressuire (Deux-Sèvres). ( IV, VI. )

CLXXII. Lamarque, avocat, à Poitiers. ( VI. )

CLXXIII. Hilairet, membre du conseil général de la Vienne, à Chauvigny ( Vienne). ( II. )

CLXXIV. Quillet, directeur et professeur de l'école communale, à Chauvigny ( Vienne). ( V. )

CLXXV. L'abbé Auber, membre de la Société des antiquaires de l'Ouest, à Chauvigny ( Vienne ). ( IV, V, VI. ) P. 184, 266, 487, 550, 551, 552, 553, 554, 555, 556, 586.

CLXXVI. Alexis de Jussieu, préfet de la Vienne, à Poitiers. ( II, IV, V, VI. )

CLXXVII. Henri du Vergier, marquis de Larochejaquelein ✠, au château de Clisson, près Bressuire (Deux-Sèvres). (vi.) P. 435, 436, 437.

CLXXVIII. Adolphe Caillé, avocat, à Poitiers. (vi.)

CLXXIX. André, membre de plusieurs sociétés savantes, procureur du roi, à Bressuire (Deux-Sèvres). (iv, vi.) P. 163, 166, 173, 175, 179, 180, 181, 182, 195, 196, 199, 200, 204, 221, 222, 353, 400, 405, 421, 429, 448, 449.

CLXXX. Mesnard fils, littérateur, à Poitiers. (v.) P. 221, 222, 230, 239, 240.

CLXXXI. D'Assailly, littérateur, à Niort (Deux-Sèvres). (i, 4, 6.) P. 215, 230, 238, 247, 248, 251, 252, 253, 258, 259, 260, 261, 263, 427.

CLXXXII. Chanlouyneau, juge-suppléant et avocat, à Angers (Maine-et-Loire). (iv, vi.) P. 89, 91, 168, 198, 419, 434.

CLXXXIII. Rouil jeune, avocat, à Poitiers. (vi.)

CLXXXIV. Mauflatre, procureur du roi, à Loudun (Vienne). (vi.)

CLXXXV. Élie Dru, minéralogiste, à Parthenay (Deux-Sèvres). (i, ii.) P. 121, 122, 534, 535, 536, 537, 538, 583.

CLXXXVI. L'abbé Gibault, chanoine honoraire de Poitiers et d'Orléans, ancien professeur de droit, membre de plusieurs sociétés savantes, à Andillé (Vienne). (iv, v, vi.) P. 168, 207, 208, 209, 210, 211, 449, 450.

CLXXXVII. L'abbé Boinot, vicaire de St-Pierre, à Poitiers. (iv, v.)

CLXXXVIII. Grellaud jeune, avocat, à Poitiers. (vi.)

CLXXXIX. Barrot, docteur-médecin, à Gençay (Vienne). (iii.) P. 131.

CXC. Dupré, architecte, à Poitiers. (v.)

CXCI. Damnène, ouvrier en métaux, à Caen (Calvados) *. P. 586.

CXCII. St-Georges-Ransol, docteur-médecin, à Luçon (Vendée). (iii.) P. 133, 135, 138, 139, 140, 155.

CXCIII. J.-Henri Vallette, négociant, à Poitiers. (ii.)

CXCIV. Bonnin, notaire et propriétaire-cultivateur, à Lisant, près Civray ( Vienne ). ( II, VI. ) P. 108, 293, 299, 588.

CXCV. Moreau, notaire, à Civray ( Vienne ). ( II. )

CXCVI. Vernial, docteur-médecin, à Civray ( Vienne ). ( I, II, III. ) P. 39, 43.

CXCVII. L'abbé Gallard, vicaire de St....., à Paris *.

CXCVIII. Lange, antiquaire, à Saumur ( Maine-et-Loire ). ( IV. )

CXCIX. Girard de la Canterie, ancien directeur de département pour les contributions indirectes, à Nantes ( Loire-Inférieure ). ( V, VI. ) P. 563, 564, 565, 566, 567.

CC. Abel Vautier, professeur à la faculté des lettres, membre de plusieurs sociétés savantes, à Caen ( Calvados ) *.

CCI. Aristide Laubier, avocat, à Melle (Deux-Sèvres). ( I, II, IV, VI. ) P. 119, 482, 483.

CCII. Eugène Delavau de la Massardière, littérateur et propriétaire-cultivateur, à Châtellerault ( Vienne ). ( II, IV, VI. ) P. 116.

CCIII. Ranc, recteur de l'Académie de Poitiers. ( V. )

CCIV. Chesnon, naturaliste, officier de l'Université, et principal du collége de Bayeux ( Calvados ) *. P. 82, 83, 419, 583.

CCV. Joslé, docteur-médecin, secrétaire du Comice agricole Poitiers, membre de la Société académique de cette ville, à Poitiers. ( I, II, III. ) P. 4, 107, 112, 114, 115, 118.

CCVI. H. Bouchard, littérateur, à Poitiers. ( V. )

CCVII. Malapert, pharmacien, à Poitiers. ( III. ) P. 154, 155.

CCVIII. Lepetit, docteur-médecin, à Poitiers. ( III. )

CCIX. S. Doucet, docteur-médecin, à Loudun ( Vienne ). ( III. ) P. 150, 151, 153, 156.

CCX. Parenteau du Beugnon, juge au tribunal civil de la Rochelle ( Charente-Inférieure ). ( VI. )

CCXI. Piorry, docteur-médecin, à Chauvigny ( Vienne ). ( III. ). P. 138.

CCXII. Pesche jeune, membre de plusieurs sociétés savantes, chef de division à la préfecture, au Mans ( Sarte ) *.

CCXIII. DUHAMEL, propriétaire-cultivateur, à Troarn (Calvados) *.

CCXIV. C. ARNAUDEAU, vice-président du tribunal, à Laon (Aisne). (VI.) P. 437, 440.

CCXV. ALLONNEAU, docteur-médecin, membre de plusieurs sociétés savantes, à Poitiers. (I, III.) P. 84, 152.

CCXVI. GENRET, procureur du roi, à Confolens (Charente). (VI.)

CCXVII. Le baron LAURENCEAU, ancien maire de la ville de Poitiers, membre de la Société acad. de la même ville, à Poitiers (II.)

CCXVIII. AUGER, notaire, à Châtellerault (Vienne). (II.)

CCXIX. ALCIDE D'ORBIGNY, naturaliste-voyageur du gouvernement, à Paris. (I.) P. 441, 452, 454, 456, 457, 458, 459, 460, 461, 462, 585.

CCXX. CHARLES D'ORBIGNY, membre de plusieurs sociétés savantes, à la Rochelle (Charente-Inférieure). (I.)

CCXXI. ASSELIN ✠, ancien sous-préfet, membre de plusieurs sociétés savantes, à Cherbourg (Manche) *.

CCXXII. FOLLAIN, docteur-médecin, à Granville (Manche) *. P. 84.

CCXXIII. RICARD, secrétaire-perpétuel de la Société acad. de Toulon, membre de plusieurs sociétés savantes, à Toulon (Var) *.

CCXXIV. J. SPENCER SMITH, ancien ambassadeur et ancien membre de la Chambre des Communes d'Angleterre, membre de la Société royale de Londres, des Sociétés des antiquaires de Londres, de France, de Normandie, etc., à Caen (Calvados) *. P. 14, 215, 485, 585.

CCXXV. JOYEAU, ancien professeur de droit, avocat à Caen (Calvados) *.

CCXXVI. GALERON, procureur du roi à Falaise, membre de plusieurs sociétés savantes, inspecteur divisionnaire des monumens historiques, *membre de la 1re session du Congrès*, à Falaise (Calvados) *. P. 585.

CCXXVII. DUVAL, docteur-médecin, membre de la Société

royale de médecine et de plusieurs autres sociétés savantes, à Paris, *président de la 3e section à la 1re session du Congrès**. P. 585.

CCXXVIII. L'abbé Piton-Desprez, professeur, à Coutances (Manche), *membre de la 1re session du Congrès**. P. 583.

CCXXIX. Meunier, architecte du département de la Vienne, à Poitiers. (iv.)

CCXXX. A. M. Guerry (de Tours), avocat, à Paris. (v, vi )

CCXXXI. Drault, député de la Vienne, ex-avocat-général à la Cour royale, à Poitiers. (vi.)

CCXXXII. Élise Moreau, à Coulonges-les-Royaux (Deux-Sèvres). (v.) P. 246, 466, 484.

CCXXXIII. J. J. Jozeau fils, littérateur, à Niort (Deux-Sèvres). (v, vi.)

CCXXXIV. Guérinière (des Deux-Sèvres), littérateur, à Paris. (v, vi.) P. 253.

CCXXXV. Hippeau, professeur au collége royal, membre de plusieurs sociétés savantes, à Poitiers, *membre de la 1re session du Congrès, tenue à Caen en* 1833. (iv, v, vi.) P. 5, 247, 258, 260, 263, 480.

# LISTE

## DES PERSONNES QUI ONT ADHÉRÉ, MAIS QUI N'ONT PU SE RENDRE A LA 2me SESSION DU CONGRÈS.

1. Ageron de la Martinière, membre du conseil général de la Vendée, aux Herbiers (Vendée).

2. Agier, député des Deux-Sèvres, conseiller à la cour royale de Paris.

3. Allou, ingénieur en chef des mines, membre de plusieurs sociétés savantes, à Paris. P. 588.

4. Anquetil, homme de lettres, à Paris. P. 583.

5. Armand, directeur de la *Revue de Bretagne*, à Rennes (Ille-et-Vilaine).

6. Le chevalier Astier, pharmacien principal en retraite, membre de l'Académie des sciences et de la Société d'agriculture, à Toulouse (Haute-Garonne).

7. G. Astrié, docteur-médecin, inspecteur des eaux minérales d'Ax (Ariége).

8. Aubert du Petit-Thouars, ancien maire et dessinateur, à Loudun (Vienne).

9. Aubin, membre du conseil général des Deux-Sèvres, président du tribunal de Bressuire (Deux-Sèvres).

10. Audibert, pépiniériste, à Toinette, près Tarascon (Bouches-du-Rhône). P. 587.

11. Audouin, directeur et professeur de l'école de dessin, à Niort (Deux-Sèvres).

12. Joseph Barbier, naturaliste, à Loudun (Vienne). P. 208.

13. Barbot, propriétaire-cultivateur, membre du conseil général des Deux-Sèvres, à St-Jouin-sous-Châtillon (Deux-Sèvres).

14. Barrau, littérateur, à Toulouse (Haute-Garonne).

15. Baudot, ancien magistrat, antiquaire, à Dijon (Côte-d'Or), *vice-président de la 4e section à la 1re session du Congrès.*

16. Bauny de Recy, membre de la Société académique de Blois (Loir-et Cher).

17. Le comte DE BEAUREPAIRE LOUVAGNY, ancien ministre plénipotentiaire, à Falaise (Calvados), *secrétaire de la 6e section à la 1re session du Congrès*. P. 5.

18. BEAUSSIRE, négociant, membre du conseil général de la Vendée, à Luçon (Vendée). P. 43, 44.

19. P. BENEZECH, statuaire, à Toulouse (Haute-Garonne).

20. BENNIS, homme de lettres, bibliothécaire de l'ambassade d'Angleterre, à Paris.

21. BERGER-LEVRAULT, homme de lettres, directeur de la *Revue Germanique*, à Strasbourg (Bas-Rhin).

22. BERTRAN, littérateur, à Rouen (Seine-Inférieure), *secrétaire de la 5e section à la première session du Congrès*.

23. BIDAUT, homme de lettres, à Paris. P. 585.

24. JULES BOILLY, naturaliste, à Paris. P. 588.

25. BOISNOT, instituteur, à Châtillon-sur-Sèvre (Deux-Sèvres). P. 188, 189.

26. CH. BONNAL, architecte, à Toulouse (Haute-Garonne).

27. BONNAMY, ingénieur des ponts et chaussées, à Angers (Maine-et-L.)

28. BORDILLON, avocat, à Angers (Maine-et-Loire).

29. A. BORREL, docteur-médecin, à Sorèze (Tarn).

30. F. BORREL, ingénieur des ponts et chaussées, à Toulouse (Haute-Garonne).

31. BOUCHER DES PERTHES, littérateur et directeur des douanes, à Abbeville (Somme). P. 582.

32. Dr JOHN BOWRING, homme de lettres et publiciste, à Londres.

33. BRASSINES fils, professeur de mathématiques à l'école d'artillerie, à Toulouse (Haute-Garonne).

34. BRILLOUIN, géologue, à St-Jean-d'Angély (Charente-Inférieure). P. 39, 43.

35. BRUN-LAVAYNE, homme de lettres, directeur de la *Revue du Nord*, à Lille (Nord).

36. Me JACQUES BUJAULT, laboureur, ancien député, membre du conseil général des Deux-Sèvres, à Melle (Deux-Sèvres).

37. BUNEL, ancien officier de marine, membre de plusieurs sociétés savantes, à Caen (Calvados), *membre de la 1re session du Congrès*.

38. CABANEL, littérateur, à Narbonne (Aude).

39. CABRIÉ, professeur au collége royal, à Caen (Calvados). P. 586.

40. CADAUX, artiste musicien, à Toulouse (Haute-Garonne).

41. A. CANEL, avocat et homme de lettres, à Pont-Audemer (Eure), *membre de la 1re session du Congrès*. P. 194, 195, 204, 205, 222, 223.

42. CANET, avocat, à Toulouse ( Haute-Garonne ).

43. G. CANY, docteur-médecin, membre de plusieurs sociétés savantes, à Toulouse ( Haute-Garonne ).

44. E. CAPELLA, ingénieur des ponts et chaussées, à Saint-Gaudens ( Aveyron ).

45. HENRI CELLIEZ ( de Blois ), avocat et littérateur, à Paris, *membre de la première session du Congrès*. P. 87.

46. ED. CHAMBERT, architecte, à Toulouse ( Haute-Garonne ).

47. CHATEAUNEUF, homme de lettres, à Paris. P. 388.

48. CHATENET, propriétaire-cultivateur, secrétaire du Comice agricole de la Trimouille ( Vienne ).

49. Baron CHAUDRUC DE CRAZANNES, membre de plusieurs sociétés savantes, à Figeac ( Lot ). P. 5, 43, 44, 62, 194, 195, 204, 205, 207, 482.

50. CHAUVIN, professeur d'histoire naturelle, à Caen ( Calvados ), *membre de la 1re session du Congrès*. P. 4, 69, 70.

51. CHAUVIN-BOISSETTE, ancien magistrat, membre du conseil général des Deux-Sèvres, à la ferme-modèle de Cersais ( Deux-Sèvres ).

52. DE LA CHOUQUAIS, président de chambre à la cour royale, à Caen ( Calvados ), *membre de la 1re session du Congrès*.

53. CLAUSOLLES, homme de lettres, à Toulouse ( Haute-Garonne ).

54. C.-P. COOPER, avocat, secrétaire de la Commission des archives d'Angleterre, à Londres.

55. CORNEILLE, inspecteur de l'Académie, à Rouen ( Seine-Inférieure ).

56. COUEFFIN, capitaine d'état-major, à Bayeux ( Calvados ), *membre de la 1re session du Congrès*.

57. Mme COUEFFIN, à Bayeux ( Calvados ), *membre de la 1re session du Congrès*.

58. COUPPEY, juge d'instruction, membre de plusieurs sociétés savantes, à Cherbourg ( Manche ). P. 386.

59. G.-A. CRAPELET, imprimeur, membre de plusieurs sociétés savantes, à Paris.

60. Comte RAOUL DE CROY, littérateur, au château de la Guerche, près la Haie-Descartes ( Indre-et-Loire ). P. 257.

61. DANHAUSER, naturaliste allemand, fondateur du *Comptoir minéralogique et géologique*, à Paris. P. 39.

62. L'abbé DANIEL, proviseur du collége royal, à Caen ( Calvados ), *président de la 6e section à la 1re session du Congrès*.

63. Le baron BARTH. DECRESSAC, ancien député, ingénieur en chef, directeur des mines, en retraite, l'un des concessionnaires des mines

de houille de la Vendée, au château de la Touche-Marnay, près Vivône ( Vienne ). P. 502.

64. Le baron Célini Decressac, ancien officier supérieur d'artillerie, à Metz (Moselle).

65. L'abbé de la Rue, doyen de la Faculté des lettres, membre de l'Institut, à Caen ( Calvados ), *président de la 1re session du Congrès.*

66. Delarue, secrétaire perpétuel de la Société académique, à Évreux ( Eure ).

67. Demonville, astronome, à Paris. P. 583.

68. Polynice d'Ensoy, avocat et littérateur, à Lectoure ( Gers ).

69. Dubois, professeur de philosophie, secrétaire de la Société académique de Rochefort ( Charente-Inférieure ).

70. Des Closières, membre du conseil général du Calvados, à Bayeux ( Calvados ), *membre de la 1re session du Congrès.*

71. Ch. Desains, peintre, vice-président de la Société libre des beaux-arts, à Paris.

72. Eudes des Longchamps, professeur d'histoire naturelle à la Faculté des sciences, secrétaire général de la Société linnéenne de Normandie, à Caen (Calvados), *secrétaire de la 1re section à la 1re session du Congrès.*

73. Desportes, conservateur du musée et adjoint du maire, au Mans ( Sarte ).

74. Desnoyers, secrétaire perpétuel de la Société de l'Histoire de France, à Paris.

75. A. Deville, membre de plusieurs sociétés savantes, françaises et étrangères, à Rouen (Seine-Inférieure), *secrétaire de la 4e section à la 1re session du Congrès.* P. 5, 10, 13, 191.

76. Dieulafoy, docteur-médecin, à Toulouse ( Haute-Garonne).

77. D'Orbigny père, naturaliste, à la Rochelle (Charente-Inférieure). P. 43, 62, 585.

78. Doublet de Bouthibault, bibliothécaire, membre de plusieurs sociétés savantes, à Chartres ( Eure-et-Loir ).

79. A. Dreuille, peintre, secrétaire de la Société libre des beaux-arts, à Paris.

80. Drouet, antiquaire, au Mans ( Sarte ).

81. Dubourg d'Isigny, ancien magistrat, membre de plusieurss sociétés savantes, à Vire (Calvados), *vice-président de la 5me section à la 1re session du Congrès.*

82. Duchatelier, homme de lettres, président de la Société d'émulation, à Quimper ( Finistère ). P. 322, 323, 324.

83. Ducoudray-Dupin, président du Comice agricole de la Trimouille (Vienne).

84. Du Quesnay de Lorme, capitaine d'artillerie, à Comines, près Bayeux (Calvados), *membre de la 1re session du Congrès.*

85. Du Trone, conseiller à la cour royale, à Amiens (Somme), *membre de la 1re session du Congrès.*

86. H. Duskvel, membre de plusieurs sociétés savantes, à Amiens (Somme). P. 164.

87. M. Escudier, avocat, imprimeur-libraire, à Toulouse (Haute-Garonne).

88. V. Escudier, avocat, à Toulouse (Haute-Garonne).

89. Faulcon, propriétaire, à Chauvigny (Vienne). P. 184.

90. Faulcon-Rivière, ancien magistrat, à Châtellerault (Vienne).

91. Fay, ancien acteur dramatique, à Paris.

92. De la Fenestre, ancien officier d'état-major, au château de la Tiffardière, près Niort (Deux-Sèvres).

93. Ferey, maréchal-de-camp d'artillerie en retraite, président de la Société des antiquaires de la Morinie, à Saint-Omer (Pas-de-Calais).

94. Fleuriau de Bellevue, ancien député, correspondant de l'Institut, à la Rochelle (Charente-Inférieure). P. 41, 45, 46, 62.

95. Eugène de la Fontenelle, antiquaire, à Angers (Maine-et-Loire).

96. Fossé, ancien secrétaire général de la préfecture, littérateur, à Alby (Tarn).

97. Fournet-Marsilly père, propriétaire-cultivateur, président du Comice agricole de St-Savin, à Maillé (Vienne).

98. Fourreau, ancien médecin de la maison de l'Empereur, à Paris. P. 150, 156, 157.

99. Le baron de la Fresnais, naturaliste, à Falaise (Calvados), *président de la 1re section à la première session du Congrès.*

100. Freslon, avocat, à Angers (Maine-et-Loire).

101. De Gaalon, littérateur et propriétaire-cultivateur, près St-Jean-d'Angély (Charente-Inférieure).

102. L'abbé Gaboreau, supérieur du séminaire, à la Rochelle (Charente-Inférieure). P. 43.

103. A. Gady, membre de plusieurs sociétés savantes, juge, à Versailles (Seine-et-Oise).

104. Em. Gaillard, membre de plusieurs sociétés savantes, à Rouen (Seine-Inférieure).

105. F. Galeron, membre de plusieurs sociétés savantes, inspecteur

divisionnaire des monumens historiques, procureur du roi, à Falaise (Calvados), *membre de la première session du Congrès.*

106. Baron DE GAUJAL, correspondant de l'Institut, inspecteur divisionnaire des monumens historiques, premier président de la cour royale, à Limoges (Haute-Vienne).

107. GIRARDIN, professeur de chimie, à Rouen (Seine-Inférieure), *secrétaire de la 2e section à la 1re session du Congrès.*

108. DE GOLBÉRY, député, correspondant de l'Institut et conseiller à la cour royale, à Colmar (Haut-Rhin).

109. J. GRANIÉ, ancien élève de l'école polytechnique, à Toulouse (Haute-Garonne).

110. GRIFFOUL-D'ORVAL, statuaire, professeur à l'école des arts, à Toulouse (Haute-Garonne).

111. GRILLE, membre de plusieurs sociétés savantes, bibliothécaire, à Angers (Maine-et-Loire).

112. Le père GUERANGER, prieur des bénédictins de Solesme, près Sablé (Sarte).

113. A. DE GUYON, littérateur, à Argentan (Orne), *membre de la 1re session du Congrès.*

114. GUYOT DE FÈRE, homme de lettres, à Paris. P. 587.

115. HÉBERT, bibliothécaire, secrétaire perpétuel de l'Académie, à Caen (Calvados), *membre de la 1re session du Congrès.*

116. HÉRISSON, membre de plusieurs sociétés savantes, à Chartres (Eure-et-Loir).

117. HUGUES, avocat, inventeur du *semoir* et du *sarcloir perfectionnés*, à Bordeaux (Gironde). P. 113, 118, 121.

118. HUVÉ, architecte du gouvernement, président de la Société libre des beaux-arts, à Paris.

119. L. IMPOST, littérateur, membre du conseil général de la Vendée, à Noirmoutiers (Vendée).

120. JAVAIN, directeur de la Société académique, à Cherbourg (Manche).

121. ELOI JOHANNEAU, membre de l'Institut, à Paris. P. 587, 588.

122. JOLLY-D'AUSSY, ancien sous-préfet, au château de Pellouaille, près Saint-Jean-d'Angély (Charente-Inférieure).

123. JOUANET, correspondant de l'Institut, inspecteur divisionnaire des monumens historiques, à Bordeaux (Gironde). P. 42, 50, 50 *bis.*

124. JUCHERAULT DE ST-DENIS, colonel, secrétaire-général de la Société française de statistique universelle, à Paris.

125. Le comte HERVÉ DE KERGORLAY, inspecteur de l'Association nor-

mande, à Canisy (Manche), *membre de la première session du Congrès.*

126. Le chevalier DE KIRCKHOFF, docteur-médecin, membre de plusieurs sociétés savantes, à Anvers (Belgique). P. 583.

127. F. LADES, docteur-médecin, à Escoussant (Tarn).

128. LAITIÉ, statuaire, vice-président de la Société libre des beaux-arts, à Paris.

129. LANCE, libraire pour la librairie étrangère et provinciale, membre du conseil de la Société pour la conservation des monumens historiques, à Paris. P. 219.

130. LANGE, docteur-médecin, membre de plusieurs sociétés savantes, à Caen (Calvados), *membre de la première session du Congrès.*

131. E.-H. LANGLOIS, homme de lettres et peintre, membre de plusieurs sociétés savantes, à Rouen (Seine-Inférieure).

132. LAPALME, avocat, à Toulouse (Haute-Garonne).

133. A. LARREY, docteur-médecin, président de la Société de médecine, à Toulouse (Haute-Garonne).

134. DE LASTEYRIE, membre de plusieurs sociétés savantes, à Paris. P. 388.

135. LÉONCE LAVERGNE, secrétaire général du Congrès méridional, littérateur, membre de l'Académie des Jeux floraux, à Toulouse (Haute-Garonne). P. 11.

136. LECERF, professeur de droit, à Caen (Calvados), *membre de la première session du Congrès.*

137. LECHAUDÉ D'ANISY, membre de plusieurs sociétés savantes, correspondant de la Commission des archives d'Angleterre, à Caen (Calvados). P. 186.

138. JULES LECHEVALLIER, homme de lettres, à Paris, *membre de la première session du Congrès.* P. 419.

139. ALPH. LE FLAGUAIS, littérateur, à Caen (Calvados), *membre de la première session du Congrès.* P. 247.

140. AUG. LE FLAGUAIS, littérateur, à Caen (Calvados), *membre de la première session du Congrès.*

141. LEGLAY, docteur-médecin, bibliothécaire et membre de plusieurs sociétés savantes, à Cambrai (Nord).

142. LEJEUNE, bibliothécaire, membre de plusieurs sociétés savantes, à Chartres (Eure-et-Loir). P. 216.

143. CH. LEMONNIER, directeur de la *France Méridionale*, littérateur, à Toulouse (Haute-Garonne).

144. LENORMAND, professeur de technologie, à Castres (Tarn).

145. Lesné, relieur, auteur de la *Lettre d'un relieur*, etc., à Paris. P. 583.

146. A. Le Prévost, membre de plusieurs sociétés savantes, député, à Bernay (Eure), *premier vice-président de la première session du Congrès*. P. 444.

147. Lesson, pharmacien en chef de la marine, correspondant de l'Institut, à Rochefort (Charente-Inférieure).

148. Libert, docteur-médecin, membre de plusieurs sociétés savantes, député, à Alençon (Orne), *membre de la première session du Congrès*.

149. Louvart de Pontlevoy, membre de la Société des antiquaires de l'Ouest, juge au tribunal de Bressuire (Deux-Sèvres).

150. Charles Lucas, inspecteur-général des prisons, à Paris. P. 367, 368, 369, 370, 371, 372, 373, 374.

151. De Magneville, naturaliste, membre de plusieurs sociétés savantes, à Lebisey, près Caen (Calvados), *membre de la première session du Congrès*.

152. Charles Malo, homme de lettres, directeur de la *France Littéraire*, à Paris.

153. Manès, ingénieur des mines, à Villefranche (Aveyron).

154. Marmier, homme de lettres, l'un des rédacteurs de la *Revue Germanique*, à Strasbourg (Bas-Rhin).

155. Marquet-Vasselot, membre de plusieurs sociétés savantes, directeur de la maison centrale de détention de Loos (Nord). P. 366, 367.

156. Martinet, membre du conseil général de la Vienne, maire de Châtellerault (Vienne).

157. Mme Martinet, née Creuzé La Touche, à Châtellerault (Vienne).

158. Maquelet, ingénieur des ponts et chaussées, à Rochefort (Charente-Inférieure). P. 584.

159. Mazet, vice-président de la commission administrative des hospices, à Villeneuve (Haute-Garonne). P. 388.

160. Mellinet, membre de plusieurs sociétés savantes, imprimeur, à Nantes (Loire-Inférieure).

161. Mercier, directeur des mines de houille de la Vendée, à Marillet, près Fontenay-le-Comte (Vendée). P. 499, 500, 501, 502, 503, 504, 505, 506, 507, 508, 509.

162. Mlle Élisa Mercoeur, à Paris. P. 419.

163. Meusnier La Noue, substitut du procureur du roi, à Saintes (Charente-Inférieure).

164. Michaud jeune, homme de lettres, libraire-éditeur de la *Biographie universelle*, à Paris.

165. Michelot, ex-sociétaire du Théâtre-Français et ancien professeur de déclamation, à Paris. P. 240, 241, 242, 243, 244, 245, 246.

166. Mignet, littérateur, juge de paix, à Fontenay-le-Comte (Vendée).

167. Millet, naturaliste, membre de plusieurs sociétés savantes, à Angers (Maine-et-Loire). P. 82.

168. De Moléon, directeur du *Musée industriel*, à Paris.

169. Moller de Chassenon, membre du conseil général de la Vendée, concessionnaire de mines, au château de Chassenon, près Fontenay-le-Comte (Vendée). P. 502.

170. De Moncey, fondateur de la *Société de civilisation*, à Paris. P. 587.

171. Montaigu, membre de la Société linnéenne de Normandie, conservateur du jardin botanique, à Caen (Calvados), *membre de la première session du Congrès*.

172. César Moreau, homme de lettres, à Paris.

173. L'abbé Noget, horticulteur, curé d'Aubigny (Calvados), *membre de la première session du Congrès*.

174. J.-B. Noulet, docteur-médecin, à Toulouse (Haute-Garonne).

175. Jules Olivier, membre de plusieurs sociétés savantes, à Valence (Drôme).

176. Le comte Louis d'Osseville, ancien maire de la ville de Caen (Calvados), *membre de la première session du Congrès*.

177. O'Sullivan, littérateur, à Paris. P. 583, 586.

178. Palliau, ancien juge de paix, aux Sables-d'Olonne (Vendée).

179. A. Passy, géologue, préfet de l'Eure, à Evreux.

180. A. de Pastoret, ancien magistrat, littérateur, à Paris.

181. Pavie père, imprimeur-libraire, membre de plusieurs sociétés savantes, à Angers (Maine-et-Loire).

182. J.-B. Paya, libraire-éditeur, directeur de la *Revue du Midi*, à Toulouse (Haute-Garonne).

183. Le comte de Penhouet, maréchal-de-camp en retraite, antiquaire, à Rennes (Ille-et-Vilaine).

184. Nicétas Périaux, imprimeur-libraire-éditeur, à Rouen (Seine-Inférieure).

185. Piers, membre de plusieurs sociétés savantes, bibliothécaire, à St-Omer (Pas-de-Calais). P. 584 et 585.

186. Piet père, naturaliste et antiquaire, juge de paix, à Noirmoutiers (Vendée).

187. Philippar, botaniste-cultivateur, à Versailles (Seine-et-Oise). P. 388.

188. Pley, président de la Société d'agriculture, à St-Omer (Pas-de-Calais).

189. De Pongerville, membre de l'Institut, à Paris. P. 388.

190. Poyès, substitut du procureur du roi, à Châtellerault (Vienne.)

191. Ch. Prevot, peintre, ancien pensionnaire de l'académie de Rome, à Toulouse (Haute-Garonne).

192. De Quinson, membre de plusieurs sociétés savantes, conseiller à la cour royale de Douai (Nord).

193. Ragonde, bilbliothécaire et professeur, à Cherbourg (Manche), *membre de la 1re session du Congrès.*

194. A. Rastoul, professeur d'histoire, directeur de l'*Echo de Vaucluse*, à Avignon (Vaucluse).

195. Raynaud, professeur à l'école des arts, à Toulouse (Haute-Garonne).

196. Renard, dessinateur et homme de lettres, à Paris. P. 584.

197. Renault, antiquaire, substitut du procureur du roi, à Falaise (Calvados).

198. J. de Resseguier, propriétaire-cultivateur, à Sorèze (Tarn).

199. Rey (de Grenoble), conseiller à la cour royale, à Angers (Maine-et-Loire).

200. Le baron de Reyffemberg, recteur de l'Université de Gand, correspondant de l'Institut de France, à Gand (Belgique). P. 388.

201. Ribes, professeur d'hygiène à la faculté de médecine de Montpellier (Hérault). P. 157, 158, 159.

202. Richelot, littérateur et professeur d'histoire, à Nantes (Loire-Inférieure). P. 224, 354, 355, 356, 357, 358, 359, 360, 361, 362, 363, 364, 365, 366.

203. Rigal, docteur-médecin, correspondant de l'académie royale de médecine, à Gaillac (Tarn).

204. Rigal, ex-régent de seconde, à Toulouse (Haute-Garonne).

205. Rigollot, docteur-médecin et antiquaire, à Amiens (Somme).

206. Roberton, docteur-médecin, membre de plusieurs sociétés savantes, à Edimbourg (Ecosse), *membre de la 1re session du Congrès.*

207. Rousseau-Laspois, membre du conseil général de la Vienne, secrétaire du comice agricole de Mirebeau (Vienne).

208. Roully, conservateur du canal du Midi, à Toulouse (Haute-Garonne).

209. Roy, ancien magistrat, bibliothécaire, à la Rochelle ( Charente-Inférieure ). P. 47, 49, 289.

210. P. Royer-Collard, correspondant principal de la commission des archives d'Angleterre, professeur à la faculté de droit de Paris.

211. Sade, avocat, à Toulouse ( Haute-Garonne ).

212. Saint-Guilhem, ingénieur des ponts et chaussées, à Toulouse ( Haute-Garonne ).

213. Savin, président du tribunal du chef-lieu judiciaire de la Vendée, à Bourbon-Vendée.

214. Schweigauser, correspondant de l'Institut, à Strasbourg ( Bas-Rhin ). P. 162, 168, 204.

215. Simon, géomètre en chef du cadastre, membre de plusieurs sociétés savantes, à Caen ( Calvados ), *membre de la 1re session du Congrès.*

216. Mme Sirey, née de Lasteyrie du Saillant, directrice du journal *la Mère de Famille*, à Paris. P. 587.

217. E. Souvestre, littérateur, à Brest ( Finistère ).

218. J. Straszewicz, littérateur polonais, à Paris.

219. Subiray de la Rue, docteur-médecin, membre de plusieurs sociétés savantes, au Havre-de-Grâce ( Seine-Inférieure ). P. 42.

220. L'abbé Taury, vicaire général de Poitiers, membre de la Société académique de la même ville, à la Puie ( Vienne ). P. 208.

221. Teillier, docteur-médecin, à Toulouse ( Haute-Garonne ).

222. Léon Thiessé, homme de lettres, préfet des Deux Sèvres, à Niort.

223. Thiollet, dessinateur en chef du dépôt central de l'artillerie, à Paris.

224. Thomas, ancien ordonnateur de la marine à l'Ile-Bourbon, membre de plusieurs sociétés savantes, à Rouen ( Seine-Inférieure ).

225. De Tollenare, membre de plusieurs sociétés savantes, à Nantes ( Loire-Inférieure ).

226. Tournal fils, naturaliste, à Narbonne ( Aude ).

227. Toussaint, pharmacien-chimiste, à Castelnaudary ( Aude ).

228. Tribert, député, à sa terre de Puyraveau, près Champdeniers (Deux-Sèvres ).

229. Vallot, docteur-médecin et naturaliste, à Dijon ( Côte-d'Or ). P. 42.

230. Le comte de Vandeuvre, ancien préfet, à Vandeuvre (Calvados), *membre de la 1re session du Congrès.*

231. Vergniaud-Romagnesy, membre de plusieurs sociétés savantes, à Orléans ( Loiret ). P. 586.

232. A. Vié, ingénieur des ponts et chaussées, à Pamiers ( Ariége ).

233. Le comte Horace de Vielcastel, homme de lettres, à Paris. P. 584.

234. Vignes, docteur-médecin, à Toulouse (Haute-Garonne).

235. Vignolle, littérateur, à Toulouse ( Haute-Garonne ).

236. Vincent, auteur de la *Statistique industrielle de la ville d'Angers*, à Angers ( Maine-et-Loire ). P. 382.

237. Lud. Vitet, député, secrétaire général du ministère du commerce, ancien inspecteur général des monumens historiques, à Paris. P. 164.

238. Vitry, professeur de mécanique industrielle, architecte de la ville de Toulouse ( Haute-Garonne ).

239. Warnkoenig, professeur de droit à l'Université de Gand, correspondant de la Commission des archives d'Angleterre, à Gand ( Belgique ).

240. Joseph Voods, antiquaire et architecte, à Lewes, comté de Sussex ( Angleterre ). P. 168, 169.

241. Hip. Yvernès, littérateur, à Toulouse ( Haute-Garonne ).

FIN.

# TABLE RAISONNÉE

# DES MATIÈRES.



## OUVERTURE DE LA 2me SESSION DU CONGRÈS.



## COMPOSITION DES BUREAUX.

# TRAVAUX DES SECTIONS.

---

## PREMIÈRE SECTION. — SCIENCES MATHÉMATIQUES, PHYSIQUES ET NATURELLES.

### PREMIÈRE DIVISION. — SCIENCES MATHÉMATIQUES, PHYSIQUES ET GÉOLOGIQUES.

## Deuxième division. — SCIENCES BOTANIQUES ET ZOOLOGIQUES.

### Première subdivision. — BOTANIQUE.

DEUXIÈME SUBDIVISION. — **ZOOLOGIE.**



DEUXIÈME SECTION. — AGRICULTURE, INDUSTRIE ET COMMERCE.

QUATRIÈME SECTION. — ARCHÉOLOGIE ET HISTOIRE.

CINQUIÈME SECTION. — LITTÉRATURE ET BEAUX-ARTS.

*qui doit être donné à la littérature*, 230. — Non-adoption d'une rédaction, 230, 231. — Discussion sur la question de savoir *si l'institution de l'académie de France, à Rome, fondée par Colbert, répond encore aux besoins de notre époque?* 231, 232, 233. — Proposition adoptée pour la *suppression de l'école de Rome*, et la *conservation de la pension quinquennale aux lauréats*, 234. — Proposition développée d'un vœu tendant à *engager les artistes à se livrer, de plus en plus, à des investigations dans les départemens*, 234, 235. — Discussion à ce sujet, 235, 236. — Adoption de la proposition, 236.

Séance du 12 sept., 236. — Présentation de plusieurs rédactions relatives au *vœu tendant à imprimer une marche plus saine à notre littérature*, ibid. — Renvoi à une commission et continuation de la discussion au lendemain, 236, 237. — Proposition développée d'un *vœu pour l'épuration du dictionnaire de la technologie et son enseignement classique*, 237, 238, 239, 240. — Adoption de la proposition, réduite au *vœu de voir la connaissance de la technologie plus généralement répandue*, 239, 240. — Approbation d'une rédaction pour *la réforme littéraire*, 240.

Séance du 13 sept., 240. — Question relative au *meilleur mode d'organisation et d'administration des théâtres, dans l'intérêt de l'art dramatique*, 240. — Notice *sur la chute du Théâtre-Français et sur les moyens de le relever*, 241, 242, 243, 244, 245, 246. — Rapport sur le *projet d'une nouvelle organisation des théâtres dans les départemens*, et discussion à ce sujet, 246. — La section passe à l'ordre du jour, *ibid.* — La section émet le vœu que M. Th. Pavie soit entendu demain en séance générale, *ib.* — Lecture d'une pièce de vers, intitulée *Dernier chant*, 246. — Proposition pour l'*établissement*, dans chaque chef-lieu de département, *de galeries couvertes, décorées intérieurement de peintures à fresque représentant les faits principaux de l'histoire locale, et, à Paris, de pareilles galeries décorées des principaux faits de l'histoire de France*, 246, 247.

Séance du 14 sept., 247. — Lecture de la *Fable* intitulée : *Le Chat et les Souris*, ibid. — Lecture de l'*Indécision du siècle*, poésie, *ib.* — Discussion sur des propositions relatives à l'*enseignement*, 247, 248, 249, 250, 251, 252, 253, 254, 255, 256. — Adoption d'un *vœu pour que les enfans ne puissent être admis dans les colléges de l'Université, pour y étudier les langues anciennes et y suivre l'enseignement secondaire, qu'après un examen*, 256, 257.

Séance du 15 sept., 257. — Rapport sur un mémoire relatif à cette question : *Quel est le meilleur mode de propager les beaux-arts?* ibid. — La section renvoie la question à la prochaine session, *ib.* — Proposition faite et adoptée pour *supplier le gouvernement d'accorder aux départemens une plus large part dans les fonds alloués, chaque année, pour encourager les sciences, les arts et les lettres*, 257, 258. — Suite de la discussion *sur l'enseignement*, 258. — La section émet le *vœu que le gouvernement présente, le plus tôt possible, la loi qui doit régler la liberté de l'enseignement*, ibid. — Discussion sur une proposition pour *l'établissement, dans chaque chef-lieu d'académie, de chaires pour l'enseignement superieur des sciences et des lettres, et donner le droit à tout docteur de l'une de ces facultés d'enseigner concurremment avec les professeurs en titre*, 258, 259, 260, 261, 262. — La section émet un *vœu pour l'établissement, dans chaque chef-lieu d'académie ayant une faculté de droit ou de médecine, de facultés pour l'enseignement supérieur des sciences et des lettres*. Le surplus de la proposition est rejeté, 263.

Séance du 16 sept., 263. — Proposition pour *inviter le gouvernement à faire rédiger un dictionnaire historique de la langue française*, et discussion à ce sujet, 263, 264, 265. — La proposition est adoptée, 265. — Renvoi au futur Congrès de la proposition relative aux *galeries historiques en peintures à fresque*, 265, 266. — Proposition faite et adoptée pour l'*apport à la prochaine session du Congrès, de renseignemens statistiques sur les différentes sociétés savantes et littéraires*, 266. — Lecture de *vers sur le Congrès*, ibid.

## SIXIÈME SECTION. — SCIENCES MORALES ET LÉGISLATION.

Séance du 8 sept., 267. — Organisation du bureau, *ibid.* — Adoption d'un ordre de travail, *ib.* — Discussion *sur les avantages et les inconvéniens de la taxation du pain et de la viande de boucherie*, 267, 268, 269, 270, 271.

Séance du 9 sept., 271. — Continuation de la discussion sur la *taxation du pain et de la viande*, 271, 272, 273, 274, 275, 276, 277, 278, 279, 280, 281, 282, 283, 284, 285, 286, 287, 288, 289, 290, 291. — La section *ajourne la décision relative à la taxe du pain, en invitant le gouvernement à donner de la publicité aux documens sur cette matière*, 291. — Il émet le *vœu que la taxation de la viande soit supprimée*, ibid.

Séance du 10 sept., 291. — Proposition pour que la section ajoute à son titre les mots *économie sociale*; elle est rejetée, *ib.* — Présen-

---

## ASSEMBLÉES GÉNÉRALES.

cours de clôture du secrétaire général du Congrès, 491, 492, 493. — Constatation du montant de la *quête pour les prisonniers*, 494. — *Discours définitif de clôture* par le président de la session, 494, 495, 496, 497, 498. — *Clôture de la 2e session du Congrès scientifique de France*, 498.

# APPENDICE.

## MÉMOIRES ET PIÈCES DÉTACHÉES.

---



FIN DE LA TABLE.

Poitiers. — Imprimerie de P.-A. Saurin.

www.ingramcontent.com/pod-product-compliance
Lightning Source LLC
LaVergne TN
LVHW011937220826
846092LV00001B/17